Die Kulturpflanze

Mitteilungen aus dem Zentralinstitut

für Genetik und Kulturpflanzenforschung

Gatersleben

der Akademie der Wissenschaften der DDR

Band 37

Herausgegeben von

H. Böhme, D. Mettin, W. R. Müller-Stoll,

K. Müntz, R. Rieger, A. Rieth, F. Scholz,

H. Stubbe †

Schriftleitung: H. Böhme

Redaktion: I. Neumann

Mit 164 Abbildungen und 15 Tabellen

AKADEMIE-VERLAG BERLIN

1989

ISBN 3-05-500649-6
ISSN 0075-7209

Erschienen im Akademie-Verlag Berlin, Leipziger Straße 3–4, Berlin, DDR - 1086

Lizenznummer: 202 · 100/520/90
Printed in the German Democratic Republic
Gesamtherstellung: IV/2/14 VEB Druckerei „Gottfried Wilhelm Leibniz“,
DDR - 4450 Gräfenhainichen · 7163
Umschlaggestaltung: Annemarie Wagner
LSV 1355
Bestellnummer: 763 954 9 (2052/37)

09600

Inhalt

III. Das Institut im Jahre 1988

[1] Arbeiten in englischer Sprache

Contents

I. Reviews

II. Original Papers

Содержание

I. Обзорные статьи

II Оригинальные статьи и документация

Hans Stubbe

7. 3. 1902–14. 5. 1989

In Trauer und Dankbarkeit nehmen wir Abschied

I. Übersichtsdarstellungen (Reviews)

Kulturpflanze 37 · 1989 · 15–27

Möglichkeiten und Ansätze für einen Gentransfer bei der Zuckerrübe (*Beta vulgaris* L.)

JOACHIM SCHIEMANN

(Eingegangen am 23. Februar 1989)

Zusammenfassung

Durch Übertragung von klonierten Fremdgenen läßt sich die genetische Variabilität der Kulturpflanzen wesentlich erweitern. Insbesondere die Übertragung monogen bedingter Resistenzeigenschaften gelingt bei einer zunehmenden Zahl von Kulturpflanzen. Für die ökonomisch wichtige Zuckerrübe ist ein etabliertes Gentransferverfahren bisher nicht verfügbar. Während Einschleusung, Integration und Expression von Fremdgenen in Zuckerrübenzellen und -gewebe mit einer Vielzahl von Gentransfermethoden erreicht werden können, ist die Regeneration transgener Zuckerrübenzellen zu transgenen Pflanzen bisher nur in wenigen Laboratorien gelungen. Die experimentellen Details wurden bisher nicht publiziert. Die vorliegende Arbeit beschreibt Verfahren, die sich für einen Gentransfer bei der Zuckerrübe eignen sollten. Expression und meiotische Stabilität der transferierten Gene werden behandelt sowie Anwendungsmöglichkeiten des Gentransfers bei der Zuckerrübe kurz diskutiert.

Der Gentransfer in Modellpflanzen und eine ständig zunehmende Zahl von Kulturpflanzen ist in vielen Laboratorien etabliert und in mehreren Reviews umfassend dargestellt worden (u. a. ECKES et al. 1987; COCKING und DAVEY 1987; GOODMAN et al. 1987). In der Pflanze können Gene aus beliebigen Organismen exprimiert werden, wenn sie durch gentechnische Manipulationen unter die Kontrolle von 3'- und 5'-regulatorischen pflanzlichen Sequenzen gebracht werden (FRALEY et al. 1983). Die Übertragung der chimären Gene (HERRERA-ESTRELLA et al. 1983) kann Agrobacterien-vermittelt (ROGERS und KLEE 1987), Virus-vermittelt (GRONENBORN 1987) oder durch direkten Gentransfer (POTRYKUS et al. 1987) erfolgen. Die stabile Integration der Fremd-DNA in das Pflanzengenom erfolgt statistisch, so daß jede transgene Pflanzenzelle, jedes Pflanzenorgan oder jede Pflanze als Unikat anzusehen ist und eine unterschiedliche Expression des Fremdgens aufweisen kann (KOUKOLIKOVA-NICOLA et al. 1987).

Nach umfangreichen internationalen Bemühungen zur Etablierung des Gentransfers bei der Zuckerrübe konnten in einigen, vorwiegend privatwirtschaftlich finanzierten Forschungslaboratorien transgene Zuckerrübenpflanzen erhalten werden (persönliche Mitteilungen von OKKELS, De Danske Sukkerfabrikker, DE BLOCK, Plant Genetic Systems, HORSCH, Monsanto). Stabil transformierte Zuckerrübenpflanzen sollen sich sowohl durch Agrobacterien-vermittelten als auch direkten Gentransfer in Protoplasten erzeugen lassen. Allerdings wurden Detailinformationen bisher aus kommerziellen Gründen geheimgehalten, so daß publizierte Daten über transgene Zuckerrübenpflanzen bisher nicht vorliegen. Aus den verfügbaren Informationen ist nicht ersichtlich, ob die erarbeiteten Verfahren auf unterschiedliche Genotypen anwendbar, reproduzierbar und zu einer Routinemethode auszubauen sind.

Da anhand der publizierten und durch persönliche Mitteilungen erhaltenen Daten z. Z. keine Aussage darüber getroffen werden kann, welche Gentransfermethode eine routinemäßige Übertragung von Fremdgenen in die Zuckerrübe erlauben wird, sollten international möglichst viele Methoden in Betracht gezogen werden. Das Verfahren sollte nicht nur einen Gentransfer in ausgewählte Modellgenotypen ermöglichen, sondern auf eine Vielzahl von – vorwiegend züchterisch relevanten – Genotypen anwendbar sein.

Stabil transformierte Zuckerrübenzellen können durch direkten und Agrobacterien-vermittelten Gentransfer erhalten werden. Die Einbeziehung des Virus-vermittelten Gentransfers erscheint gegenwärtig nicht sinnvoll. Fortschritte bei der Etablierung von Gentransferverfahren sind in erster Linie abhängig von Verbesserungen der Zellkulturtechniken bei der Zuckerrübe (z. B. Etablierung der Regeneration von Pflanzen aus Protoplasten, Verbesserung der Adventivsproßbildung, Pflanzenregeneration aus transgenen Kallus- und Wurzel-Kulturen). Außer dem Transfer sind auch Fragen der Expression und der Stabilität der Fremdgene zu beachten.

1. Agrobacterien-vermittelter Gentransfer

1.1. Agrobacterium tumefaciens

1.1.1. Verwendung von Tumor-induzierenden Stämmen

Agrobacterium tumefaciens ist ein Bodenbakterium, das eine große Zahl dikotyler Pflanzen nach Verwundung infizieren kann (DE CLEENE und DE LEY 1976). An der Infektionsstelle setzt ein starkes undifferenziertes Zellwachstum ein, das zu Gallentumoren führt. Die Tumoren können auch in Abwesenheit von Agrobacterien weiterwachsen. Während Pflanzenhormone (Auxine und Cytokinine) für das Wachstum normalen Zellgewebes essentiell sind, proliferiert der Tumor ohne deren Zugabe auf sterilen Nährmedien definierter Zusammensetzung (BRAUN und WHITE 1943). Unter den Gallentumoren treten zwei Haupttypen auf: Unorganisierte Tumoren und Teratome. Während das Gewebe der unorganisierten Tumoren als weißer oder gelblicher Kallus ohne definierte morphologische Organisation wächst, bilden die Teratome auch ohne exogene Zugabe von Pflanzenhormonen Sprosse und wurzelähnliche Strukturen (GORDON 1982). Die Neigung zur Teratombildung ist abhängig von dem verwendeten *A. tumefaciens*-Stamm und dem pflanzlichen Objekt. Nach Infektion von *Nicotiana tabacum* mit *A. tumefaciens* EU6 (CHILTON et al. 1984) beispielsweise entstehen Teratome, die an der Pflanze oder auf hormonfreien Medien Sprosse regenerieren (SCHIEMANN, unveröffentlicht). Wird ein Reportergen in einem Binärvektor (s. u.) in ein Tumor-induzierendes *Agrobacterium tumefaciens* mobilisiert, kann es mit hoher Frequenz (60–80 % Co-Transformation) in Tumorgewebe der Zuckerrübe übertragen werden. Allerdings konnte eine spontane oder Hormon-induzierte Sproßbildung aus Tumorgeweben der Zuckerrübe bisher nicht beobachtet werden (Schiemann, unveröffentlicht).

1.1.2. Verwendung von entschärften Stämmen

Alle für die Tumorinduktion verantwortlichen Gene befinden sich auf dem Ti-Plasmid. Im Verlaufe des Übertragungsprozesses wird ein als T-DNA bezeichneter Abschnitt aus dem Ti-Plasmid herausgeschnitten, vom *Agrobacterium* in die Pflanzenzelle überführt und dort stabil in ein Chromosom eingebaut. Die in der T-Region enthaltenen Gene spielen beim Übertragungsvorgang selbst keine Rolle. Entfernt man sie aus dem Ti-Plasmid und ersetzt sie durch eine beliebige DNA-Sequenz, wird auch diese übertragen. Entscheidend dabei ist, daß beim Entfernen der tumorbedingenden Gene die Grenzbereiche der T-Region erhalten bleiben (Koukolikova-Nicola et al. 1987). Prinzipiell wurden zwei Methoden, fremdes genetisches Material mittels entschärfter Agrobacterien in Pflanzen einzuschleusen, etabliert: entweder mit integrativen oder binären Vektoren. Bei den integrativen Vektoren wurden die Tumor-Gene der T-DNA z. B. durch Sequenzen des *E. coli*-Klonierungsvektors pBR322 ersetzt (Zambryski et al. 1983). In das Pflanzengenom zu integrierende Fremd-DNA wird in *E. coli* in einem pBR-Vektor kloniert und durch homologe Rekombination über diese pBR-Sequenzen in das Ti-Plasmid integriert. Bei der Konstruktion der binären Vektoren wird die Tatsache genutzt, daß Virulenz-Region und Grenzbereiche auf zwei getrennten Plasmiden lokalisiert sein können, ohne daß die Infektiosität der Agrobacterien vermindert wird (Hoekema et al. 1983). Die Grenzbereiche wurden auf Plasmide übertragen, die sowohl in *E. coli* als auch in *Agrobacterium* repliziert werden und den Vorteil haben, daß sie sehr viel kleiner als das Ti-Plasmid und leichter manipulierbar sind (An et al. 1985, 1986). Liegt die Fremd-DNA auf einem solchen Plasmid kloniert vor, wird dieses Plasmid in einen Agrobacterien-Stamm mobilisiert, der ein residentes Ti-Plasmid mit einer Vir-Region, aber ohne T-DNA, enthält. Agrobacterien mit diesen beiden Plasmiden sind imstande, die zwischen den Grenzbereichen gelegene DNA stabil in das Pflanzengenom zu integrieren.

Die Infektion mit Agrobacterien wurde bei verschiedenen Objekten an Explantaten, isolierten Protoplasten, Suspensionszellkulturen, auskeimenden und unreifen Pollen, Proembryoiden, Embryonen, Keimlingen und adulten Pflanzen durchgeführt, wobei die Explantate aus einer Vielzahl von Organen gewonnen wurden: Blatt, Blattstiel, Hypokotyl, Epikotyl, Stolon, Sproßachse, Samen und Wurzel. Bei Verwendung entschärfter Agrobacterien sind Regenerationsverfahren erforderlich, die es erlauben, eine transgene Pflanze aus einer transgenen Zelle zu regenerieren. Bei der Zuckerrübe ist die Regeneration von isolierten Protoplasten zu Pflanzen international ausschließlich in privatwirtschaftlich finanzierten Einrichtungen gelöst. Auf dem im September 1985 in Westberlin abgehaltenen Eucarpia-Symposium wurde bereits über eine bei Maribo (Dänemark) erfolgte Protoplastenregeneration zur Pflanze berichtet (Steen et al., 1986), Originaldaten hierzu wurden jedoch bisher nicht publiziert. Dagegen wurde die Kultivierung isolierter Zuckerrüben-Protoplasten zum Kallusstadium (SZABADOS und GAGGERO 1985) und die Regeneration von Kallus aus Zuckerrüben-Suspensionskulturen (BHAT et al. 1985) beschrieben. Die Sproßregeneration aus Kallus wurde von mehreren Laboratorien berichtet (VAN GEYT und JACOBS 1985; SAUNDERS und DOLEY 1986). Es ist jedoch nicht auszuschließen, daß die Kalluskulturen noch Meristeme enthalten, aus denen die Sproßregeneration erfolgt. Die Regenerationsfähigkeit ist offenbar stark Genotypabhängig.

Durch Kombination von Adventivsproßbildung aus unterschiedlichen Explantaten und Gentransfer mittels entschärfter Agrobacterien wurde für eine Reihe von pflanzlichen Objekten eine Transformationsmethode entwickelt, die Gentransfer, Pflanzenregeneration und effektive Transformantenselektion vereint (HORSCH et al. 1985; BUDAR et al. 1986; SIMOENS et al. 1986). Die Mehrzahl der aus Blattstücken regenerierten Sprosse geht auf Einzelzellen zurück (CHLYAH 1974; TRAN THANH VAN 1980; MARCOTRIGIANO 1986), chimäre Regeneratpflanzen sind jedoch nicht auszuschließen. Um bei der Zuckerrübe von einheitlichem Material auszugehen, empfiehlt es sich, Explantate von *in-vitro*-vermehrten Sproßkulturen zu gewinnen, d. h. aus Wurzel, Sproßachse, Blattstiel oder Blatt. Über Pflanzenregeneration aus Zuckerrübenwurzeln liegen keine publizierten Daten vor. Sproßbildung an Blattstücken der Zuckerrübe wurde zwar beschrieben (SAUNDERS und DOLEY 1986), ist aber sehr ineffektiv (lange Induktionszeit, 1 Sproß/25 Explantate). Die Bildung von Adventivsprossen an Blattstielexplantaten (LUX und FRAHNERT 1985) bietet einen erfolgversprechenden Ansatzpunkt für die Etablierung einer Transformationsmethode. Die Verwendung von Zuckerrübenklonen mit erhöhter Fähigkeit zur Adventivsproßbildung aus Petiolenexplantaten sowie verbesserte Kultivierungsbedingungen (FREYTAG et al. 1988) bieten eine Begründung dafür, diesen Weg intensiv zu verfolgen.

Nach Co-Kultivierung von Hypocotylexplantaten mit entschärften Agrobacterien erhielten HARPSTER et al. (1988) an 80 % der Explantaten Kallusbildung unter selektiven Bedingungen (Hygromycin). Die Agrobacterien enthielten binäre Vektoren mit dem Hygromycinphosphotransferase-Gen.

1.2. *Agrobacterium rhizogenes*

Eine Infektion von dikotylen Pflanzen mit *Agrobacterium rhizogenes* löst die Bildung von sogenannten haarigen Wurzeln aus. Während *A. tumefaciens* und *A. rhizogenes* große Ähnlichkeiten in bezug auf Virulenz, T-DNA-Übertragung und Opinkatabolismus aufweisen, sind die Mechanismen, die zur Entstehung von Wurzelhalsgallen oder haarigen Wurzeln führen, sehr unterschiedlich. Tumorzellen zeichnen sich durch erhöhte Auxin- und Cytokininsynthese aus, Zellen der haarigen Wurzeln dagegen durch erhöhte Auxinempfindlichkeit (SHEN et al. 1988). Das Virulenzplasmid von *A. rhizogenes* wird als wurzelinduzierendes (Ri) Plasmid bezeichnet. Im Gegensatz zur Gallentumor-Bildung, die nur in beschränktem Maße eine spontane Regeneration zu transgenen Pflanzen erlaubt, verhindert die Transformation zu haarigen Wurzeln nicht, daß die transformierte Wurzelzelle zur ganzen Pflanze regeneriert. Aus haarigen Wurzeln regenerierte Pflanzen sind fertil und übertragen die T-DNA auf die Nachkommenschaft (TEPFER 1984; WHITE und SINKAR 1987; SINKAR et al. 1987). Die Regeneration haariger Wurzeln zu transgenen Pflanzen ist bei einer Reihe von Kulturpflanzen gelungen, u. a. bei Tabak (ACKERMANN 1977), Kartoffel (OOMS et al. 1985a; HÄNISCH TEN CATE et al. 1988), Raps, (OOMS et al. 1985b; GUERCHE et al. 1987), Luzerne (SPANO et al. 1987), Tomate (SHAHIN et al. 1986; MORGAN et al. 1987). Häufig erfolgt die Sproßbildung bereits ohne exogene Pflanzenhormone, wenn die Wurzelkulturen belichtet werden (z. B. bei Meerrettich, NODA et al. 1987). Bei der Zuckerrübe wurde eine Pflanzenregeneration aus haarigen Wurzeln bisher nicht publiziert. In dem Laboratorium von D. TEPFER gelang jedoch kürzlich die Regeneration von transgenen Zuckerrübenpflanzen aus haarigen Wurzeln (YACOUB, pers. Mitt.) Häufig zeigen aus haarigen Wurzeln regenerierte Pflanzen eine veränderte Morphologie (gekräuselte Blätter, verminderte Apikaldominanz, Neigung zur Wurzelbildung aus verschiedenen Organen). Um diesen störenden Nebeneffekt zu beseitigen, besteht die Möglichkeit, das zu übertragende Fremdgen in einem Binärvektor zu klonieren und nach *A. rhizogenes*-vermitteltem Gentransfer durch Rückkreuzung der regenerierten Pflanzen von der T-DNA zu trennen. Von MCKNIGHT et al. (1987) wurde gezeigt, daß zwei unterschiedliche T-DNA-Sequenzen, die auf Binärvektoren in unterschiedlichen *A. rhizogenes*-Stämmen lokalisiert sind, Pflanzenzellen zu haarigen Wurzeln cotransformieren können, die beide T-DNAs enthalten. Die T-DNAs sind genetisch nicht gekoppelt, eine Segregation in regenerierten Pflanzen ist möglich. SIMPSON et al. (1986) und HAMILL et al. (1987) zeigten, daß die T-DNA vom Ri-Plasmid und das Markergen vom Binärvektor mit einer hohen Co-Transformationsrate übertragen werden, wenn beide Plasmide in einem *Agrobacterium* enthalten sind. Mit dem gleichen Versuchsansatz erzeugten TRULSON et al. (1986) Neomycinphosphotransferase-positive, phänotypisch normale Gurkenpflanzen.

Haarige Wurzeln der Zuckerrübe stellen ein geeignetes Testsystem für Untersuchungen zur Expression und Expressionsregulation von stabil integrierten Fremdgenen dar (SCHIEMANN und MENDEL, in Vorbereitung). Sie sind methodisch einfach zu induzieren, robust und schnellwüchsig. Ihre Kultivierung kann auf Hormon-freien Medien erfolgen – in bezug auf ihren endogenen Hormongehalt unterscheiden sie sich nicht von untransformierten Wurzeln (SHEN et al. 1988). Organkulturen von haarigen Zuckerrübenwurzeln wurden außerdem verwendet zur Erzeugung von Sekundärstoffen (HAMILL et al. 1986) sowie zur Anzucht von Phytopathogenen (PAUL et al. 1987; MUGNIER 1987).

2. Direkter Gentransfer

Der direkte Transfer von Fremd-DNA in Pflanzenzellen ohne Zuhilfenahme eines biologischen Vektors wurde in zahlreichen Laboratorien zu einem Routineverfahren ausgebaut (u. a. POTRYKUS et al. 1985). Zur Einschleusung der isolierten DNA wurden unterschiedliche Methoden entwickelt: Aufnahme in isolierte Protoplasten durch Elektroporation und/oder chemische Stimuli; Fusion von Protoplasten mit Liposomen oder Sphäroplasten; Mikroinjektion in Eizellen, Pollen, Proembryoide, Embryonen oder Protoplasten; Einsaugen hochkonzentrierter DNA in Pollen oder Samen bzw. Übertragung durch Pollenschläuche; Laserporation; Einschießen von Partikel-gebundener DNA. Insbesondere für pflanzliche Objekte, bei denen eine Regeneration von Protoplasten zu Pflanzen nicht möglich ist, sind Methoden von Interesse, die einen direkten Gentransfer ohne Protoplastenisolierung erlauben. Insbesondere zwei Methoden des direkten Gentransfers in regenerationsfähige Zuckerrübenzellen erscheinen am aussichtsreichsten: die Einschleusung von Fremd-DNA über Pollenschläuche sowie mit Hilfe einer Partikelkanone. Eine einfache Methode zur Pollenschlauchtransformation bei Reis wurde von LUO und WU (1988) publiziert. Nach Inokulation von Pollenschläuchen mit kloniertem Neomycinphosphotransferase-Gen kurz nach der Bestäubung wurden Samen gewonnen. In bis zu 20 % der sich daraus entwickelnden Keimpflanzen konnten Neomycinphosphotransferase-Genkopien nachgewiesen werden. Mit der von KLEIN et al. (1987) entwickelten Technik, Metallpartikel mit DNA zu beladen und in Pflanzenzellen einzuschießen, konnten MCCABE et al. (1988) stabil transformierte Soja-Pflanzen erhalten.

Durch direkten Gentransfer wird in der Regel wesentlich mehr DNA in den Zellkern eingeschleust, als in das Genom integriert werden kann. Wird die extrachromosomale DNA nicht repliziert, geht sie innerhalb von 1–2 Wochen durch intrazellulären Abbau und Verdünnung infolge der Zellteilung verloren. Während ihres transienten Vorkommens in der Zelle ist die extrachromosomale DNA transkriptionsaktiv. Während ca. 1–10 % der Zellen die eingeschleuste DNA exprimieren, erfolgen bei nur 0,01–0,1 % der Zellen stabile Integration und Weitergabe der Fremd-DNA (FROMM und WALBOT 1987). Untersuchungen zur transienten Expression von Fremdgenen in Pflanzenzellen ermöglichen aufschlußreiche Einblicke in die Zusammenhänge von Genstruktur und -funktion bei zahlreichen Genkonstrukten (FROMM et al. 1985). Isolierte Suspensions-Protoplasten der Zuckerrübe sind für Untersuchungen zur Expression verschiedener chimärer Gene sehr geeignet (LINDSEY und JONES 1987; MENDEL et al. 1989). Allerdings sind Rückschlüsse von der transienten Expression eines Gens auf dessen Expression nach stabiler Integration nur bedingt möglich (SCHIEMANN und MENDEL, unveröffentlicht). LINDSEY und JONES (1987) beschrieben eine transiente Expression durch Elektroporation eingeschleuster Gene nicht nur in Zuckerrüben-Protoplasten, sondern auch in Zuckerrüben-Suspensionskulturen. Eine transiente Expression war allerdings nur in Suspensions-Zelllinien nachweisbar, die sehr kleine Zellaggregate bildeten. Durch eine Behandlung der Suspensionen mit pektolytischen Enzymen konte die transiente Expression gesteigert werden. Bei dieser Behandlung sollen kleinere Aggregate, aber keine Protoplasten entstehen. Ein direkter Transfer von TMV-RNA durch die Zellwand in Tabak-Mesophyllzellen wurde auch von MORIKAWA et al. (1986) beschrieben, allerdings wurden zur Zellisolierung pektolytische Enzyme eingesetzt. An einer etablierten Zuckerrüben-Suspensionskultur, die kleine Aggregate bildet und sehr effiziente Protoplastierung ermöglicht, konnten die Ergebnisse von LINDSEY und JONES nicht reproduziert werden (HESS und MENDEL, pers. Mitt.). Durch Elektroporation transformierte Zuckerrüben-Protoplasten lassen sich zu einer stabil transformierten Kalluskultur regenerieren (SCHIEMANN und MENDEL, unveröffentlicht).

3. Expression der transferierten Gene

Die *A. tumefaciens*-vermittelte Transformation dikotyler Pflanzen hat sich als sehr wertvolle Technik erwiesen, um Faktoren, die die Expression von heterologen sowie wiedereingeführten homologen Genen beeinflussen, zu untersuchen (SCHELL 1987). Einer der wichtigsten Gesichtspunkte für die Wahl des Gentransfervektors ist die Auswahl geeigneter Promotoren, die das gewünschte Expressionsniveau in dem erforderlichen Gewebe und unter geeigneter Entwicklungskontrolle vermitteln. Konstitutive Promotoren sind in solchen Fällen angebracht, wo die Expression eines Merkmals in der gesamten Pflanze, unabhängig von ihrem Differenzierungszustand, gewünscht wird. SANDERS et al. (1987) verglichen die relative Stärke von zwei konstitutiven Promotoren, des 35S-Promoters des Blumenkohlmosaikvirus (CaMV) (ODELL et al. 1985) und des Nopalinsynthase(nos)-Promoters der *A. tumefaciens*-T-DNA (DEPICKER et al. 1982) in transgenen Tabakpflanzen. Der CaMV35S-Promoter vermittelt ein signifikant höheres (ca. 30-faches) Expressionsniveau des Reportergens als der nos-Promoter. HARPSTER et al. (1988) ermittelten in stabil transformiertem Zuckerrüben-Kallus durch Bestimmung der mRNA-Konzentration des Reportergens ein Verhältnis der Expressionsstärken von 1:13:25 für nos: T_R2':35S. In unteren Tabakblättern exprimiert der T_R2'-Promoter stärker als der CaMV35S-Promoter (MENDEL und SCHIEMANN, in Vorbereitung). Der $T_R1'2'$-Promoter ist ein divergenter Promoter der *A. tumefaciens*-T_R-DNA für die Gene 1′ und 2′ (VELTEN et al. 1984). Nach HARPSTER et al. (1988) wird in transgenem Tabakkallus die 1′-Position ca. 8-fach schwächer exprimiert als die 2′-Position. Ein Promotervergleich in isolierten Zuckerrüben-Protoplasten durch Messung der transienten Expression des NPT II-Gens ergab folgende Einstufung der NPT-Aktivität: $T_R1' >$ CaMV35S $>$ nos $\gg$ CaMV19S (MENDEL et al. 1989). Die Daten aus unterschiedlichen Expressionsstudien sind nur unter Einschränkungen miteinander vergleichbar. Positionseffekte, Methylierungsmuster, unterschiedliche Leader-Sequenzen oder Sequenzen am 3′-Ende des Reportergens, unterschiedliche Konstruktionsspezifität (z. B. unterschiedliche Basenzahl zwischen Promoter und codierender Sequenz), Messung der Genprodukte auf Transkriptions-, Translations- oder Posttranslationsebene u. a. können zu einer starken Modulation der Promoterstärke führen. Ungeachtet dieser Einschränkungen ergeben die vorliegenden Daten, daß der CaMV35S- und der $T_R1'2'$-Promoter ein hohes Expressionsniveau sowohl in der transienten als auch in der stabilen Expression von Reportergenen in Zuckerrübenmaterial garantieren.

Obwohl der CaMV35S-Promoter allgemein als konstitutiver Promoter angesehen wird, gibt es Hinweise darauf, daß er im Leitgewebe stärker exprimiert (Virusgen-Promoter; B. HOHN, pers. Mitt.). Nach J. BOTTERMAN (pers. Mitt.) exprimiert der T_R2'-Promoter in Kallus, Protoplasten und Wurzeln sehr stark, dagegen schwächer in Blättern von transgenen Tabakpflanzen. In transgenen

Tabakpflanzen ist eine deutliche Abnahme der Expressionsstärke von unten (Wurzeln, untere Blätter) nach oben (obere Blätter, Blüte) festzustellen (MENDEL und SCHIEMANN, in Vorbereitung). In transgenen Zuckerrübenwurzeln können die Expressionsstärken des T_R2'- und des CaMV35S-Promoters durch Pflanzenhormone um das ca. 3-fache stimuliert werden (SCHIEMANN und MENDEL, in Vorbereitung).

Für Untersuchungen zur Expressionsregulation von Fremd-Genen in transgenem Zuckerrübenmaterial stehen mehrere Reportergene zur Verfügung, u. a. die Gene für Neomycinphosphotransferase (NPT) und Glucuronidase (GUS). Die NPT-katalysierte Phosphorylierung von Kanamycin vermittelt der transgenen Zelle eine Resistenz gegen das Antibiotikum. Die gleiche Reaktion liegt einem Test zur Bestimmung der NPT-Aktivität zugrunde (VAN DEN BROECK et al. 1985). Der Test erfordert allerdings Arbeiten mit hohen Radioaktivitätsmengen und läßt genaue quantitative Aussagen nicht zu. Wesentlich einfacher, zeitsparender und genauer ist die Bestimmung der GUS-Aktivität, die spektrophotometrisch, fluorometrisch oder histochemisch erfolgen kann (JEFFERSON et al. 1986). Allerdings sind hierbei endogene GUS-Aktivitäten zu beachten, die zwar nicht in Wurzel- oder Kallusmaterial, aber in Blättern und Blüten der Zuckerrübe auftreten können (SCHIEMANN, unveröffentlicht).

4. Meiotische Stabilität der übertragenen Fremdgene

Chromosomale Integration und mendelnde Vererbung von Fremdgenen wurden in mehreren Arbeiten für transgene Pflanzen gezeigt, die durch Agrobacterien-vermittelten oder direkten Gentransfer gewonnen wurden. Exakte Untersuchungen darüber, ob Fremdgene mit dem hohen Grad an meiotischer Stabilität vererbt werden, der für wirtschaftlich nutzbare Linien erforderlich ist, sind dagegen selten. Für zwei durch direkten Gentransfer erzeugte Tabaklinien bestimmten POTRYKUS et al. (1985) meiotische Verlustraten von höher als 10^{-2}. Dagegen kann die meiotische Verlustrate bei *Agrobacterium*-transformierten Tabakpflanzen kleiner als 10^{-4} sein (MÜLLER et al. 1987), es treten aber auch transgene Pflanzen mit einer deutlich höheren Verlustrate auf (MÜLLER, pers. Mitt.). Kürzlich konnte auch bei durch direkten Gentransfer erzeugten Tabaklinien eine hohe meiotische Stabilität der integrierten Fremdgene nachgewiesen werden (MÜLLER, pers. Mitt.). Die vorliegenden Daten zeigen, daß sowohl Agrobacterien-vermittelter als auch direkter Gentransfer genutzt werden können, um meiotisch stabile transgene Linien zu erzeugen.

5. Anwendungsmöglichkeiten

Welche züchterisch relevanten Eigenschaften der Zuckerrübe könnten durch Übertragung von Fremdgenen verbessert bzw. neu geschaffen werden? Am aussichtsreichsten und für die DDR realisierbar erscheint gegenwärtig der Transfer von monogen bedingten Resistenzeigenschaften, z. B. gegen Viren (u. a. Rizomania, Mildes Rübenvergilbungsvirus), Nematoden, Herbizide.

Durch Synthese von Virushüllprotein und/oder „antisense" RNA (für RNA-Plus-Stränge) bzw. „sense" RNA (für RNA-Minus-Stränge) können transgene Pflanzen ihre Resistenz gegenüber Pflanzenviren verstärken (LEISER 1989). Einen vielversprechenden Ansatzpunkt bietet die Übertragung von DNA-Sequenzen, die für Ribozyme (PRODY et al. 1986) codieren. In der Pflanzenzelle synthetisierte Ribozyme könnten bereits in katalytischen Mengen Virus-RNA spalten (WALBOT und BRUENING 1988). International wird intensiv an der gentechnischen Erzeugung von Rizomania-Resistenz in Zuckerrüben gearbeitet (KOENIG 1988). Aber auch Erzeugung von Resistenz gegenüber anderen Zuckerrübenviren, wie dem Milden Rübenvergilbungsvirus, das zu den Luteoviren gehört (CASPER 1988), wäre wirtschaftlich interessant.

International besteht ein großer Bedarf an Herbizid-resistenten Kulturpflanzen. Kürzlich konnten Resistenzeigenschaften gegenüber mehreren Breitband-Herbiziden in Tabak, Tomate, Kartoffel u. a. übertragen werden (BOTTERMAN und LEEMANS 1988). Auch über Glyphosat- und Phosphinothricin-resistente Zuckerrübenpflanzen wurde bereits berichtet (pers. Mitt. von HORSCH und DE BLOCK).

Für die Auswahl der Gentransferprojekte bei der Zuckerrübe sollten neben Fragen der Realisierbarkeit und der ökonomischen Relevanz vor allem auch Fragen der ökologischen Verträglichkeit (z. B. Verhinderung der Fremdbestäubung von Wildformen durch gentechnisch manipulierte Kulturpflanzen) eine entscheidende Rolle spielen.

Summary

Chances and approaches for gene transfer in sugar beet (*Beta vulgaris* L.)

The genetic variability of cultivated plants can be extensively increased by the transfer of cloned genes. Especially the transfer of monogeneously coded resistancies is established for an increasing number of cultivated plants. A routine gene transfer method is not available for the economicly important sugar beet. Though transfer, integration and expression of foreign genes in cells and tissues of sugar beet can be achieved by a number of gene transfer methods, only a few laboratories succeeded in the regeneration of transgenic cells of sugar beet to transgenic plants. The experimental details have not been published until now. This paper deals with methods which could be useful for gene transfer in sugar beet. Expression and meiotic stability of transferred genes are described and the aims of gene transfer in sugar beet are shortly discussed.

Краткое содержание

Возможности и пути генного трансфера сахарной свеклы (*Beta vulgaris* L.).

С помощью переноса клонированных инородных генов возможно существенно расширять генетическую вариабельность культурных растений. Стал возможен особенно перенос моногенно обусловленных резистентных свойств у всё большего числа культурных растений. Для имеющей важное сельскохозяйственное значение сахарной свеклы пока не имеется ещё отработанного метода генного трансфера. Интеграция и экспрессия инородных генов в клетки и ткани сахарной свеклы возможны множеством методов. Регенерацией растений из трансгенных клеток владеют пока только некоторые лаборатории. Экспериментальные детали пока ещё на публиковались. В настоящей работе описываются методы, пригодные для генного трансфера сахарной свеклы. Даётся также описание экспрессии и меотической стабильности трансферированных генов, и описание возможности применения генного трансфера у сахарной свеклы, Приводятся обсуждения этих вопросов.

Literatur

ACKERMANN, C., 1977: Pflanzen aus *Agrobacterium rhizogenes*-Tumoren an *Nicotiana tabacum*. – Plant Sci. Lett. **8**, 23–30.

ALLIOTTE, TH., L. H. ZHU, M. VAN MONTAGU and D. INZE, 1988: Plant expression vectors with the origin of replication of the W-type plasmid Sa. Plasmid **19**, 251–254.

AN, G., B. WATSON, S. STACHEL, M. GORDON, and E. NESTER, 1985: New cloning vehicles for transformation of higher plants. – EMBO J. **4**, 277–284.

–, – and C. C. CHIANG, 1986: Transformation of tobacco, tomato, potato, and *Arabidopsis thaliana* using a binary Ti vector system. – Plant Physiol. **81**, 301–305.

BHAT, S. R., B. V. FORD-LLOYD and J. A. CALLOW, 1985: Isolation of protoplasts and regeneration of callus from suspension cultures of cultivated beets. – Plant Cell Reports **4**, 348–350.

BOTTERMAN, J. and J. LEEMANS, 1988: Engineering herbicide resistance in plants. – TIG, **4**, 219–222.

BRAUN, A. C. and P. R. WHITE, 1943: Bacteriological sterility of tissues derived from secondary crown gall tumors. – Phytopathol. **33**, 85–100.

BUDAR, F., F. DEBOECK, M. VAN MONTAGU and J. P. HERNALSTEENS, 1986: Introduction and expression of the octopine T-DNA oncogenes in tobacco plants and their progeny. – Plant Science **46**, 195–206.

CASPER, R., 1988: Luteoviruses. In: The Plant Viruses (Ed. R. KOENIG), Vol. 3, Plenum Publishing Corporation, S. 235–257.

CHILTON, W. S., J. TEMPE, M. MATZKE and M. D. CHILTON, 1984: Succinamopine: a new crown gall opine. – J. Bacteriol. **157**, 357–362.

CHLYAH, H., 1974: Formation and propagation of cell division-centers in the epidermal layer of internodal segments of *Torenia fournieri* grown *in vitro*. Simultaneous surface observations of all the epidermal cells. – Can. J. Botany **52**, 867–872.

COCKING, E. C. and M. R. DAVEY, 1987: Gene transfer in cereals. – Science **236**, 1259–1262.

DE CLEENE, M. and J. DE LEY, 1972: The host range of crown gall. – Bot. Rev. **42**, 389–466.

DEPICKER, A., S. STACHEL, P. DHAESE, P. ZAMBRYSKI and H. M. GOODMAN, 1982: Nopaline synthase: transcript mapping and DNA sequence. – J. Mol. Appl. Genet. **1**, 561–573.

ECKES, P., G. DONN und F. WENGENMEYER, 1987: Gentechnik mit Pflanzen. – Angew. Chem. **99**, 392–412.

FILLATTI, J. J., J. KISER, R. ROSE and L. COMAI, 1987: Efficient transfer of a glyphosate tolerance gene into tomato using a binary *Agrobacterium tumefaciens* vector. – Bio/Technol. **5**, 726–730.

FRALEY, R. T., S. G. ROGERS, R. B. HORSCH, P. R. SANDERS, T. S. FLICK, S. P. ADAMS, M. L. BITTNER, L. A. BRAND, J. S. FRY, G. R. GALLUPI, S. B. GOLDBERG, N. L. HOFFMAN, S. C. WOO, 1983: Expression of bacterial genes in plant cells. – Proc. Natl. Acad. Sci. USA **80**, 4803–4806.

FREYTAG, A. H., S. C. ANAND, A. P. RAO-ARELLI and L. D. OWENS, 1988: An improved medium for adventitious shoot formation and callus induction in *Beta vulgaris* L. *in vitro*. – Plant Cell Rep. **7**, 30–34.
FROMM, M., L. P. TAYLOR and V. WALBOT, 1985: Expression of genes transferred into monocot and dicot plant cells by electroporation. – Proc. Natl. Acad. Sci. USA **82**, 5824–5828.
–, and V. WALBOT, 1987: Transient expression of DNA in plant cells. In: Plant DNA Infectious Agents (Eds. TH. HOHN and J. SCHELL), Springer-Verlag, S. 303–310.
GOODMAN, R. M., H. HAUPTLI, A. CROSSWAY and V. C. KNAUF, 1987: Gene transfer in crop improvement. – Science **236**, 48–54.
GORDON, M. P., 1982: Reversal of crown gall tumors. In: Molecular Biology of Plant Tumors (Eds. G. KAHL and J. SCHELL), Academic Press, S. 415–427.
GRONENBORN, B., 1987: The molecular biology of cauliflower mosaic virus and its application as plant gene vector. In: Plant DNA Infectious Agents (Eds. TH. HOHN and J. SCHELL), Springer-Verlag, S. 1–30.
GUERCHE, P., L. JOUANIN, D. TEPFER and G. PELLETIER, 1987: Genetic transformation of oilseed rape *(Brassica napus)* by the Ri T-DNA of *Agrobacterium rhizogenes* and analysis of inheritance of the transformed phenotype. – Mol. Gen. Genet. **206**, 383–386.
HAMILL, J. D., A. J. PARR, R. J. ROBINS, and M. J. C. RHODES, 1986: Secondary product formation by cultures of *Beta vulgaris* and *Nicotiana rustica* transformed with *Agrobacterium rhizogenes*. – Plant Cell Reports **5**, 111–114.
–, A. PRESCOTT and C. MARTIN, 1987: Assessment of the efficiency of cotransformation of the T-DNA of disarmed binary vectors derived from *Agrobacterium tumefaciens* and the T-DNA of *Agrobacterium rhizogenes*. – Plant Mol. Biol. **9**, 573–584.
HÄNISCH TEN CATE, C. H., E. ENNIK, S. ROEST, K. SREE RAMULU, P. DIJKHUIS and B. DE GROOT, 1988: Regeneration and characterization of plants from potato root lines transformed by *Agrobacterium rhizogenes*. – Theor. Appl. Genet. **75**, 452–459.
HARPSTER, M. H., J. A. TOWNSEND, J. D. B. JONES, J. BEDBROOK and P. DUNSMUIR, 1988: Relative strengths of the 35S cauliflower mosaic virus, 1′, 2′, and nopaline synthase promoters in transformed tobacco, sugarbeet and oilseed rape callus tissue. Mol. Gen. Genet. **212**, 182–190.
HERRERA-ESTRELLA, L., M. DE BLOCK, E. MESSENS, J. P. HERNALSTEENS, M. VAN MONTAGU and J. SCHELL, 1983: Chimeric genes as dominant selectable markers in plant cells. – EMBO J. **2**, 987–995.
HOEKEMA, A., P. R. HIRSCH, P. J. J. HOOYKAS, R. A. SHILPEROORT, 1983: A binary vector plant strategy based on separation of vir and T-region of the *Agrobacterium tumefaciens* Ti-Plasmid. – Nature **303**, 179–180.
HORSCH, R. B., J. E. FRY, N. L. HOFFMANN, D. EICHHOLTZ, S. G. ROGERS and R. T. FRALEY, 1985: A simple and general method for transferring genes into plants. – Science **277**, 1229–1231.
JEFFERSON, R. A., S. M. BURGESS and D. HIRSH, 1986: GUS fusions: Beta-glucuronidase from *E. coli* as a gene fusion marker. – Proc. Natl. Acad. Sci. USA **83**, 8447–8451.
–, T. A. KAVANAGH and M. W. BEVAN, 1987: GUS fusions: β-glucuronidase as a sensitive and versatile gene fusion marker in higher plants. – EMBO J. **6**, 3901–3907.
KLEIN, T. M., E. D. WOLF, R. WU, and J. C. SANFORD, 1987: High-velocity microprojectiles for delivering nucleic acids into living cells. – Nature **327**, 70–73.
KOENIG, R., 1988: Möglichkeiten zur gentechnischen Erzeugung von Virusresistenz in Pflanzen – Ist das Problem der Zuckerrübenrizomanie lösbar? – Nachrichtenbl. Deut. Pflanzenschutzd. **40**, 88–92.
KOUKOLIKOVA-NICOLA, Z., L. ALBRIGHT and B. HOHN, 1987: The mechanism of T-DNA transfer from *Agrobacterium tumefaciens* to the plant cell. In: Plant DNA Infectious Agents (Eds. TH. HOHN and J. SCHELL), Springer-Verlag, S. 110–148.
LEISER, R.-M., 1989: Perspektiven für die gentechnische Manipulation der Virusresistenz bei Pflanzen. – Die Kulturpflanze **37**, 57–78.
LINDSEY, K. and M. G. K. JONES, 1987: Transient gene expression in electroporated protoplasts and intact cells of sugar beet. – Plant Mol. Biol. **10**, 43–52.

LUO, Z.-X. and R. WU, 1988: A simple method for the transformation of rice via the pollen-tube pathway. – Plant Mol. Biol. Reporter **6**, 165–174.

LUX, H. and CH. FRAHNERT, 1985: Zell- und Gewebekultur zur Beschleunigung der Züchtung. – Tag.-Ber. Akad. Landwirtsch.-Wiss. DDR, **229**, 225–230.

MARCOTRIGIANO, M., 1986: Origin of adventitious shoots regenerated from cultured tobacco leaf tissue. – Amer. J. Bot. **73**, 1541–1547.

MCCABE, D. E., W. F. SWAIN, B. J. MARTINELL and P. CHRISTOU, 1988: Stable transformation of soybean *(Glycine max)* by particle acceleration. – Bio/Technology **6**, 923–926.

MCKNIGHT, T. D., M. T. LILLIS and R. B. SIMPSON, 1987: Segregation of genes transferred to one plant cell from two separate *Agrobacterium* strains. – Plant Mol. Biol. **8**, 439–445.

MENDEL, R. R., B. MÜLLER and A. TEWES, 1989: Transient gene expression in protoplasts of barley, sugar beet and *Nicotiana plumbaginifolia*. – Zur Publikation eingereicht.

MORGAN, A. J., P. N. COX, D. A. TURNER, E. PEEL, M. R. DAVEY, K. M. A. GARTLAND and B. J. MULLIGAN, 1987: Transformation of tomato using an Ri plasmid vector. – Plant Science **49**, 37–49.

MORIKAWA, H., A. IIDA, C. MATSUI, M. IKEGAMI and Y. YAMADA, 1986: Gene transfer into plant cells by electroinjection through cell walls and membranes. – Gene **41**, 121–124.

MUGNIER, J., 1987: Infection by *Polymyxa betae* and *Plasmodiophora brassicae* of roots containing root-inducing transferred DNA of *Agrobacterium rhizogenes*. – Phytopathology **77**, 539–542.

MÜLLER, A. J., R. R. MENDEL, J. SCHIEMANN, C. SIMOENS and D. INZE, 1987: High meiotic stability of a foreign gene introduced into tobacco by *Agrobacterium*-mediated transformation. – Mol. Gen. Genet. **207**, 171–175.

NODA, T., N. TANAKA, Y. MANO, S. NABESHIMA, H. OHKAWA and C. MATSUI, 1987: Regeneration of horseradish hairy roots incited by *Agrobacterium rhizogenes* infection. – Plant Cell Rep. **6**, 283–286.

ODELL, J. T., F. NAGY and N.-H. CHUA, 1985: Identification of DNA sequences required for activity of the cauliflower mosaic virus 35S promoter. – Nature **313**, 810–812.

OOMS, G., A. KARP, M. BURRELL, D. TWELL and J. ROBERTS, 1985a: Genetic modification of potato development using Ri Ti-DNA. – Theor. Appl. Genet. **70**, 440–446.

–, A. BAINS, M. BURRELL, A. KARP, D. TWELL and E. WILCOX, 1985b: Genetic manipulation in cultivars of oilseed rape (*Brassica napus*) using *Agrobacterium*. – Theor. Appl. Genet. **71**, 325–329.

PAUL, H., C. ZIJLSTRA, J. E. LEENWANGH, F. A. KRENS, and H. J. HUIZING, 1987: Reproduction of the beet cyst nematode *Heterodera schachtii* Schm. on transformed root cultures of *Beta vulgaris* L. – Plant Cell Reports **6**, 379–381.

POTRYKUS, I., J. PASZKOWSKI, M. W. SAUL, J. PETRUSKA and R. D. SHILLITO, 1985: Molecular and general genetics of a hybrid foreign gene introduced into tobacco by direct gene transfer. – Mol. Gen. Genet. **199**, 169–177.

–, –, R. D. SHILLITO and M. W. SAUL, 1987: Direct gene transfer to plants. In: Plant DNA Infectious Agents (Eds. TH. HOHN and J. SCHELL), Springer-Verlag, S. 230–248.

PRODY, G. A., J. T. BAKOS, J. U. BUZAYAN, J. R. SCHNEIDER and G. BRUENING, 1986: Autolytic processing of dimeric plant virus satellite RNA. – Science **231**, 1577–1580.

ROGERS, S. G. and H. KLEE, 1987: Pathway to plant genetic manipulation employing *Agrobacterium*. In: Plant DNA Infectious Agents (Eds. TH. HOHN and J. SCHELL), Springer-Verlag, S. 179–204.

SANDERS, P. E., J. A. WINTER, A. R. BARNASON, S. G. ROGERS and R. T. FRALEY, 1987: Comparison of the cauliflower mosaic virus 35S and nopaline synthase promoters in transgenic plants. – Nucleic Acids Res. **15**, 1543–1558.

SAUNDERS, J. W. and W. P. DOLEY, 1986: One step shoot regeneration from callus of whole plant leaf explants of sugarbeet lines and a somaclonal variant for *in vitro* behaviour. – J. Plant Physiol. **124**, 473–479.

Schell, J., 1987: Transgenic plants as tools to study the molecular organization of plant genes. – Science **237**, 1176–1183.

Shahin, E. A., K. Sukhapinda, R. B. Simpson and R. Spivey, 1986: Transformation of cultivated tomato by a binary vector in *Agrobacterium rhizogenes*: transgenic plants with normal phenotypes harbor binary vector T-DNA, but no Ri plasmid T-DNA. – Theor. Appl. Genet. **72**, 770–777.

Shen, W. H., A. Petit, J. Guern and J. Tempé, 1988: Hairy roots are more sensitive to auxin than normal roots. – Proc. Natl. Acad. Sci. USA **85**, 3417–3421.

Simoens, C., T. Alliotte, R. Mendel, A. Müller, J. Schiemann, M. van Lijsebettens, J. Schell, M. van Montagu and D. Inze, 1986: A binary vector for transferring genomic libraries into plants. – Nucleic Acids. Res. **14**, 8073–8090.

Simpson, R. B., A. Spielmann, L. Margossian and T. D. McKnight, 1986: A disarmed binary vector from *Agrobacterium tumefaciens* functions in *Agrobacterium rhizogenes*. Frequent co-transformation of two distinct T-DNAs. – Plant Mol. Biol. **6**, 403–415.

Sinkar, V. P., F. F. White and M. P. Gordon, 1987: Molecular biology of Ri-plasmid – A review. – J. Biosci. **11**, 47–57.

Spano, L., D. Mariotti, M. Pezzotti, F. Damiani and S. Arcioni, 1987: Hairy root transformation in alfalfa (*Medicago sativa* L.). – Theor. Appl. Genet. **73**, 523–530.

Steen, P., B. Keimer, K. D'Halluin and H. C. Pedersen, 1986: Variability in plants of sugar beet (*Beta vulgaris* L.) regenerated from callus, cell-suspension and protoplasts. – Proc. Int. Symp. Eucarpia (Eds. W. Horn, C. J. Jensen, W. Odenbach and O. Schieder), Walter de Gruyter, Berlin – New York, S. 633–635.

Szabados, L. and C. Gaggero, 1985: Callus formation from protoplasts of a sugarbeet cell suspension culture. – Plant Cell Reports **4**, 195–198.

Tepfer, D., 1984: Transformation of several species of higher plants by *Agrobacterium rhizogenes*: Sexual transmission of the transformed genotype and phenotype. – Cell **37**, 959–967.

Tran Thanh Van, K., 1980: Control of morphogenesis by inherent and exogenously applied factors in thin cell layers. – Int. Rev. Cytol. Supp. **11A**, 175–194.

Trulson, A. J., R. B. Simpson and E. A. Shahin, 1986: Transformation of cucumber (*Cucumis sativus* L.) plants with *Agrobacterium rhizogenes*. – Theor. Appl. Genet. **73**, 11–15.

van den Broeck, G., M. P. Timko, A. P. Kausch, A. R. Cashmore, M. van Montagu and L. Herrera-Estrella, 1985: Targeting of a foreign protein to chloroplasts by fusion to the transit peptide of ribulose 1,5-bisphosphate carboxylase. – Nature **313**, 358–364.

van Geyt, J. P. C. and M. Jacobs, 1985: Suspension culture of sugarbeet (*Beta vulgaris* L.). Induction and habituation of dedifferentiated and self-regenerating cell lines. – Plant Cell Reports **4**, 66–69.

Velten, J., L. Velten, R. Hain and J. Schell, 1984: Isolation of a dual promoter fragment from the Ti plasmid of *Agrobacterium tumefaciens*. – EMBO J. **12**, 2723–2730.

Walbot, V. and G. Bruening, 1988: Plant development and ribozymes for pathogens. – Nature **334**, 196–197.

White, F. F. and V. P. Sinkar, 1987: Molecular analysis of root induction by *Agrobacterium rhizogenes*. In: Plant DNA Infectious Agents (Eds. Th. Hohn and J. Schell), Springer-Verlag, S. 149–178.

Zambryski, P., H. Joos, C. Genetello, J. Leemans, M. van Montagu and J. Schell, 1983: Ti plasmid vector for the introduction of DNA into plant cells without alteration of their normal regeneration capacity. – EMBO J. **2**, 2143–2150.

Dr. J. Schiemann
Zentralinstitut für Genetik und Kulturpflanzenforschung
der Akademie der Wissenschaften der DDR
Corrensstr. 3
Gatersleben
DDR - 4325

Kulturpflanze 37 · 1989 · 29–55

Genetische Grundlagen der Halmverkürzung (Dwarfismus) beim Weizen und Möglichkeiten der züchterischen Nutzung

Andreas Börner und Dieter Mettin

(Eingegangen am 16. Februar 1989)

Zusammenfassung

Im internationalen Maßstab führte die Einbeziehung von Formen mit einer genetisch determinierten reduzierten Pflanzenlänge in Weizenzüchtungsprogrammen zu nachweisbaren Ertragsverbesserungen. Unter diesem Aspekt werden die genetischen Grundlagen der drei Hauptverzwergungsformen des Weizens (Semidwarfs, Hybrid-Dwarfs, Stunting-Dwarfs) beschrieben. Den Schwerpunkt bilden dabei die Semidwarf-Formen, die sich auf der Grundlage ihrer Reaktion gegenüber exogen applizierter Gibberellinsäure nochmals in GA-sensitive und GA-insensitive Genotypen unterteilen lassen. Neben einer Reduzierung der Pflanzenlänge und damit Verbesserung der Standfestigkeit werden durch die Semidwarf-Gene eine Reihe weiterer züchterisch wichtiger Merkmale wie beispielsweise die Einzelährenfertilität, die Anzahl ährentragender Halme je Pflanze oder die α-Amylase-Aktivität im Korn beeinflußt. Die genetischen Effekte auf die Ausprägung solcher Merkmale werden dargelegt.

1. Einführung

Beschreibungen von diversen Pflanzen mit verkürzten bzw. gestauchten Sprossen und somit reduzierter Pflanzenhöhe sind bereits im antiken Schrifttum überliefert (Pelton 1964). Viel später wurde klar, daß derartige Wuchsformveränderungen sowohl modifikativer als auch genetischer Natur sein können, und es gibt bei allen, genetisch gut durchgearbeiteten Objekten, mehr oder weniger begründete Analysen des Vererbungsmodus reduzierter Pflanzenlängen, der Anzahl der beteiligten Gene sowie ihrer Interaktionsbeziehungen.

Es war naheliegend, solche Veränderungen in der Pflanzenlänge in gewisse Beziehungen zum Wuchsstoffmetabolismus zu bringen (Reid 1986, Stoddart 1987) und damit zu einem kausalen Verständnis dieser Phäno- und Genotypen vorzudringen.

Auch beim Weizen, insbesondere dem Saatweizen *T. aestivum* L., sind Formen mit reduzierter Pflanzenhöhe seit langem bekannt. Mit der seit 1950 aus praktischen Gründen bestimmten verstärkten Nutzung in der Pflanzenzüchtung sind auch die genetischen Erkenntnisse über die Halmlängenveränderungen bedeutend erweitert worden.

Im englischen Sprachgebrauch hat sich für die Formen mit reduzierter Pflanzenlänge der Begriff „dwarf" durchgesetzt. Im deutschsprachigen Schrifttum werden die englischen Bezeichnungen meist nur bei der Charakterisierung von Genotypen oder zur Gen-Symbolisierung verwendet; allgemeiner spricht man von Kurzstroh-Typen.

Die erste Mitteilung über Zwergformen beim Weizen machte der australische Pflanzenzüchter WILLIAM FARRER. Er beobachtete bereits im Jahre 1891 in Kreuzungsnachkommenschaften Pflanzen mit reduzierter Wuchshöhe und fand 1895 in den F_1- und F_2-Generationen einiger Kreuzungskombinationen auch sogenannte „grass clumps" (FARRER 1898).

Eine der ersten und zugleich der bekanntesten Kurzstrohsorten, 'Norin 10', wurde im Jahre 1935 in Japan zugelassen (Abb. 1).

Sie zeichnete sich durch kurzes, steifes Stroh, gekoppelt mit der Fähigkeit, relativ viele Halme zu bilden, aus (REITZ und SALMON 1968). Die genetische Abstammung von 'Norin 10' sowie die später ebenfalls als Ausgangsmaterial für

Abb. 1 Die japanische Winterweizensorte 'Norin 10' (aus WICHT 1973)

Neukreuzungen dienenden koreanischen Sorten 'Suwon 92' und 'Seu Seun 27' sind von Reitz und Salmon (1968), Rao (1981) und Kihara (1983) beschrieben worden.

Im Jahre 1946 wurde 'Norin 10' zusammen mit weiteren japanischen Sorten von S. C. Salmon, der als landwirtschaftlicher Berater der US-amerikanischen Besatzungsmacht in Japan tätig war, in die USA gebracht. Dort wurden am Washington State College in den folgenden Jahren die ersten Kreuzungen zwischen 'Norin 10' und einheimischen amerikanischen Sorten durchgeführt (Vogel u. a. 1956). Die erste Kurzstrohsorte des Intensivtyps in den Vereinigten Staaten wurde 1961 zugelassen. Unter Praxisbedingungen mit hohem mineralischem N-Düngeraufwand wurden mit dieser Sorte mehrfach Erträge von über 80 Dezitonnen je Hektar erreicht (Briggle und Vogel 1968). Ein Jahr später bereits erfolgte in Mexiko die Zulassung der Sorten 'Pitic 62' sowie 'Penjamo 62' und im Jahre 1964 kamen 'Sonora 64', 'Lerma Rojo 64', 'Super X' und 'Siete Ceros' hinzu, die alle im CIMMYT (International Maize and Wheat Improvement Center) Mexiko unter Verwendung von 'Norin 10' als Kombinationspartner gezüchtet wurden.

Diese Intensivweizen brachten gegenüber den herkömmlichen Sorten Mehrerträge von 100 Prozent (Borlaug 1983). Zahlreiche Züchter aus aller Welt nahmen die Ergebnisse zum Anlaß, kurzstrohige Weizentypen in ihre Züchtungsprogramme aufzunehmen. Umfassende Zusammenstellungen von Kurzstrohsorten einschließlich ihrer größtenteils bekannten genetischen Charakterisierung sind von Gale u. a. (1981a, 1981b, 1982), Worland (1986), Börner u. a. (1987) sowie Worland und Petrovič (1988) vorgenommen worden.

Die einsetzende, intensive wissenschaftliche und praktische Bearbeitung der kurzstrohigen Formen machte es erforderlich, diese genauer zu systematisieren. Die Einteilungen erfolgten dabei entweder nach rein phänotypischen Gesichtspunkten oder auf genetischer Grundlage.

Die Einteilung auf phänotypischer Basis beschränkt sich darauf, die Pflanzen in genau abgegrenzte Längenklassen einzuteilen, ohne daß die einzelnen Bearbeiter bisher übereinstimmende Einteilungsprinzipien oder Phänotypenbezeichnungen (z. B. single dwarf, double dwarf, triple dwarf; short, standard height, tall) verwenden. Eine internationale Verständigung ist somit schwer möglich. Ein weiterer Nachteil dieses Einteilungsprinzips besteht darin, daß es auf Grund der umweltbedingten Modifikabilität des Merkmals zu Fehleinschätzungen kommen kann. Wicht (1973) und Hermann (1983) haben detaillierte Zusammenstellungen der verschiedenen, in der Literatur vorkommenden phänotypischen Klassifizierungen vorgenommen.

Aus den genannten Gründen sowie dem zunehmenden genetischen Erkenntniszuwachs hat sich in den vergangenen Jahren die Unterteilung auf genetischer Basis durchgesetzt. In Anlehnung an Briggle und Vogel (1968) muß man heute die moderate Halmlängenreduktion bzw. „Semidwarfism" („Semidwarf-Formen", „Semidwarfs") und die ausgesprochene Verzwergung bzw. den „Dwarfism" („Dwarf-Formen", „Dwarfs") genetisch unterscheiden, wobei der Begriff „Dwarfism" auch oft als Oberbegriff für beide Phänotypengruppen Verwendung findet.

Semidwarf-Genotypen weisen eine reduzierte Halmlänge auf, die durch eine

Verkürzung der Internodien zustande kommt. Die Blätter und Ähren besitzen eine normale Größe. Innerhalb der Semidwarfs gibt es eine beträchtliche Variation in der Halmlängenreduktion. Die Semidwarf-Typen werden von wenigen Hauptgenen kontrolliert.

Die Dwarf-Genotypen, auch als Hybrid-Dwarfs bezeichnet, unterscheiden sich von der erstgenannten Gruppe durch eine Verringerung der Größe aller Pflanzenteile. Die meisten Formen kommen nicht über das vegetative Stadium hinaus. Einige können Ähren bilden, die aber eine geringe Fertilität haben. Eine züchterische Nutzung ist meist nicht möglich. Die Pflanzen ähneln oft einem vegativ gebliebenen Gras, so daß die Hybrid-Dwarfs auch oft als „grass clumps" bezeichnet werden. Die beschriebene Verzwergungsart tritt häufig nach Kreuzungen von normal-langen Genotypen in der F_1 oder F_2 auf und wird als eine Form der Hybridschwäche definiert (HERMSEN 1967). Die kausalen physiologischen oder biochemischen Prozesse hierfür sind noch weitgehend unverstanden. Eine dritte Gruppe innerhalb der Verzwergungsformen des Weizens stellen die erstmals von ATSMON und JACOBS (1977) beschriebenen „Stunting-Genotypen" („Stunting-Dwarfs") dar.

2. Genetische Grundlagen des Dwarfismus

2.1. Semidwarfs

Die Semidwarf-Genotypen des Weizens sowie zahlreicher anderer Pflanzenarten (REID 1986) lassen sich auf der Grundlage ihrer Reaktion gegenüber applizierter Gibberellinsäure (GA_3) in zwei Gruppen einteilen:

1. Mutanten, die auf Grund von offenbar qualitativen oder quantitativen Veränderungen im endogenen Gibberellinsäuregehalt oder -metabolismus entstehen und die nach exogener Applikation von GA_3 wieder den „Normalzu-

Abb. 2 Sämlinge der Sorten 'Ai-bian 1' *(Rht10)*, 'Fakon' *(Rht2)*, 'Karcag 522 M7K' *(Rht12)* und 'Poros' *(rht)* (v. l. n. r.) nach einer dreiwöchigen Gibberellinbehandlung bei 20 °C und 18 h Licht/Tag (aus BÖRNER 1988)

Tabelle 1
Semidwarf-Gene des Weizens (nach KONZAK 1987, GALE und YOUSSEFIAN 1985, WORLAND 1986 und WORLAND und PETROVIČ 1988)

Semi-dwarf-gen	Loka-lisation	Quelle	Entste-hungsart[1]	Ausgangs-material	GA_3-Reaktion[2]	Dominanz-verhältnisse	Züchterische Nutzung
Rht1	$4A\alpha^{+}$	Norin 10	S	Akadaruma?	I	part. rez.	ja (intensiv)
Rht2	$4Ds^{++}$	Norin 10	S	Akadaruma?	I	part. rez.	ja (intensiv)
Rht3	$4A\alpha^{+}$	Tom Thumb	S	?	I	dom.	gering
Rht4	?	Burt M937	M	Burt	R	rez.	nein
Rht5	?	Marfed M1	M	Marfed	R	semi-dom.	gering
Rht6	?	Burt	S	(Brevor)	R	rez.	ja
Rht7	2A	Bersee Mut	M	Bersee	R	rez.	gering
Rht8	2D	Mara, Sava	S	Akakomugi	R	rez.	ja
Rht9	7Bs	Mara	S	Akakomugi	R	rez.	ja
Rht10	$4Ds^{++}$	Ai-bian 1	S	Afganzhao	I	dom.	gering
Rht11	?	Karlik 1	M	Bezostaja 1	R	rez.	ja
Rht12	5A	Karcag 522 M7K	M	Karcag 522	R	dom.	nein
Rht13	?	Magnif 41M1	M	Magnif 41	R	part. dom.	nein
Rht14	?	Castelporziano	M	Cappelli	R	semi-dom.	gering
Rht15	?	Durox	M	K6800707	R	part. rez.	evtl. möglich
Rht16	?	Edmore M1	M	Edmore	R	semi-dom.	evtl. möglich
Rht17	?	Chris M1	M	Chris	R	rez.	nein
Rht18	?	Icaro	M	Anhinga	R	semi-dom.	evtl. möglich
Rht19	?	Vic M1	M	Vic	R	semi-dom.	evtl. möglich
Rht20	?	Burt M860	M	Burt	R	part. dom.	evtl. möglich
Rht(S)	$4A\alpha^{+}$	Saitama 27	S	?	I	semi-dom?	ja (intensiv)
Rht(K)	$4A\alpha^{+}$	Krasnodari 1	?	Besostaja 1	I	?	ja

Die mit + bzw. ++ gekennzeichneten Allele haben wahrscheinlich identische Genloci.
[1] S = spontanes Auftreten, M = induzierte Mutante
[2] I = GA_3-insensitiv, R = GA_3-responsiv/sensitiv
Rht(S) = Rht(Saitama)
Rht(K) = Rht(Krasnodari 1)

stand" erreichen. Bei diesen GA_3-sensitiven Genotypen liegt demzufolge eine Störung in der Gibberellinsäuresynthese (Syntheseblock) vor.
2. Mutanten, welche im Vergleich zu Kontrollpflanzen nur eine sehr geringe bzw. gar keine Reaktion (komplette Insensitivität gegenüber applizierter Gibberellinsäure) zeigen, was auf einen Block in der Gibberellinsäure-Nutzung schließen läßt. Diese Genotypen werden als GA_3-insensitiv definiert.

Die unterschiedliche Gibberellinsäure-Reaktion ausgewählter Weizengenotypen ist in Abbildung 2 dargestellt (aus BÖRNER 1988).

Von den bei *T. aestivum* bisher bekannten 22 Semidwarf-Genen, die in Tabelle 1 dargestellt sind, lassen sich 16 der GA_3-sensitiven Gruppe zuordnen, wogegen 6 (*Rht1, Rht2, Rht3, Rht10, Rht(Saitama), Rht(Krasnodari 1)*) als GA_3-insensitiv gelten. Die Zusammenstellung und Charakterisierung der Gene bzw. Allele basiert auf den Arbeiten von GALE und YOUSSEFIAN (1985), WORLAND (1986), WORLAND und PETROVIČ (1988) sowie KONZAK (1987). Aufgetretene Fehler in der Darstellung des letztgenannten Autors wurden berichtigt.

In der vorliegenden Arbeit werden für die in Beziehung stehenden Merkmale „reduzierte Pflanzenlänge" bzw. „Reduced Height" und „GA_3-Insensitivität" bzw. „Gibberellic Acid Insensitivity" die genetischen Symbole *Rht* und *Gai* sowie das kombinierte Symbol *Gai/Rht* entsprechend des Genkataloges nach MCINTOSH (1983) beibehalten. Dabei werden sämtliche Mutanten-Allele (Semidwarf-Allele) mit *Rht*, die Wildtyp-Allele (also normale Pflanzenlänge) mit *rht* bezeichnet (MCINTOSH 1983). Die Groß- bzw. Kleinschreibung der Allel-Symbole erfolgt also nicht auf der Grundlage der Dominanzverhältnisse.

BÖRNER (1988) sowie BÖRNER und METTIN (1988) stellen diese und weitere Unzulänglichkeiten bezüglich der Nomenklatur der Semidwarf-Gene seit einiger Zeit bereits in Frage und diskutieren grundsätzliche Änderungen auf alleiniger Basis des Gibberellinverhaltens der Mutanten.

2.1.1. GA_3-insensitive Semidwarfs

Die GA_3-Insensitivität der japanischen Sorte 'Norin 10' sowie der wahrscheinlich aus Tibet stammenden Sorte 'Tom Thumb' wurde bereits im Jahre 1959 von ALLAN u. a. beschrieben. Sie stellten fest, daß bei diesen beiden Genotypen im Gegensatz zu anderen lang- und kurzstrohigen Formen applizierte Gibberellinsäure nicht zu einer Verlängerung der Sprosse führt. Genetische Analysen über den Zusammenhang der veränderten Gibberellin-Reaktion und der Halmlängenreduktion erfolgten jedoch nicht. Die weiteren Untersuchungen konzentrierten sich zunächst ausschließlich auf die Vererbung der Kurzstrohigkeit.

Im Jahre 1968 gelang es ALLAN und VOGEL bei einem 'Norin 10'-Abkömmling, die beiden Semidwarf-Gene *Sd1* und *Sd2* (später *Rht1* und *Rht2*) zu identifizieren. Beide Gene sind partiell rezessiv und wirken additiv (ALLAN u. a. 1968b). Bereits ein Gen kann einen Semidwarf-Habitus hervorrufen. Dabei ist die Merkmalsausprägung bei *Rht2* größer als bei *Rht1*, d. h. *Rht2* determiniert kürzere Halmlänge (ALLAN 1970).

Parallel dazu wurde in 'Tom Thumb' ein Gen für extreme Kurzstrohigkeit identifiziert, welches dominant ist – *Rht3* (CIMMYT-Report 1966–67).

'Tom Pouce Blanc' und 'Tom Pouce Barbu Rogue' tragen ebenfalls das dominante Gen *(Rht3)* bzw. ein Allel von diesem, welches einen höheren Verzwergungseffekt als die 'Norin 10'-Gene induziert (Zeven 1969).

Morris u. a. (1972) lokalisierten mit Hilfe einer Monosomenanalyse das Gen *Rht3* auf dem Chromosom 4A der Sorte 'Tom Thumb'. Diese Lokalisierung wurde auf Grund der Dominanz und der hemizygoten Effektivität von *Rht3* in allen nachfolgenden Untersuchungen bestätigt.

Begründet durch die Rezessivität und damit verbundene hemizygote Ineffektivität der 'Norin 10'-Gene war deren Lokalisierung weitaus schwieriger. Frühere Aussagen verschiedener Autoren über die Lokalisation der Gene *Rht1* und *Rht2* sind widersprüchlich und stimmen zum Teil mit den heutigen Erkenntnissen nicht mehr überein. Allan und Vogel (1963) vermuteten, daß die Loci für die beiden 'Norin 10'-Gene auf den Chromosomen 2A, 2B, 2D, 3D und 4B liegen könnten. Andere Arbeiten geben 2A, 4D und 6D (Jha und Swaminathan 1969), 6D (Bhowal 1970), 1B und 5D (Singhal u. a. 1973) sowie 2A und 4B (Baier u. a. 1974) an.

Daraufhin griffen Gale u. a. (1975) auf die bereits von Allan u. a. (1959) beschriebene veränderte GA_3-Reaktion der Semidwarf-Formen zurück und untersuchten unter Verwendung eines später von Gale und Gregory (1977) ausführlich beschriebenen Sämlingstestverfahrens die 21 Substitutionslinien der Sorte 'Minister Dwarf'. Dabei stellen sie fest, daß sich ein Gen für GA-Insensitivität *(Gai3)* auf dem Chromosom 4A befindet. Da es sich bei 'Minister Dwarf' um einen 'Tom Thumb'-Dwarftyp handelt und für 'Tom Thumb' das *Rht3*-Gen bereits auf dem Chromosom 4A lokalisiert war (Morris u. a. 1972), konnte man annehmen, daß zwischen den *Gai*-Genen und den *Rht*-Genen eine Beziehung besteht.

Weitere Untersuchungen (Gale und Marshall 1976a) zeigten, daß beide Gene entweder identisch sind oder sehr eng gekoppelt sein müssen. Neben der veränderten Sämlingsreaktion wiesen Gale und Marshall (1975) bei den Sorten 'Tom Thumb' bzw. 'Minister Dwarf' zusätzlich eine veränderte GA_3-Endospermreaktion nach (siehe 3.3.).

Ebenfalls im Jahre 1976 fanden Gale und Marshall (1976b), daß sich der GA_3-insensitive 'Tom Thumb'-Typ, der das Gen *Gai3* besitzt, vom GA_3-insensitiven 'Norin-10'-Typ unterscheidet. Letzterer ist durch zwei weniger wirksame Gene *Gai1* und *Gai2* determiniert. Weitere umfangreiche Monosomenanalysen ergaben, daß sowohl *Gai2* und *Rht2* als auch *Gai1* und *Rht1* entweder sehr eng gekoppelt oder sogar Allele eines Locus sind. Dabei wurde *Gai/Rht2* auf Chromosom 4D und *Gai/Rht1* auf 4A lokalisiert (Gale und Marshall 1976c).

Die Feststellung, daß sich die Gene *Gai1* und *Gai3* auf demselben Chromosom befinden, erforderte einen tieferen Einblick in aufspaltende Kreuzungsnachkommenschaften, die beide Gene enthalten. Gale und Marshall (1976c) untersuchten die Bastarde aus der Kombination 'Norin 10 – Brevor 14' *(Gai1/Gai2/gai3)* × 'Tom Thumb' *(gai1/gai2/Gai3)* auf das Vorhandensein von GA_3-sensitiven Segreganten. Dabei wurden 16000 F_2-Pflanzen und 560 F_3-Familien zu je 25 Pflanzen analysiert. Da kein sensitives Individuum gefunden wurde, kann man annehmen, daß *Gai1* und *Gai3* entweder Allele des gleichen Locus sind oder sehr eng gekoppelt sein müßten.

Obwohl zu vermuten ist, daß es zwischen Pflanzenlänge und GA_3-Metabolismus physiologische Zusammenhänge gibt, existieren über die Beziehungen zwischen den Semidwarfgenen von 'Norin 10' bzw. 'Tom Thumb' und der GA_3-Insensitivität in der Literatur gegenteilige Meinungen.

Während GALE und MARSHALL (1975, 1976d) sowie GALE und GREGORY (1977) von einer sehr engen Kopplung zweier Gene bzw. pleiotroper Merkmalsausprägung eines Gens berichten, sollen nach KONZAK u. a. (1973), HU (1974), HU und KONZAK (1974) und JALALYAR (1974) GA_3-Insensitivität und Semidwarf-Habitus von verschiedenen Genen determiniert werden, die jedoch eng gekoppelt sind. KONZAK (1982) räumt ein, daß die aufgetretenen Rekombinanten auch auf eine Kopplung zwischen den *Gai/Rht*-Genen und anderen Genen für Pflanzenlänge zurückzuführen sein könnten.

Die intrachromosomale Kartierung der *Gai/Rht*-Gene wurde 1978 von MCVITTIE u. a. vorgenommen. Mittels Zentromer-Mapping fanden sie *Gai/Rht1* sowie *Gai/Rht3* 15 Morgan-Einheiten vom Zentromer entfernt auf 4Aα und *Gai/Rht2* 13 Morgan-Einheiten vom Zentromer entfernt auf 4DS lokalisiert. Nach HARTS (1973) Analyse der chromosomalen Lokalisation der Gene für das Isoenzym ADH auf 4Aα, 4BL und 4DS sollten die Chromosomenarme homöolog sein. Es ist somit nicht unwahrscheinlich, daß auf 4BL noch ein weiterer Locus für *Gai/Rht* gefunden werden könnte.

Im Jahre 1981 identifizierten IZUMI u. a. ein weiteres dominantes Gen für GA_3-Insensitivität, welches in der chinesischen Sorte 'Ai-bian 1' enthalten ist. Dieses Gen konnte von IZUMI u. a. (1983) ebenfalls auf dem Chromosom 4DS, allerdings mit einer Distanz von 50 Morgan-Einheiten zum Zentromer, lokalisiert werden. Aus dieser offensichtlichen Diskrepanz zum Locus von *Gai/Rht2* resultiert, daß das Gen von 'Aibian 1' zunächst die Bezeichnung *Rht10* erhielt.

Untersuchungen zur Vererbung der Gibberellinsäure-Reaktion dieser Semidwarf-Mutante von BÖRNER und METTIN (1988) ergaben, daß die GA_3-Insensitivität von 'Ai-bian 1' monogen bedingt ist und durch ein (partiell) dominantes Gen kodiert wird. Entsprechend der bisher üblichen Nomenklatur erhielt dieses Gen die Bezeichnung *Gai10*. Der Grad der Dominanz ist höher als der von *Gai2*, welcher nach GALE und LAW (1977) wiederum höher als der von *Gai1* ist. Demnach handelt es sich wahrscheinlich um ein Gen, welches *Gai3* sehr ähnlich ist.

Um Informationen über eventuell vorhandene Beziehungen zwischen den Allelen *Gai10* und *Gai2* zu erhalten, analysierten BÖRNER und METTIN (1988) F_2-Populationen der Kombination 'Ai-bian 1' *(Gai10)* $\times$ 'Fakon' *(Gai2)* sowie der reziproken Kreuzungsrichtung.

Innerhalb von insgesamt mehr als 400 getesteten F_2-Pflanzen konnten bei 3:1-Spaltung für differentielle GA_3-Insensitivität keine GA_3-sensitiven Segreganten gefunden werden. Diese Tatsache deutet auf Pleiotropie eines Gens oder auf sehr enge Kopplung von *Gai10* und *Gai2* hin. Das wäre mit der von GALE und MARSHALL (1976c) beschriebenen engen Kopplung bzw. Polyphänie der Gene *Gai3* (sehr starke Merkmalsausprägung) und *Gai1* (geringe Ausprägung) vergleichbar.

Eine endgültige Aussage über die Beziehungen zwischen den Allelen *Gai10* und *Rht10* sowie *Gai2* und *Rht2* ist auf Grund mehrerer, zum Teil widersprüchlicher Ergebnisse nur schwer möglich.

Während *Gai/Rht2* mit 13 Morgan-Einheiten vom Zentromer entfernt auf 4DS lokalisiert wurde (McVittie u. a. 1978), stellten Izumi u. a. (1983) fest, daß sich *Rht10* mehr als 50 Einheiten vom Zentromer entfernt auf dem kurzen Arm des Chromosoms 4D befindet.

Bing-Hua und Jing-Yang (1986) beschreiben ein dominantes Gen für männliche Sterilität auf 4DS, für welches der Austauschwert mit dem Zentromer 31 % beträgt und das nach Liu (1987) mit *Rht10* sehr eng gekoppelt sein soll. Das bedeutet, daß entweder die Gene *Gai10* und *Rht10* tatsächlich unterschiedliche Loci einnehmen oder einige der mitgeteilten Rekombinationsfrequenzen inkorrekt sind.

Die Prüfung zahlreicher europäischer Weizensorten bezüglich des Vorhandenseins von GA_3-Insensitivitätsgenen (Worland 1986, Worland und Law 1986) führte zu der Identifizierung von zwei weiteren insensitiven Semidwarf-Allelen. Sie erhielten zunächst die Herkunftsbezeichnungen *Rht(Saitama)* und

Abb. 3 Isogene *Rht*-Linien der Sorten 'April Bearded' (A); 'Bersee' (B) und 'Maris Huntsman' (H) (aus Gale und Youssefian 1985)

Rht(Krasnodari 1). Dabei zeichnet sich *Rht (Saitama)* durch eine geringere GA_3-Insensitivität im Vergleich zu allen anderen bisher bekannt gewordenen *Gai/Rht*-Allelen aus (WORLAND 1986). Diese Feststellung sowie die von GALE und LAW (1977) getroffene Aussage über eine bestehende Parallelität zwischen der relativen Potenz der *Gai*-Allele *(Gai3>Gai2>Gai1)* und dem Längenreduktionsvermögen der *Rht*-Allele *(Rht3>Rht2>Rht1)* beruhen jedoch auf dem Vergleich der absoluten Sämlingslänge der entsprechenden Genotypen nach GA_3-Applikation.

In Anlehnung an REID (1986), KOORNNEEF u. a. (1985) bzw. BÖRNER und MELZ (1988) wird unter GA-Insensitivität im Test jedoch immer das Verhältnis der Pflanzen- bzw. Sämlingslänge der Gibberellinvariante zu einer analog angelegten Kontrollvariante (ohne GA) verstanden.

BÖRNER u. a. (1989, in Vorbereitung) untersuchten jeweils sechs isogene Linien der Sorten 'April Bearded' und 'Maris Huntsman' aus dem IPSR Cambridge, die sich ausschließlich durch die einzelnen *Rht*-Allele *(rht, Rht1, Rht2, Rht1+2, Rht3, Rht3+2)* unterschieden (Abb. 3). Aus diesen Untersuchungen geht hervor, daß sich die einzelnen isogenen Linien (ausgenommen die GA_3-sensitive *rht*-Linie) in dem Merkmal GA_3-Insensitivität (Gibberellinvariante: Kontrollvariante) nur unwesentlich voneinander unterscheiden (Abb. 4).

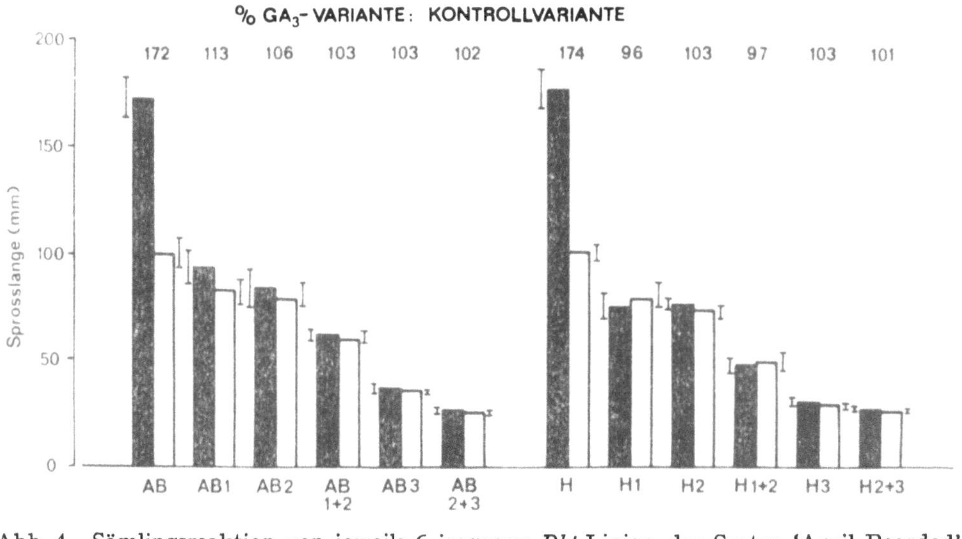

Abb. 4 Sämlingsreaktion von jeweils 6 isogenen *Rht*-Linien der Sorten 'April Bearded' (AB) und 'Maris Huntsman' (H) auf die Applikation von GA_3 (5 ppm) nach 22 Tagen bei 20° C und 18 h Licht/Tag. Schwarze Säule: GA_3-Variante/weiße Säule: Kontrollvariante. AB1 = isogene *Rht1*-Linie von 'April Bearded', AB2 = isogene *Rht2*-Linie von 'April Bearded' usw.)

Es besteht demzufolge die Möglichkeit, daß die verschiedenen *Gai*-Allele nicht nur Serien multipler Allele darstellen, wie das von WORLAND und PETROVIČ (1988) für *Gai/Rht1, Gai/Rht3, Gai/Rht(Saitama)* und *Gai/Rht(Krasnodari 1)* auf Chromosom 4A bzw. von BÖRNER und METTIN (1988) für *Gai/Rht2* und *Gai/*

Rht10 auf 4D vermutet wird, sondern, daß auf den genannten Chromosomen nur jeweils ein *Gai*-Locus existiert.

Eine Zusammenstellung sämtlicher Daten der chromosomalen Kartierung der *Gai/Rht*-Gene ist in Abbildung 5 dargestellt.

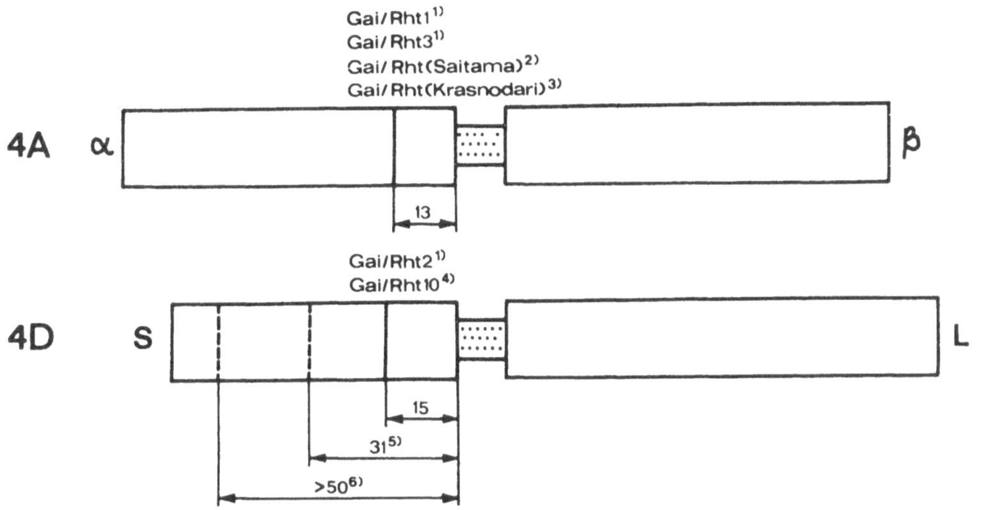

Abb. 5 Chromosomale Kartierung der *Gai/Rht*-Gene
1) MC VITTIE u. a. 1978
2) WORLAND und PETROVIC 1988
3) WORLAND 1986
4) BÖRNER und METTIN 1988
5) BING-HUA und JING-JANG 1986, LIU 1987
6) IZUMI u. a. 1983

2.1.2. GA_3-sensitive Semidwarfs

Im Gegensatz zu den GA_3-insensitiven Semidwarf-Formen beschränken sich die züchterischen Nutzungsmöglichkeiten der sensitiven Mutanten bisher nur auf wenige Gene bzw. Allele. Dies ist auch der Grund dafür, daß die meisten dieser Mutanten nur unzureichend analysiert wurden. Über die Gene *Rht11* sowie *Rht13* bis *Rht20* sind mit Ausnahme der in Tabelle 1 dargestellten Charakterisierungen keine weiteren Informationen bekannt, so daß sich die folgenden Ausführungen nur auf die Gene *Rht4*, *Rht5*, *Rht6*, *Rht7*, *Rht8*, *Rht9* und *Rht12* beschränken.

Das Gen *Rht4* wurde in einer durch Strahlen induzierten Mutante der Sorte 'Burt', welche die Bezeichnung 'Burt M937' trägt (KONZAK 1976), nachgewiesen. Es handelt sich dabei um ein rezessives Gen, welches die Pflanzenhöhe um 45 % verringert (HU 1980). Die Koleoptilenlänge wird dabei jedoch nicht in gleicher Weise reduziert (KONZAK 1982). Eine züchterische Nutzung der Mutante wurde bisher nicht beschrieben.

Die mit Hilfe einer EMS-Behandlung der Sorte 'Marfed' induzierte Mutante 'Marfed M1 (CI 13988)' enthält ein partiell dominantes Semidwarf-Allel, *Rht5*, welches neben der Pflanzenlänge auch die Ährenlänge und die Ährenzahl reduziert (KONZAK 1976). Auf Grund der drastischen Reduzierung des Kornertrages erlangte *Rht5* keine praktisch-züchterische Bedeutung.

Das Symbol *Rht6* wurde für ein weiteres Gen eingeführt, um die rezessiv vererbte Längenreduzierung der Standard-Sorte 'Burt' im Vergleich zu längeren Weizenformen zu charakterisieren (KONZAK 1982). Vererbungsanalysen mit diesem angenommenen Gen stehen jedoch bislang noch aus.

Durch eine EMS-Behandlung der Sorte 'Bersee' (CHAUDHRY 1973) wurde eine Mutante erhalten, die ein rezessives Allel für Halmverkürzung trägt. Dieses Allel, welches mit *Rht7* bezeichnet wurde und die Pflanzenlänge um 24 % reduziert, konnte auf Chromosom 2A lokalisiert werden (WORLAND u. a. 1980). Aus Gründen der negativen Beeinflussung verschiedener Ertragskomponenten ist das Allel jedoch kaum von züchterischem Interesse.

Die Semidwarf-Gene *Rht8* und *Rht9*, die der japanischen Sorte 'Akakomugi' entstammen, sind im Gegensatz zu den bisher beschriebenen GA_3-sensitiven Genen in zahlreichen, insbesondere italienischen und anderen südeuropäischen Weizensorten vertreten. *Rht8* wurde 1982 von GALE u. a. in der jugoslawischen Sorte 'Sava' nachgewiesen und konnte auf dem Chromosom 2D lokalisiert werden. In der eng mit der Sorte 'Sava' verwandten italienischen Sorte 'Mara' konnte neben *Rht8* ein weiteres Gen auf dem translozierten Chromosom 5BS/7BS nachgewiesen werden (LAW u. a. 1981), welches die Bezeichnung *Rht9* erhielt.

Schließlich liegt von der ungarischen Sorte 'Karcag 522 M7K' eine induzierte, halmlängenreduzierte Mutante vor, die ein nahezu vollständig dominantes Semidwarf-Allel besitzt, welches die Reduktion der Pflanzenlänge um 46 % bewirkt (VIGLASI 1968, KONZAK u. a. 1984). Das Allel wurde von SUTKA und KOVACS (1987) auf Chromosom 5A lokalisiert und mit *Rht12* bezeichnet.

2.2. Hybrid-Dwarfs (Grass Clumps)

In früheren Arbeiten wurde die Vererbung der Hybridverzwergung durch das Wirken von zwei Genen – ein dominantes Gen *D* sowie einen Inhibitor – (RAO 1981) definiert. HERMSEN (1963) beschreibt 3 Gene (D_1, D_2, D_3), die für die Hybridverzwergung verantwortlich sind, wobei sich das Gen D_2 auf Chromosom 2B (HURD und MCGINNIS 1958), D_1 und D_3 auf 2D bzw. 4B befinden (HERMSEN 1963).

Die Angaben zur Genetik der Grass-Dwarfs wurden von HERMSEN (1967) präzisiert. Danach handelt es sich bei diesem Phänotyp um die additive Interaktion von drei Genen, die sich in ihren Dominanzbeziehungen und quantitativen Beiträgen zum Dwarf-Phänotyp unterscheiden. Nach dieser Hypothese manifestiert sich der Grass-Dwarf-Phänotyp nur, wenn die Pflanzen für alle drei Loci D_1, D_2 und D_3 entweder homozygot oder heterozygot sind oder wenn bei Rezessivität von d_3 die Pflanze homozygot für D_2 und homo- oder heterozygot für D_1 ist.

SILBAUGH und METZGER (1970) fanden ein weiteres Gen mit dem Symbol D_4, welches ebenfalls auf Chromosom 2D (2DL) liegt und mit D_1 eng gekoppelt ist (Austauschwert 12 %). Die Gene D_1 und D_2 befinden sich 3,2 Einheiten vom Zentromer entfernt auf Chromosom 2D (METZGER 1972) bzw. mit einer Zentromerentfernung von 57 Morgan-Einheiten auf 2BS.

Auch WORLAND und LAW (1980) gehen von einer 4-Gen-Hypothese aus und fanden für D_2 ein zusätzliches, modifiziertes Allel $D_2{}^m$. Der Hybrid-Dwarf-Phänotyp entsteht bei folgenden Kombinationen: $D_1./D_2./D_3./D_4.$; $D_1./D_2./D_3.$; $D_1./D_2./D_4.$; $D_1./D_3./D_4.$; $D_1./D_2D_2$; $D_1./D_4D_4$.

Auf der Grundlage der Individualentwicklung (HERMSEN 1967) und der Temperatur-Sensitivität (CANVIN und EVANS 1963, MOORE und CUBITT 1979) werden die Phänotypen der Hybrid-Dwarfs in drei Klassen eingeteilt (Abbildung 6):

Abb. 6 Genotypen- und Phänotypenklassen der Hybrid-Dwarfs (aus GALE und YOUSSEFIAN 1985)

Typ 1: Die Verzwergung der Pflanzen ist bereits im Sämlingsstadium erkennbar. Es werden übermäßig viele Sprosse angelegt, die jedoch keine Ähren ausbilden. Bei Temperaturen von über 26 °C und unter Langtag-Bedingungen können diese Genotypen in die generative Phase übergehen und zur Blüte gelangen (CANVIN und MCVETTY 1976).

Typ 2: Die Hybrid-Dwarfs entwickeln sich als Sämlinge zunächst völlig normal. Das weitere Wachstum ist dann stark gehemmt, wobei viele überzählige Sprosse gebildet werden. Die Sprosse bleiben bis über das Ährenschieben hinaus kurz. Das Ährenschieben selbst findet in der Regel verspätet statt. Der Übergang in die generative Phase kann bei diesen Formen durch eine Temperatur von 21 °C unter Langtag-Bedingungen bzw. bei über 26 °C unter Kurztag-Bedingungen induziert werden.

Typ 3: Die Hemmung des Wachstums der Pflanzen beginnt erst relativ spät während des Schossens. Der Zeitpunkt des Ährenschiebens verschiebt sich leicht nach hinten. Die Endpflanzenlänge ist zum Teil nur wenig reduziert (CANVIN und MCVETTY 1976). Die Ährenausbildung erfolgt unter Kurztagsbedingungen bei einer Temperatur von mindestens 16 °C.

Neben der Tageslängen- und Temperatursensitivität konnte bei den Hybrid-Dwarfs auch eine Sensitivität gegenüber exogen applizierter Gibberellinsäure nachgewiesen werden (MOORE 1966).

2.3. Stunting-Dwarfs

Die Stunting-Formen des Weizens zeichnen sich durch ein rosettenartiges Wachstum von 3–5 Blättern unmittelbar am Boden aus (ATSMON und JACOBS 1977). Mit fortschreitender Entwicklung sterben die Pflanzen gewöhnlich ab. Einzelne Genotypen können jedoch die generative Entwicklungsphase erreichen und sogar fertile Ähren ausbilden.

Für die Merkmalsausprägung ist die Kombination von zwei rezessiven Genen verantwortlich, die einzeln in zahlreichen normalen Sorten vorkommen können (INBAL 1982). MCINTOSH (1983) bezeichnet diese Gene mit *us1* bzw. *us2*. Aus einer Monosomenanalyse von CHRISTOPHER u. a. (1985) geht hervor, daß zwei auf den Chromosomen 4B und 5B lokalisierte Gene für das Merkmal 'Stunting' verantwortlich sind, wobei der Effekt des auf 4B gelegenen Gens am stärksten ist.

Die Expression des Merkmals ist sowohl tageslängen- als auch temperaturabhängig. Außerdem zeichnen sich die Stunting-Dwarfs durch hohe endogene Abscisinsäure- und niedrige Auxingehalte aus (INBAL 1982).

3. Effekte der Semidwarf-Gene auf die Ausprägung züchterisch wichtiger Merkmale

3.1. Koleoptilenlänge

Eine enge positive Korrelation zwischen den Merkmalen Pflanzenlänge und Koleoptilenlänge, die von verschiedenen Autoren beschrieben wurde (ALLAN u. a. 1961, ALLAN u. a. 1962, FEATHER u. a. 1968), führt dazu, daß Semidwarf-Formen langsamer auflaufen und oft sehr unregelmäßige Bestände bilden. FICK und QUALSET (1976) erhielten für die genannte Beziehung einen Korrelationswert von $r = 0{,}98$. ALLAN (1970) stellte fest, daß Linien, die das Gen *Rht2* besitzen, kürzere Koleoptilen bilden als Linien mit dem Gen *Rht1*.

Ursachen für die Bildung kurzer Koleoptilen untersuchten ALLAN u. a. (1962).

Sie erkannten, daß bei den meisten Sorten, die unter Verwendung von 'Norin 10' gezüchtet worden sind, also die Gene *Gai/Rht1* und *Gai/Rht2* enthalten, die kurze Koleoptilenlänge hauptsächlich auf eine geringe Parenchymzellenzahl zurückzuführen ist, wogegen bei 'Tom Thumb'-Abkömmlingen mit dem Gen *Gai/Rht3* eine geringere Länge der Parenchymzellen die Hauptursache ist.

Auf Grund der engen Korrelation zwischen den Merkmalen Koleoptilenlänge und endgültige Halmlänge zogen FICK und QUALSET (1976) den Schluß, daß es unmöglich sei, Semidwarf-Weizen mit normaler Koleoptilenlänge zu selektieren. Dem stehen Aussagen von ALLAN u. a. (1968a), PARODY u. a. (1970) und BANERJEE (1974) gegenüber, die eine Auslese von Semidwarftypen mit normaler Koleoptile für möglich halten. Eine Möglichkeit zur Selektion von Linien mit langen Koleoptilen unter Laborbedingungen ist von SUNDERMAN (1964) vorgestellt worden.

BANERJEE (1974) erhielt nach Mutationsauslösung mit Röntgenstrahlen in der M_2 Semidwarf-Typen mit langen Koleoptilen.

Auch SAULESCU u. a. (1986) beschreiben zwei Semidwarf-Linien, KS 78H 9233 und 487 H 1–1 ('Sincron'), die sich durch lange Koleoptilen auszeichnen und verweisen auf die Sorten 'Sava', 'Mara' und 'Turda 81', bei denen die Korrelation zwischen Pflanzenlänge und Koleoptilenlänge ebenfalls nicht sehr eng ist.

Damit muß es als fraglich angesehen werden, ob die o. a. Gene neben der Reduktion der Pflanzenlänge pleiotrop gleichzeitig auf die Länge der Koleoptile wirken. Es ist wahrscheinlich, daß das letztgenannte Merkmal unter separater genetischer Kontrolle steht.

3.2. Wurzelsystem

Nachdem die in den Regengebieten des Nordwestens der USA sehr erfolgreichen Sorten 'Gaines' und 'Nugaines' unter „Dryland-Bedingungen" ohne Beregnung ertraglich nicht befriedigen konnten, nahm man an, daß die Ursache dafür in einer begrenzten Wurzelentwicklung läge (BRIGGLE und VOGEL 1968). Es wurden eine Reihe von Wurzeluntersuchungen mit dem Ziel durchgeführt, einen eventuellen Zusammenhang zwischen der Halmverkürzung und der Wurzelmasse bzw. dem Wasseraufnahmevermögen festzustellen.

McKAY (1973) demonstriert an nahezu isogenen Linien der Sorten 'Norin 10' *(Rht1+Rht2)* und 'Tom Thumb' *(Rht3)*, daß die Merkmale Wurzelgewicht und Wurzellänge sehr eng mit den Merkmalen Sproßgewicht bzw. Sproßlänge korrelieren. Auch VIRMANI (1971), GUPTA und VIRMANI (1972) und HURD (1974) berichten von einer Reduzierung des Wurzelsystems der Semidwarf-Formen.

LUPTON u. a. (1974) fanden jedoch nach Markierung mittels radioaktiver Isotope, daß die Wurzelsysteme der Semidwarf-Sorten in bestimmten Bodentiefen ausgedehnter sind als die der langstrohigen Sorten. In einem analogen Versuch fanden CHOLIK u. a. (1977) andererseits keinerlei Beziehungen zwischen Pflanzenlänge und Wurzeltiefe. Alle untersuchten Genotypen, darunter auch die Sorte 'Nugaines', erreichten Tiefen bis zu 3 Meter.

PEPE und WELSH (1979) ermittelten bei nahezu isogenen Linien unter Anwendung der gravimetrischen Bodenwassermeßtechnik ebenfalls keinerlei Beziehungen zwischen der genotypischen Konstitution des Pflanzenmaterials und dem Bodenwasserverbrauch. Sowohl der Gesamtentzug als auch der Entzug zu bestimmten Zeiten und in bestimmten Tiefen blieben unbeeinflußt. Auch die mittels Neutronensonden durchgeführten Arbeiten von HOLBROOK und WELSH (1980) brachten dieselben Ergebnisse.

Ein in Masse oder Effektivität beeinträchtigtes Wurzelsystem scheint demzufolge nicht die Ursache für die geringe Ausbreitung der Semidwarf-Sorten in den trockneren Gebieten zu sein.

3.3. Alpha-Amylase-Aktivität im Korn

Die Einbeziehung von Gibberellinsäure in den Keimungsprozeß bei Getreide ist lange bekannt. Im Skutellum des Embryos aktivierte endogene Gibberellinsäure stimuliert während der Keimung die Synthese von α-Amalyse im Aleuron (VARNER 1964). Diese genetisch determinierte α-Amylase-Aktivität kann die komplexen Merkmale "Auswuchsresistenz" oder "Backqualität" beim Weizen maßgeblich mit beeinflussen.

GALE und MARSHALL (1973) untersuchten die Semidwarf-Formen 'Norin 10–Brevor 14' *(Rht1+Rht2)*, 'Minister Dwarf' *(Rht3)* und 'Tom Thumb' *(Rht3)*, die sich in den Tests durch eine GA_3-Insensitivität des Sproßwachstums auszeichnen, sowie einige normalstrohige Sorten *(rht)* bezüglich ihrer α-Amylase-Ausschüttung nach GA_3-Stimulation.

Während sich 'Norin 10 – Brevor 14' von den normalen Sorten kaum unterschied, zeichneten sich 'Tom Thumb' und 'Minister Dwarf' durch eine deutlich geringere α-Amylase-Aktivierung im Aleuron und Endosperm aus (GA_3-Insensitivität des Endosperms). Analoge Ergebnisse erzielten FICK und QUALSET (1975), FLINTHAM und GALE (1982) und UPADHYAY u. a. (1987).

Anhand von experimentell durchgeführten reziproken Embryo-Endosperm-Transplantationen (GA_3-sensitiver und -insensitiver Embryo auf jeweils GA_3-sensitivem und -insensitivem Endosperm) untersuchten GALE und MARSHALL (1975) die Frage, ob der GA_3-Syntheseort (Embryo) oder GA_3-Wirkungsort (Aleuron/Endosperm) für die veränderte Enzymausschüttung verantwortlich ist. Es zeigte sich, daß nur das triploide Genom im Endosperm das Merkmal determiniert. GALE und MARSHALL (1975) stellten außerdem fest, daß sich die GA_3-insensitiven Sorten 'Minister Dwarf' und 'Tom Thumb' (beide *Gai/Rht3*) unterscheiden. 'Minister Dwarf' zeigte im Vergleich zu 'Tom Thumb' eine geringere Endosperm-Insensitivität. Damit gibt es Hinweise, daß beide Sorten am *Gai3*-Locus unterschiedliche Allele besitzen.

Weitere Untersuchungen zur Vererbung der Endosperm-Insensitivität (GALE und MARSHALL 1975) führten zu dem Schluß, daß neben dem Gen *Gai3* mindestens ein zusätzliches Gen existieren muß, welches einen geringeren Effekt hat und von der Sorte 'Norin 10 – Brevor 14' stammen könnte.

UPADHYAY u. a. (1987) prüften nahezu isogene Linien für die Gene *Rht1*, *Rht2*, *Rht1+2* und *Rht3* sowie die Kontrolle *(rht)* bezüglich ihrer α-Amylase-Ausschüttung nach GA_3-Behandlung. Neben einer deutlich verminderten α-Amylase-Aktivität der *Rht3*-Linie konnten auch für *Rht2* Effekte nachgewiesen werden, die jedoch weitaus geringer waren. Die *Gai/Rht*-Gene sind jedoch nicht die einzigen Faktoren, die auf die α-Amylase-Aktivität wirken. Sowohl innerhalb der GA_3-insensitiven Semidwarfs als auch in normalen sensitiven Sorten gibt es ausreichend genetische Variabilität (McCrate u. a. 1981), die für die Züchtung auf Auswuchsresistenz genutzt werden kann.

3.4. In vitro-Verhalten

In jüngerer Zeit sind mehrfach genotypische Unterschiede in der Kallus-Initiationsfrequenz bzw. der Wachstums- und Regenerationskapazität der Kalli beim hexaploiden Weizen beschrieben worden (Shimada 1978, Sears und Deckard 1982, Lazar u. a. 1983, Maddock u. a. 1983, Mathias und Simpson 1986). Weitere Autoren verweisen auf die Effekte einzelner Chromosomen bei Substitutionslinien, welche das *in vitro*-Verhalten der Kalli signifikant positiv beeinflussen (Mathias und Fukui 1986, Higgins und Mathias 1987). So zeigen Mathias und Fukui (1986) einen positiven Effekt des Chromosoms 4B der Sorte 'Capelle Desprez' nach Substitution in die Sorte 'Chinese Spring'. Da sowohl die *Gai*/*Rht*-Gene als auch das Hybrid-Dwarf-Gen D_3 auf den Chromosomen der homöologen Gruppe 4 lokalisiert sind, ist es naheliegend, einen Zusammenhang zu den o. a. Merkmalen des in *vitro*-Verhaltens herzustellen.

Folgerichtig untersuchten Mathias und Atkinson (1988) das in *vitro*-Verhalten von je vier, sich nur im *Gai*/*Rht*-Genotyp unterscheidenden isogenen Linien der Sorten 'April Bearded', 'Bersee' und 'Maris Huntsman' *(Rht1, Rht2, Rht3, rht)*. Es konnte gezeigt werden, daß die *Gai*/*Rht*-Gene das Wachstum und die Morphogenese der Kalli signifikant beeinflussen.

3.5. Kornertrag

Von besonderem Interesse ist seit längerer Zeit das zwischen den *Gai*/*Rht*-Genotypen und dem Ertrag bzw. seinen Einzelkomponenten bestehende Beziehungsgefüge.

Gale und Heath (1977) verglichen die homozygoten Sorten 'Capelle-Desprez' *(gai/rht2)*, 'Maris Hobbit' *(Gai/Rht2)* sowie zufällig ausgewählte F_3-Familien aus der Kreuzung beider, die wiederum homozygot für *Gai*/*Rht2* bzw. *gai*/*rht2* waren. Dabei zeigte sich, daß die *Gai*/*Rht2*-Segreganten ihren hohen Ertrag über eine erhöhte Kornzahl pro Ähre realisieren, während die Kornmasse geringer als bei den *gai*/*rht2*-Segreganten war.

Jüngere Ergebnisse von Börner (1988) zeigen ebenfalls, daß das Semidwarf-Allel *Gai*/*Rht2* einen positiven Effekt auf die Merkmale Ährenzahl und Kornzahl pro Ähre ausübt, während die Kornmasse weniger positiv bzw. negativ beeinflußt wird.

Aus Untersuchungen an *Gai*/*Rht1*- (Allan und Pritchett 1980, 1982) und *Gai*/*Rht3*-Genotypen (Gale und Heath 1979) geht hervor, daß sich diese durch ein ähnliches Ertragsverhalten auszeichnen. Die *Rht1*-Genotypen weisen dabei eine geringere Tausendkornmasse (TKM) auf als Sorten mit dem Gen *Rht2* (Gale und Heath 1979). Der hohe Ertrag der Erstgenannten wird über eine höhere Bestockung realisiert. Stoskopf und Fairey (1975) weisen jedoch darauf hin, daß eine sehr starke Bestockung oft zu einer asynchronen Halmreife führt und spät entwickelte Halme keine oder nur verkümmerte Körner ausbilden. Außerdem verzögert sich der gesamte Reifeprozeß. Der positive Effekt durch hohe Bestockung kann unter bestimmten Umweltbedingungen bei diesen Semidwarf-Typen wieder verlorengehen. Die geringe Kornmasse der *Rht3*-Genotypen wird über die höhere Kornzahl kompensiert, ohne dabei eine Ertragsüberlegenheit gegenüber dem *rht3*-Genotyp (Kontrolle) zu erreichen (GALE und HEATH 1979). Auch FLINTHAM und GALE (1980) fanden keinerlei Effekt auf den Kornertrag durch das Gen *Rht3*.

FISCHER (1973) und HOLMES (1973) untersuchten kanadische Sommerweizennachkommen von 'Norin 10' und fanden Unterschiede in der Ährenentwicklung, die sie auf ein unterschiedliches Vernalisationsbedürfnis zurückführten. Dies konnte von KIRBY und APPLEYARD (1978) und BROOKING und KIRBY (1981) nicht bestätigt werden. Sie verglichen *Gai/Rht2*- bzw. *gai/rht2*-Linien und stellten fest, daß in beiden Typen, die zusätzlich in „tall dwarf" (Definition s. u.) und „short dwarf" (innerhalb *Gai/Rht2*) sowie „tall tall" und „short tall" (innerhalb *gai/rht2*) unterteilt waren, die Ährenentwicklung ähnlich verlief. *Gai/Rht2*-Genotypen wiesen jedoch eine erhöhte Ährenwachstumsrate etwa 14 Tage vor der Blüte auf. Das führte zu höheren Ährengewichten im Stadium der Blüte und zu einer höheren Blütchenzahl, da zu dieser Zeit die endgültige Zahl fertiler Blütchen determiniert wird. Die größere Anzahl fertiler Blütchen/Ähre hatte eine größere Anzahl Körner/Ährchen und damit eine größere Kornzahl/Ähre zur Folge, welche die Ursache für die Ertragsüberlegenheit ist. Die Korngröße war allerdings bei den *Gai/Rht2*-Linien geringer. Eine Ausnahme bildeten hier die selektierten „langen" *Gai/Rht2*-Träger, die sog. „tall dwarfs", mit Kornmassen, die denen der normalen *gai/rht2*-Linien entsprechen. Auch FISCHER und STOCKMANN (1986) konnten bei Semidwarf-Weizen eine enge Beziehung zwischen erhöhten Kornzahlen pro Ähre und hohen Trockengewichten der Ähre zur Zeit der Blüte nachweisen.

Auf der Grundlage von Klimakammerversuchen an nahezu isogenen *Rht*-Linien wiesen LAW und WORLAND (1985) nach, daß sich diese durch eine erhöhte Anfälligkeit gegenüber höheren Temperaturen in der Zeit zwischen dem Schieben des Fahnenblattes und dem Ährenschieben auszeichnen. Temperaturen von 27 bis 30 °C während dieser Periode führten im Vergleich zu den isogenen *rht*-Linien (Kontrollen) zu deutlichen Fertilitätsminderungen.

GALE und YOUSSEFIAN (1985) faßten die zahlreichen, bis dahin durchgeführten Untersuchungen über die Effekte der *Rht*-Gene auf den Ertrag bzw. seine Komponenten erstmals tabellarisch zusammen. Weitere Untersuchungen dazu aus jüngerer Zeit stammen von ALLAN (1986), BRANDLE und KNOTT (1986), FISCHER und STOCKMAN (1986), KNOTT (1986), MCCLUNG u. a. (1986), PINTHUS (1987) und ZACCAI u. a. (1987).

In für die Semidwarf-Gene homozygoten Populationen (Linien bzw. Sorten) und bei nicht lagernden Beständen konnte von zahlreichen Autoren eine enge positive Korrelation zwischen Kornertrag und Halmlänge beim Weizen nachgewiesen werden (LAW u. a. 1974, UTZ u. a. 1973, WICHT 1973, 1974, KNOTT und KUMAR 1975, GALE und LAW 1977, SNAPE u. a. 1977). Analoge Beziehungen sind auch bei Hafer (SAMPSON 1971, ROSIELLE und FREY 1975), Gerste (RIGGS und HAYTER 1975) und Hirse (CASADY 1965, CAMPBELL u. a. 1975) bekannt.

LAW u. a. (1978) zeigten anhand der Untersuchungen von Substitutionslinien, daß wahrscheinlich alle Weizenchromosomen Gene enthalten, die für die Korrelation zwischen Pflanzenlänge und Ertrag verantwortlich sind. Ursache für die positive Beziehung ist vermutlich Pleiotropie, da es unwahrscheinlich ist, daß sich auf Grund vergangener Selektionen viele eng gekoppelte Gene angesammelt haben. Neben den hypothetischen „Längen-Ertrags-Genen" existieren auch noch zahlreiche Gene, die separat entweder den Ertrag oder die Pflanzenlänge steuern (LAW u. a. 1974).

Da im Selektionsprozeß aus Gründen der Standfestigkeit der Pflanze die Pflanzenlänge nur begrenzt erhöht werden kann, müssen alternative Gene für Kurzstrohigkeit gefunden werden, welche nur einen geringen negativen oder sogar einen positiven Effekt auf den Ertrag haben, ohne dabei die Wirkung der „Längen-Ertrags-Gene" zu beeinflussen. Bei den *Gai/Rht*-Genen handelt es sich wahrscheinlich um solche Gene. Innerhalb dieser Semidwarflinien konnte ebenfalls wieder die positive Korrelation zwischen Ertrag und Pflanzenlänge nachgewiesen werden (ALLAN 1970, JOPPA 1973, ALLAN und PRITCHETT 1975, STOSKOPF und FAIREY 1975, FLINTHAM und GALE 1980, BÖRNER 1988) (Abbildung 7). Unter Berücksichtigung dieser Ergebnisse schlugen GALE und LAW (1977) das „Tall-Dwarf-Modell" vor, welches in Abbildung 8 dargestellt und erläutert ist.

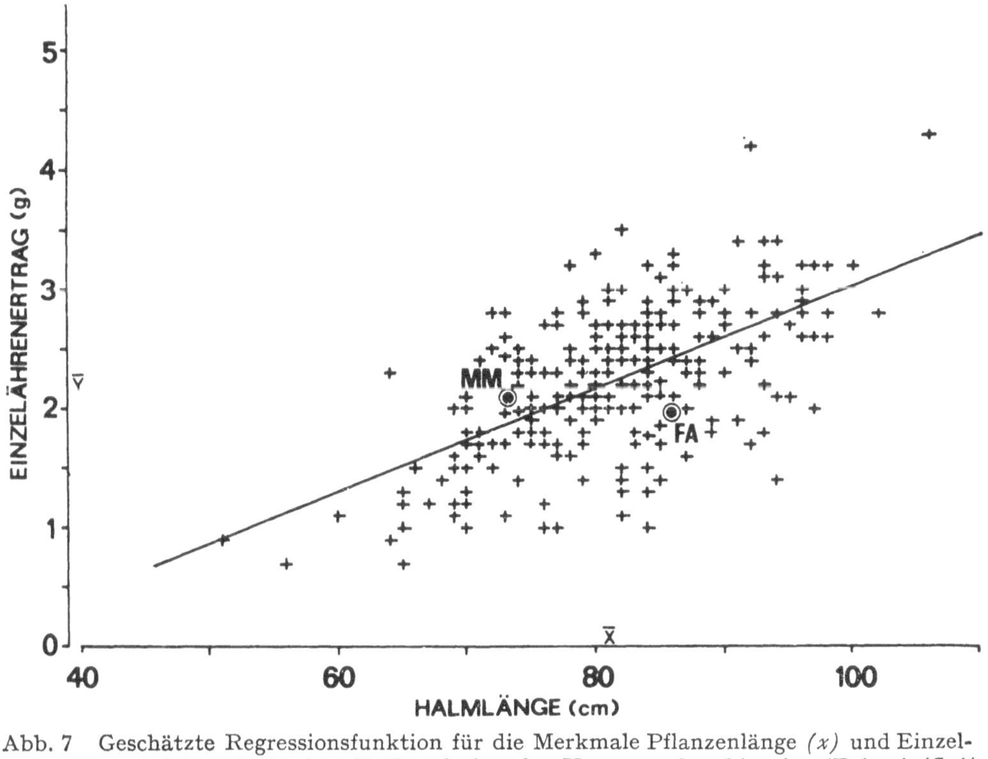

Abb. 7 Geschätzte Regressionsfunktion für die Merkmale Pflanzenlänge *(x)* und Einzelährenertrag *(y)* innerhalb einer F_2-Population der Kreuzungskombination 'Fakon' *(Gai/Rht2)* × 'Maris Mardler' *(Gai/Rht2)* sowie Lage der Eltern-Populationsmittelwerte (aus BÖRNER 1988)

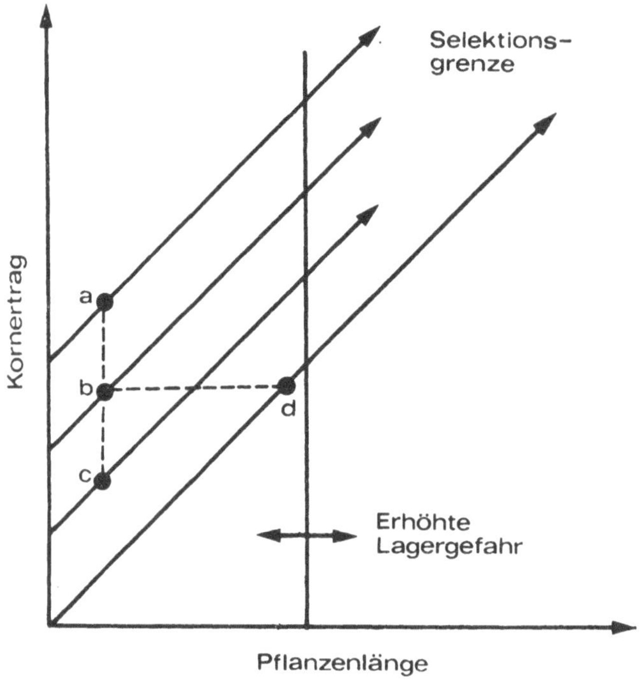

Abb. 8 Tall-Dwarf-Modell (aus GALE und LAW 1977).
Das Modell zeigt die Effekte der Selektion auf erhöhte Pflanzenlänge innerhalb von Populationen, die Semidwarf-Gene enthalten. Dabei wird angenommen, daß die Semidwarf-Gene die positive Beziehung zwischen Pflanzenlänge und Kornertrag, die durch andere (in jeder Population vorhandene) Gene determiniert wird, nicht beeinflussen. Ab einer bestimmten Pflanzenlänge besteht eine erhöhte Lagergefahr, so daß Ertragsverluste auftreten können. Der Beginn der erhöhten Lagergefahr ist sowohl von genetischen Faktoren, als auch von Umweltbedingungen abhängig. Die schwarzen Punkte symbolisieren die Mittelwerte von Populationen mit bestimmten Allelen (a–d).
a) Semidwarf-Allel hat einen positiven Effekt auf den Kornertrag
b) Effekt des Semidwarf-Allels auf den Kornertrag ist neutral
c) Semidwarf-Allel hat einen negativen Effekt auf den Kornertrag
d) Population ohne Semidwarf-Allel

Um zu ertragreichen „Tall-Dwarf-Typen" zu kommen, müssen die Semidwarfgene früh in den Spaltungsgenerationen fixiert werden. Dies ist auf Grund der GA_3-Insensitivität der *Gai/Rht*-Gene bereits im Sämlingsstadium möglich (GALE und GREGORY 1977).

Die so erhaltenen Semidwarf-Genotypen müssen dann auf zunehmende Pflanzenlänge selektiert werden, um dadurch zusätzliche, den Ertrag positiv beeinflussende Gene für Länge zu akkumulieren. Auf Grund der relativ hohen Heritabilität des Merkmals Pflanzenlänge ist eine Selektion darauf leichter realisierbar, als eine Selektion auf Ertrag.

BÖRNER (1988) verweist jedoch darauf, daß die geschätzten Regressionsfunktionen für die Merkmale Pflanzenlänge *(x)* und den Kornertrag *(y)* nur für den Pflanzenlängenbereich (Aussagebereich, *x*-Bereich) gelten, für den die entsprechenden Werte für die Schätzung vorliegen. Eine Extrapolation über diesen Bereich hinaus ist aus statistischer Sicht nicht erlaubt, so daß ein über den Aussagebereich hinausgehendes, vermutetes positives Ertragsverhalten auf Länge selektierter GA_3-insensitiver Semidwarf-Formen nicht eintreten muß und damit dem „Tall-Dwarf-Modell" für züchterische Zwecke nur bedingt zugestimmt werden kann.

Summary

Genetics of reduced plant height (dwarfism) in wheat and its significance in breeding

The introduction of varieties with a reduced plant height into breeding programms led to higher yields in most of the wheat producing countries during the last four decades.

The genetical basis of the three main groups of phenotypic dwarfness (semi-dwarfs, hybrid-dwarfs, stunting-dwarfs) of wheat is reviewed. Because most of the genetical analysis of reduced plant height has been done within the semi-dwarfs which show, in addition, differential reaction to exogenous applied gibberellic acid special emphasis was given to the two categories of GA_3 responders, sensitive and insensitive ones.

The semi-dwarfing genes affect some further characters with importance in breeding, e.g. single ear fertility, number of ears per plant or α-amylase activity in grains. The genetical (pleiotropic) effects of the semi-dwarfing genes on these characters are discussed.

Краткое содержание

Генетические основы короткостебельности (дварфизм) пшеницы и возможности селекционного использования

Включение форм с генетически детерминированной редукционной длиной растения в программы селекционных работ привело к убедительному улучшению урожайности в международном масштабе. Под этим аспектом описываются генетические основы трёх главных карликовых форм пшеницы (semi-dwarfs, hybrid-dwarfs, stunting-dwarfs). Главными при этом являются формы полудварфы (semi-dwarfs), которые можно на основе их реакции к внешненанесенной гибберилиновой кислоте (ГК) ещё раз подразделить на чувствительные к ГК и на нечувствительные к ГК генотипы. Помимо уменьшения роста растения и в связи с этим полученным улучшением стойкости стебля, гены короткостебельности – гены полудварфы (semi-dwarfs) влияют и на другие важные селекционные свойства, как, например, на фертильность колоса, на число побегов, носящих колос у отдельного растения, или на активность α-амилазы в зерне. Приводятся генетические эффекты с выраженными этими признаками.

Literatur

ALLAN, R. E., 1970: Differentiating between two Norin 10/Brevor 14 semi dwarf genes in a common genetic background. – Seiken Ziho **22**, 83–90.

–, 1986: Agronomic comparisons among wheat lines nearly isogenic for three reduced-height genes. – Crop Sci. **26**, 707–710.

–, and J. A. PRITCHETT, 1975: Registration of 20 lines of wheat germplasm. – Crop Sci. **15**, 891–892.

–, and –, 1980: Registration of 16 lines of club wheat germplasm. – Crop Sci. **20**, 832–833.

–, and –, 1982: Registration of 16 lines of hard winter wheat germplasm. – Crop Sci. **22**, 903–904.

–, and O. A. VOGEL, 1963: F_2-monosomic analysis of culm length in wheat crosses involving semi-dwarf 'Norin 10-Brevor 14' and the 'Chinese Spring' series. – Crop Sci. **3**, 538–540.

–, and –, 1968: A method for predicting semi-dwarf genotypes in *Triticum aestivum* L. – Agron. Abstr., 2.

–, J. A. PRITCHETT and A. PATTERSON, 1968a: Juvenile and adult plant growth relationships in wheat. – Crop Sci. **8**, 176–178.

–, O. A. VOGEL, J. R. BURLEIGH and C. J. PETERSON, jr., 1961: Inheritance of coleoptile length and its association with culm length in four winter wheat crosses. – Crop Sci. **1**, 328–332.

–, –, and –, 1962: Length and estimated number of coleoptile parenchyma cells of six wheat selections grown at two temperatures. – Crop Sci. **2**, 522–524.

–, –, and J. C. CRADDOCK, jr., 1959: Comparative response to gibberellic acid of dwarf, semi-dwarf, and standard short and tall winter wheat varieties. – Agron. J. **51**, 737–740.

–, –, and C. J. PETERSON, 1968b: Inheritance and differentiation of semi-dwarf culm length of wheat. – Crop Sci. **8**, 701–704.

ATSMON, D. and F. JACOBS, 1977: A newly bred 'Gigas' form of bread wheat. Morphological features and thermophotoperiodic responses. – Crop. Sci. **17**, 31–35.

BAIER, A. Ç., F. J. ZELLER, L. REINER and G. FISCHBECK, 1974: Monosomenanalyse des Längenwachstums der kurzstrohigen Sommerweizensorte 'Solo'. – Z. Pflanzenzüchtung **72**, 181–198.

BANERJEE, S. K., 1974: Induction of variability in the coleoptile length of dwarf wheats. – Z. Pflanzenzüchtung **72**, 352–355.

BHOWAL, J. G., 1970: Location of genes for dwarfing in the wheat variety 'Sonora 64'. – Indian J. Genet. Plant Sci. **30**, 170–179.

BING-HUA, L. and D. JING-YANG, 1986: A dominant gene for male sterility in wheat. – Plant Breeding **97**, 193–288.

BÖRNER, A., 1988: Untersuchungen zu den genetischen Beziehungen zwischen Gibberellin-Reaktion, Semidwarfismus und Ertrag bei *Triticum aestivum* L. sowie Screening-Ergebnisse an Genbanksortimenten der Gattungen *Triticum* und *Secale* zur GA_3-Insensitivität. – Diss. MLU Halle – Wittenberg, 101 S.

–, and G. MELZ, 1988: Response of rye genotypes differing in plant height to exogenous gibberellic acid application. – Arch. Züchtungsforsch. **18**, 79–82.

–, and D. METTIN, 1988: The genetic control of gibberellic acid insensitivity of the wheat variety Ai-Bian 1. – Proc. of the 7th International Wheat Genetics Symposium, Cambridge 13th to 19th July 1988, 489–492.

–, CHR. LEHMANN and D. METTIN, 1987: Preliminary results of a screening for GA_3 response in wheats of the Gatersleben gene bank. – Kulturpflanze **35**, 179–186.

BORLAUG, N. E., 1983: Contribution of conventional plant breeding to food production. – Science **219**, 689–693.

BRANDLE, J. E. and D. R. KNOTT, 1986: The effect of a gene for semidwarfism *(Rht1)* on various characters in a spring wheat cross. – Can. J. Plant Sci. **66**, 529–533.

BRIGGLE, L. W. and O. A. VOGEL, 1968: Breeding short stature, disease resistent wheats in the United States. – Euphytica Suppl. No. 1, 107–130.

BROOKING, I. R. and E. J. M. KIRBY, 1981: Interrelationships between stem and ear development in winter wheat: The effects of a Norin 10 dwarfing gene, *Gai/Rht2*. – J. Agric. Sci. **97**, 373–381.
CAMPBELL, L. G., A. J. CASADY and W. J. COOK, 1975: Effects of single height gene *(dw3)* of *Sorghum* on certain agronomic characters. – Crop Sci. **15**, 595–597.
CANVIN, D. T. and L. E. EVANS, 1963: Note on a method of inducing seed production in dwarf wheat plants. – Can. J. Plant. Sci. **43**, 419–421.
–, and P. B. E. MCVETTY, 1976: Hybrid grass-clump dwarfness in wheat: physiology and genetics. – Euphytica **25**, 471–483.
CASADY, A. J., 1965: Effects of single height gene *(DW1)* of *Sorghum* on grain yield, grain yield components and test weight. Crop Sci. **5**, 385–388.
CHAUDHRY, A. S., 1973: A genetic and cytogenetic study of height in wheat. PhD thesis, University of Cambridge (zit. in GALE und YOUSSEFIAN 1985).
CHOLIK, F. A., J. R. WELSH and C. V. COLE, 1977: Rooting patterns of semi-dwarf and tall winter wheat cultivars under dryland field conditions. – Crop Sci. **17**, 637–639.
CHRISTOPHER, D. A., D. ATSMON and M. FELDMAN, 1985: Mode of inheritance and chromosomal allocation of stunting genes in common wheat. – Crop Sci. **17**, 31–35.
CIMMYT-Report, 1966–67: Dwarfness in hybrids. – CIMMYT-Report, Mexiko, 104.
FARRER, W., 1898: The making and improvement of wheats for Australien conditions. – Misc. Publ. 206, Dep. of Agr., Sydney, N. S. W. 57 (zit. in REITZ u. SALMON 1968).
FEATHER, J. T., C. O. QUALSET and H. E. VOGT, 1968: Planting depth-critical for short-statured wheat varieties. – California Agriculture **22**, 12–14.
FICK, G. N. and C. O. QUALSET, 1975: Genetic control of endosperm amylase activity and gibberellic acid responses in standard-height and short-statured wheats. – Proc. Natl. Acad. Sci. USA **72**, 892–895.
–, and –, 1976: Seedling emergence, coleoptile length and plant heigth relationships in crosses of dwarf and standard height wheats. – Euphytica **25**, 679–684.
FISCHER, J. E., 1973: Developmental morphology of the inflorescence in hexaploid wheat with and without the cultivar Norin 10 in their ancestry. – Can. J. Plant Sci. **53**, 7–15.
FISCHER, R. A. and Y. M. STOCKMAN, 1986: Increased kernel number in Norin 10-derived wheat: evaluation of the cause. – Aust. J. Plant Physiol. **13**, 767–784.
FLINTHAM, J. E. and M. D. GALE, 1980: The use of *Gai/Rht3* as a genetic base for low α-amylase. – Cereal Res. Commun. **8**, 283–290.
–, and –, 1982: The Tom Thumb dwarfing gene, *Rht3* in wheat, I. Reduced pre-harvest damage to breadmaking quality. – Theor. Appl. Genet. **62**, 121–126.
GALE, M. D. and R. S. GREGORY, 1977: A rapid method for early generation selection of dwarf genotypes in wheat. – Euphytica **26**, 733–739.
–, and G. A. HEATH, 1977: Pleiotropic effects of GA-insensitive dwarfing genes. – Plant Breeding Institute, Annual Report for 1976, Cambridge, 95–96.
–, and –, 1979: *Gai/Rht3* and resistance to pre-harvest sprouting damage. – Plant Breeding Institute, Annual Report for 1978, Cambridge, 134.
–, and C. N. LAW, 1977: The identification and exploitation of Norin 10 semi-dwarfing genes. – Plant Breeding Institute, Annual Report for 1976, Cambridge, 21–35.
–, and G. A. MARSHALL, 1973: Insensitivity to gibberellin in dwarf wheats. – Ann. Bot. **37**, 729–735.
–, and –, 1975: The nature and genetic control of gibberellic insensitivity in dwarf wheat grain. – Heredity **35**, 55–65.
–, and –, 1976a: Relationship between *Gai* and *Rht* genes. – Plant Breeding Institute, Annual Report for 1975, Cambridge, 112–113.
–, and G. A. MARSHALL, 1976b: Dwarfism in wheat and gibberellin insentivity. – Plant Breeding Institute, Annual Report for 1975, Cambridge, 111.
–, and –, 1976c: Chromosomal mapping. – Plant Breeding Institute, Annual Report for 1975, Cambridge, 111–112.
–, and –, 1976d: The chromosomal location of *Gai1* and *Rht1* genes for gibberellin insensitivity and semi-dwarfism, in a derivate of Norin 10 wheat. – Heredity **37**, 283–289.

GALE, M. D., and S. YOUSSEFIAN, 1985: Dwarfing genes in wheat 1. – In: G. E. RUSSELL (Ed.), Progress in Plant Breeding. Butterworths and Co, London, 1–35.
–, G. A. MARSHALL and M. V. RAO, 1981a: A classification of the Norin 10 and Tom Thumb dwarfing genes in British, Mexican, Indian and other hexaploid bread wheat varieties. – Euphytica **30**, 355–361.
–, C. N. LAW, G. A. MARSHALL and A. J. WORLAND, 1975: The genetic control of gibberellic acid insensitivity and coleoptile length in a dwarf wheat. – Heredity **34**, 393–399.
–, –, R. S. GREGORY and J. QUICK, 1981b: Norin 10 semi-dwarfism in tetraploid wheat and associated effects on yield. – Euphytica **30**, 347–354.
–, C. N. LAW, G. A. MARSHALL, J. W. SNAPE and A. J. WORLAND, 1982: The analysis and evaluation of semi-dwarfing genes in wheat, with particular reference to semi-dwarfism in the variety Sava. – In: Semi-dwarf Cereal Mutants and their Use in Cross-breeding, IAEA-TECDOC 268. Proc. of a Research Co-ordination Meeting, Joint FAO/IAEA Division, Vienna, Austria, March 1981, 7–23.
GUPTA, A. P. and S. M. VIRMANI, 1973: Note on the rooting pattern of three-gene-dwarf wheats. – Indian J. Agric. Sci. **43**, 971–973.
HART, G., 1973: Homoeologous gene evolution in hexaploid wheat. – Proc. of the 4th Int. Wheat Genet. Symp. Columbia, Missouri, 805–810.
HERMANN, H., 1983: Physiologische und genetische Grundlagen des Semidwarfismus und seine züchterische Nutzung bei Saatweizen. – Dipl.arbeit, MLU Halle, 1983, 107 S.
HERMSEN, J. G. H., 1963: The localisation of two genes for dwarfing in the variety Timstein by means of substitution lines. – Euphytica **12**, 126–129.
–, 1967: Hybrid dwarfness in wheat. – Euphytica **16**, 134–162.
HIGGINS, P. and R. J. MATHIAS, 1987: The effect of the 4B chromosomes of wheat on the growth and regeneration of callus cultures. – Theor. Appl. Genet. **74**, 439–444.
HOLBROOK, F. S. and J. R. WESLH, 1980: Soil-water use by semidwarf and tall winter wheat cultivars under dryland field conditions. – Crop Sci. **20**, 244–236.
HOLMES, D. P., 1973: Inflourescence development of semi-dwarf and standard height wheat cultivars in different photoperiod and nitrogen treatments. Can. J. Bot. **51**, 941–956.
HU, M. L., 1974: Genetic Analyses of Semi Dwarfing and Insensitivity to Gibberellin GA_3 in Hexaploid Wheat (*Triticum aestivum* L. em Thell.). – PhD thesis, Washington State University (zit. in GALE and YOUSSEFIAN 1985).
–, 1980: A study on the X-ray induced semi dwarfing gene in wheat (*Triticum aestivum* L. em Thell.). – J. Agric. Association China **109**, 6–16.
– and C. F. KONCAK, 1974: Genetic association of gibberellic acid insensitivity and semi-dwarfing in hexaploid wheat. – Ann. Wheat Newsletter **20**, 184–185.
HURD, E. A., 1974: Phenotype and drougt tolerance in wheat. – Agrk. Meteorol. **14**, 39–55 (zit. in PEPE u. WELSH 1979).
– and R. C. MCGINNIS, 1958: Note on the location of genes for dwarfing in Redman wheat. – Can. J. Plant. Sci. **38**, 506–507.
INBAL, E., 1982: Morphogenetic, genetic and physiological aspects of stunting expression in wheat (*Triticum aestivum* L.). – PhD thesis, Weizmann Institute, Israel (zit. in CHRISTOPHER u. a. 1985).
IZUMI, N., S. SAWADA and T. SASAKUMA, 1981: A dominant gene of dwarfism located on chromosome 4D in *Triticum aestivum* cv. 'Ai-bian 1'. – Wheat Inform. Service, No. **53**, 21–24.
–, – and –, 1983: Genetic analysis of dwarfness in *Triticum aestivum* L. cv. Ai-bian 1. – Seiken Ziho **31**, 38–48.
JALALYAR, M. S., 1974: Inheritance of Insensitivity to Gibberellin and of Semi-dwarfing in *Triticum turgidum* (L.) *durum* Desf. – PhD thesis, Washington State University (zit. in GALE und YOUSSEFIAN 1985).
JHA, M. P. and M. S. SWAMINATHAN, 1969: Identification of chromosomes carrying the major genes for dwarfing in the wheat varieties 'Lerma Rojo' and 'Sonora 64'. – Current Sci. **38**, 379–381.

JOPPA, L. R., 1973: Agronomic characteristics of near-isogenic tall and semi-dwarf lines of durum wheat. – Crop Sci. **13**, 743–746.
KIHARA, H., 1983: Origin and history of 'Daruma' – A parental variety of Norin 10. – Proc. 6th International Wheat Genetics Symposium, Kyoto, Japan, 13–19.
KIRBY, E. J. M. and M. APPLEYARD, 1978: Ear growth and development in tall and dwarf wheat genotypes. – Plant Breeding Institute. Annual Report for 1977, Cambridge, 135–136.
KNOTT, D. R., 1986: Effect of genes for photoperiodism, semidwarfism, and awns on agronomic characters in a wheat cross. – Crop Sci. **26**, 1158–1162.
– and J. KUMAR, 1975: Comparison of early generation yield testing and a single seed descent procedure in wheat breeding. – Crop Sci. **15**, 295–299.
KONZAK, C. F., 1976: A review of semi-dwarfing gene sources and a description of some new mutants useful for breeding short stature wheats. – In: Induced Mutations in Cross Breeding. Proc. of an Advisory Group held in Vienna, Austria, October 1975, 79–93.
–, 1982: Evaluation and genetic analysis of semi-dwarf mutants of wheat. – In: Semi-dwarf Cereal Mutants and their Use in Cross Breeding, IAEA-TECDOC – 268. Proc. of a Research Co-ordination Meeting, Joint FAO/IAEA Division, Vienna, Austria, March 1981, 25–37.
–, 1987: *Rht*-genes. – Ann. Wheat Newsletter **33**, 174–175.
–, M. SADAM and E. DONALDSON, 1973: Inheritance and linkage in durum wheat of semi-dwarfing genes with low response to gibberellin A_3. – Proc., Symposium on Genetics and Breeding of Durum Wheat, Bari, Italy, May 1973, 29–40.
–, M. R. WILSON and P. A. FRANKS, 1984: Progress in the evaluation, use in breeding and genetic analysis of semi-dwarf mutant wheat. – In: Semi-dwarf Cereal Mutants and their Use in Cross-breeding II, IAEA-TECDOC – 307. Proc. of a Research Coordination Meeting, Joint FAO/IAEA Division, Davis, California, August 1982, 39–50.
KOORNNEEF, M., A. ELGERSMA, C. J. HANHART, E. P. VAN LOENEN-MARTINET, L. VAN RIJN and J. A. D. ZEEVAART, 1985: A gibberellin insensitive mutant of *Arabidopsis thaliana*. – Physiol. Plant. **65**, 33–39.
LAW, C. N. and A. J. WORLAND, 1985: An effect of temperature on the fertility of wheats containing the dwarfing genes *Rht1*, *Rht2* and *Rht3*. – Plant Breeding Institute, Annual Report for 1984, Cambridge, 69–71.
–, J. W. SNAPE and A. J. WORLAND, 1974: Genetics of yield and height. – Plant Breeding Institute, Annual Report for 1973, Cambridge, 135–137.
–, – and –, 1978: The genetical relationship between height and yield in wheat. – Heredity **40**, 133–151.
–, – and –, 1981: Intraspecific chromosome manipulation. In: The Manipulation of Genetic Systems in Plant Breeding: Royal Society Discussion, October 1980, London, 509–518 (zit. in GALE und YOUSSEFIAN 1985).
LAZAR, M. D., G. B. COLLINS and W. E. VIAN, 1983: Genetic and environmental effects on the growth and differentiation of wheat somatic cell cultures. – J. Hered. **74**, 353–357.
LIU, B. H., 1987: Isolation of a spontaneous chromosome translocation in common wheat. – Plant Breeding **98**, 266–267.
LUPTON, F. G. H., R. H. OLIVER and F. B. ELLIS, 1974: Root and shoot growth of semi-dwarf and taller winter wheats. – Ann. Appl. Biol. **77**, 129–144.
MCCLUNG, A. M., R. G. CANTRELL, J. S. QUICK and R. S. GREGORY, 1986: Influence of the *Rht1* semidwarf gene on yield, yield components, and grain protein in durum wheat. – Crop Sci. **26**, 1095–1099.
MCCRATE, A. J., M. T. NIELSEN, G. M. PAULSEN and E. G. HEYNE, 1981: Gibberellic acid effects on germination and α-Amylase activity of winter wheats. – Euphytica **30**, 875–880.
MCINTOSH, R. A., 1983: A catalogue of gene symbols for wheat (1983 edition). – Proc. 6th International Wheat Genetics Symposium, Kyoto, Japan, 1983, 1197–1254.
MCKAY, J., 1973: The wheat root. – Proc. of the 4th Int. Wheat Genetics Symp., Missouri, 1973, 827–842.

MCVITTIE, J. A., M. D. GALE, G. A. MARSHALL and B. WESTCOTT, 1978: The intrachromosomal mapping of the Norin 10 and Tom Thumb dwarfing genes. – Heredity **40**, 67–70.
MADDOCK, S. E., V. A. LANCASTER, R. RISIOTT and J. FRANKLIN, 1983: Plant regeneration from cultured immature embryos and inflorescences of 25 cultivars of wheat *(Triticum aestivum)*. – J. Exp. Bot. **34**, 915–926.
MATHIAS, R. J. and E. ATKINSON, 1988: *In vitro* expression of genes affecting whole plant phenotype – the effect of *Rht/Gai* alleles on the callus culture response of wheat (*Triticum aestivum* L. em. Thell). – Theor. Appl. Genet. **75**, 474–479.
– and K. FUKUI, 1986: The effect of specific chromosome and cytoplasmatic substitutions on the tissue culture response of wheat (*Triticum aestivum*) callus. – Theor. Appl. Genet. **71**, 797–800.
– and E. S. SIMPSON, 1986: The interaction of genotype and culture medium on the tissue culture responses of wheat (*Triticum aestivum* L.). callus. – Plant Cell Tissue Organ Cult. **7**, 31–37.
METZGER, R., 1972: Possible linkage map for chromosome 2D. – Ann. Wheat Newsletter **18**, 45.
MOORE, K., 1966: The physiological control of F_1 grass dwarfs in *Triticum aestivum* L. – Euphytica **15**, 329–347.
– and I. R. CUBITT, 1979: Physiological studies of grass-dwarf selection lines in wheat *(Triticum aestivum)*. – Euphytica **28**, 769–778.
MORRIS, R., J. W. SCHMIDT and V. A. JOHNSON, 1972: Chromosomal location of a dwarfing gene in 'Tom Thumb' wheat derivate by monosomic analysis. – Crop. Sci. **12**, 247–249.
PARODI, P. G., F. K. PATTERSON and W. E. NYQUIST, 1970: A sixparent diallel cross analysis of coleoptile elongation in wheat, *Trit. aest.* L. – Crop Sci. **10**, 587–590.
PELTON, J. S., 1964: Genetic and morphogenetic studies of angiosperm single-gen dwarfs. – The Botanical Review **30**, 479–512.
PEPE, J. F. and J. R. WELSH, 1979: Soil water depletion patterns under dryland conditions of closely related height lines of winter wheat. – Crop Sci. **19**, 677–680.
PINTHUS, M. J., 1987: Yield, grain weight and height relationships in two random samples of early semi-dwarf genotypes of spring wheat (*Triticum aestivum* L.). – Plant Breeding **99**, 34–40.
RAO, V. S. P., 1981: Dwarfing genes in wheat – A review. Biovigyanam **7**, 169–185.
REID, J. B., 1986: Gibberellin mutants. In: BLONSTEIN, A. D., KING, P. J. (Eds.), Plant Gene Research – A Genetic Approach to Plant Biochemistry. Springer-Verlag, Wien, New York, 1–34.
REITZ, L. P. and S. C. SALMON, 1968: Origin, histories and use of Norin 10 wheat. – Crop Sci. **8**, 686–689.
RIGGS, T. J., and A. M. HAYTER, 1975: A study of the inheritance and interrelationships of some agronomically important characters in spring barley. – Theor. Appl. Genet. **45**, 257–264.
ROSIELLE, A. A. and K. J. FREY, 1975: Estimate of selection parameters associated with Harvest Index in oat lines derived from a bulk population. – Euphytica **24**, 121–131.
SAMPSON, D. R., 1971: Additive and non-additive genetic variances and genotypic correlations for yield and other traits on oats. – Can. J. Gen. Cytol. **13**, 864–872.
SAULESCU, N. N., G. H. ITTU and C. TAPU, 1986: Breeding for improved coleoptile length in semidwarf wheats. – Ann. Wheat Newsletter **32**, 102.
SEARS, R. G. and E. L. DECKARD, 1982: Tissue culture variability in wheat: callus induction and plant regeneration. – Crop Sci. **22**, 546–550.
SHIMADA, T., 1978: Plant regeneration from the callus induced from wheat embryo. – Jpn. J. Genet. **53**, 371–374.
SILBAUGH, B. A. and R. J. METZGER, 1970: Inheritance of hybrid dwarfness in hexaploid wheats. – Agron. Abstr., 20.
SINGHAL, N. C., M. P. SINGH and C. S. KALIA, 1973: Genetics of dwarfing and awning by monosomic analysis in wheat variety Mex. CB116. – Wheat Inform. Service Nr. **36**, 14–16.

SNAPE, J. W., C. M. LAW and A. J. WORLAND, 1977: Whole chromosome analysis of height in wheat. – Heredity **38**, 25–36.

STODDART, J. L., 1987: Genetic and hormonal regulation of stature. – In: H. THOMAS and D. GRIERSON (Eds.), Developmental Mutants in Higher Plants. University Press, Cambridge, 155–180.

STOSKOPF, N. C. and D. T. FAIREY, 1975: Asynchronous tiller maturity – a potential problem in the development of dwarf winter wheat. – Plant Breeding Abstr. **45**, 467–472.

SUNDERMAN, D. W., 1964: Seedling emergence of winter wheats and its association with depth of sowing, coleoptile length under various conditions and plant height. – Agron. J. **56**, 23–25.

SUTKA, J. and G. KOVACS, 1987: Chromosomal location of dwarfing gene *Rht12* in wheat. – Euphytica **36**, 521–523.

UPADHYAY, M. P., G. M. PAULSEN and R. E. ALLAN, 1987: Grain α-amylase enzyme potential and gibberellic acid sensitivity of nearly isogenic tall, semi-dwarf, and dwarf white wheats. – Cereal Res. Commun. **15**, 29–34.

UTZ, H. F., K. D. ALBER, F. W. SCHNELL and M. L. SNOY, 1973: Selektion in frühen Generationen des Winterweizens I. Merkmalskorrelationen. – Z. Pflanzenzüchtung **70**, 38–50.

VARNER, J. E., 1964: Gibberellic acid controlled synthesis of α-amylase in barley endosperm. – Plant Physiol. **39**, 413–417.

VIGLASI, P., 1968: Short strawed mutants of Karcag 522 winter wheat induced by gamma rays. – Acta agronomica **17**, 205–214.

VIRMANI, S. M., 1971: Rooting patterns of dwarf wheats. – Indian J. Agron. **16**, 33–36.

VOGEL, O. A., J. C. CRADDOCK jr., C. E. MUIR, E. H. EVERSON and C. R. ROHDE, 1956: Semidwarf growth habit in winter wheat improvement for the Pacific Northwest. – Agron. J. **48**, 76–78.

WICHT, E., 1973: Untersuchungen zur Züchtung kurzstrohiger standfester und ertragreicher Weizensorten. – Diss. MLU Halle – Wittenberg, 142 S.

–, 1974: Korrelationsstudien an Weizenmaterial mit unterschiedlicher Pflanzenlänge. – Tag.-Ber., AdL DDR, Berlin, Nr. 127, 33–42.

WORLAND, A. J., 1986: Gibberellic acid insensitive dwarfing genes in Southern European wheats. – Euphytica **35**, 857–866.

– and C. N. LAW, 1980: The genetics of hybrid dwarfing in wheat. – Z. Pflanzenzüchtung **85**, 28–39.

– and – , 1986: Dwarfing genes for gibberellic acid insensitivity in European wheats. – Plant Breeding Institute, Annual Report Cambridge, for 1985, 61–62.

– and S. PETROVIČ, 1988: The gibberellic acid insensitive dwarfing gene from the wheat variety Saitama 27. – Euphytica **38**, 55–63.

–, C. N. LAW and A. SHAKOOR, 1980: The genetical analysis of an induced height mutant in wheat. – Heredity **45**, 61–71.

ZACCAI, M., M. J. PINTHUS and A. A. LEVY, 1987: The effect of the *Rht1* gene on grain protein content in tetraploid wheat *Triticum turgidum*. – J. Cereal Sci. **6**, 27–32.

ZEVEN, A. C., 1969: 'Tom Pouce Blanc' and 'Tom Pouce Barbu Rogue', two *Triticum aestivum* sources of very short straw. – Wheat Inform. Service Nr. 29, 8–9.

Dr. A. BÖRNER
Prof. Dr. D. METTIN
Zentralinstitut für Genetik und Kulturpflanzenforschung
der Akademie der Wissenschaften der DDR
Corrensstr. 3
Gatersleben
DDR - 4325

Kulturpflanze 37 · 1989 · 57—78

Perspektiven für die gentechnische Manipulation der Virusresistenz bei Pflanzen

ROBERT-MATTHIAS LEISER

(Eingegangen am 30. Januar 1989)

Zusammenfassung

Die Entwicklung der Gentechnik führte in jüngster Zeit zu Möglichkeiten, ökonomisch interessante Merkmale von Kulturpflanzen zu manipulieren. Hierzu zählt die Krankheitsresistenz und speziell die Virusresistenz. Da das Virushüllprotein eine herausragende Rolle bei der in der Pflanzenvirologie seit langem bekannten Erscheinung der Prämunität zu spielen scheint, wurde durch mehrere Gruppen versucht, die Hüllproteingene verschiedener Pflanzenviren in deren Wirtspflanzen zu transferieren und zur Expression zu bringen. Die transgenen Hüllprotein-exprimierenden Pflanzen erwiesen sich in ähnlicher Weise als virusresistent wie prämunisierte Pflanzen.

Eine zweite Strategie zur Beeinflussung der Virusresistenz betrifft die Nutzung des antisense-RNA-Prinzips. Allerdings waren die bisher beschriebenen Effekte immer weitaus geringer als jene im Falle der Hüllproteingen-Expression. Offensichtlich wurden noch nicht die sensitiven Targetsequenzen getroffen, zu denen in erster Linie Ribosomen- und Replikase-Bindungsstellen gehören dürften. Zwei weitere Strategien zur Manipulation der Virusresistenz wurden in letzter Zeit diskutiert und in ersten Modellversuchen geprüft:

a) Die Konkurrenz zwischen der Virusnukleinsäure und kurzen homologen Sequenzen um die Erkennungsorte für die Virusreplikase oder auch um die Hüllproteinaggregate für die Initiation des Partikelassembly und
b) Die Konstruktion von Ribozymen, d. h. kleinen katalytischen RNA-Molekülen, für die gezielte Hydrolyse von Virussequenzen.

1. Einleitung

Die Entwicklung gentechnischer Methoden führte in den letzten Jahren zu Möglichkeiten der Manipulation an Makroorganismen. Bei den höheren Pflanzen wurden Gentransfermethoden auf der Basis von *Agrobacterium*-Plasmid-Vektoren entwickelt, die es zumindest bei Dikotyledonen gestatten, beliebige Gene mit hoher Effizienz und mit besten Chancen auf stabile Expression zu übertragen. Diese Forschungen haben seit einigen Jahren das Stadium der ausschließlichen Modelluntersuchungen verlassen. Eines der favorisierten Anwendungsgebiete des Gentransfers bei höheren Pflanzen ist die Manipulation der Resistenz gegen biotische Faktoren. Allerdings fehlen für eine zielgerichtete und breite Bearbeitung dieses wirtschaftlich bedeutsamen Gebietes entscheidende molekularbiologische, biochemische und molekulargenetische Kenntnisse. Obwohl seit langem bekannt ist, daß praktisch jede Pflanze mit aktiven Abwehrmechanismen auf Pathogenbefall reagieren kann, ist die molekularbiologische Grundlage dieser Vorgänge weitestgehend unbekannt und damit bisher auch gentechnisch nicht zu bearbeiten. Erste Durchbrüche in dieser Beziehung erhoffte man sich aus der Entdeckung und Aufklärung biochemisch-physiologischer Parameter des Auftretens von sogen. pathogenese-assoziierten Proteinen (pathogenesis related proteins), antiviralen Proteinen bzw. Replikationsinhibitoren (z. Übersicht s. Gianinazzi 1982, Sela 1981).

Obwohl für einige der offensichtlich streßbedingten Proteine (Fraser 1981) inzwischen biochemische Zusammenhänge und Funktionen aufgeklärt und z. T. die für diese Polypeptide kodierenden Gene kloniert wurden (z. Übersicht s. Templeton und Lamb 1988, Rigden und Coutts 1988), muß eingeschätzt werden, daß auf dem Weg der Identifizierung, Isolierung, Klonierung und des Transfers von Resistenzgenen aus höheren Pflanzen bislang noch keine positiven Ergebnisse vorliegen und es hierfür einer längeren Entwicklungsphase bedarf.

Im Gegensatz zur geschilderten Situation existiert jedoch ein völlig anderes Konzept, nach dem Genmaterial nichtwirtspflanzlichen Ursprungs zur Resistenzmanipulation benutzt wird und das bereits erste experimentelle Erfolge gebracht hat. Es handelt sich hier um Sonderfälle, bei denen unter Umgehung der äußerst komplizierten und bisher nicht verstandenen Stoffwechselprozesse der Wirtspflanze diejenige Geninformation übertragen wird, die direkt füı den resistenzvermittelnden Effektor kodiert. Hierzu zählen solche Beispiele wie der Transfer des Delta-Endotoxingens von *Bacillus thuringiensis* zur wirkungsvollen und hochspezifischen Bekämpfung ausgewählter Insektenarten oder der Transfer von chitinase- bzw. glucanasekodierenden Genen zur Zellwandlyse phytopathogener Pilze. Ein weiterer Sonderfall ist die in jüngster Zeit von verschiedenen Gruppen untersuchte und teilweise bereits erfolgreich praktizierte Manipulation der Virusresistenz.

2. Das Konzept der Parasit-abgeleiteten Resistenz

Die gegenwärtig untersuchten Möglichkeiten zur Manipulation der Virusresistenz lassen sich grob in vier Gruppen einteilen: Transfer und Expression phytoviraler Gene zur gentechnischen Erzeugung von Prämunität, Transfer von Virussequenzen, deren Transkripte als antisense-RNA fungieren, Transfer von Virussequenzen, die im Rezipienten mit der Virusnukleinsäure um Erkennungs- und Bindungsstellen konkurrieren und schließlich die Konstruktion katalytischer RNA (Ribozyme), die virale Messenger an gewünschter Stelle hydrolysieren. Diese Möglichkeiten entsprechen weitestgehend der von Sanford und Johnston (1985) konzipierten Strategie der Parasit-abgeleiteten Resistenz (parasite-derived resistance): Da bisher die Einflußnahme auf die Wirt-Erreger-Interaktion durch Manipulationen am Abwehrverhalten des Wirtes so außerordentlich schwierig ist, kann man den entgegengesetzten Weg wählen, indem die Expression bestimmter pathogenkodierter Gene beeinflußt wird. Hierbei geht es vordergründig nicht um die Synthesehemmung oder den Abbau eines bestimmten Erregerbausteins, sondern im Gegenteil um die Synthese eines Genproduktes des Erregers, und zwar in falscher Menge, in afunktionellem Zustand, am falschen Ort und/oder zum falschen Zeitpunkt der Pathogenese.

Das Konzept der Parasit-abgeleiteten Resistenz geht davon aus, daß insbesondere bei obligat biotrophen Parasiten beide Partner des Pathosystems auf das Feinste aufeinander abgestimmt sein müssen, damit es zur erfolgreichen Besiedlung des Wirtes durch den Erreger und zu einer optimalen Multiplikation des Parasiten kommt. Hierfür bedarf es einer genauen Sequenz von Ereignissen, für deren Realisierung beide Partner, Wirtspflanze und Pathogen, kodieren. Das Ziel der Konzeption besteht darin, bestimmte Gene des Erregers zu klonieren, wenn nötig ihre Expression zu modifizieren und sie zur Wirtspflanzentransformation zu nutzen. Auf diese Weise soll im Wirt konstitutiv ein Genprodukt des Erregers synthetisiert werden, das im Start oder Verlauf der Pathogenese das wohlabgestimmte Pathosystem stört und damit die Entwicklung des Parasiten hemmt oder im günstigsten Falle verhindert.

3. Erzeugung von Prämunität

3.1. Das Phänomen der Prämunität, ihre bisherige Nutzung und Vorstellungen über Mechanismen

Der Begriff „Prämunität“ (acquired immunity; cross-protection) beschreibt die seit sechzig Jahren bekannte Erscheinung (McKinney 1929), daß virusinfizierte Wirtspflanzen in vielen Fällen nicht oder schwer durch ein mit dem ersten verwandtes Virus „super“infiziert werden können. Der klassische experimentelle Prämunitätsnachweis verlangt eine weitestgehende Durchdringung des Wirtsgewebes durch das erstinfizierende Virus und eine eindeutige symptomatologische Differenzierbarkeit beider Virusstämme. In der pflanzenvirologischen Forschung spielte der Nachweis von Prämunität bei Untersuchungen verwandtschaftlicher Beziehungen zwischen Virusisolaten eine wichtige Rolle (Gibbs und Harrison 1976), obwohl recht bald auch Abweichungen von der o. g. Regel bekannt wurden (zur Übersicht s. Fulton, 1982).

Darüber hinaus war es naheliegend, das Prämunitätsphänomen als mögliche Pflanzenschutzmaßnahme zu erproben. In einigen Fällen wird die Prämunität heute mit Erfolg angewendet, so beim Schutz von *Citrus* vor *Citrus tristeza* virus (Costa und Muller 1980), beim Melonenbaum gegen das papaya ringspot virus (Wang et al. 1987) und bei Tomate gegen das tomato mosaic virus (Broadbent 1976). In jedem Falle müssen Jungpflanzen mit den selektierten schwachen Stämmen infiziert werden. Abgesehen von dem immer wiederkehrenden Aufwand für die Infektion hat dieses Verfahren drei entscheidende Nachteile: Erstens können durch Mutationen aus den attenuierten Virusstämmen aggressive Isolate entstehen, die durch die Präinfektion sehr schnell ausgebreitet werden, zweitens treten bei Mischinfektionen mit anderen Virusarten häufig synergistische Effekte auf, wodurch anstelle des Schutzes eine verstärkte Schädigung der Wirtspflanze erreicht werden würde und drittens können Virusisolate, die auf dem einen Wirt sehr „mild" sind, auf einem anderen zu schweren Symptomen führen. Durch die massenhafte Ausbringung eines solchen Stammes könnte eine andere Kultur stark gefährdet werden. Ein Ausweg aus dieser Situation kann nur durch das Auslösen der durch die Prämunität bedingten Resistenz unter Umgehen einer Vorinfektion gefunden werden. Um dies tun zu können wäre es vorteilhaft, den Mechanismus der Prämunität zu kennen. Diese Frage wird in der pflanzenvirologischen Literatur seit vielen Jahren immer wieder diskutiert (zur Übersicht s. HAMILTON 1980, SEQUEIRA 1984, PALUKAITIS und ZAITLIN 1984).

Die Prämunität oder Interferenz zwischen zwei Pflanzenviren ist mit Sicherheit nicht darauf zurückzuführen, daß sie sich nicht in ein und der selben Zelle vermehren könnten. Dies belegen die vielen Beispiele der gegenseitigen Komplettierung von konditionellen Lethalmutanten oder die Ergebnisse zur Rekombination viraler RNA-Genome (BUJARSKI und KAESBERG 1986, KEESE und SYMONS 1985).

DEZOETEN und FULTON (1975) nahmen an, daß der superinfizierende Virusstamm mit dem Hüllprotein des ersteren umhüllt wird und dadurch nicht translatiert werden kann. Nach den Versuchen von ZAITLIN (1976) mit Hüllproteinmutanten, die unter Versuchsbedingungen kein funktionelles Strukturprotein bilden, kann diese Vorstellung jedoch nicht akzeptiert werden. GIBBS (1969) nahm an, daß die Prämunität mit der Wechselwirkung zwischen Virusreplikase (RNA-abhängige RNA-Polymerase) des ersten und der eindringenden RNA des zweiten Virus erklärt werden könnte, in deren Verlauf es zwar zu einer Erkennung und Bindung, nicht aber Replikation der RNA und dadurch zu ihrer Inaktivierung kommt. Viren mit identischer oder stark abweichender Replikase können sich hingegen mehr oder weniger ungehindert nebeneinander vermehren. Auch diese Vorstellung kann insbesondere nach den Ergebnissen der Konstruktion chimärer Viren mit heterologem Replikasegen (ISHIKAWA et al. 1988) nicht akzeptiert werden. Sowohl die Hüllprotein- als auch die Replikasetheorie versuchten eine Erklärung für den Zusammenhang zwischen Prämunität und Verwandtschaftsgrad der interferierenden Viren zu liefern. Eine alternative Vorstellung äußerten PALUKAITIS und ZAITLIN (1984), nach der die Prämunität auf die Interaktion zwischen Plus- und Minus-Strängen der beiden Viren nach dem antisense-RNA-Prinzip zurückzuführen sei. Diese Annahme begründeten sie nicht zuletzt damit, daß Prämunität auch zwischen Stämmen von „nackten" Viren (CADMAN und HARRISON 1959) und sogar Viroiden (NIBLETT et al. 1978, BRANCH et al. 1988) nachweisbar ist. Viroide kodieren für keinerlei Polypeptid und werden durch eine Wirtspolymerase repliziert (z. Übersicht s. RIESNER und GROSS 1985). Dieser Hypothese widersprechen allerdings die Arbeiten von SHERWOOD und FULTON (1982) bzw. DODDS et al. (1985), nach denen Prämunität bei Inokulation mit freier Virus-RNA überwunden werden kann. Aber auch dies fand keine Bestätigung als allgemeingültiges Merkmal der Prämunität, wie am Beispiel des sun-hemp mosaic virus gezeigt wurde (ZINNEN und FULTON 1986), bei dem die Prämunität durch RNA-Inokulation nicht durchbrochen werden konnte. Basierend auf Kenntnissen über die Expressionsregulation früher und später Gene von RNA-Phagen (z. B. ENGELBERG-KUKLA und SCHONLAKER 1979) ist es vorstellbar, daß auch bei Pflanzenviren die Replikationsstrukturen der „späten Phase" den Neustart der Replikation des zweiten Virus, die Synthese früher Genprodukte, nicht mehr zuläßt. Allerdings setzen diese wie auch alle bereits genannten Hypothesen voraus, daß das superinfizierende Virus stets auf Zellen trifft, die bereits zuvor durch das erste Virus befallen wurden. Diese Annahme ist bisher weder bewiesen noch ist sie zu widerlegen, scheint jedoch dadurch erhärtet zu werden, daß Prämunität durch erhöhte Inokulumskonzentrationen überwunden werden kann (CASSELS und HERRICK 1977).

Summierend ist festzustellen, daß sich alle Theorien und Hypothesen über die Mechanismen der Prämunität sowohl in Übereinstimmung als auch im Widerspruch mit experimentellen Daten befinden. Dies läßt sich gegenwärtig am ehesten damit erklären, daß unter dem Begriff Prämunität Erscheinungen zusammengefaßt werden, die in Wirklichkeit auf unterschiedlichen Wirkprinzipien beruhen. Die im Weiteren zu besprechenden Ergebnisse der gentechnischen Prämunitätserzeugung liefern neues Material für diese Diskussionen, verdeutlichen insbesondere die Rolle des Virushüllproteins für die Herausbildung eines prämunitätsähnlichen Zustandes, können bisher aber auch zu einer endgültigen Klärung nicht beitragen.

3.2. Die gentechnische Erzeugung von Prämunität

Ausgehend von den geglückten Experimenten zur Virusinfektion von Pflanzen mit Hilfe von DNA-Kopien vollständig klonierter Virussequenzen oder deren *in-vitro*-Transkripten erschienen seit 1985 Mitteilungen über die erfolgreiche Übertragung und Expression einzelner Virusgene in ihren Wirtspflanzen. Diese Arbeiten wurden offensichtlich von dem Bestreben stimuliert, auf diese Weise die biologische Rolle einzelner Virusgene außerhalb der natürlichen Pathogenese, d. h. ohne Virusinfektion zu studieren. In diesem Zusammenhang wurde der endgültige Beweis der Transportfunktion des bekannten 30 KD-Proteins des tobacco mosaic virus (TMV) (DEOM et al. 1987) erbracht und erstmalig ein unmittelbarer Zusammenhang zwischen einem viruskodierten Polypeptid und der Symptomexpression nachgewiesen (BAUGHMAN et al. 1988).

Eines der ersten transferierten viralen Gene war erwartungsgemäß dasjenige des Hüllproteins des TMV (BEVAN et al. 1985), des klassischen Modellobjekts in der Virologie. Ausgehend von der Hypothese über die Schlüsselrolle der Virushüllproteine bei der Manifestation der Prämunität äußerten die Autoren, daß dieser Weg eine alternative Möglichkeit für die praktische Nutzung der Prämunität darstellen könnte.

Im Jahre 1986 veröffentlichten POWELL ABEL et al. erste Resultate über Symptomabschwächung und Verlangsamung der Pathogenese bei transgenischen Tabakpflanzen, die das TMV-Hüllproteingen stabil exprimierten. Sie hatten in einem Expressionsvektor ein chimäres Gen aus dem 35 S Promoter des cauliflower mosaic virus, (CaMV) dem Hüllproteingen des TMV-U_1 Stammes (vulgare) und dem Polyadenylierungssignal des Nopalinsynthasegens konstruiert und übertrugen es mittels *Agrobacterium tumefaciens* auf *Nicotiana tabacum* cv. 'Xanthi'.

Der „Resistenzgrad“ war in erster Linie abhängig von der Anzahl der Genkopien pro Genom und damit vom Gehalt an TMV-Hüllprotein je Zelle. Die Positionen der Virusinserts im Wirtsgenom schienen dagegen von untergeordneter Bedeutung zu sein.

In einigen Transformanten wurde eine komplette Hemmung der Virusvermehrung beobachtet, was zu größten Hoffnungen veranlaßte. Die Verzögerung der Symptomexpression und Beeinträchtigung der Virusmultiplikation bei der Mehrzahl der transgenischen Pflanzen erschien jedoch geringfügig, die Unterschiede zu Kontrollpflanzen waren in späteren Infektionsphasen häufig nicht mehr nachweisbar und die Resistenz war durch Erhöhung der Inokulumsdichte bzw. Infektion mit freier Virus-RNA überwindbar. Letzteres erinnerte allerdings auffallend an Beobachtungen bei natürlich erzeugter Prämunität. Bei der Untersuchung des Prämunitätseffekts der Nachkommenschaften transgenischer Pflanzen von 'Xanthi' und 'Xanthi nc.', d. h. von systemisch und hypersensitiv auf TMV-Infektion reagierenden Tabaksorten, gegen verschiedene Stämme des TMV, bestätigten sich diese Resultate (NELSON et al. 1987). Die Hemmung der Virusmultiplikation in den systemisch infizierten Blättern war noch stärker ausgeprägt als in den inokulierten. Im hypersensitiv reagierenden Tabak wurde eine drastische Verringerung der nekrotischen Lokalläsionen im Vergleich zur Kontrolltransformante festgestellt. Der Effekt der Prämunisierung war nur teilweise (zu ca. 50 %) bei Inokulation mit freier TMV-RNA überwindbar. Daß allerdings der Schutzeffekt in jedem Fall bei Infektion mit intakten Partikeln stärker war als bei RNA-Inokulation, spricht nach Meinung der Autoren für die Hemmung eines sogenannten frühen Ereignisses der Virusinfektion (Erkennungsreaktion, Penetration, Uncoating). Interessanterweise ist der Resistenzeffekt auch bei TMV-Infektion von Protoplasten nachweisbar, die aus transgenen Hüllprotein-exprimierenden Tabakpflanzen gewonnen wurden (REGISTER und BEACHY 1988).

Parallel zu den Arbeiten am TMV wurden nach dem gleichen Prinzip in den zurückliegenden Jahren weitere Virus-Wirt-Kombinationen bearbeitet: gegen alfalfa mosaic virus (AlMV) (TUMER et al. 1987, LOESCH-FRIES et al. 1987, VAN DUN et al. 1987), gegen tobacco rattle virus (VAN DUN et al. 1987), gegen cucumber mosaic virus (CMV) (CUOZZO et al. 1988) und gegen potato virus X (PVX) (HEMENWAY et al. 1988).

Obwohl alle Versuche zunächst modellmäßig an Tabak durchgeführt wurden, befinden sich bereits seit zwei Jahren Tabak- und Tomatenpflanzen mit exprimiertem TMV-Hüllproteingen in der Freilanderprobung (RADEMACHER 1987). Der Prämunitätsschutz war auch unter praxisnahen Bedingungen stabil und die permanente Expression des TMV-Hüllproteins führte zu keiner Belastung des Rezipienten-Organismus, die sich im Ertrag niederschlagen würde (NELSON et al. 1988).

Bei den Versuchen zum Transfer des Hüllproteingens des PVX wurden Pflanzen mit hochgradiger Virusresistenz erhalten, die auch durch Inokulation mit freier Virus-RNA nicht überwindbar war. Offensichtlich liegt diesen Effekten ein anderer Mechanismus zugrunde als bei den Tabakpflanzen mit transferiertem Hüllproteingen des TMV.

Das AlMV-Modell ist in bezug auf den Transfp eres Hüllproteingens von besonderem Interesse, weil bekannt ist, daß das Hüllprotein neben der Funktion, die Virionen-RNA zu schützen, eine wichtige Rolle bei der „Genomaktivierung" zu Beginn der Infektion spielt: Das AlMV ist ein Virus mit funktionell fragmentiertem Genom. In den Viruspartikeln befinden sich vier verschiedene RNA-Moleküle, von denen das kleinste, die RNA 4, eine sogen. subgenomische RNA ist. Die Information für das AlMV-Hüllprotein ist sowohl auf der RNA 4 als auch dem 3'-terminalen Teil der RNA 3 kodiert, translatiert wird das Hüllprotein jedoch nur von RNA 4. Diese RNA 4 wird während des Vermehrungszyklus vom Minus-Strang der RNA 3 repliziert. Wenn man versucht, mit den drei genomischen RNA-Fragmenten zu infizieren, gelingt dies nur, wenn eine kleine Menge an Hüllprotein bzw. die Messenger-RNA für das Hüllprotein (RNA 4) im Inokulum vorhanden ist (z. Übersicht s. Jaspars 1985). Für den erfolgreichen Start der RNA-Replikation muß offensichtlich eine bestimmte Menge an AlMV-Hüllprotein vorhanden sein oder in der befallenen Zelle sofort gebildet werden (Houwing und Jaspars 1987). Alle drei Gruppen kamen zu übereinstimmenden Ergebnissen: Die Hüllprotein-exprimierenden Tabakpflanzen waren gegen eine Infektion mit AlMV-Viruspartikeln in ähnlicher Weise geschützt, wie dies am Modell Tabak-TMV gezeigt worden war.

Wurde mit allen vier Virionen-RNA inokuliert, d. h. bei Anwesenheit der subgenomischen Messenger für das Virushüllprotein, war kein Unterschied zur Kontrolltransformante (kein Infektionsschutz) feststellbar. Ebenso wie am TMV-Modell wurde hier der Prämunitätsschutz bei Inokulation mit freier Virus-RNA durchbrochen. Wurde nur mit den drei genomischen RNA inokuliert, kam es wiederum zur Infektion: Das exprimierte endogene Hüllprotein komplettierte (aktivierte) das Inokulum, während die Kontrolltransformanten gesund blieben. Um die Phänomene der Genomkomplettierung und der gentechnischen Prämunisierung experimentell zu trennen, wurden transgenische Tabakpflanzen vergleichsweise untersucht, die das Hüllprotein des AlMV bzw. des tobacco streak virus (TSV), eines Ilarvirus, exprimierten (van Dun et al. 1988b). Beide Pflanzengruppen erwiesen sich als resistent gegen das homologe Virus, d. h. gegen das, dessen Hüllprotein sie exprimierten, nicht jedoch gegen das heterologe. Damit zeigten diese Pflanzen die gleiche Wirkungsbreite der gentechnisch erzeugten Prämunität wie das bei normaler Vorinokulation zu beobachten ist. Andererseits konnte aber das in transgenischen Pflanzen endogen gebildete TSV-Hüllprotein ebenso wie das homologe Hüllprotein das Inokulum komplettieren, das nur aus den drei genomischen AlMV-RNA bestand. Somit bestätigte sich, daß der prämunisierende Effekt des endogen gebildeten Hüllproteins und die „Genomaktivierung" durch das Hüllprotein zwei völlig getrennte Phänomene darstellen.

Der Transfer anderer Virusgene, die für nichtstrukturelle Polypeptide kodieren (Proteine, die nicht Bestandteil des Viruspartikels sind), erbrachte bisher keine Hinweise, daß andere virale Genprodukte bei der Herausbildung der Prämunität eine Rolle spielen könnten. In dem einen Falle handelte es sich um das bereits erwähnte 30 KD-Protein des TMV, dessen Expression in transgenischen Pflanzen eher zu einer Stimulierung als Inhibierung der Virusmultiplikation führte (Deom et al. 1987). Im anderen Falle wurden die jeweils monocistronischen RNA 1 und RNA 2 des AlMV transferiert (van Dun et al. 1988a), die jedoch keinen Einfluß auf die Infektion und Pathogenese ausübten, wohl aber das Inokulum komplettieren konnten, wenn mit einem RNA-Gemisch infiziert wurde, in dem das jeweilige RNA-Fragment fehlte.

3.3. Vorstellungen über die Natur der Hüllprotein-vermittelten Resistenz

Bei den Überlegungen zum Mechanismus der beobachteten Virusresistenz in transgenischen Pflanzen war zunächst die Frage zu beantworten, ob dieser Effekt tatsächlich mit der Synthese des viralen Hüllproteins zusammenhängt und nicht etwa mit der konstitutiv transkribierten Hüllprotein-Messenger erklärt werden könnte.

Grundsätzlich wäre eine Interaktion dieser Messenger sowohl mit dem Komplementärstrang der TMV-RNA nach dem antisense-RNA-Prinzip als auch in Konkurrenz mit dem Replikationskomplex mit der Virus-RNA denkbar, da beide die Erkennungssequenz für die Replikase enthalten.

Nach Auffassung von NELSON et al. (1987) muß jedoch für den beobachteten Resistenzeffekt das Hüllprotein selbst verantwortlich gemacht werden, da anderenfalls der prämunitätsähnliche Zustand der transgenischen Pflanzen bei Inokulation mit RNA nicht überwindbar sein dürfte. Einen direkten experimentellen Beweis für diese Annahme erbrachten VAN DUN et al. (1988b) am Beispiel des AlMV: Sie konstruierten eine frame-shift-Mutante des Hüllproteingens durch Einbau von vier zusätzlichen Nukleotiden. Das Genprodukt stimmte nur in 87 N-terminalen Aminosäuren mit dem nativen Hüllprotein des AlMV überein, enthielt jedoch den unveränderten Replikationsstartort. Nach Transfer dieses Konstruktes war bei den Rezipienten keinerlei Virushemmung mehr nachweisbar.

Wenn damit zwar nicht ausgeschlossen werden kann, daß in einigen der untersuchten Fälle auch antisense-RNA oder Competitionseffekte eine zusätzliche Wirkung bedingen, steht außer Zweifel, daß es das endogen gebildete Virushüllprotein ist, das den prämunitätsähnlichen Zustand des Gewebes verursacht.

Allerdings ist damit die Frage nach dem Mechanismus der Erscheinung in keiner Weise beantwortet. NELSON et al. (1987) vermuteten einen Zusammenhang zwischen dem Nachweis von Virushüllprotein in der Zellwand virusinfizierter Pflanzen (DEZOETEN und GAARD 1984) und Prämunität. Dieses in der Zellwand abgelagerte Hüllprotein könnte bei der Erkennung und Abwehr einer Doppelinfektion mit einem verwandten Virus eine wichtige Rolle spielen. Da jedoch auch Protoplasten aus Hüllprotein-exprimierenden Pflanzen Resistenz aufweisen (REGISTER und BEACHY 1988), muß diese Vorstellung abgelehnt werden.

REGISTER und BEACHY (1988) beobachteten, daß die Resistenz nicht nur bei Inokulation mit Virus-RNA sondern auch mit Viruspartikeln überwunden wird, die zuvor einer kurzzeitigen milden Alkalibehandlung ausgesetzt wurden. Es ist bekannt (WILSON 1984), daß eine Alkalibehandlung bei TMV-Partikeln zu einer partiellen Freisetzung der Virus-RNA am 5'-Ende bzw. zur Auflockerung der Partikelstruktur führt. Die vollständige Freisetzung der RNA erfolgt im weiteren cotranslational. Es wird nun angenommen, daß dieses primäre uncoating an speziellen Strukturen der Wirtszelle abläuft, die das entsprechende Partikelende erkennen. Die rezeptorähnlichen Strukturen sind jedoch in Zellen, die bereits ein nahe verwandtes Virus replizieren (klassische Prämunität), oder in transgenischen Zellen, die das Hüllprotein exprimieren, besetzt und zur Bindung der Viruspartikeln nicht mehr befähigt. Dringen jedoch freie Virus-RNA oder Partikeln ein, deren Struktur bereits soweit aufgelockert ist, daß es zur Translationsinitiation kommen kann, wird dieses sonst essentielle Stadium der Virusmultiplikation umgangen. Die Resultate der Überwindung der gentechnisch erzeugten Prämunität sind unvereinbar mit den entgegengesetzten Vorstellungen, daß die Prämunität mit einer Neuumhüllung der eindringenden Virus-RNA oder der Stabilisierung der Partikelstruktur des eindringenden Virus durch das residente Hüllprotein zusammenhänge, wie aus *in-vitro*-Versuchen geschlossen worden war (WILSON und WATKINS 1986). Ob das „Uncoating-Modell“ von REGISTER und BEACHY (1988) im Falle anderer Viren, insbesondere solcher mit isometrischer oder bacilliformer Gestalt, zutreffend sein könnte, kann bisher nicht eingeschätzt werden.

Die Aufgabe viraler Hüllproteine erschöpft sich durchaus nicht mit dem Schutz der Virusnukleinsäure während der Virusausbreitung. Die Hüllproteine sind ausgesprochen multifunktionell. Vielfach, wie auch bereits für das AlMV beschrieben, üben sie wichtige Regulationsfunktionen aus. Somit ist nicht auszuschließen, daß die gentechnisch erzeugte Prämunität in anderen Fällen auf alternative Wirkungsprinzipien zurückzuführen ist. Zumindest deuten *in-vitro*-Versuche mit dem isometrischen brome mosaic virus (BMV) darauf hin, daß es durch freies Hüllprotein zu einer partiellen Umhüllung des RNA-3'-Endes und damit zur Hemmung des Replikationsstarts kommt (HORIKOSHI et al. 1987). Wenn *in vivo* ein derartiger Mechanismus ablaufen würde, dürfte man für das BMV erwarten, daß die Resistenz Hüllprotein-exprimierender Pflanzen durch RNA-Inokulation nicht überwunden wird. Beim PVX konnte, wie bereits erwähnt, die Resistenz durch Inokulation mit freier Virus-RNA nicht oder nicht in dem Maße überwunden werden, wie es für das TMV und AlMV gezeigt worden war (HEMENWAY et al. 1988).

Somit muß konstatiert werden, daß auch mit den jüngsten Ergebnissen noch keine endgültige Klarheit über den Mechanismus der Prämunität gewonnen wurde.

4. Synthese von antisense-RNA

4.1. Der Begriff der antisense-RNA, Einsatzgebiete und Wirkungsweise

Unter dem Begriff „antisense-RNA“ ist allgemein eine RNA zu verstehen, deren Sequenz einer informationstragenden RNA komplementär ist, und demzufolge mit letzterer hybridisieren kann und diese dadurch blockiert.

Antisense-RNA-Moleküle kommen als natürliches Regulationsprinzip der Genexpression (im engeren Sinne – der Translation) vor (z. Übersicht s. LAPORTE 1984, GREEN et al. 1986, TOULMÉ und KACZOREK 1986). Dieses Prinzip wurde erstmals für die Replikationsregulation des *E. coli*-Plasmids *ColE1* (TOMIZAWA et al. 1981) und die Transpositionsregulation mobiler genetischer Elemente am Beispiel des *E. coli*-Transposons Tn10 (SIMONS und KLECKNER 1983) beschrieben. Kurze RNA-Sequenzen, die den 5'-terminalen Abschnitten der zu regulierenden Messenger komplementär sind, werden unter bestimmten metabolischen Bedingungen synthetisiert, binden sich an die Messenger und verhindern dadurch die Erkennung durch den Ribosomen-Initiationskomplex und damit die Translation. Die entsprechenden Gene werden als antisense-Gene bezeichnet.

Der eigentliche Mechanismus der regulierenden Wirkung *in vivo* ist bisher nicht völlig geklärt. Obwohl es sich wahrscheinlich um eine Hemmung der Interaktion zwischen Messenger und Ribosomen handelt, wurde aber auch eine drastische Verringerung der Zahl der entsprechenden mRNA-Moleküle bei Anwesenheit der antisense-Sequenzen festgestellt (COLEMAN et al. 1984). Im Falle von antisense-Molekülen, die im Nucleus gebildet werden, nimmt man an, daß sie den mRNA-Transport aus dem Zellkern verhindern (KIM und WOLD, 1985). Das antisense-RNA-Prinzip kann eindrucksvoll bei der experimentellen Manipulation der Genexpression eingesetzt werden: Es wird ein Promotor hinter das 3'-terminale Ende eines klonierten Gens in das Plasmid eingefügt und das Gen (oder dessen Fragment) „rückwärts" gelesen. Die so gebildete RNA wird der natürlichen RNA komplementär sein und deren Translation *in vitro* wie *in vivo* hemmen.

Antisense-RNA wurde beispielsweise experimentell zur Expressionsregulation der Thymidinkinase in L Mauszellen (IZANT und WEINTRAUB 1984) und verschiedener *E. coli*-Gene (COLEMAN et al. 1984) genutzt. Die Anwendung dieser Methode ist auch bei pflanzlichen Objekten möglich und wurde zunächst bei transienten antisense-RNA-Studien gezeigt (ECKER und DAVIS 1986). Um die Expression des ebenfalls transient geprüften Reportergens zu 95 % zu hemmen, war jedoch ein 50facher Überschuß des antisense-Gens notwendig. Dies dürfte in stabil transformierten Pflanzen schwierig zu realisieren sein. DELANNEY et al. (1988) prüften diese Frage an zweifach transformierten Pflanzen und fanden, daß die Expression des Reportergens in einigen Fällen bereits bei etwa äquimolarer Transkriptionsrate von Messenger und antisense-RNA gehemmt wird. Hierbei wurde durch COLEMAN et al. (1984) festgestellt, daß die Messenger (im Komplex mit der antisense-RNA) einer sehr schnellen Degradation unterliegt. Ein weiteres Anwendungsgebiet des antisense-RNA-Prinzips ist das Sreening von cDNA-Banken (WEINTRAUB et al. 1985): cDNA-Insertionen werden in antisense-Expressionsvektoren kloniert und einzelne Klone in bestimmte Zellen eingeschleust, deren Phänotyp durch die Hemmung der mit der gebildeten antisense-Sequenz korrespondierenden mRNA verändert wird.

IZANT und WEINTRAUB (1984) äußerten die Vorstellung, daß das antisense-RNA-Prinzip zur Hemmung einer Virusinfektion verwendet werden könnte.

Somit ergeben sich interessante Möglichkeiten der Nutzung von antisense-Sequenzen sowohl zum Studium grundlegender Prinzipien der Expressionsregulation, für deren gezielte Modifikation, als auch bei der Krankheitsbekämpfung.

Es sind bisher jedoch noch entscheidende Fragen offen, deren Beantwortung sicherlich die erfolgversprechende praktische Nutzung dieses Prinzips beschleunigen wird (WEINTRAUB et al. 1985):

1. Die Expression welcher Gene ist mit antisense-RNA beeinflußbar?
2. Welcher Teil der mRNA muß durch antisense-Sequenzen getroffen werden?

3. Hängt der Grad der Hemmung von der Struktur der sense-mRNA oder antisense-RNA ab, wie lang müssen wirkungsvolle antisense-Sequenzen sein?
4. Wie stabil sind antisense-Transkripte und Doppelstrangstrukturen in der Zelle?
5. Wie ist die Abhängigkeit der Hemmwirkung von der Konzentration der sense- und antisense-RNA; wie groß muß der Überschuß an antisense-RNA sein?
6. Vollzieht sich die Hemmung im Nucleus oder Cytoplasma?
7. Hat die Interaktion zwischen sense- und antisense-Sequenzen physiologische Konsequenzen für die Zelle?

Bei der Besprechung des möglichen Einsatzes dieses Regulationsprinzips für die Replikationshemmung von RNA-Pflanzenviren muß der Begriff der antisense-RNA breiter gefaßt werden, denn eine Interferenz zwischen einer Regulator-RNA und Virussequenzen ist sowohl als antisense als auch sense-Sequenz vorstellbar, je nachdem, ob die Virionen-RNA oder ihr Komplementärstrang von der Interaktion betroffen wird. Es wäre deshalb richtiger, von virusinterferierenden komplementären RNAs (virus interfering complementary RNA, vic-RNA) zu sprechen.

4.2. Das Vorkommen natürlicher vic-RNA als Modifikator phytoviraler Pathogenese und deren Nutzung

Unter den Pflanzenviren ist der Satellitismus ein nicht seltenes Phänomen. Darunter versteht man genetisches Material, das allein nicht replizierbar sondern auf die Unterstützung eines Helfervirus angewiesen ist und mit diesem keine verwandtschaftlichen Beziehungen, d. h. größere Sequenzhomologien aufweist. Die Kopplung zwischen Satellit und Helfervirus ist in der Regel spezifisch.

Bekannte Beispiele sind die Satelliten-RNA (satRNA) der Cucumoviren, insbesondere die satRNA des CMV, die auch als CARNA 5 bezeichnet wird, die satRNA des tobacco necrosis virus (STNV) sowie die satRNA des tobacco ringspot virus (STRSV).

Bei Anwesenheit der Satelliten verändert sich meist das Symptombild der Viruskrankheit, wobei es unter den satRNA des CMV solche gibt, die zu einer Symptomabschwächung oder aber -verstärkung führen. In einigen Fällen wurde neben einer Beeinflussung der Symptomausprägung auch eine drastische Hemmung der Helfervirusmultiplikation nachgewiesen (z. Übersicht s. FRANCKI 1985). KAPER (1982) zeigte, daß diese Hemmung mit einer außergewöhnlichen Akkumulation an doppelsträngiger RNA einhergeht, deren Größe derjenigen der satRNA entspricht, entwickelte erste Vorstellungen über den Mechanismus der Interferenz zwischen Virus und Satellit und hielt eine Nutzung des Virussatellitismus zur Einschränkung der infektionsbedingten Schadwirkung für möglich. Er nahm eine Konkurrenz zwischen Virus- und Satelliten-RNA um den wirtskodierten Teil des Replikationskomplexes an, in deren Verlauf die Virus-RNA aus der Replikation hinausgedrängt wird. Andere Vorstellungen (REZAIAN et al. 1985) zogen eine Wechselwirkung zwischen Virus- und Satelliten-RNA nach dem antisense-Prinzip in Betracht.

Bei der Suche nach kurzen Sequenzhomologien zwischen den Partnern fanden die Autoren einen komplementären Bereich zwischen der 5'-terminalen Region der satRNA und dem nichtkodierenden 3'-terminalen Bereich der CMV-RNA 1 und 2, die beide jeweils Teile einer sehr ähnlichen Sekundärstruktur in Form einer Haarnadelschleife sind. Allerdings zeigte sich bei *in-vitro*-Hybridisierungsversuchen, daß die genannten RNA nicht in Interaktion treten. Überraschenderweise wurde jedoch die Bildung eines stabilen Komplexes zwischen der satRNA und den RNA 3 und 4 des CMV festgestellt (REZAIAN und SYMONS 1986). Die RNA 4 ist ähnlich der Situation beim AlMV eine subgenomische RNA, die für das Hüllprotein kodiert und eine Kopie des 3'-terminalen Teils der RNA 3 darstellt. Das virale Hüllproteingen, das sich auf beiden RNA befindet, beinhaltet den Bindungsort für den Virussatelliten, obwohl keine komplementäre Sequenz zur satRNA irgendeiner signifikanten Länge nachweisbar ist. Allerdings kann zwischen den genannten RNA eine stabile Struktur entstehen, wenn sich die satRNA so um das Hüllproteingen windet, daß sie mit zwei getrennten gegenläufigen Sequenzen auf einer Länge von 33 Nukleotiden hybridisiert und dabei mit ihnen eine knotenähnliche Schleife bildet. Auf diese Weise könnte die satRNA *in vivo* die Hüllproteingenexpression als antisense-RNA regulieren.

In Großbritannien wurde die Sequenz einer CMV-satRNA auf Tabak und Tomate übertragen (BAULCOMBE et al. 1986, HARRISON et al. 1987). Es handelte sich bei den Transgenen um Kopien der satRNA die ein 1,3- bis 2,3faches der natürlichen Monomer-Länge umfaßten. Dies war beabsichtigt und hängt mit den Vorstellungen über den eigentümlichen Replikationsmodus von satRNA nach dem „rolling circle model" sowie Ergebnissen von Infektionsversuchen mittels klonierter cDNA-Kopien der satRNA zusammen, die jeweils nur dann positiv waren, wenn längere Konstrukte verwendet wurden. In den transgenischen Pflanzen wurden nach Infektion mit einem satellitenfreien CMV-Inokulum eine verstärkte Akkumulation der satRNA sowie eine Symptomexpressions- und Virusmultiplikationshemmung festgestellt. Nach Infektion mit einem starken Virusstamm war auf den inokulierten Blättern zunächst kein Unterschied zu Kontrollpflanzen nachweisbar. Die Folgeblätter zeigten bei den transgenischen Pflanzen jedoch keine Symptome mehr und hatten einen um 95 % verringerten Virusgehalt. Die durch die CMV-Infektion akkumulierte satRNA unterschied sich nicht von der ursprünglichen natürlichen satRNA und wurde bei Passagen zusammen mit dem Helfervirus stabil übertragen. Ähnliche Versuche wurden in Australien mit der satRNA des tobacco ringspot virus (STRSV) bzw. dessen DNA-Kopien durchgeführt (GERLACH et al. 1987). Es wurden wie bei den o. g. Beispielen Konkatamere der Satellitensequenz transferiert, wobei zusätzlich die Frage interessierte, ob auch die RNA-Transkription der Komplementärsequenz der satRNA zu biologisch nachweisbaren Effekten führt. Folglich wurden trimere DNA-Kopien des STRSV unter der Kontrolle des 35 S-Promotors des CaMV in beiden Orientierungen (ST^+ und ST^-) übertragen. Nach Virusinfektion kam es in den Pflanzen beider Gruppen zu einer starken Amplifikation von satRNA und zu einer veränderten Symptomexpression. Bei den (ST^+)-Pflanzen erschienen die primären Symptome verspätet und systemisch waren keine pathologischen Veränderungen nachweisbar. Die Virusvermehrung war in erheblichem Maße eingeschränkt. Bei den (ST^-)-Pflanzen unterschieden sich die lokalen Symptome nicht von denjenigen der kontrolltransformierten oder unbehandelten Pflanzen. Der systemische Symptomphänotyp entsprach jedoch demjenigen der (ST^+)-Pflanzen.

Nach Auffassung von Harrison et al. (1987) besitzt die Anwendung derartiger transgenischer Pflanzen große Vorteile gegenüber der Prämunisierung mittels attenuierter Virusstämme, weil gerade im Falle des CMV auch eine Infektion mit einem milden Stamm bereits zu Ertragsverlusten führt, während bei den satRNA-transformierten Pflanzen diese Geninformation erst nach natürlicher Infektion zu virusvermittelter „autonomer" Replikation geführt wird und außerdem bei natürlicher Weiterübertragung des Virus auch bei nichttransformierten Pflanzen eine Symptomveränderung bewirkt und das Virusisolat auf diese Weise attenuiert. Allerdings besteht gerade in letzterem der entscheidende Nachteil des Verfahrens, denn eine Helfervirus-Satelliten-Kombination, die auf einem Wirt schwach pathogen ist, kann auf einem anderen verstärkte Symptome hervorrufen.

Ein Ausweg aus dieser Situation könnte darin bestehen, daß anstelle der satRNA nur jene Sequenzen übertragen werden, die nach Rezaian und Symons (1986) mit Hüllproteingen-Sequenzen des CMV in Interaktion treten und die eigentliche Wirkungsbasis für den gewünschten biologischen Effekt darstellen. Ob es allerdings gelingen könnte, daß diese Oligonukleotide nach der Virusinfektion auch wie Virussatelliten repliziert werden, ist unwahrscheinlich. Diese Sequenzen müßten demzufolge mit hoher Effizienz als Transgene exprimiert werden.

4.3. Konstruktion von vic-RNA-Transgenen zur Virusinhibierung

Sowohl Loesch-Fries et al. (1987) als auch Hemenway et al. (1988) übertrugen neben dem Hüllproteingen auch dessen Komplementärsequenz, um die Frage einer Virushemmung nach dem antisense-RNA-Prinzip experimentell zu beantworten. Sie beobachteten in diesen Fällen einen Hemmeffekt, der allerdings immer deutlich schwächer war als derjenige bei Hüllprotein-exprimierenden Pflanzen.

Hemenway et al. (1988) führen die unterschiedliche Infektionshemmung auf die beobachteten Differenzen in der RNA-Transkriptionsrate zwischen den Hüllprotein-exprimierenden und antisense-RNA-synthetisierenden Transformanten zurück. Da auch eine direkte Abhängigkeit zwischen Expressionsgrad des Hüllproteins und Inokulumsdosis, mit der der Prämunisierungseffekt überwunden werden kann, festgestellt wurde, prüften sie bei den antisense-Varianten die Schutzwirkung bei im Maß der RNA-Transkription verringerten Inokulumskonzentrationen und fanden ihre Vermutung bestätigt.

Obwohl die bisher vorliegenden Resultate zur Wirkung von antisense-RNA-Sequenzen gegen RNA-Pflanzenviren noch nicht ermutigen, wurden andererseits eindeutige Effekte nachgewiesen. Eine wichtige Frage für weiterführende Untersuchungen ist diejenige nach den sensitiven Targetsequenzen der Virus-RNA. Man muß davon ausgehen, daß die Virionen-RNA, ihre subgenomischen Kopien und Komplementärstränge *in vivo* nie als freie RNA vorkommen, da sich anderenfalls aus Plus- und Minussträngen, die während der Virusreplikation notwendigerweise am gleichen Ort vorhanden sind, stabile Doppelstrangstrukturen bilden würden, deren Schmelzung unter natürlichen Bedingungen nicht vorstellbar ist.

Die Hybridisierung zwischen den natürlich vorkommenden komplementären Virussequenzen muß durch RNA-Protein-Wechselwirkungen und RNA-Sekundärstrukturen verhindert werden. Diese konkreten Strukturen sind uns heute noch weitgehend unbekannt. Ihre Kenntnis ist aber unerläßlich, um gezielt Transgene zu konstruieren, deren Transkripte mit hoher Effizienz als vic-RNA mit der Virusmultiplikation interferieren könnten. Offensichtlich wird es sich um relativ kurze Sequenzen der Virus-RNA handeln, die *in vivo* einer Interaktion mit vic-RNA zugänglich wären. Bestimmte Abschnitte des Virusgenoms scheinen hierfür besonders prädestiniert zu sein:

1. Das 5'-Ende der Virionen-RNA oder dem 5'-Terminus nahe Sequenzen als Initiationsort für die Translation früher Virusproteine
2. Das 3'-Ende der Virionen-RNA als Erkennungsort für die RNA-abhängige RNA-Polymerase (Replikase) und Startort der Synthese viraler Minus-RNA
3. Das 3'-Ende viraler Minus-RNA als Startort der Synthese viraler Plus-RNA (ist dem 5'-Ende der Virionen-RNA komplementär)
4. Das 5'-Ende oder diesem naheliegende Regionen subgenomischer RNA als Initiationsort für die Translation später Virusproteine
5. Die Replikaseerkennungssequenz am Startort der Synthese viraler subgenomischer RNA.

Die ersten beiden Varianten sind besonders favorisiert, weil man in dieser Phase der Virusreplikation noch mit einer sehr niedrigen Template-Konzentration rechnen kann, was wiederum nicht so hohe Expressionsraten der vic-Sequenzen erfordern würde.

Es gibt bisher *in-vitro*-Versuche, die bestätigen, daß die gezielte Konstruktion von ausgewählten antisense-Sequenzen interessante Ergebnisse erwarten läßt. CRUM et al. (1988) synthetisierten kurze Oligonukleotide, die dem Ribosomenbindungsort bzw. der Startsequenz des 126 KD-Proteingens des TMV komplementär waren (also der Variante 1 der o. g. Aufstellung entsprachen). Diese führten bei einem Molverhältnis der Virus-RNA zur antisense-Sequenz von 1:1,5 zu einer deutlichen Hemmung der Proteinsynthese, die bei einem Molverhältnis von 1:15 nahezu blockert schien. Ob ein solcher Hemmeffekt allerdings ausreichen wird, um die Virusmultiplikation in der Pflanze in einem Maße zu inhibieren, daß es zu dauerhaften Auswirkungen auf die Pathologie und Weiterverbreitung des Erregers im Bestand und damit letztlich zur gewünschten Ertragsstabilisierung kommt, werden *in-vivo*-Versuche zu zeigen haben. Als prinzipiell erschwerend kommt im Vergleich zu den Ergebnissen von DELANNEY et al. (1988) mit Reportergenen hinzu, daß die Transkriptionsrate des im Kerngenom integrierten vic-Gens mit der cytoplasmatischen Virus-RNA-Replikation schritthalten muß.

5. Konstruktion von Competitorsequenzen

Hierbei handelt es sich um das Konzept, kurze RNA-Moleküle durch die Pflanze in hinreichender Menge synthetisieren zu lassen, die ausgewählten viralen Sequenzen homolog sind und Erkennungsregionen für spezifische RNA-Protein-Interaktionen darstellen. Sie sollen die Virus-RNA aus diesen Wechselwirkungen herausdrängen. Hierzu zählen wiederum die Erkennungsorte für Ribosomen oder Replikasen und außerdem der Startort des Viruspartikel-Assembly's. Im Unterschied zu den vic-RNA sollen diese Sequenzen die Virusreplikation aber nicht durch Hybridisierung mit den viralen RNA sondern durch Kompetition mit der Virus-RNA um die entsprechenden Reaktionspartner blockieren.

In *in-vitro*-Versuchen zeigten MORCH et al. (1987), daß kurze RNA-Abschnitte (100 bis 350 b) bei 10fachem molarem Überschuß die Replikation der RNA des turnip yellow mosaic virus hemmen konnten und erwarten einen ähnlichen Effekt *in vivo*. Die Konkurrenz dieser „sense-RNA" um die Replikase zielt wiederum auf die Hemmung eines sogen. frühen Ereignisses der Virusmultiplikation.

Im Gegensatz dazu sind Versuche zur Hemmung des Partikel-Assembly auf eine der letzten Phasen des Virusreplikationszyklus gerichtet. Seit Jahrzehnten wurde dieser Prozeß insbesondere an Modellen gestreckter RNA-Pflanzenviren untersucht und dabei nachgewiesen, daß die Automontage der Viruspartikeln durch eine hochspezifische Interaktion zwischen RNA und Virushüllprotein gestartet wird (z. Übersicht s. BUTLER 1984). Der Erkennungsort der Virus-RNA befindet sich bei verschiedenen Viren an unterschiedlichen Orten. Beim TMV liegt diese Region 920 Nukleotide vom 3'- und 5480 Nukleotide vom 5'-Ende der Virionen-RNA unmittelbar vor dem Hüllproteingen (ZIMMERN 1976, GOELET et al. 1982). Der Start des Assembly wird durch die spezifische Erkennung zwischen dieser Region und besonderen Aggregaten des Hüllproteins, den Doppelscheiben, vollzogen. Letztere erfahren hierbei einen strukturellen Umbau aus der radial- in die spiralsymmetrische Form (BUTLER et al. 1977). In Modelluntersuchungen zeigten TURNER et al. (1986), daß die Hüllproteinaggregate des TMV, mit denen die Virus-RNA in Wechselwirkung tritt, bereits mit sehr kurzen Oligonukleotiden (6 bis 9 Nukleotide) spezifisch reagieren und dabei die gleichen Strukturveränderungen erfahren wie beim natürlichen Assembly-Start. Solche kurzen Competitorsequenzen könnten somit die Hüllprotein-Doppelscheiben in eine Form überführen, die für das Reifen der Partikelnachkommenschaften ungeeignet ist. Ob eine solche Vorstellung realisierbar ist, wird insbesondere davon abhängen, ob diese kurzen RNA-Fragmente *in vivo* erfolgreich mit der Virus-RNA konkurrieren können und bei stabiler Integration der kodierenden Sequenzen in ausreichender Menge transkribiert und nicht zu schnell degradiert werden.

6. Konstruktion von Ribozymen

Aus der Pflanzenvirologie sind drei Gruppen von pathogenen RNAs bekannt, deren Replikation in besonderen Bahnen verläuft. Gemeint sind die Viroide und Virusoide sowie einige Virussatelliten. Viroide und Virussatelliten wurden bereits in anderem Zusammenhang besprochen. Unter Virusoiden versteht man einsträngige ringförmige RNA-Moleküle, die aufgrund dieser Struktur den Viroiden sehr ähnlich sind, aber im Unterschied zu ihnen bei ihrer Replikation wie Virussatelliten auf ein Helfervirus angewiesen sind und auch in dessen Partikeln eingehüllt verbreitet werden.

Die Bildung von Plus- und Minus-Strängen dieser drei Klassen von pathogenen RNAs verläuft nach dem rolling-circle-Prinzip, wodurch die entstehenden Tochterstränge jeweils ein Mehrfaches der monomeren Sequenz darstellen. Das Zerschneiden dieser Moleküle in die Monomereinheiten und das Zirkularisieren scheint nach bisher vorliegenden Kenntnissen zumindest bei einem Teil der Viroide, Virusoide und Virussatelliten ohne Beteiligung proteinogener Enzyme durch die betreffende RNA selbst zu geschehen („self-cleavage") (z. Übersicht s. SYMONS et al. 1985, FORSTER und SYMONS 1987b). Mindestens drei weitere Typen der RNA-gesteuerten Reaktionen sind heute bekannt. Dies sind das Selbstsplicing der Introngruppe I, der Introngruppe II sowie das Processing von tRNA-Prekursoren durch den RNA-Anteil in RNase P (z. Übersicht s. CECH und BASS 1986). Unter all diesen RNA-gesteuerten Reaktionen scheint das autolytische Zerschneiden phytopathogener RNA den niedrigsten Kompliziertheitsgrad aufzuweisen, insbesondere was die strukturellen Anforderungen an die Interaktion zwischen Substrat und aktivem Zentrum anbetrifft (FORSTER und SYMONS 1987a, 1987b). In einigen Fällen bildet sich das aktive Zentrum erst durch die konkrete Sekundärstruktur aus zwei RNA-Molekülen bzw. der Dimerform der RNA (FORSTER et al. 1988). Die bisher untersuchten Moleküle weisen im Bereich der Schnittstelle bestimmte kurze hochkonservierte Sequenzabschnitte und eine typische T-förmige Sekundärstruktur auf (FORSTER und SYMONS 1987a), die als „hammer-head-shaped" Struktur bezeichnet wird (HUTCHINS et al. 1986). Der autolytische Schnitt liefert 5'-terminale OH- und 2'3'-Phosphodiester-Enden.

Durch Vergleich der Primär- und Sekundärstruktur aller bisher untersuchten autolytischen Sequenzen fanden FORSTER und SYMONS (1987b) eine einfache Konsensussequenz. Danach sind die Struktur-Substrat-Anforderungen für eine solche potentiell katalytisch wirkende RNA in der Tat äußerst gering (eine GUX-Sequenz in der Target-RNA, flankiert von beliebigen Sequenzen, mit denen die katalytische RNA auf einer Länge von drei bzw. 5 Basen paaren können muß, sind notwendig). Dadurch scheint es möglich, einerseits für eine Vielzahl bzw. für beliebige Target-RNA eine solche katalytische RNA zu konstruieren, die andererseits durch die flankierenden Komplementärabschnitte eine hohe Spezifität aufweist. Es liegt somit auf der Hand, RNA mit derartiger Funktion bei der Expressionskontrolle bestimmter Gene oder auch bei der Krankheitsbekämpfung zu erproben und gegebenenfalls einzusetzen. Sie werden heute meist als „genetische Scheren" oder als „Ribozyme" bezeichnet.

Ein erstes künstliches Ribozym wurde bereits konstruiert und *in vitro* erfolgreich erprobt (GERLACH und HASELOFF 1988). Hierbei wurden Ribozyme mit drei verschiedenen Erkennungssequenzen für die mRNA der Chloramphenikol-Acetyltransferase synthetisiert, die die Messenger an den entsprechenden Stellen schnitten, ohne dabei selbst verbraucht zu werden. Bislang liegen noch keine Befunde über *in-vivo*-Versuche vor. Sollte sich herausstellen, daß Ribozym-

Gene stabil transkribiert werden, diese RNAs nicht zu schnell abgebaut werden und die Target-RNA *in vivo* quantitativ degradieren, könnten die Ribozyme eine hochinteressante Alternative zu den anderen Möglichkeiten der Manipulation der Virusresistenz darstellen.

7. Ausblick

Das Konzept der Parasit-abgeleiteten Resistenz ist eine interessante Strategie der Erforschung der auf das Feinste abgestimmten Interaktion zwischen Pflanze und Pathogen, die gleichzeitig gestattet, praxisrelevante Ergebnisse zu erzielen im Sinne einer Manipulation der Krankheits- und speziell Virusresistenz.

Obwohl nach den bisher vorliegenden Ergebnissen die beste antivirale Wirkung bei Virushüllprotein-exprimierenden Pflanzen nachgewiesen wurde, sollten die aufgezeigten Möglichkeiten der Nutzung des antisense-RNA-Konzepts (oder breiter gefaßt, des vic-RNA-Konzepts), von Competitorsequenzen und vor allem von Ribozymen nicht außer acht gelassen werden. Immerhin darf nicht übersehen werden, daß die bisherigen Resultate mit ausgesprochenen Modellobjekten erhalten wurden, bei denen bereits deutlich wurde, daß trotz formaler Übereinstimmung in der Vorgehensweise (erfolgreiche Gewinnung virusresistenter Pflanzen durch Transfer des Virushüllproteingens) Unterschiede in der Wirkung auftreten, die auf Unterschiede im Wirkungsmechanismus sowohl der gentechnisch als auch konservativ erzeugten Prämunität hinweisen. Es ist nicht ausgeschlossen, daß eine Hüllproteingen-Expression bei Vertretern anderer Virusgruppen nicht den gewünschten Effekt bewirken wird. Somit lassen die Untersuchungen zum Transfer viraler Gene in der nächsten Zeit wesentliche Erkenntnisse über molekulare Vorgänge der Virusreplikation, der Interaktion Virus-Zelle und der Pathogenese erwarten, die sich ihrerseits wieder auf die praxisorientierte Manipulation der Virusresistenz auswirken werden. Für letztere Aufgabenstellung scheinen Ribozyme eine hochinteressante Alternative darzustellen.

Im Vergleich zu den Konzeptionen der Nutzung von vic-RNA bzw. von Competitorsequenzen zur Hemmung der Virusmultiplikation haben Ribozyme den entscheidenden Vorteil, daß sie katalytisch wirken, d. h., daß sie bei der Interaktion mit der Virus-RNA nicht verbraucht werden und demzufolge in wesentlich geringerer Menge durch die Zelle synthetisiert zu werden brauchten. Eine andere wichtige Frage betrifft die Problematik der Stabilität der durch gentechnische Manipulationen erzielten Resistenz unter natürlichem Befallsdruck. Im Falle der Hüllproteingen-Expression oder auch der antisense-RNA-Transkription ist kaum mit einer Überwindung der antiviralen Resistenz durch Veränderungen der Primärstruktur im Virusgenom zu rechnen, da der diesen Prinzipien zugrundeliegende Mechanismus einzelne Basen- oder Aminosäureaustausche tolerieren dürfte. Anders könnte die Situation bei kurzen Competitorsequenzen und insbesondere bei den Ribozymen aussehen. Hier würde ein einziger Basenaustausch die Wirkung der im Wirt transkribierten RNA aufheben können. Deshalb kommt es in diesen Fällen darauf an, einerseits eine hochkonservierte Targetsequenz zu wählen und andererseits vielleicht das Treffen mehrerer Zielsequenzen im Virusgenom anzustreben. Möglicherweise wird durch die Kombination unterschiedlicher Strategien zur gentechnischen Manipulation der Virusresistenz sowohl ein höherer Wirkungsgrad als auch eine hohe Dauerhaftigkeit der Resistenz erzielt.

Summary

Perspectives for genetechnological manipulation of plant virus resistance

The development of gene technology led recently to possibilities for manipulating economically important characters of cultural plants. To these belong pathogene resistance and, particularly, virus resistance. Since the viral coat protein seems to take a leading part in the long known in plant virology phenomenon of cross-protection, several groups made the attempt for transfering the genes encoding for the coat protein of different plant viruses into their respective host plants. The transgenic coat protein expressing plants proved to be resistant in a similar manner as cross-protected plants. A second strategy for influencing plant virus resistance consists in utilization of the antisense RNA principle. But the hitherto described effects were always substantially lower than those observed by coat protein expression. It seems, therefore, that till now the sensitive target sequences have not been discovered, to which above all should belong ribosome and replicase binding sites. Two additional strategies for manipulating virus resistance have been recently discussed and proved in first model experiments: a. Competition between the viral nucleic acid and short homologous sequences for the recognition sites of the viral replicase or for the coat protein aggregates for the initiation of the particle assembly and b. the construction of ribozymes, i.e. short catalytic RNA molecules, for a site-directed cutting of viral sequences.

Краткое содержание

Перспективы генно-инженерной манипуляции вирусоустойчивостью растений

Развитие генной инженерии в последнее время открыло возможности манипуляции экономически важными признаками культурных растений. Такими, как устойчивость к патогенам и, в частности, устойчивость к вирусам. Поскольку белок вирусной оболочки, очевидно, играет важную роль при давно известном явлении премунитета (перекрестной защиты), то некоторые научные группы пытались переносить гены, кодирующие белки оболочки различных растительных вирусов в соответствующие растения-хозяева. Трансгенные растения, экспрессирующие белок оболочки, оказались вирусоустойчивыми схожим образом с премунизированными растениями. Вторая концепция влияния на устойчивость к вирусам касается использования принципа антисенс-РНК. Но описываемые до сих пор эффекты оказывались всегда значительно слабея, чем эффекты в случае экспрессии гена белка оболочки. Очевидно, пока ещё не найдены чувствитель-

ные мишени последовательностей РНК, к которым следует отнести прежде всего области узнавания рибосомами и репликазами. Две дополнительные стратегии в манипуляции вирусоустойчивостью в последнее время обсуждались и испытывались в первых модельных опытах:
а. конкуренция между вирусной нуклеиновой кислотой и короткими гомологичными последовательностями за места узнавания для вирусной репликазы или за агрегаты белка оболочки для инициации реконструкции частиц;
б. конструкция рибосом, т. е. маленьких каталитических молекул РНК, для направленного гидролиза вирусных последовательностей.

Literatur

Baughman, G. A., J. D. Jacobs and S. H. Howell, 1988: Cauliflower mosaic virus gene VI produces a symptomatic phenotyp in transgenic tobacco plants. – Proc. Nat. Acad. Sci. USA **85**, 733–737.

Baulcombe, D. C., G. R. Saunders, M. W. Bevan, M. A. Mayo and B. D. Harrison, 1986: Expression of biologically active viral satellite RNA from the nuclear genome of transformed plants. – Nature **321**, 446–449.

Bevan, M. W., S. E. Mason and P. Goelet, 1985: Expression of tobacco mosaic virus coat protein by a cauliflower mosaic virus promoter in plants transformed by *Agrobacterium*. – Embo J. **4**, 1921–1926.

Branch, A. D., B. J. Benenfeld, E. R. Frank, J. F. Shaw, M. L. Varban, K. K. Willis, D. L. L. Rosen and H. D. Robertson, 1988: Interference between coinoculated viroids. – Virology **163**, 538–546.

Broadbent, L., 1976: Epidemiology and control of tomato mosaic virus. – Ann. Rev. Phytopathol. **14**, 75–96.

Bujarski, J. J. and P. Kaesberg, 1986: Genetic recombination between RNA components of a multipartite plant virus. – Nature **321**, 528.

Butler, P. J. G., 1984: The current picture of the structure and assembly of tobacco mosaic virus. – J. Gen. Virol. **65**, 253–279.

–, J. T. Finch and D. Zimmern, 1977: Configuration of tobacco mosaic virus RNA during virus assembly. – Nature **265**, 217–219

Cadman, C. H. and B. D. Harrison, 1959: Studies on the properties of soil-borne viruses of the tobacco rattle type occuring in Scotland. – Ann. Appl. Biol. **47**, 542–556.

Cassels, A. C. and C. C. Herrick, 1977: Cross protection between mild and severe strains of tobacco mosaic virus in doubly inoculated tomato plants. – Virology **78**, 253–260.

Cech, T. R. and B. L. Bass, 1986: Biological catalysis by RNA. – Ann. Rev. Biochem. **55**, 599–630.

Coleman, J., P. J. Green, and M. Inouye, 1984: The use of RNAs complementary to specific mRNAs to regulate the expression of individual bacterial genes. – Cell **37**, 429–436.

Costa, A. S. and G. W. Muller, 1980: Tristeza control by cross protection: a U.S.-Brazilian cooperative success. – Plant Disease **64**, 538–541.

Crum, C., J. D. Johnson, A. Nelson and D. Roth, 1988: Complementary oligodeoxynucleotide mediated inhibition of tobacco mosaic virus RNA translation in vitro. – Nucl. Acids Res. **16**, 4569–4582.

Cuozzo, M., K. M. O'Connel, W. K. Kaniewski, R.-X. Fang, N.-H. Chua and N. E. Tumer, 1988: Viral protection in transgenic tobacco plants expressing the cucumber mosaic virus coat protein or its antisense RNA. – Bio/Technology **6**, 549–557.

Delanney, A. J., Z. Tabaeizadeh and D. P. S. Verma, 1988: A stable bifunctional antisense transcript inhibiting gene expression in transgenic plants. – Proc. Nat. Acad. Sci. USA **85**, 4300–4304.

DEOM, C. M., M. J. OLIVER and R. N. BEACHY, 1987: The 30-kilodalton gene product of tobacco mosaic virus potentiates virus movement. – Science **237**, 389–394.
DEZOETEN, G. A. and R. W. FULTON, 1975: Understanding generates possibilities. – Phytopathology **65**, 221–222.
– and G. GAARD, 1984: The presence of viral antigen in the apoplast of systemically virus-infected plants. – Virus Res. **1**, 713–725.
DODDS, J. A., S. Q. LEE and M. TIFFANY, 1985: Cross-protection between strains of cucumber mosaic virus. Effect of host and type of inoculum on accumulation of virions and double-stranded RNA of the challenge strain. – Virology **144**, 301–309.
VAN DUN, C. M. P., J. F. BOL and L. VAN VLOTEN-DOTING, 1987: Expression of alfalfa mosaic virus and tobacco rattle virus coat protein genes in transgenic tobacco plants. – Virology **159**, 299–305.
–, L. VAN VLOTEN-DOTING and J. F. BOL, 1988a: Expression of alfalfa mosaic virus cDNA 1 and 2 in transgenic tobacco plants. Virology **163**, 572–578.
–, C. M. P. OVERDUIN, L. VAN VLOTEN-DOTING and J. F. BOL, 1988b: Transgenic tobacco expressing tobacco streak virus or mutated alfalfa mosaic virus coat protein does not cross-protect against alfalfa mosaic virus infection. Virology **164**, 383–389.
ECKER, J. R. and R. W. DAVIS, 1986: Inhibition of gene expression in plant cells by expression of antisense RNA. – Proc. Nat. Acad. Sci. USA **83**, 5372–5376.
ENGELBERG-KUKLA, H. and R. SCHONLAKER, 1979: Host-parasite relationships in an RNA-phage-E. coli system. – In: Dynamic Aspects of Host-parasite Relationships (ZUCKERMAN, A., ed.) Vol. III: Keter Publ., Jerusalem, pp. 45–63.
FORSTER, A. C. and R. H. SYMONS, 1987a: Self-cleavage of plus and minus RNAs of a virusoid and a structural model for the active sites. – Cell **49**, 211–220.
– and –, 1987b: Self-cleavage of virusoid RNA is performed by the proposed 55-nucleotide active site. – Cell **50**, 9–16.
–, C. DAVIES, C. C. SHELDON, A. C. JEFFRIES and R. H. SYMONS, 1988: Self-cleaving viroid and newt RNAs may only be active as dimers. – Nature **334**, 265–267.
FRANCKI, R. I. B., 1985: Plant virus satellites. Ann. Rev. Microbiol. **39**, 151–174.
FRASER, R. S. S., 1981: Evidence for the occurence of "pathogenesis-related" proteins in leaves of healthy tobacco plants during flowering. – Physiol. Plant Pathol. **19**, 69–76.
FULTON, R. W., 1982: The protective effects of systemic virus infection. – In: Active Defense Mechanisms in Plants (WOOD, R. K. S., ed.), Proc. NATO Adv. Study Inst., Plenum Press, New York and London, pp. 231–246.
GERLACH, W. L. and J. HASELOFF, 1988: Simple RNA enzymes with new and highly specific endoribonuclease activities. – Nature **334**, 585–591.
–, D. LLEWELLYN and J. HASELOFF, 1987: Construction of a plant disease resistance gene from the satellite RNA of tobacco ringspot virus. – Nature **328**, 302–305.
GIANINAZZI, S., 1982: Antiviral agents and inducers of virus resistance: analogies with interferon. – In: Active Defense Mechanisms in Plants (WOOD, R. K. S., ed.). Proc. NATO Adv. Study Inst., Plenum Press, New York and London, pp. 275–298.
GIBBS, A. J., 1969: Plant virus classification. – Adv. Virus Res. **14**, 263–328.
– and B. HARRISON, 1976: Plant virology. The Principles., Edward Arnold, London.
GOELET, P., G. P. LOMONOSSOFF and P. J. G. BUTLER, 1982: Nucleotide sequence of tobacco mosaic virus RNA. – Proc. Nat. Acad. Sci. USA **79**, 5818–5822.
GREEN, P. J., O. PINES and M. INOUYE, 1986: The role of antisense RNA in gene regulation. – Ann. Rev. Biochem. **55**, 569–597.
HAMILTON, R. J., 1980: Defenses triggered by previous invaders. – In: Plant Disease (HORSFALL, J. G. and COWLING, E. B., eds.), Acad. Press New York, Vol. **5**, pp. 279–303.
HARRISON, B. D., M. A. MAYO and D. C. BAULCOMBE, 1987: Virus resistance in transgenic plants that express cucumber mosaic virus satellite RNA. – Nature **328**, 299–302.
HEMENWAY, C., R.-X. FANG, W. K. KANIEWSKI, N.-H. CHUA and N. E. TUMER, 1988: Analysis of the mechanism of protection in transgenic plants expressing the potato virus X coat protein or its antisense RNA. – Embo J. **7**, 1273–1280.
HORIKOSHI, M., M. NAKAYAMA, N. YAMAOKA, I. FURUSAWA and J. SHISHIYAMA, 1987:

Brome mosaic virus coat protein inhibits viral RNA synthesis *in vitro.* – Virology **158**, 15–19.

Houwing, C. J. and E. M. J. Jaspars, 1987: *In vitro* evidence that the coat protein is the programming factor in alfalfa mosaic virus – induced RNA synthesis. – FEBS Lett. **221**, 337–342.

Hutchins, C. J., P. D. Rathjen, A. C. Forster and R. H. Symons, 1986: Self-cleavage of plus and minus RNA transcripts of avocado sunblotch viroid. – Nucl. Acids Res. **14**, 3627–3640.

Ishikawa, M., T. Meshi, Y. Watanabe and Y. Okada, 1988: Replication of chimeric tobacco mosaic viruses which carry heterologous combinations of replicase genes and 3′ noncoding regions. – Virology **164**, 290–293.

Izant, J. G. and H. Weintraub, 1984: Inhibition of thymidine kinase gene expression by anti-sense RNA: a molecular approach to genetic analysis. – Cell **36**, 1007–1015.

Jaspars, E. M. J., 1985: Interaction of alfalfa mosaic virus nucleic acid and protein. – In: Molecular Plant Virology (Davies, J. W., ed.), CRC Press, Boca Raton, FL, Vol. **1**, pp. 155–221.

Kaper, J. M., 1982: Rapid synthesis of double stranded cucumber mosaic virus-associated RNA-5: mechanism controlling viral pathogenesis? – Biochem. Biophys. Res. Commun. **105**, 1014–1022.

Keese, P. and R. H. Symons, 1985: Domains in viroids: Evidence of intermolecular RNA rearrangements and their contribution to viroid evolution. – Proc. Nat. Acad. Sci. USA **82**, 4582–4586.

Kim, S. K. and B. S. Wold, 1985: Translational control of Tn10 transcription. – Cell **42**, 129–138.

Laporte, D. C., 1984: Antisense RNA: a new mechanism for the control of gene expression. – Trends in Biochem. Sci. **9**, 463–464.

Loesch-Fries, L. S., E. Halk, D. Merlo, N. Jarvis, S. Nelson, K. Krahn and L. Burhop, 1987: Expression of alfalfa mosaic virus coat protein gene and anti-sense cDNA in transformed tobacco tissue. – In: Moleculare Strategies for Crop Protection. Alan R. Liss Inc., pp. 221–234.

McKinney, H. H., 1929: Mosaic diseases in the Canary islands, West Africa and Gibraltar. – J. Agric. Res. **39**, 557–578.

Morch, M. D., R. L. Joshi, T. M. Denial and A. L. Haenni, 1987: A new "sense" RNA approach to block viral RNA replication *in vitro.* – Nucl. Acids Res. **15**, 4123–4130.

Nelson, R. S., P. Powell Abel and R. N. Beachy, 1987: Lesions and virus accumulation in inoculated transgenic tobacco plants expressing the coat protein gene of tobacco mosaic virus. – Virology **158**, 126–132.

–, – and –, 1988: Virus tolerance, plant growth, and field performance of transgenic tomato plants expressing coat protein from tobacco mosaic virus. – Bio/Technology **6**, 403–409.

Niblett, C. L., E. Dickson, K. H. Fernow, R. K. Horst and M. Zaitlin, 1978: Cross protection among four viroids. – Virology **91**, 198–203.

Palukaitis, P. and M. Zaitlin, 1984: A model to explain the "cross-protection" phenomenon shown by plant viruses and viroids. – In: Plant-Microbe Interaction: Molecular and Genetic Perspectives (Kosuge, T. and Nester, E., eds.) Macmillan, New York, pp. 420–429.

Powell Abel, P., R. S. Nelson, B. De, N. Hoffmann, S. G. Rogers, R. G. Fraley and R. N. Beachy, 1986: Delay of disease development in transgenic plants that express the tobacco mosaic virus coat protein gene. – Science **232**, 738–743.

Rademacher, H., 1987: Wo die Raupen Tomatenblätter verschmähen. – Frankfurter Allgemeine Zeitung 23. 9., 23.

Register, J. C. and R. N. Beachy, 1988: Resistance to TMV in transgenic plants results from interference with an early event in infection. – Virology **166**, 524–532.

Rezaian, M. A., R. H. V. Williams and R. H. Symons, 1985: Nucleotide sequence of cucumber mosaic virus RNA 1. Presence of a sequence complementary to part of the viral satellite RNA and homologies with other viral RNAs. – Europ. J. Biochem. **150**, 331–339.

– and R. H. SYMONS, 1986: Anti-sense regions in satellite RNA of cucumber mosaic virus form stable complexes with the viral coat protein gene. Nucl. Acids Res. **14**, 3229–3239.

RIESNER, D. and H. J. GROSS, 1985: Viroids. – Ann. Rev. Biochem. **54**, 531–564.

RIGDEN, J. and R. COUTTS, 1988: Pathogenesis-related proteins in plants. – Trends Genet. **4**, 87–89.

SANFORD, J. C. and S. A. JOHNSTON, 1985: The concept of parasite-derived resistance – deriving resistance genes from the parasites own genome. – J. Theoret. Biol. **113**, 395–405.

SELA, I., 1981: Plant-virus interactions related to resistance and localization of viral infections. – Adv. Virus Res. **26**, 291–338.

SEQUEIRA, L., 1984: Cross protection and induced resistance: Their potential for plant disease control. – Trends in Biotechnol. **2**, 25–29.

SHERWOOD, J. L. and R. W. FULTON, 1982: The specific involvement of coat protein in tobacco mosaic virus cross protection. – Virology **119**, 150–158.

SIMONS, R. W. and N. KLECKNER, 1983: Stable reduction of thymidine kinase activity in cells expressing high level of anti-sense RNA. – Cell **34**, 683–691.

SYMONS, R. H., J. HASELOFF, J. E. VISVADER, P. KEESE, P. J. MURPHY, D. S. GILL, K. H. J. GORDON and G. BRUENING, 1985: On the mechanism of replication of viroids, virusoids and satellite RNAs. – In: Subviral Pathogens of Plants and Animals: Viroids and Prions (K. MARAMOROSCH and J. J. MCKELVEY, eds.), Acad. Press, Orlando, FL, pp. 235–263.

TEMPLETON, M. D. and C. J. LAMB, 1988: Elicitors and defence gene activation. – Plant, Cell and Environment **11**, 395–401.

TOMIZAWA, J.-J., T. ITOH, G. SELZER and T. SOM, 1981: Inhibition of ColE1 primer formation by a plasmid specified small RNA. – Proc. Nat. Acad. Sci. USA **31**, 1421–1425.

TOULMÉ, J.-J. and M. KACZOREK, 1986: Le secret des anti-messangers. Des agents passés de l'information á la répression. – Biofutur, Nov. 1986, 47–57.

TUMER, N. E., K. M. O'CONNELL, R. S. NELSON, P. R. SANDERS, R. N. BEACHY, R. T. FRALEY and D. M. SHAH, 1987: Expression of alfalfa mosaic virus coat protein gene confers cross-protection in transgenic tobacco plants. – Embo J. **6**, 1181–1188.

TURNER, D. R., A. MONDRAGON, L. FAIRALL, A. C. BLOOMER, J. T. FINCH, J. H. BOOM and P. J. G. BUTLER, 1986: Oligonucleotide binding to the coat protein disk of tobacco mosaic virus. – Europ. J. Biochem. **157**, 269–274.

WANG, H. L., S.-D. YEH, R.-J. CHIU and D. GONSALVES, 1987: Effectiveness of cross-protection by mild mutants of papaya ringspot virus for control of ringspot disease of papaya in Taiwan. – Plant Disease **71**, 491–497.

WEINTRAUB, H., J. G. IZANT and R. M. HARLAND, 1985: Anti-sense RNA as a molecular tool for genetic analysis. – Trends Genet. **1**, 22–25.

WILSON, T. M. A., 1984: Cotranslational disassembly increases the efficiency of expression of TMV RNA in wheat germ cell-free extracts. – Virology **138**, 353–356.

– and P. A. C. WATKINS, 1986: Influence of exogenous viral coat protein on the cotranslational disassembly of tobacco mosaic virus. – Virology **149**, 132–135.

ZAITLIN, M., 1976: Viral cross protection: more understanding is needed. – Phytopathology **66**, 382–383.

ZIMMERN, D., 1976: The region of tobacco mosaic virus RNA involved in the nucleation of assembly. – Phil. Trans. R. Soc. Lond. B, **276**, 189–204.

ZINNEN, T. M. and R. W. FULTON, 1986: Cross protection between sunn-hemp mosaic and tobacco mosaic virus. – J. Gen. Virol. **67**, 1679–1687.

Dr. R.-M. LEISER
Zentralinstitut für Genetik und Kulturpflanzenforschung
der Akademie der Wissenschaften der DDR
Gatersleben
DDR - 4325

Kulturpflanze 37 · 1989 · 79–126

Die Nutzung einheimischer Insekten (Hymenopteren und Dipteren) zur Bestäubung von Kulturpflanzen in der Genbank Gatersleben

THOMAS GLADIS

(Eingegangen am 1. Februar 1989)

Zusammenfassung

Es werden genbankspezifische Methoden dargestellt, die einen optimalen Samenansatz bei so wichtigen Gemüsen wie z. B. aus den Gattungen *Allium*, *Apium*, *Brassica*, *Daucus* und *Raphanus* durch die Nutzung geeigneter Insekten als Bestäuber sichern sollen.

Charakteristisch für das Material der Genbank sind die relativ geringen Populationsgrößen. Es werden Sippen verschiedener Kulturpflanzenarten gemeinsam isoliert. Daraus resultieren Überschneidungen der Blütezeiten. Auch die Suche nach mehreren Bestäubern wird erforderlich. Schwierigkeiten ergeben sich hinsichtlich der Verfügbarkeit und der Eignung dieser Bestäuber für die genannten entomophilen Kulturpflanzen.

Ein hoher Bestäubungseffekt wird durch den Einsatz solcher Insekten gewährleistet, die hinsichtlich ihrer Bestäubungsleistung und Blütenpräferenz Unterschiede aufweisen. Es sind aus der Ordnung Hymenoptera Honigbienen (*Apis mellifera* (L.)), Hummelarten (*Bombus* spp.), Schmarotzerhummeln (*Psithyrus* spp.) und Solitärbienenarten (*Megachile rotundata* (F.), *Anthophora acervorum* (L.), hauptsächlich aber *Osmia rufa* (L.)) und aus der Ordnung Diptera Calliphoriden (*Lucilia* sp. und *Calliphora* sp.) sowie Schwebfliegen (Syrphidae, Eristalinae, mehrere Arten).

Die Anzuchtmethoden werden beschrieben. Diskontinuierliche Zuchten mit einem breiten Artenspektrum tragen den Bedarfsspitzen an Bestäubern in den Monaten Juni bis August Rechnung und reduzieren die durch Para- und Episiten verursachten Verluste.

1. Einleitung

Zu den Hauptaufgaben einer Genbank gehören neben der langfristigen Erhaltung die Charakterisierung, Evaluierung, Dokumentation und Vermehrung von Material genetischer Ressourcen sowie die Abgabe von Samenmustern genau definierter, für die Züchtungsforschung und Züchtung relevanter Sippen. Dazu muß das auf Sammelreisen zusammengetragene und durch Samentausch erworbene Material auf den Versuchsflächen wiederholt nachgebaut werden.

Bei der Reproduktion des meist heterogenen Genbankmaterials ist die Populationsgröße der einzelnen Sippen sehr gering. Das trifft auch auf alle entomophilen[1] Fremdbefruchterkollektionen in der Genbank zu. Aus arbeitstechnischen Gründen müssen häufig mehrere kleine Populationen verschiedener Arten in den Isoliereinrichtungen kombiniert werden. Das betrifft außer den zahlreichen *Brassica*-Sippen so wichtige Gemüse wie z. B. Rettich, Zwiebel, Möhre und Sellerie.

Die Verhältnisse bei anemophilen Kulturpflanzen werden nicht (Poaceae) oder nur am Rande berührt (Chenopodiaceae). Unberücksichtigt bleiben entomophile Arten, für deren sippenweisen räumlich isolierten Anbau der im Institutsgelände zur Verfügung stehende Platz derzeit noch ausreichend ist (Polygonaceae).

Der Umfang der Kollektionen, die oft lange Blühdauer der einzelnen Sippen und der gewünschte möglichst hohe Samenertrag schließen die manuell durchgeführte Bestäubung weitgehend aus (vgl. BECKER, 1951). Abgesehen von den Kürbisgewächsen wird sie immer Ausnahmefällen vorbehalten bleiben, wie Kreuzungsexperimenten und gelegentlich notwendigen Knospenbestäubungen bei Einzelpflanzen. Die Bestäubung der in den Isoliereinrichtungen abblühenden entomophilen Pflanzen muß daher durch den Einsatz geeigneter Insekten sichergestellt werden.

Bereits in der Gründungsphase des Institutes, Anfang 1947, wurde deshalb mit der Einrichtung der 1959 wieder aufgelösten eigenen Abteilung Lehr- und Versuchsimkerei begonnen, die Imkermeister H. LIETZMANN bis 1955 leitete; sein Nachfolger war Imkermeister U. FUCHS (vgl. STUBBE, 1982).

Im Anbauverzeichnis der damaligen Unterabteilung Sortiment der Abteilung Systematik (heute: Abteilung Genbank) sind etwa 1000 entomophile Fremdbefruchter genannt. Sieht man von den Kürbisgewächsen ab, so verbleiben fast 450 *Brassica*- und sonstige zu isolierende und künstlich zu bestäubende Sippen anderer entomophiler Gattungen (Anon., 1953).

Zum Umfang des Insekteneinsatzes (Honigbienen) im Jahre 1959 wird vermerkt: „Mit den für die Abteilung Systematik bereitgestellten 42 Völkchen wurden 76 Parzellen bestäubt" (Anon., 1960). Nach der Auflösung der Imkerei im alten Institut betreute P. KUBE den neu eingerichteten Bienenstand. „Die noch vorhandenen Völker wurden von der Abteilung Systematik und Sortiment zur besseren Bestäubung von Fremdbefruchtern in Isolierkästen genutzt" schreibt STUBBE (1982). Im Jahre 1963 übernahm U. SÖRGEL die Arbeit am Bienenstand, im Jahre 1973 M. WARZECHA.

Literaturstudien (DÖTTLINGER 1965, HASSELROT, 1952, 1960, KRAAI, 1954, KUGLER, 1930, 1931, 1932a, b, 1933a, b, 1935, 1936, 1939 und 1941/42, STEIN 1956), die Praxiserfahrungen des Institutes für Gemüsebau in Olomouc sowie ein Besuch des Institutes für Bienenkunde in Dol bei Liblice (beide ČSSR) führten dazu, daß mit der Hummelhaltung in Gatersleben begonnen wurde. Die im Laufe der ersten Jahre gewonnenen Erfahrungen sind in einer Arbeit niedergelegt (SÖRGEL, 1972). Sie enthält eine Beschreibung der mit geringen Abweichungen (vgl. WARZECHA, 1983) heute noch praktizierten Standard-Anzuchtmethode.

[1] In der Literatur werden die Begriffe zoidiogam, zoidiophil, zoogam und zoophil synonym verwendet (vgl. DENFFER et al., 1978, WEISS, 1976). Mit der gewählten Bezeichnung wird den Empfehlungen von FAEGRI und VAN DER PIJL (1979, vgl. p. 34) gefolgt.

Leider sind Hummeln keineswegs für alle entomophilen Kulturpflanzen und deren verwandte Wildformen als adäquate oder auch nur geeignete Bestäuber anzusehen. Darauf weisen bereits ältere Quellen zur Bestäubungsökologie hin (u. a. BRAUNS, 1949, FAULKNER, 1962, FRIESE, 1922, GABRIEL, 1963, KNUTH, 1898, KUGLER, 1950, 1951, 1956, WIERING, 1964).

Untersuchungen am WB Zoologie der Sektion Biowissenschaften der MLU Halle – Wittenberg mit verschiedenen Solitärbienen- und Fliegenarten (BENECKE, 1978, DORN, 1977, 1982, 1983, DORN et al., 1978, TRÄGER, 1986, WEISS, 1976) beeinflussen die Arbeiten in Gatersleben. Sie helfen, Lücken in der Bestäubung wichtiger Kulturpflanzen zu schließen. Der intensiv betriebene Erfahrungsaustausch mit der Universität in Halle erweist sich als überaus wertvoll.

Derzeit erfolgt im Bereich der Genbank die planmäßige Anzucht von Vertretern aus mehreren Hymenopteren- und Dipterengattungen für die Bestäubung entomophiler Kulturpflanzen.

2. Isoliereinrichtungen

Bei frei abblühenden Fremdbefruchtern gleicher Artzugehörigkeit werden zwischen den Populationen Abstände von mindestens 50 m eingehalten.

Die Größe des Versuchsfeldes, die für den Anbau anderer Kulturen vergebenen zusammenhängenden Flächen und der notwendige Fruchtwechsel limitieren die Isolation durch größere Entfernungen.

Da jährlich eine große Anzahl von Fremdbefruchtern zum Anbau kommt, reichen die Freilandisolierstellen im Institutsgelände nicht aus. Um Kreuzungen zwischen verschiedenen Populationen auszuschließen, erfolgt zusätzlich eine räumliche Isolierung der Sippen in Kästen, Folienkabinen und Gewächshäusern.

Die Anzahl der 1986 allein für den Vermehrungsanbau von *Brassica*-Sippen beanspruchten Isolierstellen geht aus Tabelle 1 hervor. Mehrfachbesetzungen

Tabelle 1

Brassica-Isolierung 1986

Bezeichnung der Isolierstellen	Anzahl	Blühende *Brassica*-Sippen
a) Freiland		
– einzelne Parzellen	42	42
– Samenträgerblock	93	73
– Dauergarten*	2304	28
b) Folienkabinen	10	14
– Kleingewächshäuser	33	55
c) Kalt- und Warmhäuser	12	12
Summe:		224

* insgesamt vorhandene Parzellen

erklären sich aus dem Zusammenpflanzen nicht kreuzbarer Arten der Gattung (vgl. Abb. 1).

In den zehn Folienkabinen werden rund 50 und in den 33 Kleingewächshäusern ca. 190 Isolierstellen genutzt.

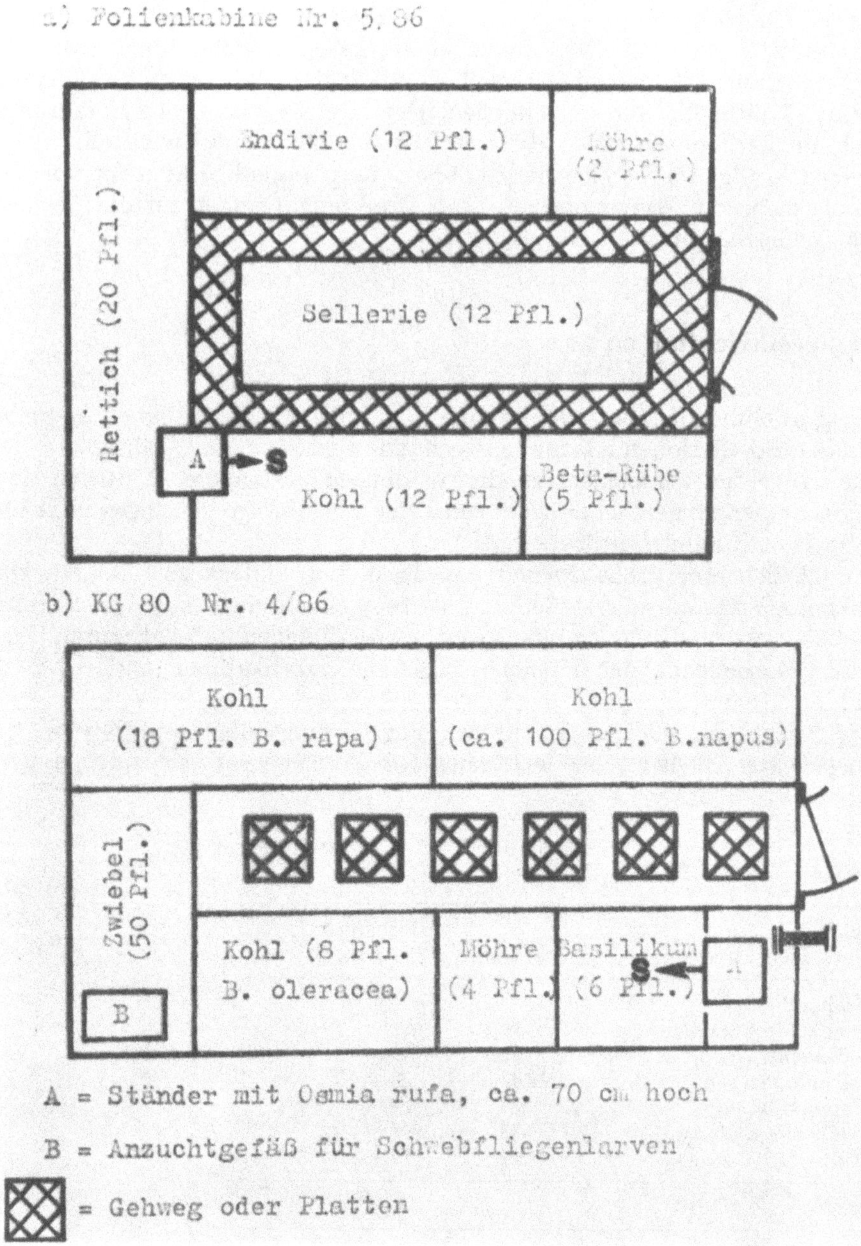

Abb. 1 Typischer Bepflanzungsplan einer Folienkabine und eines Kleingewächshauses

2.1. Kastenisolierung

Die Parzellen für den weitaus größten Teil der Samenträger sind in Blöcken angeordnet. Die Parzellen sind nahezu durchgängig 1,5 m^2 (1 m×1,5 m) groß. Das ist in der Bauweise der Isolierkästen begründet.

Die Populationsgröße auf diesen kleinen Flächen beträgt nur wenige Pflanzen, z. B. beim Gemüsekohl *(B. oleracea)* höchstens sechs Individuen (Abb. 2, 3).

Stehen nach der Überwinterung mehr Pflanzen zur Verfügung, so werden für sie eine oder mehrere weitere Parzellen eingerichtet. Bis zum Blühbeginn lassen sich die Pflanzen gut pflegen (Beregnung, Hacke, Ausbringung von chemischen Pflanzenschutzmitteln). Spätestens zu diesem Zeitpunkt, bei *Brassica* wegen

Abb. 2 Honigbieneneinsatz zur Bestäubung in Isolierkästen (Foto: 1962)

Abb. 3 Isolierkästen auf dem Versuchsfeld (mit Hummelbeuten)

des zu erwartenden Rapsglanzkäferbefalls (*Meligethes* spp.) möglichst etwas früher, erfolgt das Aufstellen der 1,5 m hohen, gazebezogenen Holzisolierkästen.

Wenn Blütenteile der Gaze anliegen oder durch sie hindurchwachsen, treten unerwünschte Kreuzungen durch frei fliegende Insekten auf. Das kann auf dem Samenträgerblock selten völlig ausgeschlossen werden.

2.2. Folienkabinen und Kleingewächshäuser

Die Folienkabinen, von denen die Genbank seit Anfang der 70er Jahre über zehn verfügt, und neuerdings auch die Kleingewächshäuser (33 in Benutzung) weisen viele Gemeinsamkeiten auf.

Die Folienkabinen besitzen eine Grundfläche von 3,70 m×5,10 m. Die Höhe beträgt in der Mitte 1,90 m. Die Wände bestehen aus gazebezogenen Holzrahmen und das Dach aus einer mit Folie bespannten Metallkonstruktion. Wasseranschlüsse sind nicht vorhanden.

Die Kleingewächshäuser vom Typ KG 80 haben eine Grundfläche von 3,20 m× 6,00 m. Die Höhe beträgt 2,00 m. Die Stahlkonstruktion ist seitlich verglast, die Giebelwände einschließlich der Türen sind mit Gaze bezogen. In allen Häusern befinden sich Schlauchkupplungen für die Wasserversorgung.

Ausgehend von den in der Genbank derzeit gebräuchlichen Populationsgrößen gestattet die Grundfläche der Häuser und Kabinen das Zusammenpflanzen mehrerer Arten (Abb. 1). Das bringt Vorteile mit sich, wie die Einsparung von Isolierstellen und die Senkung des Arbeits- und Pflegeaufwandes.

Der Frucht- und Samenansatz ist in diesen Isoliereinrichtungen bei allen Pflanzenarten wesentlich höher als im Freiland.

Zu den Nachteilen gehören die nur mit Teilerfolg durchführbaren Maßnahmen des Pflanzenschutzes.

Auf den Bestäubereinsatz wirken sich besonders negativ die überall reichlich auftretenden Spinnen aus. In einigen statistisch nicht auswertbaren Tag- und Nachtfängen konnten 1985 Vertreter aus sieben Spinnenfamilien in den Häusern nachgewiesen werden (Tab. 2; vgl. auch EICHLER, 1952). Sofern es sich um Webspinnen handelt, überziehen ihre Netze nicht nur Ecken und Winkel, sondern bedecken ganze Glasfenster bzw. Giebelwände. Zum Teil werden sie auch

Tabelle 2

Spinnenfänge in den Kleingewächshäusern 1985. Spalten 1–6: Fangdaten in KG 80 Nr. 11. Spalten 7 und 8: Querschnittsfänge in anderen Häusern

	Familie	Fangdaten*							
	Art	1	2	3	4	5	6	7	8
	Agelenidae								
	Tegenaria agrestis						1		1
	Araneidae								
	Araneus diadematus		1					1	.
	A. ocellatus	.	.		.		.	.	1
	A. sclopetarius	21	2	.	4	.	1	1	5
#	*A. umbraticus*	29	24	16	10	17	2	1	4
	Araniella spec.	.							1
	Mangora acalypha	1	.	.					.
#	*Zygiella x-notata*	1	1	2					5
	Linyphiidae								
	Bathyphantes gracilis							1	.
	Linyphia montana								9
	Lycosidae								
	Pardosa spec.							2	3
	Trochosa ruricula			.					3
	Trochosa spec.			1					2
	Philodromidae								
#	*Philodromus cespitum*								2
	Salticidae								
#	*Salticus scenicus*							3	
	Theridiidae								
	Achaearanea lunata		.		.	.		25	.
	Enoplognatha ovata		1		1	1			1
	Theridium impressum								3
	Th. spec.	.	.	.	.	.	.	.	1
Summe Sp. 1–6		52 + 29 + 19 + 15 + 18 + 4 = 137							
Sp. 7–8								34	41

* Fangdaten: 1 = 16./17. 07. Nachtfang. 2 = 17./18. 07. Nachtfang.
3 = 18. 07. Tagfang. 4 = 21./22. 07. Nachtfang.
5 = 05./06. 08. Nachtfang. 6 = 26./27. 08. Nachtfang.
7 = 01. 08. Tagfang. 8 = 26./27. 08. Nachtfang.
Determination: Dr. D. MARTIN, Müritzhof

davon auch in EICHLER (1952) erwähnte „Gewächshausspinnen"

mitten im Raum von der Decke bis zum Boden gespannt (größere *Araneus*-Arten) oder direkt an Pflanzenteilen angelegt (Linyphiidae, Theridiidae).

Unter solchen Voraussetzungen sind zur Lebensdauer der zur Bestäubung eingesetzten Insekten unter Isolierbedingungen keine für die jeweiligen Arten repräsentativen Aussagen möglich.

Ungünstig ist das Kleinklima in den Folienkabinen und Kleingewächshäusern einzuschätzen. Wenn sie nicht schattiert werden, treten bei Windstille und voller Sonneneinstrahlung nicht selten Temperaturmaxima von über 50 °C auf (z. B. 13. und 14. 07. 1985 15.00 Uhr MESZ KG 80 Nr. 11: 52 bzw. 54 °C bei maximalen Außentemperaturen von 28,5 bzw. 32,0 °C). Derartige Temperaturen werden von den Pflanzen bei ausreichender Bewässerung und nicht zu dichtem Stand recht gut überstanden. Die Aktivität der Bestäuber ist jedoch gering oder zumeist nicht auf Blütenbesuche gerichtet.

2.3. Kalt- und Warmhäuser

Mit den Glashäusern stehen insbesondere für die Erhaltung kritischer Sippen (z. B. „Zierkohle") mehrere Isolierstellen zur Verfügung, von denen die schwach beheizten sogenannten Kalthäuser für die Überwinterung und den sehr frühen Anbau der Samenträger gut geeignet sind. Bislang kann nur ein Kalthaus genutzt werden, in dem mehrere gleichzeitig blühende *Brassica*-Sippen durch Aufstellen von Kästen voneinander isoliert werden müssen. Daneben wird die Möglichkeit genutzt, getopfte Pflanzen während der Blütezeit in andere Häuser einzustellen. Auffällig hierbei ist der relativ geringe und spät einsetzende Schädlingsbefall.

Sekundärparasiten und Episiten treten zeitiger auf. Dadurch wird der mögliche Ertragsausfall bei den Pflanzen eher als im Freiland kompensiert, wenn chemische Maßnahmen diesen Prozeß nicht beeinflussen. Beispielsweise erscheint *Brevicoryne (Brachylobus) brassicae* (L.) auf „Zierkohlen" im Mai 1986 in hoher Individuendichte, ist aber bereits Ende des Monats größtenteils von *Aphidius* sp. (Hymenopt., Fam. Braconidae) und räuberisch lebenden Syrphidenlarven vernichtet. In den Kleingewächshäusern vermehren sich die Blattläuse bei Blühbeginn stark. Der Nahrungsbedarf von Marienkäfern und -larven, aphidophagen Schwebfliegenlarven und selbst die hohe Vermehrungsrate der zugesetzten Schlupfwespen reicht nicht aus, die Blattlauskolonien zu vernichten.

Die Bereitstellung geeigneter Bestäuber in den Wintermonaten ist nicht einfach. Sie entweichen außerdem beim Lüften bzw. durch undichte Stellen in der Verglasung, verklammen bei den im Freiland herrschenden Temperaturen und sterben ab.

Chemische Pflanzenschutzmaßnahmen, besonders gegen Mottenschildläuse („Weiße Fliegen", *Trialeurodes vaporariorum* (WESTW.)), zwingen ebenfalls zum wiederholten Einsatz der Bestäuber.

Den seit 1987 angewendeten Methoden zur biologischen Schädlingsbekämpfung (z. B. *Encarsia formosa* (G.) gegen „Weiße Fliegen", *Phytoseiulus persimilis* (A.-H.) gegen Spinnmilben) ist der Vorzug zu geben.

3. Bestäuber

Nicht alle im Freiland auf den Blüten unserer Kulturpflanzen beobachteten Insekten eignen sich auch für den Einsatz in Isoliereinrichtungen. Es muß eine Auswahl der hierfür in Frage kommenden heimischen Arten getroffen werden. Es kommt darauf an, durch gezielte Versuche eine Überführung in die praktische Anwendung möglichst schnell zu vollziehen (WEISS, 1976).

Die verwendbaren Insekten müssen einige Grundanforderungen erfüllen, da der angestrebte Intensivierungsgrad hoch, der Arbeits- und Kostenaufwand aber möglichst gering sein sollte. Diese Anforderungen sind an bestimmte biologische Leistungen und Verhaltensweisen gebunden, die sich aus der Autökologie der Arten ergeben.

3.1. Auswahlkriterien

Die folgenden Kriterien berücksichtigen in erster Linie die Erhaltung und Vermehrung des Genbankmaterials (1 und 2). Aus dem Interesse an einer langen Überlebensdauer der Insekten (2 und 3) und auch aus der Sicht des Betreuers der Anzuchten (3 und 4) ergeben sich weitere Forderungen. Kaum eine Art wird sie alle durchgängig erfüllen können. Schon aus Gründen der Nahrungspräferenz ist das nicht möglich (vgl. FAEGRI und VAN DER PIJL, 1979).

Die Vielfalt der Kulturpflanzenarten zwingt immer wieder zur Suche nach weiteren, besser geeigneten Bestäubern. Aus dem Anwachsen der Kollektionen der Genbank resultiert die Notwendigkeit einer Vereinfachung und besonders Erleichterung der mit der Anzucht verbundenen oft körperlich schweren Arbeit. Sie verlangt gleichzeitig Ausdauer und Einfühlungsvermögen.

1. Die Arten müssen polylektisch sein und eine breite ökologische Valenz aufweisen.

Im Freiland wird ein breites Spektrum von Vorzugspflanzen beflogen, bei denen blütenökologische Gemeinsamkeiten mit den zu bestäubenden Kulturpflanzen bestehen.

Die Tiere sind tolerant gegenüber Schwankungen der Umweltfaktoren Temperatur, Licht, Luftfeuchtigkeit und Luftbewegung. Sie gewöhnen sich schnell an den begrenzten Flugraum.

2. Die Bestäuber zeichnen sich durch eine lange Tages- und saisonale Flugphase aus. Eine stark ausgeprägte Blütenstetigkeit ist nicht erwünscht.

Gute Pollenübertragung ist an anhaltend hohe Frequenz und Intensität des Blütenbesuches gebunden.

Spezialisieren sich einzelne Individuen auf den Beflug einander sehr ähnlicher oder besonders attraktiver Pflanzen, so ist die Fremdbefruchtung innerhalb der Population nicht in gewünschtem Maße gegeben.

Einseitige Nahrungswahl führt dazu, daß nicht alle der in den Folienkabinen und Kleingewächshäusern zusammengepflanzten Kulturpflanzenarten bestäubt werden.

3. Die Insekten besitzen eine hohe Reproduktionsrate, neigen zum geselligen Nisten und nehmen bereitwillig künstliche Nistgelegenheiten, sogenannte „Trap-nests“ an.

Inter- und infraspezifische Verträglichkeit in allen Entwicklungsstadien ist weniger für den Bestäubungseinsatz als vielmehr für die Massenanzuchten mit hohen Besatzdichten wichtig.

Die Nistgelegenheiten sollten billig, leicht zu beschaffen, in großen Mengen bereitstellbar und möglichst wiederverwendbar sein.

4. Eine potentiell ganzjährige Verfügbarkeit allgemein wenig parasiten- und krankheitsanfälliger, leicht handhabbarer und unter hygienisch einwandfreien Bedingungen zu haltender Bestäuber ist wünschenswert.

In unserer Kulturlandschaft seltene, nur kurzzeitig auftretende oder sehr kleine Arten eignen sich ebensowenig wie Krankheiten übertragende, parasitisch lebende, aggressive und solche mit großer Fluchtdistanz.

Dem in Gatersleben für die Bestäubung angezogenen Artenspektrum gehören ausschließlich Vertreter der Ordnungen Hymenoptera (Hautflügler) und Diptera (Zweiflügler) an. Sie umfassen die größte Anzahl der typischen und die in unseren Breiten bedeutendsten Blütenbesucher (BARTH, 1982, KNUTH 1898). In der Hierarchie der Bestäuber folgen nach den Haut- (47 %) und den Zweiflüglern (26 %) die Käfer (Coleoptera, 15 %) und die Schmetterlinge (Lepidoptera, 10 %). Die Vertreter der übrigen Ordnungen stellen zusammengenommen nur 2 % aller Blütenbesucher.

Gegen die Einfuhr, Anzucht und weitere Verbreitung von Bestäubern aus anderen Ländern und Kontinenten bestehen prinzipiell keine Einwände (AKERBERG, 1962, BOHART, 1962); im Gegenteil: Der Austausch vielfältig einsetzbarer Insekten sollte gefördert und intensiver betrieben werden. Eine Nutzung bei uns nicht heimischer Insekten wird derzeit zur Verbesserung des Frucht- und Samenansatzes bei bestimmten Sippen erwogen.

3.2. Hymenopteren

Für die Anzucht und einen gezielten Bestäubungseinsatz kommen von den über 10000 in Mitteleuropa rezenten Arten (JACOBS und SEIDEL, 1975) nur die Vertreter der Überfamilie Apoidea (Bienen im weiteren Sinne) in Betracht, und von deren sechs Familien derzeit nur die Apidae mit den drei Gattungen *Anthophora, Apis* und *Bombus* (Podilegidae) und die Megachilidae mit *Megachile* und *Osmia* (Gastrilegidae).

Eine ähnliche Auswahl trifft WEISS (1976) trotz teilweise abweichender Aufgabenstellung. Wie die meisten anderen Autoren orientiert er vorwiegend auf den Wildbieneneinsatz (alle Apoidea außer *Apis*) für die Saatgutproduktion bei Leguminosen (z. B. Rotklee, Luzerne); (SKORUPSKA et al., 1985, bei *Glycine,* KENNETH, 1985, bei *Lotus*).

WEISS überprüft ein wesentlich breiteres Artenspektrum auf seine Eignung (Nistweise, Blütenbesuch sowie Häufigkeit und Verbreitung in Mitteleuropa). Für eine große Anzahl der Species werden neben wichtigen Artmerkmalen autökologische Daten und der potentielle Verwendungsbereich mitgeteilt, ferner werden Hinweise für Anzuchtversuche gegeben.

3.2.1. Honigbiene, Apis mellifera (L.)

Die in höchstem Maße polylektische Honigbiene eignet sich für den Einsatz in Isoliereinrichtungen nicht bzw. es verschlechtern sich für sie die Lebensbedingungen mit abnehmender Raumgröße drastisch. Bei Pflanzen, die im Freiland normal beflogen werden, gehen die Tiere in der Gefangenschaft zum Nektarraub und zur Verwüstung der Blüten über (Dorn et al., 1978).

Trotz variierter Technik des Einsatzes blieb der Frucht- und Samenansatz in den Klein- und Kleinstisolierstellen selbst bei kurzfristigen Einsätzen gering (lt. Michaelis, 1986, mdl. Mitt. 1–3 Wabenkästen mit und ohne Weisel, Brutwabe(n), eine oder mehrere Weiselzellen, vgl. Abb. 2).

Unter bestimmten Bedingungen ermöglichen Auslese, Zucht und aufwendige Wartungsmaßnahmen den Einsatz der Honigbiene. Er erfolgt z. B. in den Kohl-Vermehrungs- und -Zuchtstationen im Norden der DDR. Dabei wird an die Imker ein finanzieller Ausgleich für den ausbleibenden Honigertrag und den Verlust ganzer Völker gezahlt (Gärtner, Gatz und Hempel, 1984, mdl. Mitt.).

Die Aufwendungen sind geringer, wenn die von Pritsch (1970) beschriebene Methode angewendet wird: Je ein (regulierbarer) Anteil der Flugbienen gelangt ins Freiland bzw. in den isolierten Bestand.

3.2.2. Hummeln

Bei der Suche nach Insekten, die die positiven Eigenschaften der Honigbiene (intensiver Blütenbesuch und gute Pollenübertragung) mit weiteren wünschenswerten Patrametern verbinden sollten (Gewöhnung an den begrenzten Flugraum, an längerfristige Einsätze, Toleranz starker Klimaschwankungen, geringere Blütenstetigkeit und Ausnutzung eines breiten Spektrums unter den Kulturpflanzen), fiel die Wahl zunächst auf die nahe verwandten Hummeln. Ihr Einsatz wird seit 1968 praktiziert und erweist sich als viel effektiver, da sie über einige dieser Eigenschaften verfügen.

3.2.2.1. Vertreter der Gattung Bombus (Latreille)

Von den zehn in der Gaterslebener Umgebung nachgewiesenen Hummelarten treten *B. terrestris* (L.) und *B. lucorum* (L.), *B. lapidarius* (L.) und *B. hortorum* (L.) am häufigsten auf. Etwas seltener ist *B. hypnorum* (L.). Für den Bestäubungseinsatz eignen sich die Erd- *(B. terrestris)* und Steinhummeln *(B. lapidarius)* am besten. Deshalb werden hierfür fast ausschließlich diese beiden Arten verwendet (Sörgel, 1972, Warzecha, 1985, mdl. Mitt.). Unter natürlichen Bedingungen legen sie ihre Nester zumeist im Boden an.

Die Entwicklung der Völker und ihre Lebensweise wird in einer Reihe von Publikationen ausführlich beschrieben (Armbruster, 1914, Chinery, 1976, Free, 1970, Friden, 1966, Hasselrot, 1953, Holm, 1962, Medler, 1962, Schneider und Zell, 1984, Zahradnik, 1985). Ebenso liegen über das Nahrungswahlverhalten zahlreiche Untersuchungsergebnisse vor, die zum Teil mit modernsten Techniken erarbeitet wurden (vgl. z. B. Wüst, 1984).

Daneben sind auch einige Darstellungen der in Gatersleben durchgeführten

Arbeiten mit den Hummeln zu finden (GRIMM, 1983, LEHMANN, 1972, 1977, NOWAK, 1983, SÖRGEL, 1972, WARZECHA, 1983).

In den Kleingewächshäusern und Folienkabinen ist ein intensiver Blütenbesuch bei folgenden Kulturpflanzen festzustellen:

Brassicaceae – (fast) alle gelb- und auch die rosa blühenden Kreuzblüter wie *Brassica, Hirschfeldia, Raphanus sativus*;

Lamiaceae – *Ocimum*;

Asterceae – *Cichorium*, bislang nur bei blau blühenden Sippen zu beobachten;

Liliaceae – *Allium*.

Weißblühende Kohl-, und hellgelb blühende *Raphanus*-Sippen (meist getopfte Pflanzen) werden gemieden bzw. nur bei akutem Nahrungsmangel aufgesucht. Ebenso verhält es sich mit den Apiaceae *(Apium, Daucus, Pimpinella)*. Gegenteilige Auffassungen (z. B. FLEISCHMANN und HENNIG, 1982) konnten durch eigene Beobachtungen nicht bestätigt werden.

Hingewiesen sei auf einige Besonderheiten, die mit der Hummelhaltung verknüpft sind und den Bestäubungseinsatz in der Praxis limitieren, denn „offensichtlich ist die Hummelhaltung schwieriger als die Bienenzucht: Die Zahl der Individuen eines Volkes ist geringer, die Hummelmütter sind krankheitsanfälliger, die Nestgründung in Holzkästen sagt vielen Tieren nicht zu" (GRIMM, 1983).

Schattige Standorte sind wegen der Empfindlichkeit der Völker gegenüber hohen Temperaturen vollsonnigen und ungeschützten vorzuziehen. Dennoch müssen die Beuten bei sehr hohen Temperaturen, z. B. im Juli in der Zeit zwischen 9.30 Uhr und 19.00 Uhr, gelüftet werden. In den Isolierstellen ist eine Zufütterung schon wegen der geringen Anzahl gleichzeitig blühender Pflanzen unbedingt notwendig (vgl. Abb. 3, 4). Das Futterstück aus Bienenwabe wird mit

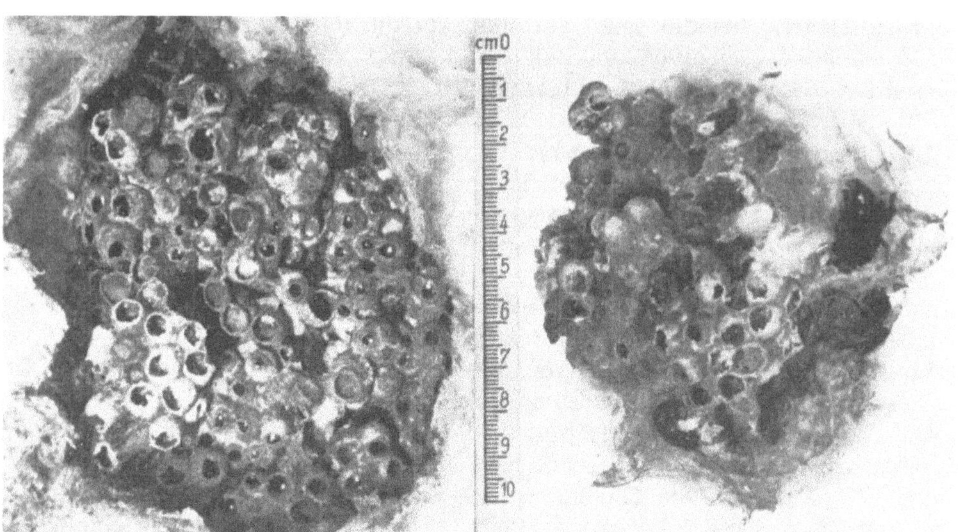

Abb. 4 Abgeschlossene Entwicklung zweier Hummelvölker von *Bombus lapidarius* im Freiland (links) und im Kleingewächshaus (trotz Zufütterung nur wenige, z. T. flugunfähige Jungköniginnen, kein Nahrungsvorrat)

Zuckerwasser oder einem Honig-Wasser-Gemisch im Verhältnis 1:1 gefüllt. Es ist zweimal wöchentlich zu erneuern, um Erkrankungen der Tiere durch Gärung des Futters vorzubeugen.

Obwohl sich der Hummeleinsatz in vielen Fällen bewährt hat, treten Probleme beispielsweise wegen der relativ späten Verfügbarkeit der Völker auf. Nachteilig ist auch deren für einige Kulturen zu früher Niedergang.

Der effektive Bestäubungszeitraum liegt zwischen den Monaten Mai und September. Spätestens zum Zeitpunkt des Schlupfes der Jungköniginnen und Drohnen sind die Beuten zur Gewährleistung einer günstigen Populationsentwicklung und optimalen Überwinterung der weiblichen Tiere im Freiland aufzustellen.

Inzwischen dringend notwendig gewordene Untersuchungen zur Verträglichkeit (Honig-)„bienenungefährlicher" Spritzmittel, Herbizide bzw. Wirkstoffe zur oftmals nicht genügend selektiv wirkenden Bekämpfung von Schadinsekten, stehen bei den Wildbienen mit Ausnahme von *Megachile rotundata* aus (Anon. 1986?, Dorn und Weber, 1988). Somit können hierzu nur Beobachtungen der Entomologen herangezogen werden (Baldovski, 1983, Schneider und Zell, 1984). Im Jahre 1985 wurden auf dem Institutsgelände zur Zeit der Obstbaumblüte große Mengen dahinsiechender, flugunfähiger Hummelköniginnen gefunden; die Schädigung der Honigbienen tritt weniger deutlich in Erscheinung. Da eine Vielzahl von Bekämpfungsmaßnahmen (gegen Schädlinge und Unkräuter) gleichzeitig vorgenommen wird, ist eine Zuordnung dieser Symptome zu einem bestimmten Mittel nicht möglich. Die sich vielleicht überlagernde oder addierende, immer aber dosisabhängige Wirkung kann entweder sofort oder erst nach Tagen, selbst Wochen eintreten.

3.2.2.2. Schmarotzerhummeln der Gattung Psithyrus (Lepeletier)

In Mitteleuropa kommen zehn bis zwölf *Psithyrus*-Arten vor. Im Flachland können sie u. a. anhand ihrer bräunlichen Flügel deutlich von den echten Hummeln unterschieden werden (Chinery, 1976, vgl. auch Oehlke, 1978; Abb. 5). Die im Mai/Juni auf den Blüten erscheinenden Weibchen sind ferner an den Hinterbeinen zu erkennen, die keinen Sammelapparat für Pollen haben. Der Hinterleib ist stärker gekrümmt als bei den Hummeln, auch fehlen die Wachsdrüsen, die bei letzteren kleine Wachsschuppen abscheiden (Zahradnik, 1985).

Abb. 5 Schmarotzerhummel, *Psithyrus rupestris* (F.)

Die Schmarotzer sind ebenso wie die *Bombus*-Arten seit dem 1. Oktober 1984 in der DDR gesetzlich geschützt (Anon., 1984, W. MÜLLER, 1986). Da sie die Vermehrungsrate der Hummeln erheblich beeinträchtigen, können sie nicht in so zahlenmäßig starken Populationen geduldet werden. Blütenbesuchende Weibchen werden gefangen und ebenso wie die mit *Sphaerularia bombi* (LEON DUFOUR), einer parasitisch lebenden Nematode, infizierten und nicht zur Nestergründung befähigten Hummelköniginnen in die Isolierstellen eingesetzt. Darin leben sie fünf bis zehn (nach KRAAI, 1954, sogar 10–25) Tage lang und sind wirksame Bestäuber, die ein mit gesunden Hummeln vergleichbares Spektrum von Nahrungspflanzen ausnutzen, selbstverständlich ohne Pollen zu sammeln.

3.2.3. Solitärbienenarten

Ausgehend von der Suche nach geeigneten Bestäubern für Luzernevermehrungsflächen wurde die große Wirksamkeit der Mitte der 30er Jahre dieses Jahrhunderts nach Nordamerika eingeschleppten, ursprünglich pontisch-mediterran verbreiteten Luzerne-Blattschneiderbiene (*Megachile rotundata* (F.)) erkannt und gezielt ausgenutzt. Die Bemühungen, die Populationen durch die Erhaltung der natürlichen, später auch durch künstliche Nistgelegenheiten zu vergrößern, führten bis zum vollständig kontrollierten Einsatz der Art in 25 Ländern der Erde (WEISS, 1976; zum gegenwärtigen Stand vgl. DORN und WEBER, 1988). Limitierend wirken jedoch Licht und Temperatur. Somit ist der universelle Einsatz besonders in nördlichen Breiten unter Freilandbedingungen erschwert, aber auch im Gewächshaus sehr aufwendig. Zum Teil gibt man selbst in den USA, besonders in den westlichen Staaten, einer anderen Art den Vorzug, der Salzbiene *Nomia melanderi* (COCK.), die als Bodenbrüter an bestimmte edaphische Faktoren gebunden ist (FREE, 1970). Sie wird daher trotz der Annahme künstlicher Nistgelegenheiten überwiegend von lokaler Bedeutung bleiben.

Inzwischen werden weitere Arten in die Versuche einbezogen, so verschiedene paläarktische und nearktische Blattschneider- und besonders Mauerbienen (vgl. auch MAETA, 1978, PARKER, 1985, 1986, TASEI, 1972, 1973a, b). Zwei *Osmia*-Arten dienen in Japan zur, allerdings extensiven, Bestäubung in Apfelplantagen (YAMADA et al., 1984). Die Schlupftermine lassen sich durch Kühllagerung der Kokons mit der Baumblüte synchronisieren. In Dänemark wird *Osmia rufa* (L.) zur Bestäubung von Kohl im Gewächshaus eingesetzt (HOLM, 1973). BATRA (1984) hebt die Bedeutung und den wirtschaftlichen Nutzen der Solitärbienen in den USA hervor. Für einen höchstmöglichen Ertrag von rund 90 verschiedenen entomophilen Kulturpflanzen werden in den Vereinigten Staaten jährlich 17 Milliarden $ aufgebracht. Rund ein Drittel der Gesamtversorgung mit Nahrungsmitteln hängt direkt oder indirekt von der Bestäubungsleistung der Insekten, hauptsächlich der Bienen, ab. Von diesen nehmen die Solitärbienen mindestens 50 % ein, regional liegt ihre Bedeutung möglicherweise noch darüber.

Die Anstrengungen zur künstlichen Anzucht von Solitärbienen werden auch in der DDR verstärkt. Sie ergeben sich aus deren besonders in jüngster Zeit deutlich werdendem Rückgang (u. a. BALDOVSKI, 1983, BENECKE, 1978, SCHNIT-

TER, 1986) und aus speziellen Aufgabenstellungen der Züchtungsforschung und Züchtung.

Aus der Vielzahl potentiell nutzbarer Arten der heimischen Solitärbienenfauna (WEISS, 1976) werden derzeit versuchsweise genutzt: *Anthophora acervorum* (L.) und *A. quadrimaculata* (Pz.), *Anthidium manicatum* (L.) und *Osmia rufa* (L.) (BENECKE, 1978, SCHNITTER, 1986; auch SIEBECKE 1986, mdl. Mitt.). Die Testung der Arten erfolgt im VEG (S) Pflanzenproduktion „Walter Schneider", Eisleben, beispielsweise bei der Produktion von Rosenkohl-Hybridsaatgut. Der Ertrag je Einzelpflanze liegt bei *Anthophora acervorum* (L.) und *Osmia rufa* (L.) mit 2,0 g deutlich über den durch Handbestäubung und Honigbieneneinsatz erreichten Ergebnissen (DORN et al., 1978). Beide Arten werden auch in Gatersleben zur Bestäubung verwendet, wobei der Schwerpunkt auf der Anzucht und dem Einsatz der Mauerbiene liegt.

3.2.3.1. *Rote Mauerbiene, Osmia rufa* (L.)

Allgemeinbiologische und autökologische Beobachtungen, selbst Hinweise zur Nutzung der Art für die verschiedensten Bestäubungsaufgaben sind zu finden bei BATRA (1984), FREE und WILLIAMS (1970), FRIESE (1922), HOLM (1973), KENNETH (1985), RAW (1972), SKORUPSKA et al. (1985), WEISS (1976), ZAHRADNIK (1985), in Unkenntnis der Art wohl sogar bei KRETSCHMANN (1986).

Auf eine Darstellung dieser Aspekte wird hier verzichtet und lediglich auf die in Gatersleben übliche Anzuchtmethode und Nutzung eingegangen.

Abb. 6(a–e) a Aufgestellte Obstkiste mit verschiedenen Nistgelegenheiten für *Osmia rufa*

Die zur Zucht vorgesehenen Osmien werden nicht für die Bestäubung in den Isoliereinrichtungen verwendet. Im Gegensatz zu den Hummelvölkern, bei denen Anzucht und Einsatz nur zeitlich getrennt liegen, erfolgt bei der Mauerbiene also auch eine räumliche Trennung.

Diese Variante weist eine Reihe von Vorteilen auf, so hinsichtlich eines ausgewogenen Geschlechterverhältnisses, einer optimalen Versorgung der Brut mit ausreichender und hochwertiger Nahrung und der Auswahl zwischen mehreren Nistmöglichkeiten. Den Bienen werden in einer Obstkiste 70 cm über dem Erdboden wiederverwendbare Holzblöcke, Schilf- und Papierröhrchen angeboten. Als günstigste Variante erwiesen sich mit Schilf- oder Papierröhrchen beschickte Pappschachteln mit nicht zu großen gemeinsamen Eingängen für mehrere Weibchen (Abb. 6a; Mitte unten). Reagenzgläser werden nicht angenommen, solange andere Möglichkeiten bestehen.

Die im Jahre 1987 erstmals erprobte Anzucht der Roten Mauerbiene in Standardbeuten für Honigbienen hat sich bewährt (Tab. 3, Abb. 6b). In die Honig- und Bruträume werden möglichst vielgestaltige (für die Bienen gut unterscheidbare) und bei voller Besetzung oder im Bedarfsfalle leicht auswechselbare Nistgelegenheiten angeboten. Als wichtige Ergänzung ist die Aufstellung weiterer

Abb. 6b Mauerbienenzucht in Honigbienenbeuten

Tabelle 3
Jährlich geerntete Kokons von *Osmia rufa* (L.)

Jahr	Anzahl
1982	48
1983	250
1984	900
1985	4800
1986	ca. 22000
1987	8500
1988	9800
1989	7700

Nisthilfen im Freiland zu nennen (alte Schutzhäuschen für 1–3 Wabenkästen auf Ständern für die Hummelbeuten).

Nachteilig wirkt sich die trotz des Wechsels zwischen mehreren Freilandstandorten immer wieder auftretende Parasitierung der Bienen aus. Nach WEISS (1976) sind bislang folgende Arten bekannt:

ACARI
- Tyroglyphidae
  - *Chaetodactylus osmiae* (DUF.)
  - *Tyrophagus* sp.

HYMENOPTERA
- Chalcididae
  - *Melittobia acasta* (WLKR.)
  - *Monodontomerus dentipes* (BOEHM.)
  - *M. obscurus* (WESTW.)
- Chrysididae
  - *Chrysis ignita* (L.)
  - *Chr. sybarita* (FÖRST.)
- Megachilidae
  - *Stelis phaeoptera* (K.)

DIPTERA
- Drosophilidae
  - *Cacoxenus indagator* (LOEW)

als Nahrungsräuber ferner:

DERMAPTERA
- Forficulidae
  - *Forficula auricularia* (L.)

HYMENOPTERA
- Formicidae
  - *Lasius niger* (L.)

sowie als Nestzerstörer:

COLEOPTERA
- Ptinidae
  - *Ptinus raptor* (STURM)
- Dermestidae
  - *Trogoderma* sp.

Gefunden wurden in Gatersleben bislang folgende Arten:

Cacoxenus indagator

Monodontomerus obscurus tritt in 4,3 % der Kokons auf (Auszählung und Determination: Kr. KRISTJANSSON, Copenhagen). Das Erscheinen der Schlupfwespen wird nicht abgewartet. Die überliegenden Kokons sind im Juni zu verbrennen.

Chaetodactylus osmiae (Determination: Dr. K. SAMSINAK, Prag) ernährt sich vom eingetragenen Pollen der Bienen und kommt auf den Osmien-Kokons z. T. massenweise vor. Bei starkem Befall kann das sehr kleine Tier anhand der Verfärbung der Kokon-Oberfläche wahrgenommen werden (gelblichrosa).

Megatoma undata (L.) aus der Familie Dermestidae (Determination: I. GREBENŠČIKOV, bestätigt durch Dr. O. LOMHOLDT, Copenhagen) wird bei *Osmia* erstmals in Gatersleben nachgewiesen.

Erhebliche Schäden in den Massenanzuchten verursachen Episiten, zu denen zahlreiche Vogelarten gehören, besonders Meisen, Kleiber und Spechte.

Durch die sorgfältige Arbeitsweise der Imkerin konnte die derzeit erreichte Populationsgröße innerhalb weniger Jahre aufgebaut werden. Nistmaterial wird fast ausschließlich nur einmal verwendet und anschließend (mit den auftreten-

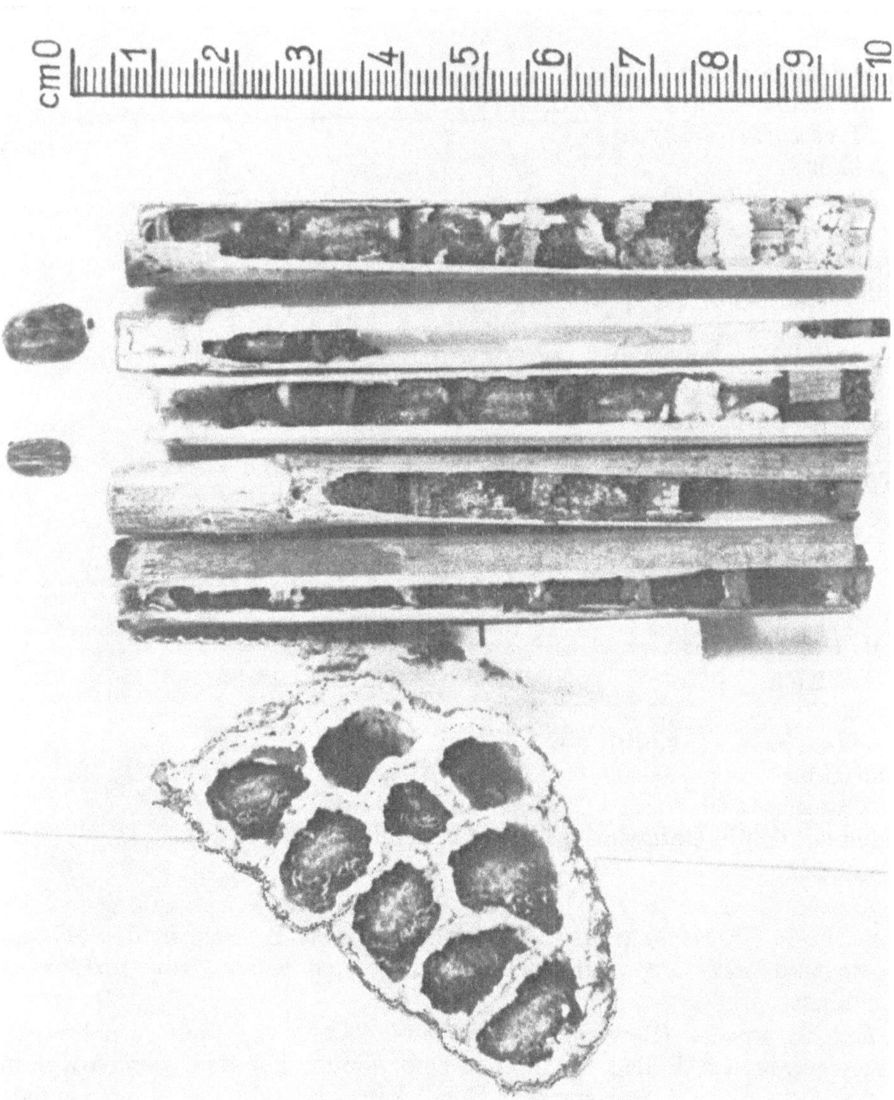

Abb. 6c Linienbau in *Phragmites*-Halmen, unregelmäßige Nestanlage und Kokons von *Osmia rufa* (oben vermutlich der eines Weibchens, darunter der eines Männchens)

den Parasiten) sofort verbrannt; räuberische Feinde gelangen durch vorgehängte Schutzgitter nicht an die Brutkolonien.

Im Jahre 1985 entwickelt sich die Population der früher hier weniger verbreiteten oder andere Nistgewohnheiten besitzenden Art dermaßen stark, daß die angebotenen Nistgelegenheiten nicht mehr ausreichen und ähnliche „Notquartiere“ bezogen werden, wie die von FRIESE (1922) beschriebenen: Schlüssellöcher, Fugen und Ritzen im Holz, ja selbst die zur Wärmedämmung in den Hummelbeuten verwendeten Zeitungen. Diese enthalten aber nur selten Bauten vom Linientyp, häufiger finden sich unregelmäßige Anlagen (Abb. 6c).

Bemerkenswert ist, daß aus den unregelmäßigen Anlagen im Gegensatz zu den Linienbauten in *Phragmites*-Halmen (Durchmesser 5 bis 8 mm) deutlich weniger Imagines schlüpfen (Abb. 6d).

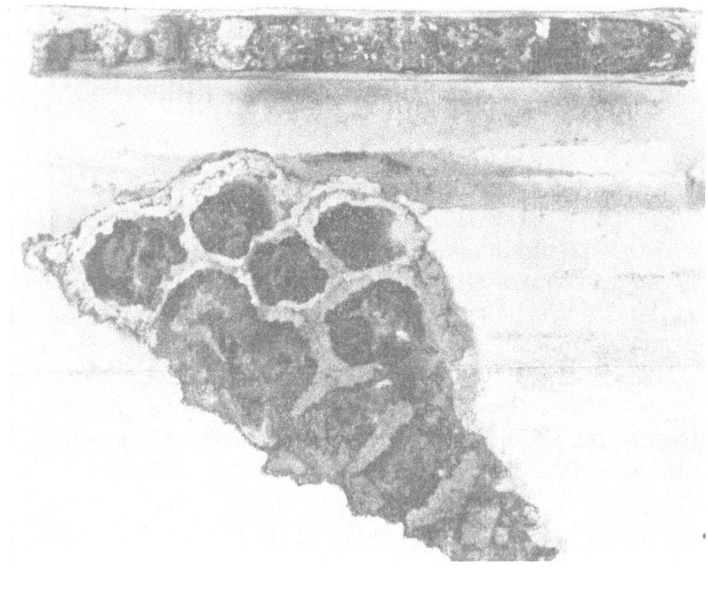

Abb. 6d Nach dem Schlupf der Imagines (je drei lebende aus diesen beiden Bauten mit 4 bzw. 7 Zellen)

Im Frühjahr 1986 werden 17000 überwinterte, parasitenfreie Kokons an den WB Zoologie der MLU Halle – Wittenberg für Versuche abgegeben. 1000 weibliche und 4000 männliche Tiere verbleiben für Weiterzucht und Bestäubungseinsatz in Gatersleben. Im Spätherbst 1986 stellt sich heraus, daß die Kokonernte wieder wesentlich über dem Eigenbedarf liegt. Über 1000 Kokons werden mehreren Gemüsezüchtern zusammen mit einem Handzettel für Versuche zur Verfügung gestellt, weitere 3300 Kokons an die Royal Veterinary and Agricultural University Kopenhagen geschickt (im Austausch gegen einen kältetoleranten Stamm von *Megachile rotundata* für die Saatzuchtstation Plaußig). Im Winter 1987/88 können trotz der ungünstigen Witterung im Sonner erneut rund 4000 Kokons abgegeben werden, 1988/89 sind es rund 8500.

In den Isoliereinrichtungen gleicht der Blütenbesuch von *Osmia* fast ausnahmslos dem der verwendeten Hummelarten. Grünlich und weißlich blühende

Allium-Arten (*A. cepa* L., *A. fistulosum* L., einige Sippen von *A. schoenoprasum* L.) werden im Freiland kaum beflogen, während bei andersfarbig blühenden Vertretern der Gattung durchaus regelmäßige Besuche erfolgen.

Im Jahre 1986 wird die Mauerbiene erstmals auch in Kreuzungsexperimenten einer anderen Abteilung eingesetzt: Getopfte Pflanzen von *Flaveria palmeri* J. R. JOHNSTON und von *F. cronquistii* POWELL×*F. palmeri* (Asteraceae) werden zur Rückkreuzung in die Kleingewächshäuser eingestellt und teils durch *Osmia*, teils durch Schwebfliegen bestäubt. Somit wird über Monate hinweg täglich durchzuführende aufwendige Handarbeit durch intensiven Insektenbeflug ersetzt. Im Jahre 1988 werden erste quantitative Untersuchungen bei der Bestäubung von *Vicia-faba*-Mutanten durchgeführt.

Zu den Vorteilen der Osmien gehört ihre leichte Handhabbarkeit. Die Populationsgröße läßt sich in den Isolierstellen leicht durch Zugabe oder Entnahme einzelner (in den Röhren übernachtender Tiere) wie auch mehrerer Individuen bzw. Kokons regulieren. Als Sammelgefäße für die Kokons eignen sich geschlossene Schachteln mit einer nicht zu großen, nach oben weisenden Öffnung. Sie erschweren es den männlichen Tieren, Kokons der nach ihnen schlüpfenden Weibchen aufzubeißen und auf den Boden zu werfen, wo sie leicht zu Schaden kommen.

Die Osmien gewöhnen sich schnell an den begrenzten Flugraum, vertragen relativ hohe Temperaturen und Luftfeuchtigkeitswerte. Für sehr günstige Bedingungen in den Gewächshäusern spricht die Tatsache, daß die Tiere darin eine 14 Tage höhere Lebenserwartung haben als im Freiland.

Unter Gewächshausbedingungen kommt es jedoch nicht zu einem normalen Brutverhalten. Das Geschlechterverhältnis ist stark zugunsten der Männchen verschoben. Es werden stets nur sehr wenige Brut- und dafür zahlreiche und weiträumige Vestibularzellen angelegt.

Zum Verschließen der Brutzellen bevorzugen die Weibchen von *Osmia rufa* eine ganz bestimmte Bodenzusammensetzung. Besonders geeignet scheint sehr fetter und feuchter Lehm zu sein. Mitunter werden auch andere Böden bevorzugt oder sogar verschiedene Materialien gleichzeitig verbaut.

Bei HOLM (1973) haben die Tiere das Baumaterial aus unter den Nestern aufgestellten lehmgefüllten Plastschachteln entnommen.

Für zeitig blühende Populationen (besonders *Brassica*-Sippen aus dem Wintereinschlag) werden in Gatersleben ausschließlich die rund 14 Tage vor den Weibchen, bereits Anfang bis Mitte April schlüpfenden Männchen genutzt (Abb. 6e). Mit diesen werden inzwischen Versuche unternommen, sie noch zeitiger bereitzustellen bzw. sie auch zu späteren Zeitpunkten durch längere Kühllagerung bei 0 bis +1 °C verfügbar zu haben.

Im Februar/März 1986 blühende, von Männchen bestäubte „Zierkohle" haben einen guten Ansatz und können bereits im Juni beerntet werden.

Die Versuche zur Verzögerung des Schlupfes verlaufen mindestens bis Mitte November erfolgversprechend. Der späte Schlupf scheint jedoch mit einer Verkürzung der Lebenszeit der Imagines einherzugehen.

Als einziger Nachteil der Arbeit mit *Osmia rufa* erweist sich bislang die Friedfertigkeit und zu geringe Fluchtdistanz der Art. Nicht selten setzen sich die Tiere auf die Bekleidung der in den Häusern beschäftigten Personen und wer-

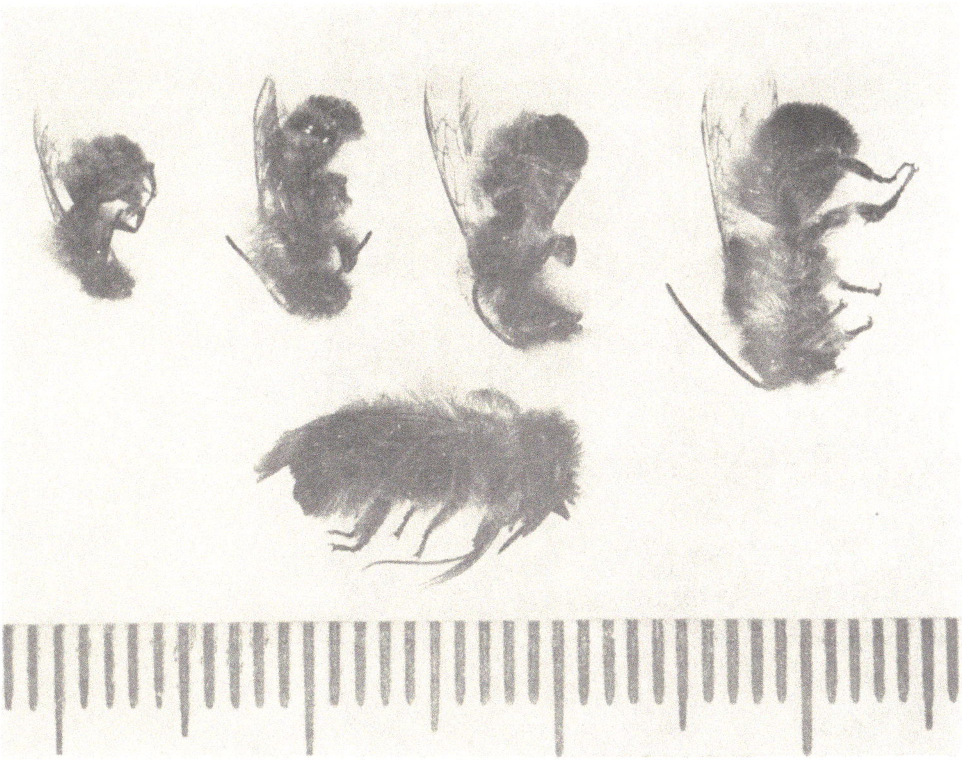

Abb. 6e Größenverhältnisse bei männlichen Tieren (oben) von *Osmia rufa*; die Weibchen variieren kaum (darunter)

den so leicht in andere Isolierstellen verschleppt. Es besteht infolge der täglich durchzuführenden Pflegemaßnahmen die Gefahr der unerwünschten Fremdbefruchtungen von isolierten Sippen der gleichen Art.

3.2.3.2. *Pelzbiene, Anthophora acervorum* (L.)

Gute Erfahrungen mit der Anzucht und dem Einsatz der Pelzbiene liegen aus Halle (WB Zoologie der Martin-Luther-Universität) und Eisleben (VEG (S) Pflanzenproduktion) vor (Benecke, 1978, Dorn et al., 1978, 1985). Free (1970) erwähnt, daß bereits im Jahre 1964 in der VR Polen mit einer verwandten Art Versuche zur Bestäubung von *Vicia villosa* Roth durchgeführt werden.

In Gatersleben kommt *Anthophora acervorum* spontan und überaus individuenreich vor. Geradezu ideale Nistgelegenheiten bieten ihr die alten, z. T. baufälligen Gebäude aus Lehmfachwerk im Dorf. Die Brutkolonien konzentrieren sich an deren Südwänden, etwa in der Höhe von 1 m an aufwärts.

Wenig erfolgreich verlaufen die Anzuchtversuche mit der im Jahre 1985 am Bienenstand errichteten Zuchtanlage. Sie wird von sieben Weibchen genutzt. Zur Entwicklung flugfähiger Imagines kommt es aus unbekannten Gründen nicht. Offensichtlich bietet die Anlage (Abb. 7a–c) dieser Art wesentlich schlechtere Bedingungen, als sie in der näheren Umgebung vorfindet.

Abb. 7 (a–c) a Anlage zur Freilandanzucht von *Anthophora acervorum* mit Vogelschutzgitter (rechts, angelehnt)

Die reichen Vorkommen im Ort und auch im Staudengarten des Institutes (große Mengen an Schneeheide, *Erica herbacea* L.) geben bereits 1984 zu Versuchen mit dem Einsatz männlicher Exemplare Veranlassung. Später werden auch Weibchen zugesetzt und Nistblöcke angeboten (Kleingewächshäuser Nr. 5 und Nr. 7). Der Baubeginn kann beobachtet werden, ein Bruterfolg nicht mehr. Der Versuch wird Anfang Juni wegen eintretenden Nahrungsmangels (Ende der Kohlblüte) abgebrochen und wegen der erstarkenden *Osmia*-Population 1985 nicht wieder aufgenommen.

Auch in der Zukunft wird eine Massenzucht von *Anthophora acervorum* trotz ihrer Vorteile (Erscheinen der ersten Männchen bereits Anfang März; die Länge der Zunge beträgt durchschnittlich 11,4–11,9 mm und befähigt die Art zum Besuch hoch differenzierter Blüten) kaum zu realisieren sein.

Die mit der Anzucht verbundene schwere körperliche Arbeit (Nistblöcke) ist bei der großen Anzahl zu besetzender Isolierstellen von einer Arbeitskraft nicht zu bewältigen.

Abb. 7b Ausschnitt. Nur der Block oben links wird angenommen. Außer den drei vorgebohrten Kavitäten sind zwei weitere Brutröhren angelegt, aber nicht vollendet

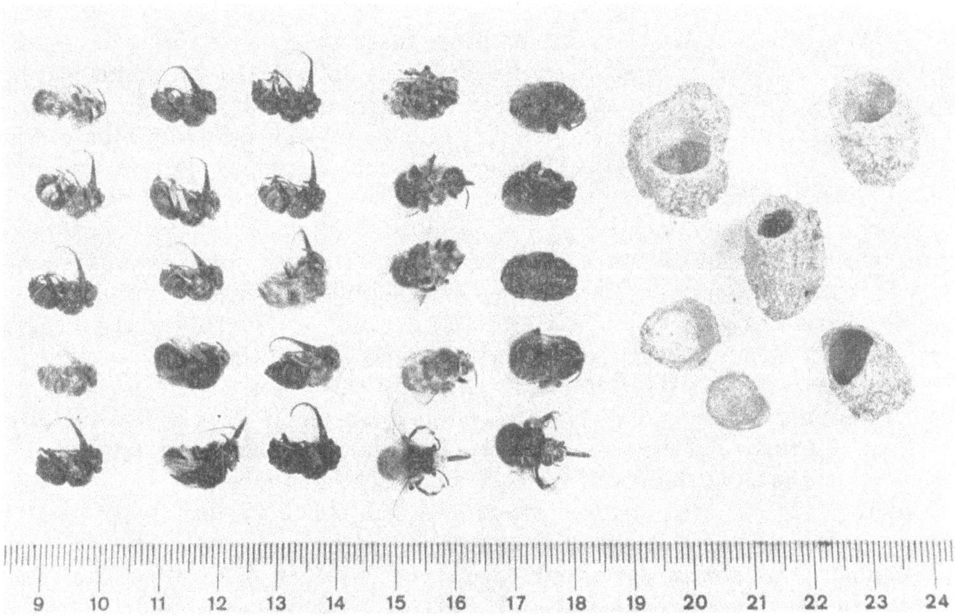

Abb. 7c Brutergebnis und leere Brutzellen (es schlüpfen aus der Anlage keine lebensfähigen Tiere; zum Teil kommt es zu Mißbildungen)

Kühllagerversuche mit männlichen Tieren aus Freilandfängen vom 25. und 26. April 1984 mißlingen. Von den je fünf bis zehn Tieren, die bei −15, 0, +3 und +10 °C ohne Futter in Moos aufbewahrt werden, erlangt am 14. Mai nur eines aus der bei +3 °C aufbewahrten Gruppe bei langsam ansteigender Temperatur, Lichtintensität und Sauerstoffkonzentration die Flugfähigkeit zurück. Im Freiland wird 1984 das letzte Männchen am 5. Juni beobachtet.

3.2.3.3. Luzerne-Blattschneiderbiene, Megachile rotundata (F.)

Mit der Luzerne-Blattschneiderbiene wird besonders in klimatisch begünstigten Ländern gearbeitet. Sie hat weltweit große wirtschaftliche Bedeutung erlangt und wird hauptsächlich zur Produktion von Luzernesaatgut eingesetzt. Derzeit werden Versuche unternommen, diese oligolektische Art auch für die Bestäubung anderer Kulturpflanzen einzusetzen und kältetolerante Stämme zu selektieren (HOLM, 1982, 1984, 1986, HOLM und KRISTJANSSON, 1986, TEPEDINO, 1983, vgl. auch DORN und WEBER, 1988).

Von der Luzerne-Blattschneiderbiene wird in der DDR bisher nur importiertes Material genutzt. Erste Untersuchungen zur Haltung und Nutzung werden von 1972–1973 in Gatersleben durchgeführt (DORN, 1983, W. MÜLLER, 1973). Unter den gegebenen Bedingungen hat sich der Einsatz dieser Art nicht bewährt.

3.3. Dipteren

Viele, ökonomisch außerordentlich wichtige Insekten gehören zur Ordnung der Zweiflügler, von denen in Mitteleuropa 7000 bis 9000 Arten vorkommen (CHINERY, 1976). Von Bedeutung sind sie u. a. durch Larvenfraß an Kulturpflanzen, als Parasiten und Räuber von Schädlingen sowie als unmittelbare oder mittelbare Krankheitserreger bei Säugetieren und Menschen (JACOBS und SEIDEL, 1975). Nicht in jedem Fall ist eine eindeutige Zuordnung zu den Schädlingen bzw. Nützlingen möglich.

Im Saatbau und in der Züchtung hat die Verwendung einer bestimmten Artengruppe für die gezielte Bestäubung entomophiler Gemüse-, Obst-, Futter- und Gewürzpflanzen eine lange Tradition. Bei Möhren- und Zwiebelsamenträgern werden Schmeißfliegen (Fam. Calliphoridae) bereits vor 1933 eingesetzt (BECKER-DILLINGEN, 1943, FREE, 1970, JONES, 1932). Sie erweisen sich auch für die Bestäubung anderer Kulturpflanzen als geeignet (z. B. *Angelica, Apium, Brassica, Pastinaca, Rheum, Scorzonera*). Bestimmte Arten dieser Fliegen sind besonders leicht zu züchten und lassen sich einfach handhaben.

Versuche zur Anzucht anderer Zweiflügler, einschließlich der *Eristalis*-Arten (Fam. Syrphidae) verlaufen nach FREE (1970) nicht erfolgreich. Hinweise auf die Anzucht und den Einsatz selbst von Stubenfliegen (Fam. Muscidae) sind seltener zu finden (z. B. KUCKUCK und KOBABE, 1962, SPILLER, 1966).

Erst in neuerer Zeit werden Methoden zur Aufzucht (WYNIGER, 1974), aber auch zur kontinuierlichen Haltung bzw. Massenanzucht von Syrphiden bekannt (KOBAYASHI, 1974, 1979).

Wegen der noch unvollständig beherrschten Anzucht von Schwebfliegen müssen derzeit in Gatersleben auch Schmeiß- und Goldfliegen für die Bestäubung herangezogen werden. Eine Ablösung der Calliphoriden und Musciden ist anzustreben, denn wie die Mücken (Unterordnung Nematocera) sind sie zu einem „Symbol der Lästigkeit und Zudringlichkeit" geworden (SCHUMANN, 1978). Als Überträger und Erreger von Krankheiten übertreffen sie und viele andere Dipteren alle übrigen Insekten. Der Darm einer einzigen Stubenfliege kann 100 Millionen Bakterien enthalten. Mehrere Millionen haften auch noch an ihrem Körper (STEINER, 1944, zit. nach BRAUNS, 1949). Eine ausführliche Darstellung ausgesprochener Schädigungen von Mensch und Tier durch schmarotzende (Myiasis-)Fliegen gibt MARTINI (1952), vgl. auch BAUERMEISTER (1982), GREENBERG (1973) und PICK (1929). Es bedarf großer Aufwendungen seitens des Menschen, um erfolgreiche Sanierungs- und Bekämpfungsmaßnahmen gegen diese Schädlinge durchzuführen. Das Problem einer hygienischen Anzucht und sauberen Arbeit ist bei diesen Tieren vermutlich kaum zu lösen.

Die Verwandtschaftsbeziehungen der wichtigsten für die Bestäubung entomophiler Kulturpflanzen herangezogenen Dipterengattungen sind in Tabelle 4 dargestellt.

Tabelle 4
Die Verwandtschaftsbeziehungen der wichtigsten für die Bestäubung entomophiler Kulturpflanzen herangezogenen Dipterengattungen (vereinfacht nach CHINERY, 1976, HENNIG, 1952, JACOBS und SEIDEL, 1975, MÜLLER, 1985 und SEDLAG, 1980). Die mit Großbuchstaben hervorgehobenen Taxa werden in Gatersleben eingesetzt

Ordnung DIPTERA

- UO Nematocera (Mücken)
- UO BRACHYCERA (Fliegen) mit den Überfamilien
  - Tabaniformia (Bremsenartige)
  - Asiliformia (Raubfliegenartige)
  - Empidiformia (Tanzfliegenartige)
  - MUSCIFORMIA = CYCLORRHAPHA Deckelschlüpfer; alle Fliegen mit Tönnchenpuppe (60–70 Familien) mit den Familienreihen
    - SYRPHIDEA = ASCHIZA, 2 Familien, davon
      - SYRPHIDAE, Gattungen:
        - – *ERISTALIS*
        - – *MYIATROPA*
        - – *TUBIFERA*
    - Phoridea u. a. Buckel- u. Rennfliegen
    - MUSCIDEA = SCHIZOPHORA, 48 Familien, davon
      - CALLIPHORIDAE, Gattungen:
        - – *CALLIPHORA*
        - – *LUCILIA*
        - – *Phormia*
        - – *Sarcophaga*
      - MUSCIDAE, Gattungen:
        - – Musca
        - – Fannia

3.3.1. Calliphoriden

Trotz der hygienischen Probleme bei der Vermehrung von Schmeiß-, Gold- und Fleischfliegen wird intensiv mit diesen Tieren gearbeitet (vgl. z. B. FAULKNER, 1962, 1978, SMITH und MEE, 1984). Das erscheint durch folgende Vorteile gerechtfertigt (in Anlehnung an TRÄGER, 1985, 1986):

1. Im Gegensatz zu den Bienen sind diese Fliegen für nektararme Pflanzen (Umbelliferen) geeignete Bestäuber.
2. Sie übertragen auch den Pollen anderer, für Solitärbienen aus unklaren Gründen wenig attraktiver Blüten gut (*Allium* spp.). Im Gaterslebener Vermehrungsanbau brauchen deshalb die sehr aufwendigen Handbestäubungen seit 1985 bei entomophilen Kulturpflanzen (mit Ausnahme der Cucurbitaceae) nicht mehr durchgeführt zu werden.
3. Sie sind äußerst widerstandsfähig gegenüber Kleinklimaschwankungen.
4. Sie leben lange und sind leicht massenhaft zu vermehren.

Kurze, aber recht eindrucksvolle Darstellungen der Entwicklungszeiten und des Nahrungsverbrauches (Fleisch) von *Calliphora*- bzw. *Lucilia*-Larven sind bei STEINER (1944, zit. nach BRAUNS, 1949) bzw. SCHUMANN (1971) zu finden. Exkremente und pflanzliche Substrate werden selten zur Eiablage angenommen. Erwähnung findet die ausgeprägte Heliophilie der Arten; ihre Temperaturpräferenz liegt bei über 32 °C. Außer niedrigen Temperaturen führt auch eine verkürzte Lichtphase (Kurztag) zur Verlängerung des dritten Larvenstadiums (BÄHRMANN, 1984, TRÄGER, 1986).

Fliegenanzuchten für die Bestäubung wurden in Gatersleben im Jahre 1985 begonnen. Als Substrat finden unbehandelte, für Versuche nicht benötigte, überstreckte Mäuse aus dem Mutagenitätstestlaboratorium Verwendung (fünf am 16. Juli im Freiland ausgelegt). Die Eiablage erfolgt sofort, besonders an den Körperöffnungen und an den Unterseiten der Tiere, der Schlupf nach

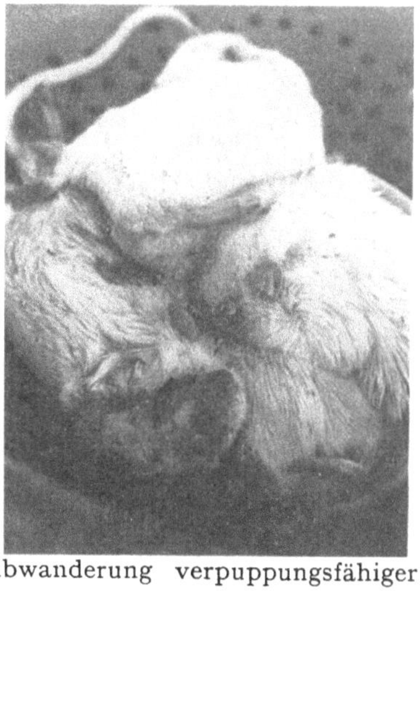

Abb. 8 (a–d) a Anlage zur Fliegenanzucht (die Abwanderung verpuppungsfähiger Larven ist möglich)

Abb. 8b Ausschnitt mit abgenommener Plastschüssel

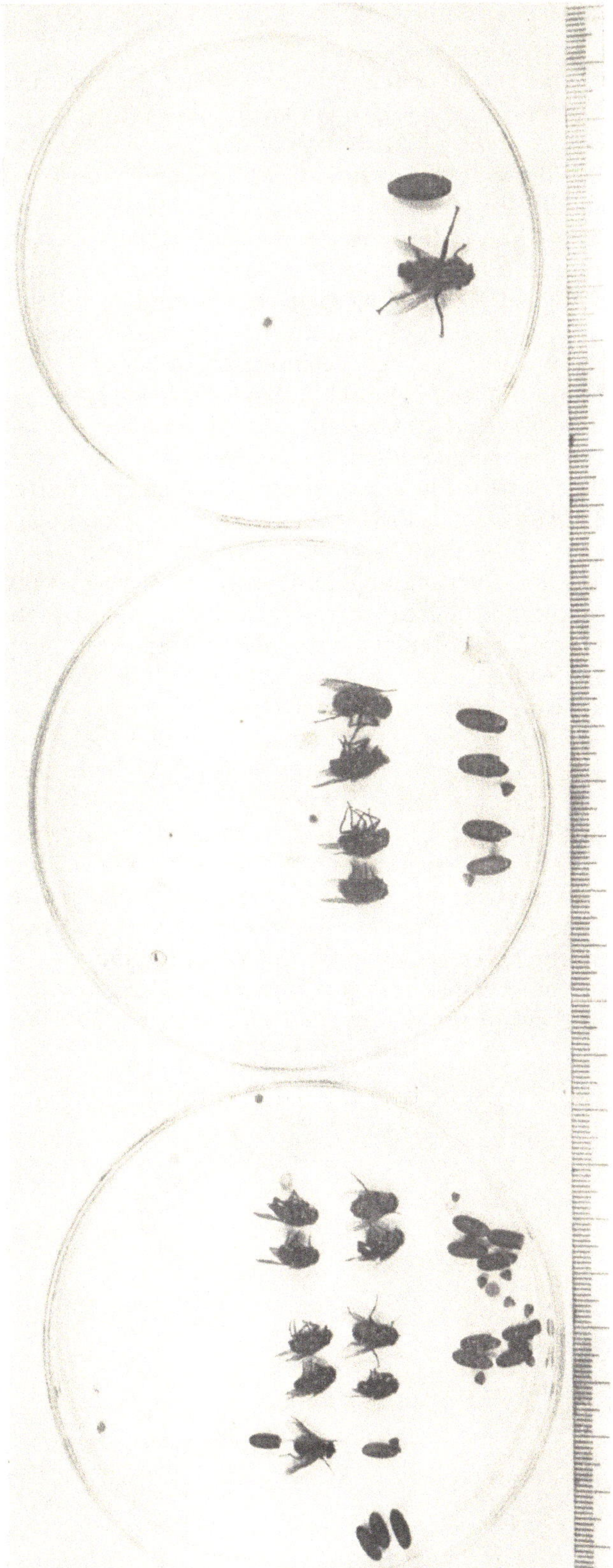

Abb. 8c Geschlüpfte Fliegen aus den Gattungen *Sarcophaga* (1), *Calliphora* (oben 2 Weibchen, darunter 2 Männchen) und *Lucilia* (4 Weibchen, 4 Männchen, 2 Schlupfanomalien, 3 vertrocknete Puppen)

ca. 24 Stunden. Bis zum Erscheinen der ersten Puppen am 23. Juli werden 48 Mäusekadaver benötigt, die ersten Fliegen schlüpfen am 12. August.

In der gleichen Weise wird 1986 verfahren, Ausbringung der Mäuse zur Eiablage bereits om 08. Juni; Schlupf der ersten *Lucilia* am 04. Juli und *Calliphora* am 07. Juli. Als Futter dienen tiefgefrorene Mäuse. Sie sind jederzeit in (fast) beliebiger Menge verfügbar. Um ein Abwandern der verpuppungsfähigen Larven zu verhindern, wird die 1985 für die Freilandanzucht getestete Anlage modifiziert (Abb. 8a, b). Bei dieser einfachen Methode handelt es sich um keine Reinzucht einer Art unter künstlichen, isolierten Bedingungen. Wegen der zahlreichen Faktoren, die die Entwicklung der Larven beeinflussen können (BÄHRMANN, 1984), ist das auch nicht beabsichtigt. Die schlüpfenden Fliegen gehören den Gattungen *Lucilia* (dominierend), *Calliphora* (sehr häufig) und *Sarcophaga* (wenige Exemplare) an (Abb. 8c). Sie werden alle in die Isolierstellen eingesetzt.

Bei der Larvenanzucht ist die Substitution von Fleisch (-abfällen) als Futter schwierig. Ein billiges, zusammengesetztes Substrat, das eine Entwicklung der Tiere ohne Geruchsbelästigung gewährleistet, beschreibt BERNDT (1969). TRÄGER (1986) arbeitet ebenfalls an der Entwicklung und weiteren Verbesserung semisynthetischer Medien für optimale Zuchtbedingungen bei Calliphoriden. Puppen können der Genbank in größeren Mengen erstmals 1987 zur Verfügung gestellt werden, so daß sich der Aufbau eigener Zuchten inzwischen erübrigt.

In Abhängigkeit von den Haltungsbedingungen variieren die Angaben zur durchschnittlichen Lebensdauer der Imagines sehr stark, beispielsweise bei *Lucilia sericata*. Nach MARTINI (1952) leben Männchen 41 und Weibchen 56 Tage, nach TRÄGER (1986) nur durchschnittlich 29 Tage.

In gewissem Umfang kann auch bei den Fliegen Blütenstetigkeit nachgewiesen werden. Hauptsächlich beflogen werden gelbe und organgefarbene Blüten, gefolgt von blauen und weißen. Daneben sind auch andere optische Merkmale (u. a. radiale Zeichnung, räumliche Anordnung der Blütenteile, Glanz) und chemische Reize (Duft) für den Anflug von Bedeutung (KUGLER, 1951, 1956).

Schwierigkeiten bezüglich der Synchronisation von Blüte und Fliegenschlupf sind kaum zu erwarten. Eine Aufbewahrung der Puppen über zwei bis drei Wo-

Abb. 8d Schlupfanomalien bei *Calliphora* sp. nach längerer Kühllagerung der Puppen

chen ist bei Temperaturen von +7 bis +10 °C möglich, bei +3 bis +5 °C sogar über einige Monate. Wird die Temperatur auf 26 bis 28° C erhöht, so schlüpfen die Fliegen in fünf bis sechs Tagen (QUAGLIOTTI, 1982). In den 1985 durchgeführten Lagerungsversuchen bei Temperaturen um den Gefrierpunkt treten Schlupfanomalien auf (Abb. 8d).

3.3.2. Syrphiden

Zur Biologie der „eigentlichen Blumenfliegen" (ESCHERICH, 1942), besonders der Unterfamilie Eristalinae liegen kaum Untersuchungen vor (vgl. BASTIAN, 1986). Daher werden Beobachtungen, die im Rahmen der Anzuchtversuche an mehreren Arten möglich waren, ausführlicher mitgeteilt.

Die Wirksamkeit der Syrphiden als Bestäuber wird verschiedentlich hervorgehoben, so z. B. von BHALLA et al. (1983a), GABRIEL (1963), KOBAYASHI (1979), KUGLER (1950), hinsichtlich der effektiveren Bestäubung von *Brassica* spp. von BHALLA et al. (1983b), LANGRIDGE und GOODMAN (1982) sowie OHSAWA und NAMAI (1984, 1985). Bei Blütenbesuchen begnügen sich die Schwebfliegen vielfach mit dem Fressen von Pollen. Sie können dabei zum Teil auch Blüten bestäuben, deren Nektar ihnen nicht zugänglich ist (KUGLER, 1970).

Ausschließlich auf den Beflug dieser Dipterenfamilie spezialisierte Blüten bzw. „Schwebfliegenblumen" gibt es nicht. Es liegen jedoch genaue Untersuchungen über das Spektrum der von *Eristalomyia tenax* (L.), der gemeinen Schein- oder Mistbiene, besuchten Arten vor (KUGLER, 1950). Sie gehören hauptsächlich den Familien Apiaceae, Rosaceae, Ranunculaceae, Brassicaceae, Caryophyllaceae und Asteraceae an. Beflogen werden auch weiß und violett blühende Solanaceae, manche Scrophulariaceae, aber nur wenige gelbblühende Fabaceae und Lamiaceae, keine Boraginaceae. Die Rüssel von *Eristalomyia* und Honigbienen sind mit 7 mm zwar gleich lang, jedoch ist bei der Mistbiene eine Bevorzugung von Blüten mit frei liegenden Antheren und Nektarien unverkennbar.

Bei den Syrphiden besteht ähnlich wie bei den Calliphoriden ein direkter Zusammenhang zwischen Flugaktivität und Witterungsbedingungen, wobei die Faktoren Lichtstärke (untere Grenze 500 Lux, obere nicht feststellbar) und Temperatur dominieren (GROSSER und KLAPPERSTÜCK, 1977).

Massenvermehrungen von Schwebfliegen für die Bestäubung von Kulturpflanzen werden erst in Japan erfolgreich betrieben (KOBAYASHI, 1974, 1979). Ihr Einsatz hat sich während der Obstbaumblüte, in der Gemüseproduktion und im Samenbau allgemein durchgesetzt (NAMAI, 1985, pers. Mitt.).

Bei den in Gatersleben 1985 begonnenen Anzuchtversuchen steht die Auswahl geeigneter Arten im Vordergrund. Die bis jetzt bekannt gewordenen Syrphidenlarven leben nach SACK (1930) von Blattläusen (Syrphinae), in Pflanzenstengeln und Pilzen *(Chilosia)*, im Mulm hohler Bäume *(Zelima)*, in Blumenzwiebeln *(Lampetia)*, in Flüssigkeiten (Eristalinae) und in den Nestern verschiedener Hymenopteren *(Microdon, Volucella)*. Ausführliche Beschreibungen der Lebensweise verschiedener Dipterenlarven geben auch DUNGER (1974) und HENNIG (1952).

Die Verwendung aphidophager Schwebfliegen scheidet wegen der hierzu notwendigen ausgedehnten Blattlauszuchten aus, obwohl sich die Imagines mancher Arten selbst für den Einsatz in kleinsten Isolierstellen eignen. Nach BOMBOSCH (1956) ist bei der Fütterung mit Zuckerwasser und Pollen ein Flugraum von 50 cm×70 cm×65 cm bzw. 100 cm×70 cm×70 cm ausreichend. Innerhalb der Unterfamilie Syrphinae bieten sich bisher mindestens in Europa noch ungenutzte Möglichkeiten der biologischen Schädlingsbekämpfung (vgl. J. MÜLLER. 1986). Denkbar wäre ihr Einsatz gegen den Rübenblattlausbefall (BOMBOSCH, 1956, STOLLAR, 1968), aber auch gegen die auf Getreide, Obst und Gemüse lebenden Pflanzenläuse.

Bis auf die Eristalinae schließt sich die Nutzung der anderen Unterfamilien wegen ihrer Seltenheit, ihrer parasitischen Lebensweise (die Larven von *Eumerus*, Unterfamilie Milesiinae, leben in *Allium cepa* und anderen Zwiebelgewächsen) oder wegen der schwer zu beschaffenden Anzuchtmedien aus.

Eine Gattung mit parasitisch lebenden Larven (*Lampetia*, in Zwiebelgewächsen) tritt auch bei den Eristalinen auf und verursacht oft großen Schaden.

Freiland- und Laborversuche zur Schwebfliegenanzucht erfolgen seit Anfang Juni 1985. Für die Eiablage werden an verschiedenen, von Pflanzenschutzmaßnahmen weitgehend unbeeinflußten Stellen im Institutsgelände defekte Mäusekäfige aus dem Mutagenitätstestlaboratorium angeboten. Diese sind in den Boden eingesenkt und gut bis zur Hälfte mit verschiedenen Substraten gefüllt (Aas, Holz, Laub, Mist), die anschließend mit Wasser übergossen werden (Abb. 9a, b).

Abb. 9(a–e) *Tubifera pendula*
a–b Anzuchtgefäß für Schwebfliegenlarven im Freiland; bei ausreichendem Unterwuchs erübrigen sich die Schutzgitter

Schon nach wenigen Tagen findet sich, hauptsächlich in den mit Laub und verholzten Zweigen gefüllten Behältern, eine sehr große Anzahl von Rattenschwanzlarven, bald auch verschiedenen Alters (Abb. 9c). Obwohl die Larven hohe Nährstoff- und Salzkonzentrationen vertragen (HENNIG, 1952, OLADIMEJI und WADE, 1984) werden von einigen Arten „sauberere" Eiablageplätze bevorzugt.

Für die Anzuchten finden inzwischen ausschließlich verschiedene Kräuter sowie frisches und Fallaub Verwendung. Bevorzugt werden „weiche" Blatt-

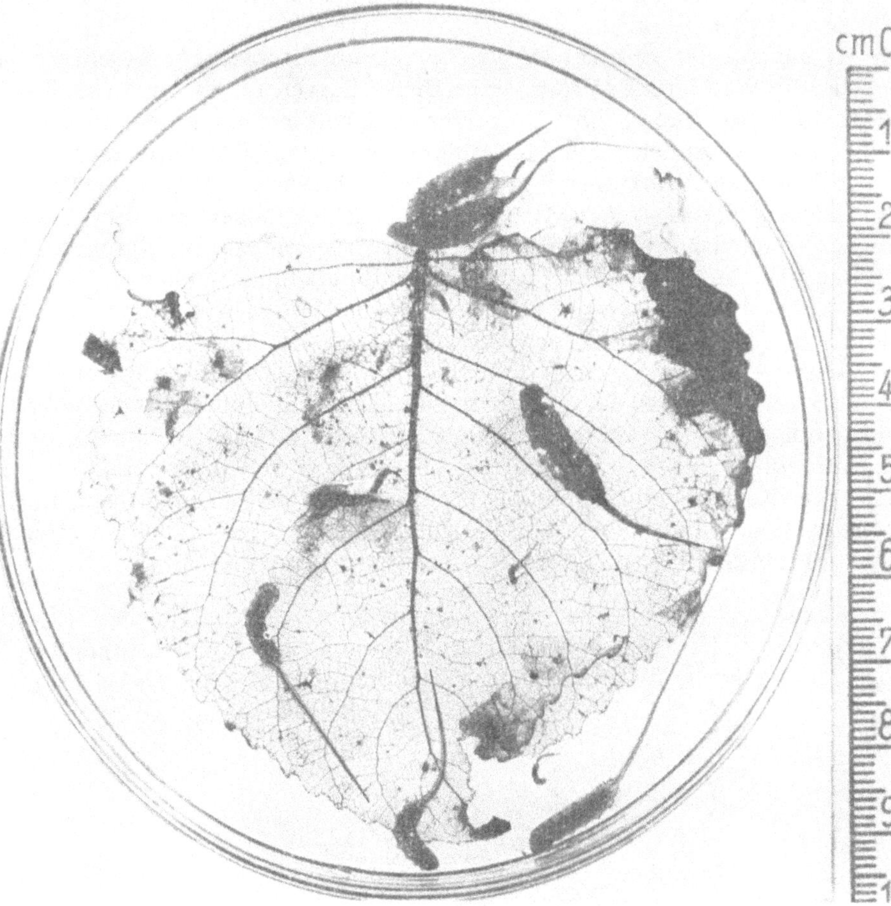

Abb. 9c Rattenschwanzlarven aus dem Freiland

arten. Diese weisen in der Regel auch einen hohen Stickstoffgehalt, ein niedriges Kohlenstoff-Stickstoff-Verhältnis und eine geringe Huminsäurekonzentration auf. Entsprechend der für alle Erstzersetzer einheitlichen Regel (Präferenzregel) werden Holunder, Esche, Erle und Linde deutlich bevorzugt (vgl. DUNGER, 1974).

Ein Teil der Larven wird zur Verpuppung und zum Schlupf in Mäusekäfige mit ähnlichem Substrat übertragen. Sie sind in den Kleingewächshäusern jeweils im Schatten der Südwand eingegraben. Ein weiterer Teil entwickelt sich unter regelmäßiger Beobachtung in einer Petrischale (Durchmesser 25 cm) in einem Wohnraum (beschattete Südseite) bzw. in einem Exsikkator (Durchmesser 20 cm) am Arbeitsplatz (Nordseite). Das Bodensubstrat ist ausgekochter Sand, der eine schiefe Ebene bildet; die maximale Wassertiefe beträgt 5 cm. Gefüttert werden in Abhängigkeit vom Nahrungsverbrauch öfter und in kleinen Mengen Holunderblätter.

Die Ergebnisse der bisherigen Anzuchtversuche lassen sich wie folgt zusammenfassen:

1. Die Ergebnisse der Anzucht im Freiland können schlecht eingeschätzt werden, da die Wanderung verpuppungsfähiger Larven in der Dunkelheit stattfindet. Lichteinwirkung führt zu kurzer oder länger andauernder Bewegungslosigkeit und anschließendem Rückzug in den Boden oder ins Wasser.
2. In den Kleingewächshäusern ist nach dem Verlassen der Anzuchtgefäße keine Beobachtung der Larven mehr möglich. Beschädigungen und Lageveränderungen der offensichtlich sehr empfindlichen Puparien (Abb. 9d) durch Hackarbeiten und chemischen Pflanzenschutz sind nicht auszuschließen.
3. Im Arbeits- bzw. Wohnraum müssen sich die Altlarven der Tiergruppen in den beschriebenen Gefäßen entwickeln, die zur Verhinderung einer Abwanderung zeitweilig verschlossen sind (Tüllbespannung). Mindestens in einer Nacht kommt es zur teilweise oberirdischen, zum Teil knapp unterirdischen Wanderung, wobei die Tiere senkrechte Wände von 20 cm Höhe (Exsikkator) mühelos überwinden und gegebenenfalls noch Strecken von mehreren Metern zurücklegen. Entwichene Exemplare verpuppen sich in Fußbodenritzen, Lücken zwischen Wand und Möbeln etc. Sie entwickeln sich dann auch an offen liegenden Orten und bei nachfolgendem Transport meist normal.

Mit den Puparien durchgeführte Kühllagerungsversuche mißlingen. Selbst bei 0 °C verpilzen die Gefäße sehr schnell. Es kann angenommen werden, daß in der Ontogenese der Eristalinen eine recht genau definierte Zeitspanne bei festgeleg-

Abb. 9d Zwei aus dem Boden entnommene Puparien (aus ihnen schlüpfen keine Imagines, Maßstabteilung: 5 mm)

ten Mindesttemperaturen für dieses Stadium benötigt wird. Dafür sprechen auch die Beobachtungen an *Tubifera*, deren Autökologie nach GROSSER (1985, mdl. Mitt.) weitgehend unbekannt ist. Es verpuppen sich vom 05. 07. bis 24. 07. 1985 neun Larven. Sie schlüpfen nach 7 (ein untypisches Exemplar), 12, 12, 13, 13, 14, 15, 17 und 26 Tagen (21. 07. bis 12. 08., Abb. 9e).

Abb. 9e Imago mit zugehörigem Puparium (Flugfähigkeit wird etwa eine Stunde nach dem Schlupf erreicht)

Aus den (wie bei den Calliphoriden) nicht auf nur eine Art eingestellten Anzuchten schlüpfen 1985, im Jahr ihrer Anlage, ausschließlich Imagines von *Tubifera (Helophilus) pendula* (L.). In den gleichen, nicht neu mit Laub aufgefüllten Gefäßen sind es 1986 neben dieser noch zwei weitere Arten: *Eristalis arbustorum* (L.) und *Myiatropa florea* (L.).

Die Überwinterung von *Myiatropa* ist im Experiment gut zu beobachten. Am 24. 07. 1985 befinden sich um 12.00 Uhr zwei bei der Kontrolle um 9.00 Uhr noch nicht festgestellte Gelege in der Petrischale. Das am Glas befindliche vertrocknet bald, während aus dem anderen, an einem leeren Puparium von *Tubifera* angelegten, die Larven zwischen dem 27. 07., 15.00 Uhr, und dem 28. 07., 08.00 Uhr, schlüpfen. Sie werden am 01. und 02. August in den Exsikkator umgesetzt und sind bei reichlicher Fütterung bis etwa Mitte Oktober ausgewachsen. Später findet sich ein Teil im Wasser-Land-Übergangsbereich flach eingewühlt (Atemrohr verkürzt, Spitze deutlich sichtbar) oder bis 3 cm tief unter Wasser im sich zersetzenden Laub. Kontrollen am Abend (z. B. 19. 02. 1986, 20.00 Uhr) zeigen, daß die Larven im Dunkeln gelegentlich das Wasser verlassen. Am 25. 03. wird ein Wasserwechsel vorgenommen und letztmalig Holunderlaub gefüttert. Zwei Tage später, am 27. 03., sind die Larven sehr bewegungsaktiv, besonders gegen Mittag. Sie bohren flache Gänge durch den Boden und versuchen, daß Gefäß zu verlassen. Am 07. 04. kann das erste Puparium beobachtet werden, aus dem am 17. 04. noch vor 07. 00 Uhr die Imago schlüpft.

Seit dem 15. 04. halten sich aus dem Gelege vom 24. 07. 85 keine Larven mehr im Wasser auf. Die nächsten Schlupftermine sind der 28. 04., 29. 04., 30. 04., dann erst wieder der 13. 05. (Abb. 10), 14. 05., der 17. und schließlich der 21. Mai. Die meisten Tiere erscheinen früh bis 9.00 Uhr und zwischen 12.00 und 15.00 Uhr. Das erste Puparium der folgenden Generation wird am 09. 06. bemerkt, das erste fertige Insekt schlüpft am 23. 06. (Entnahme der Larven aus den im Freiland aufgestellten Gefäßen).

Zuchtversuche von KRÜGER (1926) bringen für *Eristalis arbustorum* (L.) vergleichbare Ergebnisse. Nach der Überwinterung erfolgt die Verpuppung der Larven im März, die Imagines erscheinen nach etwa 15 Tagen.

Für das Freiland und für die Kleingewächshäuser ergibt sich folgendes: Anfangs verläuft die Überwinterung im Freiland und in den Kleingewächshäusern (Bestückung am 14. 10. 1985 mit je 5–10 Larven) gut, obwohl der Wasserkörper über längere Zeit völlig zufriert. Beim Auftauen wird bald Zufütterung notwendig, Verluste treten in beiden Varianten erst durch den Frosteinbruch nach dem warmen Februar auf. Leider erreichen auch die am 08. 04. eingesetzten Larven aus der Laboranzucht ihre Imaginalphase in den Kleingewächshäusern nicht.

Abb. 10 *Myiatropa florea* aus den Zuchten

Zur Determination der Arten, für Beobachtungszwecke und für den Bestäubungseinsatz werden schwerpunktmäßig im Juli 1985 einige Freilandfänge durchgeführt. Die mit dem Kescher auf Blüten erbeuteten Arten sind mit kurzen Bemerkungen zur Lebensweise der Larven in Tabelle 5 zusammengefaßt. Die Belege werden in der Genbank aufbewahrt.

Tabelle 5
Die in Gatersleben häufigsten, Mitte Juli 1985 gefangenen Schwebfliegen und die Lebensweise ihrer Larven (Determination der Arten und Angaben zur Lebensweise: Dr. N. GROSSER, Halle)

Art	Lebensweise der Larven
Epistrophe balteata (DE GEER)	aphidophag
Eristalis arbustorum (L.)	saprophag in feuchtem Holz und Laub
Eristalomyia tenax (L.)	saprophag u. a. in Jauchegruben
Lathyrophthalmus aeneus (SCOP.)	saprophag in schlammigem Wasser
Platychirus clypeatus (MEIGEN)	saprophag oder parasitisch?
Scaeva pyrastri (L.)	aphidophag, Kulturfolger
Sphaerophoria scripta (L.)	aphidophag
Syritta pipiens (L.)	saprophag in Mist
Syrphus corollae (F.)	aphidophag, besonders Getreideblattläuse
S. vitripennis (MEIGEN)	aphidophag
Tubifera pendula (L.)	saprophag

Nicht alle der aufgeführten Arten eignen sich für die Bestäubung in den Isolierstellen. Die Imagines der als Larven aphidophag lebenden Syrphiden haben meist eine erheblich größere Fluchtdistanz als die Vertreter der Saprophagen. Von diesen eignen sich nach den 1985/86 gesammelten Erfahrungen am besten *Eristalis arbustorum*, deren Verhalten entfernt an das der Calliphoriden erinnert, und die sehr ruhig fliegende *Lathyrophthalmus aeneus* (SCOP.). Beide Arten können drei Wochen, gelegentlich länger in den Kleingewächshäusern beobachtet werden. In den Anzuchten tritt *Lathyrophthalmus* nicht auf. Larven dieser Art werden bislang nur in nassem Stallmist gefunden.

Eine Mittelstellung nehmen *Tubifera* und *Eristalomyia* ein, die sich wie die vorhergehenden sehr gut und schnell an den begrenzten Flugraum gewöhnen. Nachteilig ist die bei beiden recht kurze Überlebenszeit von meist weniger als zwei Wochen.

Myiatropa florea ist eine wenig stetige Art mit einem großen Aktionsradius (GROSSER, 1986, pers. Mitt.) und verfängt sich innerhalb weniger Tage in den Spinnennetzen.

Für den versuchsweisen Aufbau einer Massenzucht von *Tubifera pendula* (Stufe 3, vgl. IGLISCH, 1984) im Jahre 1987 wird eine einfache Anlage aufgebaut (Abb. 11a, b).

Wegen der Materialfülle wird nur ein vierwöchiger Zyklus ausgezählt (15. 06.–13. 07. 1987): Aus 276 Puparien schlüpfen 129 weibliche – vier davon flugunfähig – und 140 männliche Tiere. 7 Individuen gelangen nicht zur Entwicklung. Die höchste Schlüpfrate wird mit 27 Tieren am 01. 07. erreicht (13 Weibchen + 14 Männchen).

Abb. 11 (a–b) Zuchtanlage für *Tubifera pendula*
a Übersicht
Lebensraum für die Imagines: 5 Weibchen, 3 Männchen (links), darunter Auffangbehälter für die Eier rsp. Junglarven. Vorbereitetes Larvenfutter (Mitte). Larvenanzuchtgefäße (davor und rechts). Täglicher Wasserwechsel ist notwendig.
– Ferner gehören dazu (nicht abgebildet):
Zwei ineinandergestellte, verschieden große und mit Stoff ausgekleidete Fotoschalen, äußere trocken, innere feucht gehalten, darin außerdem Gefäß (rechts) mit verpuppungsfähigen Larven.

Bei der vorausgehenden Dauerzucht (Wintermonate, Larvendeponie und 4 Tiere in paarweiser Haltung bei 19–20 °C im 10-Stunden-Tag; Stufe 2c nach IGLISCH, 1984) sind folgende verallgemeinerte Beobachtungen möglich (vgl. BASTIAN, 1986):

- Das Eistadium dauert 2–3 Tage; lebensfähige Eier färben sich von weiß nach grau um.
- Die Larvenstadien beanspruchen zusammen mit Wander- und Ruhephasen mindestens 28 Tage. Die Verpuppung kann durch abiotische Faktoren (Kurztag, Dunkelanzucht, niedrige Temperaturen) verzögert werden.
- Die Puparien liegen durchschnittlich 14–16 Tage, bei männlichen Tieren z. T. auch kürzer. Flugfähigkeit wird etwa eine Stunde nach dem Schlupf erreicht. Tiere, deren Flügel sich nicht entfalten, sind nicht lebensfähig und sterben in wenigen Stunden ab.
- Die Imagines beider Geschlechter benötigen zu ihrer Ausreifung neben Wasser und Zucker auch Pollen. Von Honigbienen eingetragener und mechanisch aufgearbeiteter Pollen eignet sich kaum als Nahrung (verkürzte Lebensdauer, späte Entwicklung, große Mengen Abfall).

Abb. 11b Blick in ein Larvenanzuchtgefäß (Ausschnitt). Haltungsbedingungen zur Verpuppung: Dauerlicht, 20 °C, wöchentliche Entnahme der Puparien und Überführung in eine Emergenzfalle, tägliche Entnahme der geschlüpften Imagines

- Die erste Kopulation erfolgt nach 12 bis 24 Tagen (im Sommer nach (5–)10 Tagen (bei gleichaltrigen, mit Frischpollen versorgten Tieren), Eiablagen nach 5 (und 6) bzw. 7 (und 8) Tagen in zwei oder drei Schüben, am folgenden Tag je noch ein Paket, zusammen ca. 125 Eier, davon etwa 90 % fruchtbar.
- Meist werden die Weibchen noch am selben Tag und an dem darauffolgenden erneut begattet. Nach 10 Tagen legen sie 60–100 Eier in zwei oder drei Paketen und nach weiteren 10–14 Tagen erneut 95–115 Eier in drei oder mehreren Paketen. Danach ist ein rapider Aktivitätsabfall zu verzeichnen. Zu weiteren Eiablagen kommt es nicht mehr.

Unter den beschriebenen Haltungsbedingungen dauert die Entwicklung einer Generation – vom Ei bis zur ersten Eiablage – mindestens 50 Tage. Die Imagines leben im Durchschnitt 60 Tage. Je Weibchen sind knapp über 300 Eier zu erwarten. Die Mortalität ist im Larvenstadium am größten. Ursachen dafür sind nicht bekannt.

Im Verlauf der Testung dieser Art beim Einsatz in 10 Isolierkästen, eine Folienkabine und 15 Kleingewächshäuser (13 davon in Kombination mit *Osmia*) erweist sich, daß nicht wie erwartet Möhre und Zwiebel vorrangig beflogen werden. *Tubifera pendula* befliegt diese Arten nur gelegentlich und hält sich hauptsächlich auf Blüten der Brassicaceae und besonders Chenopodiaceae auf. Wesentlich höhere Besatzdichten ändern an dieser Tendenz nichts. Deshalb wird die Zucht von *Tubifera* im April 1988 abgebrochen.

Eristalis arbustorum (Freilandanzucht) befliegt *Daucus* und *Allium* auch in den Isoliereinrichtungen spontan und regelmäßig, obwohl gleichzeitig *Brassica-*, *Raphanus-* und *Beta-*Sippen abblühen. Der Anzucht dieser Art wird im Jahre 1988 mehr Aufmerksamkeit gewidmet. Ihre Reproduktion unter Laborbedingungen gelingt allerdings noch nicht.

4. Diskussion

Bei der Bestäubung entomophiler Kulturpflanzen wird in der landwirtschaftlichen und gärtnerischen Saatgutproduktion nach wie vor die Honigbiene dominieren. Bei Kreuzblütlern rechnet man mit einem Besatz von vier Völkern je Hektar.

Mit einer Ablösung der Biene ist nicht zu rechnen, da Wildinsekten, besonders Hummeln und Solitärbienen, auf allen intensiv genutzten landwirtschaftlichen Anbauflächen stark im Rückgang begriffen bzw. kaum noch vorhanden sind (BALDOVSKI, 1983, BLOMBERG, 1985, DORN und WEBER, 1978).

Andererseits sind Honigbienen und auch Hummeln für die Hybridsaatgutproduktion (beispielsweise bei Kohl) weniger geeignet. Zur Sicherung einer ausreichenden Fremdbefruchtungsrate sollten Insekten mit weniger stark ausgeprägter Blütenstetigkeit eingesetzt werden. Die Züchter können dazu beitragen, indem sie bestimmte blütenökologische Verhältnisse mehr berücksichtigen. Um die Unterscheidbarkeit der Kreuzungspartner für die Insekten zu verringern, genügt es nicht, sie gleichzeitig abblühen zu lassen, Qualität und Quantität des Nahrungsangebotes müssen übereinstimmen, aber auch die nicht minder wichtigen optischen und chemischen Merkmale bis hin zur Textur der Epidermis von Blütenblättern sind von Bedeutung (CURRAH und OCKENDORN, 1984, FRANKEL und GALUN, 1977, FREE und WILLIAMS, 1983, KAY, 1978, KEVAN und LANE, 1985).

Wegen der Blütenstetigkeit vieler Insekten dürften unerwünschte Fremdbefruchtungen auch dann nicht auftreten, wenn die Isolierabstände innerhalb des Flugbereiches der Honigbiene (3–5 km) liegen. Voraussetzungen sind jedoch eine ausreichende Populationsgröße der betreffenden Sorte und ein nicht zu hoher Insektenbesatz.

Eine indirekte Bestätigung erfährt diese Annahme in der alten Gartenbauliteratur. Bei REICHART (1765–1774) sind zwar ausführliche Darstellungen der Kultur einschließlich des Samenbaues für sehr viele Pflanzenarten zu finden, aber keinerlei Angaben zur Bestäubung und kein Hinweis auf einzuhaltende Mindestabstände zwischen Populationen gleicher Artzugehörigkeit. Die grundlegenden blütenbiologischen Erkenntnisse sind zu jener Zeit nicht nur kaum bekannt, sie werden selbst von Praktikern angezweifelt oder bestritten (FAEGRI und VAN DER PIJL, 1979, GUTSCHE et al., 1985). Manche Autoren vertreten schon damals Auffassungen, die den heutigen recht nahe kommen. So schreibt MILLER (1769) bezüglich des gleichzeitigen Anbaues mehrerer *Brassica*-Sippen zur Saatgutgewinnung: „Veränderungen . . . rühren nicht von dem Erdboden, sondern davon her, daß sich das Saamenmehl der Blumen miteinander vermischet, wenn sie nahe beysammen stehen."

Es fehlen bisher Angaben über den Einfluß der Populationsgrößen von Bestäubern und Kulturpflanzen, sowie der Mindestabstände zwischen den Populationen entomophiler Fremdbefruchter auf die Bastardierungsrate. Die genaue Kenntnis dieses Zusammenhanges ist aber Voraussetzung für eine effektive Arbeit der Züchtungseinrichtungen und für die Vermehrung und Erhaltung wertvoller genetischer Ressourcen.

Die Literaturangaben über erforderliche Mindestabstände sind vielfach ungenau oder aus langjähriger züchterischer Praxiserfahrung mit größeren Pflanzenbeständen in der Saatgutvermehrung abgeleitet (u. a. BATEMAN, 1947, DRILLING, 1986, KUCKUCK und KOBABE, 1962, QUAGLIOTTI, 1982). Unberücksichtigt bleibt hier der vom Nahrungsangebot und der Besatzdichte abhängige Flugradius der Bestäuber. Ferner bestehen Unterschiede zwischen Hymenopteren (mit festen Nistplätzen und Brutfürsorge) und Dipteren (mehrere Eiablageplätze). Manche Syrphidenarten legen wesentlich größere Entfernungen zurück, oft viele Kilometer (GROSSER, 1985, mdl. Mitt., SCHUMANN, 1971). Am Beispiel der Isolierung von *Daucus* führt BANGA (1962) hierzu aus, daß der Abstand zwischen verschiedenen Möhrenparzellen an sich noch keine Garantie für eine genügende Isolierung bietet. „Ein hungriges Insekt fliegt weit, ein Insekt, das auf einer bestimmten Parzelle seinen Bedarf an Nektar reichlich erfüllen kann, hat wenig Grund, auch noch andere Parzellen zu besuchen."

Mindestens für die unter Freilandbedingungen in Kollektionen angebauten Sippen entomophiler Kulturpflanzenarten sollten zu dieser Problematik umgehend Arbeiten aufgenommen werden. Andernfalls ist eine sippenechte Erhaltung bei der Vermehrung kaum zu gewährleisten.

Ein den Saatgutertrag beeinflussender Faktor wird bislang wenig berücksichtigt, die Zahl der je Pflanzenanzahl (oder Flächeneinheit) einzusetzenden Insekten (NAMAI, 1985, pers. Mitt.). In der Praxis werden lediglich Erfahrungswerte zugrundegelegt (CURRAH und OCKENDORN, 1984, FAULKNER, 1962, FAULKNER und JACKSON, 1981a, b, PROCTOR und YEO, 1975, WIERING, 1964).

Genauere Untersuchungen über diesen Sachverhalt liegen nur von OHSAWA und NAMAI (1984, 1985) vor. Selbstfertile und selbstinkompatible Sippen von *Braccica juncea* und *B. rapa* werden von bis zu vier künstlich angezogenen Schwebfliegen der Art *Eristalis cerealis* (F.) je Einzelpflanze bestäubt (vgl. KOBAYASHI, 1979). In beiden Varianten wird mit vier Individuen pro Einzelpflanze die höchste Anzahl Samen je Blüte erzielt. Die Narben sind unter diesen Bedingungen meistens mit zehn Pollenkörnern je Samenanlage belegt. Demgegenüber kann nur bei den selbstinkompatiblen Sippen der Fruchtansatz durch die verwendeten Insekten gesteigert werden. Beobachtungen bei höherem Insektenbesatz sind leider nicht aufgeführt. Ähnliche Untersuchungen mit Honigbienen, Hummeln, Solitärbienen oder Fliegen liegen derzeit nicht vor.

HOLM et al. (1985) stellen einen Zusammenhang zwischen Insektenbesatz mit *Megachile rotundata* und Blütenzahl bzw. Blühdauer der Pflanzen fest. Die Bestäuber beeinflussen über den Samenertrag sogar die chemische Zusammensetzung des Saatgutes.

Aus der Züchtungspraxis der DDR sind nur persönliche Informationen aus dem VEB (S) Pflanzenproduktion „Walter Schneider" in Eisleben bekannt: In den für die Radieschen-, Rosenkohl- und Zwiebelsaatgutproduktion vorhandenen, völlig spinnenfrei gehaltenen Isoliereinrichtungen kommen drei weibliche Individuen der Pelzbiene *Anthophora quadrimaculata* (Pz.) für die Bestäubung von etwa fünfzig Einzelpflanzen zum Einsatz. Teilweise wird dafür auch noch die Honigbiene in Drei-Waben-Kästen mit Weisel verwendet.

Zur Aufhebung der Selbstinkompatibilität bei der Rosenkohl-Hybridsaatgutproduktion wird Kohlendioxid eingesetzt. Bei einmaliger Anwendung hat es bis zu einer Konzentration von 6 % keine negativen Auswirkungen auf die Reproduktionsrate der Bienen.

Zwiebelsamenträger werden unter Isolierbedingungen auch von *Anthophora* sehr ungern oder nicht beflogen (SIEBECKE, 1986, mdl. Mitt.). Hierin besteht Übereinstimmung mit den in Gatersleben an *Osmia* durchgeführten Beobachtungen. Unterschiede bestehen jedoch in der Quantität der eingesetzten Bestäuber. Je vier *Osmia-rufa*-Männchen und -Weibchen bestäuben in den Kleingewächshäusern und Folienkabinen zehn Gemüsekohlpflanzen bzw. die später blühenden Arten.

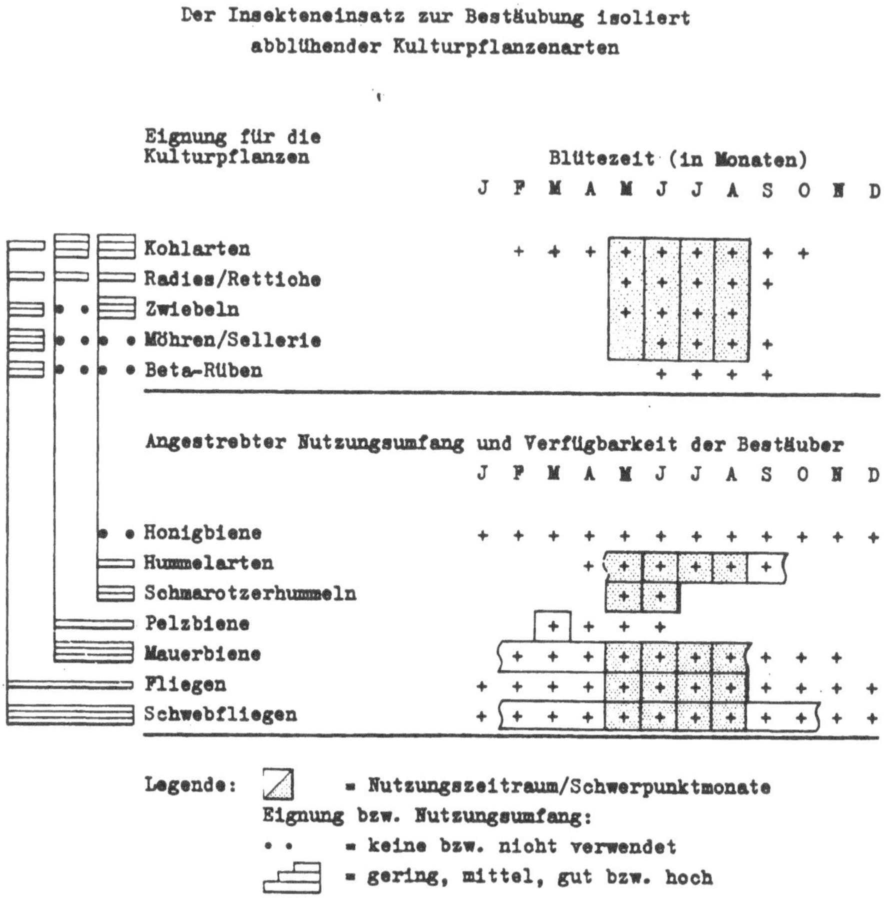

Abb. 12 Blütezeiten wichtiger entomophiler Kulturpflanzen und die Verfügbarkeit geeigneter Bestäuber

Mit Beginn der Möhren- und Zwiebelblüte werden etwa 50 Fliegenpuppen eingesetzt, während sich der Schwebfliegeneinsatz auf frisch geschlüpfte Imagines und Freilandfänge beschränkt.

Aus der gemeinsamen Kultur von Arten mit gestaffelten Blühterminen und verschiedenen Bestäubern in einem Kleingewächshaus ergibt sich die Notwendigkeit, die Insekten in zeitlicher Reihenfolge bzw. kombiniert einzusetzen. Unter Berücksichtigung der oben genannten Eigenschaften ergibt sich für den Einsatz der Tiere in den Kleingewächshäusern und Folienkabinen die in Abbildung 12 vereinfacht wiedergegebene Darstellung. Es wird deutlich, daß sich die verwendeten Hymenopteren unter Isolierbedingungen gut für die Bestäubung von Kreuzblütlern eignen, weniger für Zwiebeln und nicht für Doldenblütler. Dipteren besuchen hingegen die Blüten aller genannten entomophilen Pflanzen. Selbst auf Gänsefußgewächsen *(Beta)* sind sie zu beobachten.

Der Bereitstellungstermin wird bei univoltinen Arten gegebenenfalls durch Kühllagerung modifiziert *(Osmia)* und bei polyvoltinen (Calliphoridae und Syrphidae) durch einen rechtzeitigen Zuchtansatz geregelt. Die Samenträger jeder Kulturpflanzenart werden reichlich beflogen und von adäquaten Insekten zuverlässig bestäubt.

Zu den Vorteilen der diskontinuierlichen Anzuchten eines breiten Artenspektrums zählt die mit steigender Artenzahl abnehmende Gefahr der Vernichtung von Zuchtansätzen durch Krankheits- und Parasitenbefall. Auch die Anlockung und Vermehrung auf bestimmte Beute spezialisierter Episiten und Nahrungskonkurrenten ist kaum zu befürchten (Träger, 1986).

Nachteilig, aber kaum zu vermeiden, ist der hohe Arbeitsaufwand, mit dem die Betreuung der verschiedenen Zuchten verbunden ist. Das trifft in besonderem Maße für die Fliegen und Schwebfliegen zu. Bei der Fliegenanzucht muß die Abwanderung der verpuppungsreifen Larven unterbunden werden. Bei den Schwebfliegen ist an die Errichtung von Emergenzzelten über den Zuchtgefäßen gedacht, die das Entweichen der schlüpfenden Fliegen verhindern. In beiden Fällen sollen einfache Konstruktionen entwickelt werden, die den Verlust von Tiermaterial verhindern.

Die Frage nach der optimalen Besatzdichte mit geeigneten Insekten je Bestäubungseinheit bleibt noch offen. Vergleichende Untersuchungen zur Effektivität von Dipteren und Hymenopteren stehen ebenfalls aus.

Summary

The utilization of local insects (Hymenoptera and Diptera) as pollinators for crops in the Gatersleben genebank

The methods for obtaining an optimal seed set by using suitable insects as pollinators of important vegetable crops in the genebank, e.g. *Allium, Apium, Brassica, Daucus* and *Raphanus*, are described.

Small population size is characteristic for accessions maintained in the genebank. Different crop species are grown together in the isolation sites. Consequently, there are different flowering periods and the need for various pollinators. Problems exist concerning the availability and use of pollinators for those entomophilous crops.

High pollination rates can be secured by using insects differing in pollination activity and flower preference, i.e. bees and flies. From the order Hymenoptera *Apis mellifera* (L.), *Bombus* spp., *Psithyrus* spp., the solitary bees *Megachile rotundata* (F.), *Anthophora acervorum* (L.) and *Osmia rufa* (L.) were tested. The last species turned out to be the most effective pollinator. From the order of Diptera the family Calliphoridae, *Calliphora* sp. and *Lucilia* sp., and the family Syrphidae with several species from the subfamily Eristalinae were included into the study.

Rearing methods are described. Discontinuity in the rearing of several species guarantees a sufficient abundance of distinct pollinators, especially from June to August. In this way also damages caused by para- and episites can be minimized.

Краткое содержание

Использование местных перепончатокрылых и двукрылых насекомых для опыления культурных растений из гатерслебенского генного банка

Излагаются специфические методы для генных банков, обеспечивающие оптимальное образование семян у важных овощных культур из следующих родов: *Allium*, *Apium*, *Brassica*, *Daucus* и *Raphanus* путём использования пригодных для опыления насекомых. Для поддержки материала генного банка используются относительно малые популяционные величины. При этом совместно держат в изоляции культурные растения из различных таксонов. Это часто служит причиной пересечения времён цветения растений и заставляет вести поиск нескольких видов опылителей. Требование сочетания доступности с пригодностью этих опылителей для указанных насекомоопыляемых культурных растений создаёт определённые трудности.

Высокий эффект опыления обеспечивается применением насекомых с различными опылительными способностями, и имеющими склонность к различным видам цветов. Это насекомые из отряда Hymenoptera медоносные пчелы (*Apis mellifera* ⟨L.⟩), виды шмелей (*Bombus* spp.), паразитирующие шмели (*Psithyrus* spp.), виды солитарных пчёл (*Megachile rotundata* ⟨F.⟩, *Anthophora acervorum* ⟨L.⟩, однако в основном *Osmia rufa* ⟨L.⟩), и из отрядя Diptera Calliphoriden (*Lucilia* sp. и *Calliphora* sp.), а также журчалки (Syrphidae, Eristalinae, других несколько видов).

Даётся описание методов разведения. Периодическое разведение широкого спектра видов опылителей обеспечивает высокую потребность в них с июня по август месяц и восполняет потери, вызванные паразитами и эпизитами.

Literatur

AKERBERG, E., 1962: Excursions, final meeting and conclusions. – In: MITTLER, T. E. (ed.), Proc. first int. Symp. on Pollination, Copenhagen August 1960, pp. 211–213.

Anonymus, 1953: Das Institut für Kulturpflanzenforschung 1943–1952. – Kulturpflanze **1**, 7–52.

–, 1960: Das Institut im Jahre 1959. – Kulturpflanze **8**, 5–32.

–, 1984: Erste Durchführungsbestimmung zur Naturschutzverordnung – Schutz von Pflanzen- und Tierarten – (Artenschutzbestimmung). – Gesetzblatt der DDR Teil I Nr. 31, 381–386.

–, 1986(?): Hummelschutz „Modell Münden". – Schwegler (Firmenprospekt), 6 pp.

ARMBRUSTER, L., 1914: Probleme des Hummelstaates. – Biol. Centralbl. **34**, 685–707.

BÄHRMANN, R., 1984: Zur Komplexität der Oligopause, einer bei Insekten häufigen Dormanzform. – Biol. Zbl. **104**, 155–176.

BALDOVSKI, G., 1983: Unsere Wildbienen – ein Beitrag zu ihrer Erforschung in der östlichen Oberlausitz (Hymenoptera, *Apoidea partim*). – Abh. Ber. Naturkundemus. Görlitz **57** (5), 1–32.

BANGA, O., 1962: Möhre, *Daucus carota* L. In: KAPPERT, H. und W. RUDORF (Hrsg.), Handbuch der Pflanzenzüchtung. 2. Aufl. Bd. 6: Züchtung von Gemüse, Obst, Reben und Forstpflanzen. – Parey, Berlin – Hamburg, 1–22.

BARTH, F. C., 1982: Biologie einer Begegnung. Die Partnerschaft der Insekten und Blumen. – Dt. Verlagsanst. Stuttgart, 304 pp.

BASTIAN, O., 1986: Schwebfliegen. – Neue Brehm-Bücherei 576, Ziemsen, Wittenberg-Lutherstadt, 168 pp.

BATEMAN, A. J., 1947a, b: Contamination of seed crops. 1. Insect pollination. – J. Genet. **48**, 257–275; 3. Relation with isolation distance. – Heredity **1**, 303–336.

BATRA, S. W. T., 1984: Solitary bees. – Scientific American, **250** (2), 120–127.

BAUERMEISTER, CL.-D., 1982: Die medizinische Bedeutung der Fliegen in Mitteleuropa. – Diss. Inst. Med. Mikrobiol. u. Epidemol. d. Med. Akad. „Carl Gustav Carus" Dresden, 143 pp.

BECKER, TH., 1951: Siebenjährige blütenbiologische Studien an den Cruciferen *Brassica napus* L., *Brassica rapa* L., *Brassica oleracea* L., *Raphanus* L. und *Sinapis* L. 1. Teil. – Z. Pflanzenzücht. **29**, 222–240.

BECKER-DILLINGEN, J., 1943: Handbuch des gesamten Gemüsebaues. 4. Aufl. – Parey, Berlin, 874 pp.

BENECKE, N., 1978: Verhaltensökologische Studien an *Anthophora acervorum* (L.) und *A. quadrimaculata* (Pz.) (Hymenoptera, Apoidea) und erste Ergebnisse der wirtschaftlichen Nutzung von *A. acervorum* (L.) in geschlossenen Räumen. – Diplomarbeit MLU Halle – Wittenberg, 78 pp.

BERNDT, K.-P., 1969: Calliphoridenzucht ohne Geruchsbelästigung. – Angew. Parasitol. **10**, 233–236.

BHALLA, O. P., A. K. VERMA and H. S. DHALIWAL, 1983a: Foraging activity of insect pollinators visiting stone fruits. – J. Entomol. Res. **7** (1), 91–94.

–, – and –, 1983b: Insect visitors of mustard bloom (*Brassica campestris* var. *sarson*), their number and foraging behaviour under mid-hill conditions. – J. Entomol. Res. **7** (1), 15–17.

BLOMBERG, W., 1985: Einsatz von Honigbienen in Vermehrungskulturen. – Saat- u. Pflanzgut **26** (5), 78 pp.

BOHART, G. E., 1962: Introduction of foreign pollinators – prospects and problems. – In: MITTLER, T. E. (ed.), Proc. first int. Symp. on Pollination, Copenhagen August 1960, pp. 181–188.

BOMBOSCH, S., 1956: Einige Erfahrungen in der Zucht von Schwebfliegen (Diptera, Syrphiden). – Anz. Schädlingskd. **29**, 147–148.

BRAUNS, A., 1949: Die ökologische Bedeutung der Zweiflügler (Diptera). – Beitr. Naturkundemus. Nieders. **7** (3), 16–35.

CHINERY, M., 1976: Insekten Mitteleuropas. Ein Taschenbuch für Zoologen und Naturfreunde. Übers. u. bearb. I. u. D. JUNG, 1. Aufl. – Parey, Hamburg – Berlin, 389 pp.

CURRAH, L. and D. J. OCKENDORN, 1984: Pollination activity by blowflies and honey bees on onions in breeders' cages. – Ann. appl. Biol. **105**, 167–176.

DENFFER, D. v., FR. EHRENDORFER, K. MÄGDEFRAU und H. ZIEGLER, 1978: Lehrbuch der Botanik für Hochschulen. Begr. von E. STRASBURGER, F. NOLL, H. SCHENCK, A. F. SCHIMPER. 31. neubearb. Aufl., – VEB Fischer, Jena, 1078 pp.

DÖTTLINGER, S., 1965: Einrichtungen zur experimentellen Hummelhaltung. – Verh. Zool.-Bot. Ges. Wien **105/106**, 70–93.

DORN, M., 1977: Ergebnisse faunistisch-ökologischer Untersuchungen an solitären Apoidea (Hymenoptera) im Botanischen Garten der Martin-Luther-Universität Halle (Saale). 1. Teil. – Hercynia N. F. **14**, 196–211.

–, 1982: Zur Rolle der Wildbienen bei der Erhaltung und Nutzung des Genreservoirs pflanzenzüchterisch bedeutsamer Florenelemente. In: SCHLOSSER, S. (Bearb.), Genressourcen für Forschung und Nutzung. – Naturschutzarb. Halle, Magdeb. **19** (Beih.), pp. 90–96.

–, 1983: Zur Ökologie der Wildbienen (Apoidea, Hymenoptera) und ihre wirtschaftliche Bedeutung in der DDR. – Diss. B MLU Halle, 254 pp.

– und D. WEBER, 1978: Zur Bedeutung der Solitärbienen für die Saatgutproduktion. – Saat- und Pflanzgut **19** (9), pp. 140–143.

– und –, 1988: Die Luzerne-Blattschneiderbiene. – Neue Brehm-Bücherei 582, Ziemsen Wittenberg - Lutherstadt, 110 pp.

–, N. BENECKE, und D. WEBER, 1978: Der Einsatz von Solitärbienen für eine gezielte Bestäubung landwirtschaftlicher Nutzpflanzen unter Berücksichtigung anthropogener Störgrößen. – Teilbericht MLU Halle-Wittenberg, 57 pp.

–, P. H. SCHNITTER, B. TRÄGER und D. WEBER, 1985: Vortragsreihe auf der 1. Arbeitstagung „Nutzung von Wildbestäubern in Gewächshäusern und Isolierkabinen". – MLU Halle-Wittenberg, unveröff. Beitr.

DRILLING, G., 1986: Information über staatliche Standards für Saat- und Pflanzgut. – Saat- und Pflanzgut **27** (7), 94–95.

DUNGER, W., 1974: Tiere im Boden, 2. Aufl. – Neue Brehm-Bücherei 327, Ziemsen, Wittenberg-Lutherstadt, 265 pp.

EICHLER, W., 1952: Die Tierwelt der Gewächshäuser. – Akad. Verlagsges. Geest und Portig, Leipzig, 93 pp.

ESCHERICH, K., 1942: Die Forstinsekten Mitteleuropas. 5. Band: Hymenoptera und Diptera. – Parey, Berlin, 746 pp.

FAEGRI, K. and L. VAN DER PIJL, 1979: The principles of pollination ecology. 3rd ed. – Pergamon Press, Oxford, 244 pp.

FAULKNER, G. J., 1962: Blow flies as pollinators of *Brassica* crops. – Commercial Grower **3457** (6), 807–809.

–, 1978: The effect of insect behaviour on hybrid seed production of Brussels sprouts. In: RICHARDS, A. J. (ed.), The pollination of flowers by insects. – Linn. Soc. Symp. Ser. 6, Acad. Press London, pp. 201–202.

– and J. C. JACKSON, 1981a: The effect of plant spacing on the seed yield of winter cabbage grown in a polythene tunnel. – Cruciferae Newsletter **6**, 30–31.

– and –, 1981b: A new method of field-scale seed production of spring cabbage in the U. K. – Cruciferae Newsletter **6**, 32–34.

FLEISCHMANN, S. und H. HENNIG, 1982: Untersuchungen zur Haltung und zum Einsatz von Hummeln (*Bombus* spp.) als Bestäuber in geschlossenen Räumen und im Freiland zur Saatgutproduktion. – Diplomarbeit MLU Halle – Wittenberg, 67 pp.

FRANKEL, R. and E. GALUN, 1977: Pollination mechanisms, reproduction and plant breeding. – Springer, Berlin – Heidelberg – New York, 281 pp.

FREE, J. B., 1970: Insect pollination of crops. – Academic Press, London – New York, 544 pp.

– and I. H. WILLIAMS, 1970: Preliminary investigations on the occupation of artificial nests by *Osmia rufa* L. (Hymenoptera, Megachilidae). – J. Appl. Ecol. **7**, 559–566.

– and –, 1983: Foraging behaviour of honey bees and bumble bees on Brussels sprout grown to produce hybrid seed. – J. Apicult. Res. **22**, 94–97. (Zit. nach: Rothamsted Rep. 1983, Part. 1: Crop protection division.)

FRIDEN, F., 1966: Some studies on bumble bees in captivity. – 2. Int. Symp. on Pollination, 1964. Bee World **47** (1) Suppl., 151–166.

FRIESE, H., 1922: Die europäischen Bienen. Das Leben und Wirken unserer Blumenwespen. – Walter de Gruyter Cie., Berlin und Leipzig, 456pp.

GABRIEL, C. D., 1963: Faunistische und ökologische Beobachtungen an Schwebfliegen Mecklenburgs. – Arch. Nat. Mecklenburgs **10**, 5–30.

GREENBERG, B., 1973: Flies and disease. Vol. 1: Ecology, classification and biotic associations; Vol. 2: Biology and disease transmission. – Princeton Univ. Press, 856 + 447 pp.

GRIMM, G., 1983: Ein Tropfen Nektar. 3. Aufl. – Dt. Landw. Verlag, Berlin, 191 pp.

GROSSER, N. und J. KLAPPERSTÜCK, 1977: Ökologische Untersuchungen an Syrphiden zweier Agrobiozönosen. – Hercynia N. F. Leipzig **14** (2), 124–144.

GUTSCHE, W., E. SCHWARZ, I. SCHALLDACH, M. KAHL, K. GROBE und E. KÄHLER, 1985: Christian Reichart 1685–1775. Pionier und Förderer des Erfurter Erwerbsgartenbaues. – Veröff. Naturkundemus. Erfurt, Sonderh. aus Anlaß des 300. Geburtst. v. Chr. Reichart, 96 pp.

HASSELROT, T. B., 1952: A new method for starting bumble bee colonies. – Agron. J. **44**, 218–219.

–, 1953: Künstliche Aufzucht von Hummeln. – Schweizer. Landw. Monatsh. **31**, 94–100.

–, 1960: Studies on Swedish bumble bees (Genus *Bombus* LATR.). – Ent. Sällskapet 1, Lund, 203 pp.

HENNIG, W., 1952: Die Larvenformen der Dipteren. 3. Teil. – Akademie-Verlag, Berlin, 628 pp.

HOLM, S. N., 1962: Experiments on the domestication of bumble bees. In: MITTLER, T. E. (ed.), Proc. first int. Symp. on Pollination, Copenhagen August 1960, pp. 121–125.

–, 1973: *Osmia rufa* L. (Hym., Megachilidae) as a pollinator of plants in greenhouses. – Ent. Scand. **4**, 217–224.

–, 1982: Management of *Megachile rotundata* for pollination of seed crops in Denmark. – Proc. first int. Symp. on alfalfa leafcutting bee management, August 16–18, 1982, Univ. of Saskatchewan Saskatoon, Canada, pp. 223–233.

–, 1984: Introduction and propagation of the leafcutting bee *(Megachile rotundata)* in Denmark. – Symp. int. sur la Pollinisation, Versailles, 27–30 Septembre 1983, Ed. INRA Publ., pp. 455–460.

–, 1986: Bestovning af tomater med lucernebladskaerebier. – Gartner Tidende **8**, 254–255.

– and KR. KRISTJANSSON, 1986: Selection of leaf cutter bees for lucerne and white clover pollination. – Roy. Veter. Agric. Univ., Inst. Crop Husb. Plant Breed., Res. and educ. activities 1985–1987, Taastrup, p. 24.

–, RAHMANN, M. H., STOLEN, O. and H. SORENSEN, 1985: Studies on pollination requirements in rapeseed *(Brassica campestris)*. In: SORENSEN, H. (ed.), Advances in the Production and Utilization of Cruciferous Crops. – Proc. Seminar C. E. C. Progr. Res. Plant Protein Improv., Copenhagen, 11–13 Sept. 1984, M. Nijhoff, W. Junk Publ., Dordrecht – Boston – Lancaster, pp. 245–253.

IGLISCH, I., 1984: Zur Haltung, Erhaltung und Massenhaltung von Anthropoden im Hygienebereich. – Angew. Zool. **4**, 463–488.

JACOBS, W. und F. SEIDEL, 1975: Systematische Zoologie: Insekten. – Wörterbücher der Biologie, VEB Fischer, Jena, 377 pp.

JONES, H. A., 1932: Vegetable breeding at the University of California. – Proc. Am. Soc. Hort. Sci. **29**, 572–581.

KAY, Q. O. N., 1978: The role of preferential and assortative pollination in the maintenance of flower colour polymorphisms. In: RICHARDS, A. J. (ed.), The pollination of flowers by insects. – Linn. Soc. Symp. Ser. No. 6, Acad. Press London, pp. 175–190.

KENNETH, W. C., 1985: Asymmetrical marking of bees of the family Megachilidae by certain species of *Lotus*: Complementation of flower asymmetry and bee behaviour. – Lotus Newsletter **16**, 51–53.

KEVAN, P. G. and M. A. LANE, 1985: Flower petal microtexture is a tactile cue for bees. – Proc. Natl. Acad. Sci. USA **82** (14), 4750–4752.

KNUTH, P., 1898: Handbuch der Blütenbiologie. 2. Band: Die bisher in Europa und im arktischen Gebiet gemachten blütenbiologischen Beobachtungen. 1. Teil: Ranunculaceae bis Compositae. – Verlag W. Engelmann, Leipzig, 697 pp.

KOBAYASHI, M., 1974: Utilization of insect on garden cropping. (sic!) – JARQ **8** (2), 92–95.

–, 1979: A study on multiplication and utilization of insects pollinating horticultural crops. – Bull. Iwate Horticult. Exp. Sta. Spec. Issue No. **1**, March 1979, 167 pp.

KRAAI, A., 1954: The use of honey bees and bumble bees in breeding work. – Euphytica **3**, 97–107.

KRETSCHMANN, K., 1986: Wohnraum für Wildbienen. Insektenschutz im Garten. – Wochenpost Nr. **15**, p. 16.

KRÜGER, F., 1926: Biologie und Morphologie einiger Syrphidenlarven. – Z. Morphol. u. Ökol. Tiere **6**, 83–149.

KUCKUCK, H. und G. KOBABE, 1962: Küchenzwiebel, *Allium cepa* L. In: KAPPERT, H., und W. RUDORF (Hrsg.), Handbuch der Pflanzenzüchtung. 2. Aufl. Bd. **6**: Züchtung von Gemüse, Obst, Reben und Forstpflanzen. – Parey, Berlin, pp. 270–312.

KUGLER, H., 1930–1942: Blütenökologische Untersuchungen mit Hummeln (1–10). –
(1) Planta **10** (1930) 229–280.
(2) Ber. Dt. Bot. Ges. **49** (1931) 424–432.
(3/4) Planta **16** (1932) 227–276 u. 534–553.
(5/6) Planta **19** (1933) 279–298 u. 781–789.
(7) Planta **23** (1935) 692–714.
(8) Planta **25** (1936) 346–363.
(9) Planta **29** (1939) 47–66.
(10) Planta **32** (1941/42) 268–285.

–, 1950: Der Blütenbesuch der Schlammfliege *(Eristalomyia tenax)*. – Z. vergl. Physiol. **32**, 328–347.

–, 1951: Blütenökologische Untersuchungen mit Goldfliegen (Lucilien). – Ber. Dt. Bot. Ges. **64**, 327–341.

–, 1956: Über die optische Wirkung von Fliegenblumen auf Fliegen. – Ber. Dt. Bot. Ges. **79**, 387–398.

–, 1970: Blütenökologie. – VEB Fischer, Jena, 345 pp.

LANGRIDGE, D. F. and R. D. GOODMAN, 1982: Honey bee pollination of oilseed rape *(Brassica napus)* cultivar Midas. – Austral. J. Exp. Agric. Anim. Husb. **22** (114/115), 124–126.

LEHMANN, CHR. O., 1972: Das Kulturpflanzenweltsortiment des Zentralinstituts für Genetik und Kulturpflanzenforschung in Gatersleben, ein Genreservoir für die Pflanzenzüchtung in der DDR. – Arch. Zücht.-Forsch. **2**, 109–127.

–, 1977: Genetische Ressourcen der Kulturpflanzen. Das Kulturpflanzenweltsortiment in Gatersleben. – Wiss. u. Fortschr. **27** (3), 130–135.

MAETA, Y., 1978: Comparative studies on the biology of the bees of the genus *Osmia* of Japan, with special reference to their managements for pollination of crops (Hymenoptera: Megachilidae). – Tohoku Nat. Agr. Exp. Sta. Bull. **57**, 209 pp.

MARTINI, E., 1952: Lehrbuch der medizinischen Entomologie. 4. Aufl. – VEB Fischer, Jena, 694 pp.

MEDLER, J. T., 1962: Effectiveness of domicils for bumble bees. In: MITTLER, T. E. (ed.), Proc. first int. Symp. on Pollination, Copenhagen August 1960, pp. 126–133.

MILLER, PH., 1769–1776: Allgemeines Gärtner-Lexicon (1–4). 8. Ausg., a. d. Engl. übers.; 1. Theil. – Verl. J. A. Lochner/Felßeckerische Buchh., Nürnberg, 966 pp.

MÜLLER, H. J., 1985: Bestimmung wirbelloser Tiere im Gelände. – VEB Fischer, Jena, 280 pp.

MÜLLER, J., 1986: In Europa verfügbare Nutzorganismen zur biologischen Schädlingsbekämpfung. – Wiss. Nachr., Biol. Rdsch. **24** (2), 143–145.

MÜLLER, W., 1973: Bericht über die Arbeiten zur Adaptation der Blattschneiderbiene *Megachile rotundata*. – Unveröff. Bericht, Auszüge, 14 pp. (rsp. Abschr., 11 pp.)

–, 1986: 28 Hummelarten in Europa. – Garten u. Kleintierzucht, Ausg. A, **25** (10), 7.

NOWAK, E., 1983: Brummendes Dienstvolk. – Magazin **6**, 35–36.

OEHLKE, J., 1978: Hymenoptera – Hautflügler. In: STRESEMANN, E. (Hrsg.), Exkursionsfauna für die Gebiete der DDR und der BRD. 4 Bde., 2/1: Wirbellose. Insekten. – Volk und Wissen, Berlin, pp. 398–463.

OHSAWA, R. and H. NAMAI, 1984: Using insect pollinators improves seed yield in *Brassica juncea* under isolation cages. – Cruciferae Newsletter **9**, 42–43.

– and –, 1985: Advantageous effect of insect pollinators on the number of pollen deposited on stigma and seed yield in *Brassica juncea* under isolation cages. – Cruciferae Newsletter **10**, 144–145.

OLADIMEJI, A. A. and J. W. WADE, 1984: Effects of effluents from a sewage treatment plant on aquatic organisms. – Water Air Soil Pollut. **23** (3), 309–316.

PARKER, F. D., 1985: A candidate legume pollinator, *Osmia sanrafaelae* PARKER (Hymenoptera: Megachilidae). – J. Apicult. Res. **24** (2), 132–136.

–, 1986: Field studies with *Osmia sanrafaelae* PARKER, a pollinator of alfalfa (Hymenoptera: Megachilidae). – J. Ent. **79** (2), 384–386.

PICK, W., 1929: Tierische Parasiten der Haut. In: JADASSOHN, J. (Hrsg.), Handbuch der Haut- und Geschlechtskrankheiten. 31 Bde., **9**. Bd., 1. Teil – Springer, Berlin, pp. 466–592.

PRITSCH, G., 1970: Untersuchungen über die Bedeutung der Honigbienen (*Apis mellifica* L.) bei der Sicherung der Samenerträge der Winterwicken (*Vicia villosa* ROTH). – Arch. Geflügelz. Kleintierk. **19** (3), 133–153.

PROCTOR, M. and P. YEO, 1975: The pollination of flowers. 2nd ed. – New Naturalist, Collins, London, 418 pp.

QUAGLIOTTI, L., 1982: Problemes of pollination in seed regeneration of cross-pollinated vegetables. In: PORCEDDU, E. and G. JENKINS (eds.), Seed regeneration in cross-pollinated species. – Proc. C. E. C./EUCARPIA Seminar Nyborg, Denmark, 15–17 July 1981, A. A. Balkema, Rotterdam, pp. 191–201.

RAW, A., 1972: The biology of the solitary bee *Osmia rufa* (L.) (Megachilidae). – Trans. R. Ent. Soc. London **124** (3), 213–229.

REICHART, CHR., 1765–1774: Land- und Gartenschatz. Teile 1–6 nebst Anh., 3. Aufl. – Verl. H. R. Nonne, Univ. Buchdr. Erfurt, 230, 224, 234, 254, 236, 279 und 152 pp.

SACK, P., 1930: Schwebfliegen oder Syrphidae. In: DAHL, FR., Die Tierwelt Deutschlands. 20. Teil: Zweiflügler oder Diptera. 4. Syrphidae – Conopidae. – Fischer, Jena, 118 pp.

SCHNEIDER, P. und R. A. ZELL, 1984: Die unterschätzten Bestäubungs-Spezialisten. – Bild d. Wiss. **8**, 48–54.

SCHNITTER, P. H., 1986: Ökophysiologische Untersuchungen an ausgewählten Solitärbienenarten im Hinblick auf ihre wirtschaftliche Nutzung. – Diplomarbeit MLU Halle – Wittenberg, 97 pp.

SCHUMANN, H., 1971: Die Gattung *Lucilia* (Goldfliegen). – Merkblätter über angewandte Parasitenkunde und Schädlingsbekämpfung. Nr. 18. (Beilage, Angew. Parasitol.) **12** (4), 20 pp.

–, 1978: Ordnung Diptera – Zweiflügler. In: Autorenkollektiv, Urania Tierreich in sechs Bänden. 4. Aufl. Bd. **3**: Insekten. – Urania Verlag, Leipzig – Jena – Berlin, pp. 419–506.

SEDLAG, U., 1980: Wunderbare Welt der Insekten. 2. Aufl. – Urania Verlag, Leipzig – Jena – Berlin, 216 pp.

SKORUPSKA, H., NAWRACALA, J., and Z. WILKANIEC, 1985: Studies on the effect of *Osmia rufa* L. (Apoidea, Megachilidae) on the effectiveness of pod and seed development in the subgenus *Glycine*. – Acta Soc. Bot. Poloniae **54** (3), 217–222.

SMITH, B. M. and C. MEE, 1984: Seed multiplication of Brussels sprout inbred lines. – Z. Pflanzenzücht. **92** (3), 259–262.

SÖRGEL, U., 1972: Erfahrung mit der Aufzucht von Hummeln zur Bestäubung von fremdbefruchtenden Arten im Kulturpflanzenweltsortiment des Zentralinstituts für Genetik und Kulturpflanzenforschung. – Belegarbeit, 25 pp.

SPILLER, D., 1966: House flies. Chapter 14. In: SMITH, C. N. (ed.), Insect colonization and mass production.–Acad. Press New. York, London, pp. 203–225.
STEIN, G., 1956: Beiträge zur Biologie der Hummel (*B. terrestris* L., *B. lapidarius* L. u. a.). – Zool. Jahrb. **84**, 439–462.
STEINER, G., 1944: In: Die Umschau, Januar 1944 (zit. nach BRAUNS, 1949).
STOLLAR, S., 1968: Beitrag zur Ökologie und Prognose von Schwebfliegen (Diptera, Syrphidae). – Abh. Ber. Naturkundemus. Görlitz **44** (2), 147–163.
STUBBE, H., 1982: Geschichte des Instituts für Kulturpflanzenforschung Gatersleben der Deutschen Akademie der Wissenschaften zu Berlin (1943–1968). – Akademie-Verlag, Berlin, 428 pp.
TASEI, J.-N., 1972: Observations preliminaires sur la biologie d'*Osmia (Chalcosmia) coerulescens* L. (Hymenoptera, Megachilidae), pollinisatrice de la luzerne (*Medicago sativa* L.). – Apidologie **3** (2), 149–165.
–, 1973a: Le comportement de nidification chez *Osmia (Osmia) cornuta* LATR. et *Osmia (Osmia) rufa* L. (Hymenoptera, Megachilidae). – Apidologie **4** (3), 195–225.
–, 1973b: Observations sur le developpement d'*Osmia cornuta* LATR. et *Osmia rufa* L. (Hymenoptera, Megachilidae). – Apidologie **4** (4), 295–315.
TEPEDINO, V. J., 1983: An open field test of *Megachile rotundata* as a potential pollinator in hybrid carrot seed fields. – J. Apicult. Res. **22** (1), 64–68.
TRÄGER, B., 1985: Untersuchungen zur Biologie von *Lucilia* spp. (Goldfliegen) und ihre Verwendbarkeit als Bestäuber von *Daucus carota* L. in Isolierkabinen (Ergebnisse eines Einsatzes im Betriebspraktikum). – Unveröff. Bericht MLU Halle – Wittenberg u. IfZ Quedlinburg Abt. Gemüsezüchtung Naumburg, 51 pp.
–, 1986: Untersuchungen zur Autökologie und Entwicklungsbiologie von *Lucilia sericata* (MEIGEN, 1826) (Diptera, Calliphoridae) in Vorbereitung des Einsatzes zur Bestäubung von Kulturpflanzen (Umbelliferen). – Diplomarbeit MLU Halle – Wittenberg, 76 pp.
WARZECHA, M., 1983: Eine Methode zur Aufzucht von Hummelvölkern. – Unveröff. Reakt. auf den Artikel von NOWAK, E. (1983); Zusendung auf Anfrage, 2 pp.
WEISS, D., 1976: Untersuchungen zum Einsatz einheimischer solitärer Apoidea für die Bestäubung von Nutzpflanzen in der Saatgutproduktion und Pflanzenzüchtung. – Diplomarbeit MLU Halle – Wittenberg, 246 pp.
WIERING, D., 1964: The use of insects for pollinating *Brassica* crops in small isolation cages. – Euphytica **13**, 24–28.
WÜST, E., 1984: Computer-Blüten. – Bild d. Wiss. **2**, 20–21.
WYNIGER, R., 1974: Insektenzucht. Methoden der Zucht und Haltung von Insekten und Milben im Laboratorium. – Ulmer, Stuttgart, 368 pp.
YAMADA, M., K. KAWASHIMA and H. AIZU, 1984: Population dynamics of the horn faced bee, *Osmia cornifrons* RADOSZKOWSKI, with a special reference to the population management. – Bull. Aomori Apple Exp. Sta. **21**, 23–92.
ZAHRADNIK, J., 1985: Hautflügler. – Artia Verlag, Prag, 191 pp.

Dipl.-Biol. TH. GLADIS
Zentralinstitut für Genetik und Kulturpflanzenforschung
der Akademie der Wissenschaften der DDR
Corrensstraße 3
Gatersleben
DDR - 4325

II. Originalarbeiten und Dokumentation
(Original Papers and Documentation)

Kulturpflanze 37 · 1989 · 129–132

A wild race of *Phaseolus vulgaris* L. as a new source of phaseolin variation

LUCIA LIOI[1] and KARL HAMMER

(Eingegangen am 9. Februar 1989)

Summary

A wild race of *Phaseolus vulgaris* from Mexico exhibited a phaseolin pattern very similar to that of *Phaseolus coccineus*. Most likely, this accession resulted from introgression of *Ph. coccineus* into *Ph. vulgaris*. The greater variation with respect to phaseolin in wild races of the common bean is confirmed. Wild material can be considered as a useful source for breeding purposes.

Introduction

Electrophoretic analyses of seed storage proteins have been successfully utilized for taxonomic, evolutionary, and identification studies in various plant species. In particular, the analyses of variation in the electrophoretic patterns of phaseolin, the major storage protein of common bean (*Phaseolus vulgaris* L.), have confirmed the finding of EVANS (1976), that independent centers of domestication occured in Middle America and in the Andean region of South America (GEPTS et al. 1986).

Only a small part of the large variation existing in nature has become fixed within modern cultivars; in fact, wild-growing forms of common bean exhibited a greater variation in phaseolin patterns (GEPTS et al. 1986) in comparison to cultivated material (BROWN et al. 1982). The analysis of phaseolin variation in wild accessions of *Ph. vulgaris* from Mexico revealed the presence of a phaseolin pattern in the seeds not yet found in cultivated races and similar to the phaseolin pattern typical for *Phaseolus coccineus* L. (GEPTS et al. 1986, LIOI 1989). In order to clarify the exact taxonomic position of this wild material, a comparative study was conducted concerning the electrophoretic patterns of some wild and cultivated common beans.

Material and Methods

Seeds of a wild Mexican accession (G2271) were obtained from CIAT, Cali, Colombia; cultivated bean accessions were taken from the collection of the Germplasm Institute, CNR, Bari, Italy. Total seed proteins were extracted with borate buffer 0.02 M pH 9.0.

[1] Germplasm Institute, CNR, Via Amendola 165/A, Bari, Italy

The extracts were mixed with denaturating buffer (20 mM Tris-HCl pH 8.6, containing 1 % SDS, 0.3 % 2-mercaptoethanol, and 8.3 % glycerol), and after denaturation used for electrophoresis. One dimensional sodium dodecyl sulphate-polyacrylamide gel electrophoresis (SDS-PAGE) was performed following the procedure described by LAEMMLI (1970), using 15 % polyacrylamide gel slab overlaid with a 4.5 % stacking gel.

Results and discussion

As shown in fig. 1, a wild bean from Mexico with the accession number G2771 (lane 1) exhibited a 1-dimensional phaseolin pattern very similar to that of cultivated *Ph. coccineus* (lane 2). The two phaseolins had slightly different molecular weights, but the wild material showed epigeal germination, introrse stigma position in the flowers, and other characters typical for *Ph. vulgaris*. In lane 3 (fig. 1) the normal 'T' phaseolin banding type of cultivated *Ph. vulgaris* is shown, only for comparison. Other phaseolin banding patterns from wild and cultivated material have been reported by GEPTS et al. (1986).

This finding reinforces the hypothesis reported by HUCL and SCOLES (1985) that wild growing biotypes of *Ph. vulgaris* and *Ph. coccineus* intercross readily

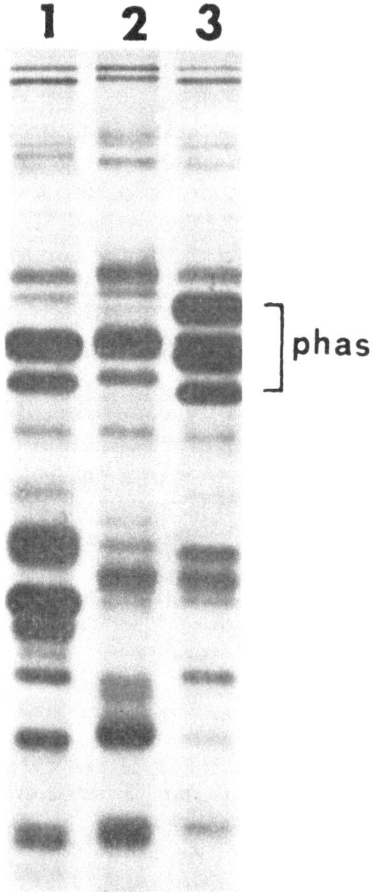

Fig. 1 SDS-PAGE of total proteins extracted from *Phaseolus* seeds comparing phaseolin (phas) patterns–lane 1: wild *Ph. vulgaris*, G2771: lane 2: *Ph. coccineus*, lane 3: 'T' type phaseolin from *Ph. vulgaris*

and reciprocally under natural conditions in Mexico. In domesticated races, crosses result in partially fertile interspecific hybrids (SMARTT and HAQ 1972), allowing the transfer of genes; in fact, as suggested by SMARTT (1985), both species can be considered as the secondary gene pool of each other. As there are only a few cases for demonstrating the building up of stronger crossing barriers in the course of domestication (HAMMER 1984), the different situation in wild and domesticated races of *Ph. vulgaris* and *Ph. coccineus* can serve as an interesting example.

Phaseolin coding genes are closely linked and inherited in a block as a single Mendelian gene with alleles codominant (POLIGNANO and LIOI 1985). When analysing phaseolin of F1 hybrids from crosses between *Ph. vulgaris* × *Ph. coccineus* intermediate patterns were detected, that segregate in the F2 generation with an expected 1:2:1 ratio (seeds provided by Dr. ALLAVENA, Italy; data not shown).

In nature, spontaneous hybridizations could have resulted in genotypes of *Ph. vulgaris* with introgressed genes from *Ph. coccineus*, such as those coding for phaseolin. Then, part of the variation for phaseolin present in wild *Ph. vulgaris* could be due to natural interspecific hybridization.

Zusammenfassung

Eine Wildsippe von *Phaseolus vulgaris* L. aus Mexiko als neue Quelle für Phaseolin-Variabilität

Eine Wildsippe von *Phaseolus vulgaris* aus Mexiko zeigte ein Phaseolin-Muster, das dem von *Phaseolus coccineus* sehr ähnlich ist. Diese Sippe ist sehr wahrscheinlich das Ergebnis einer Introgression von *Ph. coccineus* in *Ph. vulgaris*. Bei Wildsippen der Gartenbohne wird eine größere Variationsbreite hinsichtlich des Phaseolin-Musters bestätigt. Wildsippen können als nützliches Ausgangsmaterial für Züchtungszwecke eingeschätzt werden.

Краткое содержание

Дикорастущий таксон *Phaseolus vulgaris* из Мексики как новый источник вариабельности фазеолина

Дикорастущий таксон *Phaseolus vulgaris* из Мексики имел схожий узор фазеолина с узором *Phaseolus coccineus*. Этот таксон вероятно представляет собой результат интрогрессии *Ph. coccineus* в *Ph. vulgaris*. У дикорастущих таксонов фасоли обыкновенной была подтверждена более широкая вариабельность по отношению к узорам фазеолина. Дикорастущие таксоны оцениваются как полезный исходный материал для селекционных целей.

Acknowledgements

The authors wish to thank Dr. A. ALLAVENA, and Dr. B. CAMPION, Istituto Orticoltura, MAF, Montanaso Lombardo, Italy, for helpful discussions and for providing seeds of parental, F1, F2, and following generations from *Ph. vulgaris* × *Ph. coccineus* crosses as well as the reciprocal ones.

Literature

BROWN, J. W. S., J. R. MCFERSON, F. A. BLISS and T. C. HALL, 1982: Genetic divergence among commercial classes of *Phaseolus vulgaris* in relation to phaseolin pattern. – Hort. Science **17**, 752–754.

EVANS, A. M., 1976: Beans. *Phaseolus* spp. (Leguminosae-Papilionatae), p. 168–172. In: SIMMONDS, N. W. (ed.), Evolution in Crop Plants. – Longman, London.

GEPTS, P., T. C. OSBORN, K. RASHKA and F. A. BLISS, 1986: Phaseolin-protein variability in wild forms and landraces of the common bean (*Phaseolus vulgaris*): evidence for multiple centers of domestication. – Econ. Bot. **40**, 451–468.

HAMMER, K., 1984: Das Domestikationssyndrom. – Kulturpflanze **32**, 11–34.

HUCL, P. and G. J. SCOLES, 1985: Interspecific hybridization in the common bean: a review. – Hort. Science **20**, 352–257.

LAEMMLI, U. K., 1970: Cleavage of structural proteins during the assembly of the head of bacteriophage T4. – Nature **277**, 680–685.

LIOI, L., 1989: Geographical variation of phaseolin patterns in an old world collection of *Phaseolus vulgaris*. – Seed Sci. Technol. **17**, 317–324.

POLIGNANO, G. B. and L. LIOI, 1985: Genetic analysis in polypeptide subunits of phaseolin, the major storage protein of *Phaseolus vulgaris* L. – Genet. Agrar. **39**, 211-220.

SMARTT, J., 1985: Evolution of grain legumes. IV. Pulses in the genus *Phaseolus*. – Expl. Agric. **21**, 193–207.

– and N. HAQ, 1972: Fertility and segregation of the amphidiploid *Phaseolus vulgaris* L. × *Ph. coccineus* L. and its behaviour in backcrosses. – Euphytica **21**, 495–501.

Dr. K. HAMMER
Zentralinstitut für Genetik und Kulturpflanzenforschung
der Akademie der Wissenschaften der DDR
Corrensstraße 3
Gatersleben
DDR - 4325

Kulturpflanze 37 · 1989 · 133–143

Zur Nutzung von *Allium*-Wildarten der mongolischen Flora

Ergebnisse der Mongolisch-Deutschen Biologischen Expeditionen seit 1962, Nr. 201

Činbatyn Sančir[1], Klaus Pistrick und Peter Hanelt

(Eingegangen am 11. Januar 1989)

Zusammenfassung

Allium-Arten gehören zu den regelmäßig und traditionell von der mongolischen Bevölkerung genutzten Wildpflanzen, die vor allem als Würzmittel für die sonst vorzugsweise auf tierischen Produkten beruhende Kost dienen. Besondere Bedeutung haben dabei *A. altaicum, A. victorialis* und *A. ramosum*, bei denen die Sammlung von Zwiebeln bzw. oberirdischer Pflanzenteile nicht nur für den individuellen Bedarf, sondern auch für die Marktversorgung erfolgt. Als Ausgangsmaterial zur Herstellung eines Winterkraftfutters sind *A. polyrrhizum* und *A. mongolicum* in den Halbwüstengebieten der MVR von hohem wirtschaftlichem Wert. Bei einigen Arten *(A. altaicum, A. macrostemon)* hat die intensive Nutzung zur Verringerung der natürlichen Bestände geführt.

Einleitung

Die Ernährung der Bevölkerung der Mongolischen Volksrepublik beruht seit jeher entsprechend den natürlichen Bedingungen des Landes, die vorzugsweise eine auf Viehzucht konzentrierte Landwirtschaft ermöglichen, auf Fleisch und Milch und daraus hergestellten Produkten. Das gilt auch heute noch, obwohl in den Städten und größeren Ortschaften durch ein breiteres Nahrungsmittelangebot eine gewisse Angleichung an europäische Konsumgewohnheiten stattgefunden hat und auf pflanzlichen Rohstoffen beruhende Lebensmittel jetzt eine größere Rolle für die Ernährung spielen als früher. Diese Tendenz kommt u. a. in dem sinkenden jährlichen Fleischverbrauch pro Kopf der Bevölkerung zum Ausdruck, der für die erste Hälfte der 40er Jahre noch mit ungefähr 140 kg (Thiel 1958), für 1964/66 mit 110,2 kg (FAO Production Yearbook 1972) und für 1986 mit 89,2 kg (Statistisches Jahrbuch der DDR 1988) angegeben wird. Trotzdem sind die Unterschiede in der Ernährung zwischen der MVR und europäischen Ländern weiterhin beträchtlich. Nach Berechnungen der Angaben des Statistischen Jahrbuchs der DDR (1988) beträgt z. B. das Verhältnis des jährlichen Pro-Kopf-Verbrauchs an Fleisch- und Fleischprodukten zu Nahrungsmitteln auf Pflanzenbasis (pflanzliche Fette, Zucker- und Zuckerprodukte, Mehl

[1] Institut für Botanik der AdW der MVR, Ulan-Bator 51, Mongolische VR

und Getreide-Nährmittel und daraus gewonnene Produkte sowie Kartoffeln, jedoch nicht Gemüse und Obst) für die MVR 1:1,72 und für die europäischen Länder des RGW-Bereichs (DDR, Bulgarien, Polen, ČSSR, Ungarn, UdSSR) 1:3,99. Bei Berücksichtigung des Verzehrs an Obst und Gemüse wäre diese Differenz noch wesentlich stärker ausgeprägt: 1964/66 betrug das Verhältnis von jährlichem Pro-Kopf-Verbrauch an Gemüse und Obst zu dem von Fleisch und Fleischprodukten in der MVR 1:6,6 und in der DDR 1:0,48 (ermittelt aus FAO Production Yearbook 1972)!

Trotz des bevorzugten Verzehrs von Produkten der Viehhaltung werden traditionell Pflanzen der mongolischen Wildflora als Beilagen und Würzmittel von der einheimischen Bevölkerung sehr geschätzt und zu diesen Zwecken seit langen Zeiten gesammelt. Einzelheiten darüber sind bei Thiel (1958, vgl. auch Murzaev 1954) zusammengestellt. Dabei spielen Arten der Gattung *Allium* L. wegen ihrer Eignung als kräftige Würze für die verschiedensten Fleischgerichte eine besondere Rolle (vgl. auch Gungaadorsh und Kononkow 1988). In der Flora der MVR sind bisher 31 *Allium*-Arten bekannt (Grubov 1982), von denen im folgenden für 10 einige Angaben über ihre Verwendung als Wildgewürz und -gemüse oder auch als Viehfutter in der Mongolei gebracht werden. Die übrigen Sippen sind aus verschiedensten Gründen (lokale Verbreitung, geringe Abundanz, Kleinheit der Pflanzen, unangenehmer Geschmack) ohne besondere wirtschaftliche Bedeutung, was jedoch nicht ausschließt, daß auch sie gelegentlich ähnlich wie die hier vorgestellten Arten genutzt werden.

Allium altaicum Pall. (sect. *Cepa* (Mill.) Prokh. s. l.)
Mongol.: zerleg songino, uulyn songino (Abb. 1)
Die Art ist in den Gebirgen im Norden und im Zentrum des Landes verbreitet, kommt aber auch in verschiedenen Ketten des Gobi-Altai vor. Durch Übernutzung der Wildbestände (bereits im vorigen Jahrhundert wurde die Art mancherorts auf kommerzieller Basis gesammelt und exportiert, vgl. Junatov 1954) haben Zahl der Vorkommen und Größe der Populationen vielfach stark abgenommen (Hanelt et al. 1986).

Als wertvollste Wildgemüseart der Gattung wird *A. altaicum* von Ende September bis in den Winter hinein von der mongolischen Bevölkerung gesammelt. Die eßbaren Zwiebeln erreichen ein Gewicht von bis zu 100 g (Junatov 1954) und können wegen ihrer großen Frosthärte im Winter in unbeheizten Räumen aufbewahrt werden. Da kultivierte *Allium*-Arten (z. B. *A. cepa* L. und *A. sativum* L.) vergleichsweise wenig kälteresistent sind, wird besonders *A. altaicum* als Wintervorrat verwendet und um diese Jahreszeit auf den Märkten der größeren Siedlungen des Landes angeboten. Die Zwiebeln werden im allgemeinen roh verzehrt.

Im Sommer nutzt man die Blätter grün als Salat oder analog zu den kultivierten Arten eingesalzen. Junge Zwiebeln schonen die Mongolen beim Sammeln. Die traditionelle Konservierungsart des Einsalzens fein geschnittener Blätter verbessert den Geschmack und ermöglicht eine längere Aufbewahrung in fest verschlossenen Gläsern. Blätter von *A. altaicum* schmecken angeblich deutlich besser als die kultivierter Sippen. Sie können auch getrocknet für die Winterbevorratung aufbewahrt werden, so wie man die Blätter der nah verwand-

Abb. 1 *Allium altaicum* PALL. im Gaterslebener Nachbau (TAX 186, Herkunft: Botanischer Garten der AdW der Uzbekischen SSR, Taškent)

ten Kulturart *A. fistulosum* L. als Trockengemüse im Winter verwendet (GUNGAADORSH und KONONKOW 1988, HANELT et al. 1986).

Allium victorialis L. (sect. *Anguinum* G. DON ex KOCH)
Mongol.: chaliar; russ.: čeremša, dieselbe Bezeichnung wird im Russischen auch für den Bärenlauch, *A. ursinum* L., verwendet.

Innerhalb der MVR ist die Art nur vom Chentej und dem westlich angrenzenden Vorland bekannt; diese Vorkommen müssen als Bestandteil des sibirischen Teilareals der Art angesehen werden.

Die Sammelzeit für die jungen Blätter liegt Anfang Juni, vor der Streckung des Blütenschaftes. Sie werden frisch oder eingesalzen als Beilage gegessen und stellen neben Fleisch und Fett eine Hauptkomponente der Nationalgerichte Buus und Chuuschuur dar. *A. victorialis* gehört zu den von der einheimischen Bevölkerung besonders geschätzten, auch auf Märkten gehandelten Wildarten der Gattung und ist als früh austreibende, vitaminreiche Sippe mit antibakterieller Wirkung von prophylaktischer Bedeutung für die Gesunderhaltung von Mensch und Tier. – Innerhalb des Verbreitungsgebiets in der Sowjetunion spielt die Art ebenfalls als außerordentlich beliebtes und vielfach in großem Umfang gesammeltes Wildgemüse eine bedeutende Rolle (BERIDZE et al. 1987, ČEREPNIN 1987, HULTÉN 1927). Die sibirisch-mongolischen Vertreter werden neuerdings mitunter als *A. microdictyon* PROKH. von dem europäisch-kaukasischem *A. victorialis* s. str. abgespalten (vgl. FRIZEN 1987); ähnliches trifft für die fernöstlich-japanisch-nordchinesischen Vertreter zu, die als *A. latissimum* PROKH. oder *A. ochotense* PROKH. (nomen nudum!) bezeichnet werden. Eine Klärung des taxonomischen Sachverhalts ist erforderlich.

Allium schoenoprasum L. (sect. *Schoenoprasum* DUMORT.)
Mongol.: chüncheel
Das mongolische Teilareal dieser Art, die innerhalb der Gattung *Allium* das umfangreichste Verbreitungsgebiet besitzt (vgl. HULTÉN and FRIES 1986, map 147) umfaßt die Gebirgsgebiete des Nordens vom Chentej im Osten bis zum nordwestlichen Teil des Mongolischen Altai.

Die Blätter des Schnittlauchs werden in der MVR im Frühsommer vom Wildstandort gesammelt und wie die der anderen *Allium*-Arten als Frischgemüse verwendet. Die Futternutzung ist unbedeutend, da im natürlichen Verbreitungsgebiet von *A. schoenoprasum* in der Waldsteppenzone produktivere Weidepflanzen mit hohem Futterwert zur Verfügung stehen.

Allium ramosum L. (*A. odorum* L.) (sect. *Butomissa* (SALISB.) KAMELIN)
Mongol.: gogod
Die Art ist in allen Steppen- und Waldsteppengebieten der MVR verbreitet und kann als Charakterart dieser Vegetationszone angesehen werden.

Abb. 2 *Allium senescens* L. s. l. am Wildstandort in der Mongolischen VR: Tumencogt-Berge (Aimak Süchbaatar), mit *Goniolimon speciosum* (L.) BOISS. und *Artemisia* spec. sowie *A. ramosum* L., *A. tenuissimum* L. und *A. anisopodium* LDB. in lückigem Felsgebüsch aus *Armeniaca sibirica* (L.) LAM. und *Ulmus macrocarpa* HANCE

Die Einheimischen nutzen vor allem die Infloreszenz von *A. ramosum*, deren spezifisches Aroma nicht mit dem anderer Pflanzenteile zu vergleichen ist und auch von den Blüten anderer mongolischer Wildarten nicht erreicht wird. Zur Zeit der Vollblüte werden die Blütenstände gesammelt und gereinigt. Blüten und Blütenstiele halten sich, in gut verschlossenen Tongefäßen bzw. Einweckgläsern mit Salz vermischt, bis zum folgenden Frühjahr. Das als sors bezeichnete Produkt wird zuweilen auch in speziell präparierte Schafs- und Ziegenpansen gefüllt.

Auch die Blätter dieser Art werden im Frühjahr und Frühsommer (vor der Blütezeit) in den Wildbeständen gesammelt, frisch oder eingesalzen gegessen und auf den Märkten verkauft; wie sors verwendet man sie als Würze bei der Zubereitung der verschiedensten mongolischen Nationalspeisen. Besonders in der Steppen- und in Teilen der Waldsteppenzone, aber auch in vielen Gebirgsgegenden der Mongolischen VR, wo andere Wildzwiebelarten *(A. polyrrhizum, A. mongolicum, A. altaicum)* fehlen oder selten sind, trägt so *A. ramosum* wesentlich zur Ernährung der Bevölkerung bei.

Allium senescens L. (sect. *Rhizirideum* G. Don ex Koch)
Mongol.: mangir (Abb. 2)
In ihrer Verbreitung stimmt diese Art in der MVR weitgehend mit *A. ramosum* überein, sie ist ebenfalls für die Steppengebiete charakteristisch, kommt jedoch noch häufiger in entsprechenden Höhenlagen der südlich anschließenden

Abb. 3 *Allium polyrrhizum* Turcz. ex Rgl. bestandsbildend mit *Stipa krylovii* Roshev. an einem Vorpostenstandort in der Steppenzone südöstlich von Čojbalsan (Aimak Dornod)

Gebirge (Mongolischer und Gobi-Altai) vor. Neuerdings wird die Art (Frizen 1987) in der sibirischen Flora in eine Reihe von Kleinarten aufgespalten, deren Vorkommen für die MVR zu überprüfen wäre.

In den Steppengebieten, wo *A. polyrrhizum* und *A. mongolicum* selten sind, wird auch *A. senescens* häufig zu Speisezwecken gesammelt und ähnlich wie *A. ramosum* als Gemüse und Futter konserviert. Außer den Blättern und Blüten können auch die jungen Zwiebeln genutzt werden. Da die eingelegten Blütenstände dieser Art etwas bitterlich schmecken, wird meistens ein Gemisch aller Pflanzenteile eingelegt. Die Art wird auch auf den Märkten der Ortschaften angeboten (Hanelt et al. 1986). – Eine nahe verwandte Wildart, *A. nutans* L., erfreut sich im Altai als Wildgemüse bei der dortigen Bevölkerung einer besonderen Beliebtheit (Čerepnin 1987).

Abb. 4 *Allium mongolicum* Rgl. am Rande eines Takyrs mit Halbwüstenvegetation südwestlich von Matad (Aimak Dornod)

Allium polyrrhizum TURCZ. ex RGL. (sect. *Caespitosoprason* FRIESEN)
Mongol.: taana (Abb. 3) und
Allium mongolicum RGL. (sect. *Caespitosoprason* FRIESEN)
Mongol.: chömüül (Abb. 4)

Die taxonomische Stellung beider Arten ist derzeit umstritten, in der älteren Literatur werden sie auch bei sect. *Rhizirideum (A. mongolicum)* oder in sect. *Reticulato-bulbosa (A. polyrrhizum)* eingeordnet. Beide Arten sind in ihrer Verbreitung innerhalb der MVR weitgehend an den Halbwüstengürtel gebunden, wobei jedoch *A. mongolicum* (Abb. 5) stärker auch in die südlich anschließende Wüstenzone übergreift und *A. polyrrhizum* an isolierten, extrazonalen Vorkommen im Nordosten besonders weit nach Norden bis zur sowjetisch-mongolischen Grenze reicht.

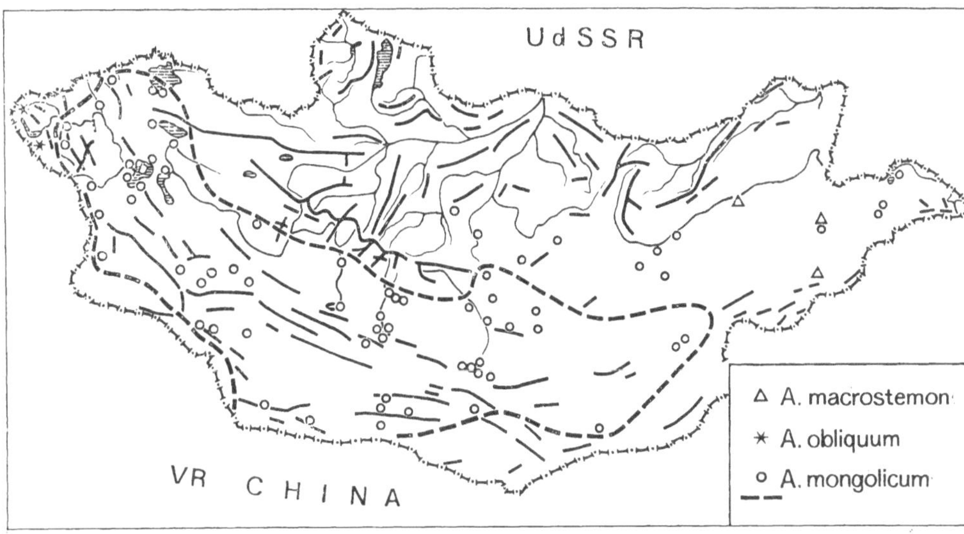

Abb. 5 Verbreitung von *Allium macrostemon* BGE., *A. obliquum* L. und *A. mongolicum* RGL. auf dem Gebiet der Mongolischen Volksrepublik; die ungefähre Grenze des geschlossenen Areals von *A. mongolicum* durch eine gestrichelte Linie angedeutet, nach FRIZEN (1987) auch den Südwestteil der Tuvinischen ASSR einschließend

Die Arten gleichen sich in ihrer wirtschaftlichen Bedeutung; vor allem im Hinblick auf ihre Futternutzung macht die Bevölkerung der Gobi praktisch keinen Unterschied zwischen ihnen.

Für die menschliche Ernährung, für die sich besonders *A. mongolicum* eignet, sammelt man beide Arten bis zur Zeit der Vollblüte, wobei die stark bitter schmeckenden Blütenstände verworfen werden müssen, und nutzt sie in der üblichen Weise.

A. polyrrhizum und *A. mongolicum* gehören zu den dominierenden Pflanzenarten mongolischer Halbwüstenformationen (vgl. WALTER 1974, JUNATOV 1954, 1950) und besitzen als Weide- und Futterpflanzen große Bedeutung. Bis zum Herbstbeginn, wenn bei Samenreife die Schäfte und die meisten Blätter welken, werden die oberirdischen Teile beider Arten zur Herstellung spezieller Lauchbriketts oder -pellets (mongolisch: zoodoj[2]) als Futter- und Nahrungsvorrat für den Winter gesammelt. Dem eingesalzenen Lauch wird vor dem Pressen in quader- oder rundscheibenförmige Stücke von 30–40 g Trockenmasse und nachfolgender Lufttrocknung Quark, aber auch Kefir, saure Milch bzw. Molke zur Eindickung und Qualitätsverbesserung zugegeben. In der Gobi, wo beide Arten in Massenbeständen vorkommen, werden heute z. T. mechanisierte Herstellungs- und Pelletierungsverfahren angewendet. Spezialisten aus der MVR und der DDR entwickelten bereits in den 60er Jahren eine entsprechende Verarbeitungsmaschine mit der Bezeichnung „Taana" (DAVAAŽAMC 1978, SOKOLOV und BJAZROV 1986).

Zur Kräftigung des Viehs, aber auch zum Würzen der Nationalgerichte Bansch, Buus und Chuuschuur wird dann in der kalten Jahreszeit das aus den Lauchbriketts gewonnene Pulver verwendet (zur Verfütterung zuvor in Wasser suspendiert).

Allium condensatum TURCZ. (sect. *Oreiprason* F. HERM.)
Mongol.: emgen songino
Die Art ist in ihrer Verbreitung in der Mongolei ähnlich wie *A. macrostemon* auf den Nordosten beschränkt, kommt dort jedoch von Felsfluren bis in Wiesensteppengesellschaften weit häufiger vor (PISTRICK et al. 1988).

Die Zwiebeln der Art werden von den Araten im Spätherbst oder mit den austreibenden Blättern zusammen im zeitigen Frühjahr gesammelt und frisch als Gewürz verwendet. Sie sind sehr frostbeständig, besitzen aber ungeachtet ihrer Größe eine deutlich geringere Qualität als andere zwiebelbildende *Allium*-Arten der Steppen und Halbwüsten, die ebenfalls gern im Frühjahr gesammelt werden.

Allium obliquum L. (sect. *Petroprason* F. HERM.)
Mongol.: sarmisan songino (Abb. 6)
Das Verbreitungsgebiet der Art reicht nur mit wenigen Vorkommen (Abb. 5) im Nordwesten des Mongolischen Altai in die MVR, wo sie innerhalb der Waldstufe an aufgelichteten Standorten siedelt.

Diese Art ist wegen des knoblauch-artigen Geschmacks von Zwiebel und Blatt (der mongolische Name bedeutet „Knoblauch-Zwiebel") als Würzpflanze bei der dortigen Bevölkerung gleichfalls sehr beliebt. Die Zwiebeln dieser Art zeichnen sich gegenüber der Küchenzwiebel, *A. cepa* L., durch einen fast doppelt so hohen Trockensubstanz-Gehalt aus (GUNGAADORSH und KONONKOW 1988). – Auch in anderen Teilen des Verbreitungsgebiets stellt *A. obliquum* eine begehrte Wildgemüsepflanze dar; in Westsibirien wurde sie bereits im 18. Jahrhundert von russischen Siedlern in ihre Hausgärten verpflanzt (PALLAS 1987).

[2] Die Bezeichnungen zoodoj und sors werden in den verschiedenen Landesteilen teilweise unterschiedlich gebraucht. Die Steppenbewohner benennen mit sors alle Produkte aus den Blütenständen von *A. ramosum*, *A. senescens* und anderen Arten unabhängig von der Art und Weise ihrer Zubereitung. In der Gobi bezeichnet man mit sors aber alle getrocknet oder frisch vorliegenden, eingesalzenen Lauch-Produkte, die jedoch nicht brikettiert sein dürfen. Außerdem wird in der Mongolei als sors die in die äußere fette Schicht des Pansens eingewickelte Leber (oder gehackte Innereien) des Steppenmurmeltieres bezeichnet, wobei die verarbeiteten Murmeltier-Innereien insgesamt im Changai jalbag, in einigen Steppengebieten aber ebenfalls sors genannt werden.

Abb. 6 *Allium obliquum* L., blühende Parzelle in Gatersleben (TAX 466, Herkunft: Botanischer Garten München-Nymphenburg)

Allium macrostemon BGE. (sect. *Scorodon* KOCH)
Mongol.: zerleg sarmis
Als eine der östlichsten Sippen der Sektion kommt diese Art nur an wenigen Fundorten (Abb. 5) im Osten der MVR vor und besiedelt dort auf isolierten Bergmassiven Sonderstandorte der Steppenformationen (vgl. PISTRICK et al. 1988).

Die Art ähnelt in Geruch und Geschmack dem Knoblauch *(A. sativum)*, was auch im mongolischen Volksnamen (übersetzt „Wilder Knoblauch") zum Ausdruck kommt. Ende August bis Oktober ist die Sammelzeit für die Zwiebeln von *A. macrostemon*. Zum Würzen wird ein Bund von einigen Zwiebeln für wenige Minuten in kochende Suppe gehängt, herausgenommen, getrocknet und so 5- bis 6 mal in gleicher Weise verwendet. Die sparsame Nutzung weist bereits auf die hohe Wertschätzung der Mongolen für diese Art einerseits und ihr spärliches

Vorkommen auf der anderen Seite hin. Sie war früher in weit größeren Beständen anzutreffen, und wurde gern als Gewürz für die typisch mongolischen Gerichte verwendet. Obwohl die Vorkommen von der einheimischen Bevölkerung bereits bis zur Samenreife geschont werden, ist die Art auf dem Territorium der MVR so selten geworden, daß sie in das Rote Buch der bedrohten Tier- und Pflanzenarten der Mongolei (im Druck) aufgenommen werden mußte.

Danksagung

Für die Anfertigung von Photos sind wir Frau G. Terpe, für die der Verbreitungskarte Frau A. Lauterwald dankbar.

Summary

The use of wild species of *Allium* in the Mongolian flora

Wild species of *Allium* have been used regularly and traditionally by the Mongolian people mainly as spice plants for their food which is based mostly on animal products. The most important species are *A. altaicum*, *A. victorialis* and *A. ramosum*, gatherings of their bulbs resp. overground parts does happen not only for individual purposes but for the market, too. From *A. polyrrhizum* and *A. mongolicum* dry pellets are prepared as forage (mostly for sheep) for the winter time, therefore these taxa are economically very useful especially in the semidesert regions of the country. Extensive collecting resulted in population shrinkngs of some species *(A. altaicum, A. macrostemon)*.

Краткое содержание

Использование диких видов *Allium* монгольской флоры. Результаты монголо-немецких экспедиций с 1962 г. № 201

Виды *Allium* относятся к диким видам, регулярно и традиционно употребляемым в пищу монгольским населением прежде всего как пряности к продуктам питания животного происхождения. Особенное значение имеют *A. altaicum*, *A. victorialis* и *A. ramosum*, у которых собираются луковицы и надземные части не только для индивидуального употребления, но и для сбыта на рынке. *A. polyrrhizum* и *A. mongolicum* как основа зимнего корма в полупустынях МНР имеют большое сельскохозяйственное значение. У некоторых видов (*A. altaicum*, *A. macrostemon*) интенсивное употребление привело к уменьшению естественного фонда.

Literatur

BERIDZE, R. K., P. HANELT, D. MANDŽGALADZE and K. PISTRICK, 1987: Collection of plant-genetic resources in the Georgian SSR 1986. – Kulturpflanze **35**, 335–353.

ČEREPNIN, V. L., 1987: Piščevye rastenija Sibiri. – „Nauka", Sib. otdel., Novosibirsk, 187 S.

DAVAAŽAMC, C., 1978: (K voprosy kormoproizvodstva v uslovijach Gobi za sčet mestnogo syr'ja) (mongol., m. russ. Zusammenfassg.). – Izd. Akad. Nauk MNR, Ulan-Bator, 68 S.

FAO Production Yearbook **25** (1971), 1972. – FAO, Rome.

FRIZEN, N. V., 1987: *Allium* L. – Luk. – In: MALYŠEV, L. I., u. G. A. PEŠKOVA (eds.), Flora Sibiri – Araceae – Orchidaceae. – „Nauka", Sib. otdel., Novosibirsk, 55–96.

GRUBOV, V. I., 1982: Opredelitel sosudistych rastenij Mongolii. – „Nauka", Leningrad, 441 S.

GUNGAADORSH, S., und P. KONONKOW, 1988: Die Nutzung und Kultivierung von Wildgemüseformen. – Internat. Z. Landwirtsch. **1988** (2), 141–142.

HANELT, P., J. KRUSE, Č. SANČIR und D. ZUMBERELMAA, 1986: Bericht über eine Sammelreise in die Mongolische Volksrepublik 1985 (Die mongolischen Arten der Gattung *Allium* L.). – Kulturpflanze **34**, 275–291.

HULTÉN, E., 1927: Flora of Kamtchatka and the adjacent islands **I**. – Kgl. Sv. Vet. akad. Handl., 3. ser., **5**, no. 1. Stockholm.

HULTÉN, E., and M. FRIES, 1986: Atlas of North European vascular plants **I**. – Koeltz Sci. Books, Königstein.

JUNATOV, A. A., 1950: Osnovye čerty rastitel'nogo pokrova Mongol'skoj Narodnoj Respubliki. – Trudy Mongol'sk. Kommiss. **39**. Izd. Akad. Nauk SSSR, Moskva – Leningrad, 223 S.

–, 1954: Kormovye rastenija pastbišč i senokosov Mongol'skoj Narodnoj Respubliki. – Trudy Mongol'sk. Kommiss. **56**. Izd. Akad. Nauk SSSR, Moskva – Leningrad, 351 S.

MURZAEV, E. M., 1954: Die Mongolische Volksrepublik. – VEB Geogr.-Kartogr. Anstalt, Gotha, 526 S.

PALLAS, P. S., 1987: Reise durch die verschiedenen Provinzen des Russischen Reichs. – Verlag Ph. Reclam jun., Leipzig, 415 S.

PISTRICK, K., Č. SANČIR und G. CERENBALŽID, 1988: Bericht über eine Sammelreise in die Mongolische Volksrepublik 1987 (*Allium* L. in der östlichen Mongolei). – Kulturpflanze **36**, 529–548.

SOKOLOV, V. E. und L. G. BJAZROV, 1986: Die gemeinsame Sowjetisch-Mongolische Biologische Komplexexpedition und die Untersuchung der biologischen Ressourcen der Mongolischen Volksrepublik. – Erforschg. biol. Ressourc. MVR (Halle) **5**, 7–15.

Statistisches Jahrbuch der Deutschen Demokratischen Republik **33**, 1988. – Staatsverlag der DDR, Berlin, XV +432 +96 +13 S.

THIEL, E., 1958: Die Mongolei. – Isar-Verlag, München, 495 S.

WALTER, H., 1974: Die Vegetation Osteuropas, Nord- und Zentralasiens. – G. Fischer-Verlag, Stuttgart, 452 S.

Dr. K. PISTRICK und Dr. P. HANELT
Zentralinstitut für Genetik und Kulturpflanzenforschung
der Akademie der Wissenschaften der DDR
Corrensstraße 3
Gatersleben
DDR - 4325

Kulturpflanze 37 · 1989 · 145–154

Resistenzeigenschaften im Gersten- und Weizensortiment Gatersleben 29. Prüfung von Gersten auf ihr Verhalten gegenüber dem Milden Gerstenmosaik-Virus (barley mild mosaic virus, BaMMV), Gerstengelbmosaik-Virus (barley yellow mosaic virus, BaYMV), *Drechslera teres* (Sacc.) Shoem. und *Puccinia hordei* Otth

Gerhard Proeseler[1], Horst Hartleb[1], Doris Kopahnke[1] und Christian O. Lehmann

(Eingegangen am 31. Januar 1989)

Zusammenfassung

Von 175 Wintergersten waren 9 gegen das Milde Gerstenmosaik-Virus (barley mild mosaic virus, BaMMV) und das Gerstengelbmosaik-Virus (barley yellow mosaic virus, BaYMV) resistent. Drei dieser 9 virusresistenten Gersten wiesen außerdem schwache Resistenz gegenüber *Drechslera teres* auf. Dagegen waren alle 9 Gersten anfällig gegenüber *Puccinia hordei*. Von 16 bereits früher beschriebenen virusresistenten Wintergersten reagieren die meisten gegen *D. teres* resistent oder schwach resistent.

Einleitung

Zur Verbreiterung der genetischen Basis für die Züchtung von Gersten mit Resistenz gegen das Gerstengelbmosaik-Virus (barley yellow mosaic virus, BaYMV) wurden bereits 187 Winter- und 143 Sommerformen der Genbank des Zentralinstituts für Genetik und Kulturpflanzenforschung geprüft. Von ihnen erwiesen sich 20 bzw. 32 als resistent (Proeseler und Lehmann 1986 und 1987; Proeseler et al. 1988).

Mit dem Ziel mehrfach resistente Gersten zu finden, wurden die Muster mit Resistenz gegen BaYMV außerdem auf ihr Verhalten gegenüber *Drechslera teres* (Sacc.) Shoem. und *Puccinia hordei* Otth untersucht (Proeseler et al. 1988).

Bei der Resistenzprüfung ist zukünftig zu beachten, daß das bodenbürtige Gerstenmosaik durch zwei Viren hervorgerufen wird, durch das bereits genannte BaYMV und das Milde Gerstenmosaik-Virus (barley mild mosaic virus, BaMMV). Die Resistenz der meisten Genotypen richtet sich gegen beide Viren. Wenige Sorten sind jedoch bereits bekannt, die nur gegen BaMMV oder BaYMV resistent sind (Huth 1988).

[1] Institut für Phytopathologie Aschersleben der Akademie der Landwirtschaftswissenschaften der DDR

Material und Methoden

Weitere 176 Wintergersten aus der Genbank Gatersleben kamen in die Prüfung. Die Virusresistenz bzw. -anfälligkeit wurde im Vor-, Haupt- und Freilandtest ermittelt (PROESELER und KEGLER 1987). Während die Inokulation im Vor- und Haupttest ausschließlich mit dem BaMMV erfolgte, konnten auf den beiden Standorten, auf denen der Freilandtest durchgeführt wurde, BaMMV und BaYMV nachgewiesen werden. In den Tabellen wird deshalb ausgewiesen, durch welche Prüfmethode die Reaktion ermittelt wurde. Die Prüfung auf Netzflekkenresistenz erfolgte wie bisher im Schalentest gegen drei Erregerisolate (HARTLEB und MEYER 1988) und gegen Zwergrost durch Ermittlung des Resistenzindex an Gewächshauspflanzen (GERLACH et al. 1985).

Ergebnisse und Diskussion

Von den 175 Wintergersten erwiesen sich 167 als virusanfällig (Tab. 1). Es sind vorwiegend vielzeilige Sippen, die von Sammelreisen zum Balkan, nach Anatolien und Süditalien stammen. Wie in den vorangegangenen Prüfungen wurden

Tabelle 1
Wintergersten anfällig gegenüber bodenbürtigen Mosaikviren

Sortimentsnummer Gatersleben	Sorte/Herkunft	Morphologische Gruppe	Prüfmethode
		Hordeum vulgare L. convar. *distichon* Alef. s. l.	
HOR 8465	'Gygne'	var. *erectum* (Rode) Alef.	H
HOR 3494	'Brzeski'	var. *nutans* (Rode) Alef.	F
HOR 2	'Carstens Zweizeilige'	var. *nutans* (Rode) Alef.	V H
HOR 2467	'Karind Glattgrannig'	var. *medicum* Koern.	F
HOR 1322	'Linie I'	var. *nutans* (Rode) Alef.	V
HOR 8250	'Maris Trojan'	var. *nutans* (Rode) Alef.	H
HOR 10237	'Medallion'	var. *nutans* (Rode) Alef.	V H
HOR 30	'Ruma Zweizeilige'	var. *nutans* (Rode) Alef.	F
HOR 1	'Tschermaks Zweizeilige Wintergerste'	var. *nutans* (Rode) Alef.	V H
HOR 7415	'Weibulls 1100'	var. *nutans* (Rode) Alef.	H
HOR 1320	'Wieselburger Zweizeilige, Typ B'	var. *nutans* (Rode) Alef.	V
HOR 7263	Sowjetunion, Zakarpatskaja Obl., VIR Leningrad, Kat. VIR: 18256	var. *nutans* (Rode) Alef.	H
HOR 1090	Anatolien	var. *nutans* (Rode) Alef.	V
HOR 1092	Anatolien	var. *nutans* (Rode) Alef.	V
HOR 1093	Anatolien	var. *nutans* (Rode) Alef.	V
HOR 1103	Anatolien	var. *nutans* (Rode) Alef.	V
HOR 4535	Anatolien	var. *nutans* (Rode) Alef.	F
HOR 1087	Anatolien	var. *nigrescens* Koern.	V
HOR 1104	Anatolien	var. *nigrescens* Koern.	V

Fortsetzung Tabelle 1

Sortiments-nummer Gatersleben	Sorte/Herkunft	Morphologische Gruppe	Prüf-methode
HOR 1321	Hindukusch 1935	var. *nigrescens* Koern. convar. *vulgare*	F
HOR 7158	Japan. Nepal-Indien Exp. 1958: 1463, Nepal	var. *addisabebae* (Vav. et Orl.) Mansf., locker	H
HOR 3315	'Hâtif du Moulin'	var. *breviaristatum* (Vav.) Mansf.	F
HOR 974	'Italienische Nackt'	var. *coeleste* L.	V
HOR 975	'Razza'	var. *coeleste* L.	V
HOR 8470	'IW 5-6-4-5-2-3-3'	var. *densum* Sér.	H
HOR 8475	'Wi-Mut. 500'	var. *densum* Sér.	H
HOR 1028	Balkan 1942: 903, Peloponnes	var. *densum* Sér.	F
HOR 9593	'Rapidan' C. I. 14006	var. *dundar-beyi* Zhuk.	F
HOR 7414	'Ager'	var. *hybernum* Vib.	H
HOR 9480	'Alaska' C. I. 534	var. *hybernum* Vib.	F
HOR 7421	'Ambio'	var. *hybernum* Vib.	H
HOR 3479	'Antoninski SWHN'	var. *hybernum* Vib.	F
HOR 11	'Askania'	var. *hybernum* Vib.	V
HOR 10535	'Banteng'	var. *hybernum* Vib.	V H
HOR 3487	'Bărăgan 240'	var. *hybernum* Vib.	F
HOR 2917	'Bordia'	var. *hybernum* Vib.	F
HOR 1314	'Breisgauer Wintergerste Typ B'	var. *hybernum* Vib.	V
HOR 19	'Carré'	var. *hybernum* Vib.	V
HOR 1341	'Cenad I'	var. *hybernum* Vib.	F
HOR 10541	'Code 65'	var. *hybernum* Vib.	V H
HOR 8867	'Cusada' C. I. 895	var. *hybernum* Vib.	F H
HOR 22	'Drourady'	var. *hybernum* Vib.	V
HOR 4	'Eckendorfer Alt'	var. *hybernum* Vib.	V H
HOR 1335	'Engelens II'	var. *hybernum* Vib.	V
HOR 1331	'Engelens Wieland'	var. *hybernum* Vib.	V
HOR 2919	'Hâtif Bonte'	var. *hybernum* Vib.	F
HOR 21	'Hatvani'	var. *hybernum* Vib.	F
HOR 7425	'Hohenthurm Stamm 9234'	var. *hybernum* Vib.	H
HOR 1328	'Immendorfer Harriet'	var. *hybernum* Vib.	V
HOR 1317	'Immendorfer Harriet Typ B+D'	var. *hybernum* Vib.	V
HOR 8469	'IW 19-3-2-3'	var. *hybernum* Vib.	H
HOR 8472	'IW 70-1'	var. *hybernum*	H
HOR 8473	'I-ST 270-1'	var. *hybernum* Vib.	H
HOR 10188	'Jaidor'	var. *hybernum* Vib.	V H
HOR 2449	'J-20'	var. *hybernum* Vib.	F
HOR 6	'Kalkreuther'	var. *hybernum* Vib.	V H
HOR 8468	'Kanada 215'	var. *hybernum* Vib.	H
HOR 8880	'Kansas Southeast' C. I. 7070	var. *hybernum* Vib.	F
HOR 2915	'Kärntner'	var. *hybernum* Vib.	F
HOR 7422	'Kragujevački 73'	var. *hybernum* Vib.	H
HOR 1347	'Krymskij 0247'	*var. hybernum* Vib.	V
HOR 3480	'Kujawiak II'	var. *hybernum* Vib.	F

Fortsetzung Tabelle 1

Sortiments-nummer Gatersleben	Sorte/Herkunft	Morphologische Gruppe	Prüf-methode
HOR 1325	'Landgerste Altschlage'	var. *hybernum* Vib.	V
HOR 3313	'Lignée 14 de Gembloux'	var. *hybernum* Vib.	F
HOR 1110	'Linie III'	var. *hybernum* Vib.	V
HOR 8452	'Mambo'	var. *hybernum* Vib.	H
HOR 8453	'Maneka'	var. *hybernum* Vib.	H
HOR 1315	'Mansholts Fletumer Typ D'	var. *hybernum* Vib.	V
HOR 17	'Mansholts Groninger'	var. *hybernum* Vib.	V H
HOR 3481	'Mikulicki II'	var. *hybernum* Vib.	F
HOR 7420	'Miraž-1'	var. *hybernum* Vib.	H
HOR 1117	'Müllers Böhmerwald'	var. *hybernum* Vib.	V
HOR 12	'Neudorfer'	var. *hybernum* Vib.	V
HOR 1111	'Nordland'	var. *hybernum* Vib.	V
HOR 3478	'Piast'	var. *hybernum* Vib.	F
HOR 18	'Pollux'	var. *hybernum* Vib.	V H
HOR 1120	'Poltawa'	var. *hybernum* Vib.	V
HOR 2921	'Professeur Damseaux'	var. *hybernum* Vib.	F
HOR 1116	'Rafiner'	var. *hybernum* Vib.	V
HOR 3195	'Rod 74'	var. *hybernum* Vib.	F
HOR 1326	'Roschitzer'	var. *hybernum* Vib.	V
HOR 31	'Ruma Vierzeilige'	var. *hybernum* Vib.	F
HOR 1338	'Saemaenta 26'	var. *hybernum* Vib.	V
HOR 32	'Strengs Doria'	var. *hybernum* Vib.	V
HOR 23	'Türkische Wintergerste'	var. *hybernum* Vib.	V H
HOR 7265	'Valja'	var. *hybernum* Vib.	H
HOR 15	'Vindicat'	var. *hybernum* Vib.	V H
HOR 10	'Vogels Agaer'	var. *hybernum* Vib.	V
HOR 1329	'Wartiner'	var. *hybernum* Vib.	V
HOR 8478	'Wi-Mut. 1469'	var. *hybernum* Vib., geknickte Granne	H
HOR 3697	'Wisconsin Winter' C. I. 2159	var. *hybernum* Vib.	F
HOR 3200	'W. R. 65 Grodkowice'	var. *hybernum* Vib.	F
HOR 1008	Balkan 1941: 189, Albanien	var. *hybernum* Vib.	V
HOR 989	Balkan 1941: 1184, Nordgriechenland	var. *hybernum* Vib.	F
HOR 990	Balkan 1941: 1199, Nordgriechenland	var. *hybernum* Vib.	F
HOR 686	Balkan 1942: 130, Peloponnes	var. *hybernum* Vib.	V
HOR 722	Balkan 1942: 763, Peloponnes	var. *hybernum* Vib.	V
HOR 992	Balkan 1942: 1166, Peloponnes	var. *hybernum* Vib.	V
HOR 997	Balkan 1942: 1120, Peloponnes	var. *hybernum* Vib.	V
HOR 1009	Balkan 1942: 593, Peloponnes	var. *hybernum* Vib.	F

Fortsetzung Tabelle 1

Sortiments-nummer Gatersleben	Sorte/Herkunft	Morphologische Gruppe	Prüf-methode
HOR 1010	Balkan 1942: 824, Peloponnes	var. *hybernum* Vib.	F
HOR 1012	Balkan 1942: 166 B, Peloponnes	var. *hybernum* Vib.	V
HOR 1014	Balkan 1942: 156, Peloponnes	var. *hybernum* Vib.	F
HOR 1015	Balkan 1942: 158, Peloponnes	var. *hybernum* Vib.	F
HOR 1021	Balkan 1942: 785, Peloponnes	var. *hybernum* Vib.	V
HOR 1023	Balkan 1942: 824, Peloponnes	var. *hybernum* Vib.	F
HOR 1025	Balkan 1942: 825, Peloponnes	var. *hybernum* Vib.	V
HOR 1029	Balkan 1942: 986, Peloponnes	var. *hybernum* Vib.	V
HOR 1034	Balkan 1942: 1086, Peloponnes	var. *hybernum* Vib.	F
HOR 1036	Balkan 1942: 1102, Peloponnes	var. *hybernum* Vib.	V
HOR 9249	S-Italien 1980: 5371b, Carovigno	var. *hybernum* Vib.	F
HOR 9256	S-Italien 1980: 5789 S. Giorgio la Molara	var. *hybernum* Vib.	F
HOR 9259	S-Italien 1980: 5816, Castelfranco	var. *hybernum* Vib.	F
HOR 9267	S-Italien 1980: 5804 Montefalcone	var. *hybernum* Vib.	F
HOR 9270	S-Italien 1980: 5813, Fasto	var. *hybernum* Vib.	F
HOR 9273	S-Italien 1980: 5820, Castelfranco	var. *hybernum* Vib.	F
HOR 9274	S-Italien 1980: 5822, Savignano Irpino	var. *hybernum* Vib.	F
HOR 9275	S-Italien 1980: 5831, Monteleone di Puglia	var. *hybernum* Vib.	F
HOR 1665	Spanien	var. *hybernum* Vib.	F
HOR 8845	Spanien 1978	var. *hybernum* Vib.	F
HOR 3319	Sowjetunion, Gebiet Odessa, VIR Leningrad, Kat. VIR: 4913	var. *hybernum* Vib.	F
HOR 3337	Sowjetunion, Gebiet Dnepropetrovsk, VIR Leningrad, Kat. VIR: 13897	var. *hybernum* Vib.	F
HOR 3339	Sowjetunion, Gebiet Poltava, VIR Leningrad, Kat. VIR: 13899	var. *hybernum* Vib.	F
HOR 3356	Sowjetunion, Zakarpatskaja Obl., VIR Leningrad, Kat. VIR: 18257	var. *hybernum* Vib.	F

Fortsetzung Tabelle 1

Sortiments-nummer Gatersleben	Sorte/Herkunft	Morphologische Gruppe	Prüf-methode
HOR 999	Anatolien	var. *hybernum* Vib.	V
HOR 1086	Anatolien	var. *hybernum* Vib.	V
HOR 1089	Anatolien	var. *hybernum* Vib.	V
HOR 1091	Anatolien	var. *hybernum* Vib.	V
HOR 1094	Anatolien	var. *hybernum* Vib.	V
HOR 1095	Anatolien	var. *hybernum* Vib.	V
HOR 1096	Anatolien	var. *hybernum* Vib.	V
HOR 1097	Anatolien	var. *hybernum* Vib.	V
HOR 1098	Anatolien	var. *hybernum* Vib.	V
HOR 1099	Anatolien	var. *hybernum* Vib.	V
HOR 1100	Anatolien	var. *hybernum* Vib.	V
HOR 1101	Anatolien	var. *hybernum* Vib.	V
HOR 1102	Anatolien	var. *hybernum* Vib.	V
HOR 1106	Anatolien	var. *hybernum* Vib.	V
HOR 7266	Anatolien	var. *hybernum* Vib.	H
HOR 1348	Hindukusch 1935	var. *hybernum* Vib.	F
HOR 1656	Hindukusch 1935	var. *hybernum* Vib.	F
HOR 1658	NW-Indien 1935, Srinagar	var. *hybernum* Vib.	F
HOR 8383	Bangor-Exp. 1976, Nord-Indien: C 170	var. *hybernum* Vib.	H
HOR 8384	Bangor-Exp. 1976, Nord-Indien: C 173	var. *hybernum* Vib.	H
HOR 4276	USA	var. *hybernum* Vib.	F
HOR 2447	Sowjetunion, VIR Leningrad, Kat. VIR: 13248	var. *hypatherum* (Vav. et Orl.) Mansf.	F
HOR 8474	'Wi-Mut. 18'	var. *hypatherum* (Vav. et Orl.) Mansf., locker	H
HOR 8476	'Wi-Mut. 1164'	var. *hypatherum* (Vav. et Orl.) Mansf., locker	H
HOR 2239	'Nigrum 2'	var. *nigripallidum* R. Regel	F
HOR 14	'Engelens Sechszeilige'	var. *parallelum* Koern.	V
HOR 2240	'Hatvani 445'	var. *parallelum* Koern.	F
HOR 3264	'Hudson'	var. *parallelum* Koern.	F
HOR 3476	'Karcagi 39'	var. *parallelum* Koern.	F
HOR 7423	'Novosadski 27'	var. *parallelum* Koern.	H
HOR 998	Balkan 1942: 1166, Peloponnes	var. *parallelum* Koern.	V
HOR 6931	Anatolien	var. *parallelum* Koern.	F
HOR 3109	'Cordova' C. I. 7576	var. *rikotense* R. Regel	F
HOR 973	'Tschermaks Vierzeilige Glatt'	var. *rikotense* R. Regel	V
HOR 7260	Japan. Nepal-Indien-Exp. 1958: 1564, Nepal	var. *tibetanum* (Vav. et Orl.) Mansf. convar. *intermedium* (Koern.) Mansf.	H
HOR 1323	'Linie II'	var. *atterbergii* Koern.	V
HOR 4697	'Jukag gedbori'	var. *haxtoni* Koern.	F

Fortsetzung Tabelle 1

Sortiments-nummer Gatersleben	Sorte/Herkunft	Morphologische Gruppe	Prüf-methode
HOR 3095	'Pennrad' C. I. 11170	var. *japonicum* (Vav. et Orl.) Mansf.	F H
HOR 10538	'Taylor'	var. *japonicum* (Vav. et Orl.) Mansf.	V H
HOR 7121	Japan. Nepal-Indien-Exp. 1958: 1509, Nepal	var. *nuditransiens* (Koern.) Mansf.	H
HOR 7261	Japan. Nepal-Indien-Exp. 1958: 1684, Nepal	var. *nuditransiens* (Koern.) Mansf.	H
HOR 7163	Japan. Nepal-Indien-Exp. 1958: 1685, Nepal	var. *nuditransiens* (Koern.) Mansf.	H

Zeichenerklärung: V: Vortest; H: Haupttest; F: Freilandtest

nur die Sortimentsmuster als resistent ausgewiesen (Tab. 2), bei denen in keinem einzigen Versuch eine Infektionsrate über 10 % erreicht wurde. Die Sorte 'Barbo' (HOR 7264) ist aus der Literatur bereits als BaYMV-resistent bekannt (FRIEDT et al. 1983). Sie geht auf die Kreuzungen ('Weissenhaus 6448' × Stamm

Tabelle 2

Wintergersten mit Resistenz gegen bodenbürtige Mosaikviren und Teilresistenz oder Anfälligkeit gegen *Drechslera teres* (SACC.) SHOEM. (I) bzw. *Puccinia hordei* OTTH (II)

Sortiments-nummer	Sorte/Herkunft	Morphologische Gruppe	Methode der Virus-resistenz-prüfung	Teilresistenz bzw. Anfälligkeit gegen I	II
		Hordeum vulgare L. convar. *vulgare*			
HOR 10542	'Athene'	var. *hybernum* Vib.	H F	s	s
HOR 7264	'Barbo'	var. *hybernum* Vib.	H F	(r)	s
HOR 7417	'F 245/64'	var. *hybernum* Vib.	H F	s	s
HOR	Anatolien	var. *hibernum* Vib.	VHF	s	s
HOR 8393	Bangor-Exp. 1976, Nord-Indien: C 185	var. *hybernum* Vib.	H F	s	s
HOR 8402	Bangor-Exp. 1976, Nord-Indien: C 193	var. *hybernum* Vib.	H	s	s
HOR 8273	Sowjetunion, Georgische SSR 1977: 44 a, Marneulski Rayon	var. *nigripallidum* R. Regel	H F	(r)	s
HOR 8274	Sowjetunion, Georgische SSR 1977: 44 b, Marneulski Rayon	var. *nigripallidum* R. Regel	H F	s	s
HOR 8477	'Wi-Mut. 1400'	var. *parallelum* Koern.	H F	(r)	s

Zeichenerklärung: V: Vortest; H: Haupttest; F: Freilandtest; (r): schwach resistent, s: anfällig

3941)×'Dea' zurück, so daß die Virusresistenz zweifellos von der Sorte 'Dea' abstammt. Alle 9 Genotypen sind gegen BaMMV und BaYMV resistent, da nicht nur in der Klimakammer sondern auch auf einem Standort, dessen Boden mit beiden Viren kontaminiert war, stets nur weniger als 10 % der Pflanzen infiziert werden konnten.
Unter ihnen waren HOR 7264, HOR 8273 und HOR 8477 außerdem schwach resistent gegen *Drechslera teres*. Alle anderen in Tabelle 2 aufgeführten virusresistenten Genotypen waren gegen die Erreger der Netzfleckenkrankheit (*Drechslera teres*) und des Zwergrostes (*Puccinia hordei*) anfällig.

Es ist unwahrscheinlich, daß alle 9 Genotypen das gleiche Resistenzgen gegen BaMMV und BaYMV enthalten, so daß sie in Abhängigkeit von den weiteren agronomischen und resistenzzüchterischen Eigenschaften für Kreuzungen genutzt werden können, um die resistenzgenetische Basis zu verbreitern.

Weitere 16 Wintergersten waren bereits in früheren Veröffentlichungen als virusresistent ausgewiesen worden (PROESELER und LEHMANN 1987; PROESELER et al. 1988). Die Reaktion dieser Genotypen wurde ebenfalls gegen die Patho-

Tabelle 3
Reaktion virusresistenter Wintergersten gegenüber *Drechslera teres* (SACC.) SHOEM. (I) und *Puccinia hordei* OTTH (II)
(Zur Virusresistenz siehe PROESELER und LEHMANN 1987 und PROESELER et al. 1988)

Sortimentsnummer Gatersleben	Sorte/Herkunft	Morphologische Gruppe	I	II
GRA 945	Israel	*Hordeum bulbosum* L.	rr	rr
		Hordeum vulgare L. convar. *distichon* Alef. s. l.		
HOR 4201	Japan	var. *nutans* (Rode) Alef.	(r)	s
HOR 3299	China 1956: 115, Chengchou	var. *hangaicum* (Vav. et Orl.) Mansf.	(r)	s
		convar. *vulgare*		
HOR 3218	'Firlbecks Vierzeilige'	var. *hybernum* Vib.	n. t.	s
HOR 304	'Ragusa 34-40'	var. *hybernum* Vib.	s	(r)
HOR 801	'Ragusa 420'	var. *hybernum* Vib.	n. t.	s
HOR 4202	'Saporo'	var. *hybernum* Vib.	r	s
HOR 4196	'Szechuan'	var. *hybernum* Vib.	(r)	s
HOR 3073	Sowjetunion, Gebiet Stavropol, VIR Leningrad, Kat. VIR: 14008	var. *hybernum* Vib.	r	s
HOR 4240	Japan	var. *hybernum* Vib.	(r)	s
HOR 4245	Japan	var. *hybernum* Vib.	r	s
HOR 4660	Koreanische DVR	var. *hypatherum* (Vav. et Orl.) Mansf.	(r)	s
HOR 4224	'Aizn Coiled Necn'	var. *parallelum* Koern.	s	s
HOR 3488	'Nakaizumi Zairai'	var. *parallelum* Koern.	(r)	s
HOR 2363	China 1956: 202, Tsingtao	var. *revelatum* Koern.	r	s
HOR 3151	'Suwon No. 13' C. I. 7439	var. *subpyramidatum* (Orl.) Mansf.	n. t.	s

Zeichenerklärung: s: anfällig; (r): schwach resistent, r: resistent, rr: hoch resistent, n. t.: nicht geprüft

gene *D. teres* und *P. hordei* geprüft (Tab. 3). Die hohe Resistenz von *Hordeum bulbosum* L. gegen beide Erreger ist züchterisch vermutlich nur bedingt nutzbar. Jedoch waren auch zahlreiche Saatgersten gegen *D. teres* resistent oder schwach resistent.

Summary

Resistance in the Gatersleben barley and wheat collection. 29. Testing of barley for reaction to barley mild mosaic virus (BaMMV), barley yellow mosaic virus (BaYMV), *Drechslera teres* (SACC.) SHOEM. and *Puccinia hordei* OTTH.

Plants of 175 winter barley accessions (land-races and cultivars) were tested for their reactions to barley mild mosaic virus (BaMMV) and barley yellow mosaic virus (BaYMV). 9 accessions showed resistance to both of these viruses (table 2). Three of the 9 virus resistant barleys have also a low degree of resistance to net blotch *(Drechslera teres)* while all 9 accessions are susceptible to leaf rust *(Puccinia hordei)* (table 2). The reactions of previously described 16 virus resistant barley accessions to net blotch and leaf rust are compiled in table 3. Most of them are more or less resistant to net blotch.

Краткое содержание

Резистентные свойства ячменя и пшеницы из гатерслебенской коллекции 29. Проверка ячменей на их поражаемость мягким ячменным мозаичным вирусом (barley mild mosaic virus, BaMMV, ячменным вирусом желтой мозаики (barley yellow mosaic virus, BaYMV), *Drechslera teres* (SACC.) SHOEM. и *Puccinia gordei* OTTH

Из 175 исследованных озимых ячменей 9 оказались резистентными на их восприимчивость к мягкому ячменному мозаичному вирусу (barley mild mosaic virus, BaMMV) и к ячменному вирусу желтой мозаики (barley yellow mosaic virus, BaYMV). Три из этих 9 вирус-резистентных ячменей кроме того показали слабую резистенцию на их восприимчивость к *Drechslera teres.* Однако все 9 сорта ячменя были не стойкими на их восприимчивость к *Puccinia hordei.* Из этих 16 раннее описанных вирусрезистентных озимых ячменей реагировало большинство резистентно или слабо резистентно на их восприимчивость к *D. teres.*

Literatur

FRIEDT, W., B. FOROUGHI-WEHR und W. HUTH, 1983: Züchtung auf Gelbmosaikvirus-Resistenz der Wintergerste. – Vorträge für Pflanzenzüchter **3**, 169–179.

GERLACH, D., H. HARTLEB und U. WALTHER, 1985: Beziehungen zwischen der Feldresistenz der Sommergerste gegen *Puccinia hordei* Otth und der Infektionsfrequenz oder Latenzperiode an jungen Pflanzen. – Arch. Phytopathol. Pflanzenschutz **21**, 481–488.

HARTLEB, H. und U. MEYER, 1988: Reaktion der Sommergerstensorte 'Zenit' gegen 3 Isolate von *Drechslera teres* (Sacc.) Shoem. – Arch. Phytopathol. Pflanzenschutz **24**, 173–175.

HUTH, W., 1988: BaYMV and BaYMV-M–two different viruses or strains of one virus? –Abstr. 5th Conf. Virus Diseases Gramineae in Europe, S. 40.

PROESELER, G., H. HARTLEB, D. KOPAHNKE und CHR. O. LEHMANN, 1988: Resistenzeigenschaften im Gersten- und Weizensortiment Gatersleben. 27. Prüfung von Gersten auf ihr Verhalten gegenüber Gerstengelbmosaik-Virus (barley yellow mosaic virus), *Drechslera teres* (Sacc.) Shoem. und *Puccinia hordei* Otth. – Kulturpflanze **36**, 369–376.

– und H. KEGLER, 1987: Methoden der Resistenzprüfung von Wintergerste gegen das Gerstengelbmosaik-Virus. – Arch. Züchtungsforschung **17**, 265–270.

– und CHR. O. LEHMANN, 1986: Resistenzeigenschaften im Gersten- und Weizensortiment Gatersleben. 25. Prüfung von Gersten auf ihr Verhalten gegenüber Gerstengelbmosaik-Virus (barley yellow mosaic virus). – Kulturpflanze **34**, 241–248.

PROESELER, G. und CHR. O. LEHMANN, 1987: Resistenzeigenschaften im Gersten- und Weizensortiment Gatersleben. 26. Prüfung von Gersten auf ihr Verhalten gegenüber Gerstengelbmosaik-Virus (barley yellow mosaic virus). – Kulturpflanze **25**, 195–201.

Prof. Dr. sc. G. PROESELER
Dr. sc. H. HARTLEB
Dr. D. KOPAHNKE
Institut für Phytopathologie Aschersleben
der Akademie der
Landwirtschaftswissenschaften der DDR
Theodor-Roemer-Weg 4
Aschersleben
DDR - 4320

Dr. CHR. O. LEHMANN
Zentralinstitut für Genetik und
Kulturpflanzenforschung
der Akademie der
Wissenschaften der DDR
Corrensstraße 3
Gatersleben
DDR - 4325

Kulturpflanze 37 · 1989 · 155–161

Resistenzeigenschaften im Gersten- und Weizensortiment Gatersleben 28. Prüfung von Gersten auf ihr Verhalten gegenüber den Blattlausarten *Rhopalosiphum padi* (L.) und *Macrosiphum (Sitobion) avenae* (F.)

KLAUS GEISSLER[1], GERHARD PROESELER[1] und CHRISTIAN O. LEHMANN

(Eingegangen am 17. Januar 1989)

Zusammenfassung

Unter den geprüften Saatgersten (*Hordeum vulgare* L.) wurden sechs Muster mit Resistenz gegen *Rhopalosiphum padi* (L.) – Resistenz-Indices 4,45 bis 10,10 – und sieben Muster mit Resistenz gegen *Macrosiphum (Sitobion) avenae* (F.) – Resistenz-Indices 3,20 bis 8,00 – gefunden. Mit *Hordeum turkestanicum* NEVSKI und *H. bogdani* WILENSKI – Resistenz-Indices gegen *R. padi* 8,45 bzw. 4,96, gegen *M. avenae* 8,09 bzw. 3,47 – konnten zwei Arten mit Resistenzeigenschaften gegen beide Aphidenarten gefunden werden.

Einleitung

Das verstärkte Auftreten des Gerstengelbverzwergungs-Virus (barley yellow dwarf virus, BYDV) seit der Vegetationsperiode 1982/83 in Wintergerstenbeständen in der DDR (PROESELER et al. 1984) gab Veranlassung, alle gegen die Ausbreitung dieser Krankheit anwendbaren Verfahren zu erwägen und hinsichtlich ihrer Anwendungsmöglichkeiten und Effektivität zu prüfen. Zu der Suche nach virusresistenten Gersten (HAASE 1986) und der chemischen Bekämpfung der als Vektoren in Betracht kommenden Blattlausarten *Rhopalosiphum padi* (L.), *Macrosiphum (Sitobion) avenae* (F.) und *Rhopalosiphum maidis* (FITCH) (GEISSLER et al. 1987) kam die Prüfung von *Hordeum*-Arten auf ihre Eignung als Wirtspflanzen für diese Aphiden bzw. das Vorkommen von Blattlaus- und besonders von Vektorresistenz.

Zur Resistenz von Gersten gegen *R. padi* als Direktschädling oder als Vektor des BYDV liegen Untersuchungen aus Kanada (HSU und ROBINSON 1962, 1963), Großbritannien (A'BROOK und DEWAR 1977) und Schweden (WEIBULL 1987) vor. In dieser Arbeit wird über Untersuchungsergebnisse zum Resistenzniveau von Gersten aus der Gaterslebener Kollektion gegen *R. padi* und *M. avenae* berichtet.

[1] Institut für Phytopathologie Aschersleben der Akademie der Landwirtschaftswissenschaften der DDR

Material und Methoden

Es wurden 50 Sippen von Gerstenwildarten und der Saatgerste aus der Gaterslebener Kollektion geprüft. Darunter befanden sich 26 Sippen, die gegenüber dem Gerstengelbmosaik-Virus (barley yellow mosaic virus, BaYMV) resistent waren (Proeseler und Lehmann 1986, 1987), und 9 Sippen, die sich als Nichtwirte für das BaYMV erwiesen hatten (Proeseler 1988).

Die Anzucht der Einzelpflanzen für die Prüfung erfolgte in Tontöpfen von 8 cm Durchmesser. Nach der Entwicklung des 2. Laubblattes wurden sie mit 5 apteren Weibchen von *R. padi* oder *M. avenae* besiedelt. Die Tiere stammten aus der Blattlauszucht des Institutes für Phytopathologie Aschersleben der AdL der DDR. Die Zahl der Nachkommen unter Gewächshausbedingungen wurde eine Woche nach Versuchsbeginn ermittelt. Der in jedem Versuch mitgeprüfte Standard war die Sorte 'Erfa'. Von jeder Prüfnummer standen 50 Einzelwerte zur Verfügung. Zur besseren Vergleichbarkeit wurden die Zahlen für die Nachkommenschaften in Resistenz-Indices transformiert, und der Resistenz-Index der Sorte 'Erfa' mit 1,00 festgesetzt. Die statistische Verrechnung der Ergebnisse erfolgte mit dem Dunnett-Test.

Ergebnisse

Etwa 3000 Pflanzen wurden untersucht. Die Ergebnisse sind in der Tabelle zusammengestellt. Bei sechs Mustern wurden Resistenz-Indices zwischen 4,45 und 10,10 für *R. padi* ermittelt; bei sieben Nummern lagen diese Werte für *M. avenae* zwischen 3,20 und 8,00. Bei sechs Sippen bestätigte sich in unseren Versuchen die von Hsu und Robinson (1962, 1963) festgestellte äußerst schwache Anfälligkeit gegenüber *R. padi* nicht. Bezogen auf 'Erfa' bewegten sich die entsprechenden Resistenz-Indices zwischen 0,98 und 1,51. Diese sechs Sippen sind 'Abyssinian' C. I. 2376, C. I. 3906-1, 'Colsess'' C. I. 2792, 'Galore' C. I. 7150, 'Rojo' C. I. 5401 und C. I. 5819.

Bedeutungsvoll erscheint, daß mit *Hordeum turkestanicum* Nevski und *H. bogdani* Wilenski zwei Arten gefunden werden konnten, die neben ihrer Nichteignung als Wirt für das BaYMV (Proeseler 1988) offensichtlich Resistenzeigenschaften gegen *R. padi* und *M. avenae* besitzen. Ihre Resistenz-Indices unterscheiden sich signifikant gegenüber denen von 'Erfa'. Bei *H. bogdani* fand auch Weibull (1987) eine hohe Resistenz gegenüber *R. padi*, bei *H. turkestanicum* dagegen nur eine mittlere Widerstandsfähigkeit; mit *M. avenae* wurden von ihm keine Untersuchungen durchgeführt.

Diskussion

Aus den Ergebnissen dieser Gewächshausprüfungen ergibt sich, daß Sippen mit teilweise beachtlichen Resistenz-Indices entweder gegenüber *R. padi* oder *M. avenae* bei den untersuchten Gersten vorkommen. Mit *Hordeum turkestanicum* und *H. bogdani* wurden außerdem zwei Arten mit Widerstandsfähigkeit gegenüber den beiden Aphidenarten gefunden. Die äußerst schwache Vermehrung der Blattläuse auf ihnen, verbunden mit deren nachgewiesener Nichteignung als Wirt für das BaYMV lassen diese Gersten für den Züchter interessant werden. Es sollten aber auch die nur gegenüber einer der Blattlausarten als wider-

Tabelle
Wirtspflanzeneignung von Gersten für *Rhopalosiphum padi* (L.) und *Macrosiphum avenae* (F.)
Anzahl der Wiederholungen: $n = 50$

Sortiments-nummer Gatersleben	Morphologische Gruppe	Sorte/Herkunft	Sommer-Winter-Form	Resistenz-Index *R. padi*	*M. avenae*
GRA 878	*H. murinum* L. (N)			2,55	1,29
GRA 876	*H. turkestanicum* NEVSKI (N)			8,48**	8,09**
GRA 875	*H. brevisubulatum* (TRIN.) LINK (N)			4,85*	2,67
GRA 599	*H. nodosum* L. (N)			2,53	1,29
GRA 647	*H. bogdani* WILENSKI (N)			4,96*	3,47*
GRA 801	*H. maritimum* WITH. (W)			1,32	0,19
GRA 890	*H. marinum* HUDS. (?)			1,22	0,47
GRA 615	*H. violaceum* BOISS. et HUET. (N)			7,72**	2,97
GRA 644	*H. jubatum* L. (N)			10,10**	2,97
GRA 607	*H. bulbosum* L. (2×) (N)			8,65**	1,24
GRA 605	*H. bulbosum* L. (4×) (N)			4,45*	2,62
GRA 1000	*H. chilense*? (N)			7,80**	1,23
HOR 3897	*H.* × *laguncaliforme* (BACHT.) BACHT. ex NIKIF.	Turkmenische SSR	So	3,24	1,50
	H. vulgare L. convar. *deficiens* (STEUD.) MANSF.				
HOR 2035	var. *subdupliatrum* KÖRN.	Inst. Acker- u. Pflanzenbau, Weihenstephan	So	0,85	1,40
HOR 4817	var. *triceros* KÖRN.	'Gaffel', Dänemark	So	0,57	1,52
	convar. *distichon* ALEF.				
HOR 1506	var. *dupliatrum* KÖRN.	Äthiopien, EP. 80	So	0,63	5,45*
HOR 2551	var. *nigrinudum* (VAV.) MANSF.	Äthiopien, Ab. 1102	So	0,78	1,62
HOR 4554	var. *nudifurcatum* (REGEL) MANSF.	UdSSR Kat. VIR:20245	So	0,79	1,10
HOR 3790	var. *nutans* (RODE) ALEF.	'Stankas Frühgerste' Biol. Bundesanst. Braunschhweig, BBA: 1338	So	0,86	1,43
HOR 871	var. *nutans* (RODE) ALEF.	Anatolien	So	1,20	2,44
	convar. *vulgare*				
HOR 3648	var. *aethiops* KÖRN.	'Schwarze Gabelgerste'	So	0,86	0,68
HOR 2911	var. *afghanicum* VAV.	Bot. Gart. Reading	So	1,20	0,97
HOR 4413	var. *asiaticoides* MANSF.	'Eremo', Sort. Beltsville: C. I. 1014, Indien	So	1,03	0,86
HOR 9546	var. *brevisetum* REGEL	Japan, Sort. Beltsville: C. I. 9408	So	0,75	0,88
HOR 2612	var. *chinense* (VAV. et ORL.) MANSF.	'Marett Awnless'	So	1,48	1,02
HOR 2899	var. *compactum* (KÖRN.) MANSF.	Frankreich Sort. Gembloux	So	1,62	0,68

Fortsetzung Tabelle

Sortiments-nummer Gatersleben	Morphologische Gruppe	Sorte/Herkunft	Sommer-Winter-Form	Resistenz-Index *R. padi*	*M. avenae*
HOR 9508	var. *glabriparallelum* (ORL.) MANSF.	Sort. Beltsville: C. I. 5276	So	1,90	1,95
HOR 1530	var. *hadaka* (VAV. et ORL.) MANSF.	Tibet 1938/39: Ti 126	So	0,72	0,64
HOR 3866	var. *himalayense* (RITT.) KÖRN.	'Lyallpur 3645' Pfl.-Zuchtstat. Halle/Saale	So	0,93	1,25
HOR 304	var. *hybernum* VIB.	'Ragusa 34–40' Pfl.-Zuchtstat. Halle/Saale	So	0,55	1,47
HOR 2342	var. *leiorrhynchum* KÖRN.	Sort. E. SCHIEMANN, Berlin-Dahlem	So	0,87	0,99
HOR 3100	var. *nuditonsum* (KÖRN.) MANSF.	'Golozernij GB-18' UdSSR	So	0,53	0,95
HOR 1430	var. *schimperianum* KÖRN.	Äthiopien, E. P. 82	So	1,10	0,80
HOR 2395	var. *subnudipyramidatum* (ORL.) MANSF.	'Chinko No. 1' Japan	So	0,92	0,99
HOR 2573	var. *subviolaceum* KÖRN.	Äthiopien, Ab. 1125	So	0,58	1,22
HOR 1570	var. *tibetanum* (VAV. et ORL.) MANSF.	Tibet 1938/39: Ti 178	So	1,72	2,82
HOR 776	var. *trifurcatum* (SCHLECHT.) WENDER.	Sort. R. FREISLEBEN, Halle/Saale	So	2,61	1,14
Gersten von HSU und ROBINSON (1962, 1963)					
	convar. *deficiens* (STEUD.) MANSF.				
HOR 5064	var. *deficiens*	'Abyssinian' C. I. 2376 Sort. Beltsville – Äthiopien	So	1,02	4,15*
HOR 5138	var. *deficiens*	'Abyssinian' C. I. 4219 Sort. Beltsville – Äthiopien	So	0,86	1,56
HOR 5198	var. *deficiens*	C. I. 4361 Sort. Beltsville – Äthiopien	So	0,64	1,90
	convar. *distichon* ALEF.				
HOR 3928	var. *nutans* (RODE) ALEF.	'Compana' Sort. Beltsville: C. I. 5438	So	0,80	1,42
	convar. *vulgare*				
HOR 5085	var. *hybernum* VIB.	C. I. 3208-1 Sort. Beltsville – Äthiopien	So	0,82	2,95
HOR 5088	var. *hybernum* VIB.	C. I. 3208-4 Sort. Beltsville – Äthiopien	So	1,38	1,67
HOR 5014	var. *hybernum* VIB.	C. I. 3906-1 Sort. Beltsville – Äthiopien	So	0,78	6,59**

Fortsetzung Tabelle

Sortiments-nummer Gatersleben	Morphologische Gruppe	Sorte/Herkunft	Sommer-Winter-Form	Resistenz-Index *R. padi*	*M. avenae*
HOR 2759	var. *hybernum* VIB.	'Peatland' Sort. Beltsville: C. I. 5267	So	1,40	1,62
–	–	'Colsess' Sort. Beltsville: C. I. 2792	So	0,92	6,22**
HOR 1991	var. *rikotense* REGEL	'Galore' Sort. Ottawa, Kanada	So	0,88	3,73*
HOR 5015	var. *rikotense* REGEL	'Rojo' Sort. Beltsville: C. I. 5401	So	0,88	3,20*
HOR 5264	var. *subviolaceum* KÖRN.	C. I. 5819 Sort. Beltsville – Äthiopien	So	0,82	8,00**

*: gesichert mit einer Irrtumswahrscheinlichkeit von $\alpha = 5\ \%$
**: gesichert mit einer Irrtumswahrscheinlichkeit von $\alpha = 1\ \%$
(W): Wirt für das BaYMV
(N): Kein Wirt für das BaYMV

standsfähig charakterisierten Sippen in entsprechende Überlegungen einbezogen werden.

Die teilweise von anderen Befunden (HSU und ROBINSON 1962, 1963) abweichenden Ergebnisse legen es nahe, die unter diesen Bedingungen erhaltenen Werte über die Widerstandsfähigkeit von Kulturpflanzen gegen tierische Schädlinge nicht ohne Überprüfung zu übernehmen.

Die vorliegenden Ergebnisse lassen sich wohl in erster Linie als Manifestierung einer Blattlausresistenz interpretieren. Der Aspekt einer Vektorresistenz dürfte als gegeben angenommen werden, wenn man berücksichtigt, daß zum Zeitpunkt der Infektion der Wintergerste mit dem BYDV im Herbst selten die für eine hohe Blattlausvermehrung optimalen Witterungsbedingungen gegeben sind.

Für die gewissenhafte Durchführung der Versuche danken wir Frau J. MÜLLER und Frau CHR. HOPPE; für die statistische Verrechnung der Ergebnisse möchten wir Herrn Dipl.-Math. U. MEYER danken.

Summary

Resistance in the Gatersleben barley and wheat collection. 28. Reaction of barleys to cereal aphids *Rhopalosiphum padi* (L.) and *Macrosiphum (Sitobion) avenae* (F.)

Among the tested barleys (*Hordeum vulgare* L.) six of the accessions showed resistance to *Rhopalosiphum padi* (L.) – resistance-indices from 4.45 to 10.0– and seven to *Macrosiphum (Sitobion) avenae* (F.)–resistance-indices from 3.20

to 8.00. The species *Hordeum turkestanicum* NEVSKI and *H. bogdani* WILENSKI–resistance-indices to *R. padi* 8.45 and 4.96, respectively–and to *M. avenae* 8.09 and 3.47, respectively–showed resistance characters to both of the aphids.

Краткое содержание

Резистентные свойства ячменей и пшениц гатерслебенской коллекции.
28. Проверка ячменей на их поведение по отношению в видам тлей *Rhopalosiphum padi* (L.) и *Macrosiphum (Sitobion) avenae* (F.)

Среди исследованных сортов ячменя (*Hordeum vulgare* L.) шесть образцов имели резистенцию на восприимчивость к *Rhopalosiphum padi* (L.) – с показателями резистенции от 4,45 до 10,10; и семь образцов имели резистенцию на восприимчивость к *Macrosiphum (Sitobion) avenae* (F.) – с показателями резистенции от 3,20 до 8,00. У видов *Hordeum turkestanicum* Nevski и *H. bogdani* Wilenski (с показателями резистенции против *R. padi* 8,45 и соответственно 4,96, против *M. avenae* 8,09 и соответственно 3,47) были найдены резистентные свойства на восприимчивость к обоим видам афидий.

Literatur

A'BROOK, J., and A. M. DEWAR, 1977: Evaluation of different screening techniques for testing resistance in barley to cereal aphids. Report 1st meeting of EUCARPIA working group breeding for resistance to insects and mites 1976 at Wageningen. – WPRS Bull. **1977/3**, 31–35.

GEISSLER, K., R. FRITZSCHE, B. MEYER, P. MATTHES und H.-J. SCHUBERT, 1987: Bürocomputerprogramm zur Einschätzung des Gefährdungsgrades von Wintergerstenbeständen durch das Gerstengelbverzwergungs-Virus als Entscheidungshilfe für die Vektorbekämpfung. – Feldwirtschaft **28**, 108–110.

HAASE, D., 1986: Beiträge zur Analyse, Diagnose und Bekämpfung der Gerstengelbverzwergung in der Deutschen Demokratischen Republik. – Akad. d. Landwirtschaftswissenschaften d. DDR, Diss. A, 165 S.

HSU, SZE-JIH, and A. G. ROBINSON, 1962: Resistance of barley varieties to the aphid *Rhopalosiphum padi* (L.). – Canad. J. Plant Sci. **42**, 247–251.

–, –, 1963: Further studies on resistance of barley varieties to the aphid *Rhopalosiphum padi* (L.). – Canad. J. Plant Sci. **43**, 343–348.

PROESELER, G., 1988: Wirts- und Nichtwirtspflanzen des Gerstengelbmosaik-Virus (barley yellow mosaic virus). – Arch. Phytopathologie Pflanzenschutz **24**, 267–272.

–, D. HAASE und A. BANNEICK, 1984: Schlußfolgerungen aus dem Auftreten des Gerstengelbverzwergungs-Virus von 1982 bis 1984 in der DDR. – Nachrichtenbl. Pflanzenschutz DDR **38**, 199–200.

–, und CHR. O. LEHMANN, 1986: Resistenzeigenschaften im Gersten- und Weizensortiment Gatersleben. 25. Prüfung von Gersten auf ihr Verhalten gegenüber Gerstengelbmosaik-Virus (barley yellow mosaic virus). – Kulturpflanze **34**, 241–248.

–, –, 1987: – 26. Prüfung von Gersten auf ihr Verhalten gegenüber Gerstengelbmosaik-Virus (barley yellow mosaic virus). – Kulturpflanze **35**, 195–201.

WEIBULL, J., 1987: Screening for resistance against *Rhopalosiphum padi* (L.). 2. *Hordeum* species and interspecific hybrids. – Euphytica **36**, 571–576.

Dr. K. Geissler
Prof. Dr. sc. G. Proeseler
Institut für Phytopathologie Aschersleben der Akademie der Landwirtschaftswissenschaften der DDR
Theodor-Roemer-Weg 4
Aschersleben
DDR - 4320

Dr. Chr. O. Lehmann
Zentralinstitut für Genetik und Kulturpflanzenforschung der Akademie der Wissenschaften der DDR
Corrensstraße 3
Gatersleben
DDR - 4325

Kulturpflanze 37 · 1989 · 163–176

A compendium of reciprocal intervarietal translocations in hexaploid wheat

G. SCHLEGEL and R. SCHLEGEL

(Eingegangen am 30. Januar 1989)

Summary

Hexaploid wheat varieties are often differentiated by reciprocal translocations. The chromosomes involved are frequently identified after crossing and F_1 analysis. The hybrids show in meiosis multivalent configurations of 1^4, 2^4, 3^4, 1^6, 1^8, 1^4+1^6, and 2^4+1^6 with different frequencies. For several studies the knowledge about interchanges is required. Therefore, a list was compiled summarizing available data from 270 wheat combinations on the presence and number of translocations, on configurations observed and on chromosomes involved.

Introduction

Wheat varieties are often differentiated by structural changes of the genome such as reciprocal translocations, deletions, inversions, duplications or heterochromatin polymorphisms. The chromosomes involved in translocations are frequently identified after crossing and F_1 analysis. The critical hybrids show multivalent interchange configurations with different frequencies per pollen mother cell. Meanwhile, there are quite a number of cultivars in hexaploid wheat characterized by the presence of reciprocal translocations and/or their absence. Nevertheless, in just a few of them the chromosomes are verified which are involved in the interchange

For monosomic analysis, chromosome identification, identity proof of a variety and for several other studies the knowledge about interchanges is required.

A compiled list, therefore, was prepared summarizing available data on the presence and number of translocations, on configurations and chromosomes involved in the interchange as well as on the origin of the material.

The nomenclature for types of translocated chromosomes follows KOEBNER and MILLER (13). As far as indicated the origin of the varieties/strains is included in this paper related to the country code which is listed below. The pairs of critical varieties were arranged alphabetically, each pair starting with the lowest letter of one of the both cultivars. Although in some combinations several types of interchanges were found, possibly introduced by different genotypes/karyotypes of the population, they all were considered but separated by a comma. On the other hand, combinations with more than one interchange in a given hybrid are characterized by the types of association connected with a plus sign (+).

Nationality Code

AFG	Afghanistan	KEN	Kenya
AGL	Angola	KOR	Korea
ALB	Albania	LBN	Lebanon
ALG	Algeria	LSO	Lesotho
ARG	Argentina	LBY	Libya
AUS	Australia	MAR	Marocco
AZR	Azores	MDG	Madagascar
BEL	Belgium	MEX	Mexico
BGD	Bangladesh	NER	Niger
BGR	Bulgaria	NGA	Nigeria
BOL	Bolivia	NDL	Netherlands
BRA	Brazil	NOR	Norway
CAN	Canada	NPL	Nepal
CHL	Chile	NZL	New Zealand
CHN	China	OST	Austria
CNR	Canary Islands	PAK	Pakistan
COL	Columbia	PER	Peru
CSK	Czechoslowakia	PHI	Philippines
CYP	Cyprus	POL	Poland
DDR	German Dem Rep	PRY	Paraguay
DNK	Denmark	ROM	Romania
ECU	Ecuador	SAU	Saudi Arabia
EGY	Egypt	SCH	Switzerland
EIR	Ireland	SDN	Sudan
ESP	Spain	SIM	Simbabwe
ETH	Ethiopia	SWE	Sweden
FIN	Finland	SYR	Syria
FRA	France	TAN	Tanzania
FRG	Fed Rep Germany	TCD	Chad
GBR	Great Britain	TUN	Tunesia
GRC	Greece	TUR	Turkey
GTM	Guatemala	TWN	Taiwan
HUN	Hungary	URU	Uruguay
IND	India	USA	USA
IRN	Iran	USS	USSR
IRQ	Iraq	VEN	Venezuela
ISL	Israel	YEM	Yemen
ITA	Italy	YUG	Yugoslavia
JOR	Jordan	ZAF	South Africa
JPN	Japan	ZAI	Zaire

Variety considered	Origin	Number of Transl.	Chromosomes/arms involved	Reference
AF 59 223	BEL			
to				
Chinese Spring	CHN	1[4]		30
Ai-bian 1	CHN			
to				
Chinese Spring	CHN	1[4]		20
Aida	FRA			
to				
Chinese Spring	CHN	1[4]		30
Alecedo	DDR			
to				
Chinese Spring	CHN	1[4]	6Bp. 7Bp	32
Alonso Pena 113	ESP			
to				
Alonso Pena 114	ESP	1[4]		7
Alonso Pena 115	ESP	1[4]		7
Alonso Pena 116	ESP	2[4]		7
Alonso Pena 117	ESP	1[4]		7
Alonso Pena 118	ESP	2[4]	4Aq/?; ?/?	7
Alonso Pena 119	ESP	1[4]		7
Alonso Pena 120	ESP	1[4]		7
Alonso Pena 121	ESP	1[4]	4Aq/?	7
Alonso Pena 122	ESP	1[4]		7
Chinese Spring	CHN	2[4]	6Aq/6Bq; 3Bp/5Bp	7
Alonso Pena 114	ESP			
to				
Alonso Pena 115	ESP	2[4]	1Aq/?; ?/?	7
Alonso Pena 116	ESP	2[4]	1Aq/?; 4Aq/?	7
Alonso Pena 117	ESP	2[4]	1Aq/?; 4Aq/?	7
Alonso Pena 118	ESP	1[4]		7
Alonso Pena 119	ESP	2[4]		7
Alonso Pena 120	ESP	2[4]	1Aq/?; 1Bq/6Bp	7
Alonso Pena 121	ESP	2[4]	1Aq/?; ?/?	7
Alonso Pena 122	ESP	2[4]		7
Chinese Spring	ESP	2[4]	1Aq/?; 3Dq/4Dp	7
Alonso Pena 119	ESP			
to				
Alonso Pena 116	ESP	1[4]		7
Alonso Pena 117	ESP	1[4]		7

Variety considered	Origin	Number of Transl.	Chromosomes/arms involved	Reference
Alonso Pena 118	ESP	2[4]		7
Alonso Pena 120	ESP	1[4]		7
Alonso Pena 122	ESP	1[4]		7
Chinese Spring	CHN	1[4]		7
April Bearded	GBR			
to				
Chinese Spring	CHN	1[4]		27
Aradi	ESP			
to				
Chinese Spring	CHN	1[4]		35
Aragon 3	ESP			
to				
Chinese Spring	CHN	1[4]		35
Ardent	FRA			
to				
Chinese Spring	CHN	1[4]		30
Ariana 8	ALG			
to				
Chinese Spring	CHN	1[4]		12, 35
Ariana 66	TUN			
to				
Chinese Spring	CHN	1[4]		30
Aster	FRA			
to				
Chinese Spring	CHN	1[4]		30
Atlas 66	USA			
to				
Chinese Spring	CHN	0		30
Poros	DDR	1[4]		21
Atys	FRA			
to				
Chinese Spring	CHN	1[4]		30
Aureo 23	ESP			
to				
Chinese Spring	CHN	1[4]		35
Azteka	MEX			
to				
Chinese Spring	CHN	1[6]		21
Poros	DDR	1[6]		21

Variety considered	Origin	Number of Transl.	Chromosomes/arms involved	Reference
Bersee	FRA			
to				
Chinese Spring	CHN	1^{4}	5B/7B	17, 18
Bezostaja 1	USS			
to				
Cappelle Desprez	FRA	2^{4}	5B/7B; 3B/3D	24
Chinese Spring	CHN	0		18
Chinese Spring	CHN	1^{4}		30
Grana	POL	2^{4}	3B/3D; 7B/2D	24, 25
Blaukorn	FRG			
to				
Chinese Spring	CHN	1^{4}		23
Bocquian	FRA			
to				
Chinese Spring	CHN	0		30
Boulmiche	FRA			
to				
Chinese Spring	CHN	1^{4}	5Bp/7Bp	37
Cabezorro	ESP			
to				
Cabezorro 2	ESP	1^{4}		35
Canaleja	ESP	3^{4}		35
Candeal de Castilla	ESP	1^{6}		35
Candeal de Teruel	ESP	3^{4}		35
Caspino 4	ESP	1^{6}		35
Chinese Spring	CHN	1^{4}		35, 37
Florence Aurore	TUN	2^{4}		35
Roma	ITA	2^{4}, 1^{0}		35
San Bruno	ITA	1^{6}		35
Cabezorro 2	ESP			
to				
Canaleja	ESP	$2^{4}+1^{6}$		35
Candeal de Teruel	ESP	3^{4}		35
Caspino 4	ESP	2^{4}, 1^{6}		35
Chinese Spring	CHN	1^{4}, 2^{4}		35
Florence Aurore	TUN	2^{4}, 1^{6}		35
Mara	ITA	2^{4}, 1^{6}		35
Mentana	ITA	$1^{4}+1^{6}$		35
Roma	ITA	1^{8}		35
San Bruno	ITA	$1^{4}+1^{6}$		35
Yaktana	MEX	1^{8}		35

Variety considered	Origin	Number of Transl.	Chromosomes/arms involved	Reference
Calatrava	ESP			
to				
Chinese Spring	CHN	0		37
Chinese Spring	CHN	1^4		35
Canaleja	ESP			
to				
Candeal de Castilla	ESP	3^4		35
Candeal de Teruel	ESP	3^4, 1^4+1^6		35
Caspino 4	ESP	2^4, 1^6		35
Chinese Spring	CHN	2^4	4Aq/3Dq; 5Bp/7Bp	36, 37
Florence Aurore	TUN	3^4		35
Mara	ITA	3^4		35
Mentana	ITA	2^4, 1^6		35
Roma	ITA	2^4		35
San Bruno	ITA	3^4		35
Yaktana	MEX	2^4, 1^6		35
Candeal de Castilla	ESP			
to				
Candeal de Teruel	ESP	1^4+1^6		35
Caspino 4	ESP	2^4		35
Chinese Spring	CHN	1^4		35
Florence Aurore	TUN	1^4		35
Mara	ITA	1^4		35
Mentana	ITA	1^4		35
Roma	ITA	2^4, 1^6		35
San Bruno	ITA	2^4		35
Yaktana	MEX	1^4		35
Candeal de Teruel	ESP			
to				
Caspino 4	ESP	1^4+1^6		35
Chinese Spring	CHN	2^4		35
Chinese Spring	CHN	1^4		37
Florence Aurore	TUN	1^4, 1^6		35
Mara	ITA	0		35
Roma	ITA	2^4+1^6		35
Yaktana	MEX	2^4+1^6		35
Cappelle Desprez	FRA			
to				
Chinese Spring	CHN	2^4	3B/3D; 5Bq/7Bq	15, 27
Grana	POL	3^4	3B/3D; 5B/7B; 7B/2D	24
Poros	DDR	1^4+1^6		21

Variety considered	Origin	Number of Transl.	Chromosomes/arms involved	Reference
Sava	YUG	2[4]	3B/3D; 5B/7B	24
Starke	SWE	2[4]	7A/7D; 5B/7B	15
Capest	FRA			
to				
Chinese Spring	CHN	1[4]		30
Capnord	FRA			
to				
Chinese Spring	CHN	1[4]		30
Caribo	FRG			
to				
Chinese Spring	CHN	1[4]	5B/7B	5
Carola	DDR			
to				
Chinese Spring	CHN	0		3
Cascon	FRA			
to				
Chinese Spring	CHN	1[4]		35
Caspino 4	ESP			
to				
Chinese Spring	CHN	1[4]		35, 37
Florence Aurore	TUN	2[4]		35
Mara	ITA	2[4]		35
Mentana	ITA	2[4]		35
Roma	ITA	2[4]		35
San Bruno	ITA	1[4]		35
Cato	NDL			
to				
Chinese Spring	CHN	0		30
Cheyenne	USA			
to				
Chinese Spring	CHN	0		29
Chinese Spring	CHN			
to				
Cierzo	ESP	1[4]	5Bp/7Bp	37
Dacia	ROM	1[4]		30
Delphin	DDR	1[4]		30
Diamant 2	SWE	0		18
Diamant 2	SWE	2[4]	6B/1D; 6D/7D	9

Variety considered	Origin	Number of Transl.	Chromosomes/arms involved	Reference
Dimas	?	1[4]		35
Domus	FRG	1[4]		30
Dunav	YUG	0		30
Eligulate	USS	1[6]	4A/6A/7B	2
Elysee	FRA	2[4]		30
Erythrospermum	USS	1[4]		30
Favorit	ROM	0		18
Favorit	ROM	1[4]		30
Flambar	ESP	1[4]	6Bq/?	37
Florence Aurore	TUN	1[4]		35
G 38 290	GRC	0		7
Gaines	USA	1[4]		21
Galba	FRG	1[4]		30
Gaudenz	FRG	1[4]		30
Glennson	?	0		18
Grana	POL	1[4]	7B/2D	18, 24
Had. 36159/69	DDR	1[4]		30
Had. 1673/80	DDR	1[4]		31
Had. 4001/84	DDR	1[4]	5Bp.7Bp	31
Had. 4116/84	DDR	2[4]		31
Had. 7400/85	DDR	0		31
Hebros	BGR	0		30
Heima	FRA	2[4]		30
Hembrilla de Jaca	ESP	1[4]		35
Hembrilla de Jaca	ESP	2[4]	3Bq/?; ?/?	37
Hinal	SCH	1[4]		30
Hohenthurm 8181/70	DDR	0		30
Hohenthurm 7731/71	DDR	1[4]		30
Hohenthurm 8836/64	DDR	0		30
Hohenthurm 12106/57	DDR	0		30
Hohenthurm 27391/68	DDR	1[4]		30
Holdfast	GBR	1[4]	3B/3D	18, 27
Hybride du Joncquois	FRA	2[4]	3B/3D; 5B/7B	17
Iljitschjewka	USS	0		30
Indian	USA	1[4]	3B/7B	33
Inia 660.19	MEX	0		21
Iva	POL	1[4]		30
J 1	AUS	0		37
J 1	AUS	1[4]		35
Janus	FRG	1[4]		30
Justin	USA	0		30
Klaven	NDL	1[4]		30
Koga II	FRG	1[4]	3B/3D	18

Variety considered	Origin	Number of Transl.	Chromosomes/arms involved	Reference
Kranich	FRG	0		30
Loosdorfer	OST	0		30
Luna	POL	0		18
Lundi	SIM	1[4]		30
Magdalena	ESP	1[4]		35, 37
Mara	ITA	0		18
Mara	ITA	1[4]		35
Maris Ensign	GBR	1[4]	7B/2D	16
Maris Hobbit 'sib'	GBR	1[4]	5B/7B	18
Maris Nimrod	GBR	1[4]		30
Maris Settler	GBR	0		30
Marne	FRA	1[4]		4
Matador	NLD	1[4]		37
Mayo 64	MEX	1[4]		30
Mentana	ITA	1[4]		35, 37
Michigan Amber	USA	1[4]		30
Milturum 553	USS	0		18
Mironovskaja 808	USS	1[4]		21
Mironovskaja 808	USS	2[4]	3A/3B; 1B/2D	18
Mironovskaja Jubl.	USS	1[4]		30
MM 7	?	1[4]		35
Moisson	FRA	1[4]		4
Norteno 67	MEX	1[4]		30
Novosadska Rana 1	YUG	0		18
Novostepnjachka	USS	0		18
NP 875	IND	0		30
NS 76-56	YUG	0		30
Opal	FRG	0		18
Oreol	ESP	1[4]	5Bp/7Bp	37
Orofen 60	CHL	1[4]		30
P 67-253	DNK	1[4]		30
P 67-256	DNK	0		30
Pane 247	ESP	1[4]		12, 35
Piamontes	ARG	1[4]		30
Pluto	DDR	1[4]		30
Poros	DDR	1[4]	7B/2D	21, 30
Poso	USA	1[4]	5Bp/7Bq	26, 33
Priboi	USS	0		18
Probus	SCH	2[4]	5B/7B; ?/?	18
Rannjaja 12	USS	1[4]	1B/2D	18
Rieti	ITA	1[4]		35
Roazon	FRA	1[4]	5B/7B	4
Robert	FRG	1[4]		30

Variety considered	Origin	Number of Transl.	Chromosomes/arms involved	Reference
Roma	ITA	2[4]		35
Rusalka	BGR	1[4]		30
S 615	AUS	2[4]	4A/6B; 2B/3B	27
S 1556	AUS	1[4]	5A/?	11
S 2303	NZL	1[4]	4A/1B	2
Saladin	DDR	0		21
San Bruno	ITA	1[4]		35
San Bruno	ITA	2[4]	2Bq/?; ?/?	37
Sanolika	IND	0		30
Sansa	ESP	2[4]	5Aq/?; ?/?	37
Saratovskaja 29	USS	0		18, 30
Saratovskaja 29	USS	2[4]	5A/1D; 3B/6B	10
Saratovskaja 210	USS	2[4]	6A/3D; 6A/7D	10
Saria	ESP	1[4]		35, 37
Sava	YUG	0		18
Siete Cerros	MEX	1[4]		37
Sin Tizon 35	ESP	1[4]		35
Solo	FRG	3[4]	2A/4D; 7A/7D; 5B/7B	1
Sonora	MEX	1[4]	3A/7B	2
Starke	SWE	2[4]	7Aq/7Dp; 2B/2D*	15, 19
Starke	SWE	3[4]	7A/7D; 2B/2D; 3B/3D	18
Starke 2	SWE	1[4]		30
Sur (V256)	IND	1[4]		27
Synthetic hexaploid	SWE	1[4]	6B/7D	16
Talento	ESP	1[4]	5Bp/7Bp	37
Thatcher	USA	1[4]	4A/6B	33
Tirgu Frumos	ROM	0		30
Tobari 66	MEX	1[4]		30
Toroma	ESP	2[4]	5Bq/?; ?/?	37
Traquejos	ESP	1[4]		35
Turpin 7	ZAF	0		30
V 12	CHN	1[4]		27
V 13	CHN	1[4]		27
Veka	FIN	1[4]		30
Vilmorin 27	FRA	1[4]	5B/7B	17, 34
VPM	FRA	1[4]	5B/7B	4
W 1007/53	FRG	2[4]	3A, 2B; ?/?	38
Wachtel	FRG	1[4]	1D/6D	28
Weibull	SWE	1[4]		30
Xelaju	MEX	1[4]		30
Yaktana	MEX	1[4]		35
Zipa 68	COL	1[4]		30
Zlatka	CSK	2[4]	5A/6D; 3D/5D	14

Variety considered	Origin	Number of Transl.	Chromosomes/arms involved	Reference
Florence Aurore	TUN			
to				
Mara	ITA	2[4]		35
Mentana	ITA	1[4]		35
Roma	ITA	2[4]		35
San Bruno	ITA	1[4]		35
Yaktana	MEX	2[4]		35
Gaines	USA			
to				
Poros	DDR	2[4]		21
Grana	POL			
to				
Sava	YUG	1[4]	7B/2D	24, 25
Inia	MEX			
to				
Poros	DDR	1[4]		21
Mara	ITA			
to				
Mentana	ITA	1[4]		35
Poros	DDR	1[4]		21
Roma	ITA	2[4]		35
San Bruno	ITA	2[4]		35
Yaktana	MEX	2[4]		35
Mentana	ITA			
to				
Roma	ITA	2[4], 1[6]		35
San Bruno	ITA	1[6]		35
Yaktana	MEX	1[4]		35
Mironovskaja 808	USS			
to				
Poros	DDR	2[4]		21
Poros	DDR			
to				
Saladin	DDR	1[4]		21
Roma	ITA			
to				
San Bruno	ITA	2[4], 1[6]		35
Yaktana	ESP	2[4]		35

Variety considered	Origin	Number of Transl.	Chromosomes/arms involved	Refarence
San Bruno	ITA			
to				
Yaktana	MEX	2^4		35

* 2B is a duplication deficiency chromosome carrying a duplicated part of chromosome 2D

The present study demonstrates, compared to other diploid and polyploid crop plants, the frequent occurrence of reciprocal translocations in common wheat. Among 270 combinations tested out of 171 varieties and strains about 50 % carry one translocation, 24 % two translocations, and 4 % three translocations. Configurations with 1^6 (3 %), 1^8 (1 %), 1^4+1^6 (2 %), and 2^4+1^6 (1 %) were also observed. Together with the variety 'Chinese Spring', generally used as the reference genome, only 15 % of the entries represent karyotypes without major structural changes. Except chromosome 4B (new 4A) all chromosomes of the A, B, and D genomes were concerned with interchanges. Among the three genomes of wheat the B genome was found to be included most frequently (56 %), followed by the D genome (25 %) and the A genome (19 %). Despite a secondary distribution of interchange events it seems that the chromosomes 3B (17 %), 5B (27 %), and 7B (35 %) are most involved, whereby the 5B/7B and 3B/3D associations are most common. Thus, intergenomic as well as intragenomic translocations must play an important role in the evolutionary process of the genus *Triticum*.

Zusammenfassung

Ein Kompendium reziproker Translokationen beim hexploiden Weizen

Sorten und Linien des hexaploiden Weizens unterscheiden sich sehr häufig durch die Präsenz reziproker chromosomaler Translokationen. Sie können in F_1-Hybriden durch die Bildung von multivalenten Chromosomenkonfigurationen identifiziert werden. Unter etwa 270 analysierten Kombinationen wurden Assoziationen von 1^4, 2^4, 3^4, 1^6, 1^8, 1^4+1^6 und 2^4+1^6 mit unterschiedlichen Frequenzen beobachtet. Für verschiedenartige genetische und cytogenetische Experimente ist die Kenntnis über das Vorkommen derartiger Strukturaberrationen erforderlich. Es wurde daher eine Liste verfügbarer Literaturdaten zusammengestellt, die die karyologischen Befunde die Sortenangaben und deren Herkunft sowie die in die Translokation involvierten Chromosomen bzw. Chromosomenarme beinhaltet. Die Ergebnisse werden diskutiert.

Краткое содержание

Обзор реципрокных межсортовых транслокаций в гексаплоидной пшенице

Сорта и линии гексаплоидной пшеницы часто различаются наличием реципрокных транслокаций хромосом. Они идентифицируются образованием мультивалентных хромосомных конфигураций. Среди примерно 270 анализированных комбинаций наблюдались ассоциации 1^4, 2^4, 3^4, 1^6, 1^8, 1^6+1^4 и 2^4+1^6 с различными частотами. Для разнообразных генетических и цитологических экспериментов требуется знание о наличии таких структурных отклонений. Был составлен список имеющихся литературных данных, отражающий кариологическое состояние, сортовые данные, их происхождение, а также транслокации включённых хромосом и соответственно плечи хромосом. Приводятся обсуждения результатов.

Literature

[1] Baier, A. C., F. J. Zeller, and G. Fischbeck, 1974: Icentification of three chromosomal interchanges on common wheat, *Triticum aestivum* L. – Can. J. Genet. Cytol. **16**, 349–354.
[2] Baker, E. P., and R. A. McIntosh, 1966: Chromosome translocations identified in varieties of common wheat. – Can. J. Genet. Cytol. **8**, 592–599.
[3] Bannier, E., 1976: Monosomenanalytische Untersuchungen über das zytologische und genetische Verhalten von Kreuzungsnachkommenschaften ausgewählter Sorten des Weizens (*Triticum aestivum* L.). – Diss. A, Akademie der Landwirtschaftswiss. Berlin, DDR, p. 146.
[4] Bourgeois, F., G. Dosba, and G. Dounaire, 1978: Analyse et identification des translocations reciproques presentes chez le geniteur V. P. M. et les varietes 'Marne', 'Moisson' et 'Roazon'. – Ann. Amelior. Plantes **28**, 411–429.
[5] Chae, K. C., F. J. Zeller, and G. Fischbeck, 1979: Chromosomal location of genes for quantitative characters using monosomic lines of the wheat cultivar 'Caribo'. – Z. Pflanzenzüchtg. **83**, 114–120.
[6] Coucoli, H., and E. A. Skorda, 1970: Metaphase I studies of the F_1 from crosses between Chinese Spring monosomics and greek cultivar. – Caryologia **23**, 135–142.
[7] Fominaya, A., and N. Jouve, 1985: C-banding at meiosis as a means of analyzing cytogenetic structure in wheat. – Can. J. Genet. Cytol. **27**, 689–696.
[8] –, and –, 1986: Analysis of interference in a double interchange heterozygote of wheat (*Triticum aestivum* L.). – Heredity **56**, 1–6.
[9] Gaidalenok, R. F., 1973: Study of meiosis in F_1 hybrid from crosses between monosomics of Chinese spring and a wheat variety showing disturbed chromosome pairing. russ. – Tsitogenet. Isled. Aneuploidov Mayagk. Pschenitsy, 94–106.
[10] –, and O. T. Maistrenko, 1973: Study of metaphase I of meiosis in F_1 hybrids from crosses between monosomics of Chinese spring and several varieties showing undisturbed chromosome pairing. russ. – Tsitogenet. Isled. Aneuploidov Mayagk. Pschenitsy, 77–94.
[11] Hair, J. B., 1968: Analysis of a compactoid wheat. – Proc. 3rd Int. Wheat Genet. Symp., Canberra, 324–326.
[12] Jouve, N., E. Ferrer, and J. A. Fernandez, 1984: Development of aneuploids. – EWAC Newsletter, Cambridge, 31.
[13] Koebner, R. M. D., and T. E. Miller, 1986: A note on the nomenclature for translocated chromosomes in the *Triticea*. – Cer. Res. Comm. **14**, 315–316.
[14] Kosner, J., and I. Bares, 1979: Determinations of desynaptic disorders and detection of translocations in the 'Zlatka' cultivar of wheat. – Genet. i Slecht. **15**, 105–118.

[15] Lange, W., I. Linde-Laursen, J. Larsen, A. Ljungberg, and S. Ellerström' 1987: Cytogenetic analysis of structural rearrangements in three varieties of com- mon wheat, *Triticum aestivum*. – Theor. Appl. Genet. **75**, 635–645.
[16] Larsen, J., 1973: Diallel analysis of interchanges between five spring wheat varieties. – EWAC Newsletter, Cambridge **4**, 81.
[17] Law, C. N., 1971: Co-operative projects. – EWAC Newsletter, Cambridge **3**, 45–46.
[18] –, 1984: Monosomic series being developed or maintained in Europe. – EWAC Newsletter, Cambridge, 38–39.
[19] Linde-Laursen, I., and J. Larsen, 1974: The use of double-monotelodisomics to identify translocations in *Triticum aestivum*. – Hereditas **78**, 245–250.
[20] Liu, B. H., 1987: Isolation of a spontaneous chromosome translocation in common wheat. – Plant Breed. **98**, 266–267.
[21] Mettin, D., and U. Klein, 1974: Meiotic pairing behaviour and interchanges in intervarietal hybrids of common wheat. – EWAC Newsletter, Cambridge **4**, 30–34.
[22] –, H. Meyer, and E. Bannier, 1969: Wheat aneuploidy within Europe. – EWAC Newsletter, Cambridge **2**, 31–35.
[23] –, G. Schlegel, and C. Lehmann, 1988: Instability of blue grain colour in common wheat, *T. aestivum* L. – Genome **30** (Suppl. 1), 267.
[24] Miazga, D., and S. Petrovič, 1986: Translocations in the Polish wheat variety Grana. – EWAC Newsletter, Cambridge, 45–47.
[25] –, and –, 1987: Chromosome translocations in wheat (*Triticum aestivum* L.) of the cv. Grana. – Genetica Polonica **28**, 11–15.
[26] Quinn, C. J., and C. J. Driscoll, 1970: Analysis of the 'Poso' wheat translocation. – Chromosoma **31**, 285–290.
[27] Riley, R., H. Coucoli, and V. Chapman, 1967: Chromosomal interchanges and the phylogeny of wheat. – Heredity **22**, 233–248.
[28] Röbbelen, G., 1968: Desynapsis als Fehlerquelle bei der Aufstellung von Monosomen-Sortimenten des Weizens. – Z. Pflanzenzüchtg. **60**, 1–18.
[29] Sasaki, H., R. Morris, J. W. Schmidt, and B. S. Gill, 1963: Metaphase I studies on F_1 monosomics from crosses between the Chinese Spring and Cheyenne common wheat varieties. – Can. J. Genet. Cytol. **5**, 318–325.
[30] Schlegel, G., 1976: Cytogenetische Untersuchungen zur partiellen Hybrid-Desynapsis an Bastarden des Saatweizens (*Triticum aestivum* ssp. *vulgare*). – Diss. A, Martin-Luther-Universität Halle–Wittenberg, p. 105.
[31] Schlegel, R., and M. Thiele, 1989: Cytogenetical investigation of eyespot resistant wheat strains. – Arch. Züchtungsforsch., in preparation.
[32] Schubert, V., Blüthner, W. D. and R. Schlegel, 1988: unpubl.
[33] Sears, E. R., 1953: Nullisomic analysis in common wheat. – Amer. Nat. **87**, 245–252.
[34] The, T. T., and E. P. Baker, 1970: Homoeologous relationships between *Agropyron intermedium* chromosomes and wheat. – WIS **31**, 29–31.
[35] Vega, C., and J. R. Lacadena, 1982: Cytogenetic structure of common wheat cultivars from or introduced into Spain. – Theor. Appl. Genet. **61**, 129–133.
[36] –, and –, 1983: Identification of two chromosomal interchanges in cv. Canaleja of common wheat, *T. aestivum* L. – Euphytica **32**, 485–491.
[37] –, A. Fominaya, and E. Ferrer, 1987: Influence of chromosome structure on the degree of meiotic pairing of intercultivar wheat hybrids (*Triticum aestivum* L.). – Heredity **58**, 357–364.
[38] Zeller, F. J., 1973: 1B/1R wheat-rye chromosome substitutions and translocations. – Proc. 4th Int. Wheat Genet. Symp., Columbia, 209–222.

Dr. G. Schlegel and Prof. Dr. R. Schlegel
Zentralinstitut für Genetik und Kulturpflanzenforschung
Akademie der Wissenschaften der DDR,
Corrensstraße 3
Gatersleben
DDR - 4325

Kulturpflanze 37 · 1989 · 177–192

Collecting plant-genetic resources in the Georgian SSR, 1988 (Kachetia)

RUSUDAN K. BERIDZE[1], KLAUS PISTRICK, VERNIKO N. KANDELAKI[1] and DŽULIETTA MANDŽGALADZE[1]

(Eingegangen am 1. Februar 1989)

Summary

In continuation of recent collecting activities in the Georgian SSR a further mission has been carried out jointly by staff members of the Institute of Botany Tbilissi and the Central Institute for Genetics and Cultivated Plant Research, Gatersleben, in September 1988 for exploration and collecting plant genetic resources. The travel route covered in this year Kachetia (Eastern Georgia), including the Civi-Gomborskij range of Great Caucasus and the foothills of the main ridge bordering the Alazani and Iori river valleys. 318 samples, mainly of grain legumes, vegetables, spice plants and maize could be collected. The material represents variable land-races and indigenous taxa of cultivated plants from this area, which have been listed and characterized shortly for some examples.

Introduction

Joint explorations of plant-genetic resources are undertaken in the Georgian SSR in cooperation between the Institute of Botany of the Academy of Sciences of the Georgian SSR, Tbilissi, and the Central Institute for Genetics and Cultivated Plant Research of the Academy of Sciences of the GDR, Gatersleben, since 1981 (BERIDZE et al. 1982)

As the diversity of local races of cultivated plants is threatened seriously rapidly by genetic erosion, the aim is to explore and collect the remaining plant genetic resources of the area for future evaluation and plant breeding programmes as it is done for other comparable regions recently (e.g. HAMMER et al. 1989). After reproduction all material available will be transferred into long-term storage (BERIDZE et al. 1987).

These activities, finished for the western territories of the Georgian SSR in 1985 (HANELT et al. 1986), could be continued in Eastern Georgia since 1986 (BERIDZE et al. 1988). The recent mission, organized successfully again by Mrs.

[1] Institute of Botany 'N. N. Kecchoveli' of the Academy of Sciences of the Georgian SSR, 380 007 Tbilissi, Kodjorskoe Road, USSR

Table 1

Chronology of the expedition to the Georgian SSR 1988 for collecting plant genetic resources (September 5 to 23)

5. 9.	Flight from Berlin to Tbilissi via Moscow
6. 9.	Meeting of the participants, discussion on the programme of the expedition, visit of the Botanical Institute and final preparations
7. 9.– 9. 9.	Daily excursions by car from Tbilissi into the rayon of Sagaredžo (Outer Kachetia)
7. 9.	Visit of the Seed-Control-Laboratory and of the market in Sagaredžo, collecting in the village of Ninocminda (ca. 900 m), E of the rayon centre
8. 9.	Collecting in Georgicminda SE of Sagaredžo and in Udabno (ca. 850 m) and David Garedža, on the border to the Azerbajdžanian SSR
9. 9.	Excursion to the villages Tochliauri and Manavi (ca. 650–700 m) E of the rayon centre
10. 9.	Registering and preparing plant material collected up till that time
11. 9.	Collecting wild plants on the outskirts of Tbilissi, preparation of the second part of the expedition
12. 9.	Travel to Telavi crossing the Civi-Gomborskij range of Great Caucasus
13. 9.–20. 9.	Basis quarter in Telavi, daily excursions by car along the N and SW borders of Alazani valley and to the adjacent Civi-Gomborskij mountains
13. 9.	Excursion into the valley of the Ilto river NW of the rayon centre Achmeta, collecting in the settlements of Džaburi (ca. 900 m), Šachvetila and Sabue (ca. 700 m)
14. 9.	Collecting in the upper valley of the Alazani river up to ca. 750 m (Matani, Duisi, Dumasturi, Omalo) and NE from Achmeta (Magraani), visit of the Seed-Control-Laboratory in Achmeta
15. 9.	Visit of the Seed-Control-Laboratory in the town of Gurdžaani, drive to the remote village of Čeremi in the Civi-Gomborskij range (ca. 950 m), NW of the rayon centre
16. 9.	Excursion to the Signachi rayon, collecting in the Alazani valley (Cnori) and W of the rayon centre in the Civi-Gomborskij mountains (Nukriani, ca. 1000 m)
17. 9.	Drive to the Civi-Gomborskij range, SW of Telavi; collecting in the settlements of Kočbaani (ca. 1000 m), Vašliani (ca. 1150 m), Verona (ca. 1300 m) and Tetri Cklebi (ca. 1400 m)
18. 9.	Telavi, registering and preparing of seed samples and herbarium material, collected on the days before; buying seeds at the local market
19. 9.	Collecting S of the main chain of Great Caucasus, NE of Telavi (Mercnisceri, Grzelčala, Gremi; ca. 500–650 m) and NW of Telavi (Ikalto)
20. 9.	Final collecting W of Achmeta (Artana, Saniore, Pšaveli, Lečuri, Laliskuri and Kvemo Alvani; ca. 450–600 m)
21. 9.	Return to Tbilissi; preparing and charing the material collected
22. 9.	Inspection of the material by the quaranteene laboratory, obtaining the permissions for the export of the samples; final discussions
23. 9.	Return by plane to Leipzig via Moscow

Dr. R. K. BERIDZE, has been concentrated on the lower parts of North-eastern Georgia covering the rayons of Sagaredžo (Outer Kachetia); Achmeta, Telavi, Kvareli, Gurdžaani and Signachi (Inner Kachetia). This area of the historical province Kachetia includes the Civi-Gomborskij range of Great Caucasus and the foothills of the main ridge bordering the Alazani and Iori river valleys. The fieldwork was done from September 7th to September 20th by the authors of

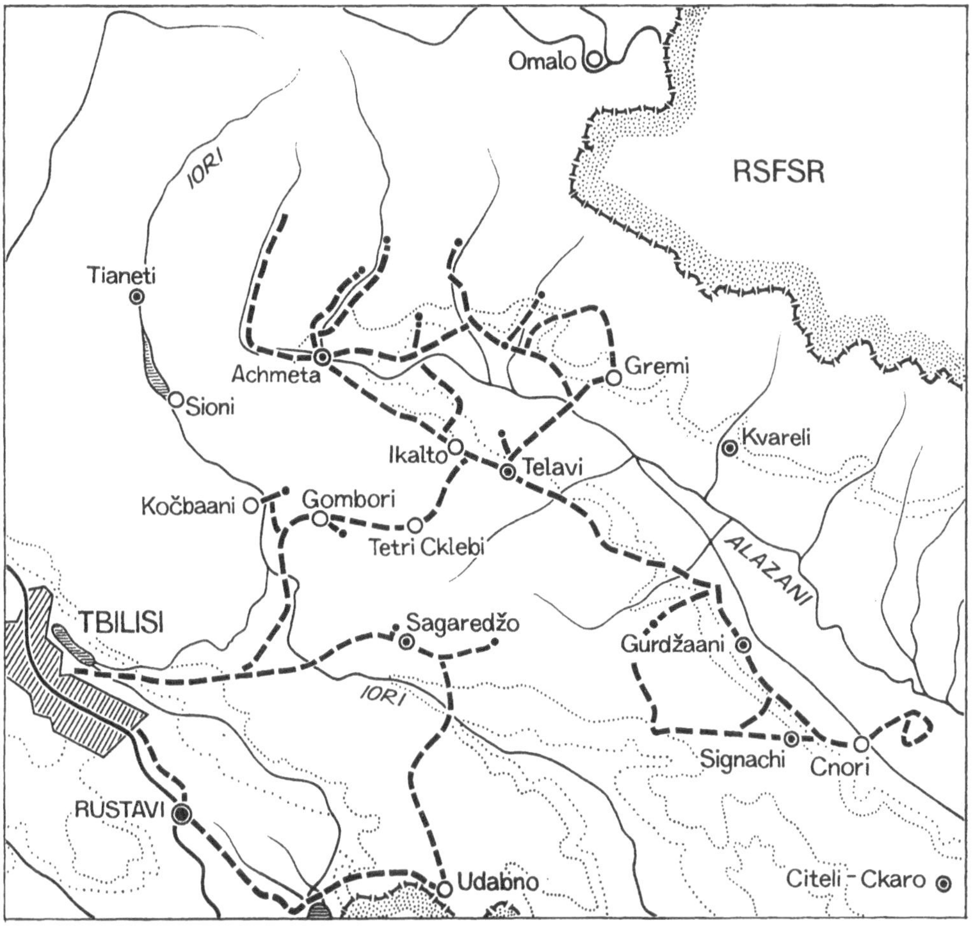

Fig. 1 Route of the collecting mission to the rayon of Sagaredžo (Outer Kachetia) and to the rayons of Achmeta, Telavi, Kvareli, Gurdžaani and Signachi (Innner Kachetia) in September 1988

this report; for the detailed route and chronology of the 1988 collecting mission compare fig. 1 and table 1. We owe local administrations and the Kachetian farmers a great debt of gratitude for kindly supporting our activities.

Results

The collecting area included a comparatively large territory at rather lower altitudes (up to 1400 m in the Civi-Gomborskij range), whereas former collecting activities in Eastern Georgia have been concentrated mainly to remote high mountain regions along the main ridge of the Great Caucasus. Migrations from isolated settlements and fundamental changes in agricultural structure, so evident in Chevsuretia and Tushetia, are in general less important in Kachetia. Therefore genetic erosion did not reach such an advanced stage, but is remarkable in cereals and legumes, too.

Though geographically very diverse, Eastern Georgia is climatically completely different from the warm-temperate western districts in general, mainly by a more continental climate, with a dry season in summer, a rather cold winter and a precipitation maximum in spring (WALTER 1974). Subtropical and other more sensitive crops are nearly absent therefore, as tea, rice, tung, bamboos, Citrus spp., laurel, cherry-laurel, loquat, feijoa, and tobacco. However the spectrum of cultivated species in house-gardens from the maize/garden bean/squash belt at lower altitudes, are in Kachetia very similar to that one from Western Georgia (BERIDZE et al. 1984, 1986).

The southern part of the Sagaredžo rayon (Outer Kachetia), inhabited from primeval time (MENABDE 1958), already belongs to the area of Central Transcaucasia with the lowermost precipitation. The hilly landscape is covered by *Botriochloa ischaemum*–steppes and semi-desert vegetation; natural open woods had been cut down for metal production before our era, already (Fig. 2). Steppes have been transformed partly into large grain fields (cultivation of recent cultivars of wheat, barley, oats, maize), farther to the north covering most of the ground around the large villages with their rich house gardens (Fig. 3).

The upper Alazani valley at the other side of the Civi-Gomborskij range is still more favoured climatically. Most of the Kachetian wine (e.g. the famous sort 'rkaciteli') is produced from the large vineyards of this valley plain (Fig. 4).

Fig. 2 The southern part of the Sagaredžo rayon belongs to the regions with the lowermost rainfall of Georgia nowadays covered with steppes and semi-desert vegetation; natural open woods disappeared in connection with metal production before our era, already (surroundings of the former monastery David Garedža near Udabno with fig and almond trees from earlier cultivation)

Fig. 3 Typical large house gardens in Ninocminda W Sagaredžo, with a broad spectrum of different indigenous fruits and other cultivated plant species

Fig. 4 View of the upper Alazani valley E Achmeta and of the Caucasian main ridge; large vineyards and maize-fields predominate the scenary of an intensive modern agriculture at the valley plain

Maize is the other main crop of this intensively agriculturally used area. Collecting activities therefore had to be concentrated to the villages, situated mostly at the foothills of the surrounding mountains and at the lower parts of small tributaries of the Alazani (Fig. 5).

Fig. 5 Due to modernisation and building activities traditional farm-houses became rare in the Kachetian villages; view to such an old house at Magraani NE of Achmeta with a fruit tree of *Morus nigra* L. (right)

An enormous diversity of indigenous fruits, legumes, vegetables and spice plants is cultivated in Kachetian house gardens up till now. In the mountain settlements at the Civi-Gomborskij range up to 1200 m the variability of cultivated land-races is nearly still as high as in the gardens from lower altitudes. But local races of field crops already disappeared. Natural forests had been cleared at upper levels in this range widely into an open pasture ground where numerous wild fruit trees (pear, wild cherry, cherry plum, cornelian cherry) remained and are protected and used by local inhabitants. Old plantations of indigenous fruit crops, especially pear, plum and apple still exist in the Gombori district; it is planed however to replaced them by those of European apple cultivars. The hilly plateau of the southern Civi-Gomborskij range (e.g. rayon Signachi) is covered by large grain fields (modern varities of wheat, barley, oats and maize). Last but not least sheep and cattle breeding have a great importance especially in mountainous regions of Kachetia, replacing former small scale cereal cultivation.

It is evident from this remarks, that cereals besides maize are badly represented in the collected material. Altogether 318 accessions could be obtained, mainly grain legumes, among them seed variants of *Phaseolus vulgaris* dominate, vegetables and spice plants, as listed detailed in table 2. Duplicate samples had been gathered so that the institutes in Tbilissi and Gatersleben share a more or less identical set of the collection. Additionally herbarium material (69 numbers in 120 sheets) had been collected, too.

Local races of *Triticum*, *Secale* and *Hordeum* widely disappeared in Kachetia nowadays. Only one variety of winter barley could be collected, which originated from indigenous material and is still cultivated in some places on a large scale by cooperative farms. *Secale cereale* ('mamali puri'), formerly grown for baking bread at Gombori and as a green forage up to the present, could not been obtained yet. In the Alazani valley the well known and formerly widespread Georgian land-race complex 'dolis puri' of *Triticum aestivum* had been replaced in the thirties by new varieties, already. At the Sagaredžo rayon land-races of *Triticum durum* dark awned 'schapcha' and *T. aestivum* ('dolis puri' and awnless 'pošola') disappeared twenty years later.

Table 2

Catalogue of the material collected during the mission in 1988

Crop	number of accessions	Sum
Zea mays, maize	36	
Hordeum vulgare, barley	7	
Triticum aestivum, common wheat	1	
cereals		44
Phaseolus vulgaris, garden bean	102	
Ph. coccineus, runner bean	3	
Vigna unguiculata; cowpea, asparagus bean	11	
Pisum sativum, pea	3	
Glycine max, soya bean	2	
Vicia faba, faba bean	1	
grain legumes		122
Beta vulgaris, beet	4	
Spinacia oleracea, spinach	2	
Brassica oleracea, cabbage	2	
Raphanus sativus, radish	5	
Daucus carota, carrot	2	
Lycopersicon esculentum, tomato	10	
Solanum tuberosum, potato	2	
Cucurbita pepo et *maxima*, cucurbits	14	
Cucumis melo, melon	6	
Cucumis sativus, cucumber	3	
Citrullus lanatus, water melon	3	
Lactuca sativa, lettuce	1	
Allium sativum, garlic	11	
A. cepa, onion	10	
A. spp. (wild)	4	
vegetables and cucurbits		79

Continued Table 2

Crop	number of accessions	Sum
Lepidium sativum, garden cress	2	
Malva rugosa (wild)	2	
Trigonella caerulea, sweet trefoil	5	
Apium graveolens, celery	5	
Anethum graveolens, dill	3	
Coriandrum sativum, coriander	3	
Pastinaca sativa, parsnip	1	
Foeniculum vulgare, fennel	1	
Petroselinum crispum, parsley	5	
Carum sp. (wild)	1	
Satureja vulgaris, savory	1	
Ocimum basilicum s. l., basilic	7	
Mentha spp., mint (wild and cultivated)	6	
Origanum vulgare, oregano (wild)	2	
Melissa officinalis, balm (wild)	1	
Ziziphora sp. (wild)	1	
Capsicum annuum, red pepper	6	
Tagetes erecta et *patula*, marigold	5	
Artemisia dracunculus, tarragon	1	
Artemisia sp. (wild)	1	
spice and medicinal plants		59
Sorghum sudanense, Sudan grass	1	
Bassia scoparia, summer cypress	1	
Onobrychis viciaefolia, esparcette	1	
Arachis hypogaea, groundnut	1	
Helianthemum annuum, sunflower	6	
other wild species	4	
sundry crops and wild relatives		14
total		318

Genetic erosion is increasing in maize too and rather modern cultivars and hybrid varieties of dent, semi-dent and flint corns dominate the large-scale cultivation. In smaller fields and house gardens however land-race growing is still common (Fig. 6). White and yellowish grained hybrids between dent, semi-dent and flint corns often occur because of unsufficient isolation. Besides them, white-, yellow-, red- and blue-grained pop corns are cultivated in lower altitudes. On the other hand early ripening flint corn could be obtained up to the uppermost village of the Civi-Gomborskij range (Tetri Cklebi) located at 1400 m.

The other main staple crop of house gardening is *Phaseolus vulgaris*, proved to be a tremendously variable crop again. Bush beans with and pole beans without parchment-layers of the pods are dominating among altogether 48 seed variants (Fig. 7). The diversity of Georgian garden bean is comparable to that reported from the Western Carpathian mountains (Kühn et al. 1982, 1984).

Fig. 6 Indigenous maize races are cultivated everywhere as a main crop in Kachetian house-gardens, top: Special semi-dent corn with relatively thin stalks dried as straw for forage in Mercnisceri NW Gremi (600 m); bottom: Plants of high-yielding white dent corn reaching 3.5 metres on virgin soil at Ilto valley near Džaburi (900 m)

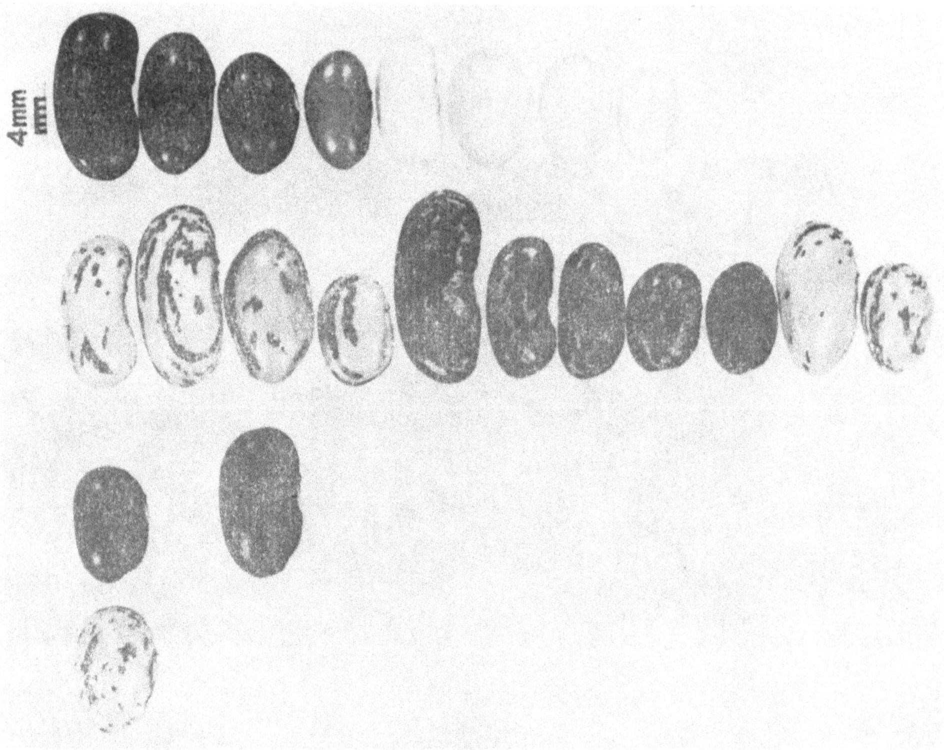
4mm

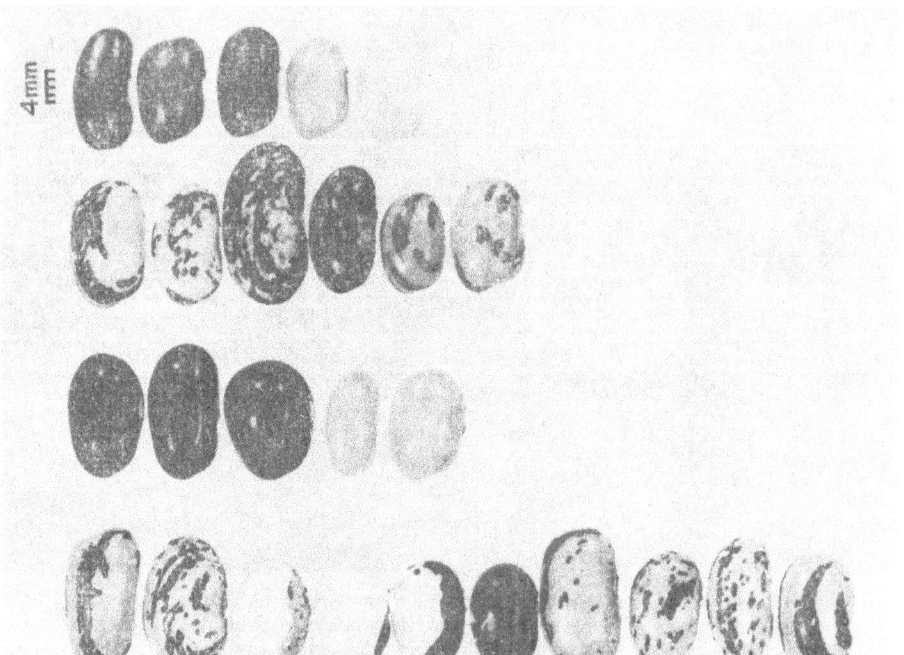
4mm

Fig. 8 Cowpea (*Vigna unguiculata* (L.) WALP.) still important besides *Phaseolus vulgaris* as a local grain legume in Northern Inner Kachetia, highly esteemed by the local farmers for its resistence to drought and diseases

But the colouring patterns of the seeds are mostly different. It is astonishing how this secondary variation could have been developed under human influence since the introduction of this crop some hundred years ago.

The old indigenous *Vicia unguiculata* (L.) WALP., very rarely to be found in Western Georgia (HANELT et al. 1986), is still cultivated in Inner Kachetia at several places in house gardens (Fig. 8). The accessions mainly belong to the cowpea (ssp. *unguiculata*), used as grain legume, their beige seeds are differently black-spotted around the hilum and had wrinkled coats (comp. KOBACHIDZE 1962). But also dark brown seed variants of the asparagus bean (ssp. *sesquipedalis* (L.) VERDC.), could be collected. The very long unripe pods without parch-

Fig. 7 Seed variants of *Phaseolus vulgaris* L. from Kachetia; from top to bottom: row 1–4 bush beans; row 5–8 pole and half-climbing beans with (1, 2, 5, 6) and without (3, 4, 7, 8) parchment-layer of the pods

ment-layers are eaten as vegetable. Both crops are gaining interest for plant breeding recently because of their high protein content, good cooking quality, digestibility and resistence to dryness and diseases (ŽUKOVSKIJ 1964, PADULOSI et al. 1987).

Especially valuable seems to be a sample of *Vicia faba* L. var. *equina* PERS., collected at Čeremi. The broad bean is one of the almost completely disappeared traditional legumes in Kachetia as well as in Georgia at all. Landraces of other indigenous legume crops (*Pisum sativum, Vicia ervilia, Lens culinaris, Lathyrus sativus* and *Cicer arietinum*) could not be found during the expedition (see already KANDELAKI 1986).

Beet, cabbage, garlic, onions, tomato and cucurbits are further characteristic elements of the Kachetian house-gardens. In contrast to Western Georgia, primitive kohlrabi 'kanapchali' and kale 'šavipchali' seem to be absent from Kachetia (comp. BERIDZE et al. 1983, 1986). But a late local race of cabbage 'šemodgomis kambosta' has been found often in the gardens.

Allium crops are represented by local races of *A. cepa* (common onion group) with reddish globular or flattened bulbs, replaced at higher altitudes by plants of the *aggregatum* group. Different races of garlic have been very common too (Fig. 9).

Cultivation of Svanetian garlic besides Svanetian races of *Phaseolus* beans, potatoes, sweet trefoil, coriander and marigold at Udabno in the southern part of the Sagaredžo rayon illustrates a long-distant land-race transfer due to popu-

Fig. 9 Variability of *Allium* accessions, left and centre: *A. cepa* L. *aggregatum* group replacing Kachetian red onion in the mountains; common type of local 'širacula' (Kočbaani, 1000 m)–left and a extreme narrow shallot (Čeremi W Gurdžaani, 950 m)–centre; right: size differences between garlic bulbs from Artana W Achmeta (bottom; 3.6 cm in diameter) and Udabno (top; 7.5 cm in diameter), the latter originating from Svanetia

lation movement. A similar example can be demonstrated by a tomato accession with very small, red, globular fruits for indoor cultivation collected at Magraani, rayon Achmeta, which originally was introduced from Irkutsk in Siberia. An old local tomato form with small, elliptic fruits, cultivated exclusively for green preservation with sugar, is especially interesting too.

No Kachetian house-garden seems to be without some cucurbits, mostly *Cucurbita pepo* and *C. maxima*, often growing together with cucumbers and melons between other crops or climbing in the fruit trees and fences (Fig. 10).

Fig. 10 Cucurbits are the third important element of American origin besides maize and garden beans which are predominating in Georgian gardens now, left: Common *Cucurbita maxima* Duch. ex Lam. with greenish-white mottled fruits climbing in an apple-tree at Tochliauri; right: yellow-deep green bicoloured ornamental form of *Cucurbita pepo* L. rarely cultivated and eaten cooked at winter time from Manavi (both villages E of Sagaredžo)

From the broad spectrum of traditional Georgian spice and medicinal plants (Tab. 2) only the rarely cultivated parsnip *(Pastinaca sativa)* should be mentioned, called 'kachbani niachuri' (in contrast to the name 'niachuri' given to the local small-leaved race of *Apium graveolens* and used pickled (root) and as spice plant (fresh leaves).–As minor crops *Bassia scoparia*, cultivated for broom-making and the seed-sterile form of *Artemisia dracunculus* ('tarchun') grown for flavouring liqueur and lemonade could be observed. *Alcea rugosa* Alef. has been semi-cultivated as a medicinal plant (flower infusion used as an antipyretic) at Vašliani (Civi-Gomborskij range).

Vine, fruit and nut trees (apples, pear, quince, plum, cherry plum, cherry, peaches, fig, mulberry, hazel, walnut e.g.) always surround the houses of towns and villages in the area (Fig. 3). An enormous diversity of old indigenous races is preserved here within a traditional, since millenia fruit producing region. *Prunus domestica* with reddish blue, pear-shaped fruits 'džondžuri' and small local peaches, greenish-white when ripe, are such examples. The main fruit for 'tkemali' sauce production in Georgia is the cherry plum *(Prunus cerasifera)* protected as a wild tree around the settlements like *Juglans regia* (comp. BERIDZE et al. 1988) and cultivated in many varieties (Fig. 11).

Fig. 11 The cherry plum (*Prunus cerasifera* EHRH.) is a common fruit in Georgia, cultivated or semi-cultivated behind the houses in different types; here the purple-leaved var. *pissardi* (CARR.). BAILEY in a plantation for industrial production of the national piquant sauce "tkemali" prepared from the fruits (Grzelčala NE Gremi)

As conclusive remark should be stressed again the importance of continuing the recent exploration of plant genetic resources in the Georgian SSR. Further investigations are necessary in the remaining districts of Southern Georgia, Kartli and Southern Ossetia.

Zusammenfassung

Sammlung pflanzen-genetischer Ressourcen in der Georgischen SSR 1988 (Kachetien)

In Fortführung von Sammlungsaktivitäten in der Georgischen SSR wurde von Mitarbeitern des Instituts für Botanik, Tbilissi, und des Zentralinstituts für Genetik und Kulturpflanzenforschung, Gatersleben, im September 1988 eine weitere Reise zum Studium und zur Sammlung pflanzen-genetischer Ressourcen unternommen. In diesem Jahr wurde Kachetien (Ostgeorgien) mit der Civi-Gomborskij-Kette des Großen Kaukasus und dem Rand der Hauptkette erfaßt, die das Alazani- und Ioirital begrenzen. 318 Proben, vor allem Körnerleguminosen, Gemüse, Gewürzpflanzen und Mais konnten gesammelt werden. Das Material besteht aus variablen Landsorten und indigenen Kulturpflanzensippen dieses Gebiets, die aufgezählt und z. T. kurz charakterisiert werden.

Краткое содержание

Сбор растительно-генетических ресурсов в Грузинской ССР в 1988 году (Кахетия)

Для дальнейшего сбора и изучения растительно-генетических ресурсов Грузинской ССР сотрудниками института ботаники (г. Тбилиси) и сотрудниками Центрального института генетики и исследования культурных растений была предпринята экспедиция в сентябре 1988 г. В этом году были охвачены Кахетия (Восточная Грузия) с Циви-Гомборской цепью Большого Кавказа и край Главной цепи, ограничивающий долины Алазани и Иори. Было собрано 318 образцов, в основном зернобобовые, овощные, пряные культуры, а также кукуруза. Материал состоит из вариабельных местных сортов и индигенных форм культурных растений этих районов, к которым даётся перечень и краткая характеристика.

We thank Ms. A. Lauterwald for drawing the map and Ms. C. Terpe for her photographical work.

Literature

Beridze, R. K., R. Fritsch, K. Pistrick and I. M. Sakvarelidze, 1984: Report of a collecting mission to the Georgian SSR 1983 for the study of indigenous material of cultivated plants. – Kulturpflanze **32**, 217–227.

–, –, V. N. Kandelaki, D. Mandžgaladze, K. Pistrick and N. Taralašvili, 1986: Collection of indigenous taxa of cultivated plants in the Georgian SSR 1985. – Kulturpflanze **34**, 305–316.

–, P. Hanelt and R. Fritsch, 1983: Report of a collecting mission to the Georgian SSR 1982 for the study of indigenous material of cultivated plants. – Kulturpflanze **31**, 173–184.

–, –, D. Mandžgaladze and K. Pistrick, 1987: Collection of plant-genetic resources in the Georgian SSR 1986. – Kulturpflanze **35**, 335–353.

–, –, V. N. KANDELAKI, D. MANDŽGALADZE and J. SCHULTZE-MOTEL, 1988: Collecting plant-genetic resources in the Georgian SSR (Chevsuretia, Tushetia) 1987. – Kulturpflanze **36**, 405–419.
–, –, and J. KRUSE, 1982: Report of a travel to the Georgian SSR 1981 for the collection of indigenous material of cultivated plants. – Kulturpflanze **30**, 203–213.
HAMMER, K., G. LAGHETTI and P. PERRINO, 1989: Collection of plant genetic resources in South Italy, 1988. – Kulturpflanze **37**, 401–414.
HANELT, P., R. FRITSCH und K. PISTRICK, 1986: Abschluß der Sammlung pflanzengenetischer Ressourcen in West-Georgien (UdSSR). – Abschlußbericht, Gatersleben, 46 S., 3 Tab., 17 Abb.
KANDELAKI, V. N., 1986: K izučeniju genofonda drevnobobovych Gruzii (73–75). In: Materialy V sezda Gruzinskogo obščestva genetikov i selekcionerov. – Mecniereba Tbilisi, 223+8 pp.
KOBACHIDZE, A. A., 1962: K botaniko-sistematičeskomu izučeniju zerno-bobovych rastenij Gruzii. – Trudy Inst. Bot. AN Gruz. SSR **22**, 198–201.
KÜHN, F., H. OHLE und K. PISTRICK, 1982: Bericht über eine Reise in die ČSSR 1981 zur Sammlung autochthoner Sippen von Kulturpflanzen. – Kulturpflanze **30**, 245–254.
–, –, –, 1984: Katalog der 1981 in der ČSSR gesammelten indigenen Kulturpflanzen-Sippen. – Kulturpflanze **32**, 153–196.
MENABDE, V. L., 1958: Kul'turnaja flora Gruzii. – Botaničeskie ekskursii po Gruzii vyp. **1**, 81–89.
PADULOSI, S., S. CIFARELLI, L. MONTI and P. PERRINO, 1987: Cow pea germplasm in Southern Italy. – Plant Genetic Resources Newsletter **71**, 37.
WALTER, H., 1974: Die Vegetation Osteuropas, Nord- und Zentralasiens. – G. Fischer Stuttgart, XI+452 pp.
ŽUKOVSKIJ, P. M., 1964: Kul'turnye rastenija i ich sorodiči. – Kolos Leningrad, 791 pp.

Dr. K. PISTRICK
Zentralinstitut für Genetik und Kulturpflanzenforschung
der Akademie der Wissenschaften der DDR
Corrensstraße 3
Gatersleben
DDR - 4325

Kulturpflanze 37 · 1989 · 193–210

Additional notes to the check-list of Korean cultivated plants (3)

KARL HAMMER, RI JONG-DZAE[1] and HOANG HO-DZUN[1]

(Eingegangen am 2. Dezember 1988)

Summary

Recent exploration work and additional literature studies resulted in new information for the check-list of Korean cultivated plants (BAIK et al. 1986). 55 new species could be included. For another 24 species collections and/or observations are presented for the first time. Collections are reported for 9 species which have been already observed in the past years.

Introduction

As a result of the cooperation between institutes of the Academy of Sciences of the Democratic People's Republic of Korea and the Academy of Sciences of the German Democratic Republic a check-list of the Korean cultivated plants was published (BAIK et al. 1986) which included 316 items mostly on the species level. Based on field work in 1986 (KIM et al. 1987) and 1987 (HAMMER et al. 1988) as well as literature studies additional notes have been compiled (HAMMER et al. 1987, HOANG and HAMMER 1988) which added 88 new species. A recent collecting activity (HAMMER et al. 1989) resulted in a few additional species only. The greatest input came from a book (IM et al. 1987) which summarizes the introduction activities of the Central Botanical Garden, Pyongyang. We have already stressed the importance of the introduction work done by the Botanical Gardens in the D. P. R. K. (HAMMER et al. 1986). Several of the introduced plants could be observed by us under cultivation in rather remote areas of the country, e.g. *Solanum nigrum* L. and *Urtica laetevirens* Maxim., so that an inclusion of the most important species from IM et al. (1987) seemed to be advisable. They have been compiled together with recent field observations and some interesting results of the determination work, mainly done on material reproduced in the experimental fields at Gatersleben, so that a further additional list can be presented. Prof. M. FISCHER, Dresden-Pillnitz, and Dipl.-Gärtn. H.-J. ALBRECHT, Berlin, have kindly contributed some interesting observations from their trip to the D. P. R. K. in 1988 (F.–A.).

[1] Botanical Institute of the Academy of Sciences of the D. P. R. K., Pyongyang

Explanations

Species not present in the previous lists (BAIK et al. 1986, HAMMER et al. 1987, HOANG and HAMMER 1988) are printed in bold face. Species are noted which have been collected (C.) and/or observed (O.) by us for the first time during the expeditions. The book of RI and HOANG (1984) is the principal source of Korean plant names. The distribution is indicated as N. (northern part), M. (central part), S. (southern part) and G. (general distribution). The delimitation of these regions is explained by BAIK et al. (1986). The modes of use include fodder crops –Fo., fibre crops–Fi., fruit crops–Fr., industrial crops–I., medicinal plants–M., nuts–N., oil crops–Oi. and spices and condiments–Sp.

The plant parts used are given in brackets: Bark (ba.), flowers (fl.), fruits (fr.), herb (h.), leaves (l.), roots, rhizomes and other related parts (r.), seeds (s.), stem (st.).

A concise synonymy is given for the newly presented species containing the accepted names, their basionyms and a few "Eastern" synonyms. For a more complete synonymy see Fl. Cor., Append. and SCHULTZE-MOTEL (1986).

Some remarks (Rem.) are made concerning collection and/or observation, specifications of use and other remarkable items. Illustrations of some typical plants have been taken from Dzosonsigmul. (figs. 1, 3, 6, 8–10, 12–14) by kind permission of the Botanical Institute of the Academy of Sciences of the D. P. R. K.

Additions to the check-list

Abelmoschus manihot (L.) Medik. – Rem.: C. Pyongyang district.

Acanthopanax sessiliflorum (Rupr. et Maxim.) Seem. in J. Bot. 5: 239, 1867; Fl. Cor. 4: 458, 1976; Dzungangs. 61, 1987. –
Panax sessiliflorum Rupr. et Maxim. in Bull. Ac. Pétersb. 15: 367, 1856. (Araliaceae).
Ogalpinamu
Distr.: N. M. Usa: M. (ba.)

Achillea millefolium L., Sp. Pl. 899, 1753; Dzungangs. 112, 1987. (Compositae).
Tschoniptobpul
Distr.: M. Use: M. (h.)

Agastache rugosa (Fisch. et Mey.) Kuntze – Rem.: C. Pyongyang district.

Allium chinense G. Don – Rem.: O. South Hwanghae. Fig. 1.

Allium fistulosum L. – Rem.: C. South Hwanghae.

Alnus japonica Steud., Nomencl. ed. 2, 1: 55, 1840; Fl. Cor. 1: 211, 1972; Dzungangs. 21, 1987. (Corylaceae).
Orinamu
Distr.: N. M. Use: soil erosion control

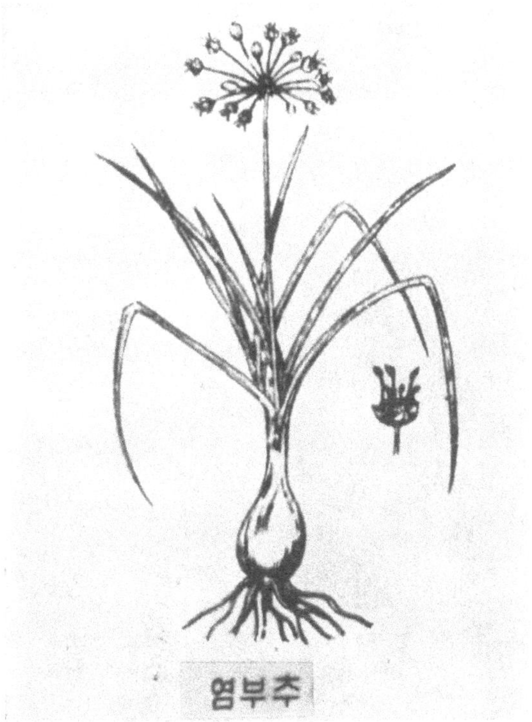

Fig. 1 *Allium chinense* G. Don is occasionally grown as a vegetable and also as a medicinal plant

Althaea officinalis L., Sp. Pl. 686, 1753; Dzungangs. 96, 1987. (Malvaceae).
Jagdzobsiggot
Distr.: M. Use: M. (r.)

Aronia melanocarpa (Michx.) Elliott, Sketch bot. S. Carolina 1: 556, 1821; Dzungangs. 35, 1987. – *Mespilus arbutifolia* L. var. *melanocarpa* Michx., Fl. bor.-amer. 1: 592, 1903. (Rosaceae). Dannamu, Aronia
Distr.: M. Use: Fr.

Artemisia absinthium L., Sp. Pl. 848, 1753; Dzungangs. 113, 1987. (Compositae).
Bugjagssug
Distr.: M. Use: M. (h.)

Arundo donax L., Sp. Pl. 81, 1753; Fl. Cor. 7: 184, 1976; Dzungangs. 122, 1987. (Gramineae).
Ongdzingal
Distr.: M. Use: Fi., hedges
Rem.: O. Kaesong district.

Atractylodes ovata (Thunb.) DC., Prodr. 7: 48, 1838; Fl. Cor., Append. 369, 1979; Dzungangs. 114, 1987. – *Atractylis ovata* Thunb., Fl. Jap. 306, 1784; *Atractylodes japonica* Koidz. et Kitag. in Acta Phytotax. Geobot., Kyoto 4: 178, 1935; Fl. Cor. 6: 149, 1976. (Compositae).
Sabdzu, Tschangtschul
Distr.: N. M. Use: M. (r.), Fo. (l.)

Basella alba L. – Rem.: C. Pyongyang district. Cultivated for the production of red dye (fruits) for colouring food.

Benincasa hispida (Thunb.) Cogn. – Rem.: C. Kaesong district, North Pyongan near Hyangsan. Fig. 2.

Fig. 2 A typical Korean race of *Benincasa hispida* (Thunb.) Cogn.

Beta vulgaris L. convar. *cicla* (L.) Alef. – Rem.: O. South Hwanghae.

Brassica rapa L. subsp. *rapa* – Rem.: O. South Hwanghae.

Caragana arborescens Lam., Encycl. Meth. 1: 615, 1783; Fl. Cor. 4: 73, 1976; Dzungangs. 46, 1987. (Leguminosae).
Kungoldamtscho
Distr.: G. Use: M. (r.)

Carum carvi L., Sp. Pl. 263, 1753; Fl. Cor. 4; 529, 1976; Dzungangs. 99, 1987. (Umbelliferae).
Karum
Distr.: M. Use: M. (s.)

Carya illinoinensis (Wangenh.) K. Koch, Dendr. 1: 593, 1869. – *Juglans illinoinensis* Wangenh., Beytr. Teutsch. Holzg. Forstwiss. Nordam. Holz. 54, 1787; *Carya pecan* Engl. et Graebn. in Notizbl. Bot. Gart. Berlin App. 9, 1902, non Nutt. 1842; Dzungangs. 17, 1987. (Juglandaceae).
Silbugnamu, Pekannamu
Distr.: M. Use: N., Oi. (fr.)

Cassia nomame (Sieb.) Honda – Rem.: C. Pyongyang district.

Cassia occidentalis L. – Rem.: C. North Hwanghae.

Castanea bungeana Bl. – Rem.: O. Pyongyang district.

Chrysanthemum lavandulaefolium Mak. in J. Jap. Bot. 3 (7): 26, 1926; Fl. Cor. 6: 280, 1976; Dzungangs. 115, 1987. (Compositae).
Sangug
Distr.: M. Use: M. (fl.) Fig. 3.

Fig. 3 *Chrysanthemum lavandulaefolium* Mak. is a frequent wild plant in central parts of Korea. Occasionally it is cultivated as a medicinal plant

Chrysanthemum zawadskii Herb., Addit. Fl. Galic. 44, 1831; Fl. Cor. 6: 283, 1976; Dzungangs. 116, 1987. – *Dendranthema zawadskii* (Herb.) Tzvel. in Fl. URSS 26: 376, 1961. (Compositae).
Gudzdoltscho
Distr.: M. Use: M. (h.)

Colocasia esculenta (L.) Schott – Rem.: C. Kaesong district. Fig. 4.

Convallaria keiskei Miq. in Ann. Mus. Bot. Lugd. Bat. 3: 148, 1867; Fl. Cor. 7: 527, 1976; Dzungangs. 128, 1987. (Liliaceae).
Unbangulggot
Distr.: G. Use: M. (h.), ornamental plant

Coriandrum sativum L. – Rem.: The leaves are used for flavouring dishes (North Hwanghae).

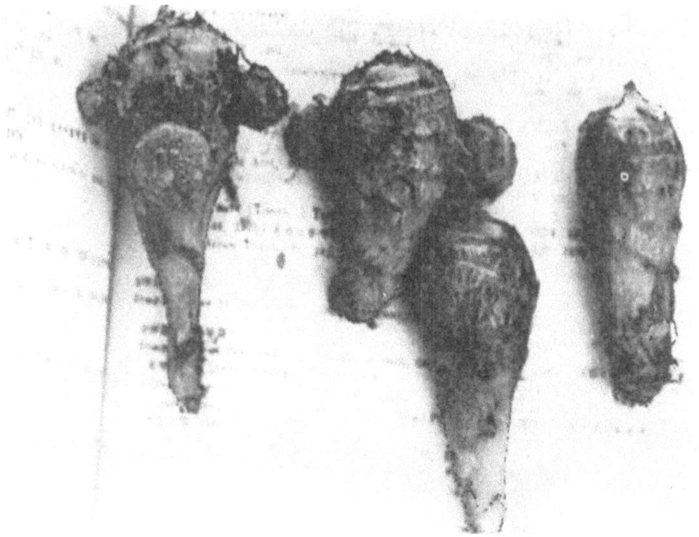

Fig. 4 Rhizomes of *Colocasia esculenta* (L.) Schott collected in the Kaesong district

Corylus avellana L., Sp. Pl. 998, 1753; Dzungangs. 23, 1987. (Betulaceae).
Kungaeamnamu
Distr.: M. Use: N., Oi. (fr.)

Cucurbita moschata (Duch.) Poir. – Rem.: Typical fruits are shown in fig. 5. Dr. THOMAS C. ANDRES, Geneva, U.S.A., kindly informed us that fig. 13 in BAIK et al. (1986) shows *C. maxima* Duch. in Lam., possibly 'Hubbard squash'. This cultivar is a recent introduction to Korea.

Fig. 5 Typical fruits of *Cucurbita moschata* (Duch.) Poir.

Dahlia pinnata Cav., Ic. et Descr. Pl. 1: 57, 1791; Fl. Cor., Append. 377, 1979; Dzungangs. 116, 1987. (Compositae).
Daria
Distr.: G. Use: M. (r.), ornamental plant

Digitalis purpurea L. – Rem.: C. North Hwanghae.

Elaeagnus multiflora Thunb., Fl. Jap. 68, 1784; Dzungangs. 60, 1987. (Elaeagnaceae).
Kunjolmaeborisunamu
Distr.: M. Use: Fr.

Elaeagnus umbellata Thunb., Fl. Jap. 66, 1784; Fl. Cor. 4: 389, 1976; Dzungangs. 60, 1987. (Elaeagnaceae).
Borisunamu
Distr.: M. Use: Fr., M. (fr.)

Eleutherococcus senticosus (Rupr. et Maxim.) Maxim. in Mém. Ac. Pétersb. Sav. étr. 9: 132, 1859; Fl. Cor. 4: 460, 1976; Dzungangs. 62, 1987. – *Hedera senticosa* Rupr. et Maxim. in Bull. Ac. Pétersb. 15: 134, 1857. (Araliaceae).
Gasiogalpinamu
Distr.: M. Use: M. (ba.)

Eutrema koreana (Nak.) Hammer – Rem.: O. North Pyongan near Hyangsan.

Gypsophila oldhamiana Miq. in Ann. Mus. Bot. Lugd. Bat. 3: 187, 1867; Fl. Cor. 2: 156, 1974; Dzungangs. 82, 1987. (Caryophyllaceae).
Madinamul
Distr.: M. Use: M. (r.)

Hibiscus syriacus L., Sp. Pl. 695, 1753; Fl. Cor. 4: 302, 1976; Dzungangs. 57, 1987. (Malvaceae)
Mungughoa
Distr.: G. Use: M. (fl., r., ba.) ornamental plant
Rem.: O. North Pyongan near Hyangsan.

Hippophae rhamnoides L., Sp. Pl. 1023, 1753; Dzungangs. 60, 1987. (Elaeagnaceae).
Galmaeborisunamu, Unnamu
Distr.: M. Use: Fr.

Hordeum vulgare L. – Rem.: The naked barleys collected by us belong to var. *coeleste* L. An interesting race of barley with coverd grains is var. *hypatherum* (Vav. et Orl.) Mansf.

Houttuynia cordata Thunb. – Rem.: C. Southern North Hwanghae.

Juglans regia L., Sp. Pl. 987, 1753; Dzungangs. 18, 1987. (Juglandaceae).
Ginhodunamu, Kunhodunamu, Wanghodunamu
Distr.: M. S. Use: N., Oi. (fr.)

Juglans sinensis (DC.) Dode – Rem.: O. South Hwanghae. Fig. 6.

Fig. 6 *Juglans sinensis* (DC.) Dode is frequently planted along the road sides in regions with moderate winter temperatures

Fig. 7 Fruits of *Lagenaria siceraria* (Molina) Standl. subsp. *siceraria*, Pyongyang district

Lagenaria siceraria (Molina) Standl. – Rem.: Fruits of subsp. *siceraria*, possibly of more recent introduction. Fig. 7.

Ledebouriella divaricata (Turcz.) Hiroe – Rem.: C. Southern North Hwanghae. Fig. 8.

Leonurus sibiricus L., Sp. Pl. 584, 1753; Fl. Cor. 5: 239, 1975; Dzungangs. 105, 1987. (Labiatae).
Igmotscho
Distr. M. Use: M. (h.)

Linum usitatissimum L. – Rem.: C. Southern North Hwanghae. Cultivated as a medicinal plant.

Lonicera japonica Thunb., Fl. Jap. 89, 1784; Fl. Cor. 6: 59, 1976; Dzungangs. 70, 1987. (Caprifoliaceae).
Indongdonggul
Distr.: M. S. Use: M. (fl., l.), I. (fl., perfume)

Lycium barbarum L., Sp. Pl. 192, 1753; Dzungangs. 68, 1987. (Solanaceae).
Dangugidzanamu
Distr.: M. Use: M. (fr.)

Magnolia sieboldii K. Koch, Hort. Dendr. 4, 1853; Fl. Cor. 2: 172, 1974; Dzungangs. 28, 1987. – *M. verecunda* Koidz. in Bot. Mag., Tokyo 40: 339, 1926. (Magnoliaceae).
Mogran, Hambagggotnamu
Distr.: G. Use: M. (fl., ba.) ornamental plant

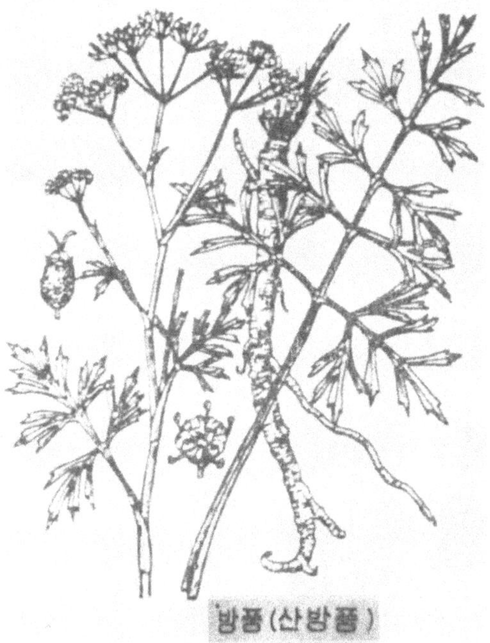

Fig. 8 *Ledebouriella divaricata* (Turcz.) Hiroe, a root vegetable

Malus baccata (L.) Borkh. – Rem.: Grafting stock for apples – O. (F.–A.).

Malva verticillata L. – Rem.: C. Southern North Hwanghae.

Medicago sativa L. – Rem.: C. Pyongyang district.

Mirabilis jalapa L., Sp. Pl. 252, 1753; Fl. Cor. 2: 117, 1974; Dzungangs. 80, 1987. (Nyctaginaceae).
Bunggot
Distr.: G. Use: M. (h.)

Miscanthus sinensis Anders. – O. North Hwanghae

Ocimum gratissimum L., Sp. Pl. 1197, 1753; Dzungangs. 106, 1987. (Labiatae).
Hjangggulpul
Distr.: M. Use: I. (h., perfume)

Ostericum praeteritum Kitag. – Rem.: C. South Hwanghae, Southern North Hwanghae. Fig. 9.

Paeonia japonica (Mak.) Miyabe et Takeda in Gard. Chron. ser. 3, 43: 366 var. **pilosa** Nak. in J. Jap. Bot. 13: 395, 1937; Fl. Cor. 2: 263, 1974; Dzungangs. 85, 1987. (Paeoniaceae).
Hinhambagggot, Baegdzagjag
Distr.: M. Use: M. (r.)

Paeonia lactiflora Pall. – C. North Pyongan near Hyangsan. Fig. 10.

Fig. 9 *Ostericum praeteritum* Kitag., a root vegetable of minor importance

Fig. 10 From the roots of *Paeonia lactiflora* Pall. tonics and remedies are produced

Panicum miliaceum L. – C. North Pyongan near Hyangsan.

Phaseolus lunatus L. – C. Pyongyang district. Fig. 11.

Physalis franchetii Mast. in Gard. Chron. 2: 434, 1894 var. **bunyardii** hort. ex Mak. in J. Jap. Bot. 3 (7): 27, 1926; Fl. Cor. 5: 270, 1975; Dzungangs. 107, 1987. (Solanaceae).
Ggoari
Distr.: G. Use: M. (h.)

Pogostemon cablin (Blanco) Benth. in DC., Prodr. 12: 156, 1848. – *Mentha cablin* Blanco, Fl. Filip. 473, 1837; *Pogostemon patchouly* Pellet. in Mém. Soc. Sci. Orléans 5: 277, 1845; Dzungangs. 106, 1987. (Labiatae).
Hjanggoanghjang, Bbatschuri
Distr.: M. Use: I. (h., perfume)

Prunus armeniaca L., Sp. Pl. 474, 1753; Fl. Cor. 3: 234, 1974; Dzungangs. 42, 1987. (Rosaceae).
Hoerjongbaegsalgunamu
Distr.: N. M. Use: Fr.

Prunus davidiana (Carr.) Franch. in Nouv. Arch. Mus. Hist. Nat. Paris, sér. 2, 5: 103, 1883; Fl. Cor. 3: 237, 1974; Dzungangs. 42, 1987. – *Persica davidiana* Carr. in Rev. Hort. 1872: 74, 1872. (Rosaceae).
Sanbogsunganamu
Distr.: M. Use: grafting stock
Rem.: O. (F.–A.).

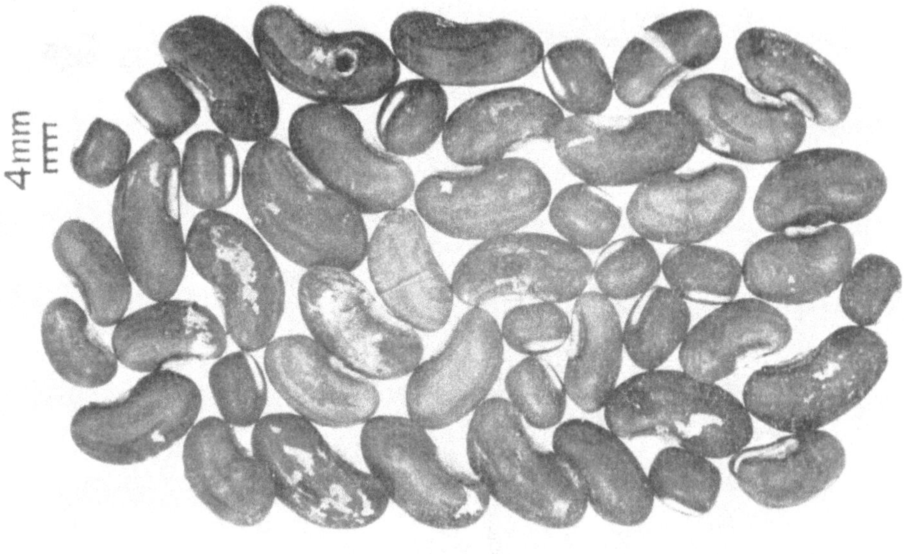

Fig. 11 *Phaseolus lunatus* L. in mixture with seeds of *Vigna angularis* from Tosan, North Hwanghae

Prunus leveilleana Koehne in Sarg., Pl. Wils. 1: 250, 1912 var. **spontanea** (Maxim.) Kim in Fl. Cor. 3: 245, 1974; Fl. Cor., Append. 156, 1979. – *P. pseudocerasus* Lindl. var. *spontanea* Maxim. in Bull. Ac. Pétersb. 29: 102, 1883. (Rosaceae).
Botnamu
Distr.: N. M. Use: grafting stock
Rem.: O. (F.–A.).

Prunus mandshurica (Maxim.) Koehne, Deutsch. Dendr. 318, 1893; Fl. Cor. 3: 231, 1974. – *P. armeniaca* L. var. *mandshurica* Maxim. in Mel. Bot. Ac. Pétersb. 11: 675, 1883. (Rosaceae).
Sansalgunamu
Distr.: N. M. Use: grafting stock
Rem.: O. (F.–A.).

Prunus nakaii Lev. in Feddes Rep. 7: 198, 1909 var. **ishidoyana** (Nak.) Kim in Fl. Cor. 3: 247, 1974; Fl. Cor., Append. 157, 1979. – *P. ishidoyana* Nak. in Bot. Mag., Tokyo 33: 8, 1919. (Rosaceae).
Sanisuratschinamu
Distr.: N. Use: grafting stock
Rem.: O. (F.–A.).

Prunus salicina Lindl. – Rem.: Grafting stock – O. (F.–A.).

Prunus sibirica L., Sp. Pl. 474, 1753; Fl. Cor. 3: 235, 1974; Dzungangs. 45, 1987. (Rosaceae).
Bugsansalgunamu
Distr.: M. Use: M., Oi. (s.), grafting stock

Prunus tomentosa Thunb. – Rem.: Grafting stock – O. (F.–A.).

Pyrus ussuriensis Maxim. – Rem.: Grafting stock – O. (F.–A.).

Ribes burejense Fr. Schm. in Mém. Acad. Sci. Pétersb., ser. 7, 12 (2): 42, 1868; Fl. Cor. 3: 12, 1974. – *Grossularia burejensis* (Fr. Schm.) Berger in N. Y. Agr. Exp. Sta. Techn. Bull. no. 109: 112, 1924. (Saxifragaceae).
Banurggatschibabnamu
Distr.: N. M. Use: Fr.
Rem.: Used for the genetic improvement of European *Ribes* spp. O. Hyesan, Ryanggang (F.–A.).

Ribes nigrum L., Sp. Pl. 201, 1753; Dzungangs. 31, 1987. (Saxifragaceae).
Gomunsongimulaengdunamu, Gomunggatschibabnamu
Distr.: M. Use: Fr.

Rosa × centifolia L., Sp. Pl. 491, 1753; Dzungangs. 36, 1987. (Rosaceae).
Bulgunggothjangdzangmi
Distr.: M. Use: I. (fl., perfume)

Rosa damascena Mill., Gard. Dict. ed. 8, no. 15, 1768; Dzungangs. 36, 1987. (Rosaceae).
Bunhonggothjangdzangmi
Distr.: M. Use: I. (fl., perfume)

Rubus crataegifolius Bunge in Mém. Ac. Pétersb. 2: 98, 1835; Fl. Cor. 3: 154, 1974. (Rosaceae).
Sanddolginamu
Distr.: N. M. Use: Fr.
Rem.: Breeding work is done on this species. O. Hyesan, Ryanggang (F.–A.).

Salvia sclarea L., Sp. Pl. 27, 1753; Dzungangs. 106, 1987. (Labiatae).
Hjangbulggot, Hjangsalbia
Distr.: M. Use: I. (h., perfume)

Scirpus tabernaemontani Gmel., Fl. Bad. 1: 101, 1805; Fl. Cor. 7: 264, 1876; Dzungangs. 124, 1987. (Cyperaceae).
Kungol
Distr.: M. Use.: Fi.

Solanum nigrum L., Sp. Pl. 186, 1753; Fl. Cor. 5: 265, 1975; Dzungangs. 109, 1987. (Solanaceae).
Ggamadzung
Distr.: N. M. Use: M. (h.)
Rem.: O. South Hwanghae, 1987.

Fig. 12 *Spuriopimpinella calycina* (Maxim.) Kitag. is cultivated as a vegetable for the Korean traditional dish "kimchi"

Spuriopimpinella calycina (Maxim.) Kitag. – Rem.: C. Pyongyang district. Fig. 12.

Tanacetum boreale Fisch. ex DC., Prodr. 6: 128, 1837; Fl. Cor. 6: 284, 1976; Dzungangs. 119, 1987. (Compositae).
Ssuggughoa
Distr.: N. M. Use: M. (h.), ornamental plant

Thymus quinquecostatus Celak. in Oesterr. Bot. Zeitschr. 39: 263, 1889 var. **japonicus** Hara in Bot. Mag., Tokyo 51: 145, 1937; Fl. Cor. 5: 247, 1975. (Labiatae).
Baegrihjang
Distr.: M. Use: M. (h.)
Rem.: O. North Hwanghae, 1987

Trichosanthes kirilowii Maxim. – Rem.: O. Southern North Hwanghae.

Urtica laetevirens Maxim. in Mel. Biol. Acad. Pétersb. 9: 620, 1876; Fl. Cor. 1: 247, 1972; Dzungangs. 77, 1987. (Urticaceae).
Ssoegipul
Distr.: M. Use: Fi. (st.), M. (l.)
Rem.: C. Southern North Hwanghae. Fig. 13.

Valeriana fauriei Brig. in Ann. Conserv. Bot. Genev. 17: 327, 1914; Fl. Cor. 6: 76, 1976; Dzungangs. 110, 1987. – *Veronica nipponica* Nak. in Rep. First. Sci.

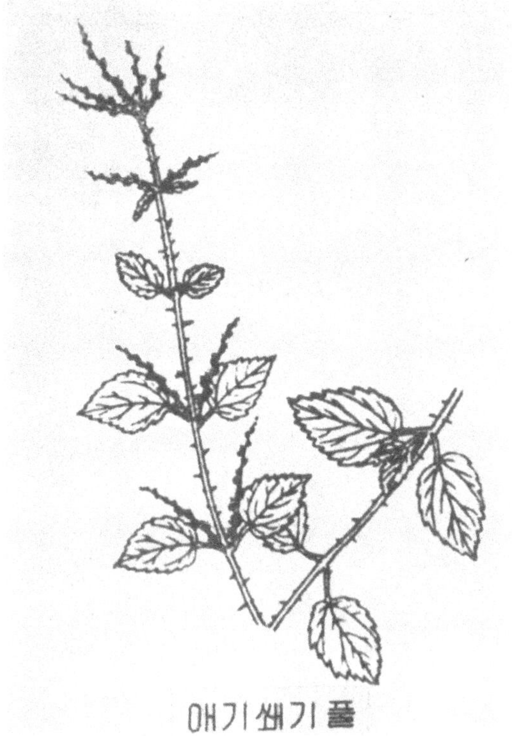

Fig. 13 *Urtica laetevirens* Maxim., a medicinal and fibre plant

Exped. Manch. sect. 4: 49, 1936. (Valerianaceae).
Baguninamul, Dzueodzumpul
Distr.: M. Use: M. (r.)

Valeriana officinalis L., Sp. Pl. 31, 1753; Dzungangs. 110, 1987. (Valerianaceae).
Jagbaguninamul
Distr.: M. Use: M. (r.), I. (h., perfume)

Veronica sibirica L., Sp. Pl. ed. 2, 12, 1762; Fl. Cor. 5: 310, 1975; Dzungangs. 109, 1987. (Scrophulariaceae).
Naengtscho, Sumwuenamul
Distr.: M. Use: M. (r.)

Zanthoxylum coreanum Nak. in Bot. Mag., Tokyo 44: 528, 1930; Fl. Cor. 4: 181, 1976; Dzungangs. 49, 1987. – *Z. bungei* Planch. var. *zimmermannii* Rehd. et Wils. in Sarg., Pl. Wils. 2: 122, 1914. (Rutaceae).
Woangtschopinamu
Distr.: M. S. Use: M., Oi. (fr.), Sp. (l., ba., fr.)

Zizania latifolia (Griseb.) Stapf in Kew Bull. 1909: 385, 1909; Fl. Cor. 7: 178, 1976; Dzungangs. 123, 1987. – *Z. latifolia* Turcz. in Bull. Soc. Nat. Mosc. 1: 105, 1838, nom. nud.; *Hydropyrum latifolium* Griseb. in Ledeb., Fl. Ross. 4: 466, 1853. (Gramineae).
Dzul
Distr.: M. Use: M. (h.), Fo. (h.)

Fig. 14 One of the best Korean lawn grasses, *Zoysia japonica* Steud.

Zoysia japonica Steud., Synops. 1: 414, 1854; Fl. Cor. 7: 190, 1976; Dzungangs. 123, 1987. (Gramineae).
Dzandi
Distr.: M. Use: lawn grass
Fig. 14.

Zoysia tenuifolia Willd. ex Trin. in Mém. Ac. Pétersb., ser. 6, 4 (2): 96, 1836; Cor. 7: 190, 1976; Dzungangs, 124, 1987. (Gramineae).
Gumdzandi
Distr.: M. Use: lawn grass

Final remarks

55 species could be included which are neither present in our original list (BAIK et al. 1986) nor in its following additions (HAMMER et al. 1987, HOANG and HAMMER 1988). A decreasing input from our field work was observed. Therefore, we can conclude that in future only a few additional species can be expected. Altogether the lists now contain 454 species. From this figure 259 species have been collected and/or observed by us. Again, the greatest input derived from the group of medicinal plants. This is in accordance with the increased production and use of medicinal herbs in the D. P. R. K. (HAMMER 1988).

Zusammenfassung

Ergänzende Notizen zur Liste der koreanischen Kulturpflanzen (3)

Die weitere Exploration und ergänzende Literaturstudien führten zu neuen Informationen für die Liste der koreanischen Kulturpflanzen (BAIK et al. 1986). 55 Arten wurden neu aufgenommen. Für weitere 24 Arten liegen erstmals Sammlungen und/oder Beobachtungen vor. 9 Arten, die bereits in früheren Jahren beobachtet werden konnten, wurden gesammelt.

Краткое содержание

Дополнительные заметки к списку корейских культурных растений (3)

Дальнейшее исследование и дополнительное изучение литературы привели к новым информационным дополнениям к списку корейских культурных растений (BAIK et al. 1986). 55 видов были включены впервые. Следующие 24 вида были собраны впервые и/или даны к ним наблюдения. В коллекцию были собраны 9 видов, наблюдаемые в предыдущие годы.

Literature

BAIK MUN-CHAN, HOANG HO-DZUN and K. HAMMER, 1986: A check-list of the Korean cultivated plants. – Kulturpflanze **34**, 69–144.

Dzosonsigmul. see Im (1976)

Dzungangs. see Im et al. (1987)

Fl. Cor. and Fl. Cor., Append. – the complete citations are given by BAIK et al. (1986).

HAMMER, K., 1988: A note on medicinal plants in the Korean People's Democratic Republic. – Newsletter of Medicinal and Aromatic Plants 1988, no. 1, 73–74.

–, BAIK MUN-CHAN and HAN UN-XOAN, 1986: Notes on a mission to the Democratic People's Republic of Korea 1985 for the collection of land-races of cultivated plants. – Kulturpflanze **34**, 293–304.

–, HAN UN-XOAN and HOANG HO-DZUN, 1987: Additional notes to the check-list of Korean cultivated plants (1). – Kulturpflanze **35**, 323–333.

–, O HJONG-GUN and HAN UN-XOAN, 1988: Report on a mission for the collection of plant genetic resources to the Korean Democratic People's Republic, 1987. – Kulturpflanze **36**, 465–473.

–, WON DONG-CHOL and HAN UN-XOAN, 1989: Report on a mission for the collection of plant genetic resources in the Democratic People's Republic of Korea, 1988. – Kulturpflanze **37**, 391–399.

HOANG HO-DZUN and K. HAMMER, 1988: Additional notes to the check-list of Korean cultivated plants (2). – Kulturpflanze **36**, 291–313.

IM ROG-DZAE, 1976: Dzosonsigmuldogam (Korean illustrated flora). – Goahakwontschulpansa (Publishing House of the Academy of Sciences). – Pyongyang (abbr. **Dzosonsigmul.**).

–, RA UNG-TSCHIL and GO OK-SON, 1987: Dzungangsigmulwondzaebaesigmul (Cultivated plants of the Central Botanical Garden). – Goahagbaekgoasadzontschulpansa (Publishing House of the Academy and Encyclopedy). – Pyongyang, 228 pp., 96 plates (abbr. **Dzungangs.**).

KIM HJON-SAM, K. HAMMER, HAN UN-XOAN, P. HANELT and PAK HJONG-SON, 1987: Missions for the collection of plant genetic resources in the Democratic People's Republic of Korea 1986. – Kulturpflanze **35**, 355–365.

RI JONG-DZAE and HOANG HO-DZUN, 1984: Sigmulmjongsadzon (A dictionary of plant names). – Goahagbaekgoasadzontschulpansa (Publishing House of the Academy and Encyclopedy). – Pyongyang, 544 pp.

SCHULTZE-MOTEL, J. (Hrsg.), 1986: Rudolf Mansfelds Verzeichnis landwirtschaftlich und gärtnerischer Kulturpflanzen. – Akademie-Verlag, Berlin, 4 vols.

Dr. K. HAMMER
Zentralinstitut für Genetik und Kulturpflanzenforschung
der Akademie der Wissenschaften der DDR
Corrensstraße 3
Gatersleben
DDR - 4325

Kulturpflanze 37 · 1989 · 211–357

A checklist of the cultivated plants of Cuba

ESQUIVEL, MIGUEL[1], LEONOR CASTIÑEIRAS[1], HELMUT KNÜPFFER and KARL HAMMER

(Eingegangen am 17. Januar 1989)

Summary

Checklists of cultivated plant species of a geographical area have proven to be a very useful tool for the further exploration and collection in this area and for the compilation of local floras of cultivated plants. They contain valuable information for ethnobotanists, plant breeders as well as for other researchers engaged in cultivated plants. A checklist of the cultivated plant species of Cuba compiled from Cuban literature sources and own field studies is presented. It contains 755 taxa belonging to 740 different species, 414 genera and 103 families. These findings are in striking contrast to the opinions of previous foreign investigators about the poverty of plant genetic resources in Cuba. The alphabetically ordered articles for the taxa contain nomenclatural information (accepted name, synonymy and their literature references), the plant family, Cuban folk names, details of plant uses, additional remarks and references to relevant Cuban literature sources, including reports from own explorations. Three appendices provide indexes by families and genera, by synonyms, and by folk names respectively, which allow to locate the information by different ways. The information given in the checklist is maintained in the Database of the Cultivated Plants of Cuba (DBCPC), a microcomputer-based system. Its main purpose is to produce the list and the indexes mentioned from the same set of data, but it allows also to retrieve the information and to check the data for consistency.

Introduction

Plant genetic resources of Latin America have been extensively studied, but Cuba was not considered yet. Some collectors as BUKASOV (1930) and VAVILOV (1962) reported about the poverty of plant genetic resources, presumably under their impressions from short explorations around Havana. An agriculture based on introduced crops as, e.g., sugarcane, and the lack of an indigenous population were considered to be the main reasons for the erosion of autochthonous crops.

However, the existence of a rich wild flora with more than 6000 species of which 50 % are endemic (BORHIDI 1985), the complex composition of the Cuban

[1] Instituto de Investigaciones Fundamentales en Agricultura Tropical "Alejandro de Humboldt", INIFAT, Ministerio de Agricultura, Santiago de las Vegas, Cuba.

culture and other evidences contrasting with the above conclusions, support the assumption that there is a great diversity of cultivated plants in Cuba.

In 1982 the Instituto de Investigaciones Fundamentales en Agricultura Tropical "Alejandro de Humboldt", INIFAT, started a program of expeditions to explore and collect plant genetic resources in Cuba. In 1986 the Zentralinstitut für Genetik und Kulturpflanzenforschung, ZIGuK, joined the program. Up to now 27 short missions have been carried out, and more than 2000 accessions have been collected (Esquivel et al. 1986, 1987, 1988a, b, c, d, 1989a, b, c, d).

Problems of the origin, variation and distribution of plant genetic resources in Cuba are discussed elsewhere on the basis of an investigation of the collected material and data from historical, ethnological and linguistic sources (Esquivel and Hammer 1987, Hammer and Esquivel 1989). A study of the "conucos", small fields or gardens of traditional agriculture, revealed that plants cultivated there originate from nearly all regions of diversity of the world (Esquivel and Hammer 1988).

During the first mission INIFAT-ZIGuK the idea of a checklist of the cultivated plants of Cuba arose. Checklists have proven to be very useful in collecting expeditions (Hammer and Perrino 1985, Baik et al. 1986, Hammer et al. 1987, 1988, Hoang and Hammer 1988). The information was compiled from the main sources of Cuban botanical literature and our own observations during collecting missions. Collections are indicated by citing the reports of the collecting missions concerned (Esquivel et al. 1987, 1988c, 1989a).

The main taxonomic source for the present check-list is the "Flora de Cuba" (Alain 1964, 1974, León 1946, León and Alain 1951, 1953, 1957). The authors of this flora consider some cultivated plants, and others are mentioned as escaped from cultivation. Several species reported as wild are in fact synonyms of cultivated ones or were observed as cultivated by us. This applies especially to plants used in folk medicine or as living fences (Hammer 1988).

Another important source is the "Diccionario Botănico de Nombres Vulgares Cubanos" of Roig (1975). Its first edition in 1928 included 2900 species and 5009 folk names, and the fourth edition in 1975 nearly 4000 species and more than 6000 folk names. It contains folk names of both wild and cultivated plants and provides the scientific names, synonyms, information on the origin and cultivation in Cuba. In an index the plants are grouped according to their uses.

This idea was earlier developed in the "Flora de Cuba" of Gómez de la Maza and Roig (1914) which covers economic plants only. The relevant information was also incorporated into our list.

Interesting information about early agriculture in Cuba was found in "Historia física, política y natural de la Isla de Cuba" by Ramón de la Sagra. Its first volume, "Introducción, geografía, clima, población y agricultura" (1842) reports valuable details about the development of agriculture in the past century and the origin of some crops. Volumes 10 (1845) and 11 (1850), both named "Botánica", also describe some cultivated plants.

In addition, we considered several books dealing with specific crop groups. The "Plantas medicinales, aromáticas o venenosas de Cuba" by Roig (1974), first issued in 1945, provides basic information about medicinal plants. The short articles for each species contain synonyms, folk names in Cuba and other countries, botanical descriptions and use. In an index the species are sorted according to their medicinal properties.

Detailed information about fruit crops was found in the "Catálogo universal de frutales tropicales y subtropicales" of CAÑIZARES (1982), which includes 1519 species producing edible nuts or fruits. The author distinguishes between species cultivated in Cuba and those cultivated in specialized tree collections only. We included both, since some exotic plants reported for collections only, nowadays are widely distributed and have been observed by us even in remote places.

Data about pasture and forage crops were taken from "Introducción a los pastos" (MENÉNDEZ et al., s.a.), a textbook edited by a group of specialists of Estación de Pastos y Forrages "Indio Hatuey". It comprises the cultivated species of the Leguminosae and Gramineae families. Some additional uses of cultivated plants are reported in the book "Plantas silvestres comestibles" (FARIES 1987).

A number of crop specific papers showing early approaches to the study of cultivated plants in Cuba and describing the variation in some crops are cited, as for tobacco (HASSELBRING 1915), cassava (CUNLIFFE 1916), sweet potato (ROIG and FORTÚN 1916) and maize (HATHEWAY 1957).

For the inclusion of species into the checklist, the general principles of "Mansfelds Verzeichnis" (SCHULTZE-MOTEL 1986) have been followed, i.e., plants cultivated as ornamentals only are not considered.

The present checklist contains 755 taxa belonging to 740 different species, 414 genera and 103 botanical families. The families with the highest number of cultivated plant species in Cuba are the Leguminosae (91 species), Gramineae (62), Myrtaceae (41), Compositae (34) and Rutaceae (30). For more detailed information about the families and genera, see App. 1. 303 taxa are used as medicinal plants, 230 for fruits, 81 as fodder crops, 80 as vegetables and 49 as spices. A total of 506 synonyms (App. 2) and 954 folk names (App. 3) were compiled in their respective index lists.

The information presented in the list is stored in a computerized database created for this purpose. The Database of Cultivated Plants of Cuba (DBCPC) (KNÜPFFER et al. 1989) facilitates the data handling and the preparation of the different lists. The final products of the system, i.e., the checklist and the indexes, can be managed by a text processor.

Explanations

The articles for taxa in the checklist consist of a nomenclatural part, folk names, details of plant uses, additional remarks and references to relevant Cuban literature.

The taxa are presented in alphabetical order of the accepted botanical names. Synonyms for each taxon (including the basionyms), mainly from Cuban botanical literature, are given in chronological order. To find the accepted name for a given synonym, App. 2 can be used. The nomenclatural part for each entry is terminated by the plant family given in brackets.

The Cuban folk names are given in alphabetical order in the next line. They were extracted mainly from the literature sources mentioned above, others were added on the basis of information gathered during our expeditions. Some folk names have different spelling variants, because there are groups of consonants with similar pronounciation in Cuba (see note in App. 3).

The different uses of the plants are indicated in the order of their importance. The parts used are given in brackets. The following abbreviations are used:

Uses		Used parts	
C.	cereals	(b.)	bulbs
Fi.	fiber crops	(ba.)	bark
Fr.	fruits	(fl.)	flowers
Fo.	fodder crops	(fr.)	fruits
I.	industrial crops	(h.)	herb
M.	medicinal plants	(l.)	leaves
N.	nuts and related	(r.)	roots, rhizomes
Oi.	oil crops	(s.)	seeds
Pu.	pulses	(st.)	stem
Sp.	spices	(w.)	wood
St.	starch plants, excl. cereals		
V.	vegetables		

In many cases specific uses are described. A group of plants called "magic" is included. Usually it shows close connection to folk medicine.

Short additional remarks are provided for some species. They concern the range of their variation in Cuba, nomenclatural notes, specifications of the use, history of introduction to Cuba, references to figures, etc.

Cuban literature references conclude the articles for the taxa.

Three appendices provide indexes which allow to find the information in the main list by other criteria, e.g., by family or synonym.

An index to families and genera is given in App. 1. The genera are sorted alphabetically within the families. The number of species per family or genus is given in brackets, except for the case of one species in a genus. Considering that many botanical names reported in the literature are synonyms, an aid to locate the accepted name for a synonym is necessary. Therefore, an index of synonyms (including basionyms) with references to the accepted names is provided in App. 2. App. 3 is an index of the folk names with reference to the accepted botanical names.

Checklist

Abelmoschus esculentus (L.) Moench, Methodus (1794) 617. – *Hibiscus esculentus* L., Sp. Pl. (1753) 696. (Malvaceae).
Quimbombó
V. (fr.), Oi. (s.), M. (fr., l., fl.)
Ref.: Fl. Cub. 3, GÓMEZ DE LA MAZA and ROIG 1914, ROIG 1974, ROIG 1975, GUENKOV 1983, ESQUIVEL et al. 1987, 1988c, 1989a

Abelmoschus moschatus Medik., Malvenfam. (1787) 46. – *Hibiscus abelmoschus* L., Sp. Pl. (1753) 696. (Malvaceae).
Abelmosco, algalia, ambarina
M. (s.)
Ref.: Roig 1974, Roig 1975

Abutilon theophrasti Medik., Malvenfam. (1787) 28. – *Sida abutilon* L., Sp. Pl. (1753) 685; *Abutilon avicennae* Gaertn., Fruct. sem. pl. 2 (1791) 251. (Malvaceae).
Yute de China
Fi. (st.)
Ref.: Roig 1975, Hammer and Esquivel 1989

Acacia nilotica (L.) Delile, Ill. Fl. Aeg. (1813) 79. – *Mimosa nilotica* L., Sp. Pl. (1753) 521; *Acacia arabica* (Lam.) Willd., Sp. Pl. 4 (1806) 1085. (Leguminosae).
Goma arábica
M. (chati gum), living fences
Ref.: Roig 1975

Acca sellowiana (Berg) Burret in Repert. Spec. nov. Reg. veg. 50 (1941) 59. – *Orthostemon sellowianus* Berg in Linnaea 27 (1856) 440; *Feijoa sellowiana* (Berg) Berg in Mart., Fl. Brasil. 14, 1, fasc. 18, 3 (1859) 615. (Myrtaceae).
Guayaba de Brasíl
Fr.
Ref.: Gómez de la Maza and Roig 1914, Roig 1975

Achillea millefolium L., Sp. Pl. (1753) 899. (Compositae).
Milenrama
M. (h.)
Ref.: Roig 1974, Roig 1975

Acrocomia aculeata (Jacq.) Lodd. ex Mart., Hist. nat. palm. 3 (1845) 286. – *Cocos aculeata* Jacq., Select. Stirp. amer. hist. (1763) 278. (Palmae).
Corocho de Jamaica, corojo
Oi. (fr.), Fi. (l.)
Ref.: Gómez de la Maza and Roig 1914, Roig 1975, Cañizares 1982

Acrocomia crispa (H. B. K.) C. F. Baker ex Becc. in Ponomo Coll. J. Econ. Bot. 2 (1912) 364. – *Cocos crispa* H. B. K., Nov. gen. sp. 1 (1815) 302; *Gastrococos armentalis* Morales in Repert. Fis.-Nat. Cuba 1 (1866) 57; *Acrocomia armentalis* (Morales) Bailey in Gent. herb. 4 (1941) 462. (Palmae).
Oi. (fr.), Fi. (l.)
Ref.: Roig 1975

Acrocomia pilosa Leon in Mem. Soc. Cubana Hist. Nat. 14 (1940) 52. (Palmae).
Corojo
Oi. (fr.), Fi. (l.)
Ref.: Roig 1975, Cañizares 1982

Fig. 1 *Acrocomia subinermis* Leon ex Bailey is a fiber and oil crop. The trunks are also used as water containers

Acrocomia subinermis Leon ex Bailey in Gent. herb. 4 (1941) 474. (Palmae).
Corojo
Oi. (fr.), Fi. (l.)
Fig. 1.
Ref.: ROIG 1975, CAÑIZARES 1982

Adansonia digitata L., Sp. Pl. (1753) 1190. (Bombacaceae).
Baobab, pan de mono
M. (fr., ba.), shade tree
Ref.: ROIG 1974

Aegle marmelos (L.) Roxb. ex Correa, Pl. Corom. 2 (1798) t. 143, Correa in Transact. Linn. Soc. 5 (1800) 223. – *Crateva marmelos* L., Sp. Pl. (1753) 444; *Belou marmelos* (L.) W. F. Wight in U.S. Dept. Agr., Bur. Pl. Industr., Bull. 142 (1909) 48. (Rutaceae).
Bael fruit de la India, membrillo de Australia
Fr., M. (fr., r., l.)
Ref.: ROIG 1974, ROIG 1975

Aeschynomene americana L., Sp. Pl. (1753) 713. (Leguminosae).
Tamarindillo
Grown for soil improvement
Ref.: ROIG 1975

Agave americana L., Sp. Pl. (1753) 323. (Agavaceae).
Hedge plant
Ref.: ROIG 1975

Agave decipiens Baker in Kew Bull. (1892) 184. (Agavaceae).
Fi. (l.)
Ref.: Gómez de la Maza and Roig 1914

Agave deweyana Trel. in Trans. Acad. Sci. St. Louis 18, no. 3 (1909) 34. (Agavaceae).
Zapupe verde
Fi. (l.)
Ref.: Roig 1975

Agave fourcroydes Lem. in Illustr. Hortic. 11 (1864) Misc. 65. (Agavaceae).
Henequén
Fi. (l.), living fences
Ref.: Fl. Cub. 3, Roig 1975, Hammer 1988

Agave lespinassei Trel. in Trans. Acad. Sci. St. Louis 18, no. 3 (1909) 33. (Agavaceae).
Zapupe vincent
Fi. (l.)
Ref.: Roig 1975

Agave neglecta Small, Fl. S. E. U. S. ed. 1 (1903) 209. (Agavaceae).
Fi. (l.)
Ref.: Gómez de la Maza and Roig 1914

Agave rigida Mill., Gard. Dict. ed. 8 (1768) no. 8. (Agavaceae).
Henequén
Fi. (l.)
Ref.: Gómez de la Maza and Roig 1914

Agave sisalana Perrine in U.S. Sen. 25th Congr. Sess. 2. Doc. (1838) 300. (Agavaceae).
Sisal
Fi. (l.)
Now mostly cultivated as a hedge plant.
Ref.: Roig 1975

Agave vivipara L., Sp. Pl. (1753) 323. (Agavaceae).
Fi. (l.)
Ref.: Gómez de la Maza and Roig 1914

Agave zapupe Trel. in Trans. Acad. Sci. St. Louis 18, no. 3 (1909) 32. (Agavaceae).
Zapupe azúl
Fi. (l.)
Ref.: Roig 1975

Aglaia domestica (Correa em. Jack) Pellegrin in Lecomte, Fl. gen. Indoch. 1 (1911) 766. – *Lansium domesticum* Correa in Ann. Mus. Paris 10 (1807) 157. (Meliaceae).

Árbol de la lanza, lansio
Fr.
Ref.: GÓMEZ DE LA MAZA and ROIG 1914, ROIG 1975, CAÑIZARES 1982

Agrimonia eupatoria L., Sp. Pl. (1753) 448. (Rosaceae).
Agrimonia
M. (h.)
Ref.: ROIG 1974

Albizia lebbek (L.) Benth. in Hook., Lond. J. Bot. 3 (1844) 87. – *Mimosa lebbek* L., Sp. Pl. (1753) 516 (Leguminosae).
Algarrobo de olor, aroma francesa, cabellos de angel, faurestina, forestina
Shade tree, M. (l., fl., s.)
Ref.: Fl. Cub. 2, GÓMEZ DE LA MAZA and ROIG 1914, ROIG 1974, ROIG 1975

Aleurites fordii Hemsl. in Hook., Icon. pl. 29 (1906) t. 2800, 2802 et in Kew Bull. (1906) 120. (Euphorbiaceae).
Aceite chino
Oi. (s.)
Ref.: Fl. Cub. 3, ROIG 1975, HAMMER and ESQUIVEL 1989

Aleurites moluccana (L.) Willd., Sp. Pl. 4 (1806) 590. – *Jatropha moluccana* L., Sp. Pl. (1753) 1006; *Aleurites triloba* J. R. Forster, Char. gen. pl. (1776) 112. (Euphorbiaceae).
Nogal de India, nogal de jardín, nogal prieto
Oi. (s.), M. (s.)
Ref.: Fl. Cub. 3, LA SAGRA 1842, ROIG 1974, ROIG 1975

Aleurites trisperma Blanco, Fl. Filip. (1837) 755. (Euphorbiaceae).
Oi. (s.)
Ref.: Fl. Cub. 3

Alibertia edulis (L. C. Rich.) A. Rich. in Mem. Soc. Hist. Nat. Paris 5 (1830) 234. – *Genipa edulis* L. C. Rich., Act. Soc. Hist. Nat. Paris 1 (1792) 107. (Rubiaceae).
Pitajoní
Fr.
Ref.: ROIG 1975, CAÑIZARES 1982

Allium cepa L., Sp. Pl. (1753) 300 var. **aggregatum** G. Don, Mon. Allium (1827) 27. – *Allium ascalonicum* L., Amoen. Acad. 4 (1759) 454; *Allium cepa* L., Sp. Pl. (1753) 300 var. *ascalonicum* (L.) Backer, Bekn. Fl. Java Afl. 11 (1951) Amaryll. 5. (Liliaceae).
Cebolla corojo, cebolla de diente, cebolla de la tierra, cebolla multiplicadora
V. (b., l.), M. (b.)
Widely used in traditional agriculture because of the high storability of the bulbs in open environment. Several accessions show tolerance to *Alternaria porri* and the ability to produce flowers and seeds under Cuban conditions.
Ref.: GÓMEZ DE LA MAZA and ROIG 1914, ROIG 1974, ROIG 1975, GUENKOV 1983, ESQUIVEL et al. 1987, 1989a

Fig. 2 *Allium chinense* G. Don, a vegetable grown by Japanese farmers. New record for Cuba

Allium cepa L., Sp. Pl. (1753) 300 var. **cepa**. (Liliaceae).
Cebolla
V. (b., l.)
Ref.: Roig 1975, Guenkov 1983, Esquivel et al. 1988c, 1989a

Allium chinense G. Don, Monogr. Allium (1827), reimpr. in Mem. Werner. Nat. Hist. Soc. 6 (1827) 83. (Liliaceae).
V. (b., l.)
Not reported for Cuba before, collected from Japanese farmers on the Isla de la Juventud, who call it "rackio". Fig. 2.
Ref.: Esquivel et al. 1989a, Hammer and Esquivel 1989

Allium fistulosum L., Sp. Pl. (1753) 301. (Liliaceae).
Ajo de jardín, cebollino español
V. (l., b.)
Ref.: Guenkov 1983, Esquivel et al. 1989a, Hammer and Esquivel 1989

Allium porrum L., Sp. Pl. (1753) 295. (Liliaceae).
Ajo porro, ajo puerro
V. (b., l.)
Ref.: Gómez de la Maza and Roig 1914, Roig 1975, Guenkov 1983

Allium sativum L., Sp. Pl. (1753) 296. (Liliaceae).
Ajo
Sp. (b.), M. (b.)
Occasionally the var. *pekinense* (Prokh.) Maek. is cultivated.
Ref.: GÓMEZ DE LA MAZA and ROIG 1914, ROIG 1974, ROIG 1975, GUENKOV 1983, ESQUIVEL et al. 1987, 1989a, HAMMER and ESQUIVEL 1989

Allium schoenoprasum L., Sp. Pl. (1753) 301. (Liliaceae).
Cebollino
V. (l.)
Ref.: ROIG 1975

Allium tuberosum Rottler ex Spreng., Syst. 2 (1825) 38. (Liliaceae).
V. (l., fl.)
Not reported for Cuba before, collected from Japanese farmers on the Isla de la Juventud.
Ref.: ESQUIVEL et al. 1989a, HAMMER and ESQUIVEL 1989

Aloe succotrina Lam., Encycl. 1 (1783) 85. (Liliaceae).
Sábila
M. (l.)
Ref.: GÓMEZ DE LA MAZA and ROIG 1914

Aloe vera (L.) Burm. f., Fl. Ind. (1768) 83. – *Aloe perfoliata* L. var. *vera* L., Sp. Pl. (1753) 320; *Aloe barbadensis* Mill., Gard. Dict. ed. 8 (1768) no. 2. (Liliaceae).
Sábila
M. (l.)
Ref.: Fl. Cub. 1, GÓMEZ DE LA MAZA and ROIG 1914, ROIG 1974, ROIG 1975

Alpinia speciosa (Wendl.) K. Schum. in Bot. Jahrb. 15 (1893) 418. – *Zerumbet speciosum* Wendl., Sert. Hannov. fasc. 4, 3 (1798) t. 19. (Zingiberaceae).
Colonia, dragón
M. (r., fl., h.)
Ref.: Fl. Cub. 1, ROIG 1974, ROIG 1975

Althaea officinalis L., Sp. Pl. (1753) 686. (Malvaceae).
Altea
M. (r., l., fl.)
Ref.: ROIG 1974

Amaranthus lividus L., Sp. Pl. (1753) 990 convar. **oleraceus** (L.) Thell. ex Aschers. et Graebn., Syn mitteleurop. Fl. 5 (1914) 332. – *Amaranthus oleraceus* L., Sp. Pl. ed. 2 (1763) 1403. (Amaranthaceae).
Espinaca, tampala
V. (l.)
The identity of this species with the material grown in Cuba is still doubtful. Seeds of at least two species have been collected by us for cultivation and determination.
Ref.: ROIG 1975, HAMMER and ESQUIVEL 1989

Ambrosia artemisiifolia L., Sp. Pl. (1753) 988. (Compositae).
Artemisa
M. (h.)
Ref.: Roig 1975

Ammi visnaga (L.) Lam., Fl. franc. 3 (1778) 462. – *Daucus visnaga* L., Sp. Pl. (1753) 242. (Umbelliferae).
Perlas, viznaga
M. (fr.)
Ref.: Roig 1975

Anacardium occidentale L., Sp. Pl. (1753) 383. – *Rhinocarpus excelsa* H. B. K., Nov. gen. sp. 8, 5 (1825) t. 601; *Anacardium excelsum* (H. B. K.) Skeels in U.S. Dept. Agr., Bur. Pl. Industr., Bull. 242 (1912) 36. (Anacardiaceae).
Marañón
Fr., N., M. (fr., r., resin), living fences, shade tree
Ref.: Fl. Cub. 3, Gómez de la Maza and Roig 1914, Roig 1974, Roig 1975, Cañizares 1982

Ananas comosus (L.) Merr., Interpr. Herb. Amboin. (1917) 133. – *Bromelia ananas* L., Sp. Pl. (1753) 285; *Bromelia comosa* L., Herb. Amboin. (1754) 21. (Bromeliaceae).
Piña, piña blanca, piña de la tierra
Fr., M. (fr.), Fi. (l.)
Ref.: Fl. Cub. 1, Gómez de la Maza and Roig 1914, Roig 1974, Roig 1975, Cañizares 1982

Anchusa azurea Mill., Gard. Dict. ed. 8 (1768) no. 9. (Boraginaceae).
Buglosa
M. (h.)
Ref.: Roig 1974, Roig 1975

Anchusa officinalis L., Sp. Pl. (1753) 133. (Boraginaceae).
Buglosa
M. (h.)
Ref.: Roig 1974

Andropogon gayanus Kunth, Enum. Pl. 1 (1833) 491. (Gramineae).
Gamba
Fo.
Ref.: Menéndez et al. s. a.

Anethum graveolens L., Sp. Pl. (1753) 263. (Umbelliferae).
Anís alemán, eneldo
M. (h., fr.), V. (l.)
Ref.: Gómez de la Maza and Roig 1914, Roig 1974, Roig 1975, Guenkov 1983

Angelonia salicariaefolia Humb. et Bonpl., Pl. Aequin. 2 (1812) 92. (Scrophulariaceae).
Fernandina, primavera, viuda
M. (fr.)
Ref.: Roig 1974

Fig. 3 An important fruit crop, *Annona cherimola* Mill.

Annona cherimola Mill., Gard. Dict. ed. 8 (1768) no. 5. (Annonaceae).
Chirimoya
Fr.
Fig. 3.
Ref.: Fl. Cub. 2, GÓMEZ DE LA MAZA and ROIG 1914, ROIG 1975, CAÑIZARES 1982

Annona glabra L., Sp. Pl. (1753) 537. – *Annona palustris* L., Sp. Pl. ed. 2 (1762) 757. (Annonaceae).
Bagá
Fr., M. (fr.)
Ref.: ROIG 1974, ROIG 1975, CAÑIZARES 1982

Annona lutescens Safford in Contrib. U.S. Nat. Herb. 17 (1913) 269. (Annonaceae).
Fr.
Ref.: CAÑIZARES 1982

Annona montana Macf., Fl. Jamaica 1 (1837) 7, emend. R. E. Fr. in Acta Horti Berg. 10, no. 2 (1931) 206. (Annonaceae).
Fr., in collections
Ref.: CAÑIZARES 1982

Annona muricata L., Sp. Pl. (1753) 536. – *Guanabanus muricatus* (L.) Gómez de la Maza, Fl. habanera (1897) 114. (Annonaceae).
Guanábana
Fr.
Ref.: Fl. Cub. 2, GÓMEZ DE LA MAZA and ROIG 1914, ROIG 1975, CAÑIZARES 1982

Annona purpurea Moc. et Sesse ex Dunal, Monogr. Anonac. (1817) 64. (Annonaceae).
Cabeza de negro, palma marfil
Fr.
Ref.: Roig 1975, Cañizares 1982

Annona reticulata L., Sp. Pl. (1753) 537. (Annonaceae).
Mamón
Fr.
Ref.: Fl. Cub. 2, Gómez de la Maza and Roig 1914, Roig 1975, Cañizares 1982

Annona salzmannii DC. in Mem. Soc. phys. Genève 5 (1832) 197. (Annonaceae).
Fr.
Ref.: Cañizares 1982

Annona squamosa L., Sp. Pl. (1753) 357. – *Anona cinerea* Dunal, Monogr. Anonac. (1817) 71. (Annonaceae).
Anón
Fr., M. (l., ba., fr.)
Ref.: Fl. Cub. 2, Gómez de la Maza and Roig 1914, Roig 1974, Roig 1975, Cañizares 1982

Anthriscus cerefolium (L.) Hoffm., Gen. pl. umbell. (1814) 41. – *Scandix cerefolium* L., Sp. Pl. (1753) 257. (Umbelliferae).
Perifollo
V. (l.)
Ref.: Roig 1975

Antidesma bunius (L.) Spreng., Syst. veg. 1 (1825) 826. – *Stilago bunius* L., Mant. Pl. 1 (1767) 122. (Euphorbiaceae).
Fr.
Ref.: Cañizares 1982

Antidesma montanum Blume, Bijdr. (1827) 1124. (Euphorbiaceae).
Fr., in collections
Ref.: Cañizares 1982

Antidesma platyphyllum H. Mann in Proc. Amer. Acad. 7 (1867) 202. (Euphorbiaceae).
Fr., in collections
Ref.: Cañizares 1982

Apium graveolens L., Sp. Pl. (1753) 264. (Umbelliferae).
Apio
V. (r., l.), M. (r., l., fr.)
Ref.: Gómez de la Maza and Roig 1914, Roig 1974, Roig 1975, Guenkov 1983

Arachis hypogaea L., Sp. Pl. (1753) 741. (Leguminosae).
Maní
Oi. (s.), N., M. (s.)
Ref.: Fl. Cub. 2, Gómez de la Maza and Roig 1914, Roig 1975, Cañizares 1982, Esquivel et al. 1987, 1988c, 1989a

Arachis prostrata Benth. in Trans. Linn. Soc. 18 (1841) 159. (Leguminosae).
Fo.
Ref.: MENÉNDEZ et al. s. a.

Arctium lappa L., Sp. Pl. (1753) 816. (Compositae).
Bardana
M. (r., s., l.)
Ref.: ROIG 1974, ROIG 1975

Ardisia acuminata Willd., Sp. Pl. 1 (1797) 1062. (Myrsinaceae).
Fr., living fences
Ref.: GÓMEZ DE LA MAZA and ROIG 1914

Argyreia nervosa (Burm. f.) Bojer, Hort. maurit. (1837) 224. – *Convolvulus nervosus* Burm. f., Fl. Ind. (1768) 48. (Convolvulaceae).
Campanola
Used against "marabú" (*Caillea glomerata* (Forssk.) Macbr.), a dangerous weed.
Ref.: ROIG 1975

Arracacia xanthorrhiza Bancroft in Trans. Agr. Hort. Soc. Jamaica 1825 (1825) 5 et in Jamaica J. 4 (1826) 18. (Umbelliferae).
Afió
St. (r.), M. (r.)
Ref.: ROIG 1974, ROIG 1975

Artemisia abrotanum L., Sp. Pl. (1753) 845. (Compositae).
Incienso
M. (h.)
Ref.: ROIG 1974

Artemisia absinthium L., Sp. Pl. (1753) 848. (Compositae).
Ajenjo, incienso
M. (h.), Sp. (l.)
Fig. 4.
Ref.: ROIG 1974, ROIG 1975

Artemisia dracunculus L., Sp. Pl. (1753) 849. (Compositae).
Estragón
Sp. (l.), M. (h.)
Ref.: GÓMEZ DE LA MAZA and ROIG 1914, ROIG 1975

Artemisia vulgaris L., Sp. Pl. (1753) 848. (Compositae).
Artemisa
M. (h., r.)
Ref.: ROIG 1974, ROIG 1975

Artocarpus communis J. R. et J. G. Forster, Char. gen. pl. (1776) 101. – *Artocarpus incisa* L. f., Suppl. (1781) 411; *Artocarpus altilis* Fosberg in J. Acad. Sci. Wash. 31 (1941) 95. (Moraceae).
Árbol del pan, castaño de Malabar, guapén, mapén
St. (fr.), Fr.
Ref.: GÓMEZ DE LA MAZA and ROIG 1914, ROIG 1975, CAÑIZARES 1982

Fig. 4 *Artemisia absinthium* L., a typical condiment and medicinal plant of Cuban gardens

Artocarpus heterophyllus Lam., Encycl. 3 (1789) 210. (Moraceae).
Jaca, rima
Fr.
Fig. 5.
Ref.: Cañizares 1982, Catálogo 1987

Artocarpus hypargyreus Hance ex Benth., Fl. Hongk. (1861) 325. (Moraceae).
Fr., in collections
Ref.: Cañizares 1982

Artocarpus integer (Thunb.) Merr., Interpr. Herb. Amboin. (1917) 190. – *Radermachia integra* Thunb. in Vet. Acad. Handl. Stockh. 36 (1776) 254; *Artocarpus integrifolia* L. f., Suppl. (1781) 412, non auct.; *Artocarpus champeden* Spreng., Syst. 3 (1826) 804. (Moraceae).
Jaca, jack fruit rima
St. (fr.)
Ref.: Gómez de la Maza and Roig 1914, Roig 1975, Cañizares 1982

Asparagus officinalis L., Sp. Pl. (1753) 313. (Liliaceae).
Espárrago
V. (young shoots)
Ref.: Gómez de la Maza and Roig 1914, Roig 1975

Fig. 5 *Artocarpus heterophyllus* Lam. is less frequently grown than *A. communis* J. R. et J. G. Forster. Tree in a garden of Santiago de las Vegas

Atropa bella-donna L., Sp. Pl. (1753) 181. (Solanaceae).
Belladona
M. (fr.)
Ref.: ROIG 1974

Avena sativa L., Sp. Pl. (1753) 79. (Gramineae).
Avena
C., M. (fr.)
Ref.: GÓMEZ DE LA MAZA and ROIG 1914, ROIG 1974, ROIG 1975

Averrhoa bilimbi L., Sp. Pl. (1753) 428. (Oxalidaceae).
Calamías, grosella china
V. (fr.), M. (fr.)
Fig. 6.
Ref.: GÓMEZ DE LA MAZA and ROIG 1914, ROIG 1974, ROIG 1975, HAMMER and ESQUIVEL 1989

Averrhoa carambola L., Sp. Pl. (1753) 428. (Oxalidaceae).
Carambola
Fr.
Ref.: GÓMEZ DE LA MAZA and ROIG 1914, ROIG 1975, HAMMER and ESQUIVEL 1989

Balanites aegyptiaca (L.) Delile, Fl. Egypte (1813) 221. – *Ximenia aegyptiaca* L., Sp. Pl. (1753) 1194. (Zygophyllaceae).
Fr., in collections
Ref.: CAÑIZARES 1982

Fig. 6 *Averrhoa bilimbi* L. with the typical caulicarp fruits which are used as a vegetable (Las Minas de Matahambre)

Bambus vulgaris Schrader ex Wendl., Collect. Pl. 2 (1810) 26. (Gramineae).
Bambú, caña brava
Shade tree, M. (r., ba., l.)
Ref.: Fl. Cub. 1, Roig 1974, Roig 1975

Basella alba L., Sp. Pl. (1753) 272. – *Basella rubra* L., Sp. Pl. (1753) 272. (Basellaceae).
Espinaca de Malabar
V. (l.), M. (r., l.)
Mostly cultivated by the Chinese in Cuba. Fig. 7.
Ref.: Fl. Cub. 2, Gómez de la Maza and Roig 1914, Roig 1974, Roig 1975, Esquivel et al. 1989a, Hammer and Esquivel 1989

Benincasa hispida (Thunb.) Cogn. in DC., Monogr. Phan. 3 (1881) 513. – *Cucurbita hispida* Thunb., Fl. Jap. (1784) 322. (Cucurbitaceae).
Calabaza china
V. (fr.), Fr.
Two races have been collected in Cuba (see Esquivel et al. 1988c, figs. 3 and 4), showing differences in fruit and seed characters. Fig. 19.
Ref.: Roig 1975, Esquivel et al. 1988c, Hammer and Esquivel 1989

Fig. 7 *Basella alba* L., a rare leaf vegetable, grown by Japanese farmers on the Isla de la Juventud

Bertholletia excelsa Humb. et Bonpl., Pl. Aequin. 1 (1807) 122. (Lecythidaceae).
Coquito del Brasil
N., only in Pinar del Río
Ref.: GÓMEZ DE LA MAZA and ROIG 1914, ROIG 1975

Beta vulgaris L., Sp. Pl. (1753) 222 var. **cicla** L. s. l., Sp. Pl. (1753) 222. (Chenopodiaceae).
Acelga
V. (l.)
Ref.: GÓMEZ DE LA MAZA and ROIG 1914, ROIG 1975, GUENKOV 1983, ESQUIVEL et al. 1989a

Beta vulgaris L., Sp. Pl. (1753) 222 var. **vulgaris**. (Chenopodiaceae).
Remolacha
V. (r.), Fo.
Ref.: GÓMEZ DE LA MAZA and ROIG 1914, ROIG 1975, GUENKOV 1983, ESQUIVEL et al. 1989a

Bidens pilosa L., Sp. Pl. (1753) 832. (Compositae).
Romerillo blanco
M. (h., r.)
Ref.: ROIG 1974

Bixa orellana L., Sp. Pl. (1753) 512. (Bixaceae).
Achiote, achote, bija
I. (s.), Sp. (s.), M. (s., r., l.)
Ref.: Fl. Cub. 3, GÓMEZ DE LA MAZA and ROIG 1914, ROIG 1974, ROIG 1975

Blighia sapida Koenig in Ann. Bot. 2 (1806) 571. (Sapindaceae).
Akee de Africa, árbol de seso, seso vegetal
V. (fr.)
Shade tree in coffee plantations.
Ref.: Fl. Cub. 3, GÓMEZ DE LA MAZA and ROIG 1914, ROIG 1975

Boehmeria nivea (L.) Gaud., Voy. Uranie, Bot. (1830) 499 ("1826"). – *Urtica nivea* L., Sp. Pl. (1753) 985. (Urticaceae).
Ramië
Fi. (st.)
Ref.: Fl. Cub. 2, GÓMEZ DE LA MAZA and ROIG 1914, ROIG 1975

Boldoa purpurascens Cav. ex Lag., Gen. sp. nov. (1816) 10. – *Boldoa ovatifolia* Lag., Gen. sp. nov. (1816) 10; *Cryptocarpus globosus* H. B. K., Nov. gen. sp. 2 (1817) 187; *Salpianthus purpurascens* (Lag.) Hook et Arn., Bot. Beech. Voy. (1841) 399. (Nyctaginaceae).
Nitro, tostón
M. (h.)
Not reported for Cuba as cultivated plant before. Observed in gardens grown as a medicinal plant.

Borago officinalis L., Sp. Pl. (1753) 137. (Boraginaceae).
Borraja
M. (h.)
Ref.: ROIG 1974, ROIG 1975

Borassus flabellifer L., Sp. Pl. (1753) 1187. (Palmae).
Oi. (fr.), N., in collections
Ref.: CAÑIZARES 1982

Bothriochloa ischaemum (L.) Keng in Contrib. Biol. Lab. Sci. China, Bot. Ser. 10 (1936) 201. – *Andropogon ischaemum* L., Sp. Pl. (1753) 1074. (Gramineae).
Camagüeyana
Fo.
Ref.: ROIG 1975

Bothriochloa pertusa (L.) A. Camus in Ann. Soc. Linn. Lyon, n. ser. 76 (1931) 164. – *Holcus pertusus* L., Mant. Pl. 2 (1771) 301; *Andropogon pertusus* (L.) Willd., Sp. Pl. 4 (1806) 922; *Amphilopsis pertusa* (L.) Nash ex Stapf in Agric. News, W. Ind. 15 (1916) 179. (Gramineae).
Hierba Camagüeyana, hierba de linea, hierba de ovejo
Fo.
Ref.: MENÉNDEZ et al. s. a., ROIG 1975

Bouea macrophylla Griff., Pl. Cantor in J. asiat. Soc. Bengal 23 (1854) repr. p. 45 et Not. pl. asiat. 4 (1854) 420. (Anacardiaceae).
Fr., in collections
Ref.: CAÑIZARES 1982

Bougainvillea spectabilis Willd., Sp. Pl. 2 (1799) 348. (Nyctaginaceae).
Buganvilea, flor de papel
Living fences, wind break
Ref.: ROIG 1975

Boussingaultia baselloides H. B. K., Nov. gen. sp. 7 (1825) 196. – *Boussingaultia leptostachys* Moq. in DC., Prodr. 13, 2 (1849) 229. (Basellaceae).
Yedra
M. (r.)
Ref.: ROIG 1974

Brachiaria decumbens Stapf in Prain, Fl. Trop. Afr. 9 (1919) 528. (Gramineae).
Fo.
Ref.: MENÉNDEZ et al. s. a.

Brachiaria dictyoneura (Fig. et De Not.) Stapf in Prain, Fl. Trop. Afr. 9 (1919) 512. – *Panicum dictyoneuron* Fig. et De Not. in Mem. Accad. Torino ser. 2, 14 (1854) 329. (Gramineae).
Fo.
Ref.: MENÉNDEZ et al. s. a.

Brachiaria purpurascens (Raddi) Henrard in Blumea 3 (1940) 434. – *Panicum purpurascens* Raddi ex Nees, Agrost. Brasil. (1829) 47; *Panicum barbinode* Trin. in Mem. Acad. Sci. Petersb. 6, ser. 3, 2 (1835) 256. (Gramineae).
Paraná, yerba bruja, yerba de paral
Fo.
Ref.: MENÉNDEZ et al. s. a.

Brachiaria ruziziensis Germain et Evrard in Bull. Jard. Bot. de l'Etat Bruxelles 23 (1953) 373. (Gramineae).
Kenia ruci, Kenya
Fo.
Ref.: MENÉNDEZ et al. s. a.

Brasenia schreberi J. F. Gmel., Syst. Nat. ed. 13, 2 (1791) 853. (Nymphaeaceae).
Masamorra
V. (l.)
Ref.: HAMMER and ESQUIVEL 1989

Brassica juncea (L.) Czern. in Consp. pl. Chark. (1859) 8. – *Sinapis juncea* L., Sp. Pl. (1753) 668; *Brassica lanceolata* Sauvalle, Fl. Cub. (1873) 3, non Lange; *Brassica urbaniana* O. E. Schulz in Urb., Symb. antill. 3, 3 (1903) 511. (Cruciferae).
Mostaza
Sp. (s.), V. (l.), M. (s.)
Ref.: Fl. Cub. 2, GÓMEZ DE LA MAZA and ROIG 1914, ROIG 1974, ESQUIVEL et al. 1989a, HAMMER and ESQUIVEL 1989

Brassica napus L., Sp. Pl. (1753) 666 emend. Metzg., Syst. Beschr. Kohlart. (1833) 39 subsp. **napobrassica** (L.) Hanelt in Feddes Rep. 98 (1987) 554. – *Brassica oleracea* L., Sp. Pl. (1753) 667 var. *napobrassica* L., Sp. Pl. (1753) 667; *Brassica esculenta* DC., Syst. 2 (1821) 592; *Brassica campestris* L., Sp. Pl. (1753) 666 subsp. *napobrassica* (L.) Schübl. et Mart., Fl. Würtemb. (1834) 437. (Cruciferae).
Nabo, nabo forrajero, rutabaga
V. (r.), Fo. (r.)
Ref.: GÓMEZ DE LA MAZA and ROIG 1914, ROIG 1975

Brassica napus L., Sp. Pl. (1753) 666 emend. Metzg., Syst. Beschr. Kohlart (1833) 39 subsp. **napus**. – *Brassica napus* L., Sp. Pl. (1753) 666, s. str.; *Brassica napus* L., Sp. Pl. (1753) 666, s. str. var. *oleifera* (Moench) Delile, Mem. Bot. Descr. Egypte 4 (1813) 19. (Cruciferae).
Colza
Oi. (s.)
Ref.: ROIG 1975

Brassica nigra (L.) Koch in Röhling, Deutsch. Fl. ed. 3, 4 (1833) 713. – *Sinapis nigra* L., Sp. Pl. (1753) 668. (Cruciferae).
Mostaza, mostaza negra
Sp. (s.), M. (s.)
Ref.: GÓMEZ DE LA MAZA and ROIG 1914, ROIG 1974, ROIG 1975

Brassica oleracea L., Sp. Pl. (1753) 667 convar. **acephala** (DC.) Alef., Landw. Fl. (1866) 234. (Cruciferae).
Berza, bretones
V. (l.)
Fig. 8.
Ref.: GÓMEZ DE LA MAZA and ROIG 1914, ROIG 1975, GUENKOV 1983, ESQUIVEL et al. 1988c, 1989a

Brassica oleracea L., Sp. Pl. (1753) 667 convar. **caulorapa** (DC.) Alef., Landw. Fl. (1866) 240. – *Brassica oleracea* L., Sp. Pl. (1753) 667 var. *gongylodes* L., Sp. Pl. (1753) 667; *Brassica caulorapa* (DC.) Pasq., Cat. Ort. Bot. Nap. (1867) 17. (Cruciferae).
Colinabo
V. (st.)
Ref.: GÓMEZ DE LA MAZA and ROIG 1914, ROIG 1975, GUENKOV 1983

Brassica oleracea L., Sp. Pl. (1753) 667 var. **alboglabra** (Bailey) Musil., Misc. publ. U.S. Dept. Agr. 643 (1948) 12. – *Brassica alboglabra* Bailey in Gent. Herb. 1, fasc. 2 (1922) 79 et 2, fasc. 5 (1930) 233. (Cruciferae).
Berza
V. (l.)
Ref.: HAMMER and ESQUIVEL 1989

Brassica oleracea L., Sp. Pl. (1753) 667 var. **botrytis** L., Sp. Pl. (1753) 667. (Cruciferae).
Coliflor
V. (fl.)
Ref.: ROIG 1975, GUENKOV 1983

Fig. 8 "Berza", *Brassica oleracea* L. convar. *acephala* (DC.) Alef., a leaf vegetable. Some plants are always maintained for seed production (province of Guantánamo)

Brassica oleracea L., Sp. Pl. (1753) 667 var. **capitata** L., Sp. Pl. (1753) 667. (Cruciferae).
Col, col de repollo
V. (l.)
Ref.: ROIG 1975, GUENKOV 1983

Brassica oleracea L., Sp. Pl. (1753) 667 var. **gemmifera** DC., Syst. 2 (1821) 585. (Cruciferae).
Col de Bruselas
V. (l. buds)
Ref.: ROIG 1975, GUENKOV 1983

Brassica oleracea L., Sp. Pl. (1753) 667 var. **italica** Plenck, Icon. pl. med. 6 (1794) 29. (Cruciferae).

Brócoli
V. (fl.)
Ref.: Gómez de la Maza and Roig 1914, Roig 1975

Brassica oleracea L., Sp. Pl. (1753) 667 var. **sabauda** L., Sp. Pl. (1753) 667. (Cruciferae).
Col rizada
V. (l.)
Ref.: Guenkov 1983

Brassica rapa L., Sp. Pl. (1753) 666 emend. Metzg., Syst. Beschr. Kohlart. (1833) 48 subsp. **chinensis** (L.) Hanelt in Mansf. Verz. (1986) 304. – *Brassica chinensis* L., Amoen. Acad. 4 (1759) 280. (Cruciferae).
Col de China
V. (l.)
Ref.: Guenkov 1983

Brassica rapa L., Sp. Pl. (1753) 666 emend. Metzg., Syst. Beschr. Kohlart. (1833) 48 subsp. **oleifera** (DC.) Metzg., Syst. Beschr. Kohlart. (1833) 49. – *Brassica campestris* L., Sp. Pl. (1753) 666 var. *oleifera* DC., Syst. nat. 2 (1821) 589. (Cruciferae).
Colza
Oi. (s.), Fo.
Ref.: Gómez de la Maza and Roig 1914, Roig 1975

Brassica rapa L., Sp. Pl. (1753) 666 emend. Metzg., Syst. Beschr. Kohlart. (1833) 48 subsp. **pekinensis** (Lour.) Hanelt in Mansf. Verz. (1986) 304. – *Sinapis pekinensis* Lour., Fl. cochinch. (1790) 400; *Brassica pekinensis* (Lour.) Rupr., Fl. ingr. (1860) 96. (Cruciferae).
Col china, col de Pekín, pak-tchoi
V. (l.)
Ref.: Roig 1975, Guenkov 1983, Esquivel et al. 1989a, Hammer and Esquivel 1989

Brassica rapa L., Sp. Pl. (1753) 666 emend. Metzg., Syst. Beschr. Kohlart. (1833) 48 var. **perviridis** Bailey in Gent. herb. 4, fasc. 5 (1930) 243. – *Brassica perviridis* (Bailey) Bailey in Gent. herb. 4, fasc. 9 (1940) 328. (Cruciferae).
Mostaza espinaca
V. (l.)
Ref.: Roig 1975, Hammer and Esquivel 1989

Britoa guazumaefolia (Cambess.) D. Legrand in Notul. Syst. 15 (1958) 274. – *Psidium guazumaefolium* Cambess. in St.-Hil., Fl. bras. merid. 2 (1832) 280; *Britoa sellowiana* Berg in Linnaea 27 (1856) 437. (Myrtaceae).
Fr., in collections
Ref.: Cañizares 1982

Bromelia karatas L., Sp. Pl. (1753) 285. – *Karatas plumieri* E. Morr. in Bel. Hortic. 22 (1872) 131. (Bromeliaceae).
Piñuela
Fr., M. (l.)
Ref.: Cañizares 1982

Bromelia pinguin L., Sp. Pl. (1753) 285. (Bromeliaceae).
Maya, piña de ratón
Fr., M. (fr.), living fences (see fig. 3 in ESQUIVEL et al. 198?)
Ref.: Fl. Cub. 1, GÓMEZ DE LA MAZA and ROIG 1914, ROIG 1974, ROIG 1975, HAMMER 1988

Brosimum alicastrum O. Swartz, Prodr. Veg. Ind. Occ. (1788) 12. (Moraceae).
Guaímaro, ramón de Méjico
Fr., I. (latex), M. (l., fr.)
Ref.: ROIG 1974, CAÑIZARES 1982, Catálogo 1987

Bunchosia armeniaca (Cav.) Rich. ex Juss. in Ann. Mus. Paris 18 (1811) 481. – *Malpighia armeniaca* Cav., Diss. 8 (1789) 410. (Malpighiaceae).
Fr.
Ref.: CAÑIZARES 1982

Bursera angustata Griseb., Cat. Pl. Cub. (1866) 65. – *Elaphrium angustatum* Rose in N. Amer. Fl. 25 (1911) 245. (Burseraceae).
Almácigo de costa, almaciguillo, copal
M. (resin), hedge plant
Ref.: Fl. Cub. 2, ROIG 1975

Bursera glauca Griseb., Cat. Pl. Cub. (1866) 66. – *Elaphrium glaucum* Rose in N. Amer. Fl. 25 (1911) 245. (Burseraceae).
Copal
M. (st.), living fences
Ref.: ROIG 1975

Bursera graveolens (H. B. K.) Triana et Planch. in Ann. Sci. Nat., ser. 5, 14 (1872) 303. – *Elaphrium graveolens* H. B. K., Nov. gen. sp. 7 (1825) 31. (Burseraceae).
Laurel sasafrás, sasafrás, sasafrás del país
M. (l.), living fences
Ref.: Fl. Cub. 2, GÓMEZ DE LA MAZA and ROIG 1914, ROIG 1974, ROIG 1975

Bursera inaguensis Britt. in Bull. New York Bot. Gard. 3, 443. – *Elaphrium inaguense* (Britt.) Rose in N. Amer. Fl. 25 (1911) 245. (Burseraceae).
Almácigo, almaciguillo
Living fences
Ref.: ROIG 1975

Bursera simaruba (L.) Sargent in Gard. and For. 3 (1890) 260. – *Pistacia simaruba* L., Sp. Pl. (1753) 1026; *Bursera gummifera* L., Sp. Pl. ed. 2 (1762) 471. (Burseraceae).
Almácigo
M. (ba., l.), shade tree, living fences
Ref.: Fl. Cub. 2, GÓMEZ DE LA MAZA and ROIG 1914, ROIG 1974, ROIG 1975

Byrsonima crassifolia (L.) Kunth in H. B. K., Nov. gen. sp. 5 (1821) 114. – *Malpighia crassifolia* L., Sp. Pl. (1753) 425. (Malpighiaceae).

Nance
Fr.
Ref.: ROIG 1975, CAÑIZARES 1982

Caesalpinia coriaria (Jacq.) Willd., Sp. Pl. 2 (1799) 532. – *Poinciana coriaria* Jacq., Select. Stirp. amer. hist. (1763) 123; *Libidibia coriaria* (Jacq.) Schlechtend. in Linnaea 5 (1830) 193. (Leguminosae).
Dividiví
M. (fr., ba., l.)
Ref.: ROIG 1974

Caesalpinia decapetala (Roth) Alston in Trimen, Handb. Fl. Ceylon 6, Suppl. (1931) 89. – *Caesalpinia sepiaria* Roxb., Hort. Beng. (1814) 32, nomen, Fl. Ind. ed. Carey 3 (1832) 360; *Reichardia decapetala* Roth, Nov. Pl. Sp. (1821) 212. (Leguminosae).
Ataja negro, bracilete hórrido
Living fences
Ref.: GÓMEZ DE LA MAZA and ROIG 1914, ROIG 1975

Cajanus cajan (L.) Huth in Helios 11 (1893) 133. – *Cytisus cajan* L., Sp. Pl. (1753) 739; *Cajanus bicolor* DC., Cat. pl. horti Monsp. (1813) 86; *Cajanus indicus* Spreng., Syst. veg. 3 (1826) 248. (Leguminosae).
Gandul, guandul
Pu., M. (l., fl.), wind break for tobacco plantations
Ref.: Fl. Cub. 2, GÓMEZ DE LA MAZA and ROIG 1914, ROIG 1974, ROIG 1975, ESQUIVEL et al. 1987, 1988c, 1989a

Calamintha sylvatica Bromf. in Phytologist (Newman) 2 (1845) 49 subsp. **ascendens** (Jord.) P. W. Ball in Bot. J. Linn. Soc. 65 (1972) 346. – *Calamintha officinalis* auct., non Moench (1794); *Calamintha ascendens* Jord., Observ. pl. nouv. 4 (1846) 8. (Labiatae).
Calaminta
M. (h.)
Ref.: ROIG 1975

Calamus rotang L., Sp. Pl. (1753) 325. (Palmae).
Caña de la India
Cultivated for basketry
Ref.: ROIG 1975

Calathaea allouia (Aubl.) Lindl. in Bot. Reg. (1827) sub t. 1210. – *Maranta allouia* Aubl., Hist. pl. Guiane (1775) 3. (Marantaceae).
Leirén, llerén, yerén
St. (r.), M. (r.)
Ref.: GÓMEZ DE LA MAZA and ROIG 1914, ROIG 1974, ROIG 1975

Calendula officinalis L., Sp. Pl. (1753) 921. (Compositae).
Caléndula
M. (h.), V. (fl.), Sp. (fl.)
Ref.: ROIG 1974, ROIG 1975, Catálogo 1987

Calliandra surinamensis Benth. in Hook., Lond. J. Bot. 3 (1844) 105. (Leguminosae).
Caliandra
Living fences
Ref.: ROIG 197

Calophyllum antillanum Britt. in Sc. Surv. Porto Rico and Virgin Islands 5 (1924) 584. (Guttiferae).
Ocuje, palo Maria
M. (resin), wind break
Fig. 9.
Ref.: ROIG 1974, ROIG 1975

Fig. 9 *Calophyllum antillanum* Britt. planted as a wind break for the protection of fruit plantations in Güira de Melena

Calopogonium coeruleum Benth. ex Hemsl., Biol. Centr. Amer. Bot. 1 (1880) 300. – *Stenolobium coeruleum* Benth. in Ann. Wien. Mus. Naturgesch. 2 (1838) 125. (Leguminosae).
Frijol boniato, jícama, jícama cimarrona
St. (r.)
Ref.: LA SAGRA 1845, GÓMEZ DE LA MAZA and ROIG 1914, ROIG 1975

Calotropis procera (Ait.) R. Brown in Ait., Hort. Kew. ed. 2, 2 (1811) 78, Bot. Reg. 21 (1835) t. 1792. – *Asclepias procera* Ait., Hort. Kew. 1 (1789) 305. (Asclepiadaceae).
Algodón de seda
Fi., M. (root-bark)
Ref.: ROIG 1974, ROIG 1975

Canavalia ensiformis (L.) DC., Prodr. 2 (1825) 404. – *Dolichos ensiformis* L., Sp. Pl. (1753) 725. (Leguminosae).
Bejuco de bibijaguas, canavalia, frijol de bibijagua, haba de caballo
Pu., green manure
Ref.: Fl. Cub. 2, ROIG 1975

Canavalia gladiata (Jacq.) DC., Prodr. 2 (1825) 404. – *Dolichos gladiatus* Jacq., Coll. Bot. 2 (1788) 276. (Leguminosae).
Frijol café, frijol de machete
Surrogate for coffee
The toasted and ground seeds are used as a surrogate for coffee. Fig. 10.
Ref.: Fl. Cub. 2, ROIG 1975, ESQUIVEL et al. 1988c, 1989a, HAMMER and ESQUIVEL 1989

Fig. 10 Seeds of *Canavalia gladiata* (Jacq.) DC. are used as a surrogate for coffee

Canella alba Murray, Syst. (1784) 443. (Canellaceae).
Canella blanca, curbana
Sp. (ba.), M. (ba.)
Ref.: LA SAGRA 1845, ROIG 1974

Canna edulis Ker-Gawler, Bot. Reg. (1823) t. 778. (Cannaceae).
Platanillo
St. (r.)
Once grown as a root crop, now probably only ornamental.
Ref.: ROIG 1974

Capsicum annuum L., Sp. Pl. (1753) 188. (Solanaceae).
Ají, pimiento
V. (fr.), M. (fr.)
Ref.: Fl. Cub. 4, GÓMEZ DE LA MAZA and ROIG 1914, GUENKOV 1983, ESQUIVEL et al. 1987, 1988c, 1989a

Capsicum frutescens L., Sp. Pl. (1753) 189. (Solanaceae).
Ají, ají cachucha, ají guaguao, pimiento
Sp. (fr.), V. (fr.), M. (fr.)

C. frutescens L. var. *baccatum* (L.) Irish is reported in the Flora de Cuba. Several accessions show characteristics that resemble this race. Variable populations are often found because of introgression between landraces and modern cultivars.
Ref.: Fl. Cub. 4, ROIG 1974, ROIG 1975, ESQUIVEL et al. 1987, 1988c, 1989a

Carica papaya L., Sp. Pl. (1753) 1036. (Caricaceae).
Fruta bomba, papaya
Fr., M. (fr.)
The wild *C. prosoposa* L. exists in dry forests. Populations with intermediate characteristics have been observed which might be the result of natural introgression. Fig. 11.
Ref.: Fl. Cub. 3, GÓMEZ DE LA MAZA and ROIG 1914, ROIG 1974, ROIG 1975, CAÑIZARES 1982, ESQUIVEL et al. 1989a

Fig. 11 Plantations of *Carica papaya* L. cover large areas

Carissa arduina Lam., Encycl. 1 (1783) 555. (Apocynaceae).
Fr., in collections
Ref.: Cañizares 1982

Carissa carandas L., Mant. Pl. 1 (1767) 52. – *Carissa congesta* Wight, Icon. 4 (1848) t. 1289. (Apocynaceae).
Fr., in collections
Ref.: Cañizares 1982

Carissa edulis Vahl, Symb. Bot. (1790) 22. – *Arduina edulis* Spreng., Syst. 1 (1825) 669. (Apocynaceae).
Fr., in collections
Ref.: Cañizares 1982

Carissa macrocarpa (Eckl.) DC., Prodr. 8 (1844) 336. – *Arduina macrocarpa* Eckl. in S.-Afr. Quart. J. 1 (1830) 372; *Carissa grandiflora* DC., Prodr. 8 (1844) 335. (Apocynaceae).
Fr.
Ref.: Fl. Cub. 4

Carissa spinarum L., Mant. Pl. 2 (1771) 559. (Apocynaceae).
Fr., in collections
Ref.: Cañizares 1982

Carthamus tinctorius L., Sp. Pl. (1753) 830. (Compositae).
Azafrán bastardo
I. (fl., dye), M. (fl., fr.)
Ref.: Gómez de la Maza and Roig 1914, Roig 1974, Roig 1975

Carum carvi L., Sp. Pl. (1753) 263. (Umbelliferae).
Alcaravea
Sp. (fr.), M. (fr.)
Ref.: Roig 1974, Roig 1975

Carya illinoinensis (Wangenh.) K. Koch, Dendrologie 1 (1869) 539. – *Juglans illinoinensis* Wangenh., Beytr. Teutsch. Holzger. Forstwiss. Nordam. Holz. (1787) 54; *Carya olivaeformis* Nutt., Gen. N. Amer. pl. 2 (1818) 221; *Carya pecan* Engl. et Graebn. in Notizbl. Bot. Gard. Dahlem App. 9 (1902), non Nutt. (1842). (Juglandaceae).
Oi.
Ref.: Roig 1975

Cascabela thevetia (L.) Lippold in Feddes Rep. 91 (1980) 52. – *Cervera thevetia* L., Sp. Pl. (1753) 209; *Thevetia peruviana* (Pers.) K. Schum. in Engler et Prantl, Nat. Pflanzenfam. 4, 2 (1895) 159. (Apocynaceae).
Cabalonga
M. (l., ba.), magic plant
Ref.: Roig 1974, Roig 1975

Casimiroa edulis La Llave et Lex., Nov. veg. descr. 2 (1825) 2. (Rutaceae).
Anón canadiense de Güell, mango tarango, sapote blanco
Fr., M. (l., fr., s.)
Fig. 12.
Ref.: Roig 1974, Roig 1975

Fig. 12 *Casimiroa edulis* La Llave et Lex. is occasionally grown for its fruits

Casimiroa tetramera Millsp. in Field Columb. Mus. Bot. 1 (1902) 401. (Rutaceae).
Fr.
Ref.: Cañizares 1982

Cassia alata L., Sp. Pl. (1753) 378. – *Herpetica alata* (L.) Raf., Sylva Tellur. (1838) 123. (Leguminosae).
Guacamaya francesa, guacamayón, palo santo, yerba de los empeines
M. (fr., l.)
Ref.: Roig 1974

Cassia fistula L., Sp. Pl. (1753) 377. (Leguminosae).
Cañafístola
M. (s.)
Ref.: Fl. Cub. 2, Roig 1975

Cassia grandis L. f., Suppl. (1782) 230. (Leguminosae).
Cañadonga, cañafístola cimarrona
Fr.
Ref.: Roig 1975, Cañizares 1982

Cassia moschata H. B. K., Nov. gen. sp. 6 (1824) 358. (Leguminosae).
Cañadonga de hueso
Fr.
Ref.: Roig 1975

Castanea crenata Sieb. et Zucc. in Abh. Akad. Muenchen 4, 3 (1846) 224. – *Fagus castanea* Thunb., Fl. Jap. (1784), non L. (1753). (Fagaceae).
Castaño del Japón
N.
Ref.: Roig 1975, Hammer and Esquivel 1989

Castanea sativa Mill., Gard. Dict. ed. 8 (1768) no. 1. (Fagaceae).
Castaño
N.
Ref.: Roig 1975

Castanospermum australe A. Cunningh. et Fras. ex Hook., Bot. misc. 1 (1830) 241. (Leguminosae).
Castaño de la Bahía de Moretón
Shade tree
Ref.: Gómez de la Maza and Roig 1914, Roig 1975

Castilla elastica Cerv. in Gaz. Lit. Mexico, Suppl. (1794) 7. (Moraceae).
Árbol de hule, castilloa, goma elástica
I. (rubber)
Cultivated on an experimental scale.
Ref.: Fl. Cub. 2, la Sagra 1842, Gómez de la Maza and Roig 1914, Roig 1975

Casuarina cunninghamiana Miq., Rev. Crit. Casuar. (1848) 70. (Casuarinaceae).
Casuarina
Wind break
Ref.: Roig 1975

Casuarina equisetifolia J. R. et J. G. Forster, Char. gen. pl. (1776) 105. (Casuarinaceae).
Pino de Australia
Wind break
Ref.: Roig 1975

Casuarina lepidophloia F. Muell., Fragm. 10 (1877) 115. (Casuarinaceae).
Casuarina
Wind break
Ref.: Roig 1975

Casuarina stricta Dryand in Ait., Hort. Rev. 3 (1789) 320. (Casuarinaceae).
Casuarina
Wind break
Ref.: Roig 1975

Catharanthus roseus (L.) G. Don, Gen. Syst. 4 (1837) 95. – *Vinca rosea* L., Syst. Nat. ed. 10 (1759) 944; *Lochnera rosea* (L.) Rchb. ex Endl., Gen. Pl. (1838) 583. (Apocynaceae).

Vicaria
M. (fl.)
Ref.: ROIG 1974, ROIG 1975

Cedrela odorata L., Syst. Nat. ed. 10 (1759) 940. – *Cedrela mexicana* Roem., Syn. Monogr. 1, Hesper. (1846) 137. (Meliaceae).
Cedro
Wind break, shade tree for coffee plantations
Ref.: Fl. Cub. 2

Cenchrus ciliaris L., Mant. Pl. 2 (1771) 302. – *Pennisetum cenchroides* Rich. in Pers. Syn. 1 (1805) 72; *Pennisetum ciliare* (L.) Link, Hort. Berol. 1 (1827) 213. (Gramineae).
Buffel
Fo.
Ref.: MENÉNDEZ et al. s. a.

Cercis siliquastrum L., Sp. Pl. (1753) 374. (Leguminosae).
Algorrobo loco, árbol de amor
Shade tree
Ref.: ROIG 1975

Cereus hexagonus (L.) Mill., Gard. Dict. abr. ed. 4 (1754). – *Cactus hexagonus* L., Sp. Pl. (1753) 466; *Cereus lepidotus* Salm-Dyck, Cact. Hort. Dyck. Cult. 1849 (1850) 207. (Cactaceae).
Pitahaya
Living fences, Fr.
Fig. 13.
Ref.: ROIG 1975

Cestrum nocturnum L., Sp. Pl. (1753) 191. (Solanaceae).
Fedora, galán de noche
M. (h.)
Ref.: ROIG 1974

Chenopodium ambrosioides L., Sp. Pl. (1753) 219. (Chenopodiaceae).
Apasote
M. (h.), magic plant
Ref.: ROIG 1974, ROIG 1975

Chenopodium botrys L., Sp. Pl. (1753) 219. (Chenopodiaceae).
Biengranada
M. (h.)
Ref.: ROIG 1975

Chenopodium quinoa Willd., Sp. Pl. 1 (1797) 1301. (Chenopodiaceae).
Quinoa
Fo., C.
Ref.: ROIG 1975

Fig. 13 Living fence of *Cereus hexagonus* (L.) Mill. (province of Pinar del Río). This species has edible fruits

Chloris gayana Kunth, Revis. gramin. 1 (1829) 89. (Gramineae).
Rhodes
Fo.
Ref.: Fl. Cub. 1, MENÉNDEZ et al. s. a.

Chlorophora tinctoria (L.) Gaud. in Freyc., Voy. Bot. (1826) 508. – *Morus tinctoria* L., Sp. Pl. (1753) 986. (Moraceae).
Fustete, mora blanca, mora de loma, mora de piedra, mora del país
Fr.
Ref.: GÓMEZ DE LA MAZA and ROIG 1914, CAÑIZARES 1982

Chrysobalanus icaco L., Sp. Pl. (1753) 513. – *Chrysobalanus pellocarpus* G. F. W. Meyer, Prim. fl. esseq. (1818) 193. (Chrysobalanaceae).
Hicaco, icaco
Fr., M. (fr.)
Ref.: LA SAGRA 1845, ROIG 1974, ROIG 1975, CAÑIZARES 1982

Chrysophyllum argenteum Jacq., Enum. Pl. Carib. (1760) 15. (Sapotaceae).
Caimito blanco
Fr.
Ref.: GÓMEZ DE LA MAZA and ROIG 1914, CAÑIZARES 1982

Chrysophyllum cainito L., Sp. Pl. (1753) 192. (Sapotaceae).
Caimito
Fr., M. (ba., l., fr.)
Fig. 14.
Ref.: Fl. Cub. 4, GÓMEZ DE LA MAZA and ROIG 1914, ROIG 1974, ROIG 1975, CAÑIZARES 1982

Fig. 14 *Chrysophyllum cainito* L., a fruit tree

Chrysophyllum oliviforme L., Syst. Nat. ed. 10 (1759) 937. (Sapotaceae).
Caimitillo
Fr.
Ref.: GÓMEZ DE LA MAZA and ROIG 1914, CAÑIZARES 1982

Cicer arietinum L., Sp. Pl. (1753) 738. (Leguminosae).
Garbanzo
Pu.
Ref.: Fl. Cub. 2, LA SAGRA 1845, GÓMEZ DE LA MAZA and ROIG 1914, ROIG 1975

Cichorium endivia L., Sp. Pl. (1753) 813. (Compositae).
Achicoria blanca, escarola
V. (l.)
Ref.: GÓMEZ DE LA MAZA and ROIG 1914, ROIG 1975

Cichorium intybus L., Sp. Pl. (1753) 813. (Compositae).
Achicoria de Bruselas
V. (l.), M. (r., l., fl.)
Ref.: ROIG 1974, ROIG 1975

Cinnamomum aromaticum Nees in Wall., Pl. asiat. rar. (1831) 74. – *Cinnamomum cassia* Blume, Bijdr. (1825) 370, excl. syn. *Laurus cassia* L. (1753). (Lauraceae).
Canela de China
Sp. (ba., fr.), M. (ba., l., fl.), shade tree
Ref.: ROIG 1974, ROIG 1975, HAMMER and ESQUIVEL 1989

Cinnamomum camphora (L.) Sieb., Syn. pl. oec. Jap. (1830) 23. – *Laurus camphora* L., Sp. Pl. (1753) 369. (Lauraceae).
Alcanfor
M. (ba., l.), I. (w.)
Ref.: ROIG 1974, ROIG 1975

Cinnamomum verum J. S. Presl in Berchtold et Presl, Prir. rostlin 2 (1825) 36. – *Cinnamomum zeylanicum* Blume, Bijdr. (1826) 568. (Lauraceae).
Cañela de Ceylán
Sp. (ba.)
Ref.: ROIG 1975

Citharexylum ellipticum Moc. et Sessé ex D. Don in Edinb. N. Phil. J. (1831) 238. (Verbenaceae).
Anacagüita, anacahuita
M. (h.)
Ref.: Fl. Cub. 4, ROIG 1975

Citrullus colocynthis (L.) Schrad. in Linnaea 12 (1838) 414. – *Cucumis colocynthis* L., Sp. Pl. (1753) 1010. (Cucurbitaceae).
Coloquíntida
M. (fr., s.)
Ref.: ROIG 1975

Citrullus lanatus (Thunb.) Matsumura et Nakai in Cat. Sem. et Spor. Horto bot. Univ imp. Tokyo (1916) 30. – *Cucurbita citrullus* L., Sp. Pl. (1753) 1010; *Momordica lanata* Thunb., Prodr. Fl. Cap. (1794) 13; *Citrullus vulgaris* Schrad. ex Eckl. et Zeyh., Enum. pl. Afr. austr. 2 (1836) 279. (Cucurbitaceae).
Melón colorado, melón de agua
Fr., M. (s.)
Ref.: Fl. Cub. 5, LA SAGRA 1845, GÓMEZ DE LA MAZA and ROIG 1914, ROIG 1974, ROIG 1975, GUENKOV 1983, ESQUIVEL et al. 1989a

Citrus aurantiifolia (Christm. et Panz.) Swingle in J. Wash. Acad. Sci. 3 (1913) 465. – *Limonia aurantiifolia* Christm. et Panz. in L., Pflanzensyst. 1 (1777) 618. (Rutaceae).
Lima de Rangpur, limóncriollo
Fr., M. (fr., ba.)
Ref.: Fl. Cub. 2, ROIG 1974, ROIG 1975, CAÑIZARES 1982

Citrus aurantium L., Sp. Pl. (1753) 782. – *Citrus vulgaris* Risso in Ann. Mus. Paris 20 (1813) 190. (Rutaceae).

Naranja agria, naranja de Cajel
Fr.
Ref.: Fl. Cub. 2, LA SAGRA 1845, GÓMEZ DE LA MAZA and ROIG 1914, ROIG 1975, CAÑIZARES 1982

Citrus bergamia Risso et Poit., Hist. orang. (1818) t. 53–56. – *Citrus aurantium* L., Sp. Pl. (1753) 782 var. *bergamia* Wight et Arn., Prodr. (1834) 98. (Rutaceae).
Bergamota
Fr., in collections
Ref.: CAÑIZARES 1982

Citrus deliciosa Ten. in Ind. Sem. Hort. Bot. Neapol. (1840) [9]. – *Citrus nobilis* Lour., Fl. cochinch. (1790) 466 var. *deliciosa* Swingle in Sargent, Pl. Wils. 2 (1911) 143. (Rutaceae).
Mandarina
Fr.
Ref.: ROIG 1975

Citrus hystrix DC., Cat. pl. horti Monsp. (1813) 97. (Rutaceae).
Fr., Sp. (fr.)
Ref.: CAÑIZARES 1982

Citrus jambhiri Lush. in Ind. Forester 36, 6/7 (1910) 342. (Rutaceae).
Limón rugoso
Fr., mostly used as grafting stock for other *Citrus* species
Ref.: ROIG 1975

Citrus limetta Risso in Ann. Mus. Paris 20 (1813) 195. (Rutaceae).
Lima, limón dulce
Fr., M. (fr.)
Ref.: LA SAGRA 1845, GÓMEZ DE LA MAZA and ROIG 1914, ROIG 1975

Citrus limon Burm. f., Fl. Ind. (1768) 173. – *Citrus limonum* Risso in Ann. Mus. Paris 20 (1813) 201. (Rutaceae).
Limón, limón persa
Fr.
Fig. 15.
Ref.: Fl. Cub. 2, LA SAGRA 1845, GÓMEZ DE LA MAZA and ROIG 1914, ROIG 1975, CAÑIZARES 1982

Citrus limonia Osbeck, Reise Ostindien (1765) 250. (Rutaceae).
Limón dulce
Fr.
Ref.: ROIG 1975

Citrus madurensis Lour., Fl. cochinch. (1790) 467. – *Citrus mitis* Blanco, Fl. Filip. (1837) 610. (Rutaceae).
Naranjita de San José
Fr.
Ref.: ROIG 1975, CAÑIZARES 1982

Fig. 15 *Citrus limon* Burm. f. belongs to the first introductions from this genus to Cuba

Citrus maxima (Burm.) Merr., Interpr. Herb. Amboin. (1917) 46. – *Aurantium maximum* Burm. in Rumph., Herb. Amb. Auctuar. (1755); *Citrus grandis* Osbeck, Dagb. Ostind. resa (1757) 98; *Citrus decumanus* L., Syst. Nat. ed. 12 (1767) 580. (Rutaceae).
Toronja criolla
Fr.
Fig. 16.
Ref.: Fl. Cub. 2, Roig 1975, Cañizares 1982

Citrus medica L., Sp. Pl. (1753) 782. (Rutaceae).
Cidra, cidrón
Fr.
Ref.: Fl. Cub. 2, la Sagra 1845, Gómez de la Maza and Roig 1914, Roig 1975, Cañizares 1982

Citrus paradisi Macf. in Hook., Bot. misc. 1 (1830) 304. – *Citrus decumanus* L., Syst. Nat. ed. 12 (1767) 580 var. *racemosus* Roem., Syn. 1 (1846) 67. (Rutaceae).
Toronja
Fr.
Ref.: Fl. Cub. 2, Gómez de la Maza and Roig 1914, Roig 1975, Cañizares 1982

Citrus reticulata Blanco, Fl. Filip. (1837) 610. – *Citrus nobilis* Andrews, Bot. repos. 9 (1810) t. 608 et auct., non Lour. (1790). (Rutaceae).
Mandarina
Fr.
Ref.: Fl. Cub. 2, Gómez de la Maza and Roig 1914, Roig 1975, Cañizares 1982

Fig. 16 *Citrus maxima* (Burm.) Merr. has very large fruits (Isla de la Juventud)

Citrus sinensis (L.) Osbeck, Dagb. Ostind. resa (1757) 41, 98. – *Citrus aurantium* L., Sp. Pl. (1753) 782 var. *sinensis* L., Sp. Pl. (1753) 783. (Rutaceae).
Naranja de China, naranja de Valencia
Fr.
Ref.: Fl. Cub. 2, Roig 1975, Cañizares 1982

Citrus tangerina Hort. ex Tanaka in China Cit. Rept. (1926) (8), nomen, et in Mem. Tanaka Cit. Exp. Sta. 1, 1 (1927) 29. (Rutaceae).
Fr.
Considered by Roig as a form of *C. reticulata*. The cultivar 'Dancy' introduced from the United States which is grown belongs to this species.
Ref.: Roig 1975

Citrus webberi West. in Philipp. Agric. Rev. 8 (1915) 13. (Rutaceae).
Fr., in collections
Ref.: Cañizares 1982

Clausena lansium (Lour.) Skeels in U.S. Dept. Agr., Bur. Pl. Industr., Bull. 168 (1909) 31. – *Quinaria lansium* Lour., Fl. cochinch. (1790) 272. (Rutaceae).
Lansio
Fr.
Ref.: Roig 1975, Cañizares 1982

Clitoria ternatea L., Sp. Pl. (1753) 753. (Leguminosae).
Conchita azul
Fo.
Ref.: Menéndez et al. s. a.

Cnicus benedictus L., Sp. Pl. (1753) 826. (Compositae).
Cardo santo
M. (h.)
Ref.: ROIG 1974, ROIG 1975

Coccinia grandis (L.) Voigt, Hort. suburb. Calcutta (1854) 59. – *Bryonia grandis* L., Mant. Pl. 1 (1767) 126; *Coccinia cordifolia* sensu auct., non L. (1753), Cogn. in A. DC., Monogr. phan. 3 (1881) 529. (Cucurbitaceae).
V. (fr.)
Ref.: Fl. Cub. 5

Coccoloba laurifolia Jacq., Hort. Schoenbr. 3 (1798) 9. (Polygonaceae).
Fr.
Ref.: CAÑIZARES 1982

Coccoloba pubescens L., Syst. Nat. ed. 10 (1759) 1007. – *Coccoloba grandifolia* Jacq., Enum. Pl. Carib. (1760) 19. (Polygonaceae).
Oreja de elefante
Fr.
Ref.: ROIG 1975

Coccoloba retusa Griseb., Cat. Pl. Cub. (1866) 61. (Polygonaceae).
Fr.
Ref.: CAÑIZARES 1982

Coccoloba uvifera (L.) L., Syst. Nat. ed. 10 (1759) 1367. – *Polygonum uvifera* L., Sp. Pl. (1753) 365. (Polygonaceae).
Uva caleta
Fr., M. (r., fr.), shade tree, sand dune fixation
Ref.: Fl. Cub. 2, GÓMEZ DE LA MAZA and ROIG 1914, CAÑIZARES 1982

Cochlospermum vitifolium (Willd.) Spreng., Syst. 2 (1825) 596. – *Bombax vitifolium* Willd., Enum. Pl. Horti Berol. (1809) 720; *Maximilianea vitifolia* (Willd.) Krug et Urb. in Bot. Jahrb. 15 (1893) 293. (Cochlospermaceae).
Botija
M. (w., l., fl.), living fences
Ref.: ROIG 1975

Cocos nucifera L., Sp. Pl. (1753) 1188. (Palmae).
Coco, cocotero
Fr., Oi. (fr.), Fi. (fr.), M. (fr.)
Fig. 17.
Ref.: Fl. Cub. 1, GÓMEZ DE LA MAZA and ROIG 1914, ROIG 1975, CAÑIZARES 1982

Codiaeum variegatum (L.) Blume, Bijdr. (1826) 606. – *Croton variegatum* L., Sp. Pl. (1753) 1199. (Euphorbiaceae).
Croton
Living fences
Ref.: ROIG 1975

Fig. 17 Dwarf races of *Cocos nucifera* L. have a wide distribution on the island

Coffea arabica L., Sp. Pl. (1753) 172. (Rubiaceae).
Café
I. (s., beverage), M. (fr., fl.)
Ref.: Fl. Cub. 5, GÓMEZ DE LA MAZA and ROIG 1914, ROIG 1975, ESQUIVEL et al. 1988c

Coffea liberica Bull. ex Hiern in Trans. Linn. Soc. ser. 2, 1 (1876) 171. (Rubiaceae).
Café de Liberia
I. (s., beverage)
Ref.: GÓMEZ DE LA MAZA and ROIG 1914, ROIG 1975

Coffea zanguebariae Lour., Fl. cochinch. (1790) 145. (Rubiaceae).
Café de Zanzíbar
I. (s., beverage), grafting stock for *Coffea arabica*
Ref.: GÓMEZ DE LA MAZA and ROIG 1914, ROIG 1975

Coix lacryma-jobi L., Sp. Pl. (1753) 972 var. **ma-yuen** (Romanet) Stapf in J. D. Hook., Fl. Brit. Ind. 7 (1896) 100. – *Coix ma-yuen* Romanet in Bull. Soc. acclim.,

Paris 8 (1889) 442; *Coix lacryma-jobi* L., Sp. Pl. (1753) 972 var. *frumentacea* Makino in Bot. Mag., Tokyo 20 (1906) 11. (Gramineae).
Lágrimas de Job, Santa Juana
St. (s.)
Occasionally grown by Chinese farmers as a starch crop.
Ref.: Fl. Cub. 1, HAMMER and ESQUIVEL 1989

Cola acuminata (Pal. Beauv.) Schott et Endl., Melet. bot. (1832) 33. – *Sterculia acuminata* Pal. Beauv., Fl. d'Oware 1 (1804) 41. (Sterculiaceae).
Cola
M. (s.)
Ref.: ROIG 1975, CAÑIZARES 1982

Cola nitida (Vent.) Schott et Endl., Melet. bot. (1832) 33. – *Sterculia nitida* Vent., Jardin Malm. 2 (1804) sub. t. 91; *Cola vera* K. Schum. in Notizbl. Bot. Gart. Dahlem 3 (1900) 15. (Sterculiaceae).
M. (s.)
Ref.: GÓMEZ DE LA MAZA and ROIG 1914

Colocasia esculenta (L.) Schott et Endl., Melet. bot. (1832) 18. – *Arum esculentum* L., Sp. Pl. (1753) 965; *Colocasia antiquorum* Schott in Schott et Endl., Melet. bot. (1832) 18. (Araceae).
Guagüí, malanga isleña, ñame isleño
St. (r.), progressively replaced by *Xanthosoma* sp.
Ref.: Fl. Cub. 1, GÓMEZ DE LA MAZA and ROIG 1914, ROIG 1975, HAMMER and ESQUIVEL 1989

Copaifera officinalis L., Sp. Pl. ed. 2 (1762) 557. (Leguminosae).
Copaiba
M. (balsam)
Ref.: GÓMEZ DE LA MAZA and ROIG 1914

Corchorus capsularis L., Sp. Pl. (1753) 529. (Tiliaceae).
Yute
Fi. (st.), once cultivated
Ref.: GÓMEZ DE LA MAZA and ROIG 1914, ROIG 1975

Corchorus olitorius L., Sp. Pl. (1753) 529. (Tiliaceae).
Grénguere, yute
Fi., V. (l.), used as a substitute of okra
Typical African plant, formerly used by slaves to prepare some dishes.
Ref.: ROIG 1975

Cordia alliodora (Ruiz et Pav.) Cham. in Linnaea 8 (1833) 121. – *Cerdena alliodora* Ruiz et Pav., Fl. peruv. chil. 2 (1799) 47. (Boraginaceae).
Fr.
Ref.: CAÑIZARES 1982

Cordia angiocarpa A. Rich., Fl. Cub. Fanerog. 2 (1841) 110. – *Cordia dodecandra* DC., Prodr. 9 (1845) 478; *Plethostephia angiocarpa* Miers in Trans. Linn. Soc., ser. 2, 1 (1875) 32. (Boraginaceae).
Bomitel amarillo
M. (ba.)
Ref.: Fl. Cub. 4, ROIG 1975

Cordia boissieri DC., Prodr. 9 (1845) 478. (Boraginaceae).
Anacahuita
M. (fl.)
Ref.: ROIG 1975

Cordia collococca L., Sp. Pl. ed. 2 (1762) 274. – *Cordia glabra* auct., non L. (1753); *Cordia micrantha* Swartz, Prodr. Veg. Ind. Occ. (1788) 47; *Cordia rarifolia* A. Rich., Fl. Cub. Fanerog. 2 (1841) 110. (Boraginaceae).
Ateje
Fr., M. (r., l.)
Ref.: Fl. Cub. 4, ROIG 1974, ROIG 1975

Cordia sebestena L., Sp. Pl. (1753) 190. – *Cordia speciosa* Salisb., Prodr. (1796) 111. (Boraginaceae).
Aloe, anacagüita, vomitel colorado
M. (fr.), Fr.
Ref.: Fl. Cub. 4, ROIG 1975, CAÑIZARES 1982

Coriandrum sativum L., Sp. Pl. (1753) 256. (Umbelliferae).
Cilantro, culantro
Sp. (l.), M. (fr.)
Ref.: Fl. Cub. 4, GÓMEZ DE LA MAZA and ROIG 1914, ROIG 1974, ROIG 1975, ESQUIVEL et al. 1989a

Costus speciosus (Koenig in Retz.) J. E. Smith in Trans. Linn. Soc. 1 (1791) 249. – *Banksea speciosa* Koenig in Retz., Obs. Bot. 3 (1783) 75. (Zingiberaceae).
Caña americana, cañuela santa
M. (r.)
Ref.: ROIG 1975

Crescentia cujete L., Sp. Pl. (1753) 626. (Bignoniaceae).
Güira cimarrona, güira común, güira larga, totumba
M. (fl., fr., w.), bowles
Fig. 18.
Ref.: ROIG 1974, ROIG

Cryptostegia grandiflora (Roxb.) R. Brown, Bot. Reg. (1820) t. 435. – *Nerium grandiflorum* Roxb., Hort. Beng. (1814) 19. (Asclepiadaceae).
Estrella de Norte
I. (caoutchouc), Fi. (st.), once cultivated
Ref.: Fl. Cub. 4

Fig. 18 Farmer presenting roasted coffee in a bowl made from the fruit of *Crescentia cujete* L. (race with very large fruits, province of Holguín)

Cucumis melo L., Sp. Pl. (1753) 1011. (Cucurbitaceae).
Melón, melón cantaloup, melón de Castilla, melón de Valencia, melón moscatel
Fr.
Ref.: Fl. Cub. 5, Gómez de la Maza and Roig 1914, Roig 1975, Cañizares 1982, Guenkov 1983, Esquivel et al. 1989a

Cucumis sativus L., Sp. Pl. (1753) 1012. (Cucurbitaceae).
Pepino
V. (fr.)
Ref.: Fl. Cub. 5, Gómez de la Maza and Roig 1914, Roig 1975, Guenkov 1983, Esquivel et al. 1988c, 1989a

Cucurbita ficifolia Bouché in Ver. Beförd. Gartenb., Berlin 12 (1837) 205. (Cucurbitaceae).

Chilacayote azteca
V. (fr.), Fr.
Ref.: ROIG 1975, CAÑIZARES 1982

Cucurbita maxima Duch. ex Lam., Encycl. 2 (1786) 151. (Cucurbitaceae).
Calabaza amarilla, calabaza de caballo, pipián
Fo. (fr.), V. (fr.), Fr., M. (s., fr.)
Ref.: Fl. Cub. 5, LA SAGRA 1845, GÓMEZ DE LA MAZA and ROIG 1914, ROIG 1974, ROIG 1975, CAÑIZARES 1982, GUENKOV 1983, ESQUIVEL et al. 1989a

Cucurbita moschata (Duch. ex Lam.) Duch. ex Poir. in Dict. sci. nat. 11 (1818) 234. – *Cucurbita pepo* L., Sp. Pl. (1753) 1010 var. *moschata* Duch. ex Lam., Encycl. 2 (1786) 152. (Cucurbitaceae).
Calabacín, calabaza amarilla
V. (fr.), Fr.
Fig. 19.
Ref.: Fl. Cub. 5, ROIG 1975, CAÑIZARES 1982, GUENKOV 1983, ESQUIVEL et al. 1987, 1988c, 1989a

Fig. 19 *Cucurbita moschata* (Duch. ex Lam.) Duch. ex Poir. is the typical gourd of Cuba and shows considerable variation. In the center a fruit of *Benicasa hispida* (Thunb.) Cogn.

Cucurbita pepo L., Sp. Pl. (1753) 1010. (Cucurbitaceae).
Calabaza
V. (fr.), Fr.
Ref.: Fl. Cub. 5, LA SAGRA 1845, GÓMEZ DE LA MAZA and ROIG 1914, ROIG 1975, CAÑIZARES 1982, GUENKOV 1983, ESQUIVEL et al. 1989a

Curcuma australasica Hook. f. in Bot. Mag. (1867) t. 5620. (Zingiberaceae).
Cúrcuma
Sp. (r.)
Ref.: ROIG 1975

Curcuma longa L., Sp. Pl. (1753) 2. (Zingiberaceae).
Cúrcuma, raíz de Madrás, yuquilla
Sp. (r.), M. (r.)
Ref.: Fl. Cub. 1, ROIG 1974, ROIG 1975

Cymbopogon citratus (DC.) Stapf in Kew Bull. (1906) 357. – *Andropogon citratus* DC., Cat. pl. horti Monsp. (1813) 78. (Gramineae).
Caña santa, cañita de limón, yerba de limón
M. (l.), aromatic plant, soil erosion control
Used in Yateras, Guantánamo, to avoid soil erosion in vegetable gardens in the mountains.
Ref.: Fl. Cub. 1, ROIG 1974, ROIG 1975

Cymbopogon nardus (L.) Rendle, Catal. Afr. pl. Welw. 2 (1899) 155. – *Andropogon nardus* L., Sp. Pl. (1753) 1046. (Gramineae).
Citronela
M. (l.), aromatic plant
Ref.: ROIG 1974, ROIG 1975

Cynara cardunculus L., Sp. Pl. (1753) 828. (Compositae).
Cardo de comer
V. (l.)
Ref.: ROIG 1975

Cynara scolymus L., Sp. Pl. (1753) 827. (Compositae).
Alcachofa
V. (fl.), M. (l.)
Ref.: ROIG 1974, ROIG 1975

Cynodon dactylon (L.) Pers. Syn. pl. 1 (1805) 85. – *Panicum dactylon* L., Sp. Pl. (1753) 58; *Capriola dactylon* (L.) Kuntze, Revis. 2 (1891) 764. (Gramineae).
Bermuda, grama
Fo.
Ref.: MENÉNDEZ et al. s. a., ROIG 1975

Cynodon nlemfuensis Vanderyst in Bull. Agric. Congo Belg. 11 (1920) 121. (Gramineae).
Pasto estrella
Fo.
Ref.: MENÉNDEZ et al. s. a.

Cynodon plectostachyus (K. Schum.) Pilger in Engler Bot. Jahrb. 40 (1907) 82. – *Leptochloa plectostachya* K. Schum. ex Engler, Pflanzenwelt Ost-Afr. C (1895) 112; *Cynodon barberi* Rangachar. et Tadul in J. Bombay Nat. Hist. Soc. 24 (1916) 846. (Gramineae).

Pasto estrella
Fo.
Ref.: MENÉNDEZ et al. s. a.

Cyphomandra betaceae (Cav.) Sendtner in Flora 28 (1845) 172. – *Solanum betaceum* Cav. in Anal. Hist. Nat. 1 (1799) 44. (Solanaceae).
Tomate árbol
V. (fr.)
Ref.: GÓMEZ DE LA MAZA and ROIG 1914, ROIG 1975

Dactyloctenium aegyptiacum (L.) Willd., Enum. Pl. Horti Berol. (1809) 1029. – *Cynosurus aegyptiacus* L., Sp. Pl. (1753) 72. (Gramineae).
Pata de gallina
Fo.
Ref.: ROIG 1975

Dahlia coccinea Cav., Icon 3 (1794) 33. (Compositae).
Dalia
M. (r.)
Ref.: ROIG 1975

Dahlia pinnata Cav., Icon 1 (1791) 57. – *Dahlia variabilis* (Willd.) Desf., Catal. Pl. Hort. Par. ed. 3 (1829) 182. (Compositae).
Dalia
M. (r.)
Ref.: ROIG 1974, ROIG 1975

Dalbergia sissoo Roxb., Fl. Ind. ed. Carey 3 (1832) 533. (Leguminosae).
Dalbergia
Soil erosion control
Ref.: ROIG 1975

Datura candida (Pers.) Pasq., Cat. Ort. Bot. Nap. (1867) 36. – *Datura arborea* Ruiz et Pav., Fl. peruv. chil. 2 (1799) 15, et auct. Cub., non L. (1753); *Brugmansia candida* Pers., Syn. 1 (1805) 216. (Solanaceae).
Bijaura, campana
M. (l., fl.)
Ref.: Fl. Cub. 4, ROIG 1974, ROIG 1975

Datura metel L., Sp. Pl. (1753) 179. – *Datura fastuosa* L., Syst. Nat. ed. 10 (1759) 932. (Solanaceae).
Chamico, clarín, clarín blanco
M. (l., fl.)
Ref.: ROIG 1975

Datura suaveolens Humb. et Bonpl. ex Willd., Enum. Pl. Horti Berol. (1813) 227. – *Brugmansia suaveolens* (Willd.) Bercht. et Presl, Prir. Rostlin (1820) 45. (Solanaceae).
Campana
M. (h.)
Ref.: ROIG 1975

Daucus carota L., Sp. Pl. (1753) 242 subsp. **sativa** (Hoffm.) Schübl. et Mart., Fl. Würtemb. (1834) 1979. – *Daucus carota* L., Sp. Pl. (1753) 242 var. *sativa* Hoffm., Deutschl. Fl. 1 (1791) 94. (Umbelliferae).
Zanahoria
V. (r.), M. (r., fr.)
Ref.: Fl. Cub. 4, Gómez de la Maza and Roig 1914, Roig 1974, Roig 1975, Guenkov 1983, Esquivel et al. 1989a

Delonix regia (Bojer ex Hook.) Raf., Fl. Tellur. 2 (1836) 92. – *Poinciana regia* Bojer ex Hook., Bot. Mag. (1829) t. 2884. (Leguminosae).
Framboyán
Shade tree
Ref.: Gómez de la Maza and Roig 1914, Roig 1975

Desmodium discolor Vogel in Linnaea 12 (1838) 103. (Leguminosae).
Fo.
Ref.: Menéndez et al. s. a.

Dichanthium annulatum (Forssk.) Stapf in Prain, Fl. Trop. Afr. 9 (1917) 178. – *Andropogon annulatus* Forssk., Fl. aegypt. – arab. (1775) 173. (Gramineae).
Camagüeyana, jiribilla, pitilla, pitilla villareña
Fo.
Ref.: Menéndez et al. s. a. Roig 1975

Dichanthium aristatum (Poir.) C. E. Hubb. in Kew Bull. (1939) 654. – *Andropogon aristatus* Poir. in Lam., Encycl. Suppl. 1 (1811) 585. (Gramineae).
Angletón, jiribilla gigante
Fo.
Ref.: Menéndez et al. s. a.

Dichanthium caricosum (L.) A. Camus in Bull. Mus. Hist. Nat. Paris 27 (1921) 549. – *Andropogon caricosus* L., Sp. Pl. ed. 2 (1763) 1480. (Gramineae).
Camagüeyana, cuero de vaca, jiribilla
Fo.
Ref.: Roig 1975, Menéndez et al. s. a.

Dichondra micrantha Urb., Symb. Antill. 9 (1924) 243. – *Dichondra repens* auct., non J. R. et G. Forster (1775). (Convolvulaceae).
Alfombra, violeta japonesa
Covering plant for soil erosion control
Ref.: Fl. Cub. 4

Digitalis ferruginea L., Sp. Pl. (1753) 368. (Scrophulariaceae).
Digital
M. (h.)
Cultivated on an experimental scale.
Ref.: Roig 1975

Digitalis lutea L., Sp. Pl. (1753) 368. (Scrophulariaceae).
Digital
M. (h.)
Cultivated on an experimental scale.
Ref.: ROIG 1975

Digitalis purpurea L., Sp. Pl. (1753) 621. (Scrophulariaceae).
Digital
M. (h.)
Cultivated on an experimental scale.
Ref.: ROIG 1974, ROIG 1975

Digitaria decumbens Stent in Bothalia 3 (1930) 150. (Gramineae).
Pangola
Fo.
Ref.: MENÉNDEZ et al. s. a.

Digitaria sanguinalis (L.) Scop., Fl. carn. ed. 2, 1 (1772) 52. – *Panicum sanguinale* L., Sp. Pl. (1753) 57; *Milium digitatum* Swartz, Prodr. Veg. Ind. Occ. (1781) 24; *Digitaria digitata* (Sw.) Urb., Symb. Antill. 8 (1920) 24. (Gramineae).
Pata de gallina fina
Fo.
Ref.: ROIG 1975

Digitaria valida Stent in Bothalia 3 (1930) 148. (Gramineae).
Pangola gigante
Fo.
Ref.: MENÉNDEZ et al. s. a.

Dillenia indica L., Sp. Pl. (1753) 535. (Dilleniaceae).
Fr., a sirup is made from the sepals of the flowers
Ref.: CAÑIZARES 1982

Dillenia philippinensis Rolfe in J. Linn. Soc. 21 (1884) 307. (Dilleniaceae).
Fr., in collections
Ref.: CAÑIZARES 1982

Dimocarpus longan Lour., Fl. cochinch. (1790) 233. – *Euphoria longana* Lam., Encycl. 3 (1792) 574, nom. illeg. (Sapindaceae).
Longán, mamoncillo chino
Fr., M. (fr.)
Ref.: GÓMEZ DE LA MAZA and ROIG 1914, ROIG 1974, ROIG 1975, HAMMER and ESQUIVEL 1989

Dioscorea alata L., Sp. Pl. (1753) 1033. (Dioscoreaceae).
Ñame, ñame amarillo, ñame blanco, ñame cola de pato, ñame de Guinea, ñame negro
St. (r.)
Ref.: Fl. Cub. 1, GÓMEZ DE LA MAZA and ROIG 1914, ROIG 1975, ESQUIVEL et al. 1987, 1988c, 1989a

Dioscora bulbifera L., Sp. Pl. (1753) 1033. – *Dioscorea sativa* Thunb., Fl. Jap. (1784) 151 et auct. non L. (1753). (Dioscoreaceae).
Ñame, ñame volador, papa voladora
St. (r.)
Ref.: Roig 1975, Esquivel et al. 1988c, 1989a

Dioscorea cayenensis Lam., Encycl. 3 (1789) 233. (Dioscoreaceae).
Ñame
St. (r.)
Ref.: Roig 1975

Dioscorea esculenta (Lour.) Burkill in Gard. Bull. Straits Settl. 1 (1917) 396. – *Dioscorea sativa* L., Sp. Pl. (1753) 1033, p. p., nom. rejic.; *Oncus esculentus* Lour., Fl. cochinch. (1790) 194. (Dioscoreaceae).
Bondá, ñame boniato, ñame papa
St. (r.)
Ref.: Gómez de la Maza and Roig 1914, Roig 1975

Dioscorea opposita Thunb., Fl. Jap. (1784) 151. – *Dioscorea batatas* Decne in Rev. hortic. Paris, ser. 4, 3 (1854) 243. (Dioscoreaceae).
Ñame chino
St. (r.)
The material collected from the Isla de la Juventud probably belongs to this species.
Ref.: Roig 1975, Esquivel et al. 1989a, Hammer and Esquivel 1989

Diospyros blancoi DC., Prodr. 8 (1844) 237. – *Diospyros discolor* Willd., Sp. Pl. 4 (1806) 1108, nom. illeg. (Ebenaceae).
Mabolo, mangostán de la India, sapote de la India
Fr.
Ref.: Fl. Cub. 4, Gómez de la Maza and Roig 1914, Roig 1975, Cañizares 1982

Diospyros digyna Jacq., Pl. hort. schoenbr. 3 (1798) 35. – *Diospyros ebenaster* auct., non Retz., Obs. Bot. fasc. 5 (1789) 31; *Diospyros laurifolia* A. Rich. in Sagra, Hist. Cuba 11 (1850) 86. (Ebenaceae).
Ébano, ébano carbonero, ébano real, manatí, sapote negro, tagua-tagua
Fr., shade tree
Ref.: Fl. Cub. 4, Roig 1975, Cañizares 1982

Diospyros kaki Thunb. in Nov. Act. Soc. Upsal. 3 (1780) 208. (Ebenaceae).
Kaki, kaki de Japón, sapote chino
Fr.
Ref.: Gómez de la Maza and Roig 1914, Roig 1975, Cañizares 1982, Hammer and Esquivel 1989

Diospyros lotus L., Sp. Pl. (1753) 1057. (Ebenaceae).
Fr.
Ref.: Cañizares 1982

Diospyros mespiliformis Hochst. ex DC., Prodr. 8 (1844) 672. (Ebenaceae).
Fr., in collections
Ref.: CAÑIZARES 1982

Dipteryx panamensis (Pitt.) Record ex Mell, Timbers Trop. Amer. (1924) 303. – *Coumarouna panamensis* Pitt. in Contrib. U.S. Nat. Herb. 18 (1917) 236. (Leguminosae).
N., only in collections
Ref.: CAÑIZARES 1982

Dovyalis abyssinica (A. Rich.) Warb. in Engler et Prantl, Nat. Pflanzenfam. 3, 6a (1893) 44. – *Roumea abyssinica* A. Rich., Tent. fl. abyss. 1 (1847) 34. (Flacourtiaceae).
Fr., only in collections
Ref.: CAÑIZARES 1982

Dovyalis caffra (J. D. Hook. et Harv.) J. D. Hook. in Harv., Gen. S. Afr. pl. ed. 2 (1868) 16. – *Aberia caffra* J. D. Hook. et Harv. in Harv. et Sond., Fl. Cap. 2, App. (1862) 584. (Flacourtiaceae).
Manzana de kei, uva crispa de Ceilán
Fr., living fences
Ref.: GÓMEZ DE LA MAZA and ROIG 1914, ROIG 1975, CAÑIZARES 1982

Dovyalis hebecarpa (Gardn.) Warb. in Engler et Prantl, Nat. Pflanzenfam. 3, 6a (1893) 44. – *Aberia gardneri* Clos in Ann. Sci. Nat., ser. 4, 8 (1857) 236, nom. illeg.; *Roumea hebecarpa* Gardn. in Calc. J. Nat. Hist. 7 (1857) 449. (Flacourtiaceae).
Aberia
Fr.
Ref.: ROIG 1975, CAÑIZARES 1982

Durio zibethinus Murr., Syst. veg. ed. 13 (1774) 581. (Bombacaceae).
Durión, erizo de árbol
Fr.
Ref.: ROIG 1975

Ecballium elaterium (L.) A. Rich. in Bory de St.-Vincent, Dict. class. hist. nat. 6 (1824) 19. – *Momordica elaterium* L., Sp. Pl. (1753) 1010. (Cucurbitaceae).
Cohombrillo
M. (fr.)
Ref.: ROIG 1974

Echinacea purpurea (L.) Moench, Methodus (1794) 591. – *Rudbeckia purpurea* L., Sp. Pl. (1753) 907. (Compositae).
Equinacea
M. (h., r.)
Ref.: ROIG 1975

Echinochloa polystachya (H. B. K.) Hitchc. in Contrib. U.S. Nat. Herb. 22 (1920) 135. – *Oplismenus polystachyus* H. B. K., Nov. gen. sp. 1 (1815) 107. (Gramineae).
Yerba corzo
Fo.
Ref.: MENÉNDEZ et al. s. a.

Echinochloa pyramidalis (Lam.) Hitchc. et Chase in Contrib. U.S. Nat. Herb. 18 (1917) 345. – *Panicum pyramidale* Lam., Tabl. encycl. 1 (1791) 171. (Gramineae).
Alpiste
Fo. (l., s.)
Ref.: MENÉNDEZ et al. s. a., ROIG 1975

Elaeagnus latifolia L., Sp. Pl. (1753) 121. – *Elaeagnus philippensis* Perr. in Mem. Soc. Linn. Paris 3 (1825) 114. (Elaeagnaceae).
Fr.
Ref.: CAÑIZARES 1982

Elaeis guineensis Jacq., Select. Stirp. amer. hist. (1763) 280. (Palmae).
Aobara, corojo de Guinea
Oi. (s.)
Ref.: GÓMEZ DE LA MAZA and ROIG 1914, ROIG 1975, CAÑIZARES 1982

Elettaria cardamomum (L.) Maton in Trans. Linn. Soc. 10 (1811) 254. – *Amomum cardamomum* L., Sp. Pl. (1753) 1, non Roxb. (1820) et auct. mult. (Zingiberaceae).
Cardamo, cardamomo
Sp. (fr., s.), I. (fr., s., perfume)
Ref.: ROIG 1975

Eleusine coracan (L.) Gaertn., Fruct. sem. pl. 1 (1788) 8. – *Cynosurus coracan* L., Syst. Nat. ed. 10 (1759) 875. (Gramineae).
Fo.
Ref.: ROIG 1975

Eleusine indica (L.) Gaertn., Fruct. sem. pl. 1 (1788) 8. – *Cynosurus indicus* L., Sp. Pl. (1753) 72. (Gramineae).
Pata de gallina
Fo.
Ref.: ROIG 1975

Enterolobium cyclocarpum (Willd.) Griseb., Fl. Brit. W. I. (1860) 226. – *Inga cyclocarpa* Willd., Sp. Pl. 4 (1806) 1026. (Leguminosae).
Algarrobo francés, árbol de las orejas, oreja de judío
Shade tree
Ref.: Fl. Cub. 2, GÓMEZ DE LA MAZA and ROIG 1914, ROIG 1975

Erechtites hieracifolia (L.) Raf. ex DC., Prodr. 6 (1837) 294. – *Senecio hieracifolius* L., Sp. Pl. (1753) 866; *Sonchus agrestis* Swartz, Prodr. Veg. Ind. Occ.

(1788) 110; *Erechtites prealta* Raf., Fl. Ludov. (1817) 65; *Sonchus occidentalis* Spreng., Neue Entdeck. 2 (1821) 143. (Compositae).
Achicoria de cabra
M. (h.)
Ref.: Fl. Cub. 5, ROIG 1975

Eriobotrya japonica (Thunb.) J. Lindl. in Trans. Linn. Soc. 13 (1821) 102. – *Mespilus japonicus* Thunb., Fl. Jap. (1784) 206. (Rosaceae).
Níspero del Japón
Fr.
Ref.: GÓMEZ DE LA MAZA and ROIG 1914, ROIG 1975, ESQUIVEL et al. 1989a, HAMMER and ESQUIVEL 1989

Eriochloa punctata (L.) Desv. ex Hamilt., Prodr. Pl. Ind. Occ. (1825) 5. – *Milium punctatum* L., Syst. Nat. ed. 10, 2 (1759) 872; *Eriochloa subglabra* (Nash) Hitchc. in Contrib. U.S. Nat. Herb. 12 (1909) 208. (Gramineae).
Yerba caribe
Fo.
Ref.: MENÉNDEZ et al. s. a.

Eruca sativa Mill., Gard. Dict. ed. 8 (1768) no. 1. – *Brassica eruca* L., Sp. Pl. (1753) 667. (Cruciferae).
Mostaza
Sp. (s.)
Ref.: ESQUIVEL et al. 1989a

Eryngium foetidum L., Sp. Pl. (1753) 232. (Umbelliferae).
Cilantro de Cartagena, culantro, culantro de Cartagena, culantro sabanero, orégano de Cartagena
Sp. (l.), M. (h.)
Fig. 20.
Ref.: GÓMEZ DE LA MAZA and ROIG 1914, ROIG 1974, ROIG 1975, ESQUIVEL et al. 1989a

Erythrina abyssinica Lam., Encycl. 2 (1788) 392. (Leguminosae).
Piñón
M. (l., ba.)
Ref.: ROIG 1974

Erythrina americana Mill., Gard. Dict. ed. 8 (1768) no. 5. (Leguminosae).
Piñón
M. (l., ba.)
Ref.: ROIG 1974

Erythrina berteroana Urb., Symb. Ant. 5 (1908) 370. (Leguminosae).
Piñón de cerca, piñón de pito
M. (l.), living fences
Ref.: Fl. Cub. 2, ROIG 1975

Fig. 20 *Eryngium foetidum* L. is used as a condiment like *Coriandrum sativum* L. and has the same smell

Erythrina carnea Ait., Hort. Kew. 1 (1789) 8. (Leguminosae).
Piñón de pito
Shade tree
Ref.: GÓMEZ DE LA MAZA and ROIG 1914

Erythrina corallodendron L., Sp. Pl. (1753) 706. (Leguminosae).
Piñón de sierra
M. (l., ba.), living fences
Ref.: ROIG 1974, ROIG 1975

Erythrina crista-galli L., Mant. Pl. 1 (1767) 99. (Leguminosae).
Piñón francés
M. (l., ba.)
Ref.: ROIG 1974

Erythrina grisebachii Urb., Symb. Antill. 9 (1928) 453. – *Erythrina velutina* Griseb., non Willd. (1801). (Leguminosae).
Piñón real
Living fences
Ref.: ROIG 1975

Erythrina herbacea L., Sp. Pl. (1753) 706. (Leguminosae).
M. (l., ba.)
Ref.: ROIG 1974

Erythrina mitis Jacq., Pl. hort. schoenbr. 2 (1797) 47. – *Erythrina umbrosa* H. B. K., Nov. gen. sp. 6 (1824) 434. (Leguminosae).
Búcare, piñón de pito
M. (l.), living fences, shade tree
Ref.: GÓMEZ DE LA MAZA and ROIG 1914, ROIG 1975

Erythrina poeppigiana (Walp.) Skeels in U.S. Dept. Agr. Bur. Pl. Industr., Bull. 242 (1912) 84. – *Erythrina micropterix* Poepp. ex Walp. in Linnaea 23 (1850) 740; *Micropteryx poeppigiana* Walp. in Linnaea 23 (1850) 740. (Leguminosae).
Búcare, piñón de sombra
Shade tree in coffee plantations
Ref.: Fl. Cub. 2, ROIG 1975

Erythrina senegalensis DC., Prodr. 2 (1825) 413. (Leguminosae).
M. (l., ba.)
Ref.: ROIG 1974

Erythroxylum coca Lam., Encycl. 2 (1786) 393. (Erythroxylaceae).
Coca del Perú
M. (l.)
Ref.: GÓMEZ DE LA MAZA and ROIG 1914, ROIG 1974, ROIG 1975

Eucalyptus botryoides Smith in Trans. Linn. Soc. 3 (1797) 286. (Myrtaceae).
Caoba de los pantanos
M. (l.)
Ref.: ROIG 1975

Eucalyptus citriodora Hook. in Mitch., J. exped. trop. Australia (1848) 235. (Myrtaceae).
Eucalipto de olor a limón
M. (l.)
Ref.: ROIG 1974

Eucalyptus globulus Labill., Voy. rech. Perouse 1 (1800) 153. (Myrtaceae).
Eucalipto
M. (l.), wind break, soil erosion control and reforestation
Ref.: ROIG 1975

Eucalyptus resinifer Smith in White, J. Voy. N. S. Wales 231. (Myrtaceae).
Caoba de los bosques, eucalipto
Re (l.), soil erosion control and reforestation, wind break
M.f.: ROIG 1975

Eucalyptus robusta Smith in Trans. Linn. Soc. 3 (1797) 283. (Myrtaceae).
Caoba de los pantanos
M. (l.)
Ref.: Fl. Cub. 3, ROIG 1975

Eucalyptus saligna Smith in Trans. Linn. Soc. 3 (1797) 285. (Myrtaceae).
M. (l.), soil erosion control and wind break for fruit tree plantations
Ref.: Roig 1975

Eugenia coronata Schum. et Thonn., Beskr. Guin. pl. (1827) 230. (Myrtaceae).
Fr., in collections
Ref.: Cañizares 1982

Eugenia dombeyi (Spreng.) Skeels in U.S. Dept. Agr., Bur. Pl. Industr., Bull. 233 (1912) 51. – *Myrtus dombeyi* Spreng., Syst. veg. 2 (1825) 485. (Myrtaceae).
Fr.
Ref.: Cañizares 1982

Eugenia guabiju Berg in Mart., Fl. Brasil. 14, 1 (1857) 251. (Myrtaceae).
Fr., in collections
Ref.: Cañizares 1982

Eugenia ligustrina Willd., Sp. Pl. 2 (1799) 962. (Myrtaceae).
Birijí
Fr., M. (h.)
Ref.: Roig 1974, Cañizares 1982

Eugenia luschnathiana (Berg) B. D. Jacks., Index kew. 1 (1893) 908. – *Phyllocalyx luschnathiana* Klotzsch ex Berg in Mart., Fl. Brasil. 14, 1, fasc. 18 (1857) 333. (Myrtaceae).
Fr.
Ref.: Cañizares 1982

Eugenia punicaefolia (H. B. K.) DC., Prodr. 3 (1828) 267. – *Myrtus punicaefolia* H. B. K., Nov. gen. sp. 6 (1823) 149. (Myrtaceae).
Fr.
Ref.: Cañizares 1982

Eugenia uniflora L., Sp. Pl. (1753) 470. – *Eugenia michelii* Lam., Encycl. 3 (1789) 203. (Myrtaceae).
Cerezo de Cayena
Fr.
Ref.: Fl. Cub. 3, Gómez de la Maza and Roig 1914, Roig 1975, Cañizares 1982

Eugenia uvalha Camb. in St.-Hil., Fl. bras. merid. 2 (1833) 367. (Myrtaceae).
Fr., in collections
Ref.: Cañizares 1982

Eupatorium hemipteropodum Robinson in Proc. Amer. Acad. 42 (1906) 39. – *Eupatorium aromatisans* Millsp. ex Chase in Field Mus. Natural Hist., Bot. Ser. 1 (1896) 92, non DC. (1836). (Compositae).
Trebolillo, tribulillo
M. (h.), aromatic plant
Ref.: Roig 1974, Roig 1975

Eupatorium odoratum L., Syst. Nat. ed. 10, 2 (1759) 1205. (Compositae).
Rompezaragüey
M. (h.), magic plant
Ref.: ROIG 1974

Eupatorium villosum Swartz, Prodr. Veg. Ind. Occ. (1788) 111. – *Eupatorium poeppigii* Spreng., Syst. 3 (1826) 415; *Eupatorium cubense* DC., Prodr. 5 (1836) 172, non Pers. (1807); *Eupatorium cynanchifolium* DC., Prodr. 5 (1836) 172; *Eupatorium lindenianum* A. Rich., Fl. Cub. Fanerog. 2 (1846) 42. (Compositae).
Abre camino, rompezaragüey
M. (h.), magic plant
Ref.: Fl. Cub. 2, ROIG 1974, ROIG 1975

Euphorbia lactea Haw., Syn. pl. Succ. (1812) 127. (Euphorbiaceae).
Cardón, tuna de cruz
Living fences
Ref.: Fl. Cub. 3, GÓMEZ DE LA MAZA and ROIG 1914, ROIG 1974, ROIG 1975, HAMMER 1988

Euphorbia lancifolia Schlechtend. in Linnaea 7 (1832) 143. (Euphorbiaceae).
Isbut
M. (h.)
Ref.: ROIG 1974, ROIG 1975

Euphorbia nivulia Buch.-Ham. in Trans. Linn. Soc. 14 (1825) 286. (Euphorbiaceae).
Cardón de hojas
Living fences
Ref.: ROIG 1975, HAMMER 1988

Euphorbia tirucalli L., Sp. Pl. (1753) 452. (Euphorbiaceae).
Disciplinilla
Living fences
Ref.: HAMMER 1988

Fevillea cordifoila L., Sp. Pl. (1753) 1013. (Cucurbitaceae).
Yabilla
M. (s.)
Ref.: ROIG 1974

Ficus capensis Thunb., Diss. Fic. (1786) 13. (Moraceae).
Fr., in collections
Ref.: CAÑIZARES 1982

Ficus carica L., Sp. Pl. (1753) 1059. (Moraceae).
Higo (fr.), higuera
Fr., M. (l.)
Ref.: GÓMEZ DE LA MAZA and ROIG 1914, ROIG 1974, ROIG 1975, CAÑIZARES 1982

Ficus elastica Roxb., Fl. Ind. ed. Carey 3 (1832) 541. (Moraceae).
Goma elástica
I. (rubber), shade tree
Introduced for the production of rubber on an experimental scale.
Ref.: GÓMEZ DE LA MAZA and ROIG 1914, ROIG 1975

Ficus glomerata Roxb., Pl. Corom. 2 (1798) 13. (Moraceae).
Fr., in collections
Ref.: CAÑIZARES 1982

Ficus pandurata Hance in Ann. Sci. Nat., ser. 4, 18 (1862) 229. – *Ficus lyrata* Warb. in Bot. Jahrb. 20 (1894) 172. (Moraceae).
Shade tree
Ref.: GÓMEZ DE LA MAZA and ROIG 1914

Ficus pumila L., Sp. Pl. (1753) 1060. (Moraceae).
Fr., in collections
Ref.: CAÑIZARES 1982

Ficus religiosa L., Sp. Pl. (1753) 1059. (Moraceae).
Álamo
Shade tree
Ref.: GÓMEZ DE LA MAZA and ROIG 1914, ROIG 1975

Ficus retusa L., Mant. Pl. 2 (1771) 129. – *Ficus nitida* Thunb., Diss. Fic. (1786) 10. (Moraceae).
Laurel de la India
M. (l., branches), shade tree
Ref.: GÓMEZ DE LA MAZA and ROIG 1914, ROIG 1974

Ficus sycomorus L., Sp. Pl. (1753) 1059 subsp. **gnaphalocarpa** (Miq.) C. C. Berg in Adansonia 20 (1980) 272. – *Sycomorus gnaphalocarpa* Miq. in Hook., Lond. J. Bot. 7 (1848) 113; *Ficus gnaphalocarpa* (Miq.) A. Rich., Voy. Abyss. 5 (1850). (Moraceae).
Fr., in collections
Ref.: CAÑIZARES 1982

Flacourtia indica (Burm. f.) Merr., Interpr. Herb. Amboin. (1917) 377. – *Gmelina indica* Burm. f., Fl. Ind. (1768) 132; *Flacourtia ramontchi* L'Her., Stirp. Nov. (1786) 59. (Flacourtiaceae).
Ciruela de Madagascar, ciruela governadora
Fr.
Ref.: GÓMEZ DE LA MAZA and ROIG 1914, CAÑIZARES 1982

Flacourtia inermis Roxb., Pl. Corcm. 3 (1811) 16. (Flacourtiaceae).
Fr.
Ref.: CAÑIZARES 1982

Flacourtia jangomas (Lour.) Raeusch., Nomencl. Bot. ed. 3 (1797) 290. – *Stigmarota jangomas* Lour., Fl. cochinch. (1790) 634; *Flacourtia cataphracta* Roxb. ex Willd., Sp. Pl. 4 (1806) 830. (Flacourtiaceae).
Ciruela de Madagascar, ciruela gobernadora
Fr., living fences
Ref.: ROIG 1975, CAÑIZARES 1982

Flacourtia rukam Zoll. et Moritzi, Syst. Verz. (1846) 33. (Flacourtiaceae).
Ciruela de Madagascar
Fr.
Ref.: CAÑIZARES 1982

Foeniculum vulgare Mill., Gard. Dict. ed. 8 (1768) no. 1. (Umbelliferae).
Hinojo
M. (l., fr., r.), Sp. (l.)
Fig. 21.
Ref.: Fl. Cub. 4, ROIG 1974, ROIG 1975

Fig. 21 "Hinojo", *Foeniculum vulgare* Mill., is grown as a condiment and medicinal plant in nearly all farmers' gardens

Fortunella crassifolia Swingle in J. Wash. Acad. Sci. 5 (1915) 167. (Rutaceae).
Fr.
Ref.: CAÑIZARES 1982

Fortunella japonica (Thunb.) Swingle in J. Wash. Acad. Sci. 5 (1915) 171. – *Citrus japonica* Thunb. in Nov. Act. Soc. Upsal. 3 (1780) 199. (Rutaceae).
Kumquat
Fr.
Fig. 22.
Ref.: GÓMEZ DE LA MAZA and ROIG 1914, ROIG 1975, CAÑIZARES 1982, HAMMER and ESQUIVEL 1989

Fig. 22 *Fortunella japonica* (Thunb.) Swingle, a fruit tree introduced from east Asia

Fortunella margarita (Lour.) Swingle in J. Wash. Acad. Sci. 5 (1915) 170. – *Citrus margarita* Lour., Fl. cochinch. (1790) 467. (Rutaceae).
Fr.
Ref.: CAÑIZARES 1982

Fragaria ananassa Duch., Hist. Nat. Frais. (1766) 190. – *Fragaria chiloensis* (L.) Mill., Gard. Dict. ed. 8 (1768) no. 4 var. *ananassa* (Duch.) Bailey, Cyclop. 3 (1917) 272. (Rosaceae).
Fresa
Fr.
In most of our sources *Fragaria vesca* L. is cited Possibly this species was once cultivated. Today only *Fragaria ananassa* Duch. is grown.
Ref.: Fl. Cub. 2, GÓMEZ DE LA MAZA and ROIG 1914, ROIG 1975

Furcraea foetida (L.) Haw., Syn. pl. succ. (1812) 73. – *Agave foetida* L., Sp. Pl. (1753) 323; *Furcraea gigantea* Vent. in Bull. Soc. philomat. Paris 1 (1793) 65. (Agavaceae).
Henequén de Haití, pita
Fi. (l.)
Ref.: GÓMEZ DE LA MAZA and ROIG 1914, ROIG 1975

Furcraea hexapetala (Jacq.) Urb., Symb. Antill. 4 (1903) 152. – *Agave hexapetala* Jacq., Enum. syst. pl. (1760) 18; *Furcraea cubensis* (Jacq.) Vent. in Bull. Soc. philomat. Paris 1 (1793) 66. (Agavaceae).
Jeniquén, maguey, nenequén, neniquén, pita
Fi. (l.), M. (r.), living fences
Ref.: GÓMEZ DE LA MAZA and ROIG 1914, ROIG 1975

Galphimia gracilis Bartl. in Linnaea 13 (1839) 552. – *Thryallis glauca* (Cav.) Kuntze, Revis. (1891) 89; *Galphimia glauca* Merr., Fl. Manila (1912) 277, non Cav. (1799). (Malpighiaceae).
Granito de oro
Wind break
Ref.: Fl. Cub. 3

Garcinia binucao (Blanco) Choisy, Guttif. Ind. (1849) 34. – *Cambogia binucao* Blanco, Fl. Filip. (1837) 434. (Guttiferae).
V. (fr.), in collections
Ref.: CAÑIZARES 1982

Garcinia dulcis (Roxb.) Kurz in J. As. Soc. Beng. 43, 2 (1874) 88, Fl. Brit. Burm. (1877) 192. – *Xanthochymus dulcis* Roxb., Corom. Pl. 3 (1819) t. 270; *Garcinia elliptica* Choisy in DC., Prodr. 1 (1825) 761, non Wall. (1828). (Guttiferae).
Fr., in collections
Ref.: CAÑIZARES 1982

Garcinia livingstonei Anderson in J. Linn. Soc. Bot. 9 (1867) 263. (Guttiferae).
Fr., in collections
Ref.: CAÑIZARES 1982

Garcinia mangostana L., Sp. Pl. (1753) 443. (Guttiferae).
Mangostán
Fr.
Ref.: GÓMEZ DE LA MAZA and ROIG 1914, ROIG 1975

Garcinia tinctoria (Choisy) W. F. Wight in U.S. Dept. Agr., Bur. Pl. Industr., Bull. 137 (1909) 50. – *Xanthochymus pictorius* Roxb., Pl. Corom. 2 (1798) 51; *Xanthochymus tinctorius* Choisy in DC., Prodr. 1 (1824) 562; *Garcinia xanthochymus* J. D. Hook. ex Anders. in J. D. Hook., Fl. Brit. Ind. 1 (1874) 269; *Garcinia pictorius* (Roxb.) D'Arcy in Ann. Miss. Bot. Gard. 67 (1980) 998, non *Garcinia pictoria* Roxb., Fl. Ind. ed. Carey 3 (1832) 627. (Guttiferae).
Fr., in collections, grafting stock for *Garcinia mangostana*
Ref.: ROIG 1975, CAÑIZARES 1982

Genipa americana L., Syst. Nat. ed. 10, 2 (1759) 931. (Rubiaceae).
Jagua
Fr., M. (fr.), Fo. (fr.)
Ref.: ROIG 1975, CAÑIZARES 1982

Gleditsia amorphoides Taub. in Ber. deutsch. bot. Ges. 10 (1892) 638. (Leguminosae).
Gledisquia
Hedge plant
Ref.: GÓMEZ DE LA MAZA and ROIG 1914, ROIG 1975

Gliricidia sepium (Jacq.) Kunth ex Walp., Rep. 1 (1842) 679. – *Robinia sepium* Jacq., Enum. Pl. Carib. (1760) 28. (Leguminosae).
Acacia, amor y celo, árbol de amor, bien vestido, floresco, piñón amoroso
M. (l.), hedge plant
Ref.: ROIG 1974, ROIG 1975

Glycine max (L.) Merr., Interpr. Herb. Amboin. (1917) 274. – *Phaseolus max* L., Sp. Pl. (1753) 725. (Leguminosae).
Soya
Pu., Oi. (s.), Fo. (s.)
First introduction to Cuba from United States reported by Estación Experimental Agronómica de Santiago de Las Vegas in 1904. It may have been cultivated earlier by the Japanese on the Isla de la Juventud for preparation of a cheese called "tofú".
Ref.: MENÉNDEZ et al. s. a., ROIG 1975, HAMMER and ESQUIVEL 1989

Glycosmis pentaphylla Corr. Serr. in Ann. Mus. Paris 6 (1805) 386. (Rutaceae).
Naranjita de cristal
Fr.
Ref.: CAÑIZARES 1982

Gossypium arboreum L., Sp. Pl. (1753) 693. (Malvaceae).
Algodón
Fi.
Ref.: ROIG 1975

Gossypium barbadense L., Sp. Pl. (1753) 693. (Malvaceae).
Algodón criollo
Fi., M. (root-bark, l., fl., s.)
Ref.: Fl. Cub. 3, GÓMEZ DE LA MAZA and ROIG 1914, ROIG 1974, ROIG 1975, ESQUIVEL et al. 1989a

Gossypium herbaceum L., Sp. Pl. (1753) 693. (Malvaceae).
Algodón
Fi.
Ref.: ROIG 1975

Gossypium hirsutum L., Sp. Pl. ed. 2 (1763) 975. (Malvaceae).
Algodón
Fi.
Ref.: Fl. Cub. 3, ROIG 1975, ESQUIVEL et al. 1987

Grevillea robusta A. Cunn. ex R. Br., Prot. Nov. (1830) 24. (Proteaceae).
Agravilla, grivilea, roble de seda
M. (resin)
Ref.: ROIG 1974

Gymnanthes albicans (Griseb.) Urb., Symb. Antill. 3 (1902) 312. – *Excoecaria albicans* Griseb. in Goett. Nachr. (1865) 179. (Euphorbiaceae).
Amansaguapo
M. (l.), magic plant
Ref.: ROIG 1974

Haematoxylum campechianum L., Sp. Pl. (1753) 384. (Leguminosae).
Palo de campeche
I. (dye)
Ref.: GÓMEZ DE LA MAZA and ROIG 1914

Hamelia patens Jacq., Enum. Pl. Carib. (1760) 16. (Rubiaceae).
Ponasí
Fr., M. (h., fr.)
Ref.: ROIG 1974, CAÑIZARES 1982

Harpullia arborea Radlk. in Sitzb. Math.-Phys. Akad. Muench. 20 (1890) 278. (Sapindaceae).
Harpulia
Shade tree
Ref.: GÓMEZ DE LA MAZA and ROIG 1914, ROIG 1975

Haworthia margaritifera (L.) Haw., Suppl. Pl. Succ. (1812) 55. – *Aloe margaritifera* L., Sp. Pl. (1753) 322. (Liliaceae).
Sábila
M. (l.)
Ref.: GÓMEZ DE LA MAZA and ROIG 1914

Helianthus annuus L., Sp. Pl. (1753) 904. (Compositae).
Girasol
Oi. (s.), Fo. (l.), M. (fl., l., s.)
Ref.: ROIG 1974, ROIG 1975, ESQUIVEL et al. 1987, 1988c, 1989a

Helianthus tuberosus L., Sp. Pl. (1753) 905. (Compositae).
Pataca
V. (r.)
Ref.: ROIG 1975

Hevea brasiliensis (Willd. ex A. Juss.) Muell. Arg. in Linnaea 34 (1865) 204. – *Siphonia brasiliensis* Willd. ex A. Juss., Euphorb. gen. (1824) t. 12. (Euphorbiaceae).
Caucho del Pará
I. (rubber)
Cultivated on an experimental scale.
Ref.: GÓMEZ DE LA MAZA and ROIG 1914

Hibiscus cannabinus L., Syst. Nat. ed. 10 (1759) 1149. (Malvaceae).
Kenaf, linda mañana
Fi. (st.), M. (l.)
Ref.: Fl. Cub. 3, ROIG 1974, ROIG 1975

Hibiscus sabdariffa L., Sp. Pl. (1753) 695. (Malvaceae).
Aleluya roja de Guinea, quimbombó chino, rosella, serení
M. (fl.), a lemonade is prepared from the fleshy calyx
Ref.: ROIG 1975, HAMMER and ESQUIVEL 1989

Hippeastrum puniceum (Lam.) Kuntze, Revis. 2 (1891) 703. – *Amaryllis punicea* Lam., Encycl. 1 (1783) 122; *Amaryllis equestris* Ait., Hort. Kew. 1 (1789) 417; *Hippeastrum equestre* (Ait.) Herb., Appendix (1821) 31. (Amaryllidaceae).
Taraco
M. (b.)
Ref.: ROIG 1974

Hordeum vulgare L., Sp. Pl. (1753) 84, s. l. (Gramineae).
Cebada
C.
Ref.: GÓMEZ DE LA MAZA and ROIG 1914

Hovenia dulcis Thunb., Nov. Gen. Pl. (1781) 7. (Rhamnaceae).
Fr.
Ref.: ROIG 1975

Hura crepitans L., Sp. Pl. (1753) 1008. (Euphorbiaceae).
Salvadera
M. (l., s., latex), shade tree
Ref.: GÓMEZ DE LA MAZA and ROIG 1914, ROIG 1974

Hylocereus undatus (Haw.) Britt. et Rose in Contrib. U.S. Nat. Herb. 12 (1909) 429. – *Cereus undatus* Haw. in Phil. Mag. 7 (1830) 11; *Hylocereus triangularis* auct. Cub., non Britt. et Rose (1909). (Cactaceae).
Pitahaya
Fi.
Ref.: ROIG 1975

Hymenaea courbaril L., Sp. Pl. (1753) 1192. (Leguminosae).
Fr.
Ref.: CAÑIZARES 1982

Hyoscyamus albus L., Sp. Pl. (1753) 180. (Solanaceae).
Beleño blanco
M. (h.), in collections
Ref.: ROIG 1975

Hyoscyamus niger L., Sp. Pl. (1753) 179. (Solanaceae).
Beleño
M. (h.), in collections
Ref.: ROIG 1974, ROIG 1975

Hyparrhenia rufa (Nees) Stapf in Prain, Fl. Trop. Afr. 9 (1919) 304. – *Trachypogon rufus* Nees, Agrost. Brasil. (1829) 345. (Gramineae).
Jaraguá
Fo.
Ref.: MENÉNDEZ et al. s. a., ROIG 1975

Indigofera coerulea Roxb., Fl. Ind. ed. Carey 3 (1832) 377. – *Indigofera argentea* L., Mant. Pl. 2 (1771) 273, non Burm. f. (1768). (Leguminosae).
Añil de Senegal
I. (r., dye)
Ref.: LA SAGRA 1845

Indigofera disperma L., Syst. Nat. ed. 12 (1768) 232. (Leguminosae).
I. (r., dye)
Introduced from Guatemala in 1827.
Ref.: LA SAGRA 1842

Indigofera suffruticosa Mill., Gard. Dict. ed. 8 (1768) no. 2. – *Indigofera anil* L., Mant. Pl. 2 (1771) 272. (Leguminosae).
Añil, azúl
I. (l., dye)
Ref.: Fl. Cub. 2, LA SAGRA 1845, ROIG 1975

Indigofera tinctoria L., Sp. Pl. (1753) 751. (Leguminosae).
Añil de Guatemala
I. (l., dye)
Ref.: LA SAGRA 1845, ROIG 1975

Inga edulis Mart. in Flora 20 (1837) Beibl. 113. – *Inga vera* H. B. K., Nov. gen. sp. 6 (1824) 289. (Leguminosae).
Fr.
Ref.: CAÑIZARES 1982

Inga laurina (Swartz) Willd., Sp. Pl. 4 (1806) 1018. – *Mimosa laurina* Swartz, Prodr. Veg. Ind. Occ. (1788) 85. (Leguminosae).
Guamá de Puerto Rico
Shade tree in coffee plantations
Ref.: Fl. Cub. 2, ROIG 1975

Inga vera Willd., Sp. Pl. 4 (1806) 1010. – *Mimosa inga* L., Sp. Pl. (1753) 516. (Leguminosae).
Guabá, tamarindo de Puerto Rico
M. (ba., l.), shade tree for coffee plantations
Ref.: Fl. Cub. 2, ROIG 1974, ROIG 1975, CAÑIZARES 1982

Inula helenium L., Sp. Pl. (1753) 881. (Compositae).
Inula
M. (r.)
Ref.: ROIG 1974, ROIG 1975

Ipomoea batatas (L.) Lam., Tabl. encycl. 1 (1797) 465. – *Convolvulus batatas* L., Sp. Pl. (1753) 154; *Batatas edulis* (Thunb.) Choisy in Mem. Soc. phys. Genève 6 (1833) 435. (Convolvulaceae).
Boniato
St. (r.), V. (l.), M. (h., r.)
A variable species in Cuba. Roig and Fortún (1916) reported more than 50 landraces, according to leaf and tuber characters.
Ref.: Fl. Cub. 4, la Sagra 1850, Gómez de la Maza and Roig 1914, Roig and Fortún 1916, Roig 1974, Roig 1975, Esquivel et al. 1987, 1988c, 1989a

Ipomoea carnea Jacq., Enum. syst. pl. (1760) 13 subsp. **fistulosa** (Mart. ex Choisy) Austin in Taxon 26 (1977) 237. – *Ipomoea fistulosa* Mart. ex Choisy in DC., Prodr. 9 (1845) 349; *Batatas crassicaulis* Benth., Bot. voy. Sulphur (1845) 134. (Convolvulaceae).
Aguinaldo morado, campana gallega, campanilla
M. (h.)
Ref.: Roig 1975

Ixophorus unisetus (Presl) Schlechtend. in Linnaea 31 (1861–1862) 421. – *Urochloa uniseta* K. B. Presl, Rel. Haenk. 1 (1830) 319. (Gramineae).
Zacate blanco de Honduras
Fo.
Ref.: Roig 1975

Jacaratia mexicana DC., Prodr. 15, 1 (1864) 420. – *Leucopremna mexicana* (DC.) Standl. in Contrib. U.S. Nat. Herb. 23 (1924) 850. (Caricaceae).
Bonete yucateco
Fr., M. (latex)
Ref.: Roig 1974, Roig 1975, Cañizares 1982

Jasminum officinale L., Sp. Pl. (1753) 7. – *Jasminum grandiflorum* L., Sp. Pl. ed. 2 (1762) 9. (Oleaceae).
Jazmín de cinco hojas
M. (fl.)
Ref.: Roig 1974

Jasminum sambac (L.) Ait., Hort. Kew. 1 (1789) 8. – *Nyctanthes sambac* L., Sp. Pl. (1753) 6. (Oleaceae).
Diamela
M. (fl., l.)
Ref.: Roig 1974

Jatropha aethiopica Muell. Arg. in Flora 47 (1864) 485. (Euphorbiaceae).
Chaya, mata diabetes
M. (latex)
Ref.: Roig 1974

Jatropha curcas L., Sp. Pl. (1753) 1006. (Euphorbiaceae).
Piñón botija, piñón purgante
M. (s., l.), living fences
Fig. 23.
Ref.: Fl. Cub. 3, LA SAGRA 1850, GÓMEZ DE LA MAZA and ROIG 1914, ROIG 1974, ROIG 1975

Jatropha multifida L., Sp. Pl. (1753) 1006. (Euphorbiaceae).
Castaño de jardín, mana, nuez vómica Cubana
M. (latex)
Fig. 24.
Ref.: ROIG 1974, ROIG 1975

Jatropha urens L., Sp. Pl. (1753) 1007. (Euphorbiaceae).
Chaya

Fig. 23 *Jatropha curcas* L., a medicinal and hedge plant

Fig. 24 *Jatropha multifida* L. is grown for its latex which is used in medical treatments

V. (l.)
Ref.: ROIG 1975, ESQUIVEL et al. 1989a

Justicia pectoralis Jacq., Enum. Pl. Carib. (1760) 11. (Acanthaceae).
Tila
M. (l., fl.)
Ref.: ROIG 1974, ROIG 1975

Lablab purpureus (L.) Sweet, Hort. Brit. ed. 1 (1827) 481. – *Dolichos lablab* L., Sp. Pl. (1753) 725; *Dolichos purpureus* L., Sp. Pl. ed. 2 (1763) 1021; *Lablab niger* Medik., Vorles. Chur. Phys. Ges. 2 (1787) 354; *Lablab vulgaris* Savi, Osserv. Phaseol. Dolichos (1822) 19. (Leguminosae).
Caruana, frijol caballero, frijoles del país, habas de mons
Pu., M. (s.), Fo.
Fig. 25.
Ref.: Fl. Cub. 2, LA SAGRA 1845, MENÉNDEZ et al. s. a., ROIG 1974, ROIG 1975, ESQUIVEL et al. 1987, 1988c, 1989a

Lactuca sativa L., Sp. Pl. (1753) 795. – *Lactuca capitata* Gars., Descr. vertus pl. (1767) 196. (Compositae).
Lechuga, lechuga arrepollada

Fig. 25 Races with white flowers and light seeds predominate in *Lablab purpureus* (L.) Sweet

V. (l.), M. (l., s.)
Ref.: GÓMEZ DE LA MAZA and ROIG 1914, ROIG 1974, ROIG 1975, GUENKOV 1983, ESQUIVEL et al. 1987, 1988c, 1989a

Lactuca serriola L., Cent. Pl. 2 (1756) 29. – *Lactuca scariola* L., Sp. Pl. ed. 2 (1763) 1119. (Compositae).
Escarola
V. (l.)
Once cultivated on a small scale.
Ref.: ROIG 1975

Lagenaria siceraria (Molina) Standl. in Publ. Field Mus. Nat. Hist. Chicago, Bot. 3 (1930) 435. – *Cucurbita lagenaria* L., Sp. Pl. (1753) 1010; *Cucurbita siceraria* Molina, Sagg. Chile (1782) 133. (Cucurbitaceae).
Güiro amargo, güiro cimarrón, güiro guayo
M. (fr., l.), calabash, magic plant
Collected on the Isla de la Juventud where it is used to make instruments for folk music and as gourds. Fig. 26.
Ref.: Fl. Cub. 5, ROIG 1974, ROIG 1975, HAMMER and ESQUIVEL 1989

Lagerstroemia indica L., Syst. Nat. ed. 10 (1759) 1076. (Lythraceae).
Alstroemia, júpiter
M. (ba., l., fr., r.)
Ref.: ROIG 1974

Fig. 26 Fruits of *Lagenaria siceraria* (Molina) Standl. from the Isla de la Juventud. Young fruits of the long type are used as vegetable

Lawsonia inermis L., Sp. Pl. (1753) 349. – *Lawsonia alba* Lam., Encycl. 3 (1789) 106. (Lythraceae).
Reseda, reseda francesa
M. (fl., l., ba., r.)
Ref.: Roig 1974, Roig 1975

Lecythis dubia H. B. K., Nov. gen. sp. 7 (1825) 259. (Lecythidaceae).
N., in collections
Ref.: Cañizares 1982

Lecythis elliptica H. B. K., Nov. gen. sp. 7 (1825) 259. (Lecythidaceae).
N., in collections
Ref.: Cañizares 1982

Lecythis ollaria Loefl., Iter Hispan. (1758) 189. (Lecythidaceae).
N., in collections
Ref.: Cañizares 1982

Lecythis pisonis Camb. in St.-Hil., Fl. bras. merid. 2 (1829) 377. (Lecythidaceae).
N., in collections
Ref.: Cañizares 1982

Lecythis zabucayo Aubl., Hist. pl. Guiane 2 (1775) 718. (Lecythidaceae).
N.
Ref.: Roig 1975, Cañizares 1982

Lens culinaris Medik., Vorles. Chur. Phys. Ges. 2 (1787) 361. – *Ervum lens* L., Sp. Pl. (1753) 738. (Leguminosae).
Lenteja
Pu.
Ref.: GÓMEZ DE LA MAZA and ROIG 1914, ROIG 1975

Leucaena leucocephala (Lam.) De Wit in Taxon 10 (1961) 54. – *Mimosa glauca* L., Sp. Pl. ed. 2 (1763) 1504, nom. confus. rejic.; *Mimosa leucocephala* Lam., Encycl. 1 (1783) 12; *Leucaena glauca* Benth. in Hook., Lond. J. Bot. 4 (1842) 416. (Leguminosae).
Aroma blanca
Fo., shade tree in coffee plantations
Ref.: MENÉNDEZ et al. s. a.

Lippia alba (Mill.) N. E. Br. in Britt. et Wils., Sci. Surv. Porto Rico and Virgin Islands 6 (1925) 141. – *Lantana alba* Mill., Gard. Dict. ed. 8 (1768) no. 8. (Verbenaceae).
Anís de España, hinojo de anís, menta, quita dolor
M. (h.)
Fig. 27.
Ref.: ROIG 1975

Lippia micromera Schau. in DC., Prodr. 11 (1847) 587. (Verbenaceae).
Orégano
Sp. (l.), M. (l.)
Not reported for Cuba before, used as substitute of *Origanum vulgare*.

Lippia triphylla (L'Her.) Kuntze, Revis. 3, 2 (1898) 253. – *Verbena triphylla* L'Her., Stirp. Nov. (1784) 21; *Aloysia triphylla* (L'Her.) Britt. in Britt. et Wils., Sci. Surv. Porto Rico and Virgin Islands 6 (1925) 140. (Verbenaceae).
Yerba Luisa
Sp. (l.), M. (l.)
Ref.: Fl. Cub. 4, ROIG 1974, ROIG 1975

Lippia virgata (Ruiz et Pav.) Juss. in Ann. Mus. Paris 7 (1806) 73. – *Verbena virgata* Ruiz et Pav., Fl. peruv. chil. 1 (1798) 20; *Aloysia virgata* Juss. in Ann. Mus. Paris 7 (1806) 73; *Lippia lycioides* Steudel, Nomencl. ed. 2, 2 (1841) 54. (Verbenaceae).
Lipia
Hedge plant
Ref.: ROIG 1975

Litchi chinensis Sonn., Voy. Ind. Or. Chine 3 (1782) 230. – *Euphoria litchi* Desf., Tabl. (1804) 135; *Nephelium litchi* Cambess. in Mem. Sapind. (1829) 310. (Sapindaceae).
Litchí, mamoncillo chino
Fr., M. (fr.)
Ref.: GÓMEZ DE LA MAZA and ROIG 1914, ROIG 1974, ROIG 1975, CAÑIZARES 1982, HAMMER and ESQUIVEL 1989

Fig. 27 *Lippia alba* (Mill.) N. E. Br., condiment and medicinal plant of wide distribution

Luffa acutangula (L.) Roxb., Fl. Ind. ed. Carey 3 (1832) 713. – *Cucumis acutangulus* L., Sp. Pl. (1753) 1011. (Cucurbitaceae).
Estropajo
M. (fr.), V. (fr.), vegetal sponges
Ref.: Fl. Cub. 5, LA SAGRA 1845, ROIG 1975

Luffa cylindrica (L.) Roem., Syn. Pep. 2 (1846) 63. – *Momordica cylindrica* L., Sp. Pl. (1753) 1009. (Cucurbitaceae).
Estropajo
M. (fr., l.), vegetal sponges
Fig. 28.
Ref.: Fl. Cub. 5, ROIG 1974, ROIG 1975, ESQUIVEL et al. 1987

Lycium chinense Mill., Gard. Dict. ed. 8 (1768) no. 5. (Solanaceae).
Cauquí
V. (l.), M. (fr.)
Ref.: ROIG 1975, HAMMER and ESQUIVEL 1989

Fig. 28 *Luffa cylindrica* (L.) Roem. is used for the preparation of vegetal sponges. Commonly the plants can be found in semi-cultivation

Lycopersicon esculentum Mill., Gard. Dict. ed. 8 (1768) no. 2. (Solanaceae).
Tomate
V. (fr.)
Some landraces as "placero" and "cimarrón" exist in Cuba. The latter is considered by some authors as *L. pimpinellifolium* Dun., but, actually, it is *L. esculentum* Mill. var. *cerasiforme* (Dun.) Alef. As in *Capsicum*, variable populations result from introgression. The variation is shown in ESQUIVEL et al. (1987), fig. 5.
Ref.: Fl. Cub. 4, GÓMEZ DE LA MAZA and ROIG 1914, ROIG 1975, GUENKOV 1983, ESQUIVEL et al. 1987, 1988c, 1989a

Macadamia ternifolia F. v. M. in Trans. Phil. Inst. Vict. 2 (1858) 72. (Proteaceae).
Nuez de Queensland
N.
Ref.: ROIG 1975, CAÑIZARES 1982

Macroptilium lathyroides (L.) Urb., Symb. Antill. 9 (1928) 457. – *Phaseolus lathyroides* L., Sp. Pl. ed. 2 (1763) 1018. (Leguminosae).
Maribari, pico de aura
Soil improvement
Ref.: Roig 1975

Malpighia glabra L., Sp. Pl. (1753) 425. – *Malpighia punicifolia* L., Sp. Pl. ed. 2 (1762) 609. (Malpighiaceae).
Acerola, cerezo, cerezo de Barbados, cerezo de Jamaica
Fr., M. (fr.)
Ref.: Fl. Cub. 3, Gómez de la Maza and Roig 1914, Roig 1974, Roig 1975

Malpighia martinicensis Jacq., Enum. Pl. Carib. (1762) 21. – *Malpighia suberosa* Small in N. Amer. Fl. 25 (1910) 159. (Malpighiaceae).
Palo bronco
Fr.
Ref.: Roig 1975, Cañizares 1982

Malus domestica Borkh., Theor. prakt. Handb. Forstbot. 2 (1803) 1272. (Rosaceae).
Manzano
Fr.
Ref.: Roig 1975

Mammea americana L., Sp. Pl. (1753) 512. (Guttiferae).
Mamey, mamey amarillo, mamey de Santo Domingo

Fig. 29 *Mammea americana* L., a fruit tree

Fr., M. (ba., l.)
Fig. 29.
Ref.: Fl. Cub. 3, GÓMEZ DE LA MAZA and ROIG 1914, ROIG 1974, ROIG 1975

Mangifera indica L., Sp. Pl. (1753) 200. (Anacardiaceae).
Manga, manga amarilla, manga blanca, mango
Fr., M. (s., ba., l., fr.)
Fig. 30.
Ref.: Fl. Cub. 3, GÓMEZ DE LA MAZA and ROIG 1914, ROIG 1974, ROIG 1975, CAÑIZARES 1982, ESQUIVEL et al. 1988c

Manihot carthaginensis (Jacq.) Muell. Arg. in DC., Prodr. 15, 2 (1866) 1073. – *Jatropha carthaginensis* Jacq., Select. Stirp. amer. hist. (1763) 256. (Euphorbiaceae).

Fig. 30 Several races of *Mangifera indica* L. are grown in Cuba

Yuca de Cartagena
St. (r.)
Ref.: Gómez de la Maza and Roig 1914

Manihot dulcis (J. F. Gmel.) Pax in Engler, Pflanzenr. H. 44 (1910) 71. – *Jatropha dulcis* J. F. Gmel., Onom. bot. 5 (1772/8) 7; *Manihot aipi* Pohl, Pl. Bras. Ic. Descr. 1 (1827) 29; *Manihot palmata* Muell. Arg. in DC., Prodr. 15, 2 (1866) 1002, p. p. (Euphorbiaceae).
Yuca amarilla, yuca blanca, yuca cristalina, yuca dulce
St. (r.)
Ref.: Gómez de la Maza and Roig 1914

Manihot esculenta Crantz, Inst. rei herb. 1 (1766) 177. (Euphorbiaceae).
Yuca
St. (r.), M. (r.)
The variation is shown in Esquivel et al. 1989a, fig. 8.
Ref.: Fl. Cub. 3, la Sagra 1850, Gómez de la Maza and Roig 1914, Cunliffe 1916, Roig 1974, Roig 1975, Esquivel et al. 1987, 1989a

Manihot glaziovii Muell. Arg. in Fl. Brasil. 11, 2 (1874) 446. (Euphorbiaceae).
Caucho manizoba, ceara
I. (rubber)
Cultivated on an experimental scale.
Ref.: Gómez de la Maza and Roig 1914

Manilkara zapota (L.) van Royen in Blumea 7 (1953) 410. – *Achras zapota* L., Sp. Pl. (1753) App. 1190; *Achras zapota* L., Sp. Pl. (1753) 1190 var. *zapotilla* Jacq., Select. Stirp. amer. hist. (1763) 57; *Manilkara zapotilla* (Jacq.) Gilly in Trop. Woods 73 (1943) 20. (Sapotaceae).
Sapote, zapote
Fr., M. (ba., s.)
Fig. 31.
Ref.: Fl. Cub. 4, la Sagra 1850, Gómez de la Maza and Roig 1914, Roig 1974, Roig 1975, Cañizares 1982

Maranta arundinacea L., Sp. Pl. (1753) 2. (Marantaceae).
Sagú, yuquilla
St. (r.), M. (r.)
Ref.: Gómez de la Maza and Roig 1914, Roig 1974, Roig 1975, Esquivel et al. 1987

Marrubium vulgare L., Sp. Pl. (1753) 583. (Labiatae).
M. (l.)
Ref.: Roig 1975

Matricaria recutita L., Sp. Pl. (1753) 891. – *Matricaria chamomilla* L., Sp. Pl. (1753) 891 et Sp. Pl. ed. 2 (1763) et auct. non L. (1753). (Compositae).
Manzanilla alemana
M. (fl.)
Ref.: Roig 1974, Roig 1975

Fig. 31 *Manilkara zapota* (L.) van Royen is highly appreciated for its delicious fruits

Medicago sativa L., Sp. Pl. (1753) 778. (Leguminosae).
Alfalfa
Fo.
Ref.: Menéndez et al. s. a., Roig 1975

Melaleuca leucadendra (L.) L., Mant. Pl. 1 (1767) 105. – *Myrtus leucadendra* L., Amoen. Acad. 4 (1759) 120. (Myrtaceae).
Cayeput
M. (h., fr.)
Ref.: Roig 1974, Roig 1975

Melia azederach L., Sp. Pl. (1753) 384. (Meliaceae).
Árbol quitasol, paraíso
Shade tree, living fences, M. (ba., l., fr., r.)
Ref.: Roig 1974, Roig 1975

Melicoccus bijugatus Jacq., Enum. syst. pl. (1760) 19. – *Melicocca bijuga* L., Sp. Pl. ed. 2 (1762) 495. (Sapindaceae).
Mamoncillo
Fr., M. (fr.)
Ref.: Fl. Cub. 3, Gómez de la Maza and Roig 1914, Roig 1974, Roig 1975, Cañizares 1982

Melinis minutiflora Pal. Beauv., Agrost. (1812) 54. (Gramineae).
Cantingueiro del Brasil, capim gordura, melado
Fo.
Ref.: Fl. Cub. 1, Menéndez et al. s. a., Roig 1975

Melissa officinalis L., Sp. Pl. (1753) 592. (Labiatae).
Melisa, toronjil
M. (h.)
Ref.: Roig 1974, Roig 1975

Mentha arvensis L., Sp. Pl. (1753) 577 subsp. **haplocalyx** (Briq.) Briq. in Engler et Prantl, Nat. Pflanzenfam. 4, 3a (1895) 319. – *Mentha haplocalyx* Briq. in Bull. Soc. bot. Genève 5 (1889) 39. (Labiatae).
Menta japonesa
M. (h.)
Ref.: ROIG 1974, HAMMER and ESQUIVEL 1989

Mentha longifolia (L.) L., Amoen. Acad. 4 (1759) 485. – *Mentha spicata* L., Sp. Pl. (1753) 576 var. *longifolia* L., Sp. Pl. (1753) 576; *Mentha sylvestris* L., Sp. Pl. ed. 2 (1763) 804. (Labiatae).
M. (h.)
Ref.: ROIG 1975

Mentha × piperita L., Sp. Pl. (1753) 576. – *Mentha citrata* Ehrh., Beitr. Naturk. 7 (1792) 150. (Labiatae).
Menta, menta inglesa, menta piperita, toronjil, yerbabuena
M. (l.)
In Fl. Cub. 4, *M.* × *piperita* L. nm. *citrata* (Ehrh.) B. Boivin is mentioned.
Ref.: Fl. Cub. 4, ROIG 1974, ROIG 1975

Mentha pulegium L., Sp. Pl. (1753) 577. (Labiatae).
Poleo
M. (h.)
Ref.: ROIG 1974, ROIG 1975

Mentha spicata L., Sp. Pl. (1753) 576 emend. L., Sp. Pl. ed. 2 (1763) 804. (Labiatae).
Yerba buena
M. (h.), Sp. (h.)
In the Cuban literature this plant is cited as *Mentha nemorosa* Willd. Chromosome counts of typical Cuban material resulted in $2n = 48$ so that the accessions studied by us belong to *M. spicata*. The triploid *M.* × *villosa* Huds., which is sometimes also discussed, can be excluded, too.
Ref.: ROIG 1974, ROIG 1975

Mimusops globosa Gaertn. f., Fruct. sem. pl. 3 (1807) 132. (Sapotaceae).
Balata
I. (gum)
Ref.: ROIG 1975

Momordica balsamina L., Sp. Pl. (1753) 1009. (Cucurbitaceae).
Cundeamor
V. (fr.)
Ref.: GÓMEZ DE LA MAZA and ROIG 1914, ROIG 1975

Momordica charantia L., Sp. Pl. (1753) 1009. (Cucurbitaceae).
Cundeamor, cundeamor chino
V. (fr.), M. (fr., l., s.)

Fig. 32 "Cundeamor chino", *Momordica charantia* L., is a fruit vegetable mainly grown by farmers coming from east Asia

Two subspecies (see GREBENŠČIKOV 1986) exist in Cuba, subsp. *abbreviata* (Ser.) GREBENŠČ. as the wild form and subsp. *charantia* as cultivated. Fig. 32.
Ref.: GÓMEZ DE LA MAZA and ROIG 1914, ROIG 1974, ROIG 1975, ESQUIVEL et al. 1989a, HAMMER and ESQUIVEL 1989

Momordica cochinchinensis (Lour.) Spreng., Syst. veg. 3 (1826) 14. – *Muricia cochinchinensis* Lour., Fl. cochinch. (1790) 596. (Cucurbitaceae).

Cundeamor
V. (fr.), M. (s.)
Ref.: ROIG 1975

Monodora myristica (Gaertn.) Dunal, Monogr. Anonac. (1817) 80. – *Anona myristica* Gaertn., Fruct. sem. pl. 2 (1791) 194. (Annonaceae).
Nuéz enemosa, nuéz moscada
Sp. (s.)
Ref.: GÓMEZ DE LA MAZA and ROIG 1914

Monstera deliciosa Liebm. in Vid. Medd. Naturh. Foren. Kjob. (1849–50) 49. (Araceae).
Cerimán de Méjico, monstera
Fr.
Ref.: GÓMEZ DE LA MAZA and ROIG 1914, ROIG 1975, CAÑIZARES 1982

Morinda citrifolia L., Sp. Pl. (1753) 176. (Rubiaceae).
Mora de la India
V. (l., young fr.), I. (r., dye)
Ref.: Fl. Cub. 5, ROIG 1975, Catálogo 1987

Moringa oleifera Lam., Encycl. 1 (1783) 398. – *Moringa pterygosperma* Gaertn., Fruct. sem. pl. 2 (1791) 314. (Moringaceae).
Acacia, falso tilo, flor de los masones, palo jeringa, paraiso francés
M. (r., ba., s.), hedge plant, magic plant
Ref.: LA SAGRA 1842, ROIG 1974, ROIG 1975

Morus alba L., Sp. Pl. (1753) 986. (Moraceae).
Morera
Fr.
Once cultivated as fodder for silk worms.
Ref.: GÓMEZ DE LA MAZA and ROIG 1914, ROIG 1975, CAÑIZARES 1982

Morus latifolia Poir. in Lam., Encycl. 4 (1797) 381. – *Morus multicaulis* Perr. in Mem. Soc. Linn. Paris 2 (1824) 129. (Moraceae).
Morera de China
I. (l.), fodder for silk worms
Ref.: LA SAGRA 1842, ROIG 1975

Morus nigra L., Sp. Pl. (1753) 986. (Moraceae).
Mora, mora negra
Fr.
Ref.: GÓMEZ DE LA MAZA and ROIG 1914, ROIG 1975, CAÑIZARES 1982

Mucuna pruriens (Stickm.) DC., Prodr. 2 (1825) 405 subsp. **deeringiana** (Bort) Hanelt in Mansf. Verz. (1986) 533. – *Stizolobium deeringianum* Bort in U.S. Dept. Agr., Bur. Pl. Industr., Bull. 141 (1909) 31; *Mucuna deeringiana* (Bort) Merr. in Philipp. J. Sci. 5 (1910) 118. (Leguminosae).
Frijol de terciopelo, nescafé
Soil improvement, surrogate of coffee

Mainly used for soil erosion control, but in Holguín it is used as a surrogate of coffee.
Ref.: MENÉNDEZ et al. s. a., ROIG 1975, ESQUIVEL et al. 1988c, 1989a

Muntingia calabura L., Sp. Pl. (1753) 509. (Tiliaceae).
Capulí
Fr., M. (l., ba., fl.)
Fig. 33.
Ref.: GÓMEZ DE LA MAZA and ROIG 1914, ROIG 1974, ROIG 1975

Fig. 33 In many gardens *Muntingia calabura* L. is cultivated as a fruit tree

Murraya paniculata (L.) Jack in Malay. Misc. 1 (1820) 31. – *Chalcas paniculata* L., Mant. Pl. 1 (1767) 68. (Rutaceae).
Boj de Persia, muralla
M. (l., fl.), living fences
Ref.: ROIG 1974

Musa acuminata Colla in Mem. Accad. Sci. Torino 25 (1820) 394. – *Musa cavendishii* Lam. ex Paxton in Magaz. Bot. 3 (1837) 51. (Musaceae).
Plátano congo
Fr.
Ref.: ROIG 1975, CAÑIZARES 1982

Musa balbisiana Colla in Mem. Accad. Sci. Torino 25 (1820) 384. (Musaceae).
Fr.
Ref.: CAÑIZARES 1982

Musa × paradisiaca L., Sp. Pl. (1753) 1043. – *Musa × sapientum* L., Syst. Nat. ed. 10 (1759) 1303; *Musa × paradisiaca* L., Sp. Pl. (1753) 1043 var. *sapientum* Kuntze, Revis. 2 (1891) 692. (Musaceae).
Banano, plátano, plátano datíl, plátano del Orinoco, plátano guineo
Fr., M. (fr., l.), St. (fr.)
Ref.: Fl. Cub. 1, Gómez de la Maza and Roig 1914, Roig 1974, Roig 1975, Esquivel et al. 1987

Musa textilis Nee, Anal. Cienc. Nat. 4 (1801) 123. (Musaceae).
Ábaca, cáñamo de Bengala
Fi. (l.)
Ref.: Roig 1975

Myrcianthes mato (Griseb.) Mc Vaugh in Fieldiana, Bot. 29 (1963) 491. – *Eugenia mato* Griseb. in Abh. Kgl. Ges. Wiss. Göttingen 24 (1879) 125. (Myrtaceae).
Fr., in collections
Ref.: Cañizares 1982

Myrciaria cauliflora (Mart.) Berg in Linnaea 27 (1856) 326. – *Myrtus cauliflora* Mart., Reise 1 (1823) 285. (Myrtaceae).
Jaboticaba
Fr.
Ref.: Roig 1975

Myrciaria edulis (Vell.) Skeels in U.S. Dept. Agr., Bur. Pl. Industr., Bull. 48 (1909) 14. – *Eugenia edulis* Vell., Fl. Flum. (1825) 208. (Myrtaceae).
Fr., in collections
Ref.: Cañizares 1982

Myrciaria floribunda Berg in Linnaea 27 (1856) 330. (Myrtaceae).
Fr., in collections
Ref.: Cañizares 1982

Myristica fragrans Houtt., Handl. pl.-kruidk. 3 (1774) 333. – *Myristica moschata* Thunb. in Vet.-akad. Stockholm Nya Handl. 3 (1782) 265; *Myristica officinalis* L. f., Suppl. (1782) 265. (Myristicaceae).
Nuéz moscada
Sp. (fr.)
Ref.: Gómez de la Maza and Roig 1914, Roig 1975, Cañizares 1982

Myristica malabarica Lam. in Hist. Acad. Roy. Sci., Paris (Mem.) 1788 (1791) 162. (Myristicaceae).
Grafting stock
Cultivated as grafting stock for *M. fragrans* Houtt.

Myrospermum frutescens Jacq., Enum. Pl. Carib. (1760) 20. – *Myrospermum emarginatum* Klotzsch in Bonplandia 5 (1857) 277. (Leguminosae).
Bálsamo de Guatemala
M. (st.)
Ref.: Gómez de la Maza and Roig 1914, Roig 1975

Myroxylon balsamum (L.) Harms in Notizbl. Bot. Gart. Dahlem 5, no. 43 (1908) 94. – *Toluifera balsamum* L., Sp. Pl. (1753) 384. (Leguminosae).
Bálsamo de Guatemala, bálsamo de Perú, Guatemala
M. (st., fr., resin), shade tree
Ref.: Gómez de la Maza and Roig 1914, Roig 1974, Roig 1975

Myroxylon peruiferum L. f., Suppl. (1781) 233. – *Myrospermum peruiferum* (L. f.) DC., Prodr. 2 (1825) 95. (Leguminosae).
Bálsamo de Perú
M. (st.)
Ref.: Gómez de la Maza and Roig 1914

Myrtus communis L., Sp. Pl. (1753) 471. (Myrtaceae).
Arrayán
Sp. (fr.)
Ref.: Cañizares 1982

Nasturtium officinale R. Br. in W. et W. T. Ait., Hort. Kew., ed. 2, 4 (1812) 111. – *Nasturtium fontanum* (Lam.) Aschers., Fl. Brandenburg 1 (1860) 72; *Rorippa nasturtium* Beck, Fl. Nied.-öst. 2, 1 (1892) 463. (Cruciferae).
Berro
V. (l.), M. (h.)
Wild in small rivers in the mountains, mainly cultivated in the southern part of Habana province.
Ref.: Gómez de la Maza and Roig 1914, Roig 1974, Roig 1975

Nelumbo nucifera Gaertn., Fruct. sem. pl. 1 (1788) 73. – *Nymphaea nelumbo* L., Sp. Pl. (1753) 511. (Nelumbonaceae).
Yuca china
V. (r.), N., M. (s.)
Once cultivated by Chinese farmers.
Ref.: Roig 1975, Hammer and Esquivel 1989

Neomarica caerulea (Ker-Gawler) Sprague in Bull. Misc. Inf., Royal Bot. Gard. Kew (1928) 280. – *Marica caerulea* Ker-Gawler in Bot. Reg. (1823) t. 713. (Iridaceae).
Lirio sable, mandelamina
M. (h.), soil erosion control
According to Sprague, l.c. 281, *Marica helenae* Worsley in J. Roy. Hort. Soc. Lond. 28 (1904) 530 is possibly a variety of *N. caerulea*.
Ref.: Esquivel et al. 1989a

Neonotonia wightii (Arn.) Lackey in Phytologia 37 (1977) 210. – *Notonia wightii* Arn. in Wight et Arn., Prodr. fl. Ind. or. (1834) 208; *Glycine wightii* (Arn.) Verdc. in Taxon 15 (1966) 35. (Leguminosae).
Glycine, kudzoide, soya perenne
Fo.
Ref.: Menéndez et al. s. a.

Nepeta cataria L., Sp. Pl. (1753) 570. (Labiatae).
Yerba gatera
Sp. (l.), M. (h.)
Ref.: Roig 1975

Nephelium lappaceum L., Mant. Pl. 1 (1767) 125. (Sapindaceae).
Rambután
Fr.
Ref.: Gómez de la Maza and Roig 1914, Roig 1975

Nicotiana tabacum L., Sp. Pl. (1753) 180. (Solanaceae).
Tabaco
I. (l.), M. (l., r.)
Ref.: Fl. Cub. 4, Gómez de la Maza and Roig 1914, Hasselbring 1915, Roig 1975, Esquivel et al. 1988c, 1989a

Nopalea cochenillifera (L.) Salm-Dyck, Cact. Hort. Dyck. Cult. 1849 (1850) 64, 233. – *Cactus cochenillifer* L., Sp. Pl. (1753) 468. (Cactaceae).
Nopal de la cochinilla, tuna blanca
M. (st.), living fences
Fig. 34.
Ref.: Fl. Cub. 3, Roig 1974, Roig 1975, Hammer 1988

Nopalea dejecta (Salm-Dyck), Salm-Dyck, Cact. Hort. Dyck. Cult. 1849 (1850) 64. – *Opuntia dejecta* Salm-Dyck, Hort. Dyck. (1834) 361. (Cactaceae).
Fr.
Ref.: Fl. Cub. 3

Fig. 34 A hedge of *Nopalea cochenillifera* (L.) Salm-Dyck (province of Holguín)

Nypa fruticans Wurmb. in Verh. Batav. Gen. 1 (1781) 350. (Palmae).
Fr., N., in collections
Ref.: CAÑIZARES 1982

Ochrocarpos africanus Oliver, Fl. Trop. Afr. 1 (1868) 169. (Guttiferae).
Mamey africano
Fr.
Ref.: ROIG 1975

Ocimum basilicum L., Sp. Pl. (1753) 597. (Labiatae).
Albahaca
M. (h.), Sp. (l.)
Ref.: Fl. Cub. 4, ROIG 1974, ROIG 1975

Ocimum canum Sims in Curtis's Bot. Mag. 51 (1823) t. 2452. (Labiatae).
Albahaca velluda
M. (h.)
Ref.: ROIG 1975

Ocimum gratissimum L., Sp. Pl (1753) 1197. (Labiatae).
Albahaca cimarrona, aroma de clavo
M. (h.)
Ref.: ROIG 1974, ROIG 1975, ESQUIVEL et al. 1988c

Ocimum kilimandscharicum Gürke in Engler, Pflanzenw. Ost-Afrika C (1895) 349. (Labiatae).
Albahaca alcanforada
M. (h.)
Ref.: ROIG 1975

Ocimum micranthum Willd., Enum. Pl. Horti Berol. (1809) 630. (Labiatae).
Albahaca cimarrona
M. (h.)
Ref.: Fl. Cub. 4, ROIG 1975

Ocimum tenuiflorum L., Sp. Pl. (1753) 597. – *Ocimum sanctum* L., Mant. Pl. 1 (1767) 85. (Labiatae).
Albahaca cimarrona, albahaca morada criolla
M. (h.)
Ref.: ROIG 1974, ROIG 1975, ESQUIVEL et al. 1988c

Olea europaea L., Sp. Pl. (1753) 8. (Oleaceae).
Olivo
Oi. (fr.), cultivated as a curiosity
Ref.: ROIG 1975

Opizia stolonifera K. B. Presl, Rel. Haenk. 1 (1830) 293. (Gramineae).
Fo.
Ref.: Fl. Cub. 1

Opuntia dillenii (Ker-Gawler) Haw., Suppl. Pl. Succ. (1819) 79. – *Cactus dillenii* Ker-Gawler in Bot. Reg. 3 (1818) t. 255. (Cactaceae).
M. (st.), living fences
Ref.: Roig 1974, Hammer 1988

Opuntia ficus-indica (L.) Mill., Gard. Dict. ed. 8 (1768) no. 2. – *Cactus ficus-indica* L., Sp. Pl. (1753) 468. (Cactaceae).
Tuna mansa
Fr., hedge plant
Ref.: Fl. Cub. 3, Roig 1975

Opuntia vulgaris Mill., Gard. Dict. ed. 8 (1768) no. 1. (Cactaceae).
Fr., hedge plant
Ref.: Fl. Cub. 3

Origanum majorana L., Sp. Pl. (1753) 590. – *Majorana hortensis* Moench, Methodus (1794) 406. (Labiatae).
Ajedrea, mejorana
M. (l.), Sp. (l.)
Ref.: Fl. Cub. 4, Roig 1974, Roig 1975

Origanum vulgare L., Sp. Pl. (1753) 590. (Labiatae).
Orégano
Sp. (h.), M. (l., fl.)
Ref.: Roig 1974, Roig 1975

Orthosiphon tomentosus Benth. in Wall., Pl. asiat. rar. 2 (1828) 14. (Labiatae).
Albahaca aromática
M. (h.)
Ref.: Roig 1975

Oryza sativa L., Sp. Pl. (1753) 333. (Gramineae).
Arroz
C., M. (fr.)
Ref.: Fl. Cub. 1, Gómez de la Maza and Roig 1914, Roig 1974, Roig 1975, Esquivel et al. 1989a

Pachyrhizus erosus (L.) Urb., Symb. Antill. 4 (1905) 311. – *Dolichos erosus* L., Sp. Pl. (1753) 726; *Dolichos bulbosus* L., Sp. Pl. ed. 2 (1763) 1021; *Pachyrhizus angulatus* Rich. ex DC., Prodr. 2 (1825) 402; *Pachyrhizus bulbosus* (L.) Kurz in J. As. Soc. Beng. 45, 2 (1876) 246. (Leguminosae).
Jícama de agua, jícama dulce
St. (r.), Fo. (r.), repellent to "bibijaguas" *(Atta insularis)*
Ref.: Gómez de la Maza and Roig 1914, Roig 1975, Esquivel et al. 1988c

Pachyrhizus tuberosus (Lam.) Spreng., Syst. veg. 4, 2, cur. post. (1828) 281. – *Dolichos tuberosus* Lam., Encycl. 2 (1786) 296. (Leguminosae).
Jícama
St. (r.)
Ref.: la Sagra 1845, Gómez de la Maza and Roig 1914

Pandanus houlletii Carr. in Rev. hortic. (1868) 210. (Pandanaceae).
Fr., in collections
Ref.: CAÑIZARES 1982

Pandanus utilis Bory, Voy. iles Afrique 2 (1804) 3. (Pandanaceae).
Pándano
M. (r.), basketry
Ref.: ROIG 1975

Panicum fasciculatum Swartz, Prodr. Veg. Ind. Occ. (1788) 22. (Gramineae).
Súrbana
Fo.
Ref.: ROIG 1975

Panicum maximum Jacq., Icon. 1 (1786) 2. (Gramineae).
Yerba de Guinea
Fo.
Ref.: Fl. Cub. 1, GÓMEZ DE LA MAZA and ROIG 1914, ROIG 1975

Panicum miliaceum L., Sp. Pl. (1753) 58. (Gramineae).
Millo
Fo.
Ref.: GÓMEZ DE LA MAZA and ROIG 1914, ROIG 1975

Panicum repens L., Sp. Pl. ed. 2 (1762) 87. (Gramineae).
Grama de Castilla
Fo.
Ref.: ROIG 1975

Papaver somniferum L., Sp. Pl. (1753) 508. (Papaveraceae).
Adormidera, amapola
M. (fr.)
Ref.: ROIG 1974, ROIG 1975

Parinari macrophylla Sabine in Trans. Roy. Hortic. Soc., London 5 (1824) 452. (Chrysobalanaceae).
Fr., in collections
Ref.: CAÑIZARES 1982

Parkia javanica (Lam.) Merr., Sp. blancoan. (1918) 169. – *Gleditschia javanica* Lam., Encycl. 2 (1786) 466. (Leguminosae).
N., in collections
Ref.: CAÑIZARES 1982

Parmentiera aculeata (H. B. K.) L. O. Williams in Fieldiana, Bot. 36 (1973) 27. – *Crescentia aculeata* H. B. K., Nov. gen. sp. 3 (1819) 158; *Parmentiera edulis* Seem., Bot. voy. Herald (1854) 183. (Bignoniaceae).
Fr., shade tree
Ref.: ROIG 1975

Paspalum dilatatum Poir. in Lam., Encycl. 5 (1804) 35. (Gramineae).
Grama
Fo.
Ref.: Roig 1975

Paspalum fasciculatum Willd. ex Flügge, Monogr. Pasp. (1810) 69. (Gramineae).
Capim araguay
Fo.
Ref.: Roig 1975

Paspalum larranagai Arech. in Anal. Mus. nac. Montevid. 1 (1894) 68. (Gramineae)
Capim de pocas
Fo.
Ref.: Roig 1975

Paspalum notatum Flügge, Monogr. Pasp. (1810) 106. (Gramineae).
Alpargata, bahía grass, cambuto, pasto labrado, yerba tejana
Fo.
Ref.: Roig 1975

Passiflora alata Dryand in Bot. Mag. 2 (1788) t. 66, Ait., Hort. kew. 3 (1789) 306. (Passifloraceae).
Pasionaria
Fr.
Ref.: Roig 1975, Cañizares 1982

Passiflora edulis Sims in Bot. Mag. 45 (1818) 1989. (Passifloraceae).
Ceibey, granadilla, pasionaria
Fr.
Ref.: Gómez de la Maza and Roig 1914, Roig 1975, Cañizares 1982

Passiflora incarnata L., Sp. Pl. (1753) 959. (Passifloraceae).
Fr., in collections
Ref.: Cañizares 1982

Passiflora laurifolia L., Sp. Pl. (1753) 956. (Passifloraceae).
Seibey
Fr., M. (r.)
Ref.: Roig 1974, Roig 1975, Cañizares 1982

Passiflora ligularis Juss. in Ann. Mus. Paris 6 (1805) 113. (Passifloraceae).
Fr., in collections
Ref.: Cañizares 1982

Passiflora maliformis L., Sp. Pl. (1753) 956. (Passifloraceae).
Fr.
Ref.: Cañizares 1982

Passiflora quadrangularis L., Syst. Nat. ed. 10 (1759) 1248. (Passifloraceae).
Ceibey, granadilla, maracuyá, pasiflora, pasionaria
Fr., M. (r., l.)
Ref.: Gómez de la Maza and Roig 1914, Roig 1974, Roig 1975, Cañizares 1982, Esquivel et al. 1989a

Pastinaca sativa L., Sp. Pl. (1753) 262. (Umbelliferae).
Chirivía
V. (r.)
Ref.: Gómez de la Maza and Roig 1914, Roig 1975, Guenkov 1983

Pedilanthus angustifolius Poit. in Ann. Mus. Paris 19 (1812) 393. (Euphorbiaceae).
Díctamo real
M. (h.), living fences
Ref.: Roig 1975

Pedilanthus smallii Millsp. in Publ. Field Mus. Nat. Hist. Chicago, Bot. 2 (1913) 358. (Euphorbiaceae).
Hedge plant
Ref.: Fl. Cub. 3

Pedilanthus tithymaloides (L.) Poit. in Ann. Mus. Paris 19 (1812) 390 – *Euphorbia tithymaloides* L., Sp. Pl. (1753) 453. (Euphorbiaceae).
Díctamo real
M. (h., r., s.), living fences
Ref.: Fl. Cub. 3, Roig 1974, Roig 1975, Hammer 1988

Peltophorum pterocarpum (DC.) Backer ex K. Heyne, Nutt. pl. Ned.-Ind. ed. 2, 2 (1927) 755. – *Inga pterocarpa* DC., Prodr. 2 (1825) 441; *Peltophorum ferrugineum* Benth., Fl. austral. 2 (1864) 279; *Peltophorum inerme* Naves ex Villar in Blanco, Fl. Filip. ed. 3, 4 (1880) Nov.-App. 69. (Leguminosae).
Framboyán amarillo
Shade tree
Ref.: Roig 1975

Pennisetum clandestinum Hochst. ex Chiov. in Ann. Ist. Bot. Roma 8 (1903) 41. (Gramineae).
Kikuyu
Fo.
Ref.: Menéndez et al. s. a.

Pennisetum purpureum Schum., Beskr. Guin. pl. (1827) 44. (Gramineae).
Yerba elefante
Fo.
Ref.: Menéndez et al. s. a.

Pereskia aculeata Mill., Gard. Dict. ed. 8 (1768) no. 2. (Cactaceae).
Tomate americano
Fr.
Ref.: Fl. Cub. 3, Roig 1975

Pereskia bleo (H. B. K.) DC., Prodr. 3 (1828) 475. – *Pereskia grandifolia* auct. Cub., non Haw.; *Cactus bleo* H. B. K., Nov. gen. sp. 6 (1823) 89. (Cactaceae).
Abrojo, yamagüey
Hedge plant
Fig. 35.
Ref.: Fl. Cub. 3, ROIG 1975, HAMMER 1988

Fig. 35 In Pinar del Río, *Pereskia bleo* (H. B. K.) DC. is often planted for living fences

Persea americana Mill., Gard. Dict. ed. 8 (1768). – *Persea gratissima* Gaertn. f., Fruct. sem. pl. 3 (1807) 222; *Persea drymifolia* Schlechtend. et Cham. in Linnaea 6 (1831) 365. (Lauraceae).
Aguacate
Fr., M. (fr., l., ba.)
Ref.: Fl. Cub. 2, LA SAGRA 1850, GÓMEZ DE LA MAZA and ROIG 1914, ROIG 1974, ROIG 1975, CAÑIZARES 1982

Petroselinum crispum (Mill.) Nym., Consp. fl. eur. 2 (1879) 309 ex A. W. Hill, Hand-list herb. pl. Kew ed. 3 (1925) 122. – *Apium petroselinum* L., Sp. Pl. (1753) 264; *Petroselinum hortense* Hoffm., Gen. pl. umbell. (1814) 163, 166; *Carum petroselinum* (L.) Benth. in Benth. et J. D. Hook., Gen. pl. 1 (1867) 891. (Umbelliferae).
Peregil, perejil
Sp. (l.), V. (l.), M. (r., l., fr.)
Ref.: GÓMEZ DE LA MAZA and ROIG 1914, ROIG 1974, ROIG 1975, GUENKOV 1983, ESQUIVEL et al. 1989a

Phalaris canariensis L., Sp. Pl. (1753) 54. (Gramineae).
Alpiste
Fo. (fr.)
Ref.: ROIG 1975

Phalaris tuberosa L., Mant. Pl. 2 (1771) 557. (Gramineae).
Alpiste perenne de Australia
Fo. (fr.)
Ref.: ROIG 1975

Phaseolus acutifolius A. Gray, Pl. Wright. 1 (1852) 43. (Leguminosae).
Frijol tepari
Pu.
Ref.: ROIG 1975

Phaseolus lunatus L., Sp. Pl. (1753) 724. – *Phaseolus limensis* Macf., Fl. Jamaica 1 (1837) 279. (Leguminosae).
Frijol caballero, haba de Lima
Pu.
A variable crop in Cuba. The variation is shown in ESQUIVEL et al. (1987), fig. 6. Cultivated as substitute of *P. vulgaris* L. in traditional farming systems, growing along fences or in old maize fields, often as a perennial crop. Big lima and sieva types are distributed mainly in the Eastern provinces, while some interesting potato types have been recently collected in the Western part. Wild material has been found in dry forests and mountains of Central Cuba.
Ref.: Fl. Cub. 2, ROIG 1975, GUENKOV 1983, ESQUIVEL et al. 1987, 1988c, 1989a

Phaseolus vulgaris L., Sp. Pl. (1753) 723. (Leguminosae).
Frijol, frijol común, habichuela, judía
Pu.
A variable crop. Black types are predominant in Western and Eastern provinces, while in Central provinces a larger diversity occurs in red and multicoloured types. Heterogeneous populations are often cultivated to ensure harvest. Fig. 36.
Ref.: Fl. Cub. 2, GÓMEZ DE LA MAZA and ROIG 1914, ROIG 1975, GUENKOV 1983, ESQUIVEL et al. 1987, 1988c, 1989a

Phoenix dactylifera L., Sp. Pl. (1753) 1188. (Palmae).
Dátil
Fr.
Ref.: GÓMEZ DE LA MAZA and ROIG 1914, ROIG 1975, CAÑIZARES 1982

Phoenix sylvestris (L.) Roxb., Fl. Ind. ed. Carey 3 (1832) 787. – *Elate sylvestris* L., Sp. Pl. (1753) 1189. (Palmae).
Fr., in collections
Ref.: CAÑIZARES 1982

Fig. 36 Seeds from a variable population of *Phaseolus vulgaris* L. (Isla de la Juventud)

Phyllanthus acidus (L.) Skeels in U.S. Dept. Agr., Bur. Pl. Industr., Bull. 148 (1909) 17. – *Averrhoa acida* L., Sp. Pl. (1753) 428; *Phyllanthus distichus* (L.) Muell. Arg. in DC., Prodr. 15, 2 (1866) 413. (Euphorbiaceae).
Grosella, manzana lora
Fr., M. (l., s., r.)
Ref.: Gómez de la Maza and Roig 1914, Roig 1974, Roig 1975, Cañizares 1982

Phyllanthus emblica L., Sp. Pl. (1753) 982. (Euphorbiaceae).
Mirobalanos emblicos
M. (fr.), Fr.
Ref.: Gómez de la Maza and Roig 1914, Roig 1974, Roig 1975, Cañizares 1982

Phytolacca americana L., Sp. Pl. (1753) 441. (Phytolaccaceae).
Bledo
M. (r.), V. (l.)
Ref.: Gómez de la Maza and Roig 1914, Roig 1975

Pimenta dioica (L.) Merr. in Contrib. Gray Herb. no. 165 (1947) 37. – *Myrtus pimenta* L., Sp. Pl. (1753) 472; *Myrtus dioica* L., Syst. Nat. ed. 10 (1759) 1056; *Pimenta officinalis* Lindl., Collect. bot. (1821) sub t. 19. (Myrtaceae).
Pimienta, pimienta de Jamaica
Sp. (s.), M. (s.)
Ref.: Fl. Cub. 3, Gómez de la Maza and Roig 1914, Roig 1974, Roig 1975

Pimenta racemosa (Mill.) J. W. Moore in Bull. Bishop Mus., Honolulu no. 102 (1933) 33. – *Caryophyllus racemosus* Mill., Gard. Dict. ed. 8 (1768) no. 5; *Amomis caryophyllata* (Jacq.) Krug et Urb. in Bot. Jahrb. 19 (1894) 573. (Myrtaceae).
Pimienta de tabasco
M. (l., fr., r.), Sp. (l.)
Ref.: Fl. Cub. 3, Gómez de la Maza and Roig 1914, Roig 1974, Roig 1975

Pimpinella anisum L., Sp. Pl. (1753) 264. (Umbelliferae).
Anís
M. (fr.), Sp. (fr.)
Ref.: Roig 1974, Roig 1975, Esquivel et al. 1989a

Pinus cubensis Griseb. in Am. Acad. N. S. 8 (1863) 530. (Pinaceae).
Shade tree for coffee
Fig. 37.

Fig. 37 *Pinus cubensis* Griseb. cultivated as shade tree for *Coffea arabica* L. (Altiplanicie de Nipe)

Piper aduncum L., Sp. Pl. (1753) 29. (Piperaceae).
Canilla de muerto, platanillo de Cuba
M. (l.)
Fig. 38.
Ref.: Gómez de la Maza and Roig 1914, Roig 1974

Piper auritum Kunth in Humb. et Bonpl., Nov. gen. sp. 1 (1815) 54. (Piperaceae).
Caisimón, caisimón de anís
M. (l.)
Ref.: Fl. Cub. 2, Roig 1975

Fig. 38 *Piper aduncum* L. is grown as a medicinal plant

Piper betle L., Sp. Pl. (1753) 28. (Piperaceae).
Betel
M. (l.)
Ref.: Roig 1975

Piper elongatum Vahl, Enum. 1 (1804) 312. – *Piper angustifolium* Ruiz et Pav., Fl. peruv. chil. 1 (1798) 38. (Piperaceae).
Platanillo de Cuba
M. (l.)
Ref.: Gómez de la Maza and Roig 1914

Piper nigrum L., Sp. Pl. (1753) 28. (Piperaceae).
Pimienta negra
Sp. (s.)
Ref.: Roig 1975, Cañizares 1982

Piper peltatum L., Sp. Pl. (1753) 30. (Piperaceae).
Caisimón
M. (l.)
Ref.: Gómez de la Maza and Roig 1914

Pisum sativum L., Sp. Pl. (1753) 727. (Leguminosae).
Chícharo, guisante, petit pois
Pu., surrogate for coffee
Ref.: la Sagra 1845, Gómez de la Maza and Roig 1914, Roig 1975, Guenkov 1983, Esquivel et al. 1989a

Pithecellobium dulce (Roxb.) Benth. in Hook., Lond. J. Bot. 3 (1844) 199. – *Mimosa dulcis* Roxb., Pl. Corom. 1 (1795) 67. (Leguminosae).
Inga dulce
Fr., M. (fr., ba., l.), living fences
Ref.: Fl. Cub. 2, GÓMEZ DE LA MAZA and ROIG 1914, ROIG 1974, ROIG 1975

Pithecellobium saman (Jacq.) Benth. in Hook., Lond. J. Bot. 3 (1844) 216. – *Mimosa saman* Jacq., Fragm. bot. (1800) 15; *Samanea saman* (Jacq.) Merr. in J. Wash. Acad. Sci. 6 (1916) 47. (Leguminosae).
Algarrobo del país
Shade tree
Ref.: GÓMEZ DE LA MAZA and ROIG 1914, ROIG 1975

Plantago afra L., Sp. Pl. ed. 2 (1762) 168. – *Plantago psyllium* L., Sp. Pl. (1753) 115, p. p., emend. L., Sp. Pl. ed. 2 (1762) 167, non L. (1759), nom. ambig. (Plantaginaceae).
Zaragotona
M. (s.)
Ref.: ROIG 1975

Plectranthus amboinicus (Lour.) Spreng., Syst. veg. 2 (1825) 690. – *Coleus amboinicus* Lour., Fl. cochinch. (1790) 372; *Coleus aromaticus* Benth. in Wall., Pl. asiat. rar. 2 (1831) 15. (Labiatae).
Orégano de Cartagena, orégano francés
Sp. (l.), M. (l.)
Ref.: Fl. Cub. 4, GÓMEZ DE LA MAZA and ROIG 1914, ROIG 1974, ROIG 1975, ESQUIVEL et al. 1989a

Pogostemon cablin (Blanco) Benth. in DC., Prodr. 12 (1848) 156. – *Mentha cablin* Blanco, Fl. Filip. (1837) 973; *Pogostemon patchouly* Pellet. in Mém. Soc. Sci. Orléans 5 (1845) 277, t. 7; *Pogostemon heyneanum* Benth. in Wall., Pl. asiat. rar. 1 (1830) 31 var. *patchouli* (Pellet.) Kuntze. Revis. 2 (1891) 529. (Labiatae).
Pachulí
Sp. (l.)
Ref.: ROIG 1974, ROIG 1975, HAMMER and ESQUIVEL 1989

Pothomorphe umbellata (L.) Miq., Comm. phytogr. (1840) 36. – *Piper umbellatum* L., Sp. Pl. (1753) 30. (Piperaceae).
Caisimón
M. (h.)
Ref.: GÓMEZ DE LA MAZA and ROIG 1914, ROIG 1974

Pouteria campechiana (H. B. K.) Baehni in Candollea 9 (1942) 398. – *Lucuma campechiana* H. B. K., Nov. gen. sp. 3 (1818) 240; *Lucuma salicifolia* H. B. K., Nov. gen. sp. 3 (1818) 241; *Lucuma nervosa* DC., Prodr. 8 (1844) 169; *Pouteria salicifolia* (H. B. K.) Radlk. in Sitzb. Math.-Phys. Akad. Muench. 12 (1882) 333. (Sapotaceae).
Canistel

Fr., M. (ba.)
Ref.: Fl. Cub. 4, Gómez de la Maza and Roig 1914, Roig 1975, Cañizares 1982, Esquivel et al. 1988c

Pouteria dictyoneura (Griseb.) Radlk. in Sitzb. Math.-Phys. Akad. Muench. 14 (1884) 464. – *Lucuma chrysophylloides* auct. Cub., non DC., Prodr. 8 (1844) 168; *Sideroxylon dyctyoneurum* Griseb. in Mem. Am. Acad., N. S. 8 (1862) 517. (Sapotaceae).
Caimito de perro, sapote culebra de costa
Fr.
Ref.: Fl. Cub. 4, Roig 1975

Pouteria macrophylla (Lam.) Eyma in Rec. Trav. Bot. Neerland. 23 (1936) 164. – *Chrysophyllum macrophyllum* Lam., Tabl. encycl. 2 (1793) 44; *Pouteria rivicoa* Ducke in Bull. Techn. Inst. Agron. Norte, Para No. 8 (1946) in observ. (Sapotaceae).
Fr.
Ref.: Cañizares 1982

Pouteria sapota (Jacq.) H. E. Moore et Stearn in Taxon 16 (1967) 383. – *Sideroxylon sapota* Jacq., Enum. Pl. Carib. (1760) 15; *Achras mammosa* L., Sp. Pl. ed. 2 (1760) 469; *Lucuma mammosa* (L.) Gaertn. f., Fruct. sem. pl. 3 (1807) 130; *Calocarpum sapota* (Jacq.) Merr., Enum. Phil. Flow. Pl. 3 (1923) 284; *Pouteria mammosa* (L.) Cronquist in Lloydia 9 (1946) 287. (Sapotaceae).
Mamey colorado, sapote
Fr., M. (s.)
Fig. 39.
Ref.: Fl. Cub. 4, la Sagra 1850, Gómez de la Maza and Roig 1914, Roig 1974, Roig 1975, Cañizares 1982

Fig. 39 A typical fruit tree of Cuba, *Pouteria sapota* (Jacq.) H. E. Moore et Stearn

Protium cubense (Rose) Urb., Symb. Antill. 7 (1912) 240. – *Icica cubensis* Rose in N. Amer. Fl. 25 (1911) 261; *Tetragastris cubensis* (Rose) Urb. in Feddes Rep. 18 (1922) 114. (Burseraceae).
Copal
M. (st., resin)
Ref.: Roig 1975

Prunus cerasifera Ehrh., Beitr. Naturk. 4 (1789) 17. (Rosaceae).
Fr.

Prunus persica (L.) Batsch., Beytr. Entw. Pragm. Gesch. Naturw. 1 (1801) 30. – *Amygdalus persica* L., Sp. Pl. (1753) 677. (Rosaceae).
Melocotón
Fr.
Fig. 40.
Ref.: Roig 1975

Psidium friedrichsthalianum (Berg) Nied. in Engler et Prantl, Nat. Pflanzenfam. 3, 7 (1893) 69. – *Calyptropsidium friedrichsthalianum* Berg in Linnaea 27 (1856) 350. (Myrtaceae).
Fr.
Ref.: Cañizares 1982

Fig. 40 The fruits of the Cuban races of *Prunus persica* (L.) Batsch. are typically shaped

Psidium guajava L., Sp. Pl. (1753) 470. – *Psidium pomiferum* L., Sp. Pl. ed. 2 (1762) 672; *Psidium pyriferum* L., Sp. Pl. ed. 2 (1762) 672. (Myrtaceae).
Guayaba del Perú, guayaba redonda, guayabo
Fr., M. (ba., l., fr.)
Fig. 41.
Ref.: Fl. Cub. 3, LA SAGRA 1845, GÓMEZ DE LA MAZA and ROIG 1914, ROIG 1974, ROIG 1975, CAÑIZARES 1982

Psidium guayabita A. Rich., Ess. Fl. Cub. (1846) 581. (Myrtaceae).
Guayabita de Pinar
Fr.
An endemic of Pinar del Río and Isla de la Juventud. Its fruits are used to prepare a typical drink. Reported as wild but observed in cultivation in some gardens of Pinar del Río.
Ref.: Fl. Cub. 3, ROIG 1975, ESQUIVEL et al. 1989a

Psidium guineense Swartz, Prodr. (1788) 77. – *Psidium araca* Raddi in Atti Soc. Ital. Sci., Modena 19 (1821) 5; *Psidium molle* Bertol., Fl. guatimal. (1840) 22. (Myrtaceae).
Guayabita de Guinea
Fr.
Ref.: Fl. Cub. 3, ROIG 1975, CAÑIZARES 1982

Psidium littorale Raddi in Opusc. Sci. Bologna 4 (1820) 254. – *Psidium cattleianum* Sabine in Trans. Roy. Hortic. Soc., London 4 (1822) 315. (Myrtaceae).
Guayabita fresa
Fr., grafting stock
Ref.: GÓMEZ DE LA MAZA and ROIG 1914, ROIG 1975, CAÑIZARES 1982

Fig. 41 *Psidium guajava* L., a widespread fruit tree

Psidium salutare Berg in Linnaea 27 (1856) 356. (Myrtaceae).
Fr.
Ref.: CAÑIZARES 1982

Psidium sartorianum (Berg) Nied. in Engler et Prantl, Nat. Pflanzenfam. 3, 7 (1893) 69. – *Mitranthes sartoriana* Berg in Linnaea 29 (1858) 248; *Calyptropsidium sartorianum* (Berg) Krug et Urb. in Bot. Jb. 19 (1895) 581. (Myrtaceae).
Mije
Fr., M. (l.)
Ref.: Fl. Cub. 3

Psophocarpus tetragonolobus (Stickm.) DC., Prodr. 2 (1825) 403. – *Dolichos tetragonolobus* Stickm., Herb. Amboin. (1754) 23. (Leguminosae).
Calasmismis
V. (r.)
Ref.: ROIG 1975

Pterocarpus draco L., Sp. Pl. ed. 2 (1763) 1662. – *Pterocarpus officinalis* Jacq., Select. Am. (1781) 283. (Leguminosae).
Drague
M. (sangre de drago)
Ref.: ROIG 1975

Pueraria lobata (Willd.) Ohwi in Bull. Tokyo Sci. Mus. 18 (1947) 16. – *Dolichos lobatus* Willd., Sp. Pl. 3 (1802) 1047; *Pachyrhizus thunbergianus* Sieb. et Zucc. in Abh. Akad. München 4, 3 (1846) 237; *Pueraria thunbergiana* (Sieb. et Zucc.) Benth. in J. Linn. Soc. Bot. 9 (1865) 122. (Leguminosae).
Kudzú
Fo.
Ref.: ROIG 1975, HAMMER and ESQUIVEL 1989

Pueraria phaseoloides (Roxb.) Benth. in J. Linn. Soc. Bot. 9 (1867) 125. – *Dolichos phaseoloides* Roxb., Fl. Ind. ed. Carey 3 (1832) 316; *Pueraria javanica* (Benth.) Benth. in J. Linn. Soc. Bot. 9 (1867) 125. (Leguminosae).
Kudzú tropical
Fo., soil improvement
Ref.: MENÉNDEZ et al. s. a., ROIG 1975

Punica granatum L., Sp. Pl. (1753) 472. – *Punica nana* L., Sp. Pl. (1753) 472. (Punicaceae).
Granada, granada enana
Fr., M. (fr., root-bark)
Ref.: GÓMEZ DE LA MAZA and ROIG 1914, ROIG 1974, ROIG 1975

Pyrus communis L., Sp. Pl. (1753) 479. (Rosaceae).
Perál
Fr.
Ref.: ROIG 1975

Quamoclit pennata (Desr.) Bojer, Hort. maurit. (1837) 224. – *Ipomoea quamoclit* L., Sp. Pl. (1753) 159; *Convolvulus pennatus* Desr. in Lam., Encycl. 3 (1789) 567. (Convolvulaceae).
Cambustera, cambustera fina
M. (ba., l., r.)
Ref.: Fl. Cub. 4, Roig 1974, Roig 1975

Quassia amara L., Sp. Pl. ed. 2 (1762) 553. (Simaroubaceae).
Cuasia
M. (l.)
Ref.: Gómez de la Maza and Roig 1914

Quisqualis indica L., Sp. Pl. ed. 2 (1762) 556. (Combretaceae).
Piscuala
M. (s.)
Ref.: Roig 1974

Rajania cordata L., Sp. Pl. (1753) 1032. – *Rajania pleioneura* Griseb., Fl. Brit. W. I. (1864) 588. (Dioscoreaceae).
Alambrillo
St. (r.)
Ref.: Gómez de la Maza and Roig 1914

Randia formosa Schum. in Mart., Fl. Brasil. 4, 4 (1889) 342. (Rubiaceae).
Fr.
Ref.: Gómez de la Maza and Roig 1914

Raphanus sativus L., Sp. Pl. (1753) 669. (Cruciferae).
Nabo chino, rábano
V. (r.)
Two groups should be considered according to Pistrick (1987), the "rábanos" with small, rounded-red roots, which belong to var. *sativus*, and the "nabos", with large conical-white roots, classified as var. *albus* DC. emend. Pistrick.
Ref.: Fl. Cub. 2, Gómez de la Maza and Roig 1914, Roig 1975, Guenkov 1983, Esquivel et al. 1989a, Hammer and Esquivel 1989

Rhamnus catharticus L., Sp. Pl. (1753) 193. (Rhamnaceae).
Espino cerval
M. (ba.)
Ref.: Roig 1975

Rheedia aristata Griseb., Cat. Pl. Cub. (1866) 38. (Guttiferae).
Manajú
M. (resin)
Ref.: Roig 1974

Rhoeo discolor (L'Her.) Hance in Walp., Ann. (1853) 660. – *Tradescantia discolor* L'Her., Sert. Angl. (1788) 8. (Commelinaceae).
Cordobán
M. (fr., l.)
Ref.: Roig 1974, Roig 1975

Ricinus communis L., Sp. Pl. (1753) 1007. (Euphorbiaceae).
Higuereta, palma cristi, ricino
M. (s., l.), Oi. (s.)
Ref.: Fl. Cub. 3, ROIG 1974, ROIG 1975

Ritterocereus hystrix (Haw.) Backeb. in Cact. J. DKG (1944) 17. – *Cactus hystrix* Haw., Suppl. Pl. Succ. (1819) 73. (Cactaceae).
Cardón, cardona
Living fences
Reported as wild, but also cultivated for living fences. Fig. 42.
Ref.: HAMMER 1988

Fig. 42 Occasionally *Ritterocereus hystrix* (Haw.) Backeb. is planted for hedges (province of Guantánamo)

Rivina humilis L., Sp. Pl. (1753) 121. – *Rivina laevis* L., Mant. Pl. 1 (1767) 41. (Phytolaccaceae).
Coralitos, ojo de ratón
M. (l.)
Ref.: ROIG 1974

Rollinia mucosa (Jacq.) Baill. in Adansonia 8 (1868) 268. – *Annona mucosa* Jacq., Observ. bot. 1 (1764) 16. (Annonaceae).
Fr.
Fig. 43.
Ref.: CAÑIZARES 1982

Fig. 43 Typical fruits of *Rollinia mucosa* (Jacq.) Baill., a rare fruit tree

Rollinia pulchrinervis DC. in Mém. Soc. phys. Genève 5 (1832) 201. – *Rollinia deliciosa* Saff. in J. Wash. Acad. Sci. 6 (1916) 375. (Annonaceae).
Fr.
Ref.: CAÑIZARES 1982

Rosmarinus officinalis L., Sp. Pl. (1753) 23. (Labiatae).
Romero
M. (fr., l.) Sp. (l.)
Ref.: ROIG 1974, ROIG 1975

Roystonea regia (H. B. K.) O. F. Cook in Science, ser. 2, 12 (1900) 479. – *Oreodoxa regia* H. B. K., Nov. gen. sp. 1 (1816) ed. quart. 305, ed. fol. 244. (Palmae).
Palma real
Oi. (fr.), Fo. (fr.), shade tree
Fig. 44.
Ref.: Fl. Cub. 1, ROIG 1975, CAÑIZARES 1982

Rubus glaucus Benth., Pl. hartweg. (1846) 173. (Rosaceae).
Fr.
Ref.: CAÑIZARES 1982

Fig. 44 Fruits of the national Cuban palm tree, *Roystonea regia* (H. B. K.) O. F. Cook, are useful as fooder for pigs

Rubus illecebrosus Focke in Abh. Nat. Ver. Bremen 16 (1899) 278. (Rosaceae).
Zarzamora
Fr.
Ref.: ROIG 1975

Ruta chalepensis L., Mant. Pl. 1 (1767) 69. (Rutaceae).
Ruda
M. (h.)
Fig. 45.
Ref.: ROIG 1974, ESQUIVEL et al. 1989a

Ruta graveolens L., Sp. Pl. (1753) 383. (Rutaceae).
Ruda
M. (l.), Sp. (l.)
Ref.: ROIG 1975

Saccharum barberi Jeswiet in Arch. Suikerind. Nederl. Indie (1925) 396. (Gramineae).
Caña de azúcar
I. (st., sugar)
Ref.: ROIG 1975

Fig. 45 *Ruta chalepensis* L. is occasionally cultivated as a medicinal plant

Saccharum officinarum L., Sp. Pl. (1753) 54. (Gramineae).
Caña de azúcar
I. (st., sugar), Fo. (l.), M. (r., sugar)
Ref.: Fl. Cub. 1, Gómez de la Maza and Roig 1914, Roig 1974, Roig 1975, Menéndez et al. s. a.

Saccharum robustum Brandes et Jeswiet ex Grassl in J. Arn. Arbor. 27 (1946) 234. (Gramineae).
Caña de azúcar
I. (st., sugar)
Ref.: Roig 1975

Saccharum sinense Roxb., Pl. Corom. 3 (1815) t. 232. (Gramineae).
Caña de azúcar
I. (st., sugar)
Ref.: Roig 1975

Saccharum spontaneum L., Mant. Pl. 2 (1771) 183. (Gramineae).
Caña de azúcar
I. (st., sugar)
Ref.: ROIG 1975

Sagittaria sagittifolia L., Sp. Pl. (1753) 993 subsp. **leucopetala** (Miq.) Hartog ex van Steenis, Fl. Malesiana ser. 1, 5 (1955–58) 332. – *Sagittaria sinensis* Sims in Bot. Mag. 39 (1814) t. 1631. (Alismataceae).
Malanga china
St. (r.)
Ref.: ROIG 1975, HAMMER and ESQUIVEL 1989

Salix humboldtiana Roxb., Pl. Corom. 1 (1795) 66. (Salicaceae).
Clavellina
Living fences
Ref.: ROIG 1975

Salvia officinalis L., Sp. Pl. (1753) 23. (Labiatae).
Salvia de Castilla
M. (l., fl.)
Ref.: ROIG 1974, ROIG 1975

Sambucus mexicana K. B. Presl ex DC., Prodr. 4 (1830) 322. – *Sambucus simpsonii* Rend. in Sargent Pl. Wils. 2 (1911) 187. (Caprifoliaceae).
Sauco, sauco blanco
M. (fl.), Fr.
Fig. 46.
Ref.: Fl. Cub. 5, ROIG 1974, ROIG 1975, CAÑIZARES 1982

Sandoricum koetjape (Burm. f.) Merr. in Phil. J. Sc. Bot. 7 (1912) 237. – *Melia koetjape* Burm. f., Fl. Ind. (1768) 101. (Meliaceae).
Fr., in collections
Ref.: CAÑIZARES 1982

Sapindus fruticosum Roxb., Fl. Ind. ed. Carey 3 (1832) 283. (Sapindaceae).
Fr.
Ref.: ROIG 1975

Sapium sebiferum (L.) Roxb., Fl. Ind. ed. Carey 3 (1832) 693. – *Croton sebiferum* L., Sp. Pl. (1753) 1004; *Stillingfleetia sebifera* (L.) Bojer, Hort. maurit. (1837) 284. (Euphorbiaceae).
Árbol de sebo
I. (s.), Fo. (s.)
Ref.: ROIG 1975

Satureja hortensis L., Sp. Pl. (1753) 568. (Labiatae).
Ajedrea
Sp. (h.), M. (h.), V. (l.)
Ref.: ROIG 1975, GUENKOV 1983

Fig. 46 A rare fruit tree is *Sambucus mexicana* K. B. Presl ex DC. The flowers are used for medical treatments (province of Pinar del Río)

Schaefferia frutescens Jacq., Enum. Pl. Carib. (1760) 33. (Celastraceae).
Cambia voz
M. (r.), magic plant
Ref.: Roig 1974

Schinus molle L., Sp. Pl. (1753) 388. (Anacardiaceae).
Pimiento de América
Sp. (fr.)
Ref.: Roig 1975

Sclerocarya birrea (A. Rich.) Hochst. in Flora 27 (1844) Beilage 1. – *Spondias birrea* A. Rich. in Guill., Perr. et A. Rich., Fl. Seneg. tent. 1 (1831) 152; *Harpephyllum caffrum* Bernh. ex Krauss in Flora 27 (1844) 349; *Sclerocarya caffra* Sond. in Linnaea 23 (1850) 26; *Sclerocarya birrea* (A. Rich.) Hochst. in Flora 27 (1844) Beilage 1 subsp. *caffra* (Sond.) Kokwaro in Kew Bull. 34 (1980) 756. (Anacardiaceae).

Ciruela de los cafres
Fr., shade tree, living fences
Ref.: GÓMEZ DE LA MAZA and ROIG 1914, ROIG 1975, CAÑIZARES 1982

Sechium edule (Jacq.) Swartz, Fl. Ind. Occ. 2 (1800) 1150. – *Sicyos edulis* Jacq., Pl. Carib. (1760) 32. (Cucurbitaceae).
Chayote
V. (fr.), M. (fr., r.)
Fig. 47.
Ref.: Fl. Cub. 5, GÓMEZ DE LA MAZA and ROIG 1914, ROIG 1974, ROIG 1975, ESQUIVEL et al. 1987, 1988c, 1989a

Semecarpus anacardium L. f., Suppl. (1782) 25, 182. (Anacardiaceae).
Nuez de marcar
Fr.
Ref.: ROIG 1975

Sesamum indicum L., Sp. Pl. (1753) 634. (Pedaliaceae).
Ajonjolí
Oi. (s.), M. (s., l.)

Fig. 47 The seeds of *Sechium edule* (Jacq.) Swartz are recalcitrant. A young plant appears from the mature fruit. The fruits are used as a vegetable

Fig. 48 *Sesamum indicum* L. is an important oil and medicinal plant. After harvesting the seeds, the mature, dry plants are used as wind break (province of Pinar del Río)

Fig. 48.
Ref.: Fl. Cub. 4, ROIG 1974, ROIG 1975, CAÑIZARES 1982, ESQUIVEL et al. 1987, 1988c, 1989a

Sicana odorifera (Vell.) Naud. in Ann. Sci. Nat., ser. 4, 18 (1862) 181. – *Cucurbita odorifera* Vell., Fl. Flum. 10 (1835) t. 99. (Cucurbitaceae).
Calabaza de olor, calabaza melón
Fr.
Ref.: ROIG 1975

Simarouba glauca DC. in Ann. Mus. Paris 17 (1811) 424. (Simaroubaceae).
Oi. (s.)
Ref.: CAÑIZARES 1982

Sinapis alba L., Sp. Pl. (1753) 668. – *Brassica hirta* Moench, Suppl. Meth. (1802) 84. (Cruciferae).
Mostaza blanca
Sp. (s.), M. (s.)
Ref.: ROIG 1974, ROIG 1975

Solanum dulcamara L., Sp. Pl. (1753) 185. (Solanaceae).
Dulcamara
M. (h.), in collections
Ref.: ROIG 1975

Solanum mammosum L., Sp. Pl. (1753) 187. (Solanaceae).
Güirito de pasión, pechito
M. (l., s.)
Ref.: Roig 1974, Esquivel et al. 1988c

Solanum melongena L., Sp. Pl. (1753) 186. – *Solanum esculentum* Dunal, Hist. Sol. (1813) 208. (Solanaceae).
Berenjena
V. (fr.), M. (fr., l.)
Ref.: Fl. Cub. 4, Gómez de la Maza and Roig 1914, Roig 1974, Roig 1975, Guenkov 1983, Esquivel et al. 1989a

Solanum muricatum Ait., Hort. Kew. 1 (1789) 250. (Solanaceae).
Melón pera
Fr.
Ref.: Roig 1975

Solanum pseudocapsicum L., Sp. Pl. (1753) 184. (Solanaceae).
Ají ornamental
M. (fr.)
Its existence in Cuba is doubtful. According to the plants observed, it should be a form of *Capsicum frutescens* L.
Ref.: Roig 1975

Solanum quitoense Lam., Tabl. encycl. 2 (1794) 16. (Solanaceae).
Fr., M. (fr.)
Ref.: Fl. Cub. 4, Roig 1974

Solanum torvum Swartz, Prodr. (1788) 47. (Solanaceae).
M. (l., r., fr.), magic plant, grafting stock for *Solanum melongena* L.
Ref.: Gómez de la Maza and Roig 1914, Roig 1974

Solanum tuberosum L., Sp. Pl. (1753) 185. (Solanaceae).
Papa
St. (r.)
Ref.: Fl. Cub. 5, Gómez de la Maza and Roig 1914, Roig 1975

Sorghum almum Parodi in Rev. Argent. Agron. 10 (1943) 361. (Gramineae).
Sorgo negro
Fo.
Ref.: Menéndez et al. s. a.

Sorghum bicolor (L.) Moench, Methodus (1794) 207, s. l. – *Holcus bicolor* L., Mant. Pl. 2 (1771) 301; *Sorghum vulgare* Pers., Syn. pl. 1 (1805) 101. (Gramineae).
Millo
Fo. (s., l.), brooms
Ref.: Fl. Cub. 1, Menéndez et al. s. a., Roig 1975, Esquivel et al. 1988c, 1989a

Sorghum halepense (L.) Pers., Syn. pl. 1 (1805) 101. – *Holcus halepensis* L., Sp. Pl. (1753) 1047. (Gramineae).
Cañuela, Don Carlos, pasto Johnson
Fo.
Once cultivated, now a dangerous weed.
Ref.: MENÉNDEZ et al. s. a.

Sorghum sudanense (Piper) Stapf in Prain, Fl. Trop. Afr. 9 (1917) 113. – *Andropogon sorghum* Brot., Fl. lusit. 1 (1804) 88 subsp. *sudanensis* Piper in Proc. Biol. Soc. Wash. 28 (1915) 33. (Gramineae).
Sorgo dulce
Fo.
Ref.: ROIG 1975

Sorindeia juglandifolia (A. Rich.) Planch. et Oliv., Fl. Trop. Afr. 1 (1868) 440. – *Dupuisia juglandifolia* A. Rich. in Guill., Perr. et A. Rich., Fl. Seneg. tent. 1 (1831) 148. (Anacardiaceae).
Fr., in collections
Ref.: CAÑIZARES 1982

Spilanthes oleracea L., Syst. Nat. ed. 12 (1767) 534. (Compositae).
Cabrito
V. (l.), M. (h.)
Ref.: Fl. Cub. 5, ROIG 1974, ROIG 1975

Spinacia oleracea L., Sp. Pl. (1753) 1027. (Chenopodiaceae).
Espinaca
V. (l.)
Ref.: ROIG 1975, GUENKOV 1983

Spondias cyathera Sonn., Voy. Ind. Or. Chine 3 (1782) 242. – *Spondias dulcis* Soland. ex G. Forst., Pl. esc. (1786) 33. (Anacardiaceae).
Aceitero, ciruela dulce, citero, jobo de la India, manzana de Otahiti
Fr., living fences
Ref.: GÓMEZ DE LA MAZA and ROIG 1914, ROIG 1975, CAÑIZARES 1982

Spondias mombin L., Sp. Pl. (1753) 371. – *Spondias lutea* L., Sp. Pl. ed. 2 (1762) 613. (Anacardiaceae).
Jobo
M. (ba.), Fr., Fo. (fr.), living fences
Ref.: ROIG 1974, ROIG 1975

Spondias pinnata (Koenig et L. f.) Kurz, Prelim. Rep. For. and Veg. Pegu (1857) Appendix A 44 et B 42. – *Mangifera pinnata* Koenig et L. f., Suppl. (1782) 156. (Anacardiaceae).
Fr., in collections
Ref.: CAÑIZARES 1982

Spondias purpurea L., Sp. Pl. ed. 2 (1762) 613. (Anacardiaceae).
Ciruela, ciruela colorada
Fr., living fences
Fig. 49.
Ref.: Fl. Cub. 3, LA SAGRA 1845, GÓMEZ DE LA MAZA and ROIG 1914, ROIG 1975, CAÑIZARES 1982

Fig. 49 *Spondias purpurea* L. is a fruit crop. Sometimes it is planted for living fences

Spondias tuberosa Arruda in Koster, Trav. Braz. 2 (1816) 496. (Anacardiaceae).
Fr., in collections
Ref.: CAÑIZARES 1982

Stenotaphrum secundatum (Walter) Kuntze, Revis. 2 (1891) 794. – *Ischaemum secundatum* Walter, Fl. carolin. (1788) 249. (Gramineae).
Camalote, grama blanca, grama de costa
Fo.
Ref.: Fl. Cub. 1

Sterculia apetala (Jacq.) Karsten, Fl. Columb. 2 (1869) 35. – *Sterculia carthaginensis* Cav., Monad. Diss. 6 (1760) 353; *Helicteres apetala* Jacq., Select. Stirp. amer. hist. (1763) 238. (Sterculiaceae).
Anacagüita, camaruca
M. (fl., ba.), N., shade tree
Ref.: Fl. Cub. 3, GÓMEZ DE LA MAZA and ROIG 1914, ROIG 1975, CAÑIZARES 1982

Sterculia foetida L., Sp. Pl. (1753) 1008. (Sterculiaceae).
Árbol del clavo, clavo de especia
N., shade tree
Ref.: ALAIN 1946, CAÑIZARES 1982

Strophanthus hispidus DC. in Bull. Sci. Soc. philomat. Paris 3 (1802) 123. (Apocynaceae).
Estrofantos
M. (s.)
Ref.: Roig 1974, Roig 1975

Strophanthus sarmentosus DC. in Bull. Sci. Soc. philomat. Paris 3 (1802) 123. (Apocynaceae).
Estrofantos
M. (s.)
Ref.: Roig 1975

Strophostyles helvula (L.) S. Ell., Sketch bot. 2 (1823) 229. – *Phaseolus helvulus* L., Sp. Pl. (1753) 724. (Leguminosae).
Frijol diablito, frijol mambí
Pu., Fo., soil improvement
Ref.: Roig 1975

Strychnos spinosa Lam., Tabl. encycl. 2 (1794) 38. (Loganiaceae).
Fr., in collections
Ref.: Cañizares 1982

Stylosanthes guianensis (Aubl.) Swartz in Kongl. Svenska Vet.-Akad. Handl. Stockh. 11 (1789) 296. – *Trifolium guianense* Aubl., Hist. pl. Guiane (1775) 776; *Stylosanthes gracilis* H. B. K., Nov. gen. sp. 6, quart. ed. (1824) 507. (Leguminosae).
Lengua de rana
Fo.
Ref.: Menéndez et al. s. a.

Stylosanthes hamata (L.) Taub. in Verh. Bot. Ver. Brandenb. 32 (1890) 22. – *Hedysarum hamatum* L., Syst. Nat. ed. 10 (1759) 1170. (Leguminosae).
Fo.
Ref.: Menéndez et al. s. a.

Symphytum officinale L., Sp. Pl. (1753) 136. (Boraginaceae).
Consuelda
M. (r.)
Ref.: Roig 1974

Syzygium acuminatissimum DC., Prodr. 3 (1828) 261. (Myrtaceae).
Fr., in collections
Ref.: Cañizares 1982

Syzygium aquaeum (N. L. Burm.) Alston in Ann. Roy. Bot. Gard. Peradeniya 11 (1929) 204. – *Eugenia aquaea* Burm. f., Fl. Ind. (1768) 114. (Myrtaceae).
Pomarrosa blanca
Fr.
Ref.: Roig 1975, Cañizares 1982

Syzygium aromaticum (L.) Merr. et Perry in Mem. Amer. Acad. Arts Sci. 18 (1939) 196. – *Caryophyllus aromaticus* L., Sp. Pl. (1753) 515. (Myrtaceae).
Sp. (fl.)
Ref.: GÓMEZ DE LA MAZA and ROIG 1914, ROIG 1975

Syzygium cuminii (L.) Skeels in U.S. Dept. Agr., Bur. Pl. Industr., Bull. 248 (1912) 25. – *Myrtus cumini* L., Sp. Pl. (1753) 471; *Eugenia jambolana* Lam., Encycl. 3 (1789) 198. (Myrtaceae).
Jambolán
Fr., M. (ba., fr.)
Ref.: Fl. Cub. 3, ROIG 1974, ROIG 1975, CAÑIZARES 1982

Syzygium grande Wall., Catal. (1828) n. 3554. (Myrtaceae).
Fr., in collections
Ref.: CAÑIZARES 1982

Syzygium jambos (L.) Alston in Trimen, Handb. Fl. Ceylon 6, Suppl. (1931) 115. – *Eugenia jambos* L., Sp. Pl. (1753) 470. (Myrtaceae).
Mirto del Río, pomarrosa
Fr., M. (ba., r., s.)
Fig. 50.
Ref.: LA SAGRA 1845, GÓMEZ DE LA MAZA and ROIG 1914, ROIG 1974, ROIG 1975, CAÑIZARES 1982

Fig. 50 Flowering branch of *Syzygium jambos* (L.) Alston, a common fruit tree

Syzygium lineatum (Sw.) Merr. et Perry in J. Arn. Arb. 19 (1938) 109. – *Myrtus lineata* Swartz, Prodr. Veg. Ind. Occ. (1788) 78; *Eugenia lineata* (Sw.) DC., Prodr. 3 (1828) 273. (Myrtaceae).
Fr., in collections
Ref.: Cañizares 1982

Syzygium malaccense (L.) Merr. et Perry in J. Arn. Arbor. 19 (1938) 215. – *Eugenia malaccensis* L., Sp. Pl. (1753) 470. (Myrtaceae).
Fr.
Fig. 51.
Ref.: Gómez de la Maza and Roig 1914, Roig 1975, Cañizares 1982

Fig. 51 *Syzygium malaccense* (L.) Merr. et Perry, a fruit tree with pear shaped fruits

Syzygium punctatum Viell. ex Guillaumin in Bull. Mus. Hist. Nat. Paris 26 (1920) 435. (Myrtaceae).
Fr., in collections
Ref.: Cañizares 1982

Syzygium syzygioides (Miq.) Merr. et Perry in J. Arn. Arb. 19 (1938) 109. – *Jambosa syzygioides* Miq., Fl. Ind. Bat. 1, 1 (1855) 431. (Myrtaceae).
Fr., in collections
Ref.: Cañizares 1982

Talinum paniculatum (Jacq.) Gaertn., Fruct. sem. pl. 2 (1791) 219. – *Portulaca paniculata* Jacq., Enum. Pl. Carib. (1760) 22. (Portulacaceae).
Verdolaga francesa
V. (1.)
Ref.: Roig 1975

Tamarindus indica L., Sp. Pl. (1753) 34. (Leguminosae).
Tamarindo
M. (fr.), Fr.
Fig. 52.
Ref.: Fl. Cub. 2, Gómez de la Maza and Roig 1914, Roig 1974, Roig 1975, Cañizares 1982

Fig. 52 Under Cuban conditions *Tamarindus indica* L. grows very well. Some races have sweet fruits

Tanacetum vulgare L., Sp. Pl. (1753) 844. (Compositae).
Tanaceto
M. (h.)
Ref.: Roig 1975

Taraxacum officinale Weber in Wiggers, Prim. Fl. Hols. (1780) 56. – *Taraxacum dens-leonis* Desf., Fl. Atlant. 2 (1800) 228. (Compositae).
Diente de león
V. (l.), M. (r.)
Recently introduced.
Ref.: Roig 1974, Roig 1975

Tephrosia cathartica Urb., Symb. Antill. 4 (1905) 283. (Leguminosae).
Barbesco de Perú
M.
Ref.: Roig 1975

Teramnus labialis (L. f.) Spreng., Syst. veg. 3 (1826) 235. – *Glycine labialis* L. f., Suppl. (1781) 325. (Leguminosae).
Curvicán de jutía, tripa de jutía
Fo.
Ref.: Menéndez et al. s. a.

Terminalia bellirica (Gaertn.) Roxb., Pl. Corom. 2 (1798) 54. – *Myrobalanus bellirica* Gaertn., Fruct. sem. pl. 2 (1791) 90. (Combretaceae).
Fr., in collections
Ref.: Cañizares 1982

Terminalia catappa L., Mant. Pl. 1 (1767) 128. (Combretaceae).
Almendro de la India
N., M. (ba., fr.), shade tree
Ref.: Gómez de la Maza and Roig 1914, Roig 1974, Roig 1975, Cañizares 1982

Tetragonia tetragoniodes (Pall.) Kuntze, Revis. 1 (1891) 264. – *Demidovia tetragoniodes* Pall., Enum. pl. hort. Demidof (1781) 150; *Tetragonia expansa* Murr., Comment. Goett. (1783) t. 5. (Aizoaceae).
Espinaca de Nueva Zelandia
V. (l.)
Ref.: Roig 1975

Tetrastigma harmandi Planch in DC., Monogr. Phan. 5 (1887) 425. (Vitaceae).
Fr., in collections
Ref.: Cañizares 1982

Theobroma cacao L., Sp. Pl. (1753) 782. (Sterculiaceae).
Cacao
I. (s.), Oi. (s.)
Ref.: Fl. Cub. 3, Gómez de la Maza and Roig 1914, Roig 1975, Cañizares 1982

Thespesia populnea (L.) Soland. ex Correa in Ann. Mus. Paris 9 (1807) 290. – *Hibiscus populneus* L., Sp. Pl. (1753) 694. (Malvaceae).
Majagua de la Florida
Shade tree
Ref.: Gómez de la Maza and Roig 1914

Thymus vulgaris L., Sp. Pl. (1753) 591. (Labiatae).
Tomillo
Sp. (h.), M. (h.)
Ref.: Fl. Cub. 4, Roig 1974, Roig 1975

Tragopogon porrifolium L., Sp. Pl. (1753) 789. (Compositae).
Salsifí
V. (r.)
Ref.: Roig 1975

Trichilia glabra L., Syst. Nat. ed. 10 (1759) 1020. (Meliaceae).
Siguaraya
M. (s.), magic plant
Ref.: ROIG 1974, ROIG 1975

Trichosanthes cucumerina L., Sp. Pl. (1753) 1008 subsp. **anguina** (L.) Grebenšč. in Mansf. Verz. (1986) 928. – *Trichosanthes anguina* L., Sp. Pl. (1753) 1008. (Cucurbitaceae).
Calabaza de culebra
V. (fr.)
Ref.: ROIG 1975

Trifolium hybridum L., Sp. Pl. (1753) 766. (Leguminosae).
Trébol híbrido
Fo.
Ref.: MENÉNDEZ et al. s. a.

Trifolium pratense L., Sp. Pl. (1753) 768. (Leguminosae).
Trébol de los pratos, trébol rojo
Fo.
Ref.: MENÉNDEZ et al. s. a.

Trigonella foenum-graecum L., Sp. Pl. (1753) 777. (Leguminosae).
Alholva
M. (s.)
Ref.: ROIG 1974

Triphasia trifolia (Burm. f.) P. W. Wilson in Torreya 9 (1909) 33. – *Limonia trifolia* Burm. f., Fl. Ind. (1768) 103. (Rutaceae).
Limoncillo, limoncito
Fr., grafting stock
Ref.: LA SAGRA 1845, ROIG 1975

Tripsacum latifolium Hitchc. in Bot. Gaz. 41 (1906) 294. (Gramineae).
Yerba de Cayena, zacate prodigioso
Fo.
Ref.: MENÉNDEZ et al. s. a., ROIG 1975

Tripsacum laxum Nash in N. Amer. Fl. 17 (1909) 81. (Gramineae).
Zacate de Guatemala
Fo.
Ref.: MENÉNDEZ et al. s. a.

Triticum aestivum L., Sp. Pl. (1753) 85. – *Triticum vulgare* Vill., Hist. Pl. Dauph. 2 (1787) 153. (Gramineae).
Trigo
C., M. (fr.)
Ref.: GÓMEZ DE LA MAZA and ROIG 1914, ROIG 1974, ROIG 1975

Tropaeolum majus L., Sp. Pl. (1753) 345. (Tropaeolaceae).
Sp. (fl. buds)
Ref.: ROIG 1975

Trophis racemosa (L.) Urb., Symb. Antill. 4 (1905) 195. – *Bucephalon racemosum* L., Sp. Pl. (1753) 1190; *Trophis americana* L., Syst. Nat. ed. 10 (1759) 1289. (Moraceae).
Guaímaro, ramón de Méjico
Fo. (l., fr.), Fr.
Ref.: ROIG 1975

Urena lobata L., Sp. Pl. (1753) 692. – *Urena sinuata* L., Sp. Pl. (1753) 692. (Malvaceae).
Carapiche, malva blanca
Fi., cultivated on an experimental scale
Ref.: ROIG 1975

Uvaria rufa Blume, Fl. Jav. Anon. (1830) 19. (Annonaceae).
Fr., in collections
Ref.: CAÑIZARES 1982

Vangueria madagascariensis J. F. Gmel., Syst. Nat. ed. 13, 2 (1791) 367. (Rubiaceae).
Vangueria
Fr.
Ref.: ROIG 1975, CAÑIZARES 1982

Vanilla planifolia Andrews, Bot. repos. 8 (1808) t. 538. – *Epidendrum vanilla* L., Sp. Pl. (1753) 952. (Orchidaceae).
Vainilla
Sp. (fr.)
Ref.: Fl. Cub. 1, ROIG 1975

Verbascum thapsus L., Sp. Pl. (1753) 177. (Scrophulariaceae).
Bullón
M. (fl., l.)
Introduced by French immigrants from Haití.
Ref.: ROIG 1974

Vernonia menthaefolia (Poepp. ex Spreng.) Less. in Linnaea 4 (1829) 268. – *Eupatorium menthaefolium* Poepp. ex Spreng., Syst. 3 (1826) 412; *Vernonia ottonis* Sch. Bip. in Linnaea 20 (1847) 508; *Vernonia grisebachii* Sch. Bip. in J. Bot. 1 (1863) 231. (Compositae).
Albahaquilla hembra, rompezaragüey
M. (h.), magic plant
Ref.: Fl. Cub. 5, ROIG 1974, ROIG 1975

Vetiveria zizanioides (L.) Nash in Small, Fl. S.E.U.S. (1903) 67. – *Phalaris zizanioides* L., Mant. Pl. 2 (1771) 183; *Anatherum zizanioides* (L.) Hitchc. et Chase in Contrib. U.S. Nat. Herb. 18 (1917) 285. (Gramineae).
Vetiver
Fo., Sp. (r.), M. (r.)
Ref.: Fl. Cub. 1, ROIG 1974, ROIG 1975

Vicia faba L., Sp. Pl. (1753) 737. (Leguminosae).
Haba
Pu.
Ref.: GÓMEZ DE LA MAZA and ROIG 1914, ROIG 1975, GUENKOV 1983

Vicia sativa L., Sp. Pl. (1753) 736. (Leguminosae).
Alverja, arveja
Fo.
Ref.: GÓMEZ DE LA MAZA and ROIG 1914, ROIG 1975

Vigna angularis (Willd.) Ohhawi et Oshi in Jap. J. Bot.44 (1969) 29. – *Dolichos angularis* Willd., Sp. Pl. 3 (1802) 1051. (Leguminosae).
Pu.
Ref.: ESQUIVEL et al. 1988c, 1989a, HAMMER and ESQUIVEL 1989

Vigna antillana (Urb.) Fawc. et Rendle, Fl. Jamaica 4 (1920) 69. – *Phaseolus antillanus* Urb., Symb. Antill. 4 (1905) 309. (Leguminosae).
Caupí criollo, frijol maicero
Pu., soil improvement
Ref.: ROIG 1975

Vigna luteola (Jacq.) Bentham in Mart., Fl. Brasil. 15, 1 (1859) 194. – *Dolichos repens* L., Syst. Nat. ed. 10 (1759) 1163; *Dolichos luteolus* Jacq., Hort. Vindob. 1 (1770) 39; *Vigna repens* (L.) Kuntze, Revis. 1 (1891) 212, non Baker (1876). (Leguminosae).
Frijol cimarrón
Fo., soil improvement
Ref.: ROIG 1975

Vigna mungo (L.) Hepper in Kew Bull. (1956) 128. – *Phaseolus mungo* L., Mant. Pl. 1 (1767) 101, non Roxb. (1832) et auct. mult. (Leguminosae).
Pu.
Ref.: ESQUIVEL et al. 1988c

Vigna radiata (L.) Wilczek, Fl. Congo Belg. et Ruanda-Urundi 6 (1954) 386. – *Phaseolus radiatus* L., Sp. Pl. (1753) 725; *Phaseolus aureus* Roxb., Fl. Ind. ed. Carey 3 (1832) 297. (Leguminosae).
Frijol mungo
Pu.
Ref.: ROIG 1975, ESQUIVEL et al. 1987, HAMMER and ESQUIVEL 1989

Vigna umbellata (Thunb.) Ohwi et Ohashi in Jap. J. Bot. 44 (1969) 31. – *Dolichos umbellatus* Thunb. in Trans. Linn. Soc. 2 (1794) 339; *Phaseolus calcaratus* Roxb., Fl. Ind. ed. Carey 3 (1832) 289. (Leguminosae).
Frijol arroz
Pu.
Ref.: Roig 1975, Esquivel et al. 1988c, Hammer and Esquivel 1989

Vigna unguiculata (L.) Walp., Rep. 1 (1842) 779 subsp. **cylindrica** (L.) Verdc. in Kew Bull. 24 (1970) 544. – *Phaseolus cylindricus* L., Herb. Amboin. (1754) 23; *Vigna cylindrica* (L.) Skeels in U.S. Dept. Agr. Bur. Pl. Industr., Bull. 282 (1913) 32. (Leguminosae).
Frijol precioso, mantequilla, sabrosito
Pu.
Ref.: Roig 1975, Esquivel et al. 1987, Hammer and Esquivel 1989

Vigna unguiculata (L.) Walp., Rep. 1 (1842) 779 subsp. **sesquipedalis** (L.) Verdc. in Davis, Fl. Turkey 3 (1970) 266. – *Dolichos sesquipedalis* L., Sp. Pl. ed. 2 (1763) 1019; *Vigna sesquipedalis* (L.) Fruhw., Anbau Hülsenfr. (1898) 254. (Leguminosae).
Frijol grande, habichuela china
Pu.
Fig. 53.
Ref.: la Sagra 1845, Gómez de la Maza and Roig 1914, Roig 1975, Esquivel et al. 1989a, Hammer and Esquivel 1989

Vigna unguiculata (L.) Walp., Rep. 1 (1842) 779 subsp. **unguiculata**. – *Dolichos unguiculata* L., Sp. Pl. (1753) 720; *Dolichos sinensis* L., Herb. Amboin. (1754) 23; *Vigna sinensis* (L.) Hassk., Cat. Pl. Hort. Bogor. (1844) 279. (Leguminosae).
Caupí, chícharo de vaca, frijol engorda muchachos, frijol maicero
Pu., Fo.
Ref.: Menéndez et al. s. a., Esquivel et al. 1989a, Hammer and Esquivel 1989

Vitex cymosa Bert. ex Spreng., Syst. veg. 2 (1825) 757. (Verbenaceae).
Aceituno
Fr., in collections
Ref.: Cañizares 1982

Vitex doniana Sweet, Hort. Brit. ed. 1 (1827) 323. (Verbenaceae).
Ofón
Fr.
Ref.: Roig 1975

Vitex gigantea H. B. K., Nov. gen. sp. 2 (1818) 245. (Verbenaceae).
Fr., in collections
Ref.: Cañizares 1982

Vitis caribaea DC., Prodr. 1 (1824) 634. (Vitaceae).
Fr.
Ref.: Cañizares 1982

Fig. 53 The long pods of *Vigna unguiculata* (L.) Walp. subsp. *sesquipedalis* (L.) Verdc. are a favoured vegetable

Vitis rotundifolia Michx., Fl. bor.-amer. 2 (1803) 231. (Vitaceae).
Muscadine, uva
Fr.
Ref.: GÓMEZ DE LA MAZA and ROIG 1914, ROIG 1975

Vitis vinifera L., Sp. Pl. (1753) 202. (Vitaceae).
Parra, uva, vid, viña
Fr.
Ref.: GÓMEZ DE LA MAZA and ROIG 1914, ROIG 1975, CAÑIZARES 1982

Xanthosoma nigrum (Vell.) Mansf., Verzeichnis (1959) 549. – *Arum nigrum* Vell., Fl. Flum. 9 (1827) 107; *Xanthosoma violaceum* Schott in Österr. Bot. Wochenbl. 3 (1853) 370. (Araceae).
Malanga morada, yautía
St. (r.)
Ref.: Fl. Cub. 1, ROIG 1975

Xanthosoma sagittifolium (L.) Schott in Schott et Endl., Melet. bot. (1832) 19. – *Arum sagittaefolium* L., Sp. Pl. (1753) 966. (Araceae).
Malanga, malanga amarilla, malanga blanca
St. (r.)
Ref.: Fl. Cub. 1, GÓMEZ DE LA MAZA and ROIG 1914, ROIG 1975, ESQUIVEL et al. 1989a

Ximenia americana L., Sp. Pl. (1753) 1193. (Olacaceae).
Fr., N.
Ref.: CAÑIZARES 1982

Ximenia coriacea Engl. in Mart., Fl. Brasil. 12, 2 (1872) 10. (Olacaceae).
Fr.
Ref.: CAÑIZARES 1982

Xylopia aethiopica (Dunal) A. Rich. in Sagra, Hist. Cuba 1 (1845) 53. – *Anona aethiopica* Dunal, Monogr. Anonac. (1817) 97, 113. (Annonaceae).
Pimienta de Guinea
Sp. (fr.)
Ref.: GÓMEZ DE LA MAZA and ROIG 1914

Yucca gloriosa L., Sp. Pl. (1753) 319. – *Yucca aloifolia* L., Sp. Pl. (1753) 319. (Agavaceae).
Bayoneta, cucaracha, espino
Fi. (l.), living fences
Ref.: ROIG 1975

Zamia angustifolia Jacq., Coll. 3 (1791) 263. (Zamiaceae).
Guáyara
St. (r.)
Once cultivated as a starch plant, now perhaps only ornamental.
Ref.: GÓMEZ DE LA MAZA and ROIG 1914

Zamia pumila L., Sp. Pl. ed. 2 (1763) 1659. (Zamiaceae).
Yabuna, yuquilla de sabana
St. (r.)
Once cultivated as a starch plant, now perhaps only ornamental.
Ref.: GÓMEZ DE LA MAZA and ROIG 1914

Zanthoxylum pistacifolium Griseb., Cat. Pl. Cub. (1866) 49. – *Fagara pistacifolia* Krug et Urb. in Engler Bot. Jahrb. 21 (897) 573. (Rutaceae).
Bálsamo, palo vencedor
M. (h.), magic plant
Ref.: Fl. Cub. 2, ROIG 1974, ROIG 1975

Zea mays L., Sp. Pl. (1753) 971. (Gramineae).
Maíz
C., Fo. (s., l.), V. (fr.), M. (stigma)
Ref.: Fl. Cub. 1, GÓMEZ DE LA MAZA and ROIG 1914, HATHEWAY 1957, MENÉNDEZ et al. s. a., ROIG 1974, ROIG 1975, ESQUIVEL et al. 1987, 1988c, 1989a

Zebrina pendula Schnizl. in Bot. Z. 7 (1849) 870. (Commelinaceae).
Cucaracha
M. (l.), soil erosion control
Ref.: ROIG 1974, ROIG 1975

Zingiber cassumunar Roxb. in Asiat. Res. 11 (1810) 347, Fl. ind. ed. Carey et Wall. 1 (1820) 48. (Zingiberaceae).
Gengibre amargo
M. (r.)
Ref.: Fl. Cub. 1

Zingiber officinale Rosc. in Trans. Linn. Soc. 8 (1807) 348. (Zingiberaceae).
Jengibre
M. (r.), Sp. (r.)
Ref.: Fl. Cub. 1, GÓMEZ DE LA MAZA and ROIG 1914, ROIG 1974, ROIG 1975

Zinnia elegans Jacq., Coll. 3 (1791) 152. – *Crassina elegans* Kuntze, Revis. (1891) 331. (Compositae).
Cajigal
M. (fl., fr., s.)
Ref.: Fl. Cub. 5, ROIG 1975

Ziziphus mauritanica Lam., Encycl. 3 (1789) 319. (Rhamnaceae).
Fr.
Ref.: CAÑIZARES 1982

Ziziphus spina-christi (L.) Willd., Sp. Pl. 1 (1797) 1105. – *Rhamnus spina-christi* L., Sp. Pl. (1753) 195. (Rhamnaceae).
Yuyuba
Fr.
Ref.: LA SAGRA 1845

Zusammenfassung

Eine Liste der kubanischen Kulturpflanzen

Listen kultivierter Pflanzenarten eines geografischen Gebietes, sog. Checklists, haben sich als nützliches Werkzeug für die weitere Erkundung und Sammlung pflanzlicher genetischer Ressourcen und für die Erarbeitung lokaler Kulturpflanzenfloren erwiesen. Sie enthalten wertvolle Informationen für Ethnobotaniker, Pflanzenzüchter und andere Wissenschaftler, die sich mit Kulturpflanzen befassen. Es wird eine Liste der kultivierten Pflanzenarten Kubas vorgelegt, die auf der Grundlage kubanischer Literaturquellen und eigener Feldforschungen zusammengestellt wurde. Sie enthält 755 Taxa, die 740 verschiedenen Arten, 414 Gattungen und 103 Familien angehören. Diese Ergebnisse stehen in auffälligem Gegensatz zu den Ansichten früherer ausländischer Forscher über die angebliche Armut Kubas an pflanzlichen genetischen Ressourcen. Die alphabetisch angeordneten Artikel über die einzelnen Taxa enthalten nomenklatorische Angaben (akzeptierter Name, Synonymie und zugehörige Literaturzitate), die Pflanzenfamilie, kubanische Volksnamen, Angaben über die Nutzung der Pflanzen, weitere Bemerkungen und Verweise auf kubanische Literaturquellen, einschließlich Berichte über eigene Sammelreisen. Drei Register gestatten das Aufsuchen relevanter Informationen in der Liste nach Pflanzenfamilien und Gattungen, nach Synonymen bzw. nach Volksnamen. Die in der Liste enthaltene Information wird mit Hilfe der Datenbank der Kulturpflanzen Kubas (DBCPC) verwaltet. Dies ist ein mikrocomputer-gestütztes System für die Erzeugung der Liste und der Register auf der Grundlage ein und desselben Datenbestandes; darüberhinaus gestattet es eine Informationsrecherche und unterstützt die Vereinheitlichung der Daten.

Краткое содержание

Список кубинских культурных растений

Списки видов культурных растений определенных географических областей оправдали себя как полезный инструмент для дальнейшего исследования, сбора растительных генетических ресурсов и для составления перечня местной флоры культурных растений. Они содержат ценную информацию для этноботаников, селекционеров и других учёных, занимающихся культурными растениями.

Представленный список культурных растений Кубы был составлен на основе кубинских литературных источников и собственных полевых исследований авторов. Он содержит 755 таксонов, которые относятся к 740 различным видам, 414 родам и 103 семействам. Эти результаты резко противоречат более ранним представлениям иностранных исследователей о предполагаемой бедноте Кубы растительными генетическими ресурсами. В алфавитном порядке составленный список об отдельных видах содержит номенклатурные данные (принятое название, синонимы и соответствующие литературные ссылки), указание семейства, кубинские народные названия, данные об использовании растений, дальнейшие замечания и ссылки на кубинские литературные источники, включая отчёты о некоторых совместных экспедициях. Три указателя позволяют нахождение информации в списке по растительным семействам и родам, по синонимам и по народным названиям. Содержащаяся в списке информация заложена в базу данных культурных растений Кубы (DBCPC). Эта база является системой на основе микро-ЭВМ и предназначена для генерирования основного списка и названных выше указателей при помощи одного и того же массива данных. Кроме того она позволяет вести информационный поиск и способствует унификации данных.

Literature

ALAIN, HNO., 1946: Notas taxonómicas y ecológicas sobre la flora de la Isla de Pinos. – Contr. Ocas. Mus. Hist. Nat. Col. De la Salle No. 7. – La Habana, 115 pp.
–, 1964: Flora de Cuba. Vol. **5**. – Assoc. Est. Cienc. Biol., La Habana. – 362 pp. (abbr. Fl. Cub. 5).
–, 1974: Flora de Cuba. Suplemento. – Instituto Cubano del Libro, La Habana. (abbr. Fl. Cub. Supl.).
BAIK, M.-C., H.-D. HOANG and K. HAMMER, 1986: A check-list of the Korean cultivated plants. – Kulturpflanze **34**, 69–144.
BORHIDI, A., 1985: Phytogeographic survey of Cuba. I. The phytogeographic characteristics and evolution of the flora of Cuba. – Acta Bot. Hung. **31**, 3–43.
BUKASOV, S. M., 1930: The cultivated plants of Mexico, Guatemala and Colombia. (Russ., Engl. summary). – Bull. appl. Bot. Leningrad, Suppl. **47**, 464 pp.
CAÑIZARES, J., 1982: Catálogo universal de frutales tropicales y subtropicales. – Ed. Científico Técnica, La Habana. – 267 pp.
CUNLIFFE, R. S., 1916: Yuca. Su cultivo, variedades, contenido de almidón y fabricación. – Boletín No. **34**, Estación Experimental Agronómica, Santiago de las Vegas. – 66 pp.
ESQUIVEL, M., L. CASTIÑEIRAS, B. RODRÍGUEZ and K. HAMMER, 1987: Collecting plant genetic resources in Cuba. – Kulturpflanze **35**, 367–378.
–, –, – y –, 1988a: La expedición de colecta INIFAT-ZIGuK '86 a la provincia de Holguín, Cuba. – FAO/IBPGR Pl. Genet. Resources Newsl., in print.
– y K. HAMMER, 1987: Los recursos fitogenéticos de Cuba, su origen y distribución. – Abstr. VIII Latin Amer. Congr. Genetics, II Cuban Congr. of Genetics, Sect. Plant Genetics, 36.
– and –, 1988: The "conuco" – an important refuge for plant genetic resources. – Kulturpflanze **36**, 451–463.
–, K. KRIEGHOFF, H. URANGA, L. WALÓN and K. HAMMER, 1989a: Collecting plant genetic resources in Cuba. Report of the third mission, March 1988. – Kulturpflanze **37**, in print.
–, –, –, – y –, 1989b: La expedición INIFAT-ZIGuK '88 a la provincia de Pinar del Río y la Isla de la Juventud, Cuba. – FAO/IBPGR Pl. Genet. Resources Newsl., in print.
–, J. PÉREZ y L. CASTIÑEIRAS, 1986: Colecta de germoplasma en el Occidente de Cuba. – FAO/IBPGR Pl. Genet. Resources Newsl. 66, 14–15.
–, – y –, 1988b: Expediciones de colecta de recursos fitogenéticos en la zona Central de Cuba. – FAO/IBPGR Pl. Genet. Resources Newsl., in print.
–, T. SHAGARODSKY, J. ESPINOSA y N. RODRÍGUEZ, 1989c: La expedición INIFAT '87 para la colecta de germoplasma vegetal a la provincia de Guantánamo, Cuba. – FAO/IBPGR Pl. Genet. Resources Newsl. (in preparation).
–, –, K. KRIEGHOFF, B. RODRÍGUEZ and K. HAMMER, 1988c: Collecting plant genetic resources in Cuba. Report of the second mission, 1986. – Kulturpflanze, **36**, 437–449.
–, –, –, – y –, 1989d: Nueva expedición INIFAT-ZIGuK a las provincias Orientales de Cuba. – FAO/IBPGR Pl. Genet. Resources Newsl., in print.
–, –, L. WALÓN y M. CARABALLO, 1988d: Nuevas expediciones de recolección de germoplasma en las provincias Centrales de Cuba. – FAO/IBPGR Pl. Genet. Resources Newsl., in print.
FAR-IES, 1987: Plantas silvestres comestibles. Catálogo. – Fuerzas Armadas Revolucionarias e Instituto de Ecologia y Sistematica de la Academia de Ciencias de Cuba. Imprenta Central de las FAR, La Habana. – 185 pp. (abbr. Catálogo).
GOMEZ DE LA MAZA, M. y J. T. ROIG, 1914: Flora de Cuba. Datos para su estudio. – La Habana, 182 pp.
GREBENŠČIKOV, I., 1986: Cucurbitaceae. – In: SCHULTZE-MOTEL, J. (Hrsg.), Rudolf Mansfelds Verzeichnis landwirtschaftlicher und gärtnerischer Kulturpflanzen (ohne Zierpflanzen), vol. **2**, 914–951.
GUENKOV, G., 1983: Horticultura Cubana. – Ed. Pueblo y Educación, La Habana. – 308 pp.

HAMMER, K., 1988: Kubanische Impressionen (1). Heckenpflanzen. – Kakteen/Sukkulenten (Dresden) **23**, 26–31.
– and M. ESQUIVEL, 1989: Notes on east Asian influences in Cuban agriculture. – FAO/IBPGR Pl. Genet. Resources Newsl., in print.
–, HAN UN-XOAN and HOANG HO-DZUN, 1987: Additional notes to the check-list of Korean cultivated plants (1). – Kulturpflanze **35**, 323–333.
–, CHR. O. LEHMANN and P. PERRINO, 1988: A check-list of the Libyan cultivated plants including an inventory of the germplasm collected in the years 1981, 1982 and 1983. – Kulturpflanze **36**, 475–527.
– and P. PERRINO, 1985: A check-list of the cultivated plants of the Ghāt oases. – Kulturpflanze **33**, 269–286.
HASSELBRING, H., 1915: Tipos de tabaco cubano. – Estac. Exp. Agron. Santiago de las Vegas. Bol. No. **23**. – 20 pp.
HATHEWAY, W. H., 1957: Races of maize in Cuba. – Natl. Acad. Sci. Washington, Publ. **453**, 75 pp.
HOANG HO-DZUN and K. HAMMER, 1988: Additional notes to the check-list of Korean cultivated plants (2). – Kulturpflanze **36**, 291–313.
KNÜPFFER, H., M. ESQUIVEL and K. HAMMER, 1989: DBCPC: a database for the cultivated plants of Cuba. – Rev. Jard. Bot. Nac., La Habana, Cuba, in print.
LA SAGRA, R. de, 1842: Historia física, política y natural de la Isla de Cuba. I. Introducción, geografía, clima, población y agricultura. – París, 302 pp.
–, 1845: Historia física, política y natural de la Isla de Cuba. X. Botánica. – París, 319 pp.
–, 1850: Historia física, política y natural de la Isla de Cuba. XI. Botánica. – París, 339 pp.
LEÓN, HNO., 1946: Flora de Cuba. Vol. **1**. – Contr. Ocas. Mus. Hist. Nat. Col. De la Salle No. 8. – La Habana, 441 pp. (abbr. Fl. Cub. 1).
– y HNO. ALAIN, 1951: Flora de Cuba. Vol. **2**. – Contr. Ocas. Mus. Hist. Nat. Col. De la Salle No. 10. – La Habana, 456 pp. (abbr. Fl. Cub. 2).
– y –, 1953: Flora de Cuba. Vol. **3**. – Contr. Ocas. Mus. Hist. Nat. Col. De la Salle No. 13. – La Habana, 502 pp. (abbr. Fl. Cub. 3).
– y –, 1957: Flora de Cuba. Vol. **4**. – Contr. Ocas. Mus. Hist. Nat. Col. De la Salle No. 16. – La Habana, 556 pp. (abbr. Fl. Cub. 4).
MENÉNDEZ, J., A. MESA, F. BLANCO y M. TANG, s. a.: Introducción a los pastos. – Dpto. textos y materiales didácticos, Min. Educ. Super. – 377 pp.
PÉREZ, J., L. CASTIÑEIRAS, V. MORENO, L. WALÓN y M. BARRIOS, 1985: Prospeciones en zonas Occidentales de Cuba. – Misc. Agríc. No. **3**, 3–4.
–, M. ESQUIVEL y L. CASTIÑEIRAS, 1988: Prospeciones de material genetico en los provincias de La Habana, Ciudad de la Habana y el Municipio Isla de la Juventud. – FAO/IBPGR Pl. Genet. Resources Newsl., in print.
PISTRICK, K., 1987: Untersuchungen zur Systematik der Gattung *Raphanus* L. – Kulturpflanze **35**, 225–321.
ROIG, J. T., 1974: Plantas medicinales, aromáticas o venenosas de Cuba. – Ed. Ciencia y Técnica, La Habana. – 949 pp.
–, 1975: Diccionario Botánico de Nombres Vulgares Cubanos. 2 Vols. – Ed. Pueblo y Educación, La Habana. – 1142 pp.
– y G. M. FORTÚN, 1916: Las variedades cubanas de boniato. – Estación Experimental Agronómica de Santiago de las Vegas. Bol. No. 33. – 76 pp.
SCHULTZE-MOTEL, J. (Hrsg.), 1986: Rudolf Mansfelds Verzeichnis landwirtschaftlicher und gärtnerischer Kulturpflanzen (ohne Zierpflanzen). 4 Vols. – Akademie-Verlag, Berlin.
VAVILOV, N. I., 1962: Pjat' kontinentov. – Moskva, 255 pp.

Dr. K. HAMMER; Dr. H. KNÜPFFER
Zentralinstitut für Genetik und Kulturpflanzenforschung
der Akademie der Wissenschaften der DDR
Corrensstraße 3
Gatersleben
DDR - 4325

Appendix 1

Index of Families and Genera

The plant families appearing in the checklist are given in alphabetical order, followed by the number of species per family in brackets. For each family, the genera are also given in alphabetical order, followed by the number of species per genus. A genus name without number indicates that there is only one species of this genus in the checklist. Infraspecific taxa are not considered in the counts, e.g., *Brassica oleracea* is counted as one species, although the checklist contains 8 infraspecific taxa for this species.

Acanthaceae (1) – *Justicia*
Agavaceae (13) – *Agave* (10), *Furcraea* (2), *Yucca*
Aizoaceae (11) – *Tetragonia*
Alismataceae (1) – *Sagittaria*
Amaranthaceae (1) – *Amaranthus*
Amaryllidaceae (1) – *Hippeastrum*
Anacardiaceae (12) – *Anacardium, Bouea, Mangifera, Schinus, Sclerocarya, Semecarpus, Sorindeia, Spondias* (5)
Annonaceae (14) – *Annona* (9), *Monodora, Rollinia* (2), *Uvaria, Xylopia*
Apocynaceae (9) – *Carissa* (5), *Cascabela, Catharanthus, Strophanthus* (2)
Araceae (4) – *Colocasia, Monstera, Xanthosoma* (2)
Asclepiadaceae (2) – *Calotropis, Cryptostegia*
Basellaceae (2) – *Basella, Boussingaultia*
Bignoniaceae (2) – *Crescentia, Parmentiera*
Bixaceae (1) – *Bixa*
Bombacaceae (2) – *Adansonia, Durio*
Boraginaceae (9) – *Anchusa* (2), *Borago, Cordia* (5), *Symphytum*
Bromeliaceae (3) – *Ananas, Bromelia* (2)
Burseraceae (6) – *Bursera* (5), *Protium*
Cactaceae (10) – *Cereus, Hylocereus, Nopalea* (2), *Opuntia* (3), *Pereskia* (2), *Ritterocereus*
Canellaceae (1) – *Canella*
Cannaceae (1) – *Canna*
Caprifoliaceae (1) – *Sambucus*
Caricaceae (2) – *Carica, Jacaratia*
Casuarinaceae (4) – *Casuarina* (4)
Celastraceae (1) – *Schaefferia*
Chenopodiaceae (5) – *Beta, Chenopodium* (3), *Spinacia*
Chrysobalanaceae (2) – *Chrysobalanus, Parinari*
Cochlospermaceae (1) – *Cochlospermum*
Combretaceae (3) – *Quisqualis, Terminalia* (2)
Commelinaceae (2) – *Rhoeo, Zebrina*
Compositae (34) – *Achillea, Ambrosia, Arctium, Artemisia* (4), *Bidens, Calendula, Carthamus, Cichorium* (2), *Cnicus, Cynara* (2), *Dahlia* (2), *Echinacea, Erechtites, Eupatorium* (3), *Helianthus* (2), *Inula, Lactuca* (2), *Matricaria, Spilanthes, Tanacetum, Taraxacum, Tragopogon, Vernonia, Zinnia*
Convolvulaceae (5) – *Argyreia, Dichondra, Ipomoea* (2), *Quamoclit*
Cruciferae (9) – *Brassica* (5), *Eruca, Nasturtium, Raphanus, Sinapis*
Cucurbitaceae (21) – *Benincasa, Citrullus* (2), *Coccinia, Cucumis* (2), *Cucurbita* (4), *Ecballium, Fevillea, Lagenaria, Luffa* (2), *Momordica* (3), *Sechium, Sicana, Trichosanthes*
Dilleniaceae (2) – *Dillenia* (2)
Dioscoreaceae (6) – *Dioscorea* (5), *Rajania*
Ebenaceae (5) – *Diospyros* (5)
Elaeagnaceae (1) – *Elaeagnus*
Erythroxylaceae (1) – *Erythroxylum*
Euphorbiaceae (29) – *Aleurites* (3), *Antidesma* (3), *Codiaeum, Euphorbia* (4), *Gymnanthes,*

Hevea, Hura, Jatropha (4), *Manihot* (4), *Pedilanthus* (3), *Phyllanthus* (2), *Ricinus, Sapium*
Fagaceae (2) – *Castanea* (2)
Flacourtiaceae (7) – *Dovyalis* (3), *Flacourtia* (4)
Gramineae (62) – *Andropogon, Avena, Bambusa, Bothriochloa* (2), *Brachiaria* (4), *Cenchrus, Chloris, Coix, Cymbopogon* (2), *Cynodon* (3), *Dactyloctenium, Dichanthium* (3), *Digitaria* (3), *Echinochloa* (2), *Eleusine* (2), *Eriochloa, Hordeum, Hyparrhenia, Ixophorus, Melinis, Opizia, Oryza, Panicum* (4), *Paspalum* (4), *Pennisetum* (2), *Phalaris* (2), *Saccharum* (5), *Sorghum* (4), *Stenotaphrum, Tripsacum* (2), *Triticum, Vetiveria, Zea*
Guttiferae (9) – *Calophyllum, Garcinia* (5), *Mammea, Ochrocarpos, Rheedia*
Iridaceae (1) – *Neomarica*
Juglandaceae (1) – *Carya*
Labiatae (24) – *Calamintha, Marrubium, Melissa, Mentha* (5), *Nepeta, Ocimum* (6), *Origanum* (2), *Orthosiphon, Plectranthus, Pogostemon, Rosmarinus, Salvia, Satureja, Thymus*
Lauraceae (4) – *Cinnamomum* (3), *Persea*
Lecythidaceae (6) – *Bertholletia, Lecythis* (5)
Leguminosae (91) – *Acacia, Aeschynomene, Albizia, Arachis* (2), *Caesalpinia* (2), *Cajanus, Calliandra, Calopogonium, Canavalia* (2), *Cassia* (4), *Castanospermum, Cercis, Cicer, Clitoria, Copaifera, Dalbergia, Delonix, Desmodium, Dipteryx, Enterolobium, Erythrina* (11), *Gleditsia, Gliricidia, Glycine, Haematoxylum, Hymenaea, Indigofera* (4), *Inga* (3), *Lablab, Lens, Leucaena, Macroptilium, Medicago, Mucuna, Myrospermum, Myroxylon* (2), *Neonotonia, Pachyrhizus* (2), *Parkia, Peltophorum, Phaseolus* (3), *Pisum, Pithecellobium* (2), *Psophocarpus, Pterocarpus, Pueraria* (2), *Strophostyles, Stylosanthes* (2), *Tamarindus, Tephrosia, Teramnus, Trifolium* (2), *Trigonella, Vicia* (2), *Vigna* (7)
Liliaceae (11) – *Allium* (7), *Aloe* (2), *Asparagus, Haworthia*
Loganiaceae (1) – *Strychnos*
Lythraceae (2) – *Lagerstroemia, Lawsonia*
Malpighiaceae (5) – *Bunchosia, Byrsonima, Galphimia, Malpighia* (2)
Malvaceae (12) – *Abelmoschus* (2), *Abutilon, Althaea, Gossypium* (4), *Hibiscus* (2), *Thespesia, Urena*
Marantaceae (2) – *Calathaea, Maranta*
Meliaceae (5) – *Aglaia, Cedrela, Melia, Sandoricum, Trichilia*
Moraceae (20) – *Artocarpus* (4), *Brosimum, Castilla, Chlorophora, Ficus* (9), *Morus* (3), *Trophis*
Moringaceae (1) – *Moringa*
Musaceae (4) – *Musa* (4)
Myristicaceae (2) – *Myristica* (2)
Myrsinaceae (1) – *Ardisia*
Myrtaceae (41) – *Acca, Britoa, Eucalyptus* (6), *Eugenia* (8), *Melaleuca, Myrcianthes, Myrciaria* (3), *Myrtus, Pimenta* (2), *Psidium* (7), *Syzygium* (10)
Nelumbonaceae (1) – *Nelumbo*
Nyctaginaceae (2) – *Boldoa, Bougainvillea*
Nymphaeaceae (1) – *Brasenia*
Olacaceae (2) – *Ximenia* (2)
Oleaceae (3) – *Jasminum* (2), *Olea*
Orchidaceae (1) – *Vanilla*
Oxalidaceae (2) – *Averrhoa* (2)
Palmae (12) – *Acrocomia* (4), *Borassus, Calamus, Cocos, Elaeis, Nypa, Phoenix* (2), *Roystonea*
Pandanaceae (2) – *Pandanus* (2)
Papaveraceae (1) – *Papaver*
Passifloraceae (7) – *Passiflora* (7)
Pedaliaceae (1) – *Sesamum*
Phytolaccaceae (2) – *Phytolacca, Rivina*
Pinaceae (1) – *Pinus*
Piperaceae (7) – *Piper* (6), *Pothomorphe*
Plantaginaceae (1) – *Plantago*

Polygonaceae (4) – *Coccoloba* (4)
Portulacaceae (1) – *Talinum*
Proteaceae (2) – *Grevillea, Macadamia*
Punicaceae (1) – *Punica*
Rhamnaceae (4) – *Hovenia, Rhamnus, Ziziphus* (2)
Rosaceae (9) – *Agrimonia, Eriobotrya, Fragaria, Malus, Prunus* (2), *Pyrus, Rubus* (2)
Rubiaceae (9) – *Alibertia, Coffea* (3), *Genipa, Hamelia, Morinda, Randia, Vangueria*
Rutaceae (30) – *Aegle, Casimiroa* (2), *Citrus* (17), *Clausena, Fortunella* (3), *Glycosmis, Murraya, Ruta* (2), *Triphasia, Zanthoxylum*
Salicaceae (1) – *Salix*
Sapindaceae (7) – *Blighia, Dimocarpus, Harpullia, Litchi, Melicoccus, Nephelium, Sapindus*
Sapotaceae (9) – *Chrysophyllum* (3), *Manilkara, Mimusops, Pouteria* (4)
Scrophulariaceae (5) – *Angelonia, Digitalis* (3), *Verbascum*
Simaroubaceae (2) – *Quassia, Simarouba*
Solanaceae (21) – *Atropa, Capsicum* (2), *Cestrum, Cyphomandra, Datura* (3), *Hyoscyamus* (2), *Lycium, Lycopersicon, Nicotiana, Solanum* (8)
Sterculiaceae (5) – *Cola* (2), *Sterculia* (2), *Theobroma*
Tiliaceae (3) – *Corchorus* (2), *Muntingia*
Tropaeolaceae (1) – *Tropaeolum*
Umbelliferae (13) – *Ammi, Anethum, Anthriscus, Apium, Arracacia, Carum, Coriandrum, Daucus, Eryngium, Foeniculum, Pastinaca, Petroselinum, Pimpinella*
Urticaceae (1) – *Boehmeria*
Verbenaceae (8) – *Citharexylum, Lippia* (4), *Vitex* (3)
Vitaceae (4) – *Tetrastigma, Vitis* (3)
Zamiaceae (2) – *Zamia* (2)
Zingiberaceae (7) – *Alpinia, Costus, Curcuma* (2), *Elettaria, Zingiber* (2)
Zygophyllaceae (1) – *Balanites*

Appendix 2

Index of Synonyms

The synonyms (including the basionyms) of the scientific names appearing in the checklist are given in alphabetical order, with reference to the accepted names. In this register we do not distinguish between homotypical and heterotypical synonyms. Some plant names mentioned in nomenclatural notes and other remarks in the checklist are also included. In such cases the reference is preceded by "see under . . ."

Aberia caffra J. D. Hook. et Harv.
– *Dovyalis caffra*
Aberia gardneri Clos
– *Dovyalis hebecarpa*
Abutilon avicennae Gaertn.
– *Abutilon theophrasti*
Acacia arabica (Lam.) Willd.
– *Acacia nilotica*
Achras mammosa L.
– *Pouteria sapota*
Achras zapota L.
– *Manilkara zapota*
Achras zapota L. var. *zapotilla* Jacq.
– *Manilkara zapota*
Acrocomia armentalis (Morales) Bailey
– *Acrocomia crispa*
Agave foetida L.
– *Furcraea foetida*
Agave hexapetala Jacq.
– *Furcraea hexapetala*
Aleurites triloba J. R. Forster
– *Aleurites moluccana*
Allium ascalonicum L.
– *Allium cepa* var. *aggregatum*
Allium cepa L. var. *ascalonicum* (L.) Backer
– *Allium cepa* var. *aggregatum*
Aloe barbadensis Mill.
– *Aloe vera*
Aloe margaritifera L.
– *Haworthia margaritifera*
Aloe perfoliata L. var. *vera* L.
– *Aloe vera*
Aloysia triphylla (L'Her.) Britt.
– *Lippia triphylla*
Aloysia virgata Juss.
– *Lippia virgata*

Amaranthus oleraceus L.
– *Amaranthus lividus* convar. *oleraceus*
Amaryllis equestris Ait.
– *Hippeastrum puniceum*
Amaryllis punicea Lam.
– *Hippeastrum puniceum*
Amomis caryophyllata (Jacq.) Krug et Urb.
– *Pimenta racemosa*
Amomum cardamomum L.
– *Elettaria cardamomum*
Amphilopsis pertusa (L.) Nash ex Stapf
– *Bothriochloa pertusa*
Amygdalus persica L.
– *Prunus persica*
Anacardium excelsum (H. B. K.) Skeels
– *Anacardium occidentale*
Anatherum zizanioides (L.) Hitchc. et Chase
– *Vetiveria zizanioides*
Andropogon annulatus Forssk.
– *Dichanthium annulatum*
Andropogon aristatus Poir.
– *Dichanthium aristatum*
Andropogon caricosus L.
– *Dichanthium caricosum*
Andropogon citratus DC.
– *Cymbopogon citratus*
Andropogon ischaemum L.
– *Bothriochloa ischaemum*
Andropogon nardus L.
– *Cymbopogon nardus*
Andropogon pertusus (L.) Willd.
– *Bothriochloa pertusa*
Andropogon sorghum Brot. subsp. *sudanensis* Piper
– *Sorghum sudanense*
Annona mucosa Jacq.
– *Rollinia mucosa*
Annona palustris L.
– *Annona glabra*
Anona aethiopica Dunal
– *Xylopia aethiopica*
Anona cinerea Dunal
– *Annona squamosa*
Anona myristica Gaertn.
– *Monodora myristica*
Apium petroselinum L.
– *Petroselinum crispum*
Arduina edulis Spreng.
– *Carissa edulis*
Arduina macrocarpa Eckl.
– *Carissa macrocarpa*
Artocarpus altilis Fosberg
– *Artocarpus communis*
Artocarpus champeden Spreng.
– *Artocarpus integer*
Artocarpus incisa L. f.
– *Artocarpus communis*

Artocarpus integrifolia L. f.
– *Artocarpus integer*
Arum esculentum L.
– *Colocasia esculenta*
Arum nigrum Vell.
– *Xanthosoma nigrum*
Arum sagittaefolium L.
– *Xanthosoma sagittifolium*
Asclepias procera Ait.
– *Calotropis procera*
Aurantium maximum Burm.
– *Citrus maxima*
Averrhoa acida L.
– *Phyllanthus acidus*
Banksea speciosa Koenig
– *Costus speciosus*
Basella rubra L.
– *Basella alba*
Batatas crassicaulis Benth.
– *Ipomoea carnea* subsp. *fistulosa*
Batatas edulis (Thunb.) Choisy
– *Ipomoea batatas*
Belou marmelos (L.) W. F. Wight
– *Aegle marmelos*
Boldoa ovatifolia Lag.
– *Boldoa purpurascens*
Bombax vitifolium Willd.
– *Cochlospermum vitifolium*
Boussingaultia leptostachys Moq.
– *Boussingaultia baselloides*
Brassica alboglabra Bailey
– *Brassica oleracea* var. *alboglabra*
Brassica campestris L. subsp. *napobrassica* (L.) Schübl. et Mart.
– *Brassica napus* subsp. *napobrassica*
Brassica campestris L. var. *oleifera* DC.
– *Brassica rapa* subsp. *oleifera*
Brassica caulorapa (DC.) Pasq.
– *Brassica oleracea* convar. *caulorapa*
Brassica chinensis L.
– *Brassica rapa* subsp. *chinensis*
Brassica eruca L.
– *Eruca sativa*
Brassica esculenta DC.
– *Brassica napus* subsp. *napobrassica*
Brassica hirta Moench
– *Sinapis alba*
Brassica lanceolata Sauvalle
– *Brassica juncea*
Brassica napus L.
– *Brassica napus* subsp. *napus*
Brassica napus L. var. *oleifera* (Moench) Delile
– *Brassica napus* subsp. *napus*
Brassica oleracea L. var. *gongylodes* L.
– *Brassica oleracea* convar. *caulorapa*

Brassica oleracea L. var. *napobrassica* L.
– *Brassica napus* subsp. *napobrassica*
Brassica pekinensis (Lour.) Rupr.
– *Brassica rapa* subsp. *pekinensis*
Brassica perviridis (Bailey) Bailey
– *Brassica rapa* var. *perviridis*
Brassica urbaniana O. E. Schulz
– *Brassica juncea*
Britoa sellowiana Berg
– *Britoa guazumaefolia*
Bromelia ananas L.
– *Ananas comosus*
Bromelia comosa L.
– *Ananas comosus*
Brugmansia candida Pers.
– *Datura candida*
Brugmansia suaveolens (Willd.) Bercht. et Presl
– *Datura suaveolens*
Bryonia grandis L.
– *Coccinia grandis*
Bucephalon racemosum L.
– *Trophis racemosa*
Bursera gummifera L.
– *Bursera simaruba*
Cactus bleo H. B. K.
– *Pereskia bleo*
Cactus cochenillifer L.
– *Nopalea cochenillifera*
Cactus dillenii Ker-Gawler
– *Opuntia dillenii*
Cactus ficus-indica L.
– *Opuntia ficus-indica*
Cactus hexagonus L.
– *Cereus hexagonus*
Cactus hystrix Haw.
– *Ritterocereus hystrix*
Caesalpinia sepiaria Roxb.
– *Caesalpinia decapetala*
Caillea glomerata (Forssk.) Macbr.
see under *Argyreia nervosa*
Cajanus bicolor DC.
– *Cajanus cajan*
Cajanus indicus Spreng.
– *Cajanus cajan*
Calamintha ascendens Jord.
– *Calamintha sylvatica* subsp. *ascendens*
Calamintha officinalis auct.
– *Calamintha sylvatica* subsp. *ascendens*
Calocarpum sapota (Jacq.) Merr.
– *Pouteria sapota*
Calyptropsidium friedrichsthalianum Berg
– *Psidium friedrichsthalianum*
Calyptropsidium sartorianum (Berg) Krug et Urb.
– *Psidium sartorianum*
Cambogia binucao Blanco
– *Garcinia binucao*
Capriola dactylon (L.) Kuntze
– *Cynodon dactylon*
Capsicum frutescens L.
see also under *Solanum pseudocapsicum*
Carica prosoposa L.
see under *C. papaya*
Carissa congesta Wight
– *Carissa carandas*
Carissa grandiflora DC.
– *Carissa macrocarpa*
Carum petroselinum (L.) Benth.
– *Petroselinum crispum*
Carya olivaeformis Nutt.
– *Carya illinoinensis*
Carya pecan Engl. et Graebn.
– *Carya illinoinensis*
Caryophyllus aromaticus L.
– *Syzygium aromaticum*
Caryophyllus racemosus Mill.
– *Pimenta racemosa*
Cedrela mexicana Roem.
– *Cedrela odorata*
Cerdena alliodora Ruiz et Pav.
– *Cordia alliodora*
Cereus lepidotus Salm-Dyck
– *Cereus hexagonus*
Cereus undatus Haw.
– *Hylocereus undatus*
Cervera thevetia L.
– *Cascabela thevetia*
Chalcas paniculata L.
– *Murraya paniculata*
Chrysobalanus pellocarpus G. F. W. Meyer
– *Chrysobalanus icaco*
Chrysophyllum macrophyllum Lam.
– *Pouteria macrophylla*
Cinnamomum cassia Blume
– *Cinnamomum aromaticum*
Cinnamomum zeylanicum Blume
– *Cinnamomum verum*
Citrullus vulgaris Schrad. ex Eckl. et Zeyh.
– *Citrullus lanatus*
Citrus aurantium L. var. *bergamia* Wight et Arn.
– *Citrus bergamia*
Citrus aurantium L. var. *sinensis* L.
– *Citrus sinensis*
Citrus decumanus L.
– *Citrus maxima*
Citrus decumanus L. var. *racemosus* Roem.
– *Citrus paradisi*
Citrus grandis Osbeck
– *Citrus maxima*
Citrus japonica Thunb.
– *Fortunella japonica*

Citrus limonum Risso
– *Citrus limon*
Citrus margarita Lour.
– *Fortunella margarita*
Citrus mitis Blanco
– *Citrus madurensis*
Citrus nobilis Andrews
– *Citrus reticulata*
Citrus nobilis Lour. var. *deliciosa* Swingle
– *Citrus deliciosa*
Citrus reticulata Blanco
see also under *C. tangerina*
Citrus vulgaris Risso
– *Citrus aurantium*
Coccinia cordifolia sensu auct.
– *Coccinia grandis*
Coccoloba grandifolia Jacq.
– *Coccoloba pubescens*
Cocos aculeata Jacq.
– *Acrocomia aculeata*
Cocos crispa H. B. K.
– *Acrocomia crispa*
Coffea arabica L.
see also under *C. zanguebariae*
Coix lacryma-jobi L. var. *frumentacea* Makino
– *Coix lacryma-jobi* var. *ma-yuen*
Coix ma-yuen Romanet
– *Coix lacryma-jobi* var. *ma-yuen*
Cola vera K. Schum.
– *Cola nitida*
Coleus amboinicus Lour.
– *Plectranthus amboinicus*
Coleus aromaticus Benth.
– *Plectranthus amboinicus*
Colocasia antiquorum Schott
– *Colocasia esculenta*
Convolvulus batatas L.
– *Ipomoea batatas*
Convolvulus nervosus Burm. f.
– *Argyreia nervosa*
Convolvulus pennatus Desr.
– *Quamoclit pennata*
Cordia dodecandra DC.
– *Cordia angiocarpa*
Cordia glabra auct.
– *Cordia collococca*
Cordia micrantha Swartz
– *Cordia collococca*
Cordia rarifolia A. Rich.
– *Cordia collococca*
Cordia speciosa Salisb.
– *Cordia sebestena*
Coumarouna panamensis Pitt.
– *Dipteryx panamensis*
Crassina elegans Kuntze
– *Zinnia elegans*
Crateva marmelos L.
– *Aegle marmelos*
Crescentia aculeata H. B. K.
– *Parmentiera aculeata*
Croton sebiferum L.
– *Sapium sebiferum*
Croton variegatum L.
– *Codiaeum variegatum*
Cryptocarpus globosus H. B. K.
– *Boldoa purpurascens*
Cucumis acutangulus L.
– *Luffa acutangula*
Cucumis colocynthis L.
– *Citrullus colocynthis*
Cucurbita citrullus L.
– *Citrullus lanatus*
Cucurbita hispida Thunb.
– *Benincasa hispida*
Cucurbita lagenaria L.
– *Lagenaria siceraria*
Cucurbita odorifera Vell.
– *Sicana odorifera*
Cucurbita pepo L. var. *moschata* Duch. ex Lam.
– *Cucurbita moschata*
Cucurbita siceraria Molina
– *Lagenaria siceraria*
Cynodon barberi Rangachar. et Tadul.
– *Cynodon plectostachyus*
Cynosurus aegyptiacus L.
– *Dactyloctenium aegyptiacum*
Cynosurus coracan L.
– *Eleusine coracan*
Cynosurus indicus L.
– *Eleusine indica*
Cytisus cajan L.
– *Cajanus cajan*
Dahlia variabilis (Willd.) Desf.
– *Dahlia pinnata*
Datura arborea Ruiz et Pav.
– *Datura candida*
Datura fastuosa L.
– *Datura metel*
Daucus carota L. var. *sativa* Hoffm.
– *Daucus carota* subsp. *sativa*
Daucus visnaga L.
– *Ammi visnaga*
Demidovia tetragoniodes Pall.
– *Tetragonia tetragoniodes*
Dichondra repens auct.
– *Dichondra micrantha*
Digitaria digitata (Sw.) Urb.
– *Digitaria sanguinalis*
Dioscorea batatas Decne
– *Dioscorea opposita*
Dioscorea sativa Thunb.
– *Dioscorea bulbifera*

Dioscorea sativa L.
– *Dioscorea esculenta*
Diospyros discolor Willd.
– *Diospyros blancoi*
Diospyros ebenaster auct.,
– *Diospyros digyna*
Diospyros laurifolia A. Rich.
– *Diospyros digyna*
Dolichos angularis Willd.
– *Vigna angularis*
Dolichos bulbosus L.
– *Pachyrhizus erosus*
Dolichos ensiformis L.
– *Canavalia ensiformis*
Dolichos erosus L.
– *Pachyrhizus erosus*
Dolichos gladiatus Jacq.
– *Canavalia gladiata*
Dolichos lablab L.
– *Lablab purpureus*
Dolichos lobatus Willd.
– *Pueraria lobata*
Dolichos luteolus Jacq.
– *Vigna luteola*
Dolichos phaseoloides Roxb.
– *Pueraria phaseoloides*
Dolichos purpureus L.
– *Lablab purpureus*
Dolichos repens L.
– *Vigna luteola*
Dolichos sesquipedalis L.
– *Vigna unguiculata* subsp. *sesquipedalis*
Dolichos sinensis L.
– *Vigna unguiculata* subsp. *unguiculata*
Dolichos tetragonolobus Stickm.
– *Psophocarpus tetragonolobus*
Dolichos tuberosus Lam.
– *Pachyrhizus tuberosus*
Dolichos umbellatus Thunb.
– *Vigna umbellata*
Dolichos unguiculata L.
– *Vigna unguiculata* subsp. *unguiculata*
Dupuisia juglandifolia A. Rich.
– *Sorindeia juglandifolia*
Elaeagnus philippensis Perr.
– *Elaeagnus latifolia*
Elaphrium angustatum Rose
– *Bursera angustata*
Elaphrium glaucum Rose
– *Bursera glauca*
Elaphrium graveolens H. B. K.
– *Bursera graveolens*
Elaphrium inaguense (Britt.) Rose
– *Bursera inaguensis*
Elate sylvestris L.
– *Phoenix sylvestris*
Epidendrum vanilla L.
– *Vanilla planifolia*
Erechtites prealta Raf.
– *Erechtites hieracifolia*
Eriochloa subglabra (Nash) Hitchc.
– *Eriochloa punctata*
Ervum lens L.
– *Lens culinaris*
Erythrina micropterix Poepp. ex Walp.
– *Erythrina poeppigiana*
Erythrina umbrosa H. B. K.
– *Erythrina mitis*
Erythrina velutina Griseb.
– *Erythrina grisebachii*
Eugenia aquaea Burm. f.
– *Syzygium aquaeum*
Eugenia edulis Vell.
– *Myrciaria edulis*
Eugenia jambolana Lam.
– *Syzygium cuminii*
Eugenia jambos L.
– *Syzygium jambos*
Eugenia lineata (Sw.) DC.
– *Syzygium lineatum*
Eugenia malaccensis L.
– *Syzygium malaccense*
Eugenia mato Griseb.
– *Myrcianthes mato*
Eugenia michelii Lam.
– *Eugenia uniflora*
Eupatorium aromatisans Millsp. ex Chase
– *Eupatorium hemipteropodum*
Eupatorium cubense DC.
– *Eupatorium villosum*
Eupatorium cynanchifolium DC.
– *Eupatorium villosum*
Eupatorium lindenianum A. Rich.
– *Eupatorium villosum*
Eupatorium menthaefolium Poepp. ex Spreng.
– *Vernonia menthaefolia*
Eupatorium poeppigii Spreng.
– *Eupatorium villosum*
Euphorbia tithymaloides L.
– *Pedilanthus tithymaloides*
Euphoria litchi Desf.
– *Litchi chinensis*
Euphoria longana Lam.
– *Dimocarpus longan*
Excoecaria albicans Griseb.
– *Gymnanthes albicans*
Fagara pistacifolia Krug et Urb.
– *Zanthoxylum pistacifolium*
Fagus castanea Thunb.
– *Castanea crenata*
Feijoa sellowiana (Berg) Berg
– *Acca sellowiana*

Ficus gnaphalocarpa (Miq.) A. Rich.
– *Ficus sycomorus* subsp. *gnaphalocarpa*
Ficus lyrata Warb.
– *Ficus pandurata*
Ficus nitida Thunb.
– *Ficus retusa*
Flacourtia cataphracta Roxb. ex Willd.
– *Flacourtia jangomas*
Flacourtia ramontchi L'Her.
– *Flacourtia indica*
Fragaria chiloensis (L.) Mill. var. *ananassa* (Duch.) Bailey
– *Fragaria ananassa*
Fragaria vesca L.
see under *F. ananassa*
Furcraea cubensis (Jacq.) Vent.
– *Furcraea hexapetala*
Furcraea gigantea Vent.
– *Furcraea foetida*
Galphimia glauca Merr.
– *Galphimia gracilis*
Garcinia elliptica Choisy
– *Garcinia dulcis*
Garcinia pictorius (Roxb.) D'Arcy
– *Garcinia tinctoria*
Garcinia xanthochymus J. D. Hook. ex Anders.
– *Garcinia tinctoria*
Gastrococos armentalis Morales
– *Acrocomia crispa*
Genipa edulis L. C. Rich.
– *Alibertia edulis*
Gleditschia javanica Lam.
– *Parkia javanica*
Glycine labialis L. f.
– *Teramnus labialis*
Glycine wightii (Arn.) Verdc.
– *Neonotonia wightii*
Gmelina indica Burm. f.
– *Flacourtia indica*
Guanabanus muricatus (L.) Gomez de la Maza
– *Annona muricata*
Harpephyllum caffrum Bernh. ex Krauss
– *Sclerocarya birrea*
Hedysarum hamatum L.
– *Stylosanthes hamata*
Helicteres apetala Jacq.
– *Sterculia apetala*
Herpetica alata (L.) Raf.
– *Cassia alata*
Hibiscus abelmoschus L.
– *Abelmoschus moschatus*
Hibiscus esculentus L.
– *Abelmoschus esculentus*
Hibiscus populneus L.
– *Thespesia populnea*
Hippeastrum equestre (Ait.) Herb.
– *Hippeastrum puniceum*
Holcus bicolor L.
– *Sorghum bicolor*
Holcus halepensis L.
– *Sorghum halepense*
Holcus pertusus L.
– *Bothriochloa pertusa*
Hylocereus triangularis auct. Cub.
– *Hylocereus undatus*
Icica cubensis Rose
– *Protium cubense*
Indigofera anil L.
– *Indigofera suffruticosa*
Indigofera argentea L.
– *Indigofera coerulea*
Inga cyclocarpa Willd.
– *Enterolobium cyclocarpum*
Inga pterocarpa DC.
– *Peltophorum pterocarpum*
Inga vera H. B. K.
– *Inga edulis*
Ipomoea fistulosa Mart. ex Choisy
– *Ipomoea carnea* subsp. *fistulosa*
Ipomoea quamoclit L.
– *Quamoclit pennata*
Ischaemum secundatum Walter
– *Stenotaphrum secundatum*
Jambosa syzygioides Miq.
– *Syzygium syzygioides*
Jasminum grandiflorum L.
– *Jasminum officinale*
Jatropha carthaginensis Jacq.
– *Manihot carthaginensis*
Jatropha dulcis J. F. Gmel.
– *Manihot dulcis*
Jatropha moluccana L.
– *Aleurites moluccana*
Juglans illinoinensis Wangenh.
– *Carya illinoinensis*
Karatas plumieri E. Morr.
– *Bromelia karatas*
Lablab niger Medik.
– *Lablab purpureus*
Lablab vulgaris Savi
– *Lablab purpureus*
Lactuca capitata Gars.
– *Lactuca sativa*
Lactuca scariola L.
– *Lactuca serriola*
Lansium domesticum Correa
– *Aglaia domestica*
Lantana alba Mill.
– *Lippia alba*
Laurus camphora L.
– *Cinnamomum camphora*

Lawsonia alba Lam.
– *Lawsonia inermis*
Leptochloa plectostachya K. Schum. ex Engler
– *Cynodon plectostachyus*
Leucaena glauca Benth.
– *Leucaena leucocephala*
Leucopremna mexicana (DC.) Standl.
– *Jacaratia mexicana*
Libidibia coriaria (Jacq.) Schlechtend.
– *Caesalpinia coriaria*
Limonia aurantiifolia Christm. et Panz.
– *Citrus aurantiifolia*
Limonia trifolia Burm. f.
– *Triphasia trifolia*
Lippia lycioides Steudel
– *Lippia virgata*
Lochnera rosea (L.) Rchb. ex Endl.
– *Catharanthus roseus*
Lucuma campechiana H. B. K.
– *Pouteria campechiana*
Lucuma chrysophylloides auct. Cub.
– *Pouteria dictyoneura*
Lucuma mammosa (L.) Gaertn. f.
– *Pouteria sapota*
Lucuma nervosa DC.
– *Pouteria campechiana*
Lucuma salicifolia H. B. K.
– *Pouteria campechiana*
Lycopersicon pimpinellifolium Dun.
see under *L. esculentum*
Majorana hortensis Moench
– *Origanum majorana*
Malpighia armeniaca Cav.
– *Bunchosia armeniaca*
Malpighia crassifolia L.
– *Byrsonima crassifolia*
Malpighia punicifolia L.
– *Malpighia glabra*
Malpighia suberosa Small
– *Malpighia martinicensis*
Mangifera pinnata Koenig et L. f.
– *Spondias pinnata*
Manihot aipi Pohl
– *Manihot dulcis*
Manihot palmata Muell. Arg.
– *Manihot dulcis*
Manilkara zapotilla (Jacq.) Gilly
– *Manilkara zapota*
Maranta allouia Aubl.
– *Calathaea allouia*
Marica caerulea Ker-Gawler
– *Neomarica caerulea*
Marica helenae Worsley
see under *Neomarica caerulea*
Matricaria chamomilla L.
– *Matricaria recutita*
Maximilianea vitifolia (Willd.) Krug et Urb.
– *Cochlospermum vitifolium*
Melia koetjape Burm. f.
– *Sandoricum koetjape*
Melicocca bijuga L.
– *Melicoccus bijugatus*
Mentha cablin Blanco
– *Pogostemon cablin*
Mentha citrata Ehrh.
– *Mentha* × *piperita*
Mentha haplocalyx Briq.
– *Mentha arvensis* subsp. *haplocalyx*
Mentha nemorosa Willd.
see under *M. spicata*
Mentha spicata L. var. *longifolia* L.
– *Mentha longifolia*
Mentha sylvestris L.
– *Mentha longifolia*
Mentha × *villosa* Huds.
see under *M. spicata*
Mespilus japonicus Thunb.
– *Eriobotrya japonica*
Micropteryx poeppigiana Walp.
– *Erythrina poeppigiana*
Milium digitatum Swartz
– *Digitaria sanguinalis*
Milium punctatum L.
– *Eriochloa punctata*
Mimosa dulcis Roxb.
– *Pithecellobium dulce*
Mimosa glauca L.
– *Leucaena leucocephala*
Mimosa inga L.
– *Inga vera*
Mimosa laurina Swartz
– *Inga laurina*
Mimosa leucocephala Lam.
– *Leucaena leucocephala*
Mimosa nilotica L.
– *Acacia nilotica*
Mimosa saman Jacq.
– *Pithecellobium saman*
Mitranthes sartoriana Berg
– *Psidium sartorianum*
Momordica cylindrica L.
– *Luffa cylindrica*
Momordica elaterium L.
– *Ecballium elaterium*
Momordica lanata Thunb.
– *Citrullus lanatus*
Moringa pterygosperma Gaertn.
– *Moringa oleifera*
Morus multicaulis Perr.
– *Morus latifolia*
Morus tinctoria L.
– *Chlorophora tinctoria*

Mucuna deeringiana (Bort) Merr.
– *Mucuna pruriens* subsp. *deeringiana*
Muricia cochinchinensis Lour.
– *Momordica cochinchinensis*
Musa cavendishii Lam. ex Paxton
– *Musa acuminata*
Musa × *paradisiaca* L. var. *sapientum* Kuntze
– *Musa* × *paradisiaca*
Musa × *sapientum* L.
– *Musa* × *paradisiaca*
Myristica fragrans Houtt.
see also under *M. malabarica*
Myristica moschata Thunb.
– *Myristica fragrans*
Myristica officinalis L. f.
– *Myristica fragrans*
Myrobalanus bellirica Gaertn.
– *Terminalia bellirica*
Myrospermum emarginatum Klotzsch
– *Myrospermum frutescens*
Myrospermum peruiferum (L. f.) DC.
– *Myroxylon peruiferum*
Myrtus cauliflora Mart.
– *Myrciaria cauliflora*
Myrtus cumini L.
– *Syzygium cuminii*
Myrtus dioica L.
– *Pimenta dioica*
Myrtus dombeyi Spreng.
– *Eugenia dombeyi*
Myrtus leucadendra L.
– *Melaleuca leucadendra*
Myrtus lineata Swartz
– *Syzygium lineatum*
Myrtus pimenta L.
– *Pimenta dioica*
Myrtus punicaefolia H. B. K.
– *Eugenia punicaefolia*
Nasturtium fontanum (Lam.) Aschers.
– *Nasturtium officinale*
Nephelium litchi Cambess.
– *Litchi chinensis*
Nerium grandiflorum Roxb.
– *Cryptostegia grandiflora*
Notonia wightii Arn.
– *Neonotonia wightii*
Nyctanthes sambac L.
– *Jasminum sambac*
Nymphaea nelumbo L.
– *Nelumbo nucifera*
Ocimum sanctum L.
– *Ocimum tenuiflorum*
Oncus esculentus Lour.
– *Dioscorea esculenta*
Oplismenus polystachyus H. B. K.
– *Echinochloa polystachya*
Opuntia dejecta Salm-Dyck
– *Nopalea dejecta*
Oreodoxa regia H. B. K.
– *Roystonea regia*
Origanum vulgare L.
see also under *Lippia micromera*
Orthostemon sellowianus Berg
– *Acca sellowiana*
Pachyrhizus angulatus Rich. ex DC.
– *Pachyrhizus erosus*
Pachyrhizus bulbosus (L.) Kurz
– *Pachyrhizus erosus*
Pachyrhizus thunbergianus Sieb. et Zucc.
– *Pueraria lobata*
Panicum barbinode Trin.
– *Brachiaria purpurascens*
Panicum dactylon L.
– *Cynodon dactylon*
Panicum dictyoneuron Fig. et De Not.
– *Brachiaria dictyoneura*
Panicum purpurascens Raddi ex Nees
– *Brachiaria purpurascens*
Panicum pyramidale Lam.
– *Echinochloa pyramidalis*
Panicum sanguinale L.
– *Digitaria sanguinalis*
Parmentiera edulis Seem.
– *Parmentiera aculeata*
Peltophorum ferrugineum Benth.
– *Peltophorum pterocarpum*
Peltophorum inerme Naves ex Villar
– *Peltophorum pterocarpum*
Pennisetum cenchroides Rich.
– *Cenchrus ciliaris*
Pennisetum ciliare (L.) Link
– *Cenchrus ciliaris*
Pereskia grandifolia auct. Cub.
– *Pereskia bleo*
Persea drymifolia Schlechtend. et Cham.
– *Persea americana*
Persea gratissima Gaertn. f.
– *Persea americana*
Petroselinum hortense Hoffm.
– *Petroselinum crispum*
Phalaris zizanioides L.
– *Vetiveria zizanioides*
Phaseolus antillanus Urb.
– *Vigna antillana*
Phaseolus aureus Roxb.
– *Vigna radiata*
Phaseolus calcaratus Roxb.
– *Vigna umbellata*
Phaseolus cylindricus L.
– *Vigna unguiculata* subsp. *cylindrica*

Phaseolus helvulus L.
– *Strophostyles helvula*
Phaseolus lathyroides L.
– *Macroptilium lathyroides*
Phaseolus limensis Macf.
– *Phaseolus lunatus*
Phaseolus max L.
– *Glycine max*
Phaseolus mungo L.
– *Vigna mungo*
Phaseolus radiatus L.
– *Vigna radiata*
Phaseolus vulgaris L.
see also under *P. lunatus* L.
Phyllanthus distichus (L.) Muell. Arg.
– *Phyllanthus acidus*
Phyllocalyx luschnathiana Klotzsch ex Berg
– *Eugenia luschnathiana*
Pimenta officinalis Lindl.
– *Pimenta dioica*
Piper angustifolium Ruiz et Pav.
– *Piper elongatum*
Piper umbellatum L.
– *Pothomorphe umbellata*
Pistacia simaruba L.
– *Bursera simaruba*
Plantago psyllium L.
– *Plantago afra*
Plethostephia angiocarpa Miers
– *Cordia angiocarpa*
Pogostemon heyneanum Benth. var. *patchouli* (Pellet.) Kuntze
– *Pogostemon cablin*
Pogostemon patchouly Pellet.
– *Pogostemon cablin*
Poinciana coriaria Jacq.
– *Caesalpinia coriaria*
Poinciana regia Bojer ex Hook.
– *Delonix regia*
Polygonum uvifera L.
– *Coccoloba uvifera*
Portulaca paniculata Jacq.
– *Talinum paniculatum*
Pouteria mammosa (L.) Cronquist
– *Pouteria sapota*
Pouteria rivicoa Ducke
– *Pouteria macrophylla*
Pouteria salicifolia (H. B. K.) Radlk.
– *Pouteria campechiana*
Psidium araca Raddi
– *Psidium guineense*
Psidium cattleianum Sabine
– *Psidium littorale*
Psidium guazumaefolium Cambess.
– *Britoa guazumaefolia*
Psidium molle Bertol.
– *Psidium guineense*
Psidium pomiferum L.
– *Psidium guajava*
Psidium pyriferum L.
– *Psidium guajava*
Pterocarpus officinalis Jacq.
– *Pterocarpus draco*
Pueraria javanica (Benth.) Benth.
– *Pueraria phaseoloides*
Pueraria thunbergiana (Sieb. et Zucc.) Benth.
– *Pueraria lobata*
Punica nana L.
– *Punica granatum*
Quinaria lansium Lour.
– *Clausena lansium*
Radermachia integra Thunb.
– *Artocarpus integer*
Rajania pleioneura Griseb.
– *Rajania cordata*
Reichardia decapetala Roth
– *Caesalpinia decapetala*
Rhamnus spina-christi L.
– *Ziziphus spina-christi*
Rhinocarpus excelsa H. B. K.
– *Anacardium occidentale*
Rivina laevis L.
– *Rivina humilis*
Robinia sepium Jacq.
– *Gliricidia sepium*
Rollinia deliciosa Saff.
– *Rollinia pulchrinervis*
Rorippa nasturtium Beck
– *Nasturtium officinale*
Roumea abyssinica A. Rich.
– *Dovyalis abyssinica*
Roumea hebecarpa Gardn.
– *Dovyalis hebecarpa*
Rudbeckia purpurea L.
– *Echinacea purpurea*
Sagittaria sinensis Sims
– *Sagittaria sagittifolia* subsp. *leucopetala*
Salpianthus purpurascens (Lag.) Hook. et Arn.
– *Boldoa purpurascens*
Samanea saman (Jacq.) Merr.
– *Pithecellobium saman*
Sambucus simpsonii Rehd.
– *Sambucus mexicana*
Scandix cerefolium L.
– *Anthriscus cerefolium*
Sclerocarya birrea (A. Rich.) Hochst. subsp. *caffra* (Sond.) Kokwaro
– *Sclerocarya birrea*
Sclerocarya caffra Sond.
– *Sclerocarya birrea*
Senecio hieracifolius L.
– *Erechtites hieracifolia*

Sicyos edulis Jacq.
– *Sechium edule*
Sida abutilon L.
– *Abutilon theophrasti*
Sideroxylon dyctyoneurum Griseb.
– *Pouteria dictyoneura*
Sideroxylon sapota Jacq.
– *Pouteria sapota*
Sinapis juncea L.
– *Brassica juncea*
Sinapis nigra L.
– *Brassica nigra*
Sinapis pekinensis Lour.
– *Brassica rapa* subsp. *pekinensis*
Siphonia brasiliensis Willd. ex A. Juss.
– *Hevea brasiliensis*
Solanum betaceum Cav.
– *Cyphomandra betaceae*
Solanum esculentum Dunal
– *Solanum melongena*
Sonchus agrestis Swartz
– *Erechtites hieracifolia*
Sonchus occidentalis Spreng.
– *Erechtites hieracifolia*
Sorghum vulgare Pers.
– *Sorghum bicolor*
Spondias birrea A. Rich.
– *Sclerocarya birrea*
Spondias dulcis Soland. ex G. Forst.
– *Spondias cyathera*
Spondias lutea L.
– *Spondias mombin*
Stenolobium coeruleum Benth.
– *Calopogonium coeruleum*
Sterculia acuminata Pal. Beauv.
– *Cola acuminata*
Sterculia carthaginensis Cav.
– *Sterculia apetala*
Sterculia nitida Vent.
– *Cola nitida*
Stigmarota jangomas Lour.
– *Flacourtia jangomas*
Stilago bunius L.
– *Antidesma bunius*
Stillingfleetia sebifera (L.) Bojer
– *Sapium sebiferum*
Stizolobium deeringianum Bort
– *Mucuna pruriens* subsp. *deeringiana*
Stylosanthes gracilis H. B. K.
– *Stylosanthes guianensis*
Sycomorus gnaphalocarpa Miq.
– *Ficus sycomorus* subsp. *gnaphalocarpa*
Taraxacum dens-leonis Desf.
– *Taraxacum officinale*
Tetragastris cubensis (Rose) Urb.
– *Protium cubense*
Tetragonia expansa Murr.
– *Tetragonia tetragoniodes*
Thevetia peruviana (Pers.) K. Schum.
– *Cascabela thevetia*
Thryallis glauca (Cav.) Kuntze
– *Galphimia gracilis*
Toluifera balsamum L.
– *Myroxylon balsamum*
Trachypogon rufus Nees
– *Hyparrhenia rufa*
Tradescantia discolor L'Her.
– *Rhoeo discolor*
Trichosanthes anguina L.
– *Trichosanthes cucumerina* subsp. *anguina*
Trifolium guianense Aubl.
– *Stylosanthes guianensis*
Triticum vulgare Vill.
– *Triticum aestivum*
Trophis americana L.
– *Trophis racemosa*
Urena sinuata L.
– *Urena lobata*
Urochloa uniseta K. B. Presl
– *Ixophorus unisetus*
Urtica nivea L.
– *Boehmeria nivea*
Verbena triphylla L'Her.
– *Lippia triphylla*
Verbena virgata Ruiz et Pav.
– *Lippia virgata*
Vernonia grisebachii Sch. Bip.
– *Vernonia menthaefolia*
Vernonia ottonis Sch. Bip.
– *Vernonia menthaefolia*
Vigna cylindrica (L.) Skeels
– *Vigna unguiculata* subsp. *cylindrica*
Vigna repens (L.) Kuntze
– *Vigna luteola*
Vigna sesquipedalis (L.) Fruhw.
– *Vigna unguiculata* subsp. *sesquipedalis*
Vigna sinensis (L.) Hassk.
– *Vigna unguiculata* subsp. *unguiculata*
Vinca rosea L.
– *Catharanthus roseus*
Xanthochymus dulcis Roxb.
– *Garcinia dulcis*
Xanthochymus pictorius Roxb.
– *Garcinia tinctoria*
Xanthochymus tinctorius Choisy
– *Garcinia tinctoria*
Xanthosoma sp.
see also under *Colocasia esculenta*

Xanthosoma violaceum Schott
– *Xanthosoma nigrum*
Ximenia aegyptiaca L.
– *Balanites aegyptiaca*
Yucca aloifolia L.
– *Yucca gloriosa*
Zerumbet speciosum Wendl.
– *Alpinia speciosa*

Appendix 3

Index of Cuban Folk Names

The folk names appearing in the checklist are given in alphabetical order, with reference to the corresponding accepted scientific names. Some folk names apply for several species, these are given in alphabetical order. The list includes also folk names of other plants mentioned in the remarks of the check-list. In such cases the reference is preceded by "see under . . ."

Some remarks concerning the pronounciation of Cuban folk names are necessary here. There are groups of consonants with similar pronounciation in Cuba, therefore, the same name may be written in different ways. Examples are: hi = y = ll (hierba = yerba, yerén = llerén), z = s = c (zacate = sacate, seibey = ceibey), g = j (gengibre = jenjibre) and v = b (vomitel = bomitel). The consonant h is not pronounced, and some folk names have two spelling variants (hicaco = icaco). The folk names given in printed sources were taken from there without modification of spelling. This has to be considered when consulting the index of folk names in App. 3.

ábaca = *Musa textilis*
abelmosco = *Abelmoschus moschatus*
aberia = *Dovyalis hebecarpa*
abre camino = *Eupatorium villosum*
abrojo = *Pereskia bleo*
acacia = *Gliricidia sepium*, *Moringa oleifera*
aceite chino = *Aleurites fordii*
aceitero = *Spondias cyathera*
aceituno = *Vitex cymosa*
acelga = *Beta vulgaris* var. *cicla*
acerola = *Malpighia glabra*
achicoria blanca = *Cichorium endivia*
achicoria de Bruselas = *Cichorium intybus*
achicoria de cabra = *Erechtites hieracifolia*
achiote = *Bixa orellana*
achote = *Bixa orellana*
adormidera = *Papaver somniferum*
afió = *Arracacia xanthorrhiza*
agravilla = *Grevillea robusta*
agrimonia = *Agrimonia eupatoria*
aguacate = *Persea americana*
aguinaldo morado = *Ipomoea carnea* subsp. *fistulosa*
ajedrea = *Origanum majorana*, *Satureja hortensis*
ajenjo = *Artemisia absinthium*
ají = *Capsicum annuum*, *C. frutescens*
ají cachucha = *Capsicum frutescens*
ají guaguao = *Capsicum frutescens*
ají ornamental = *Solanum pseudocapsicum*
ajo = *Allium sativum*
ajo de jardín = *Allium fistulosum*
ajo porro = *Allium porrum*
ajo puerro = *Allium porrum*
ajonjolí = *Sesamum indicum*
akee de Africa = *Blighia sapida*
alambrillo = *Rajania cordata*
álamo = *Ficus religiosa*
albahaca = *Ocimum basilicum*
albahaca alcanforada = *Ocimum kilimandscharicum*
albahaca aromatica = *Orthosiphon tomentosus*
albahaca cimarrona = *Ocimum gratissimum*, *O. micranthum*, *O. tenuiflorum*
albahaca morada criolla = *Ocimum tenuiflorum*
albahaca velluda = *Ocimum canum*
albahaquilla hembra = *Vernonia menthaefolia*
alcachofa = *Cynara scolymus*
alcanfor = *Cinnamomum camphora*
alcaravea = *Carum carvi*
aleluya roja de Guinea = *Hibiscus sabdariffa*
alfalfa = *Medicago sativa*
alfombra = *Dichondra micrantha*
algalia = *Abelmoschus moschatus*
algarrobo de olor = *Albizia lebbek*
algarrobo del país = *Pithecellobium saman*
algarrobo francés = *Enterolobium cyclocarpum*

algodón = *Gossypium arboreum, G. herbaceum, G. hirsutum*
algodón criollo = *Gossypium barbadense*
algodón de seda = *Calotropis procera*
algorrobo loco = *Cercis siliquastrum*
alholva = *Trigonella foenum-graecum*
almácigo = *Bursera inaguensis, B. simaruba*
almácigo de costa = *Bursera angustata*
almaciguillo = *Bursera angustata, B. inaguensis*
almendro de la India = *Terminalia catappa*
áloe = *Cordia sebestena*
alpargata = *Paspalum notatum*
alpiste = *Echinochloa pyramidalis, Phalaris canariensis*
alpiste perenne de Australia = *Phalaris tuberosa*
alstroemia = *Lagerstroemia indica*
altea = *Althaea officinalis*
alverja = *Vicia sativa*
amansaguapo = *Gymnanthes albicans*
amapola = *Papaver somniferum*
ambarina = *Abelmoschus moschatus*
amor y celo = *Gliricidia sepium*
anacagüita = *Citharexylum ellipticum, Cordia sebestena, Sterculia apetala*
anacahuita = *Citharexylum ellipticum, Cordia boissiera*
angleton = *Dichanthium aristatum*
añil = *Indigofera suffruticosa*
añil de Guatemala = *Indigofera tinctoria*
añil de Senegal = *Indigofera coerulea*
anís = *Pimpinella anisum*
anís alemán = *Anethum graveolens*
anís de España = *Lippia alba*
anón = *Annona squamosa*
anón canadiense de Güell = *Casimiroa edulis*
aobara = *Elaeis guineensis*
apasote = *Chenopodium ambrosioides*
apio = *Apium graveolens*
árbol de amor = *Cercis siliquastrum, Gliricidia sepium*
árbol de hule = *Castilla elastica*
árbol de la lanza = *Aglaia domestica*
árbol de las orejas = *Enterolobium cyclocarpum*
árbol de sebo = *Sapium sebiferum*
árbol de seso = *Blighia sapida*
árbol del clavo = *Sterculia foetida*
árbol del pan = *Artocarpus communis*
árbol quitasol = *Melia azederach*
aroma blanca = *Leucaena leucocephala*
aroma de clavo = *Ocimum gratissimum*
aroma francesa = *Albizia lebbek*
arrayán = *Myrtus communis*
arroz = *Oryza sativa*
artemisa = *Ambrosia artemisiifolia, Artemisia vulgaris*
arveja = *Vicia sativa*
ataja negro = *Caesalpinia decapetala*
ateje = *Cordia collococca*
avena = *Avena sativa*
azafrán bastardo = *Carthamus tinctorius*
azúl = *Indigofera suffruticosa*
bael fruit de la India = *Aegle marmelos*
bagá = *Annona glabra*
bahía grass = *Paspalum notatum*
balata = *Mimusops globosa*
bálsamo = *Zanthoxylum pistacifolium*
bálsamo de Guatemala = *Myrospermum frutescens, Myroxylon balsamum*
bálsamo de Perú = *Myroxylon balsamum, M. peruiferum*
bambú = *Bambusa vulgaris*
banano = *Musa × paradisiaca*
baobab = *Adansonia digitata*
barbesco de Perú = *Tephrosia cathartica*
bardana = *Arctium lappa*
bayoneta = *Yucca gloriosa*
bejuco de bibijaguas = *Canavalia ensiformis*
beleño = *Hyoscyamus niger*
beleño blanco = *Hyoscyamus albus*
belladona = *Atropa bella-donna*
berenjena = *Solanum melongena*
bergamota = *Citrus bergamia*
bermuda = *Cynodon dactylon*
berro = *Nasturtium officinale*
berza = *Brassica oleracea* convar. *acephala, B. oleracea* var. *alboglabra*
betel = *Piper betle*
bien vestido = *Gliricidia sepium*
biengranada = *Chenopodium botrys*
bija = *Bixa orellana*
bijaura = *Datura candida*
birijí = *Eugenia ligustrina*
bledo = *Phytolacca americana*
boj de Persia = *Murraya paniculata*
bomitel amarillo = *Cordia angiocarpa*
bondá = *Dioscorea esculenta*
bonete yucateco = *Jacaratia mexicana*
boniato = *Ipomoea batatas*
borraja = *Borago officinalis*
botija = *Cochlospermum vitifolium*
bracilete hórrido = *Caesalpinia decapetala*
bretones = *Brassica oleracea* convar. *acephala*
brócoli = *Brassica oleracea* var. *italica*
búcare = *Erythrina mitis, E. poeppigiana*
buffel = *Cenchrus ciliaris*

buganvilea = *Bougainvillea spectabilis*
buglosa = *Anchusa azurea, A. officinalis*
bullón = *Verbascum thapsus*
cabalonga = *Cascabela thevetia*
cabellos de angel = *Albizia lebbek*
cabeza de negro = *Annona purpurea*
cabrito = *Spilanthes oleracea*
cacao = *Theobroma cacao*
café = *Coffea arabica*
café de Liberia = *Coffea liberica*
café de Zanzíbar = *Coffea zanguebariae*
caimitillo = *Chrysophyllum oliviforme*
caimito = *Chrysophyllum cainito*
caimito blanco = *Chrysophyllum argenteum*
caimito de perro = *Pouteria dictyoneura*
caisimón = *Piper auritum, P. peltatum, Pothomorphe umbellata*
caisimón de anís = *Piper auritum*
cajigal = *Zinnia elegans*
calabacín = *Cucurbita moschata*
calabaza = *Cucurbita pepo*
calabaza amarilla = *Cucurbita maxima, C. moschata*
calabaza china = *Benincasa hispida*
calabaza de caballo = *Cucurbita maxima*
calabaza de culebra = *Trichosanthes cucumerina* subsp. *anguina*
calabaza de olor = *Sicana odorifera*
calabaza melón = *Sicana odorifera*
calamías = *Averrhoa bilimbi*
calaminta = *Calamintha sylvatica* subsp. *ascendens*
calasmismis = *Psophocarpus tetragonolobus*
caléndula = *Calendula officinalis*
caliandra = *Calliandra surinamensis*
camagüeyana = *Bothriochloa ischaemum, Dichanthium annulatum, D. caricosum*
camalote = *Stenotaphrum secundatum*
camaruca = *Sterculia apetala*
cambia voz = *Schaefferia frutescens*
cambustera = *Quamoclit pennata*
cambustera fina = *Quamoclit pennata*
cambuto = *Paspalum notatum*
campana = *Datura candida, D. suaveolens*
campana gallega = *Ipomoea carnea* subsp. *fistulosa*
campanilla = *Ipomoea carnea* subsp. *fistulosa*
campanola = *Argyreia nervosa*
caña americana = *Costus speciosus*
caña brava = *Bambusa vulgaris*
caña de azúcar = *Saccharum barberi, S. officinarum, S. robustum, S. sinense, S. spontaneum*
caña de la India = *Calamus rotang*
caña santa = *Cymbopogon citratus*
cañadonga = *Cassia grandis*
cañadonga de hueso = *Cassia moschata*
cañafístola = *Cassia fistula*
cañafístola cimarrona = *Cassia grandis*
cáñamo de Bengala = *Musa textilis*
canavalia = *Canavalia ensiformis*
canela de Ceylán = *Cinnamomum verum*
canela de China = *Cinnamomum aromaticum*
canella blanca = *Canella alba*
canilla de muerto = *Piper aduncum*
canistél = *Pouteria campechiana*
cañita de limón = *Cymbopogon citratus*
cantingueiro del Brasil = *Melinis minutiflora*
cañuela = *Sorghum halepense*
cañuela santa = *Costus speciosus*
caoba de los bosques = *Eucalyptus resinifer*
caoba de los pantanos = *Eucalyptus botryoides, E. robusta*
capim araguay = *Paspalum fasciculatum*
capim de pocas = *Paspalum larranagai*
capim gordura = *Melinis minutiflora*
capulí = *Muntingia calabura*
carambola = *Averrhoa carambola*
carapiche = *Urena lobata*
cardamo = *Elettaria cardamomum*
cardamomo = *Elettaria cardamomum*
cardo de comer = *Cynara cardunculus*
cardo santo = *Cnicus benedictus*
cardón = *Euphorbia lactea, Ritterocereus hystrix*
cardón de hojas = *Euphorbia nivulia*
cardona = *Ritterocereus hystrix*
caruana = *Lablab purpureus*
castaño = *Castanea sativa*
castaño de jardín = *Jatropha multifida*
castaño de la Bahía de Moretón = *Castanospermum australe*
castaño de Malabar = *Artocarpus communis*
castaño del Japón = *Castanea crenata*
castilloa = *Castilla elastica*
casuarina = *Casuarina cunninghamiana, C. lepidophloia, C. stricta*
caucho del Pará = *Hevea brasiliensis*
caucho manizoba = *Manihot glaziovii*
caupí = *Vigna unguiculata* subsp. *unguiculata*
caupí criollo = *Vigna antillana*
cauquí = *Lycium chinense*
cayeput = *Melaleuca leucadendra*
ceara = *Manihot glaziovii*
cebada = *Hordeum vulgare*

cebolla = *Allium cepa* var. *cepa*
cebolla corojo = *Allium cepa* var. *aggregatum*
cebolla de diente = *Allium cepa* var. *aggregatum*
cebolla de la tierra = *Allium cepa* var. *aggregatum*
cebolla multiplicadora = *Allium cepa* var. *aggregatum*
cebollino = *Allium schoenoprasum*
cebollino español = *Allium fistulosum*
cedro = *Cedrela odorata*
ceibey = *Passiflora edulis, P. quadrangularis*
cerezo = *Malpighia glabra*
cerezo de Barbados = *Malpighia glabra*
cerezo de Cayena = *Eugenia uniflora*
cerezo de Jamaica = *Malpighia glabra*
cerimán de Méjico = *Monstera deliciosa*
chamico = *Datura metel*
chaya = *Jatropha aethiopica, J. urens*
chayote = *Sechium edule*
chícharo = *Pisum sativum*
chícharo de vaca = *Vigna unguiculata* subsp. *unguiculata*
chilacayote azteca = *Cucurbita ficifolia*
chirimoya = *Annona cherimola*
chirivía = *Pastinaca sativa*
cidra = *Citrus medica*
cidrón = *Citrus medica*
cilantro = *Coriandrum sativum*
cilantro de Cartagena = *Eryngium foetidum*
ciruela = *Spondias purpurea*
ciruela colorada = *Spondias purpurea*
ciruela de los cafres = *Sclerocarya birrea*
ciruela de Madagascar = *Flacourtia indica, F. jangomas, F. rukam*
ciruela dulce = *Spondias cyathera*
ciruela gobernadora = *Flacourtia jangomas*
ciruela governadora = *Flacourtia indica*
citero = *Spondias cyathera*
citronela = *Cymbopogon nardus*
clarín = *Datura metel*
clarín blanco = *Datura metel*
clavellina = *Salix humboldtiana*
clavo de especia = *Sterculia foetida*
coca del Perú = *Erythroxylum coca*
coco = *Cocos nucifera*
cocotero = *Cocos nucifera*
cohombrillo = *Ecballium elaterium*
col = *Brassica oleracea* var. *capitata*
col china = *Brassica rapa* subsp. *pekinensis*
col de Bruselas = *Brassica oleracea* var. *gemmifera*
col de China = *Brassica rapa* subsp. *chinensis*
col de Pekín = *Brassica rapa* subsp. *pekinensis*
col de repollo = *Brassica oleracea* var. *capitata*
col rizada = *Brassica oleracea* var. *sabauda*
cola = *Cola acuminata*
coliflor = *Brassica oleracea* var. *botrytis*
colinabo = *Brassica oleracea* convar. *caulorapa*
colonia = *Alpinia speciosa*
coloquíntida = *Citrullus colocynthis*
colza = *Brassica napus* subsp. *napus, B. rapa* subsp. *oleifera*
conchita azúl = *Clitoria ternatea*
consuelda = *Symphytum officinale*
copaiba = *Copaifera officinalis*
copal = *Bursera angustata, B. glauca, Protium cubense*
coquito del Brasíl = *Bertholletia excelsa*
coralitos = *Rivina humilis*
cordobán = *Rhoeo discolor*
corocho de Jamaica = *Acrocomia aculeata*
corojo = *Acrocomia aculeata, A. pilosa, A. subinermis*
corojo de Guinea = *Elaeis guineensis*
croton = *Codiaeum variegatum*
cuasia = *Quassia amara*
cucaracha = *Yucca gloriosa, Zebrina pendula*
cuero de vaca = *Dichanthium caricosum*
culantro = *Coriandrum sativum, Eryngium foetidum*
culantro de Cartagena = *Eryngium foetidum*
culantro sabanero = *Eryngium foetidum*
cundeamor = *Momordica balsamina, M. charantia, M. cochinchinensis*
cundeamor chino = *Momordica charantia*
curbana = *Canella alba*
cúrcuma = *Curcuma australasica, C. longa*
curvicán de jutía = *Teramnus labialis*
dalbergia = *Dalbergia sissoo*
dalia = *Dahlia coccinea, D. pinnata*
dátil = *Phoenix dactylifera*
diamela = *Jasminum sambac*
díctamo real = *Pedilanthus angustifolius, P. tithymaloides*
diente de león = *Taraxacum officinale*
digital = *Digitalis ferruginea, D. lutea, D. purpurea*
disciplinilla = *Euphorbia tirucalli*
dividivi = *Caesalpinia coriaria*
Don Carlos = *Sorghum halepense*
dragón = *Alpinia speciosa, Pterocarpus draco*

dulcamara = *Solanum dulcamara*
durión = *Durio zibethinus*
ébano = *Diospyros digyna*
ébano carbonero = *Diospyros digyna*
ébano real = *Diospyros digyna*
eneldo = *Anethum graveolens*
equinacea = *Echinacea purpurea*
erizo de árbol = *Durio zibethinus*
escarola = *Cichorium endivia*, *Lactuca serriola*
espárrago = *Asparagus officinalis*
espinaca = *Amaranthus lividus* convar. *oleraceus*, *Spinacia oleracea*
espinaca de Malabar = *Basella alba*
espinaca de Nueva Zelandia = *Tetragonia tetragoniodes*
espino = *Yucca gloriosa*
espino cerval = *Rhamnus catharticus*
estragón = *Artemisia dracunculus*
estrella de Norte = *Cryptostegia grandiflora*
estrofantos = *Strophanthus hispidus*, *S. sarmentosus*
estropajo = *Luffa acutangula*, *L. cylindrica*
eucalipto = *Eucalyptus globulus*, *E. resinifer*
eucalipto de olor a limón = *Eucalyptus citriodora*
falso tilo = *Moringa oleifera*
faurestina = *Albizia lebbek*
fedora = *Cestrum nocturnum*
fernandina = *Angelonia salicariaefolia*
flor de los masones = *Moringa oleifera*
flor de papel = *Bougainvillea spectabilis*
floresco = *Gliricidia sepium*
forestina = *Albizia lebbek*
framboyán = *Delonix regia*
framboyán amarillo = *Peltophorum pterocarpum*
fresa = *Fragaria ananassa*
frijol = *Phaseolus vulgaris*
frijol arroz = *Vigna umbellata*
frijol boniato = *Calopogonium coeruleum*
frijol caballero = *Lablab purpureus*, *Phaseolus lunatus*
frijol café = *Canavalia gladiata*
frijol cimarrón = *Vigna luteola*
frijol común = *Phaseolus vulgaris*
frijol de bibijagua = *Canavalia ensiformis*
frijol de machete = *Canavalia gladiata*
frijol de terciopelo = *Mucuna pruriens* subsp. *deeringiana*
frijol diablito = *Strophostyles helvula*
frijol engorda muchachos = *Vigna unguiculata* subsp. *unguiculata*
frijol grande = *Vigna unguiculata* subsp. *sesquipedalis*
frijol maicero = *Vigna antillana*, *V. unguiculata* subsp. *unguiculata*
frijol mambí = *Strophostyles helvula*
frijol mungo = *Vigna radiata*
frijol precioso = *Vigna unguiculata* subsp. *cylindrica*
frijol tepari = *Phaseolus acutifolius*
frijoles del país = *Lablab purpureus*
fruta bomba = *Carica papaya*
fustete = *Chlorophora tinctoria*
galán de noche = *Cestrum nocturnum*
gamba = *Andropogon gayanus*
gandul = *Cajanus cajan*
garbanzo = *Cicer arietinum*
gengibre amargo = *Zingiber cassumunar*
girasol = *Helianthus annuus*
gledisquia = *Gleditsia amorphoides*
glycine = *Neonotonia wightii*
goma arábica = *Acacia nilotica*
goma elástica = *Castilla elastica*, *Ficus elastica*
grama = *Cynodon dactylon*, *Paspalum dilatatum*
grama blanca = *Stenotaphrum secundatum*
grama de Castilla = *Panicum repens*
grama de costa = *Stenotaphrum secundatum*
granada = *Punica granatum*
granada enana = *Punica granatum*
granadilla = *Passiflora edulis*, *P. quadrangularis*
granito de oro = *Galphimia gracilis*
grénguere = *Corchorus olitorius*
grivilea = *Grevillea robusta*
grosella = *Phyllanthus acidus*
grosella china = *Averrhoa bilimbi*
guaba = *Inga vera*
guacamaya francesa = *Cassia alata*
guacamayón = *Cassia alata*
guagüí = *Colocasia esculenta*
guaímaro = *Brosimum alicastrum*, *Trophis racemosa*
guamá de Puerto Rico = *Inga laurina*
guanábana = *Annona muricata*
guandul = *Cajanus cajan*
guapén = *Artocarpus communis*
Guatemala = *Myroxylon balsamum*
guayaba de Brasíl = *Acca sellowiana*
guayaba del Perú = *Psidium guajava*
guayaba redonda = *Psidium guajava*
guayabita de Guinea = *Psidium guineense*
guayabita de Pinar = *Psidium guayabita*
guayabita fresa = *Psidium littorale*
guayabo = *Psidium guajava*
guáyara = *Zamia angustifolia*
güira cimarrona = *Crescentia cujete*
güira común = *Crescentia cujete*

güira larga = *Crescentia cujete*
güirito de pasión = *Solanum mammosum*
güiro amargo = *Lagenaria siceraria*
güiro cimarrón = *Lagenaria siceraria*
güiro guayo = *Lagenaria siceraria*
guisante = *Pisum sativum*
haba = *Vicia faba*
haba de caballo = *Canavalia ensiformis*
haba de Lima = *Phaseolus lunatus*
habas de mons = *Lablab purpureus*
habichuela = *Phaseolus vulgaris*
habichuela china = *Vigna unguiculata* subsp. *sesquipedalis*
harpulia = *Harpullia arborea*
henequén = *Agave fourcroydes, A. rigida*
henequén de Haití = *Furcraea foetida*
hicaco = *Chrysobalanus icaco*
hierba Camagüeyana = *Bothriochloa pertusa*
hierba de linea = *Bothriochloa pertusa*
hierba de ovejo = *Bothriochloa pertusa*
higo = *Ficus carica*
higuera = *Ficus carica*
higuereta = *Ricinus communis*
hinojo = *Foeniculum vulgare*
hinojo de anís = *Lippia alba*
icaco = *Chrysobalanus icaco*
incienso = *Artemisia abrotanum*
incienso = *Artemisia absinthium*
inga dulce = *Pithecellobium dulce*
inula = *Inula helenium*
isbut = *Euphorbia lancifolia*
jaboticaba = *Myrciaria cauliflora*
jaca = *Artocarpus heterophyllus, A. integer*
jack fruit = *Artocarpus integer*
jagua = *Genipa americana*
jambolán = *Syzygium cuminii*
jaragua = *Hyparrhenia rufa*
jazmín de cinco hojas = *Jasminum officinale*
jengibre = *Zingiber officinale*
jeniquén = *Furcraea hexapetala*
jícama = *Calopogonium coeruleum, Pachyrhizus tuberosus*
jícama cimarrona = *Calopogonium coeruleum*
jícama de agua = *Pachyrhizus erosus*
jícama dulce = *Pachyrhizus erosus*
jiribilla = *Dichanthium annulatum, D. caricosum*
jiribilla gigante = *Dichanthium aristatum*
jobo = *Spondias mombin*
jobo de la India = *Spondias cyathera*
judía = *Phaseolus vulgaris*
júpiter = *Lagerstroemia indica*
kaki = *Diospyros kaki*
kaki de Japón = *Diospyros kaki*
kenaf = *Hibiscus cannabinus*
Kenia ruci = *Brachiaria ruziziensis*
Kenya = *Brachiaria ruziziensis*
kikuyu = *Pennisetum clandestinum*
kudzoide = *Neonotonia wightii*
kudzú = *Pueraria lobata*
kudzú tropical = *Pueraria phaseoloides*
kumquat = *Fortunella japonica*
lágrimas de Job = *Coix lacryma-jobi* var. *ma-yuen*
lansio = *Aglaia domestica, Clausena lansium*
laurel de la India = *Ficus retusa*
laurel sasafrás = *Bursera graveolens*
lechuga = *Lactuca sativa*
lechuga arrepollada = *Lactuca sativa*
leirén = *Calathaea allouia*
lengua de rana = *Stylosanthes guianensis*
lenteja = *Lens culinaris*
lima = *Citrus limetta*
lima de Rangpur = *Citrus aurantiifolia*
limón = *Citrus limon*
limón criollo = *Citrus aurantiifolia*
limón dulce = *Citrus limetta, C. limonia*
limón persa = *Citrus limon*
limón rugoso = *Citrus jambhiri*
limoncillo = *Triphasia trifolia*
limoncito = *Triphasia trifolia*
linda mañana = *Hibiscus cannabinus*
lipia = *Lippia virgata*
lirio sable = *Neomarica caerulea*
litchí = *Litchi chinensis*
llerén = *Calathaea allouia*
longán = *Dimocarpus longan*
mabolo = *Diospyros blancoi*
maguey = *Furcraea hexapetala*
maíz = *Zea mays*
majagua de la Florida = *Thespesia populnea*
malanga = *Xanthosoma sagittifolium*
malanga amarilla = *Xanthosoma sagittifolium*
malanga blanca = *Xanthosoma sagittifolium*
malanga china = *Sagittaria sagittifolia* subsp. *leucopetala*
malanga isleña = *Colocasia esculenta*
malanga morada = *Xanthosoma nigrum*
malva blanca = *Urena lobata*
mamey = *Mammea americana*
mamey africano = *Ochrocarpos africanus*
mamey amarillo = *Mammea americana*
mamey colorado = *Pouteria sapota*
mamey de Santo Domingo = *Mammea americana*
mamón = *Annona reticulata*

mamoncillo = *Melicoccus bijugatus*
mamoncillo chino = *Dimocarpus longan, Litchi chinensis*
maná = *Jatropha multifida*
manajú = *Rheedia aristata*
manatí = *Diospyros digyna*
mandarina = *Citrus deliciosa, C. reticulata*
mandelamina = *Neomarica caerulea*
manga = *Mangifera indica*
manga amarilla = *Mangifera indica*
manga blanca = *Mangifera indica*
mango = *Mangifera indica*
mango tarango = *Casimiroa edulis*
mangostán = *Garcinia mangostana*
mangostán de la India = *Diospyros blancoi*
maní = *Arachis hypogaea*
mantequilla = *Vigna unguiculata* subsp. *cylindrica*
manzana de kei = *Dovyalis caffra*
manzana de Otahití = *Spondias cyathera*
manzana lora = *Phyllanthus acidus*
manzanilla alemana = *Matricaria recutita*
manzano = *Malus domestica*
mapén = *Artocarpus communis*
marabú = *Caillea glomerata* (Forssk.) Macbr., mentioned under *Argyreia nervosa*
maracuyá = *Passiflora quadrangularis*
marañón = *Anacardium occidentale*
maribari = *Macroptilium lathyroides*
masamorra = *Brasenia schreberi*
mata diabetes = *Jatropha aethiopica*
maya = *Bromelia pinguin*
mejorana = *Origanum majorana*
melado = *Melinis minutiflora*
melisa = *Melissa officinalis*
melocotón = *Prunus persica*
melón = *Cucumis melo*
melón cantaloup = *Cucumis melo*
melón colorado = *Citrullus lanatus*
melón de agua = *Citrullus lanatus*
melón de Castilla = *Cucumis melo*
melón de Valencia = *Cucumis melo*
melón moscatel = *Cucumis melo*
melón pera = *Solanum muricatum*
membrillo de Australia = *Aegle marmelos*
menta = *Lippia alba, Mentha × piperita*
menta inglesa = *Mentha × piperita*
menta japonesa = *Mentha arvensis* subsp. *haplocalyx*
menta piperita = *Mentha × piperita*
mije = *Psidium sartorianum*
milenrama = *Achillea millefolium*
millo = *Panicum miliaceum, Sorghum bicolor*
mirobalanos émblicos = *Phyllanthus emblica*
mirto del Río = *Syzygium jambos*
monstera = *Monstera deliciosa*
mora = *Morus nigra*
mora blanca = *Chlorophora tinctoria*
mora de la India = *Morinda citrifolia*
mora de loma = *Chlorophora tinctoria*
mora de piedra = *Chlorophora tinctoria*
mora del país = *Chlorophora tinctoria*
mora negra = *Morus nigra*
morera = *Morus alba*
morera de China = *Morus latifolia*
mostaza = *Brassica juncea, B. nigra, Eruca sativa*
mostaza blanca = *Sinapis alba*
mostaza espinaca = *Brassica rapa* var. *perviridis*
mostaza negra = *Brassica nigra*
muralla = *Murraya paniculata*
muscadine = *Vitis rotundifolia*
nabo = *Brassica napus* subsp. *napobrassica*
nabo chino = *Raphanus sativus*
nabo forrajero = *Brassica napus* subsp. *napobrassica*
ñame = *Dioscorea alata, D. bulbifera, D. cayenensis*
ñame amarillo = *Dioscorea alata*
ñame blanco = *Dioscorea alata*
ñame boniato = *Dioscorea esculenta*
ñame chino = *Dioscorea opposita*
ñame cola de pato = *Dioscorea alata*
ñame de Guinea = *Dioscorea alata*
ñame isleño = *Colocasia esculenta*
ñame negro = *Dioscorea alata*
ñame papa = *Dioscorea esculenta*
ñame volador = *Dioscorea bulbifera*
nance = *Byrsonima crassifolia*
naranja agria = *Citrus aurantium*
naranja de Cajel = *Citrus aurantium*
naranja de China = *Citrus sinensis*
naranja de Valencia = *Citrus sinensis*
naranjita de cristal = *Glycosmis pentaphylla*
naranjita de San José = *Citrus madurensis*
nenequén = *Furcraea hexapetala*
neniquén = *Furcraea hexapetala*
nescafé = *Mucuna pruriens* subsp. *deeringiana*
níspero del Japón = *Eriobotrya japonica*
nitro = *Boldoa purpurascens*
nogal de India = *Aleurites moluccana*
nogal de jardín = *Aleurites moluccana*
nogal prieto = *Aleurites moluccana*
nopal de la cochinilla = *Nopalea cochenillifera*

nuéz de marcar = *Semecarpus anacardium*
nuéz de Queensland = *Macadamia ternifolia*
nuéz enemosa = *Monodora myristica*
nuéz moscada = *Monodora myristica, Myristica fragrans*
nuéz vómica Cubana = *Jatropha multifida*
ocuje = *Calophyllum antillanum*
ofón = *Vitex doniana*
ojo de ratón = *Rivina humilis*
olivo = *Olea europaea*
orégano = *Lippia micromera, Origanum vulgare*
orégano de Cartagena = *Eryngium foetidum, Plectranthus amboinicus*
orégano francés = *Plectranthus amboinicus*
oreja de elefante = *Coccoloba pubescens*
oreja de judío = *Enterolobium cyclocarpum*
pachulí = *Pogostemon cablin*
pak-tchoi = *Brassica rapa* subsp. *pekinensis*
palma cristi = *Ricinus communis*
palma marfil = *Annona purpurea*
palma real = *Roystonea regia*
palo bronco = *Malpighia martinicensis*
palo de campeche = *Haematoxylum campechianum*
palo jeringa = *Moringa oleifera*
palo María = *Calophyllum antillanum*
palo santo = *Cassia alata*
palo vencedor = *Zanthoxylum pistacifolium*
pan de mono = *Adansonia digitata*
pándano = *Pandanus utilis*
pangola = *Digitaria decumbens*
pangola gigante = *Digitaria valida*
papa = *Solanum tuberosum*
papa voladora = *Dioscorea bulbifera*
papaya = *Carica papaya*
paraíso = *Melia azederach*
paraíso francés = *Moringa oleifera*
paraná = *Brachiaria purpurascens*
parra = *Vitis vinifera*
pasiflora = *Passiflora quadrangularis*
pasionaria = *Passiflora alata, P. edulis, P. quadrangularis*
pasto estrella = *Cynodon nlemfuensis, C. plectostachyus*
pasto Johnson = *Sorghum halepense*
pasto labrado = *Paspalum notatum*
pata de gallina = *Dactyloctenium aegyptiacum, Eleusine indica*
pata de gallina fina = *Digitaria sanguinalis*
pataca = *Helianthus tuberosus*
pechito = *Solanum mammosum*
pepino = *Cucumis sativus*
perál = *Pyrus communis*
peregil = *Petroselinum crispum*
perejil = *Petroselinum crispum*
perifollo = *Anthriscus cerefolium*
perlas = *Ammi visnaga*
petit pois = *Pisum sativum*
pico de aura = *Macroptilium lathyroides*
pimienta = *Pimenta dioica*
pimienta de Guinea = *Xylopia aethiopica*
pimienta de Jamaica = *Pimenta dioica*
pimienta de tabasco = *Pimenta racemosa*
pimienta negra = *Piper nigrum*
pimiento = *Capsicum annuum, C. frutescens*
pimiento de América = *Schinus molle*
piña = *Ananas comosus*
piña blanca = *Ananas comosus*
piña de la tierra = *Ananas comosus*
piña de ratón = *Bromelia pinguin*
pino de Australia = *Casuarina equisetifolia*
piñón = *Erythrina abyssinica, E. americana*
piñón amoroso = *Gliricidia sepium*
piñón botija = *Jatropha curcas*
piñón de cerca = *Erythrina berteroana*
piñón de pito = *Erythrina berteroana, E. carnea, E. mitis*
piñón de sierra = *Erythrina corallodendron*
piñón de sombra = *Erythrina poeppigiana*
piñón francés = *Erythrina crista-galli*
piñón purgante = *Jatropha curcas*
piñón real = *Erythrina grisebachii*
piñuela = *Bromelia karatas*
pipián = *Cucurbita maxima*
piscuala = *Quisqualis indica*
pita = *Furcraea foetida, F. hexapetala*
pitahaya = *Cereus hexagonus, Hylocereus undatus*
pitajoní = *Alibertia edulis*
pitilla = *Dichanthium annulatum*
pitilla villareña = *Dichanthium annulatum*
platanillo = *Canna edulis*
platanillo de Cuba = *Piper aduncum, P. elongatum*
plátano = *Musa × paradisiaca*
plátano congo = *Musa acuminata*
plátano dátil = *Musa × paradisiaca*
plátano del Orinoco = *Musa × paradisiaca*
plátano guineo = *Musa × paradisiaca*
poleo = *Mentha pulegium*
pomarrosa = *Syzygium jambos*

pomarrosa blanca = *Syzygium aquaeum*
ponasí = *Hamelia patens*
primavera = *Angelonia salicariaefolia*
quimbombó = *Abelmoschus esculentus*
quimbombó chino = *Hibiscus sabdariffa*
quinoa = *Chenopodium quinoa*
quita dolor = *Lippia alba*
rábano = *Raphanus sativus*
rackio = *Allium chinense*
raíz de Madrás = *Curcuma longa*
rambután = *Nephelium lappaceum*
ramié = *Boehmeria nivea*
ramón de Méjico = *Brosimum alicastrum, Trophis racemosa*
remolacha = *Beta vulgaris* var. *vulgaris*
reseda = *Lawsonia inermis*
reseda francesa = *Lawsonia inermis*
rhodes = *Chloris gayana*
ricino = *Ricinus communis*
rima = *Artocarpus heterophyllus, A. integer*
roble de seda = *Grevillea robusta*
romerillo blanco = *Bidens pilosa*
romero = *Rosmarinus officinalis*
rompezaragüey = *Eupatorium odoratum, E. villosum, Vernonia menthaefolia*
rosella = *Hibiscus sabdariffa*
ruda = *Ruta chalepensis, R. graveolens*
rutabaga = *Brassica napus* subsp. *napobrassica*
sábila = *Aloe succotrina, A. vera, Haworthia margaritifera*
sabrosito = *Vigna unguiculata* subsp. *cylindrica*
sagú = *Maranta arundinacea*
salsifí = *Tragopogon porrifolium*
salvadera = *Hura crepitans*
salvia de Castilla = *Salvia officinalis*
Santa Juana = *Coix lacryma-jobi* var. *ma-yuen*
sapote = *Manilkara zapota, Pouteria sapota*
sapote blanco = *Casimiroa edulis*
sapote chino = *Diospyros kaki*
sapote culebra de costa = *Pouteria dictyoneura*
sapote de la India = *Diospyros blancoi*
sapote negro = *Diospyros digyna*
sasafrás = *Bursera graveolens*
sasafrás del país = *Bursera graveolens*
sauco = *Sambucus mexicana*
sauco blanco = *Sambucus mexicana*
seibey = *Passiflora laurifolia*
serení = *Hibiscus sabdariffa*
seso vegetal = *Blighia sapida*
siguaraya = *Trichilia glabra*
sisal = *Agave sisalana*
sorgo dulce = *Sorghum sudanense*
sorgo negro = *Sorghum almum*
soya = *Glycine max*
soya perenne = *Neonotonia wightii*
surbana = *Panicum fasciculatum*
tabaco = *Nicotiana tabacum*
tagua-tagua = *Diospyros digyna*
tamarindillo = *Aeschynomene americana*
tamarindo = *Tamarindus indica*
tamarindo de Puerto Rico = *Inga vera*
tampala = *Amaranthus lividus* convar. *oleraceus*
tanaceto = *Tanacetum vulgare*
taraco = *Hippeastrum puniceum*
tila = *Justicia pectoralis*
tomate = *Lycopersicon esculentum*
tomate americano = *Pereskia aculeata*
tomate árbol = *Cyphomandra betaceae*
tomillo = *Thymus vulgaris*
toronja = *Citrus paradisi*
toronja criolla = *Citrus maxima*
toronjil = *Melissa officinalis, Mentha× piperita*
tostón = *Boldoa purpurascens*
totumba = *Crescentia cujete*
trébol de los pratos = *Trifolium pratense*
trébol híbrido = *Trifolium hybridum*
trébol rojo = *Trifolium pratense*
trebolillo = *Eupatorium hemipteropodum*
tribulillo = *Eupatorium hemipteropodum*
trigo = *Triticum aestivum*
tripa de jutía = *Teramnus labialis*
tuna blanca = *Nopalea cochenillifera*
tuna de cruz = *Euphorbia lactea*
tuna mansa = *Opuntia ficus-indica*
uva = *Vitis rotundifolia, V. vinifera*
uva caleta = *Coccoloba uvifera*
uva crispa de Ceilán = *Dovyalis caffra*
vainilla = *Vanilla planifolia*
vangueria = *Vangueria madagascariensis*
verdolaga francesa = *Talinum paniculatum*
vetiver = *Vetiveria zizanioides*
vicaria = *Catharanthus roseus*
vid = *Vitis vinifera*
viña = *Vitis vinifera*
violeta japonesa = *Dichondra micrantha*
viuda = *Angelonia salicariaefolia*
viznaga = *Ammi visnaga*
vomitel colorado = *Cordia sebestena*
yabilla = *Fevillea cordifolia*
yabuna = *Zamia pumila*
yamagüey = *Pereskia bleo*
yautía = *Xanthosoma nigrum*
yedra = *Boussingaultia baselloides*
yerba bruja = *Brachiaria purpurascens*
yerba buena = *Mentha spicata*

yerba caribe = *Eriochloa punctata*
yerba corzo = *Echinochloa polystachya*
yerba de Cayena = *Tripsacum latifolium*
yerba de Guinea = *Panicum maximum*
yerba de limón = *Cymbopogon citratus*
yerba de los empeines = *Cassia alata*
yerba de paral = *Brachiaria purpurascens*
yerba elefante = *Pennisetum purpureum*
yerba gatera = *Nepeta cataria*
yerba Luisa = *Lippia triphylla*
yerba tejana = *Paspalum notatum*
yerbabuena = *Mentha* × *piperita*
yerén = *Calathaea allouia*
yuca = *Manihot esculenta*
yuca amarilla = *Manihot dulcis*
yuca blanca = *Manihot dulcis*
yuca china = *Nelumbo nucifera*
yuca cristalina = *Manihot dulcis*
yuca de Cartagena = *Manihot carthaginensis*
yuca dulce = *Manihot dulcis*
yuquilla = *Curcuma longa*, *Maranta arundinacea*
yuquilla de sabana = *Zamia pumila*
yute = *Corchorus capsularis*, *C. olitorius*
yute de China = *Abutilon theophrasti*
yuyuba = *Ziziphus spina-christi*
zacate blanco de Honduras = *Ixophorus unisetus*
zacate de Guatemala = *Tripsacum laxum*
zacate prodigioso = *Tripsacum latifolium*
zanahoria = *Daucus carota* subsp. *sativa*
zapote = *Manilkara zapota*
zapupe azúl = *Agave zapupe*
zapupe verde = *Agave deweyana*
zapupe vincent = *Agave lespinassei*
zaragotona = *Plantago afra*
zarzamora = *Rubus illecebrosus*

Kulturpflanze 37 · 1989 · 359–372

Collecting plant genetic resources in Cuba. Report of the third mission, March 1988

MIGUEL ESQUIVEL[1], KARL KRIEGHOFF[1], HARALDO URANGA[1], LÁZARO WAIÓN[1] and KARL HAMMER

(Eingegangen am 19. Dezember 1988)

Summary

The third collecting mission INIFAT-ZIGuK in Cuba was carried out in the province of Pinar del Río, western Cuba, and on the Isla de la Juventud, during March 1988. A total of 284 accessions was collected, including 143 vegetables and spices, 82 pulses and other legumes, 17 cereals, 11 oil crops, 15 root and tuber crops and 16 accessions from other crops. The vegetable crops *Allium* and *Brassica* collected on the Isla de la Juventud, mainly from Japanese farmers, are especially remarkable.

Introduction

In the last years several expeditions for the collection of plant genetic resources in Cuba have been mounted (ESQUIVEL et al. 1987, 1988a). During 1982–83 Western provinces and the Isla de la Juventud were explored (ESQUIVEL et al. 1986, PÉREZ et al. 1985, 1988). A total of 193 accessions of vegetables, pulses and other crops has been collected. Especially interesting were some vegetables from Japanese farmers of the Isla de la Juventud. Considering these results, for the third joint collecting mission INIFAT-ZIGuK the Pinar del Río province and the Isla de la Juventud have been chosen during March, 1988.

Pinar del Río is the western province of Cuba and has four major natural zones: Cordillera de Guaniguanico, which includes for mountain groups, with the highest elevation Pan de Guajaibón (699 m); Llanura ondulada Norte, the land strip between the mountains and the northern coast; Llanura aluvial Sur, sedimentary lowlands in the southern part of Cordillera de Guaniguanico; and Llanura carsica de Guanahacabibes, covering the peninsula of Guanahacabibes. The average annual precipitation reaches from 2000 mm in the mountains to less than 100 mm at the southern coast. Typical pine forests (*Pinus tropicalis* Moric.) predominate in the mountains. Guanahacabibes is covered by semideciduous forests and mangroves. There are several natural protected areas (ICGC 1978).

[1] Instituto de Investigaciones Fundamentales en Agricultura Tropical "Alejandro de Humboldt", INIFAT, Ministerio de Agricultura, Santiago de las Vegas, Cuba.

The Isla de la Juventud (formerly Isla de Pinos), located about 100 km from the Habana southern coast, is the second largest island of the Republic of Cuba, with an area of 2200 km^2. There are two major natural regions. The first is Peniplano Septentrional which includes small elevations in the Northern part with the highest elevation in the loma de la Cañada (303 m). The second region is Ciénaga de Lanier, which comprises swamps in the central part and forests in the south. No big differences exist in precipitation between the central (1800 mm) and the southern parts (1200 mm). Pine forests predominate mainly in the central part, whereas semideciduous forests cover the south. All the southern part is also a protected area (ICGC 1978).

Participants of the expeditions were the authors of this report, K. KRIEGHOFF, H. URANGA and L. WALÓN participated partially. The explored areas are shown in figure 1 and include mountainous zones of the Sierra de los Organos and the Alturas pizarrosas del Norte, the northern lowlands and the peninsula de Guanahacabibes. The Isla de la Juventud was explored again. A more detailed study about its cultivated plants was accomplished. The southern part was explored for the first time. The itinerary is given below:

18. 3. Habana – Pinar del Río – Viñales – San Vicente.

19. 3. San Vicente – San Cayetano – La Esperanza – El Rosario – Verracos – Manuel Sanguily – La Palma – Las Balizas – San Vicente. Collecting: San Vicente, entronque carretera La Palma, entronque a Bejuqueras, Las Merceditas, San Cayetano, El Rosario, Santos Cruz (between El Rosario and Verracos), Verracos.

20. 3. San Vicente – Forest Station at Viñales – Moncada – Pons – Minas de Matahambre – back on the same way. Collecting: Viñales, El Quemado, La Yuquilla, Minas de Matahambre.

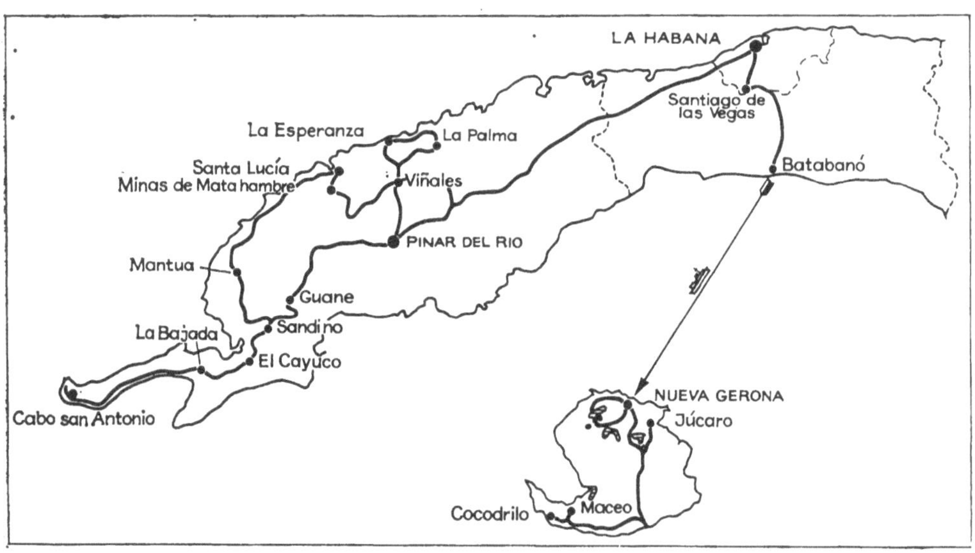

Fig. 1 Travel route of the collecting mission

21. 3. Forest Station – Viñales – Minas de Matahambre – Santa Lucía – Río del Medio – Dimas – Mantua – Veinte de Mayo – El Batey – Bolivar – San Julian – Sandino. Collecting: Las Coloradas, Sitio Abajo, Río del Medio, Macurije, Las Cazuelas, Varona, El Roble, Santa Isabel, Montezuelo, Veinte de Mayo.
22. 3. Sandino – La Fé – Manuel Lazo (El Cayuco) – La Jarreta – Malpotón – La Jarreta – Valle San Juan – La Jaula – La Bajada – Los Ingleses – Roncalí – Las Tumbas – back on the same way. Collecting: Los Encinitos, La Jaula, La Jarreta, Malpotón, Manuel Lazo, close to Playa la Barca.
23. 3. Sandino – Isabel Rubio – Guane – San Carlos – Sumidero – Cabeza – Pinar del Río – Forest Station at Viñales. Collecting: Guane, Manacas, Los Portales, Punta de la Sierra, La Güira.
24. 3. Forest Station – Viñales – Laguna de Piedra – San Andrés – Cayo Hueso – Galalón – San Diego de los Baños – entronque a San Diego – back to Habana on the highway. Collecting: El Fogón de los Negros, Jaqua Vieja, La Sierra, Puertecita.
25. 3. Experimental Station for Medicinal Plants, Güira.
28. 3. Habana – Batabanó – ferry-boat to Isla de la Juventud – Nueva Gerona
29. 3. Nueva Gerona – La Fé – Júcaro – back on the same way. Collecting: La Fé, Júcaro.
30. 3. Nueva Gerona – La Fé – Mella – Cayo Piedra – Playa Larga – Cocodrilo (Jacksonville) – Caleta Grande – Maceo – back on the same way. Collecting: between Cayo Piedra and Playa Larga, Cocodrilo, Maceo, Mella, Experimental Station La Granjita (material from all the island).
31. 3. Nueva Gerona – Ciro Redondo – Nueva Gerona – back to Batabanó by ferry-boat. Collecting: Ciro Redondo, Nueva Gerona.

Results

In the Northern lowlands between Puerto Esperanza and La Palma, tobacco is produced intensively in "vegas", small production areas (fig. 2). The same is true for small valleys in the mountains and in the El Cayuco–Malpotón zone. As observed in Central Cuba (Esquivel et al. 1988b), these "vegas" are a suitable agroecosystem where several land-races are cultivated. The mountainous zones of El Moncada–Minas de Matahambre and Santa Lucia–Mantua are forests, where *Pinus tropicalis* Moric. is cultivated. The Sandino area is dedicated to *Citrus* plantations. The last places contained only a few material of our interest. The Peninsula de Guanahacabibes turned out to be an interesting place, since autochtonous elements of flora and fauna exist here, together with some wild relatives of cultivated plants, as the wild papaya (*Carica prosoposa* L. fig. 3). Nuñez Jimenez (1968) explored this area and reported the existence of several "conucos" (see Esquivel and Hammer 1988), where some cultivated plants grew in semi-wild conditions. But we were not successful in collecting, because no farmers live there anymore.

On the Isla de la Juventud a higher percentage of cultivable land is used for

Fig. 2 Between larger fields, mainly for tobacco growing, small production areas (vegas) are situated around the farm houses in the province of Pinar del Río

Table 1
Collecting list of the expedition INIFAT-ZIGuK '88

Species	Number of accessions collected	Species	Number of accessions collected
Abelmoschus esculentus	4	*Carica prosoposa*	1
Allium cepa	2	*Citrullus lanatus*	5
Allium cepa var. *aggregatum*	5	*Coriandrum sativum*	1
Allium sativum	12	*Cucumis melo*	1
Allium sp.	7	*Cucumis sativus*	6
Amaranthus sp.	2	*Cucurbita maxima*	1
Arachis hypogaea	2	*Cucurbita moschata*	10
Basella alba	1	*Cucurbita pepo*	1
Benincasa hispida	2	*Daucus carota*	1
Beta vulgaris	1	*Dioscorea alata*	2
Beta vulgaris var. *cicla*	3	*Dioscorea bulbifera*	1
Brassica juncea	1	*Dioscorea opposita*	1
Brassica oleracea	2	*Eriobotrya japonica*	1
Brassica rapa	4	*Eruca sativa*	1
Brassica rapa ssp. *pekinensis*	1	*Eryngium foetidum*	2
Caesalpinia bundoc	1	*Gossypium barbadense*	1
Cajanus cajan	1	*Helianthus annuus*	4
Canavalia gladiata	1	*Ipomoea batatas*	4
Canavalia maritima	1	*Jatropha urens* var. *inermis*	1
Capsicum annuum	6	*Lablab purpureus*	1
Capsicum frutescens	25	*Lactuca sativa*	4
Carica papaya	5	*Lycopersicon esculentum*	14

Continued Table 1

Species	Number of accessions collected	Species	Number of accessions collected
Momordica charantia	3	*Lycopersicon esculentum* var. *cerasiforme*	3
Mucuna pruriens ssp. *deeringiana*	1	*Manihot esculenta*	4
Neomarica coerulea	1	*Raphanus sativus*	2
Nicotiana tabacum	2	*Ruta chalepensis*	1
Oryza sativa	4	*Sechium edule*	2
Passiflora quadrangularis	1	*Sesamum indicum*	5
Petroselinum crispum	3	*Solanum jamaicense*	1
Phaseolus lunatus	12	*Solanum melongena*	2
Phaseolus vulgaris	55	*Sorghum bicolor*	1
Pimpinella anisum	1	*Vigna angularis*	2
Pisum sativum	1	*Vigna unguiculata*	7
Plectranthus amboinicus	1	*Xanthosoma sagittifolium*	3
Psidium guayabita	1	*Zea mays*	12
		Total	284

Citrus production, mainly *C. paradisi* Macf. There is also a regular production of vegetables. Water melon, *Citrullus lanatus* (Thunb.) Matsumura et Nakai, nearly amounts to 70 %. Nevertheless, in Júcaro and Ciro Redondo there are some areas for vegetable production, mainly of Japanese farmers, where both modern varieties and traditional cultivars are grown. In some villages, as La Fé, large gardens for vegetable production have been created, where local cultivars and commercial varieties are grown.

Several specialists studied the flora of the Isla de la Juventud (Alain 1946 Acuña et al. 1967), and gave a brief comment of its cultivated plants. We could notice that some of the plants reported, already disappered, as e.g. soybeans. Japanese farmers in Ciro Redondo formerly cultivated them to prepare a kind of cheese called "tofu". The southern part of the Isla de la Juventud has similar characteristics as Guanahacabibes, but there are still some farmers. Cocodrilo is a village founded by fishermen from the Gran Cayman islands, and some old English-speaking people still maintain interesting cultivars.

A total of 284 accessions from nearly 70 species were collected, 143 vegetables, 82 legumes, 17 cereals, 11 oil crops, 15 roots and tubers and 26 from other crops. Table 1 summarizes the material collected.

Crop specific results

Vegetables

The genus *Allium* turned out be of special interest. In Pinar del Río "cebolla de diente" (*A. cepa* L. var. *aggregatum* G. Don) and "ajo criollo" (*Allium sativum* L.) are wide spread cultivated. The latter showed some variation in bulb size and colour. In Minas de Matahambre a typical *A. cepa* L. variety is cultivated based

Fig. 3 *Carica protoposa* L., autochthonous element in the natural vegetation of the Guanahacabibes peninsula (Pinar del Río)

on local seed production. On the Isla de la Juventud other species are cultivated, the so-called "cebollinos" (fig. 4). At least *A. fistulosum* L., *A. tuberosum* Rottler ex Spreng. and *A. chinense* G. Don were found. Other species are still under study and seem to be *A. macrostemum* Bunge and *A. porrum* L.

In the genus *Brassica*, some vegetable races are cultivated, as "col china", *B. rapa* L. subsp. *pekinensis* (Lour.) Hanelt, and "berza", *B. oleracea* L. convar. *acephala* (DC.) Alef., *B. oleracea* L. var. *alboglabra* (Bailey) Musil. Other species are used as medicinal plants, e.g. "mostaza", *B. juncea* (L.) Czern. (fig. 5). Under the folk name of "mostaza" also *Eruca sativa* Mill. was collected, which is not yet reported under cultivation in Cuba. A typical Japanese cultivar is

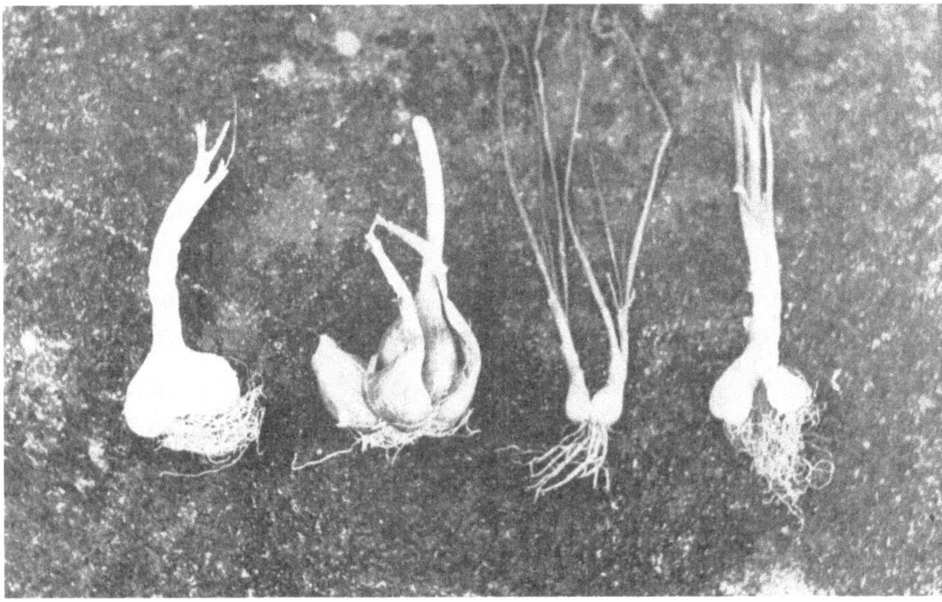

Fig. 4 "Cebollinos" cultivated by Japanese farmers on the Isla de la Juventud – *Allium chinense* G. Don, *Allium cepa* L. var. *aggregatum* G. Don, *Allium tuberosum* Rottler ex Spreng., *Allium chinense* G. Don (from left to right)

Fig. 5 *Brassica juncea* (L.) Czern. in semi-cultivation (Pinar del Río)

"nabo chino" or "rábano japonés" which has been considered as *B. napus* L. var. *esculenta* DC. (actually *B. napus* subsp. *napobrassica* (L.) Hanelt), but it is a form of *Raphanus sativus* L. with large white roots.

Several species are cultivated from the Cucurbitaceae family. Most widely used is *Cucurbita moschata* (Duch. ex Lam.) Duch. ex Poir. The samples mainly belong to the cultivar group "calabaza de pescuezo" with large naked fruits, but cultivars with small, rounded fruits were also found. On the Isla de la Juventud *C. pepo* L. and *C. maxima* Duch. are also cultivated. The last one is said to have been introduced recently from Nicaragua, but it has been reported for Cuba already long time ago (LA SAGRA 1845, GÓMEZ DE LA MAZA and ROIG 1914, ROIG 1975). Other species as "pepino" (*Cucumis sativus* L.), "melon Cantaloup" (*C. melo* L.), "chayote" (*Sechium edule* Sw.) and "pepino angolano" (*Benincasa hispida* (Thunb.) Cogn. are cultivated less frequently. Two samples collected of the last species have large fruits, and resemble those from Holguín (ESQUIVEL et al. 1988a). Some variation in seed characters was found in the samples of *Citrullus lanatus* (Thunb.) Matsamura et Nakai. A typical east Asiatic vegetable is "cundeamor chino", *Momordica charantia* L., which is still cultivated on the Isla de la Juventud. Its wild form is widely distributed and was collected by us in Malpotón, Pinar del Río (fig. 6). Another interesting species is *Lagenaria siceraria* (Molina) Standl. which is used for making folk music instruments or bottles.

In tomatoes several forms were collected, including well-known commercial varieties as 'Campbell', but also land-races as "placero" and "cimarrón". The

Fig. 6 Primitive cultivar of *Momordica charantia* L. from Malpotón (Pinar del Río). The fruits are used for human consumption. The typical wild races have smaller fruits

last one, *Lycopersicon esculentum* Mill. var. *cerasiforme* (Dun.) Alef., showed different forms, including typical cerasiforme types and fruits with three carpels, as a result of possible introgression between both types, as reported previously (ESQUIVEL et al. 1987). Salad pepper (*Capsicum annuum* L.) showed no great variation and the samples were similar to commercial varieties as 'California Wonder' and 'Chay'. In *C. frutescens* L. almost all samples belonged to the "cachucha" type, but with some variation in size, shape, fruit color and pungency. Some other types were collected, as "chile", with thin, large and very pungent fruits.

Pulses and other legumes

Most of the samples belonged to *Phaseolus vulgaris* L. In Pinar del Río black types are predominant, because they are considered to be more resistant against drought, which was the most limiting factor for production in the last years. Sometimes heterogeneous populations were found. Quite a different situation was observed on the Isla de la Juventud, where red and other coloured beans are preferred. Close to La Demajagua variable populations were found which contained more than 12 different types. Farmers considered that in this way it is always possible to ensure a good harvest, deminishing the dependance on climatic factors, pests or diseases. In Pinar del Río *Phaseolus lunatus* L. samples are mainly "sieva" types, but small "potato" types were also found. Close to Malpo-

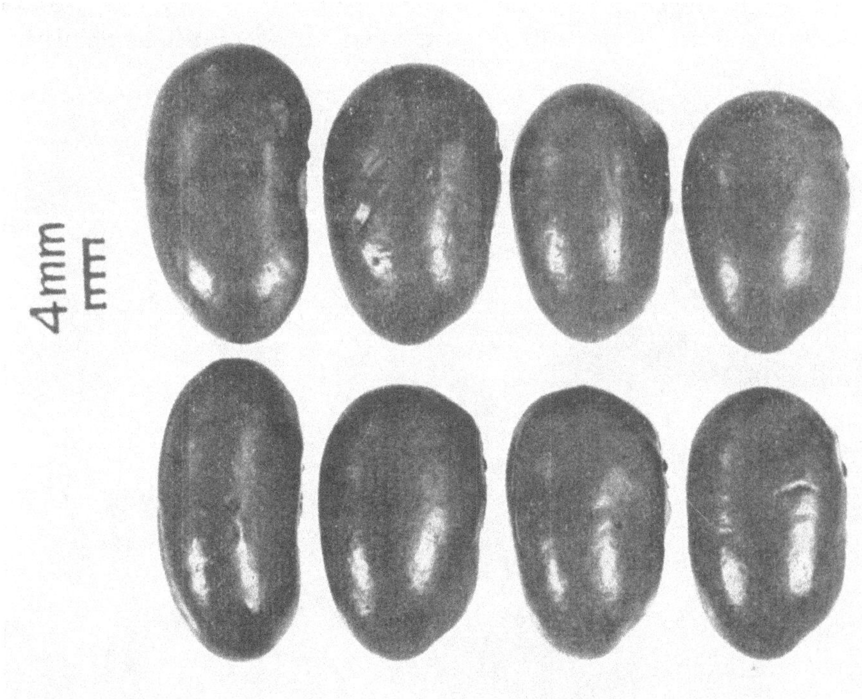

Fig. 7 *Phaseolus lunatus* L. seeds from Malpotón (Pinar del Río) strongly resembling to *Phaseolus vulgaris* L.

tón a rare race was collected, with large-rounded dark purple seeds, containing also seeds very similar to *Ph. vulgaris* L. (fig. 7). It is called "frijol de enredadera" (climbing bean). Introgression is not probable, since natural introgression between *P. vulgaris* L. and *P. lunatus* L. has not been reported and even experimental crosses have not yet been successfully performed (Mok et al. 1978, Rabacoarihanta et al. 1979, Savova and Zagorska 1987).

Two *Vigna* species were collected. The first is called "frijol maicero" and is a grain crop. Roig (1975) described under this folk name *V. sinensis* (L.) Hassk. (*V. unguiculata* (L.) Walp. subsp. *unguiculata*), because of the black spot on the hilum. But the material collected does not show this character. Actually it is *V. angularis* (Willd.) Ohwi et Ohashi. Under the name of "habichuela" *V. unguiculata* (L.) Walp. subsp. *sesquipedalis* (L.) Verd. was collected. Its long pods are used as a vegetable, wheras *V. unguiculata* (L.) Walp. subsp. *unguiculata*, is used both as vegetable and grain crop. Some folk names, as "frijol chirigna", are applied to such types. *Canavalia gladiata* (Jacq.) DC. was collected under the name of "nescafé" in Pinar del Río and *Mucuna pruriens* (Stickm.) DC. subsp. *deeringiana* (Bort.) Hanelt under the same name in Nueva Gerona, Isla de la Juventud. Both are used in mixture with coffee.

Roots and tubers

This group, called "viandas" in Cuba, is the main starch source in farmers' alimentation. In each "vega" or "conuco", a small field of yuca (*Manihot esculenta* Crantz) can be found. In Viñales a single farmer maintains four different cultivars

Fig. 8 Different stocks of *Manihot esculenta* Crantz from Viñales (Pinar del Río)

–"negrita", "carne de puerco", "colora" and "yuca papa". Clones are differenciated according to plant and root characters, but also with respect to cooking qualities (fig. 8). One of these clones "yuca colora", is said to have been found growing spontaneously in the neighbouring mountains. This may be possible, because the Viñales zone was famous for the "palenques" of "cimarrones" (small villages of escaped slaves in the mountains), and cassava was one of the cultivated plants in their "conucos" (Esquivel and Hammer 1988, Franco 1973). The toponymy of some places near Viñales al El Fogón de los Negros (the negro's kitchen) supports this fact.

In "boniato", *Ipomoea batatas* (L.) Lam., samples with differences in shape,

Fig. 9 *Dioscorea bulbifera* L. from Viñales (Pinar del Río)

form and tuber color were collected. These characters are used in folk classification of the cultivars. Another popular root crop is "malanga", *Xanthosoma saggitifolium* (L.) Schott. One of the clones collected in Viñales was "malanga amarilla", reported by ROIG (1975) as typical for the Pinar del Río province. Great interest deserve the species of *Dioscorea*. In Viñales the rare *D. bulbifera* L. is cultivated under the folk name of "ñame volador" or "papa voladora" because of its aerial bulbs (fig. 9). ROIG (1975) considered it to be *Dioscorea pilosiuscula* Griseb. More common is *D. alata* L. called "ñame de montón" (monton = pile), because it is usually planted in soil promontories, which allow a better rhizome growing and make the harvest easier. Another species under cultivation is possibly *D. opposita* Thunb., known on the Isla de la Juventud as "ñame de agua". It is cultivated by Japanese farmers.

Other species

Variable populations of *Carica papaya* L. were found in wild conditions near Cocodrilo. As already mentioned, the wild *C. prosoposa* L. is characteristic for all dry semideciduous forests in Cuba, e.g. Guanahacabibes. Intermediate forms can result from introgression. A rare plant is *Psidium guayabita* A. Rich. Its folk name "guayabita del pinar" indicates that it is an endemic from the sandy soils and pine forests of Pinar del Río and the Isla de la Juventud. Its small fruits are used to prepare a typical liqueur in Pinar de Río. Among the medicinal plants, under the name of "chaya", *Jatropha urens* L. was collected. This species is considered by ROIG (1975) as a leaf vegetable. In Viñales *Marica helenae* Worsl. is cultivated as a medicinal plant and has the folk name "mandelamina". The same species was reported as cultivated in Yateras, Guantánamo, to avoid soil erosion in vegetable plantations in the mountains (ESQUIVEL et al. 1988a). Two samples of *Nicotiana tabacum* L. were collected. According to ROIG (1975), this "tabaco criollo" is *N. tabacum* L. var. *havanensis* Comes. The collecting place of the samples, formerly known as Vueltabajo, is considered as the production area of the best tobacco in the world. Even so the production is based on modern varieties, some farmers still have small plots for their own consumption.

General considerations

We could notice how genetic erosion of some crops and old cultivars has proceeded. The case of soybeans on the Isla de la Juventud and the "conucos" of Guanahacabibes are two examples. Principal causes have been adoption of new cultivars, urbanization of agricultural areas or changes in agricultural policy. They are typical for the development of agriculture in Cuba. Therefore, reasonable efforts should be done to avoid the loss of valuable local material. The preservation of agroecosystems together with their land-races should be an ideal solution (ALTIERI and MERRICK 1987, ALTIERI et al. 1987). But practically this is difficult to realize under Cuban conditions. A flexible policy in rural development could be an alternative way. One good example is the establishment of vegetable gardens on the Isla de la Juventud.

The knowledge of the cultural development of an area is useful to prepare and accomplish collecting expeditions and, later on, for the interpretation of the results. Only in this way it is possible to understand the presence of some cultivated plants and their probable origin. Toponymy with respect to folk names, places, etc. is a useful tool for these studies.

The complex composition of Cuban culture and its influences on agriculture have been already discussed (ESQUIVEL and HAMMER 1987). In Pinar del Río the African influence was observed, considering the toponymy of some places as "laguna de los negros" in Guanahacabibes (NUÑEZ JIMENEZ 1968) and the plants under cultivation, e.g. yams, sesame, etc. On the Isla de la Juventud the east Asiatic influence is stronger. A more detailed information about east Asiatic influences in Cuban agriculture is presented elsewhere (HAMMER and ESQUIVEL 1989).

Zusammenfassung

Sammlung pflanzlicher genetischer Ressourcen in Kuba. Bericht über die dritte Sammelreise im März 1988

Die dritte Sammelreise INIFAT-ZIGuK in Kuba wurde im März 1988 in der Provinz Pinar del Río, Westkuba, und auf der Isla de la Juventud durchgeführt. Insgesamt wurden 284 Proben gesammelt, davon sind 143 Gemüse und Gewürzpflanzen, 82 Hülsenfrüchte und andere Leguminosen, 17 Getreide, 11 Ölpflanzen, 15 Wurzel- und Knollenfrüchte sowie 16 andere Kulturen. Besonders bemerkenswert sind *Allium*- und *Brassica*-Sippen der Isla de la Juventud, die dort vorwiegend von japanischen Bauern angebaut werden.

Краткое содержание

Сбор растительных генетических ресурсов на Кубе. Отчёт о третьей экспедиции в марте 1988 г.

Третья совместная экспедиция сотрудников Института фундаментального исследования сельского хозяйства тропиков и Центрального института генетики и исследования культурных растений на Кубу проводилась в марте 1988 г. в провинции Пинар ди Рио, на западе Кубы и на острове Изла де ла Ювентут (о. Молодёжи). В общем было собрано 284 образца, из них 143 относятся к овощным и пряным культурам, 82 к бобовым и другим легуминозам, 17 к злаковым, 11 к масличным культурам, 15 к корнеплодным и клубнеплодным культурам, 16 к другим различным культурам. Особенно примечательны виды *Allium*- и *Brassica*-Sippen острова Изла де ла Ювентут, которые в основном выращиваются японскими крестьянами.

Literature

ACUÑA, J., C. S. DEL PINAL y G. ACUÑA, 1967: Catálogo floristico de Isla de Pinos. — Academia de Ciencias de Cuba, Serie Isla de Pinos No. 22. — La Habana, 54 pp.

ALAIN, HNO., 1946: Notas taxonómicas y ecológicas sobre la flora de la Isla de Pinos. – Contr. Ocas. Mus. Hist. Nat. Col. De la Salle No. 7. – La Habana, 115 pp.
–, 1964: Flora de Cuba 5. – Assoc. Est. Cienc. Biol. – La Habana, 362 pp
ALTIERI, M. A. and L. C. MERRICK, 1987: In situ conservation of plant genetic resources through maintenance of traditional farming systems. – Econ. Bot. **41**, 86–96.
–, L. C. MERRICK and M. K. ANDERSON, 1987: Peasant agriculture and the conservation of crop and wild plant resources. – Conservation Biology **1**, 49–58.
ESQUIVEL, M., L. CASTIÑEIRAS, B. RODRÍGUEZ and K. HAMMER, 1987: Collecting plant genetic resources in Cuba. – Kulturpflanze **35**, 367–378.
–, y K. HAMMER, 1987: Los recursos fitogenetics de Cuba, su origen y distribución. – Abstracts VIII. Latin American Congress of Genetics, II. Cuban Congress of Genetics, Sect. Plant Genetics. La Habana, p. 36.
–, and –, 1988: The "conuco"–an important refuge of Cuban plant genetic resources. – Kulturpflanze **36**, 451–463.
–, J. PÉREZ y L. CASTIÑEIRAS, 1986: Colecta de germoplasma en el Occidente de Cuba. – FAO/IBPGR Pl. Genet. Resources Newsl. **66**, 14–15.
–, T. SHAGARODSKY, K. KRIEGHOFF, B. RODRÍGUEZ and K. HAMMER, 1988a: Collecting plant genetic resources in Cuba. Report of the second mission, 1986. – Kulturpflanze **36**, 437–449.
–, –, L. WALÓN y M. CARABALLO, 1988b: Nuevas expedicions de recolección de germoplasma en las provincias Centrales de Cuba. – FAO/IBPGR Pl. Genet. Resources Newsl., submitted.
FRANCO, J. L., 1973: Los palenques de los negros cimarrones. – Colección historica D.O.R., P.C.C. – La Habana, 116 pp.
GÓMEZ DE LA MAZA, M. y J. T. ROIG, 1914: Flora de Cuba. Datos para su estudio. – La Habana, 182 pp.
HAMMER, K. and M. ESQUIVEL, 1989: Notes on east Asian influences in Cuban agriculture. – FAO/IBPGR Pl. Genet. Resources Newsl., in press.
ICGC, 1978: Atlas de Cuba. – Instituto Cubano de Geodesía y Cartografía. – La Habana, 143 pp.
LA SAGRA, R., DE, 1845: Historia física, política y natural de la Isla de Cuba, t. **10** Botánica. – Paris, 319 pp.
MOK, P. W. S., M. C. MOK and A. RABACOARIHANTA, 1978: Interspecific hybridization of *Phaseolus vulgaris* L. with *P. lunatus* and *P. acutifolius*. – Theor. & Appl. Genetics **52**, 209–215.
NUÑEZ JIMENEZ, A., 1968: Expedición a la peninsula de Pinar del Río. – Serie Pinar del Río No. 21, Academia de Ciencias de Cuba. – La Habana, 48 pp.
PÉREZ, J., L. CASTIÑEIRAS, V. MORENO, L. WALÓN y M. BARRIOS 1985: Prospeciones en zonas Occidentales de Cuba. – Miscelanea Agricola No. 3, 3–4.
–, M. ESQUIVEL y L. CASTIÑEIRAS, 1988: Prospeciones de material genetico en los provincias de La Habana, Ciudad de la Habana y el Municipio Isla de la Juventud. – FAO/IBPGR Pl. Genet. Resources Newsl., submitted.
RABACOARIHANTA, A., P. W. S. MOK and M. C. MOK, 1979: Fertilization and early embryo development in reciprocal interspecific crosses of *Phaseolus*. – Theor. & Appl. Genetics **54**, 55–59.
ROIG, J. T., 1975: Diccionario Botanico de Nombres Vulgares Cubanos. 2 Vols. – Ed. Pueblo y Educacion. – La Habana, 1142 pp.
SAVOVA, N. and N. ZAGORSKA, 1987: Efforts of overcoming the species incompatibility between *Phaseolus vulgaris* L. and *P. lunatus* L. by in vitro methods (Bulg., Engl. summary). – Genetics & Breed. (Sofia) **20**, 448–453.

Dr. K. HAMMER
Zentralinstitut für Genetik und Kulturpflanzenforschung
der Akademie der Wissenschaften der DDR
Corrensstraße 3
Gatersleben
DDR - 4325

Kulturpflanze 37 · 1989 · 373–390

Bericht über eine Reise in Kolumbien 1988 zur Sammlung pflanzlicher genetischer Ressourcen

GERD K. MÜLLER[1], AMPARO BOHORQUEZ[2], OVER QUINTERO[2] und KARL HAMMER

(Eingegangen am 9. Februar 1989)

Zusammenfassung

Eine Reise zur Sammlung pflanzlicher genetischer Ressourcen und zum Studium der Unkräuter wurde 1988 in Kolumbien durchgeführt. Es war möglich, beide Zielstellungen gut zu verbinden und interessante Ergebnisse hinsichtlich von Kulturpflanze-Unkraut-Aspekten zu erreichen. 112 Proben von Kulturpflanzen und ihren wildwachsenden Verwandten wurden für die Gaterslebener Genbank gesammelt. Zahlreiche Muster von Unkräutern und Wildpflanzen ergänzen die bestehenden Sammlungen des Leipziger Herbariums. Die Generosion ist in der Umgebung von Bogotá schon weit fortgeschritten, aber in entfernteren Regionen können noch Landsorten verschiedener Kulturpflanzenarten gesammelt werden, besonders in den südlichen Landesteilen. Diese Tendenz der in südlicher Richtung zunehmenden Variabilität wurde durch Aufsammlungen aus Peru bestätigt. Hier konnten 40 Muster zahlreicher Kulturpflanzenarten mit hoher Variabilität innerhalb der Fruchtarten gesammelt werden. Besonders erwähnenswert ist eine Form von *Vicia faba* mit eigenartiger Samenmusterung, über die bisher noch nicht berichtet wurde.

Einleitung

Auf der Grundlage von Vereinbarungen mit der INCCA-Universität, Bogotá, wurde vom 28. Juni bis 4. August 1988 eine Sammelreise in Kolumbien durchgeführt. Das Ziel dieser Reise war die Beschaffung von Pflanzenmaterial zur Erweiterung der entsprechenden Kollektionen der Gaterslebener Genbank bzw. zur Ergänzung der Sammlungen des Leipziger Herbariums (MÜLLER et al. 1981, 1987) sowie des Botanischen Gartens.

Nach ersten Sammelreisen in Kuba (ESQUIVEL et al. 1987, 1988), wurde mit dieser Unternehmung ein weiteres Gebiet der Neotropis in die von der Genbank Gatersleben organisierten Reisen einbezogen.

Die etwas unterschiedlichen Zielstellungen dieser Reise – Sammlung von

[1] Sektion Biowissenschaften, WB Taxonomie/Ökologie und Botanischer Garten, Talstr. 33, Leipzig, DDR - 7010
[2] INCCA-Universität, Bogotá, Colombia

Kulturpflanzen-Landsorten und verwandten Wildarten sowie schwerpunktmäßige Erfassung von Unkräutern – ergänzten sich glücklich. Unkräuter spielen als Ausgangsmaterial zur Lösung der Aufgaben der Genbank eine nicht unerhebliche Rolle (Hammer 1985). Eine Zusammenschau der Kulturpflanze-Unkraut-Problematik, die in beiden Richtungen befruchtend wirkt, ist zwar gelegentlich bei Sammelreisen (Kühn et al. 1980) angestrebt worden, bezog sich aber nur auf wenige Teilaspekte.

Die Unterscheidung Kulturpflanze – Unkraut ist in Kolumbien und anderen tropischen bzw. subtropischen Gebieten oft nicht leicht zu treffen. So werden die „malezas nobles" oder „coberturas nobles" (Gómez Aristizábal und Rivera Posada 1987) als Bodenbedeckungspflanzen für Plantagenkulturen nicht nur geduldet, sondern auch gefördert und zuweilen bewußt angesät. Diese Gruppe von Pflanzen ist für die Arbeiten am „Kulturpflanzenverzeichnis" (Schultze-Motel 1986) in Gatersleben von Interesse. Nach Gómez Aristizábal und Rivera Posada (1987) gehören zu den wichtigen Arten:

Artemisia absinthium (Asteraceae), *Brachiaria decumbens, B. mutica* (Poaceae), *Commelina diffusa, C. virginica* (Commelinaceae), *Cynodon dactylon* (Poaceae), *Dichondra micrantha* (Convolvulaceae), *Drymaria cordata* (Caryophyllaceae), *Eragrostis pilosa* (Poaceae), *Melinis minutiflora* (Poaceae), *Oplismenus burmannii* (Poaceae), *Panicum laxum, P. maximum, P. trichoides* (Poaceae), *Paspalum notatum* (Poaceae), *Pennisetum purpureum* (Poaceae), *Setaria geniculata* (Poaceae), *Tripogandra amanensis* (Commelinaceae).

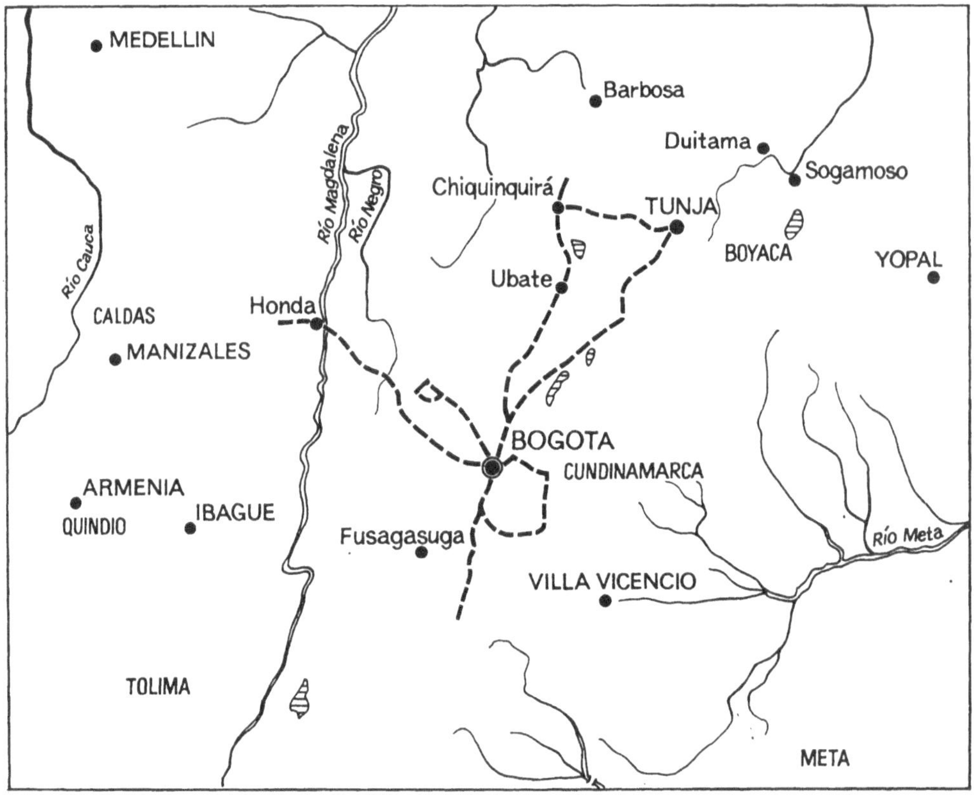

Abb. 1 Reiseroute im Gebiet um Bogotá

Durch eine reiche orographische und klimatische Gliederung verfügt Kolumbien über eine vielgestaltige Flora. Nach neuerer Schätzung wird die Anzahl der Blütenpflanzen in diesem Land mit etwa 35000 Arten angegeben (FORERO 1988). Die Faktoren, die diesen Reichtum hervorgebracht haben, sollten auch bei der Evolution der Kulturpflanzen eine Rolle gespielt haben. Zusätzlich zeichneten sich die alten Indianerkulturen durch große Geschicklichkeit im Hinblick auf die Selektion aus und bewirkten spezifische Selektionsdrücke in Richtung auf reich gegliederte Kulturpflanzensippen. Das Ergebnis ist eine artenreiche und variable Kulturpflanzenflora (PORTILLA 1951, PATIÑO 1963–64, PÉREZ ARBELÁEZ 1978).

Der größte Teil der Sammlungen wurde in der näheren und weiteren Umgebung von Bogotá durchgeführt, dabei reichte das Expeditionsgebiet im Norden bis in die Umgebung von Tunja, im Westen bis Mariquita, im Süden in die Páramo de Chisacá und im Osten in die Niederungen von Choachí (Abb. 1). Ein weiteres Sammelgebiet lag in der Umgebung der südkolumbianischen Stadt Pasto (Abb. 2).

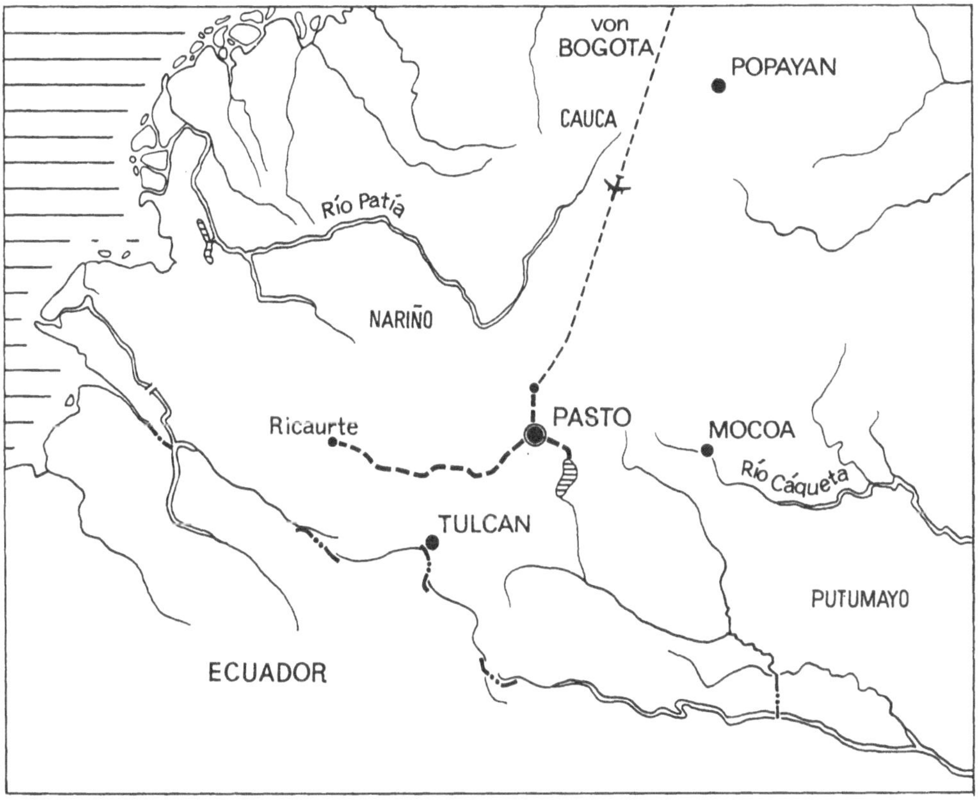

Abb. 2 Reiseroute in der Gegend von Pasto

Ergebnisse und Diskussion

Das für die Genbank gesammelte Material, das insgesamt 112 Muster umfaßt, wird nachfolgend aufgelistet.

Chenopodium quinoa	1	
Hordeum vulgare	4	
Sorghum bicolor s. l.	1	
Sorghum halepense	1	
Triticum aestivum	3	
Zea mays	17	
Getreide einschl. Pseudocerealien		27
Arracacia xanthorrhiza	1	
Oxalis tuberosa	3	
Solanum spp.	12	
Tropaeolum tuberosum	1	
Ullucus tuberosus	6	
Knollenfrüchte		23
Benincasa hispida ?	1	
Cucurbita maxima	3	
Cyclanthera pedata	1	
Kürbisgewächse		5
Glycine max	1	
Lablab purpureus	1	
Phaseolus vulgaris	18	
Pisum sativum	1	
Vicia faba	3	
Vigna unguiculata	3	
Leguminosen		27
Allium cepa var. *aggregatum*	1	
Allium sativum	1	
Brassica oleracea	2	
Brassica rapa	2	
Capsicum annuum	3	
Capsicum chinense	2	
Capsicum frutescens	10	
Capsicum pubescens	1	
Solanum muricatum	1	
Gemüse		23
Andere Fruchtarten		7
Summe		112

Über die Ergebnisse der Aufsammlungen für das Herbarium wird in einem weiteren Heft aus der Reihe „Catalogus Herbarii Lipsiensis" berichtet werden.

Die „Savanne" von Bogotá ist eine fruchtbare Hochebene in der Ostkordillere bei 2500–2600 m ü. NN. Die Unkrautvegetation in diesem Gebiet konnten wir in der Granja Experimental des Instituto Colombiano de Agricultura (ICA) in Tibaitatá 15 km NW von Bogotá und in der Finca La Mana bei Chia (Vereda Yerbabuena) 35 km N von Bogotá studieren. Sie ist in diesem Gebiet stark europäisch beeinflußt. Folgende Acker- und Ackerrandunkräuter wurden notiert:

Amaranthaceae
Amaranthus chlorostachys
Amaranthus dubius
Asteraceae
Conyza bonariensis
Cotula australis
Cotula coronopifolia
Galinsoga parviflora
Galinsoga spec.
Gnaphalium spec.
Senecio vulgaris
Sonchus oleraceus
Taraxacum officinale
Brassicaceae
Brassica rapa
Capsella bursa-pastoris
Lepidium bipinnatifidum
Raphanus sativus
Caryophyllaceae
Silene gallica
Spergula arvensis
Stellaria media
Chenopodiaceae
Chenopodium album
Chenopodium ambrosioides
Chenopodium giganteum
Chenopodium murale
Euphorbiaceae
Euphorbia peplus
Fabaceae
Medicago lupulina
Trifolium dubium
Trifolium repens
Geraniaceae
Erodium moschatum
Malvaceae
Malva parviflora
Urocarpidium spec. (fl. alba)
Oxalidaceae
Oxalis corniculata
Plantaginaceae
Plantago major
Poaceae
Anthoxanthum odoratum
Avena sterilis
Dactylis glomerata
Holcus lanatus
Lolium perenne
Pennisetum clandestinum
Poa annua
Polygonaceae
Polygonum aviculare
Polygonum persicaria
Rumex acetosella
Rumex crispus
Rumex obtusifolius
Scrophulariaceae
Veronica arvensis
Veronica persica
Veronica serpyllifolia
Violaceae
Viola arvensis

Die traditionellen Kulturpflanzen dieses Gebietes sind durch die Generosion schon beträchtlich in ihrer Mannigfaltigkeit eingeengt. Gute Sammelergebnisse wurden lediglich auf dem Bauernmarkt von Bogotá erzielt, wo auch Material etwas entfernterer Provenienzen angeboten wird.

Unterhalb von 2000 m ü. M. tritt ein auffälliger Wandel der Vegetation ein. Der epiphytenreiche „Bosque Andino" geht in den tropischen Bergregenwald über; an die Stelle der Mais- und Gemüsekulturen treten Kaffee-, Zitrus-, Bananen-, Maniok- und Zuckerrohr-Anpflanzungen.

Wir trafen diese Verhältnisse 60 km nordwestlich von Bogotá auf dem Gebiet der Gemeinde La Vega bei San Juan in der Umgebung der Finca „Las Feijoas" (2100 m ü. NN) und der Hacienda „Naranjal" (1850 m ü. NN) an. „Las Feijoas", benannt nach der Neuanpflanzung von *Acca sellowiana* (syn. *Feijoa sellowiana*), ist noch im unteren Bereich des „Bosque Andino" angesiedelt, der bis auf wenige Reste beseitigt und vorwiegend in Weideland umgestaltet wurde. Einzelne Bäume, u. a. große Exemplare von *Quercus humboldtii*, *Podocarpus rospigliosii* und *Ficus gigantosyce*, weisen auf die ursprüngliche Vegetation hin.

Eine Bestandsaufnahme der Unkrautvegetation nach der Methode von Braun-Blanquet im Bereich der *Acca sellowiana*-Plantage ist repräsentativ für die Umgebung dieses Gebietes. Hierzu folgende Angaben:
Größe der Aufnahmefläche: 50 m^2
Boden: lehmig-tonig, mit vielen nuß- bis eigroßen Steinen, teilweise feucht
Bedeckung: 95 % (ohne Bäume)
Artenliste:

Holcus lanatus 3, *Galinsoga* spec. 2, *Rumex obtusifolius* 2, *Anthoxanthum odoratum* 1, *Cyperus flavus* 1, *Cardamine bonariensis* +, *Calceolaria* spec. +, *Chenopodium ambrosioides* +, *Conyza bonariensis* +, *Cuphea racemosa* +, *Drymaria cordata* +, *Gnaphalium spicatum* +, *Gnaphalium* spec. +, *Hydrocotyle bonariensis* +, *Hypochoeris radicata* +, *Jaegeria hirta* +, *Cyperus brevifolius* +, *Pennisetum clandestinum* +, *Polygonum hydropiperoides* +, *Spilanthes* spec. +, *Trifolium pratense* +, *Verbena litoralis* +, *Apium laciniatum* r, *Borreria* spec. r, *Drymaria* spec. r, *Malvastrum scoparium* r, *Mimulus glabratus* r, *Oxalis corniculata* r, *Plantago major* r, *Sisyrinchium bogotense* r, *Veronica arvensis* r.
Weitere Arten außerhalb der Aufnahmefläche:
Alonsoa meridionalis, *Amaranthus dubius*, *Bidens pilosa*, *Capsella bursa-pastoris*, *Cerastium glomeratum*, *Chenopodium glomeratum*, *Conyza bonariensis*, *Cotula australis*, *Cyperus* spec., *Desmodium* spec., *Erechthites hieraciifolia*, *E. valerianaefolia*, *Euphorbia peplus*, *Heliopsis buphthalmoides*, *Nasturtium officinale*, *Oxalis* spec., *Pharbitis purpurea*, *Physalis peruviana*, *Phytolacca* spec., *Poa annua*, *Salvia occidentalis*, *Senecio vulgaris*, *Solanum americanum*, *Sonchus asper*, *S. oleraceus*, *Stellaria media*, *Taraxacum officinale*, *Trifolium repens*, *Veronica serpyllifolia*.

Deutlich verändert zeigt sich die Vegetation im Bereich der Hacienda Naranjal, wo eine umfangreiche Aufnahme der dort vorhandenen Kulturen erfolgte.

Annonaceae
Annona cherimola
Apiaceae
Apium graveolens
Coriandrum sativum
Daucus carota
Petroselinum crispum
Asteraceae
Lactuca sativa
Matricaria recutita
Arecaceae
Bactris gasipaes
Bixaceae
Bixa orellana
Brassicaceae
Brassica oleracea
Brassica rapa
Cactaceae
Hylocereus undatus
Cannaceae
Canna edulis
Caricaceae
Carica papaya
Carica pubescens

Chenopodiaceae
Beta vulgaris
Cucurbitaceae
Cucurbita maxima
Cyclanthera pedata
Sechium edule
Euphorbiaceae
Manihot esculenta
Fabaceae
Cajanus cajan
Erythrina edulis
Lablab purpureus
Lupinus mutabilis
Medicago sativa
Phaseolus vulgaris
Pisum sativum
Lamiaceae
Majorana hortensis
Melissa officinalis
Mentha pulegium
Mentha spicata
Thymus vulgaris
Lauraceae
Persea americana

Liliaceae
Allium cepa
Allium schoenoprasum
Asparagus officinalis
Mimosaceae
Inga spectabilis
Moraceae
Artocarpus integrifolia
Ficus carica
Musaceae
Musa × paradisiaca
Myrtaceae
Acca sellowiana
Psidium guajava
Passifloraceae
Passiflora mollissima
Piperaceae
Peperomia subspathulata
Poaceae
Pennisetum purpureum
Saccharum officinarum
Zea mays
Proteaceae
Macadamia ternifolia
Rosaceae
Prunus domestica
Prunus persica
Prunus serotina
Rubus spp.
Rubiaceae
Coffea arabica
Rutaceae
Citrus aurantium
Citrus limon
Citrus reticulata
Citrus sinensis
Solanaceae
Capsicum frutescens
Cyphomandra betacea
Lycopersicon esculentum
Physalis peruviana
Solanum muricatum
Solanum quitoense
Solanum tuberosum subsp. *andigenum*
Verbenaceae
Lippia triphylla

Bemerkenswert ist die als Gewürzpflanze angebaute *Peperomia subspathulata*. Die Triebe haben einen zimtartigen Geschmack und werden meist zur Bereitung von Zimtwasser verwendet. Der Volksname dieser im Gebiet von Bogotá in den Bauerngärten häufiger kultivierten Art ist „canellón" (vgl. PEREZ ARBELÁEZ 1978). Zwei Rubus-Arten konnten im Anbau beobachtet werden. Bei einer Sippe handelt es sich wahrscheinlich um *Rubus macrocarpus*. Sie zeichnet sich durch große aromatische Früchte aus und gehört zum autochthonen kolumbianischen Kulturpflanzenbestand. Eine andere Sippe mit roten faden Früchten, die nur als Dekoration für Torten und anderes Gebäck verwendet werden, konnte bisher noch nicht eindeutig bestimmt werden. Schon POPENOE (1926, 1950) wies auf den Reichtum des Gebietes an kultivierten *Rubus*-Arten hin. Insgesamt wird ein hoher Anteil an altweltlichen Fruchtarten dokumentiert. Die bodenständigen Kultursippen zeigen aber in der Regel eine höhere Variabilität.

Ähnliche Vegetationsverhältnisse wie beim vorhergehenden Standort konnten wir auch an der Straße vom Tequendama-Wasserfall im Tal des Rio Bogotá bis nach El Colegio feststellen sowie an der Straße Bogotá-Mariquita zwischen Villeta und Honda, wo thermophile pantropische oder neotropische Elemente in der Unkrautflora dominierten. Eine Liste der von uns festgestellten Arten soll das verdeutlichen:

Acanthaceae
Thunbergia alata
Amaranthaceae
Cyathula achyranthoides
Hydrocotyle alchemilloides
Apiaceae
Spananthe paniculata
Asclepiadaceae
Asclepias curassavica
Asteraceae
Ageratum conyzoides
Bidens pilosa
Eclipta prostrata
Elephantopus mollis
Emilia sonchifolia
Jaegeria hirta

Melanthera aspera
Pseudelephantopus spicatus
Synedrella nodiflora
Boraginaceae
Heliotropium angiospermum
Commelinaceae
Commelina communis
Convolvulaceae
Merremia umbellata
Pharbitis purpurea
Cucurbitaceae
Momordica charantia
Cyperaceae
Cyperus ferax
Cyperus flavus
Cyperus rotundus
Euphorbiaceae
Croton trinitatis
Euphorbia heterophylla
Euphorbia hirta
Euphorbia hypericifolia
Euphorbia prostrata
Phyllanthus niruri
Ricinus communis
Fabaceae
Aeschynomene americana
Chamaecrista trichopoda
Desmodium adscendens
Desmodium tortuosum
Indigofera lespedezioides
Stylosanthes guianensis
Lamiaceae
Marsypianthes chamaedrys
Lythraceae
Cuphea racemosa
Malvaceae
Anoda cristata
Malachra capitata
Malvastrum coromandelianum
Malvastrum scoparium
Pavonia fruticosa
Sida acuta
Sida rhombifolia
Melastomataceae
Clidemia hirta
Mimosaceae
Desmanthus virgatus
Mimosa albida
Oxalidaceae
Oxalis corniculata
Poaceae
Cenchrus echinatus
Chloris radiata
Cynodon dactylon
Digitaria ciliaris
Eleusine indica
Eragrostis pilosa
Melinis minutiflora
Oplismenus hirtellus
Panicum maximum
Paspalum conjugatum
Paspalum notatum
Paspalum paniculatum
Paspalum virgatum
Rhynchelytrum repens
Rottboellia exaltata
Setaria geniculata
Sorghum halepense
Sporobolus indicus
Polygonaceae
Polygonum hydropiperoides
Rubiaceae
Borreria capitata
Borreria latifolia
Borreria ocimoides
Hamelia patens
Richardia scabra
Sapindaceae
Cardiospermum halicacabum
Scrophulariaceae
Bacopa procumbens
Lindernia crustacea
Scoparia dulcis
Solanaceae
Browallia americana
Physalis angulata
Solanum americanum
Valerianaceae
Valeriana chaerophylloides
Verbenaceae
Stachytarpheta cayennensis

Villa de Leiva liegt ca. 150 km ONO von Bogotá in einem Trockental der Ostkordillere bei 1800 m ü. NN. In der Umgebung des Ortes wurden folgende Unkräuter notiert:

Amaranthaceae
Alternanthera pungens
Amaranthus dubius
Asteraceae
Ambrosia artemisiifolia
Aster squamatus
Bidens pilosa
Sonchus oleraceus
Spilanthes spec.
Brassicaceae
Brassica rapa
Lepidium bipinnatifidum

Chenopodiaceae
Chenopodium ambrosioides
Chenopodium ficifolium
Convolvulaceae
Dichondra cf. *repens*
Evolvulus bogotensis
Equisetaceae
Equisetum giganteum
Fabaceae
Aeschynomene americana
Dalea coerulea
Indigofera suffruticosa
Medicago nigra
Melilotus indica
Trifolium pratense
Trifolium repens
Lamiaceae
Stachys micheliana
Lythraceae
Cuphea racemosa
Malvaceae
Anoda cristata
Malvastrum coromandelianum
Sida rhombifolia
Phytolaccaceae
Phytolacca bogotensis
Polygonaceae
Polygonum hydropiperoides
Polygonum persicaria
Plantaginaceae
Plantago major
Poaceae
Cynodon dactylon
Paspalum conjugatum
Paspalum notatum
Paspalum paniculatum
Pennisetum clandestinum
Setaria geniculata
Sporobolus indicus
Solanaceae
Datura tatula
Nicandra physalodes
Solanum americanum
Solanum sisymbriifolium
Verbenaceae
Lantana trifolia
Verbena litoralis

Erwähnenswert ist auch das Vorkommen von *Dipsacus sativus* (Dipsacaceae) als Unkraut. Der Anbau der Weberkarde ist in Europa schon längere Zeit erloschen. Diese für die Geschichte der Kulturpflanzen wichtige Art existiert also noch im Unkrautstatus und verfügt damit über gute Erhaltungschancen. Das Gebiet zeichnet sich durch verschiedene Kulturpflanzen aus, die durchaus einen mediterranen Eindruck vermitteln: *Olea europaea* (Oleaceae), *Phoenix dactylifera* (Arecaceae), *Prunus persica* (Rosaceae), *Punica granatum* (Punicaceae). Der Agavenanbau zur Fasergewinnung ist verbreitet. Gerste, Weizen und Mais werden als hauptsächliche Feldkulturen gebaut und zeigen eine beachtliche Variabilität.

In unmittelbarer Nähe von Bogotá führten zwei Exkursionen in die Bereiche der Páramo-Vegetation (Abb. 3 und 4). Der Ackerbau reicht in diesen Gebieten noch bis etwa 3000 m ü. NN. In diesen Höhenlagen werden vor allem verschiedene knollentragende *Solanum*-Arten und die altweltliche *Vicia faba* gebaut. *Phormium tenax* (Liliaceae), neben den kleinen Häusern der Bergbauern kultiviert, dient als Faserpflanze zur Herstellung von sackartigen Behältnissen für den Transport der Kartoffeln. Trotz der Nähe Bogotás haben sich autochthone Arten, besonders aus der Gruppe der andinen Knollenpflanzen, meist aber nicht als Feldkultur, sondern nur in kleineren Hausgärten, erhalten können: *Oxalis tuberosa* (Oxalidaceae), *Tropaeolum tuberosum* (Tropaeolaceae), *Ullucus tuberosus* (Basellaceae). Andere Arten dieser Hausgärten sind oft altweltlichen Ursprungs. Zu erwähnen sind mehrjährige Sippen von *Brassica oleracea* (Brassicaceae), die zur Blattnutzung angebaut werden und primitiven Blattkohlen entsprechen. Sowohl Formen mit weißen als auch mit gelben Blüten wurden beobachtet. Sie bringen einen guten Samenansatz.

Beim Weg von der Páramo in die Niederungen von Choachí waren noch einige

Abb. 3 Páramo de Chisacá mit *Espeletia* sp.

Abb. 4 Typische Schopfbäume von *Espeletia grandiflora* in der Páramo de Chisacá

interessante Beobachtungen möglich, die sich auf die in diesem Gebiet besonders häufigen Heckenpflanzen beziehen, die viele der Anwesen sowie die Viehweiden und kleinen Feldern umfrieden. Es kommen vor:

Abatia parviflora (Flacourtiaceae), *Billia columbiana* (Hippocastanaceae), *Dodonea viscosa* (Sapindaceae), *Duranta mutisii* (Verbenaceae), *Hesperomeles goudotiana* (Rosaceae), *Myrcianthes leucoxyla* (Myrtaceae), *Myrica pubescens* (Myricaceae), *Phyllanthus salviaefolius* (Euphorbiaceae), *Tecoma mollis* (Bignoniaceae), *Weinmannia tomentosa* (Cunoniaceae), *Xylosma spiculiferum* (Flacourtiaceae).

Ein weiterer Zweck dieser Hecken ist der Windschutz und ihre erosionshemmende Wirkung. Manche der Arten, von denen die meisten der heimischen Flora entstammen, werden auch als Obst-, Färbe- und Arzneipflanzen genutzt. Bezüglich weiterer Informationen vgl. RODRÍGUEZ RIAÑO et al. (1984).

Bei Catambuco, 7 km von Pasto, befindet sich bei 2700 m ein Ackerbauzentrum mit Kulturen von Mais, Gerste, Pferdebohnen und Gemüse (Kohl, Möhren u. a.). Die Unkrautvegetation eines Maisfeldes ist durch folgende Aufnahme repräsentiert:

100 m^2, Boden: lehmig-tonig, Bedeckung: 90 %

Chenopodium album 2, *Euphorbia peplus* 2, *Cotula australis* 2, *Galinsoga parviflora* 1, *Senecio vulgaris* 1, *Bidens pilosa* 1, *Silene gallica* 1, *Polygonum nepalense* 1, *Veronica persica* 1, *Cerastium glomeratum* 1, *Poa annua* 1, *Capsella bursa-pastoris* 1, *Viola arvensis* +, *Spergula arvensis* +, *Sonchus oleraceus* +, *Oxalis corniculata* +, *Polygonum aviculare* +, *Polygonum persicaria* +, *Papaver somniferum* +, *Brassica rapa* +.

Das Sammelgebiet um Pasto zeichnet sich, im Vergleich zu dem von Bogotá, durch eine deutliche Zunahme der autochthonen Kulturpflanzensippen aus. Gleichzeitig ist die Variabilität höher. So konnten hier vier verschiedene *Capsicum*-Arten gesammelt werden. Die Knollenfarbe bei *Ullucus tuberosus* reicht von

Abb. 5 Die Expeditionsgruppe Kolumbien – DDR am Verwaltungsgebäude im Naturschutzgebiet „La Planada" bei Ricaurte

Abb. 6 Verwaltung und Arbeitsräume des Naturschutzgebietes „La Planada"

rot über gelb bis kräftig grün. Auch eine gelbknollige Form mit roten Flecken wurde gesammelt. Außerordentlich variabel sind *Phaseolus vulgaris* und *Zea mays*. Eine Aufsammlung von *Chenopodium quinoa* belegt den tratitionsreichen Ackerbau dieses Gebietes.

Ein Besuch des Naturschutzgebietes „La Planada" bei Ricaurte (Abb. 5, 6 und 7) diente im wesentlichen dem Studium der Vegetation.

Einige Ergebnisse eines Studienaufenthaltes in Peru

Einer der Autoren (G. K. MÜLLER) weilte anschließend noch vom 5. 8.–27. 8. 1988 in Peru an den Universitäten Nacional Mayor de San Marcos in Lima und Nacional Trujillo. Der Aufenthalt in Trujillo wurde zur Sammlung von Pflanzenmaterial für die Genbank in Gatersleben und den Botanischen Garten der Karl-Marx-Universität Leipzig genutzt.[3] Das Material wurde vor allem auf dem ausgedehnten Großhandelsmarkt von Trujillo (Dept. La Libertad) erstanden. Herkünfte der dort gehandelten Kulturpflanzen sind die Küstenregionen um Trujillo, das Andenhochland um Cajamarca und Otuzco sowie die Tierra templada um Cajabamba oberhalb des Tales des Rio Marañon.

[3] Dabei gilt unser Dank Herrn Prof. SALOMON ESPINOZA und Frau sowie Herrn Prof. JOSÉ MOSTACERO für die freundliche Unterstützung.

Abb. 7 Tropischer Regenwald mit Lianen und Epiphyten im Naturschutzgebiet „La Planada"

Amaranthus caudatus	2	
Chenopodium quinoa	3	
Zea mays	2	
Getreide und Pseudocerealien		7
Solanum goniocalyx	1	
Ullucus tuberosus	1	
Knollenfrüchte		2
Cajanus cajan	1	
Lablab purpureus	1	
Lathyrus sativus	1	
Lupinus mutabilis	1	
Phaseolus lunatus	2	
Phaseolus vulgaris	8	
Vicia faba	4	
Vigna unguiculata	1	
Leguminosen		19

Capsicum annuum	3	
Capsicum frutescens	3	
Capsicum pubescens	2	
Cucurbita maxima	1	
Lycopersicon cf. *pimpinellifolium*	1	
Gemüse		10
Andere Fruchtarten		2
Summe		40

Beim Sammelmaterial fällt sowohl der hohe Anteil an indigenen Arten, als auch die große Variabilität auf. Für *Phaseolus vulgaris* soll das durch das Foto einer bunten Population belegt werden (Abb. 8). Auch bei den introduzierten Sippen haben die spezifischen Selektionsbedingungen eine erstaunliche Formenfülle hervorgebracht. Als Beispiel soll hier *Vicia faba* genannt werden. Muratova (1937) hatte bereits über interessante Formen aus Südamerika berichtet, von denen sich in unseren Aufsammlungen eine gelbsamige Sippe fand. Dieses Muster stellt eine wertvolle Ergänzung der entsprechenden Kollektion der Genbank dar. Geradezu sensationell ist eine Sippe mit eigenartiger Samenmusterung

Abb. 8 Variable Probe von *Phaseolus vulgaris*. Marktware –Trujillo (Peru)

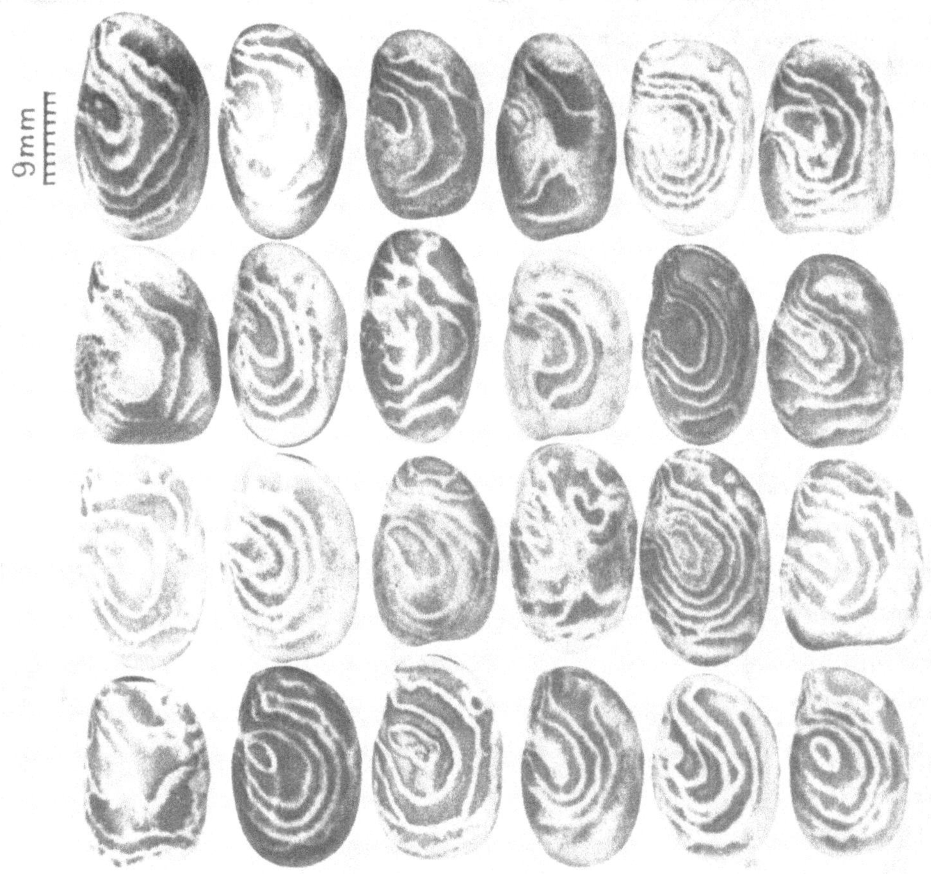

Abb. 9 Eine bisher noch nicht beschriebene Farbvariante von *Vicia faba* (Trujillo, Peru)

(Abb. 9). Über solche oder ähnliche Farbvarianten gibt es in der Literatur bisher keine Berichte.

Bemerkenswert ist, daß eine Reihe von neuen und interessanten Sippen schon durch eine mehr stichprobenartige Erfassungsmethode gesammelt werden konnte. Eine intensive Geländearbeit ist deshalb als sehr aussichtsreich einzuschätzen.

Einige Herkünfte entstammen den Feldern im Flußtal des Rio Moche aus der Umgebung von Moche bei Trujillo. Dort wurden auch Untersuchungen der Unkrautflora durchgeführt, die als Vergleich zu den von G. K. MÜLLER und C. MÜLLER (1985) im benachbarten Chicama-Tal durchgeführten Untersuchungen dienen sollten. In einem Maisfeld wurde auf einer 100 m^2 großen Fläche bei 80 % Bedeckung folgende pflanzensoziologische Aufnahme gemacht:

Paspalum racemosum 3, *Bidens pilosa* 2, *Amaranthus dubius* 1, *Commelina communis* 1, *Portulaca oleracea* 1, *Ageratum conyzoides* +, *Alternanthera halimifolia* +, *Ambrosia artemisiifolia* +, *Apium leptophyllum* +, *Argemone subfusiformis* +, *Conyza bonariensis* +, *Cleome spinosa* +, *Datura tatula* +, *Eleusine indica* +, *Euphorbia hypericifolia* +, *Helio-*

tropium angiospermum +, *Heterosperma diversifolia* +, *Malvastrum coromandelianum* +, *Nicandra physalodes* +, *Sida spinosa* +, *Solanum americanum* +, *Sonchus oleraceus* +, *Stachys arvensis* +.

Weiterhin wurden die folgenden Arten notiert:

Apiaceae
Hydrocotyle bonariensis
Asclepiadaceae
Asclepias curassavica
Asteraceae
Acanthospermum hispidum
Eclipta prostrata
Galinsoga parviflora
Lagascea mollis
Spilanthes americana
Spilanthes urens
Brassicaceae
Lepidium virginicum
Raphanus sativus
Chenopodiaceae
Chenopodium murale
Cucurbitaceae
Cucumis dipsaceus
Euphorbiaceae
Euphorbia heterophylla
Ricinus communis
Fabaceae
Macroptilium atropurpureum
Medicago nigra
Melilotus indica
Vigna luteola
Malvaceae
Malvastrum scoparium
Sida paniculata
Mimosaceae
Desmanthus virgatus
Oxalidaceae
Oxalis dombeyii
Passifloraceae
Passiflora foetida
Plantaginaceae
Plantago major
Poaceae
Brachiaria purpurascens
Chloris radiata
Cynodon dactylon
Eriochloa pacifica
Setaria geniculata
Sorghum halepense
Polygonaceae
Polygonum hydropiperoides
Rumex crispus
Rubiaceae
Richardia brasiliensis
Solanaceae
Lycopersicon pimpinellifolium
Verbenaceae
Phyla nodiflora
Verbena litoralis

Schlußbemerkungen

Die Ergebnisse haben gezeigt, daß die Generosion im Einzugsbereich der Großstadt Bogotá schon sehr weit fortgeschritten ist. Sammlungen in diesem Gebiet dürften nicht mehr sehr lohnend sein. Dagegen nimmt mit größerer Entfernung von der Hauptstadt der Anteil an indigenem Landsortenmaterial deutlich zu. In Südkolumbien, in der Umgebung von Pasto, präsentiert sich noch eine relativ autochthone Landwirtschaft mit zahlreichen Landsorten. Dieser Trend scheint sich in Richtung Peru noch zu verstärken. Die relativ wenigen peruanischen Sammlungen mit ihrer überraschenden Formenfülle, die auch bisher wenig oder gar nicht bekanntes Material einschließen, sind dafür ein deutlicher Hinweis.

Die kombinierte Sammlung von Kulturpflanzen und Unkräutern hat wesentlich zur Vertiefung unserer Kenntnis beigetragen. Die Gegenüberstellung der entsprechenden Sammellisten ist als eine erste Auswertung zu verstehen. Eine weitere vergleichende Auswertung des reichen Sammelmaterials ist vorgesehen.

Summary

Report on a mission in Colombia 1988 for the collection of plant genetic resources

A mission for the collection of plant genetic resources and for the study of weeds was carried out in Colombia, 1988. It was possible to combine both purposes and to reach interesting results concerning crop-weed-aspects. 112 samples of cultivated plants and their wild relatives were collected for the Gatersleben gene bank. Several accessions of weeds and wild plants could be included into the Leipzig herbarium. Genetic erosion has progressed in the surroundings of Bogotá, but at more distant sites land-races of several crops can still be collected, especially in the southern parts of the country. This tendency of increasing variability to the southern direction was confirmed by collections in Peru. The 40 accessions collected here displayed a high variation in the number of plants under cultivation and within the crops. Worth mentioning is a form of *Vicia faba* with seed colour patterns which have not been reported, so far.

Краткое содержание

Отчёт экспедиции в Колумбию в 1988 г. для сбора растительно-генетических ресурсов

Экспедиция для сбора растительно-генетических ресурсов и для исследования сорняков в 1988 г. была проведена в Колумбии. Представлялось возможным обьединить две цели и достигнуть интересных результатов в рассмотрении аспекта культурное растение – сорняк. Было собрано 112 проб культурных растений и их дикорастущих родственников для гатерслебенского генного банка. Многочисленные образцы сорняков и дикорастущих растений дополнили коллекции лейпцигского гербария. В окрестностях Боготы наблюдалась прогрессирующая эрозия генов, однако в более отдаленных районах, в основном в южных, можно ещё было встретить разновидные местные сорта культурных растений. Тенденция увеличения изменчивости в южном направлении была подтверждена сборами из Перу. Там было собрано 40 образцов многочисленных культурных растений с высокой вариабельностью фруктовых видов. Особенно стоит отметить форму *Vicia faba* со своеобразным, упоминающимся впервые узором семян.

Literatur

Esquivel, M., L. Castiñeiras, B. Rodríguez and K. Hammer, 1987: Collecting plant genetic resources in Cuba. – Kulturpflanze **35**, 367–378.

–, K. Krieghoff, B. Rodríguez and K. Hammer, 1988: Collecting plant genetic resources in Cuba. Report of the second mission, 1986. – Kulturpflanze **36**, 437–449.

Forero, E., 1988: Botanical exploration and phytogeography of Colombia: past, present and future. – Taxon **37**, 561–566.

Gómez Aristizábal, A. y H. Rivera Posada, 1987: Descripción de malezas en plantaciones de café. – Chinchiná (Colombia), Cenicafé, 490 pp.

Hammer, K., 1985: Erhaltung von Unkrautsippen – eine Aufgabe für die Genbank? – Arch. Nat.schutz Landsch.forsch., Berlin **25**, 75–79.

KÜHN, F., K. HAMMER und P. HANELT, 1980: Botanische Ergebnisse einer Reise in die ČSSR 1977 zur Sammlung autochthoner Landsorten von Kulturpflanzen. – Kulturpflanze **28**, 183–226.

MÜLLER, G. K., P. GUTTE und C. MÜLLER, 1981: Catalogus herbarii lipsiensis – Plantae peruvianae. Leipzig, 132 pp.

–, –, – und D. L. SCHULZ, 1987: Catalogus herbarii lipsiensis – Plantae neotropicae. Leipzig, 60 pp.

– und C. MÜLLER, 1985: Beitrag zur Kenntnis der Unkräuter in den Zuckerrohrkulturen der Küstenregion Nordperus (Dpt. La Libertad und Lambayeque). – Wiss. Z. Karl-Marx-Univ. Leipzig, Math.-Naturwiss. R. **34**, 430–436.

MURATOVA, V. S., 1937: Vicia L. – Vika. – In: Kulturnaja Flora SSSR **4**, 75–124. – Moskva – Leningrad, Sel'chozgiz.

PATIÑO, V. M., 1963–1964: Plantas cultivadas y animales domesticos en America equinoccial. 1. Frutales; 2. Plantas alimenticias. – Cali (Colombia), Imprenta Departamental, 547 pp.

PÉREZ ARBELÁEZ, E., 1978: Plantas útiles de Colombia, 4 Ed. – Bogotá, Litografía Arco, 831 pp.

POPENOE, W., 1926: Round about Bogotá. A hunt for new fruits and plants. – Washington.

–, 1950: Central American fruit culture. – Ceiba **1**, 269–367.

PORTILLA, A., 1951: Divulgación de conocimientos sobre las plantas más útiles de Colombia. – Bogotá, Editorial Luz S. A., 508 pp.

RODRÍGUEZ RIAÑO, J. O., J. R. PEÑA SEGRERA y E. PLATA RODRÍGUEZ, 1984: Flora des Andes. – Bogotá, Corporación Autónomia Regional de las Cuencas des los Ríos Bogotá, CAR., 247 pp.

SCHULTZE-MOTEL, J. (Hrsg.), 1986: Rudolf Mansfelds Verzeichnis landwirtschaftlicher und gärtnerischer Kulturpflanzen (ohne Zierpflanzen). 4 Bd. – Berlin, Akademie-Verlag, 1998 pp.

Dr. K. HAMMER
Zentralinstitut für Genetik und Kulturpflanzenforschung
der Akademie der Wissenschaften der DDR
Corrensstraße 3
Gatersleben
DDR - 4325

Kulturpflanze 37 · 1989 · 391–399

Report on a mission for the collection of plant genetic resources in the Democratic People's Republic of Korea, 1988

KARL HAMMER, WON DONG-CHOL[1] and HAN UN-XOAN[1]

(Eingegangen am 19. Dezember 1988)

Summary

A further collecting mission was carried out in the Democratic People's Republic of Korea in 1988 within the frame of the agreement between the Academies of Sciences of the D.P.R.K. and the German Democratic Republic. 99 samples of grain legumes, medicinal plants, vegetables, oil- and fibre- plants and cereals were collected. The material indicates a long tradition of Korean agri- and horticulture and is promising for research and breeding purposes.

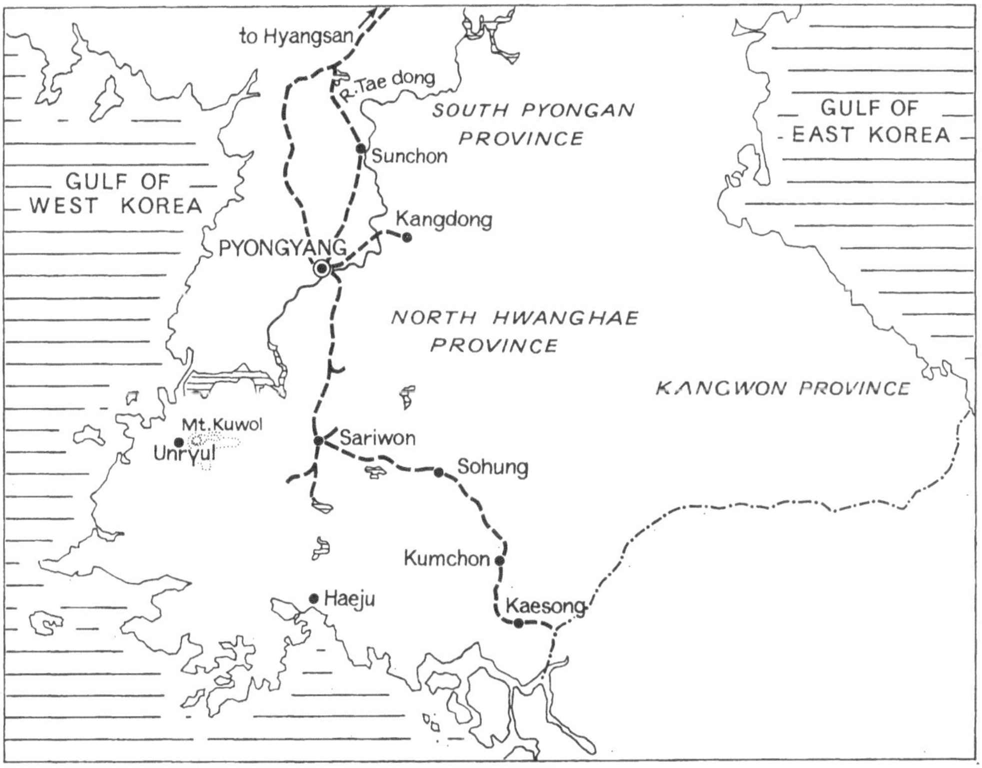

Fig. 1 Travel route of the collecting mission

[1] Institute for Experimental Biology of the Academy of Sciences of the D.P.R.K., Pyongyang

Introduction

A further joint mission was conducted in the Democratic People's Republic of Korea in October 1988 within the frame of the agreement between the Academy of Sciences of the D.P.R.K. and the Academy of Sciences of the G.D.R. The joint missions started in 1985 (HAMMER et al. 1986) and were continued in the successive years (KIM et al. 1987, HAMMER et al. 1988). Participants of the present mission were the authors of this paper. It was organized by the Institute for Experimental Biology of the Academy of Sciences of the D.P.R.K. We are thankful to DR. KIM SONG-GUN, Director of this Institute, for his effective support of the mission.

Three main collecting areas have been chosen (fig. 1). The Sariwon area (North Hwanghae Province and marginal parts of the South Hwanghae Province) is situated in the lowlands. In the Myohyangsan area the collections were conducted up to an altitude of about 700 m. Both areas have already been touched in previous explorations (KIM et al. 1987, HAMMER et al. 1988). As a new collecting area the Kaesong Province was included which is situated in the lowlands and has a more temperate climate containing some crops with higher temperature requirements, e.g. *Colocasia esculenta* (L.) Schott.

Results and discussion

Agri- and horticulture have a deep and long lasting history in Korea. Excavations from the Bronze Age (about 3000 years ago) resulted in the detection of seeds of different highly domesticated crops (ANONYM. 1986), e.g. *Panicum miliaceum* L., *Vigna angularis* (Willd.) Ohwi et Ohashi, *Oryza sativa* L. and *Sorghum* sp. Specific selection pressures resulted in a great magnitude of local races. Horticulture was strongly influenced by the Chinese, but it seems not correct to overestimate these influences, e.g. by LAUTENSACH (1945). In the last decennia a shift to large fields in connection with relatively few high bred cultivars can be observed. Under these conditions old land- races are mainly preserved in the small gardens of the farmers which are typically situated around the farm houses (fig. 2). Even small parcels of characteristic field crops are grown here, e.g. *Brassica rapa* L. subsp. *pekinensis* (Lour.) Hanelt, *Raphanus sativus* L. and *Zea mays* L. As the concentration process in the agriculture is progressing, an increased genetic erosion is to be expected in the next years. Therefore, a continuation of collecting activities is necessary.

As in the preceding missions collecting was done mainly from the seed stores of the farmers because most of the material had been already harvested in October. For this purpose the "Check-list of Korean cultivated plants" (BAIK et al. 1986) and its additions (HAMMER et al. 1987, HOANG and HAMMER 1988) proved to be rather useful because they also contain the Korean names of the crops under investigation and thus allowed a better inquiry.

99 samples could be collected, mostly from the Sariwon area, which turned out to be very rich in respect to plant genetic resources. A detailed list of the material collected is presented in table 1.

Table 1
Collecting list

Material	Number of accessions	Sum
Zea mays	1	
Coix lacryma-jobi	4	
Panicum miliaceum	1	
Pseudo-cereals	3	
Cereals incl. pseudo-cereals		9
Phaseolus vulgaris	6	
Phaseolus lunatus	1	
Phaseolus coccineus	1	
Glycine max	5	
Vigna angularis	7	
Vigna radiata	2	
Lablab purpureus	1	
Legumes		23
Brassica juncea	2	
Allium fistulosum	1	
Allium sativum	1	
Spinacia oleracea	1	
Pisum sativum	1	
Capsicum annuum	1	
Vegetables		7
Cucurbita moschata	3	
Benincasa hispida	2	
Lagenaria siceraria	1	
Cucurbitaceae		6
Medicinal plants and minor crops[1]		54
Total sum		99

[1] A detailed report is given by HAMMER et al. (1989)

Maize deserves a special remark because, for the first time, a land-race of this crop could be collected. Maize was introduced to Korea at the beginning of the 17th century via China (BAIK et al. 1986). Local races have been developed which are characterized by short growing habit and small cobs with predominant red or blue grains. This type was called "mulpure". The introduction of new hybrids displaced this old land-race. Today it is very rare and can be found only in a few back yards of the farm houses. The material collected is a hard maize and consists of a mixture of blue and yellow grains (fig. 3). The selection skill of the Korean farmers resulted in a specific type of maize within a relatively short period. The same is true for the *Phaseolus* beans from the New World. The great variation of *Phaseolus vulgaris* L. has been already described in earlier reports (HAMMER et al. 1986, HAMMER et al. 1988). During the recent mission a new interesting form could be found with very small pods and seeds (fig. 4).

Fig. 2 Village in the Sariwon area. Even in more mountainous regions large fields predominate. Around the farm houses land-races are grown in a great variety

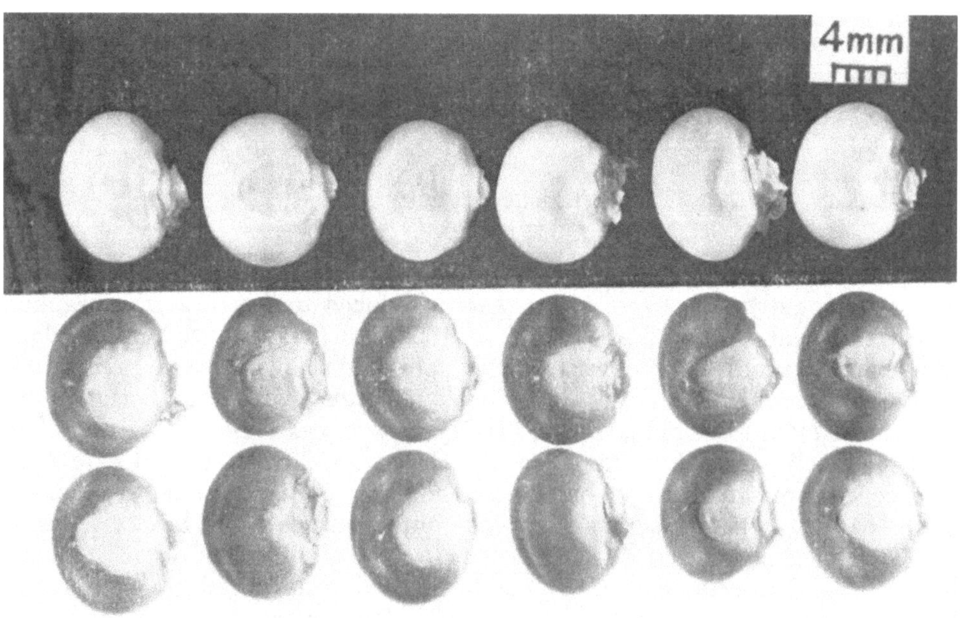

Fig. 3 Traditional maize land-race from Hyangsan with blue and yellow grains

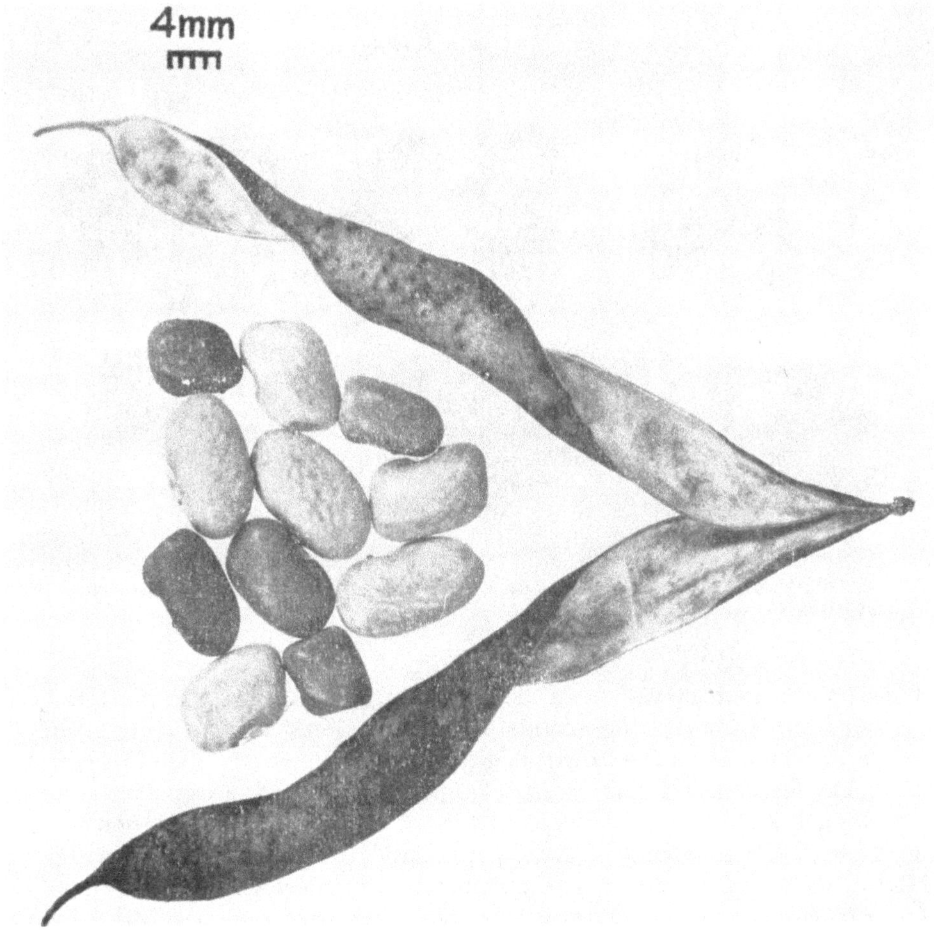

Fig. 4 A local race of *Phaseolus vulgaris* with small pods and seeds (Hyangsan)

Even in *Phaseolus coccineus* L. which is a foreign pollinator and, therefore, tends to display a higher uniformity, some variation was observed (HAMMER et al. 1986). A newly collected accession is characterized by rather large seeds (fig. 5). In this connection it was remarkable that no selection was done with respect to seed colour and size in the traditional bean of Korea, *Vigna angularis*. It was considered that red seeds are the preferred selecting goal because "red beans" are favoured for a variety of Korean dishes. Now we could also observe a certain variation in seed colour (fig. 6).

Another crop worth mentioning is *Panicum miliaceum*. The accession is characterized by orange grains. This cereal has also to be considered as a relic crop. From the group of cereals only land-races of *Coix lacryma-jobi* L. are relatively wide spread. The material displays a good variation in a number of characters. Plants of this species remain in the fields long after maturing so that the hard cover of the seeds is eroded by environmental influences and the milling process is facilitated.

Fig. 5 A race of *Phaseolus coccineus* with large seeds (upper row) in comparison with an average cultivar (Hwangju)

Besides the large scale vegetables of the genera *Brassica* and *Allium* (KIM et al. 1987) which are the main ingredients of the traditional Korean dish "kimchi", several other vegetables are grown in the house gardens and sometimes also in larger fields, e.g. *Oenanthe decumbens* (Thunb.) Pol. (fig. 7). In many cases local vegetables successfully endure the cold winter. A few plants are chosen for seed production in the following growing period and their seeds are taken directly for the next sowing season in late summer. Only a few farmers store seeds of those vegetables, e.g. *Brassica rapa* L. subsp. *rapa*, *Brassica juncea* (L.) Czern., *Brassica napus* L. subsp. *napobrassica* (L.) Hanelt and *Beta vulgaris* L. convar. *cicla* (L.) Alef. From this group some new and interesting material could be obtained, but the variation observed in the gardens is much higher and deserves additional collecting.

Many Cucurbitaceae belong to the traditional vegetables. Most common is *Cucurbita moschata* (Duch.) Poir. which is grown in nearly all farm gardens. The fruits are preserved for winter use. *Cucurbita maxima* Duch. is more recently introduced. *Benincasa hispida* (Thunb.) Cogn. is also preserved as a winter vegetable. Korean farmers differenciate two types of this species, one which is said to be introduced from China with large waxy fruits (fig. 8) and seeds with margins and one which is considered local with smaller non-waxy fruits (HAMMER et al. 1989, fig. 2) and seeds without margins.

An important part of the material is constituted by medicinal plants. The long tradition of their use in Korea and recent trends to increase the amount and scope of their production in the D.P.R.K. have been described by HAMMER (1988). The studies undertaken in this mission resulted in several new items for our "check-list" (HAMMER et al. 1989).

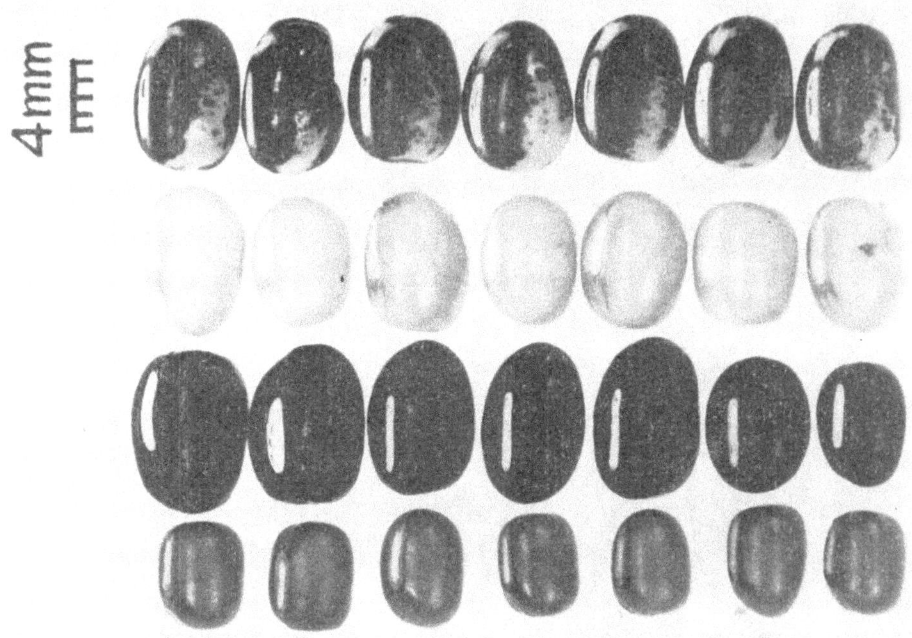

Fig. 6 Seed colour variations in *Vigna angularis* (Tosan)

Fig. 7 Special fields for growing *Oenanthe decumbens* at the border of the city of Sariwon

Fig. 8 *Benincasa hispida* of Chinese origin (left) and *Cucurbita moschata* are grown for winter storage (Kaesong district)

The mission has, again, shown that land-races of different crops can still be collected in the D.P.R.K. as useful material for breeding research and breeding. Further missions will supplement to the material already collected.

Zusammenfassung

Bericht über eine Reise zur Sammlung pflanzlicher genetischer Ressourcen in der Koreanischen Demokratischen Volksrepublik im Jahre 1988

Eine weitere Sammelreise in der Koreanischen Demokratischen Volksrepublik wurde im Jahre 1988 im Rahmen des Abkommens zwischen den Akademien der Wissenschaften der KDVR und der DDR durchgeführt. 99 Proben von Körnerleguminosen, Arzneipflanzen, Gemüsen, Öl- und Faserpflanzen sowie Getreiden wurden gesammelt. Das Material weist auf eine lange Tradition des koreanischen Acker- und Gartenbaus hin und ist als aussichtsreich für Forschungs- und Züchtungsaufgaben einzuschätzen.

Краткое содержание

Отчёт об экспедиции для коллекции растительных генетических ресурсов в Корейскую Народно-Демократическую Республику в 1988 году.

Следующая экспедиция в Корейскую Народно-Демократическую Республику проводилась в 1988 г. в рамках договора между Академиями наук КНДР и ГДР. Было собрано 99 образцов зернобобовых, лечебных растений, овощных, масл ичных и волокнистых культур, а также злаковых. На основе собранного материала можно сделать вывод о длительной традиции корейского земледелия и садоводства. Собранный материал оценивается перспективным для исследовательских и селекционных целей.

Literature

ANONYM., 1986: Five Bronze Age grains. – Korea Today no. 10, 44.

BAIK MUN-CHAN, HOANG HO-DZUN and K. HAMMER, 1986: A check-list of the Korean cultivated plants. – Kulturpflanze **34**, 69–144.

HAMMER, K., 1988: A note on medicinal plants in the Korean People's Democratic Republic. – Newsletter of Medicinal and Aromatic Plants 1988, no. 1, 73–74.

–, BAIK MUN-CHAN and HAN UN-XOAN, 1986: Notes on a mission to the Democratic People's Republic of Korea 1985 for the collection of land-races of cultivated plants. – Kulturpflanze **34**, 293–304.

–, HAN UN-XOAN and HOANG HO-DZUN, 1987: Additional notes to the check-list of Korean cultivated plants (1). – Kulturpflanze **35**, 323–333.

–, O HJONG-GUN and HAN UN-XOAN, 1988: Report on a mission for the collection of plant genetic resources to the Korean Democratic People's Republic, 1987. – Kulturpflanze **36**, 465–473.

–, RI JONG-DZAE and HOANG HO-DZUN, 1989: Additional notes to the check-list of Korean cultivated plants (3). – Kulturpflanze **37**, 193–210.

HOANG HO-DZUN and K. HAMMER, 1988: Additional notes to the check-list of Korean cultivated plants. (2). – Kulturpflanze **36**, 291–313.

KIM HJON-SAM, K. HAMMER, HAN UN-XOAN, P. HANELT and PAK HJONG-SON, 1987: Missions for the collection of plant genetic resources in the Democratic People's Republic of Korea 1986. – Kulturpflanze **35**, 355–365.

LAUTENSACH, H., 1945: Korea. Eine Landeskunde auf Grund eigener Reisen und Literatur. – K. F. Koehler Verlag, Leipzig, 542 pp.

Dr. K. HAMMER
Zentralinstitut für Genetik und Kulturpflanzenforschung
der Akademie der Wissenschaften der DDR
Corrensstraße 3
Gatersleben
DDR - 4325

Kulturpflanze 37 · 1989 · 401–414

Collection of plant genetic resources in South Italy, 1988

Karl Hammer, Gaetano Laghetti [1] and Pietro Perrino [1]

(Eingegangen am 17. Januar 1989)

Summary

Exploration and collection of plant genetic resources were continued in South Italy in 1988. Parts of the regions Campania, Basilicata and Apulia were covered in September jointly by staff members of the Istituto del Germoplasma, Bari, and the Zentralinstitut für Genetik und Kulturpflanzenforschung, Gatersleben. 164 samples, mainly of vegetables and grain legumes, have been collected. Worth mentioning are land-races of tomatoes, *Brassica* spp. and *Vigna unguiculata*. As a part of the collecting area has been explored for the second time after eight years, the effects of genetic erosion could be observed. A map summarizes the itineraries of the ten joint collecting missions in South Italy.

Introduction

Exploration and collection are carried out in South Italy since 1980 (Perrino et al. 1981) within the frame of the agreement between the Consiglio Nazionale delle Ricerche (C. N. R.) of Italy and the Academy of Sciences of the German Democratic Republic, jointly by staff members of the Istituto del Germoplasma, Bari, and the Zentralinstitut für Genetik und Kulturpflanzenforschung, Gatersleben. Altogether ten expeditions have been mounted and all regions of South Italy have been covered (see fig. 1). To obtain a more complete picture on the plant genetic resources, some areas have been chosen for the present mission which have not yet been covered or only touched formerly – the Napoli area of Campania (fig. 2), the Matera area of Brasilicata with neighbouring parts of Apulia (fig. 3), and southern Apulia (fig. 4). Some additional investigations were performed in the area south of Bari, which is rich in local vegetables.

As in the past years, the Bari institute was the organizer of the mission. The field work was done from September 16th to September 25th; the itinerary is given below:

16. 9. Bari – Avellino – Cervinara – Maddaloni – Caserta – Capua – Castel Volturno,

[1] Istituto del Germoplasma, Via G. Amendola 165/A, I - 70126 Bari, Italy

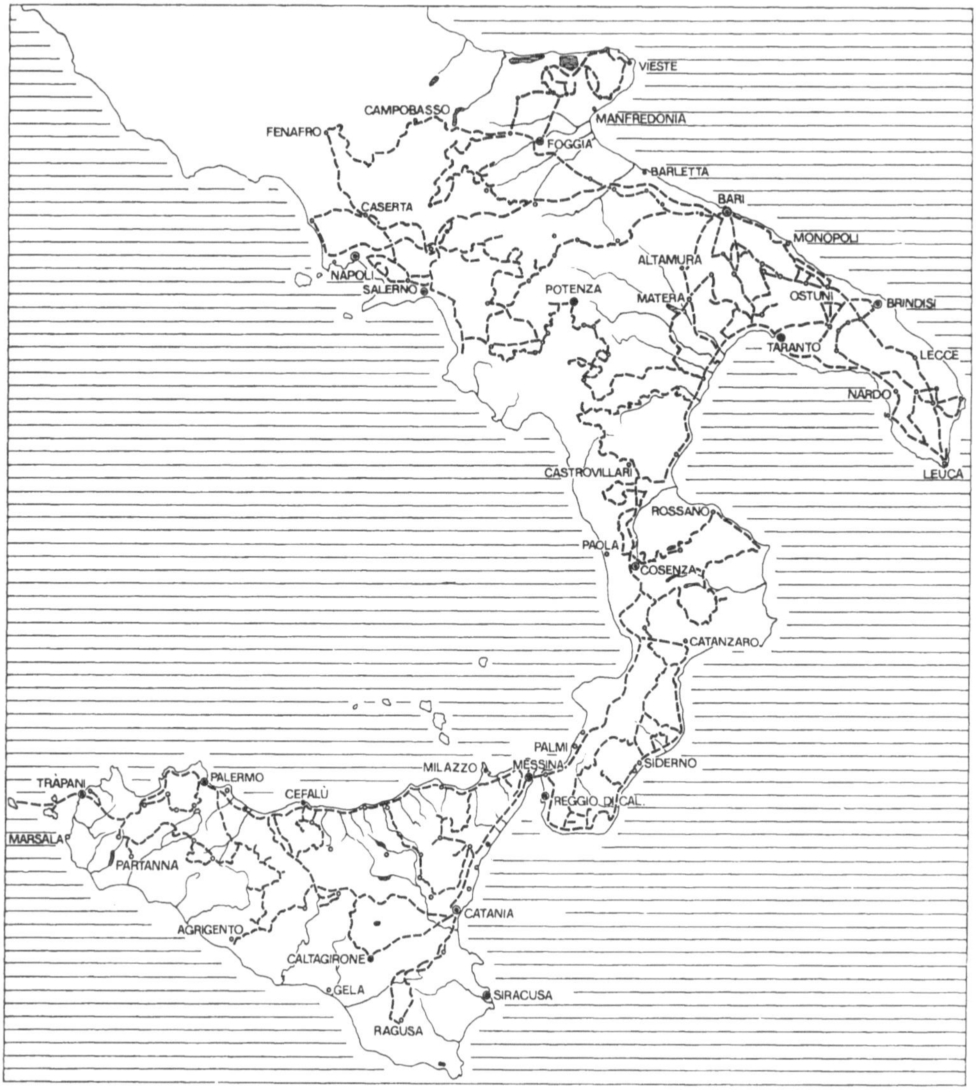

Fig. 1 Collecting routes in South Italy (1980–1988)

17. 9. Castel Volturno – Pozzuoli – Napoli – Nola – Forino – Mercato S. Severino – Calvànico – Mercato S. Severino – S. Angelo – Nocera,

18. 9. Nocera – Scafati – Pompei – Boscotrecase – Pompei – Torre del Greco – Ercolano – Vesuvio – Torre del Greco – S. Anastasia – Pomigliano d'Arco,

19. 9. Pomigliano d'Arco – S. Anastasia – Poggiomarino – S. Valentino Tòrio – Nocera – Vietro – Avellino – Bari,

21. 9. Bari – Altamura – Matera,

22. 9. Matera – Ginosa – Montescaglioso – Metaponto – Taranto – Talsano – Pulsano,

Fig. 2 Collecting route in Campania, 1988

23. 9. Pulsano – Lizzano – S. Marzano di S. Giuseppe – Sava – Manduria – Avetrana – Copertino – Nardò – Galàtone – Tùglie – Caserano – Tauresano – Lèuca,
24. 9. Lèuca – Màglie – Cànnole – Martano – Soleto – Copertino – Manduria – S. Marzano di S. Giuseppe – Francavilla Fontana – S. Vito dei Normanni – Cèglie Messàpico – Francavilla Fontana – Ostuni,
25. 9. Ostuni – Cisternino – Martina Franca – Fasano – Monòpoli – Bari.

Results

Situation in the collecting areas

The Napoli area has been covered for the first time during our missions. Horticultural crops are predominant. Land-races of vegetables are still grown in the house gardens of the farmers. Modern cultivars are cultivated on the larger fields. Genetic erosion is in progress for a number of crops. A rich material of land-races from *Brassica* spp., *Lycopersicon esculentum, Phaseolus vulgaris* and *Vigna unguiculata* could be collected.

The situation in Basilicata has been already described (PERRINO et al. 1981, 1982, PERRINO and HAMMER 1983). Large cereal fields predominate. Most of the cereal land-races have disappeared.

Southern Apulia has been already visited at the beginning of our missions (PERRINO et al. 1981). A great number of vegetable land-races can still be found. Land-races of grain legumes and especially cereals are heavily affected by genetic erosion as can be demonstrated by the comparison of the results of the two

Fig. 3 Collecting route in Basilicata and neighbouring parts of Apulia, 1988

missions in this area. Though only eight years have passed since the first mission, a tremendous decrease of local material could be observed. In principal, we found the same situation as in Sicily and Calabria where collections could be carried out after some more than thirty years (MALY et al. 1987), and the marked loss in land-races of field crops constrasted to the minor reduction in the variation of garden crops. The same is true for the Bari area, where many vegetable land-races are still grown to meet the demands of the big city (fig. 5). For the characterization of the old, traditional situation, see e.g. MASI (1962), PALUMBO (1981), and DONNO (1983).

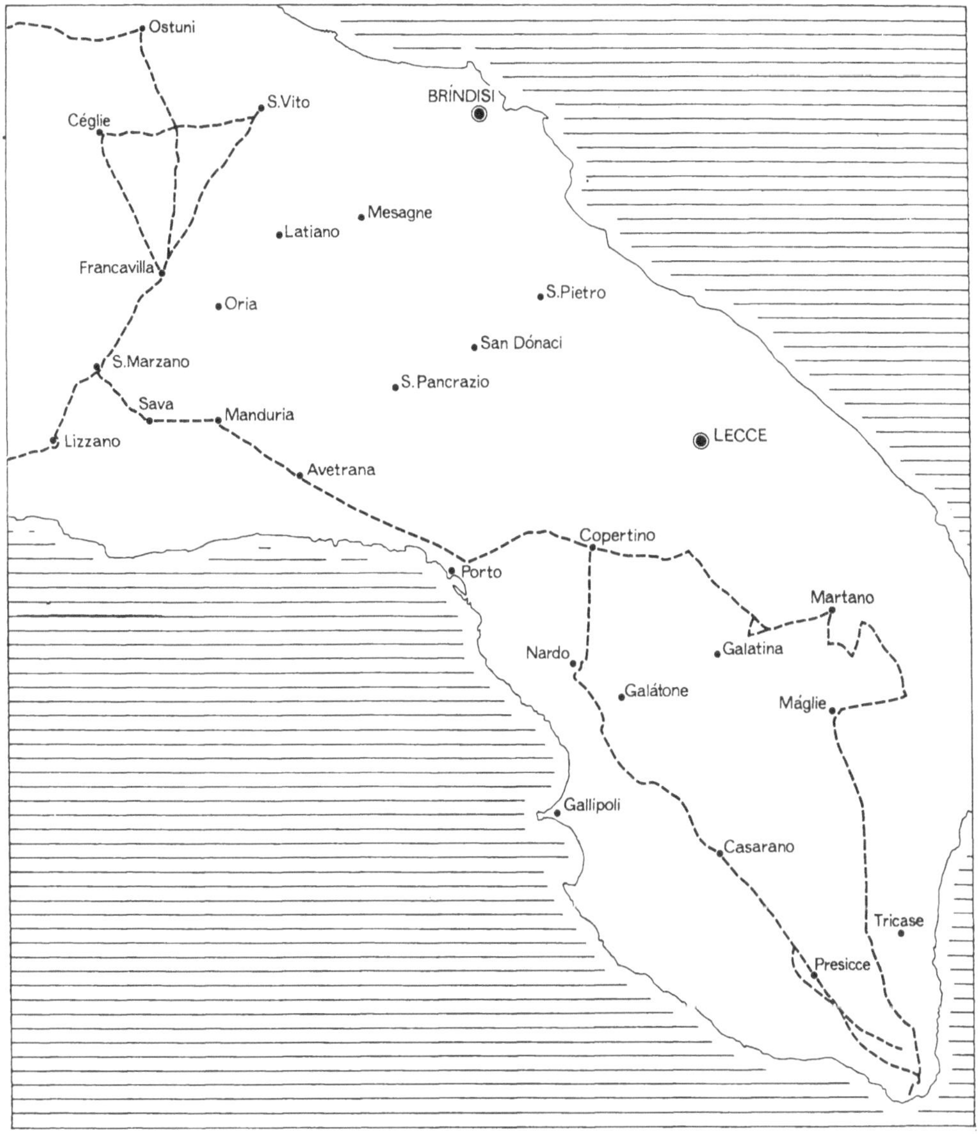

Fig. 4 Collecting route in southern Apulia, 1988

Collecting list

The list given below only contains the basic figures, i.e., in the course of the preparation and reproduction of the seed samples, the material will be separated, because it may consist of different types or contains even seeds of other crops in admixture. The possible increase of the number of accessions is demonstrated by HAMMER et al. (1985).

Fig. 5 The area south of Bari is characterized by vegetables and fruit tress. *Beta vulgaris* var. *cicla* grown in a plantation of *Olea europaea* (pruned in the typical manner of Apulia)

Crop	Number of accessions	Sum
Triticum spp.	8	
Hordeum vulgare	6	
Zea mays	4	
Avena sativa	3	
Cereals		21
Vigna unguiculata	17	
Phaseolus vulgaris	15	
Cicer arietinum	5	

Crop	Number of accessions	Sum
Vicia faba	5	
Pisum sativum	4	
Phaseolus coccineus	2	
Other grain legumes	7	
Legumes		55
Capsicum annuum	12	
Brassica oleracea	11	
Cichorium spp.	11	
Brassica rapa	10	
Lycopersicon esculentum	10	
Cucumis spp.	6	
Cucurbita spp.	4	
Beta vulgaris	4	
Allium cepa	3	
Raphanus sativus	3	
Apium graveolens	1	
Spinacia oleracea	1	
Other vegetables	6	
Other crops	6	
Vegetables incl. some other crops		88
Total sum		164

Crop-specific results

Cereals. As the cereals are most severely affected by genetic erosion, only a few collections could be made. Old land-races of *Triticum durum* are still grown in the S. Marzano area (south Apulia) – 'Russarda', 'Riminìa', 'Riminìa' can be sown up to March. In the same area also some old varieties of *Triticum aestivum* are in existence, as 'Maiorca', 'Tologa', 'Caponera' and 'Capobianco'. The old *Triticum durum* varieties 'Durango', 'Procace' and 'Carella' are still grown in the Matera area (Basilicata). In maize, old flint types are still able to compete with modern dent corns, but the dominance of the latter leads via introgressions to the erosion of the old local types (see also HAMMER et al. 1987).

Pulses. A high variation was found in *Vigna unguiculata* (fig. 6). This crop is very common in the farmers' gardens of the Napoli area (fig. 7) and in south Apulia and shows sometimes a higher variation than *Phaseolus vulgaris* which has been always characterized as the most variable grain legume during the past missions (see, e.g., PERRINO et al. 1981). In Poggiomarino (Salerno), *Vigna unguiculata* has the folk name of "fagiolo comune" indicating the long lasting traditions of this crop. Races of subsp. *unguiculata* predominate, but also the

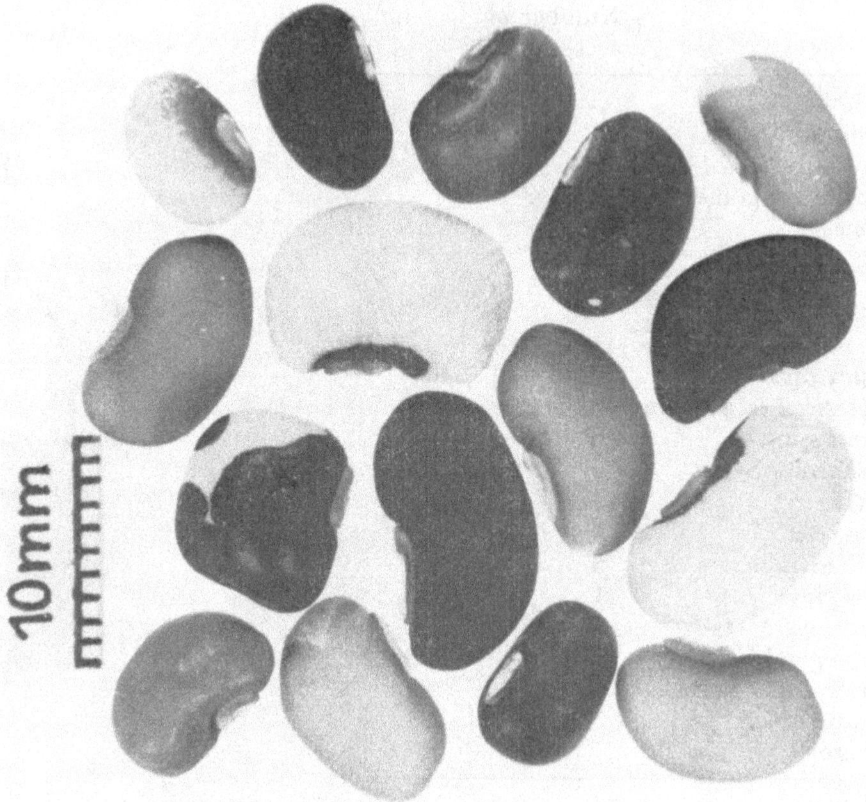

Fig. 6 Seed variation in *Vigna unguiculata*

subsp. *sesquipedalis* can be found. The variation of the south Italian material is described by PADULOSI et al. (1987).

For the pulses grown as field crops the same situation applies as for the cereals. Many typical races, as e.g. black seeded forms of *Cicer arietinum* (PERRINO et al. 1981) could not be collected after eight years. *Lathyrus sativus*, which has been recently characterized as an indicator species for traditional agriculture in the Abruzzi Mts. (PERRINO et al. 1988) and of which six accessions were collected in southern Apulia (fig. 8) in 1980 (PERRINO et al. 1981) could not be found anymore.

Newly introduced pulses for Apulia are *Vigna angularis* (fagiolo di lune, soia) and *Vigna radiata* (soia verde).

Vegetables. Land-races are still common in the house gardens of the farmers, especially tomatoes with rather small fruits for winter storage and for making preserves (fig. 9).

A special form of *Brassica oleracea* with white flowers is grown in the surroundings of Napoli strongly resembling a race collected in the early fifties (var. *alboglabra*, see MALY et al. 1987). This form called "minestra" is a leaf cabbage. Worth mentioning is also a primitive race of var. *gongylodes*, "cole rizzi", with dissected

Fig. 7 Intercropping of *Vigna unguiculata* and *Lycopersicon esculentum* (Curbaresi) in a garden of the Napoli area

leaves from Valenzano south of Bari (fig. 10). The stem is insignificantly fleshy-swollen and sometimes shows a certain ramification similar to the cultivar group "kana pchali" from Georgia (BERIDZE et al. 1983).

Report was already made on a vegetable melon, "cucumarazzo" (PERRINO et al. 1988), which could be finally collected during the recent mission (fig. 11). This race completes the picture of south Italian vegetable melons (HAMMER et al. 1986).

Other crops. *Cannabis sativa* belongs to the traditional crops in south Italy (FABBRI 1949). Now it can be found only in seed mixtures for birds, because the cultivation is forbidden to prevent drug misuse. *Cannabis sativa* was also used as binding material in areas of vegetable production. For this purpose today *Phormium tenax* is grown around Napoli (fig. 12). For the same purpose *Juncus acutus* is cultivated. The species is also used for erosion control (fig. 13).

Conclusive remarks

South Italy was intensively explored in the course of ten missions. Genetic erosion is most evident for field crops. Land-races of garden crops can still be found. In this group the evolution is continuing, e.g. by introgression and specific selection pressures, so that additional material can still be collected for certain breeding purposes.

Fig. 8 Variable seed material of *Lathyrus sativus* collected in Apulia, 1980 (right) in comparison with a highly domesticated race of this crop from Pizzoferrato, Abruzzi (see also PERRINO et al. 1988)

Fig. 9 "Curbaresi", a traditional type of tomatoes with good storing ability and suitability for preserves from the Napoli area

Fig. 10 A primitive race of *Brassica oleracea* var. *gongylodes* from the Bari area. The high variation in leaf dissection and other characters should be noted

Fig. 11 "Cucumarazzo", a vegetable melon, can be found in the markets of Bari

Fig. 12 *Phormium tenax* is grown for binding material in the vegetable production area around Napoli

Zusammenfassung

Sammlung pflanzlicher genetischer Ressourcen in Süditalien 1988

Die Exploration und Sammlung pflanzlicher genetischer Ressourcen wurden 1988 in Süditalien fortgesetzt. Im September wurden Teile der Regionen Campania, Basilicata und Apulia gemeinsam von Mitarbeitern des Istituto del Germoplasma, Bari, und des Zentralinstituts für Genetik und Kulturpflanzenforschung, Gatersleben, erfaßt. 164 Proben, besonders von Gemüsen und Körnerleguminosen, wurden gesammelt. Erwähnenswert sind Landsorten von Tomaten, Kohlarten und *Vigna unguiculata*. Da ein Teil des Sammelgebietes im Abstand von acht Jahren ein zweites Mal in die Exploration einbezogen wurde, konnte das Wirken der Generosion verfolgt werden.

Die Reiserouten der zehn gemeinsamen Sammelreisen in Süditalien werden zusammenfassend in einer Karte dargestellt.

Fig. 13 *Juncus acutus* is cultivated as binding material and for erosion control along an irrigation ditch in the Napoli area

Краткое содержание

Сбор растительных генетических ресурсов в Южной Италии в 1988 году

В 1988 г. были продолжены исследования и сбор растительных генетических ресурсов в Южной Италии. Материал собирался в сентябре месяце в некоторых частях регионов Кампания, Базиликата и Апулия совместно сотрудниками Института зародышевой плазмы (Бари) и Центрального института генетики и исследования культурных растений (Гатерслебен). Было собрано 164 образца, в основном овощных и зернобобовых культур. Примечательны местные сорта помидоров, капустных культур и Vigna unguiculata. Повторное исследование части района сбора после первично проведенного 8 лет назад позволило наблюдать действие эрозии генов. Маршруты десяти совместных экспедиций в Южную Италию представлены на карте.

Literature

BERIDZE, R. K., P. HANELT and R. FRITSCH, 1983: Report of a collecting mission to the Georgian SSR 1982 for the study of indigenous material of cultivated plants. – Kulturpflanze **31**, 173–184.

DONNO, G., 1983: Notizie inedite sulla attività della Società economica di Terra d'Otranto. – Bari.

FABBRI, A., 1949: La stima dei danni della grandine alla canapa e al granturco. – Bologna.

HAMMER, K., P. HANELT and P. PERRINO, 1986: Carosello and the taxonomy of *Cucumis melo* L. especially of its vegetable races. – Kulturpflanze **34**, 249–259.

–, CHR. O. LEHMANN and P. PERRINO, 1985: Die in den Jahren 1980, 1981 und 1982 in Süditalien gesammelten Getreide-Landsorten – botanische Ergebnisse. – Kulturpflanze **33**, 237–267.

–, P. PERRINO and D. PIGNONE, 1987: Collection of plant genetic resources in South Italy, 1986. – Kulturpflanze **35**, 389–399.

MALY, R., K. HAMMER and CHR. O. LEHMANN, 1987: Sammlung pflanzlicher genetischer Ressourcen in Süditalien – ein Bericht aus dem Jahre 1950 mit Bemerkungen zum Schicksal der Landsorten „*in situ*" und in der Genbank. – Kulturpflanze **35**, 109–134.

MASI, G., 1962: I moti frumentari e pecuniari in terra di Bari. – In: Studi in onore di A. FRANKANI, vol. 5. – Milano.

PADULOSI, S., S. CIFARELLI, L. MONTI and P. PERRINO, 1987: Cowpea germplasm in southern Italy. – FAO/IBPGR Plant Genetic Resources Newsletter **71**, 37.

PALUMBO, L., 1981: Aspetti di vita economica e sociale in Acquaviva delle Fonti nei secoli XVII–XIX. – Bari.

PERRINO, P. and K. HAMMER, 1983: Collection of land-races of cultivated plants in South Italy 1982. – Kulturpflanze **31**, 219–226.

–, – and P. HANELT, 1981: Report of travels to South Italy 1980 for the collection of indigenous material of cultivated plants. – Kulturpflanze **29**, 433–442.

–, – and CHR. O. LEHMANN, 1982: Collection of land-races of cultivated plants in South Italy 1981. – Kulturpflanze **30**, 181–190.

–, G. LAGHETTI and K. HAMMER, 1988: Collection of plant genetic resources in Italy, 1987. – Kulturpflanze **36**, 377–390.

Dr. K. HAMMER
Zentralinstitut für Genetik und Kulturpflanzenforschung
der Akademie der Wissenschaften der DDR
Corrensstraße 3
Gatersleben
DDR - 4325

Kulturpflanze 37 · 1989 · 415–426

Archäologische Kulturpflanzenreste aus der Georgischen SSR (Teil 2)

JÜRGEN SCHULTZE-MOTEL

(Eingegangen am 2. Februar 1989)

Zusammenfassung

In Fortsetzung einer früheren Arbeit werden archäologische Kulturpflanzenreste von weiteren Fundorten Georgiens beschrieben. Sie stammen aus dem 3. Jt. v. u. Z. bzw. dem Mittelalter.

Einleitung

Während einer weiteren Kulturpflanzen-Sammelreise in der Georgischen SSR 1987 (vgl. BERIDZE et al. 1988b) konnten wiederum archäologische Kulturpflanzenreste untersucht werden (vgl. SCHULTZE-MOTEL 1988).

Beschreibung der Funde

I. Šenako, Hügel Nistako, Achmetskij rajon, Gornaja Tušetija

Das Material stammt von Ausgrabungen, die 1980 während einer archäologischen Expedition des Staatlichen Museums Georgiens „S. N. DŽANAŠIA" der Akademie der Wissenschaften der GSSR in Tbilisi unter der Leitung von Frau Dr. R. M. DOLABERIDZE, Kandidat der historischen Wissenschaften, durchgeführt wurden. Mit freundlicher Erlaubnis von Frau Dr. DOLABERIDZE konnte das Material im genannten Museum eingesehen werden, wofür auch hier Dank gesagt sei.

An 5 Fundpunkten konnten verkohlte Reste von Kulturpflanzen geborgen werden:

1. Westlicher Abhang, nördlicher Teil des Gebäudes (Quadrat AD-20), auf dem Felde, Tiefe 40 cm.
   Radiokarbondatierung: 1190 ± 45.

Es handelt sich um etwa 600 ccm recht gut erhaltener verkohlter Getreidekörner.

Triticum aestivum L.

Die Hauptmasse des Fundes gehört zum Saatweizen (Tendenz zur *compactum*-Form).

Hordeum vulgare L.
Beigemischt fanden sich einige Gerstenkörner.
Avena sp.
Einige Körner können als Hafer bezeichnet werden, ohne daß eine nähere Bestimmung möglich wäre.
Agrostemma githago L.
Als seltene Beimischung wurden 6 Samen der Kornrade festgestellt.

2. Östlicher Abhang. Im Gebäude, bei der südlichen Wand (Quadrat CG-68), Tiefe 20–30 cm.
Alter: 12. Jh.
Es handelt sich um 210 ccm verkohlten Getreides.
Hordeum vulgare L.
Der größte Teil der Körner gehört zur bespelzten Gerste. Die Länge der Körner beträgt 6,0–7,3 mm, die Breite 2,8–3,7 mm ($n=10$). Abb. 1.
Triticum aestivum L.
Auch hier ist wieder eine Tendenz zur *compactum*-Form festzustellen. Die Länge der Körner beträgt 5,0–5,8 mm, die Breite 3,0–3,6 mm ($n=10$). Abb. 2.
Triticum sp.
Ein Weizen mit sehr kleinen Körnern. Die Länge beträgt 3,3–4,8 mm, die Breite 2,3–2,9 mm ($n=10$). Abb. 3.
Agrostemma githago L.
Von diesem Unkraut wurden 3 Samen gefunden, außerdem einige längliche Grasfrüchte.

3. Östlicher Abhang, Eisenschmelzwerkstatt, im südwestlichen Teil (Quadrat CG-08), im abgeschrägten Teil der Wand, Tiefe 150 cm.
Radiokarbondatierung: 955 ± 45.
Zwei kleine Klumpen aus wenigen Körnern von *Hordeum vulgare* und *Triticum aestivum* (*compactum*-Form).

4. Östlicher Abhang, in dem die Eisenschmelzwerkstatt liegt, im zentralen Teil des Gebäudes (Quadrat CG-88), Tiefe 180 cm.
Radiokarbondatierung: 955 ± 45.
Es handelt sich um etwa 100 Körner eines sehr kleinkörnigen Weizens (vgl. Probe 2), beigemischt finden sich 5–6 Körner von *Triticum aestivum*, sowie ein bespelztes Gerstenkorn.
Das Material wurde laut beiliegendem Zettel bereits von A. D. GORGIDZE untersucht, die folgende Arten bestimmte: *Hordeum vulgare* L., *Triticum spelta* L., *Triticum aestivum* L., *Triticum aestivum* Untergr. *aestivo-compactum* SCHIEM. und *Triticum compactum* HOST. Hierzu ist festzustellen, daß die beiden letzten „Arten" als Formen zu *Triticum aestivum* gehören. Irgendwelche Anzeichen des Vorkommens von *Triticum spelta*, der ohne Spelzenreste nicht zu bestimmen ist, ließen sich nicht feststellen. Der kleinkörnige Weizen wurde von GORGIDZE als *Triticum aestivum* bestimmt.

5. Westlicher Abhang des Dorfes Šenako, im Bereich der Kirche. Gefunden beim Bau des Hauses von ČVRITIDZE.
Ohne Altersangabe.
Es handelt sich um etwa 70 ccm verkohlter Körner, die ziemlich stark aufge-

quollen sind. Es überwiegt *Hordeum vulgare*, daneben kommt *Triticum aestivum* vor, außerdem 2 Samen von *Vicia* sp. sowie 2 Gras-Früchte.

Im benachbarten Dagestan (Siedlung Čoch) wurden kürzlich Kulturpflanzenreste geborgen (*Triticum monococcum* L., *Triticum dicoccon* SCHRANK, *Triticum aestivum* L., *Hordeum vulgare* L., *Vitis vinifera* L.?), die aus der ersten Hälfte des 6. Jt. v. u. Z. stammen. Somit ist bereits für das Neolithikum im Ost-Kaukasus der Ackerbau belegt (AMIRCHANOV 1987).

Das Material der folgenden Fundorte stammt von der Archäologischen Expedition in die Bergregion Ost-Georgiens, die vom Zentrum für Archäologische Forschung des Instituts für Geschichte, Archäologie und Ethnographie „I. A. DŽAVACHIŠVILI" der Akademie der Wissenschaften der Georgischen SSR, Tbilisi, unter Leitung des Doktors der Historischen Wissenschaften R. M. RAMIŠVILI durchgeführt wurde. Mit freundlicher Erlaubnis des stellvertretenden Leiters der Expedition, Dr. V. A. DŽORBENADZE konnten die Materialien in Dušeti (Milachvriant-kari, Archeologičeskaja baza) eingesehen werden. Hierfür und für die Gastfreundschaft sei auch hier der Dank ausgesprochen.

II. Barisacho, Šuris-ciche, Dušetskij rajon, Ansiedlung und Grab, 12.–14. Jh.

Das Material besteht aus 490 ccm schwarzer Masse, in der sich verkohlte Körner finden. Nach Trennung blieben etwa 200 ccm relativ gut erhaltener Körner übrig. Die vollständige Durchsicht dieses Materials ergab, daß weder Spelzen noch Unkrautsamen vorhanden sind.

Secale cereale L.

Der größte Teil des Materials gehört zum Roggen. Die Länge der Körner beträgt 5,4–7,2 mm, die Breite 2,2–2,7 mm ($n = 10$). Abb. 4.

Avena sp.

Einzelne Körner eines Hafers, der beim Fehlen von Spelzen jedoch nicht bestimmt werden kann.

Außerdem fanden sich drei rundliche Samen in Erbsengröße (3,3–4,2 mm Durchmesser), die wegen des schlechten Erhaltungszustandes nicht zu bestimmen waren.

III. Siedlung Žinvali, Dušetskij rajon

Grube 7, Ansiedlung der „Kuro-Araksskogo Periode", 2. Hälfte des 3. Jahrtausends v. u. Z. (frühe Bronzezeit).

In 5 Proben fanden sich insgesamt etwa 340 Körner, die ziemlich schlecht erhalten und z. T. aufgebläht sind.

Hordeum vulgare L.

Soweit erkennbar, liegen in allen Fällen Körner der Gerste vor. An den am besten erhaltenen Körnern wurden Messungen durchgeführt. Die Länge der Körner beträgt 5,3–6,7 mm, die Breite 3,1–3,5 mm ($n = 10$). Abb. 5.

Bei allen diesen Körnern waren keine „Krummschnäbel" zu sehen, so daß angenommen werden darf, daß es sich um die zweizeilige Form handelt (vgl. GLONTI 1985). Schwieriger zu entscheiden ist die Frage, ob Spelz- oder Nacktgerste vorliegt. In vielen Fällen sieht man den Embryo bzw. die Embryogrube, lose Spelzenreste sind aber nirgends zu beobachten. Die Reste können mit Vorbehalt als Nacktgerste bezeichnet werden.

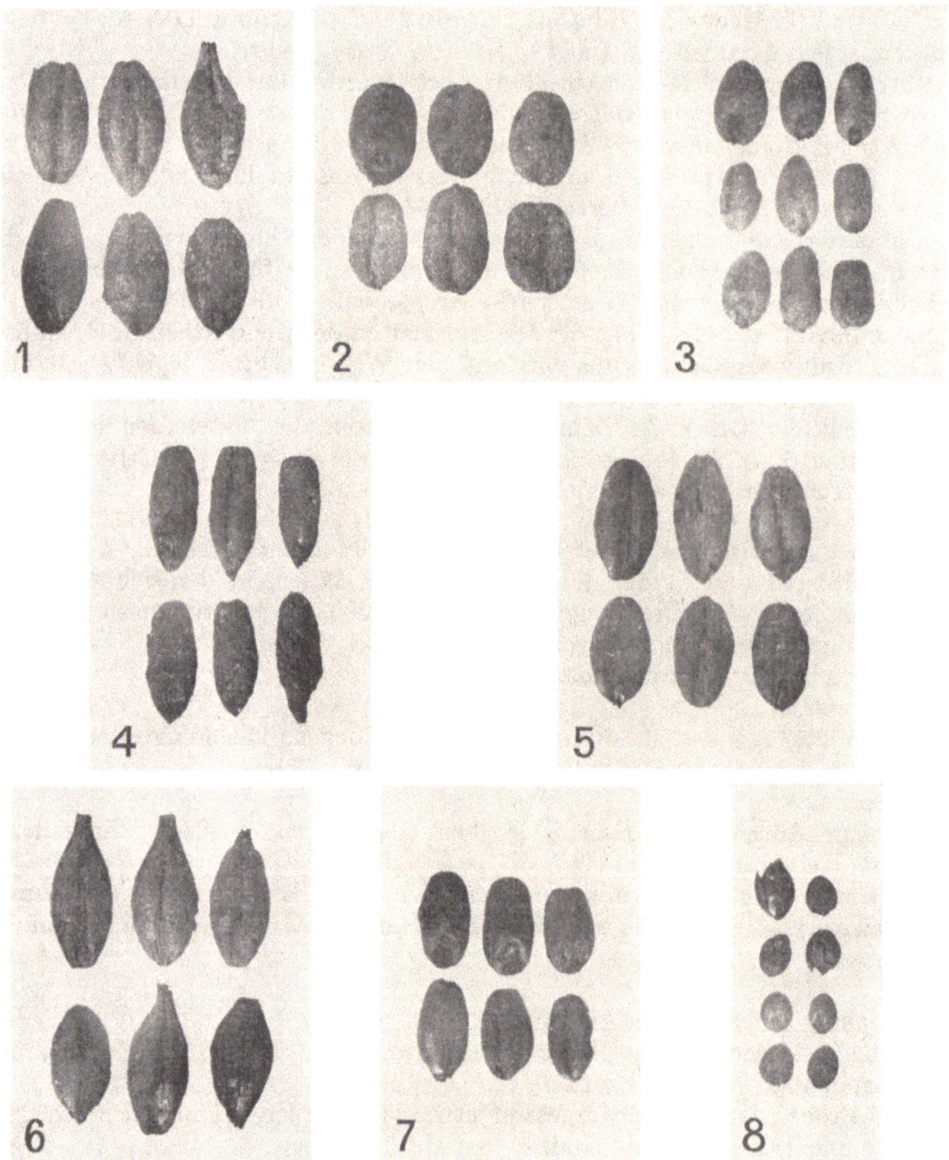

Kulturpflanzenreste aus Georgien. Šenako (12. Jh.): 1 *Hordeum vulgare*; 2 *Triticum aestivum*; 3 *Triticum* sp. Barisacho (12.–14. Jh.): 4 *Secale cereale*. Žinvali (3. Jt. v. u. Z.): 5 *Hordeum vulgare*. Žinvali (12.–14. Jh.): 6 *Hordeum vulgare* (Probe 2); 7 *Triticum aestivum* (Probe 2); 8 *Panicum miliaceum*. Vergrößerung 2,5×.

Es sei hier vermerkt, daß während der Sammelreise (s. Einleitung) in Dartlo (Tuschetien) eine zweireihige Nacktgerste gesammelt werden konnte, die eine sehr alte Landsorte darstellt. Ihr Mehl wird eigens dazu benutzt, um Süssigkeiten (mit Zucker und Butter) herzustellen.

IV. Žinvali, Siedlung Nakalakari, Aragvi-Schlucht, Dušetskij rajon, 12.–14. Jh. (vgl. ANONYMUS 1983).

Es lagen folgende Proben vor:

1. *Persica vulgaris* P. MILLER

Ein verkohlter Stein vom Pfirsich, der mit 1,9 cm Länge und 1,5 cm Breite ziemlich klein ist.

Dies ist der erste archäologische Nachweis dieser Art in Georgien.

2. *Hordeum vulgare* L.

Etwa 140 Körner der Gerste in hervorragender Erhaltung, mit Spelzen. Messung von 10 Körnern (ohne Spelzen gemessen): Länge 5–7,5 mm, Breite 2,3–3,0 mm. Abb. 6.

Triticum aestivum L.

Vom Weizen fanden sich 138 Körner, die klein und rundlich sind *(compactum)*. Die Länge der Körner beträgt 4,6–5,3 mm, die Breite 2,5–2,9 mm ($n=10$). Abb. 7.

Vicia sp.

Es waren auch ca. 20 Samen beigemengt, die etwa 3–4 mm Durchmesser haben und ± rundlich sind oder abgerundete Kanten aufweisen. In einigen Fällen ist ein langer schmaler Nabel zu erkennen, was auf die Gattung *Vicia* weist.

Panicum miliaceum L.

In einem Röhrchen wurden etwa 2 ccm Hirse aufbewahrt. Die Körner weisen z. T. noch die Spelzen auf. Die breit-dreieckige Embryogrube reicht etwa bis zur Kornmitte. Abb. 8.

Avena sp.

Zwei Früchte.

Bromus secalinus L.

Vier Früchte (mit Deck- und Vorspelze).

3. Dieses Material (etwa 50 ccm) besteht aus Körnern mit grauem Überzug (Verkrustung durch Asche). Die Hauptmenge der Körner gehört zum Saatweizen, daneben tritt wenig Gerste auf, Roggenkörner fanden sich nur vereinzelt.

Triticum aestivum L.

Kornlänge 4,9–5,8 mm, Kornbreite 2,9–3,6 mm ($n=10$). Abb. 9.

Hordeum vulgare L.

Kornlänge 5,8–7,1 mm, Kornbreite 2,7–3,7 mm ($n=10$). Abb. 10.

Secale cereale L.

Kornlänge 5,3–6,4 mm, Kornbreite 2,0–2,8 mm ($n=10$). Abb. 11.

4. Eine weitere Probe (etwa 30 ccm), deren Herkunft mit 13.–14. Jh. angegeben ist, besteht aus verkrusteter Erde, in die einzelne verkohlte Reste eingebettet sind. Sie ähneln Getreidekörnern, konnten aber nicht bestimmt werden. Diese Strukturen, die vielleicht Samen einer *Melampyrum*-Art darstellen, werden hier zur Diskussion gestellt (Abb. 12).

5. Einige Erdklumpen, in denen sich zusammengebackene Klümpchen von Hirse-Ährchen finden. Deren Erhaltungszustand ist sehr schlecht, die meisten Ährchenreste sind mehr oder weniger zerfallen, an einigen Stellen sind jedoch Deck- und Vorspelze noch im Verband. Die Deck- und Vorspelzen weisen

eine deutliche Querrunzelung auf, was auf *Setaria glauca* (L.) Pal. Beauv. hinweist (Abb. 13). Um das Vorkommen dieser Art in dem vorliegenden Fund zu erklären, müßte man voraussetzen, daß sie gesammelt oder kultiviert wurde.

Die Pflanze ist ein verbreitetes Unkraut, das nach Willerding (1986, p. 246) in Mitteleuropa archäologisch an vielen Stellen nachgewiesen wurde, wobei die meisten Belege aus dem Mittelalter stammen. An einigen Stellen sind Körner in größerer Zahl (20–194 Früchte) gefunden worden, was die Ansicht stützen würde, nach der diese Art in der Ernährung des Menschen eine Rolle gespielt habe. Immerhin wird *Setaria glauca* in Indien und Jawa als Getreide kultiviert (Schultze-Motel 1986, p. 1538), in Indien auch von Wildpflanzen als Nahrung genutzt.

Der vorliegende Fund könnte aber auch anders gedeutet werden. Nach Scholz (1960, p. 474) können nämlich bei *Setaria italica* (L.) Pal. Beauv. convar. *moharia* (Alef.) Körn. die Deckspelzen oft durch seichte Querrippen etwas wellig sein. Damit wäre innerhalb dieser Form der Borstenhirse ein ähnliches Merkmal zu verzeichnen wie bei *Setaria glauca*. Über die Ausprägung dieses Merkmals kann nach eigener Erfahrung nichts ausgesagt werden, denn unter den wenigen *moharia*-Herkünften der Genbank des Zentralinstituts für Genetik und Kulturpflanzenforschung Gatersleben sind derartige Strukturen nicht zu verzeichnen. Es ist somit nicht bekannt, ob die Querrippen auf den Spelzen von *Setaria italica* convar. *moharia* bei rezenten Pflanzen so stark ausgeprägt sein können wie bei *Setaria glauca*. Im vorliegenden Material sind diese Querrippen deutlich ausgeprägt. Da aber mit der Möglichkeit gerechnet werden muß, daß die Ausprägung dieses Merkmals auch früher geschwankt hat, könnte die vorliegende Probe auch zu *Setaria italica* convar. *moharia* gehören.

Innerhalb der Systematik der georgischen Formen der *Setaria italica* (Maisaja und Gorgidze 1985) findet das genannte Merkmal leider keine Erwähnung. Auf dieses Merkmal sollte bei rezenten Pflanzen wie auch besonders bei archäologischen Funden weiterhin geachtet werden, da es für das Verständnis der Entstehung und Entwicklung von *Setaria italica* von Bedeutung ist, zumal für die Gesamtart *Setaria italica* ein zweifacher Ursprung angenommen wird.

6. Hier liegt ein großer Erdklumpen und eine Handvoll Körner vor, die aus dem 13.–14. Jh. stammen.

   Triticum aestivum L.

   Der Klumpen trägt auf einer Seite eine angebackene Kornschicht, die Saatweizen darstellt. Auch die ziemlich schlecht erhaltenen (ca. 250) Einzelkörner gehören zum Saatweizen. Die Länge der Körner beträgt 4,8–5,7 mm, die Breite 2,5–3,3 mm ($n = 10$). Abb. 14.

   Secale cereale L.

   Beigemischt waren 11 Körner vom Roggen. Abb. 15.

7. Das aus dem 13.–14. Jh. stammende Material besteht aus einer Masse von Klumpen und Krümeln, die das Aussehen von Asche hat.

   Hordeum vulgare L.

   Es wurden etwa 250 schlecht erhaltene Körner ausgelesen. Sie stellen bespelzte Gerste dar. Die Länge der Körner beträgt 5,8–7,2 mm, die Breite 2,8 bis 4,1 mm ($n = 10$). Abb. 16.

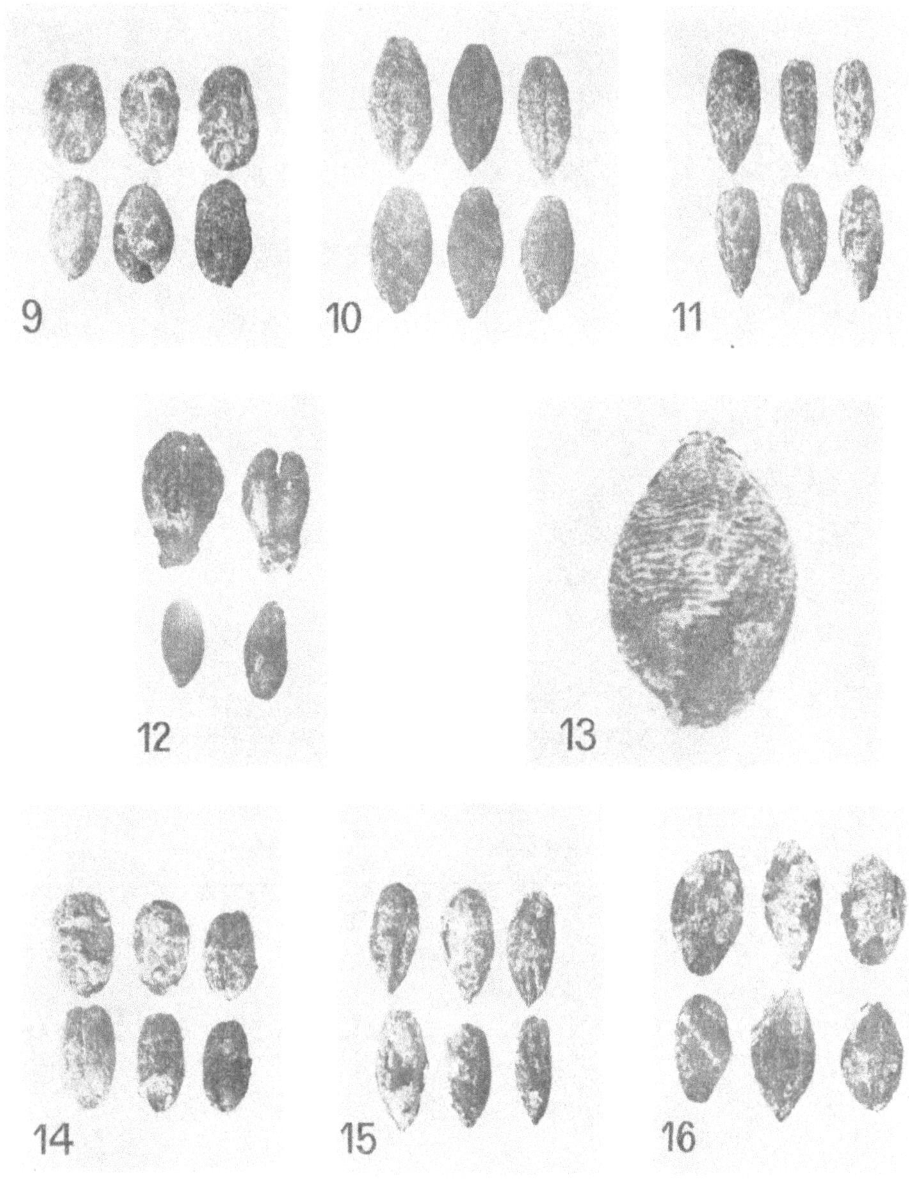

Kulturpflanzenreste aus Georgien. Žinvali (12.–14. Jh.): 9 *Triticum aestivum* (Probe 3); 10 *Hordeum vulgare* (Probe 3); 11 *Secale cereale* (Probe 3); 12 *Melampyrum* sp.?; 13 *Setaria glauca* oder *S. italica*?; 14 *Triticum aestivum* (Probe 6); 15 *Secale cereale* (Probe 6); 16 *Hordeum vulgare* (Probe 7). Vergrößerung bei 13 : 15×, alle anderen 2,5×.

8. Bei diesem Material handelt es sich um ein Stück Holzkohle und Erdklumpen, die von verkohltem Material durchsetzt sind. Einigen Erdklumpen haften Textilreste an bzw. es sind Abdrücke von solchen zu erkennen. Da die Erdklumpen des Gesamtmaterials an mehreren Stellen Wölbungen zeigen, ist anzunehmen, daß das vorliegende Material ursprünglich einen Textilbeutel vorstellt,

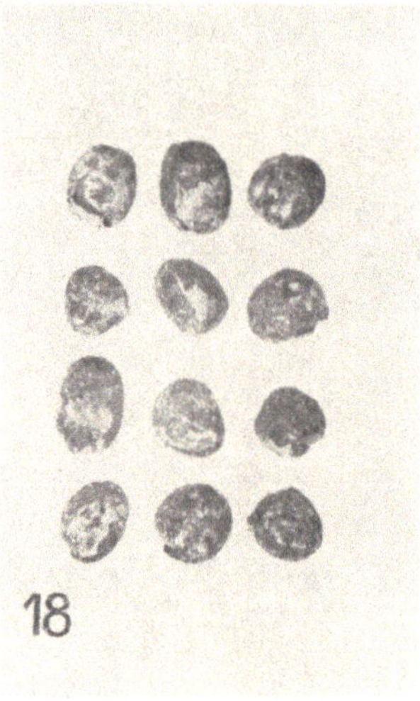

Kulturpflanzenreste aus Georgien. Žinvali (12.–14. Jh.): 17 Sämereien in Resten eines Textilbeutels (Vergr. 1,8×); 18 *Raphanus sativus* (Vergr. 2,5×); 19 *Coriandrum sativum* (Vergr. 6×).

in dem Sämereien aufbewahrt wurden (Abb. 17). Nach der Verkohlung geriet Erde in die Hohlräume, so daß die Rundung des Beutels mehr oder weniger erhalten blieb.

Die Saatgut-Reste gehören zwei Arten an:

Raphanus sativus L.

Die Samen sind mehr oder weniger rundlich bis ellipsoidisch (Abb. 18). An einigen Samen sind die Oberflächen teilweise erhalten, die ein Muster erkennen lassen, wie es Pistrick (1987, Abb. 42) abgebildet hat.

Dies ist der erste archäologische Nachweis dieser Art in Georgien.

Coriandrum sativum L.

Es liegen Früchte bzw. Teilfrüchte vor (Abb. 19).

Es ist dies der erste archäologische Nachweis des Korianders in Georgien, der dort ein beliebtes Gewürz darstellt.

Diskussion

In der vorliegenden Untersuchung wurden folgende archäologische Kulturpflanzenreste nachgewiesen:

1) Žinvali (3. Jt. v. u. Z.)
   Hordeum vulgare
2) Žinvali (12.–14. Jh.)
   Persica vulgaris, Hordeum vulgare, Triticum aestivum, Panicum miliaceum, Secale cereale, Setaria italica (?), *Coriandrum sativum, Raphanus sativus*
3) Barisacho (12.–14. Jh.)
   Secale cereale
4) Šenako (10.–12. Jh.)
   Triticum aestivum, Triticum sp., *Hordeum vulgare*

Zu den in der vorigen Arbeit (Schultze-Motel 1988) erstmalig für Georgien archäologisch nachgewiesenen Arten *Vicia faba* und *Pyrus* sp. kommen nun als Erstnachweise noch *Persica vulgaris, Raphanus sativus* und *Coriandrum sativum* (vgl. die Übersicht archäologischer Kulturpflanzenreste Georgiens).

Wie schon in dem Fund von Vani (Schultze-Motel 1988) konnte auch in dem vorliegenden Material in dem Ort Šenako ein Weizen mit sehr kleinen Körnern entdeckt werden, der nicht einzuordnen ist (*Triticum* sp.). Während die Reste von Vani aus etwa 100 m über Meereshöhe stammen, liegt Šenako in 1950 m Höhe. Der Vergleich des Weizens von Vani (Länge 3,4–4,4 mm, Breite 2,2 bis 2,5 mm) und des von Šenako (Länge 3,3–4,8 mm, Breite 2,3–2,9 mm) zeigt, daß diese Weizenform offenbar unabhängig von der Meereshöhe diese kleinen Körner ausbildete, zumal die jeweiligen Begleitarten eine normale Größe aufweisen. Ob dieser Weizen eine extrem kleinkörnige *compactum*-Form von *Triticum aestivum* darstellt oder ob er einer der inzwischen nicht mehr in Kultur befindlichen endemischen Weizenformen Georgiens (z. B. *Triticum carthlicum* Nevski) zuzurechnen ist, muß offen bleiben. Auch *Triticum parvicoccum* Kislev müßte wegen der Kleinkörnigkeit in Betracht gezogen werden. Solange jedoch keine neuen Bestimmungskriterien aufgefunden werden, ist dieser Weizen nicht einzuordnen.

Übersicht archäologischer Kulturpflanzenreste Georgiens

	Jahrtausend v. u. Z.							Jahrhundert v. u. Z.					Jahrhundert u. Z.		
	6.–5.	5.	5.–4.	4.–3.	3.	2.	1.	8.–7.	7.–6.	3.	3.–2.	2.–1.	10.–12.	13.	12.–14.
Triticum monococcum	+		+												
Triticum dicoccon	+		+				+								
Triticum carthlicum	+														
Triticum karamyschevii				+											
Triticum macha			+	+											
Triticum spelta	+		+												
Triticum aestivum	+		+	+	+	+	+				+		+	+	+
Triticum sp.			+						+			+	+		
Hordeum vulgare	+		+	+	+	+	+	+		+			+	+	+
Secale cereale						+	+								+
Avena sativa u. *A.* sp.			+			+	+								
Panicum miliaceum			+	+	+		+					+			+
Setaria italica				+			+								+ ?
Pisum sativum			+												
Lens culinaris	+		+												
Vicia faba							+								
Vicia ervilia	+														
Pyrus sp.							+								
Persica vulgaris															+
Vitis vinifera			+		+				+						
Cucumis melo		+													
Cucumis sativus														+	
Citrullus lanatus														+	
Coriandrum sativum															+
Raphanus sativus															+

Kürzlich hat RUSIŠVILI (1988) die archäologischen Weizenfunde Georgiens zusammengestellt. Diese Ergebnisse konnten hier nicht mehr berücksichtigt werden.

Ein weiteres Problem stellt die *Setaria*-Form von Žinvali (12.–14. Jh.) dar. Die Querwellung der Spelzen entspricht am ehesten derjenigen von *Setaria glauca*, von der bisher nicht bekannt ist, ob sie in früherer Zeit gesammelt oder kultiviert wurde. Über das Vorkommen dieses Merkmals bei der Kulturpflanze *Setaria italica* convar. *moharia* ist zuwenig bekannt, als daß eine Zuordnung zu einer der beiden Arten möglich wäre. Auch dieses Beispiel zeigt (wie das des kleinkörnigen Weizens), wie sehr die Einordnung archäologischer Kulturpflanzenfunde vom Kenntnisstand bei den heutigen Kulturpflanzen abhängig ist.

Der Ackerbau in den höheren Lagen des Kaukasus ist in der letzten Zeit stark zurückgegangen oder erloschen (vgl. BERIDZE et al. 1988b). Der Fund von Šenako (1950 m) zeigt an, daß dort im 10.–12. Jh. noch eine auf Selbstversorgung ausgerichtete Landwirtschaft existiert hat.

Der Erforschung der Kulturpflanzen Georgiens wird große Aufmerksamkeit gewidmet, wie z. B. Arbeiten über die Weizen von Ober-Svanetien (BERIŠVILI 1978; ZHIZHILASHVILI und BERISHVILI 1980; ŽIŽILAŠVILI und BERIŠVILI 1978), über *Setaria italica* (MAISAJA und GORGIDZE 1985) und *Triticum spelta* (ŽIŽILAŠVILI und BERIŠVILI 1986) bezeugen (vgl. auch BERIDZE et al. 1988a).

Auch der landwirtschaftlichen Ethnographie (BREGADZE 1982) und allgemeinen Fragen der Entstehung des Ackerbaus im Kaukasus wird Beachtung geschenkt (ČUBINIŠVILI und ČELIDZE 1978; KUŠNAREVA und LISICYNA 1979, 1986).

Danksagung: Die Kulturpflanzenreste der vorliegenden Untersuchung gelangten durch Vermittlung von Frau Dr. R. K. BERIDZE (Tbilisi) in meine Hände, wofür auch hier Dank gesagt sei.
Für die Anfertigung der Fotos danke ich Frau GITTA TERPE.

Summary

Archaeological remains of cultivated plants from Georgia, USSR (Part 2)

Archaeological remains of cultivated plants from some places in eastern Georgia are described (3rd millennium B.C. and Mediaeval age, respectively).

Краткое содержание

Археологические остатки культурных растений из Грузинской ССР (2 часть)

Как продолжение предыдущей работы даётся описание археологических остатков культурных растений из последующих мест поиска. Эти остатки относятся к 3 тыс. до нашей эры и к средним векам.

Literatur

AMIRCHANOV, CH. A., 1987: Čochskoe poselenie. Čelovek i ego kul'tura v mezolite i neolite gornogo Dagestana. – Izdatel'stvo "Nauka", Moskva, 224 pp.

ANONYMUS, 1983: Žinvali I. Archeologičeskie izyskanija v Aragvskom uščel'e. (na gruzinskom i russkom jazykach). – Izdatel'stvo Tbilisskogo universiteta, Tbilisi, 338 pp.

BERIDZE, R., P. CHANEL'T, V. KANDELAKI, R. FRITŠ, Ju. ŠUL'CE-MOTEL, 1988a: O nekotorych rezul'tatach sovmestnych issledovanij kul'turnoj flory Gruzii. – Izv. Akad. Nauk Gruz. SSR, ser. biol. **14** (2), 143–144.

BERIDZE, R. K., P. HANELT, V. N. KANDELAKI, D. MANDŽGALADZE, and J. SCHULTZE-MOTEL, 1988b: Collecting plant-genetic resources in the Georgian SSR (Chevsuretia, Tushetia) 1987. – Kulturpflanze **36**, 405–419.

BERIŠVILI, T. T., 1978: K genetičeskomu izučeniju pšenic verchnej Svanetii. Toward the genetic study of the wheats of Upper Svaneti. – Bull. Acad. Sci. Georgian SSR **92** (1), 165–168 (Russ., Engl. summ.).

BREGADZE, N. A., 1982: Očerki po agroėtnografii Gruzii. – „Mecniereba", Tbilisi, 264 pp.

ČUBINIŠVILI, T. N., i L. M. ČELIDZE, 1978: K voprosu o nekotorych opredeljajuščich priznakach rannezemledel'českoj kul'tury VI–IV tys. do n. ė. 1. Južnyj Kavkaz (chozjajstvo). – Izvestija Akad. Nauk Gruz. SSR, Ser. istorii, archeologii, ėtnografii i istorii iskusstva (1), 55–69.

GLONTI, M., 1985: Raspisnye sosudy iz poselenij Aragvskogo uščel'ja. (pp. 22–25). In: Archeologičeskie izyskanija (Sbornik). – „Mecniereba", Tbilisi, 176 pp. (na Gruzinskom jazyka).

KUŠNAREVA, K. CH., G. N. LISICYNA, 1979: O vozniknovenii pašennogo zemledelija v Zakavkaz'e (k postanovke problemy). On the origin of the tillage agriculture in the Transcaucasian region). – Sovetskaja archeologija (2), 5–18.

–, –, 1986: Važnejšie aspekty stanovlenija i razvitija proizvodjaščego chozjajstva na Južnom i Severo-Vostočnom Kavkaze (VI–III tys. do n. ė.). Entstehung und Entwicklung der produzierenden Wirtschaft in Süd- und Nordostkaukasien, 6.–3. Jahrtausend v. u. Z. – Studia Praehistorica **8**, 7–31.

MAISAJA, I. I., A. D. GORGIDZE, 1985: K sistematike Gruzinskogo gomi. On the systematics of the Georgian millet. – Soobščenija Akad. Nauk Gruz. SSR (Bull. Acad. Sci. Georgian SSR) **119** (3), 589–592.

PISTRICK, K., 1987: Untersuchungen zur Systematik der Gattung *Raphanus* L. – Kulturpflanze **35**, 225–321.

RUSIŠVILI, N. Š., 1988: Iskopaemye vidy pšenicy s territorii Gruzii. – Flora, geobotanika i paleoėtnobotanika. Botaničeskie issledovanija, Vyp. 1, Kišinev, 17–28.

SCHOLZ, H., 1960: Der Formenkreis der *Setaria italica* (L.) P. B. – Ber. dt. bot. Ges. **73**, 471–476, Taf. X.

SCHULTZE-MOTEL, J. (Hrsg.), 1986: Rudolf Mansfelds Verzeichnis landwirtschaftlicher und gärtnerischer Kulturpflanzen (ohne Zierpflanzen). – Akademie-Verlag, Berlin, XXVI + 1998 pp.

–, 1988: Archäologische Kulturpflanzenreste aus der Georgischen SSR (Teil 1). – Kulturpflanze **36**, 421–435.

WILLERDING, U., 1986: Zur Geschichte der Unkräuter Mitteleuropas. – Karl Wachholtz Verlag, Neumünster, 382 pp.

ZHIZHILASHVILI, K. M., T. T. BERISHVILI, 1980: Towards the study of the botanical composition of cultured plants of Upper Svanethi. – Bull. Acad. Sci. Georgian SSR **100** (2), 417–419 (Gruz., Engl. summ.).

ŽIŽILAŠVILI, K. M., T. T. BERIŠVILI, 1978: Botaničeskij sostav pšenic verchnej Svaneti. The botanical composition of Upper Svaneti wheats. – Bull. Acad. Sci. Georgian SSR **90** (1), 153–156 (Russ., Engl. summm.).

–, –, 1986: Novaja raznovidnost *Triticum spelta* L. v Gruzii. A new variety of *T. spelta* in Georgia. – Bull. Acad. Sci. Georgian SSR **123** (1), 145–147 (Russ., Engl. summ.).

Dr. J. SCHULTZE-MOTEL
Zentralinstitut für Genetik und Kulturpflanzenforschung
der Akademie der Wissenschaften der DDR
Corrensstraße 3
Gatersleben
DDR - 4325

Kulturpflanze 37 · 1989 · 427—451

Literatur über archäologische Kulturpflanzenreste (1987/1988)

JÜRGEN SCHULTZE-MOTEL

(Eingegangen am 2. Januar 1989)

Zusammenfassung

In Fortsetzung von Bibliographien über archäologische Kulturpflanzenreste wurde die einschlägige Literatur der Jahre 1987/1988 zusammengestellt und der Inhalt der erfaßten 150 Arbeiten kurz kommentiert.

Einleitung

Hiermit wird die Bibliographie über archäologische Kulturpflanzenreste fortgesetzt (vgl. SCHULTZE-MOTEL 1988). Es wurde versucht, die entsprechende Literatur der Jahre 1987/1988 zu erfassen. Bisher übersehene Titel aus früheren Jahren oder solche, die nicht eher zu beschaffen waren, sind ebenfalls aufgenommen worden.

Wieder hat mir Frau Bibliothekarin V. SCHNEIDER (Landesmuseum für Vorgeschichte Halle/S.) bei der Auffindung und Bereitstellung der Literatur in vorbildlicher Weise geholfen. Frau Dr. MARIA HOPF (Römisch-Germanisches Zentralmuseum Mainz) und Herr Dr. H.-H. MÜLLER (Zentralinstitut für Alte Geschichte und Archäologie Berlin) übermittelten zahlreiche Zitate. Allen Genannten danke ich sehr herzlich für ihre unschätzbare Hilfe.

Bei den Einzelangaben zu den alphabetisch angeordneten Arten wurden folgende Abkürzungen verwendet: N = Neolithikum, Bz = Bronzezeit, Ez = Eisenzeit, Rz = Römerzeit, Ma = Mittelalter.

Die Hinweise auf die Literatur erfolgen durch in Klammern stehende Zahlen.

Die einzelnen Funde

Amaranthus lividus L.
BRD: Rz (65, 79), Ma (65, 80, 85)

Amygdalus communis L., Mandelbaum
BRD: Ma (65)
Großbritannien: Ma (59)
Iran: urartäisch-medisch (46)
Schweiz: Rz (3)

Anethum graveolens L., Dill
BRD: Rz (28, 79), Rz, Ma, frühe Neuzeit (65), Ma (80)
Großbritannien: Ma (59)
Niederlande: Rz (72), Ma (149)

Apium graveolens L., Sellerie
Belgien: Rz (20)
BRD: Rz (28, 65, 79), Ma (65, 85)
Großbritannien: Ma (91)
Niederlande: Rz (17, 72), Ma (149)

Armeniaca vulgaris LAM., Aprikose
Iran, 7. Jh. v. u. Z. (46)
Ungarn: 10. Jh. (37)

Artocarpus heterophyllus LAM., Jackfruchtbaum
Indien: 1000–800 v. u. Z. (115)

Asparagus officinalis L., Garten-Spargel
Großbritannien: Rz (87)

Atriplex hortensis L., Gartenmelde
Niederlande: Ma (14)

Avena sativa L., Hafer
BRD: Rz (65, 66), Ma (8, 44, 65, 67, 85)
DDR: Ma (73)
Großbritannien: 1. Jt. v. u. Z. (132), Post-Roman (89), Ma (91)
Niederlande: Rz (72), Ma (14, 149)
Spitzbergen: 17. Jh. (97)
Ungarn: 10. Jh. (36)

Beta vulgaris L.
BRD: Ma, frühe Neuzeit (65)
Großbritannien: Rz (87)

Brassica juncea (L.) CZERN., Sarepta-Senf
Indien: 1000–800 v. u. Z. (115)

Brassica napus L.
Niederlande: Ma (14), oder *B. rapa* L.?

Brassica nigra (L.) KOCH, Schwarzer Senf
BRD: Ma (85)
Großbritannien: 17. oder 18. Jh. (104)
Niederlande: Ma (14, 149)
Spitzbergen: 17. Jh. (97)

Brassica rapa L.
BRD: Rz (28)
Schweiz: Bz (51)

Camelina sativa (L.) CRANTZ, Leindotter
BRD: Ez (65), Rz (65), Ma (8, 67)
Niederlande: Rz (72), Ma (149)
Polen: Ez (128)
Schweiz: Bz (30, 51)
Syrien: Bz (148)
Ungarn: Ez (53)

Cannabis sativa L., Hanf
BRD: Ma (69, 85)
ČSSR: Ma (95)
Großbritannien: Ma (91)
Japan: 9. Jh. (21)
Niederlande: Ma (14, 149)
Ungarn: 10. Jh. (36)

Carthamus tinctorius L., Saflor
Indien: 800–600 v. u. Z. (115)
Syrien: Bz (148)

Carum carvi L., Kümmel
BRD: Rz, Ma, frühe Neuzeit (65)
Niederlande: Ma (14)

Castanea sativa P. MILLER, Eßkastanie
Schweiz: Rz (3)

Cerasus avium (L.) MOENCH, Süßkirsche
BRD: Rz (28, 66, 79), Rz, Ma, frühe Neuzeit (65), Ma (69, 85)
Bulgarien: Rz (103)
ČSSR: Ma (94, 95)
DDR: Ma (74)
Großbritannien: Rz (34), Ma (59, 91)
Niederlande: Ma (14)
Ungarn: 10. Jh. (37)

Cerasus vulgaris P. MILLER, Sauerkirsche
BRD: Ma (65, 85), frühe Neuzeit (65)
DDR: Ma (73, 74)
Niederlande: Ma (14, 149)
Ungarn: 10. Jh. (37)

Chenopodium berlandieri MOQ.
Die Kultur dieser Art im östlichen Nordamerika ist für die Zeit 3450 B. P. bis 785 B. P. belegt (29, 122–126).

Cicer arietinum L., Kichererbse
Indien: 1000–800 v. u. Z. (115)
Iran: 7. Jh. v. u. Z. (46)
Jordanien: N (121)
Syrien: Bz (148)

Citrullus lanatus (THUNB.) MATSUMURA et NAKAI, Wassermelone
Sudan: Alter? (144)

Cocos nucifera L., Kokospalme
Spitzbergen: 17. Jh. (97)

Coriandrum sativum L., Koriander
BRD: Rz (28, 65, 79), Ma (85)
Niederlande: Rz (72), Ma (14)
Großbritannien: Rz (34), Ma (91)

Cornus mas L., Kornelkirsche
DDR: Ma (74)

Corylus avellana L., Haselnuß
DDR: Ma (73, 74)
Großbritannien: Ma (24)
Schweiz: Rz (3)

Cucumis melo L., Melone
BRD: Rz (28)
Japan: 9. Jh. (21)
Tunesien: ca. 600 u. Z. (11)

Cucumis sativus L., Gurke
BRD: Ma (69), frühe Neuzeit (65)
DDR: Ma (73)

Cucurbita pepo L., Gartenkürbis
Mexiko: preceramic levels (139)
USA: 950 und 270 v. u. Z. (120)
Die Identifizierung der im östlichen Nordamerika gefundenen *Cucurbita*-Reste als *C. pepo* wird von SMITH (124) in Frage gestellt.

Cydonia oblonga P. MILLER, Quitte
BRD: Ma (85)

Daucus carota L., Gartenmöhre
BRD: Ma (65, 80), Rz, frühe Neuzeit (65)

Dipsacus sativus (L.) HONCKENY, Weberkarde
Niederlande: Ma (149)

Echinochloa utilis Ohwi et Yabuno, Japanische Hirse
Japan: 9.–12. Jh. (82), 12. Jh. (143)

Eleusine coracan (L.) Gaertner, Korakan
Indien: Megalithic – Historical (118)

Fagopyrum esculentum Moench, Buchweizen
BRD: Ma (69), frühe Neuzeit (65)
Niederlande: Ma (14)
Spitzbergen: 17. Jh. (97)

Ficus carica L., Feige
BRD: Rz (28, 65, 79), Ma (65, 69, 85), frühe Neuzeit (65)
Bulgarien: Rz (103)
ČSSR: Ma (95)
DDR: Ma (74)
Großbritannien: Ma (91)
Jordanien: N (121)
Niederlande: Ma (14, 149)
Spitzbergen: 17. Jh. (97)
Syrien: Bz (148)
Tunesien: 4. Jh. v. u. Z., 1.–2. Jh. u. Z. und ca. 600 u. Z. (11)
Zypern: N (38)

Foeniculum vulgare Mill., Fenchel
BRD: Ma (85)
Großbritannien: Rz (34), Ma (91)
Niederlande: Ma (14)

Fragaria vesca L., Wald-Erdbeere
BRD: Rz (66), Ma (69)
DDR: Ma (74)

Gossypium L.
Baumwollreste (*G. herbaceum* L. oder *G. arboreum* L.) wurden in Indien aus der Zeit um 1050–1000 v. u. Z. nachgewiesen (112).

Helianthus annuus L., Sonnenblume
Smith (124) hat Funde dieser Art im östlichen Nordamerika zusammengestellt.

Hordeum vulgare L., Saat-Gerste
Ägypten: 2950 v. u. Z. (146)
BRD: N (99, 105, 142), Bz (62, 71, 100), Ez (65, 99, 100), Rz (28, 65, 79, 101), Kaiserzeit (25), Ma (8, 44, 65, 67, 69, 85)
Bulgarien: 4. Jh. (26)
ČSSR: Eneolit (94), Ma (95)
Dänemark: Einzelgrabkultur (106)

DDR: Schnurkeramik (84), Ma (73, 74)
Frankreich: N, Bz (78)
Großbritannien: N (58), Bz, Ez, Rz, Post-Roman (89), Ez (88, 133), Ez und Rz (93), 1. Jt. v. u. Z. (132), Ez und 110±100 v. u. Z. (134), Rz (136), Ma (12, 91), Alter? (54)
Indien: N, ca. 8000 v. u. Z. (23), die Altersangabe dieses Fundes fügt sich nicht in das bisherige Bild ein und ist daher mit Vorsicht aufzunehmen; N (16), N – Historical (118), ca. 2300 v. u. Z. (77), 2300–1700 v. u. Z. (111, 113), ca. 1050–1000 v. u. Z. (112), 1000–600 und 4. Jh. v. u. Z. (114, 115)
Iran: urartäisch bis Ma (46)
Japan: 9. Jh. (21)
Jordanien: N (121)
Jugoslawien: N (22)
Luxemburg: Ez (43)
Niederlande: N (5), Rz (17, 72), Ma (14, 96, 149)
Österreich: N (116)
Polen: N (86), Ez (128)
Rumänien: 4. Jt. v. u. Z. (19)
Schweiz: N (15, 48, 50), Bz (9, 15, 30, 51)
Spitzbergen: 17. Jh. (97)
Sudan: Zeitstellung? (144)
Syrien: Bz (148)
UdSSR: N (1)
Ungarn: Ez (53), 10. Jh. (36)
Zypern: N (38)

Humulus lupulus L., Hopfen
BRD: Ma (69, 85)
DDR: Ma (73)
Großbritannien: Ma (91)
Niederlande: Rz (72), Ma (14, 149)

Iva annua L.
SMITH (124) hat Funde dieser Art im östlichen Nordamerika zusammengestellt.

Juglans regia L., Walnußbaum
BRD: Rz (65, 79), Ma (65, 69, 85), frühe Neuzeit (65)
Bulgarien: Rz (103), 4. Jh. (26)
DDR: Ma (73, 74)
Großbritannien: Ma (59, 91)
Niederlande: Ma (14, 96, 149)
Schweiz: Rz (3)
Spitzbergen: 17. Jh. (97)
Ungarn: 10. Jh. (37)

Lactuca sativa L., Salat
Niederlande: Ma (149)

Lagenaria siceraria (MOL.) STANDL., Flaschenkürbis
Mexiko: preceramic levels (139)

Lathyrus sativus L., Saatplatterbse
Indien: 1000–800 und 4. Jh. v. u. Z. (114, 115)
Iran: 7. Jh. v. u. Z. (46)
Syrien: Bz (148)
Türkei: N (145)

Lens culinaris MEDIK., Linse
Ägypten: 2950 v. u. Z. (146)
BRD: N (142), Urnenfelder- und Frühlatènezeit (100), Rz (28, 101), Ma (65)
Bulgarien: 4. Jh. (26)
DDR: Ma (73)
Indien: N (16), 2300–1700 v. u. Z. (111, 113), N – Historical (118)
Iran: 7. Jh. v. u. Z. (46)
Israel: N (31, 32)
Jordanien: N (121)
Niederlande: Rz (72), Ma (96)
Polen: N (86), Ez (128)
Schweiz: Bz (15, 30, 51)
Syrien: Bz (148)
Türkei: N (145)
Ungarn: Ez (53), 10. Jh. (36)
Zypern: N (38)

Linum usitatissimum L., Lein, Flachs
Belgien: N (41, 42, 130)
BRD: N (105, 142), Urnenfelderzeit (71), Ez (65), Rz (28, 65, 66, 79), Ma (8, 67, 69, 80, 85), frühe Neuzeit (65)
Großbritannien: Ez (93), Rz (34), Ma (24, 33, 59, 91)
Indien: 1000–800 v. u. Z. (115)
Jordanien: N (121)
Niederlande: N (5), Rz (72), Ma (14, 98, 149)
Österreich: N (116)
Schweiz: N (15, 48), Bz (15, 51)
Spitzbergen: 17. Jh. (97)
Ungarn: Ez (53)

Malus sylvestris (L.) P. MILLER und *Malus domestica* BORKH., Apfel
BRD: Rz (28, 65), Ma (8, 65, 69, 85), frühe Neuzeit (65)
ČSSR: Ma (95)
DDR: Ma (73, 74)
Italien: Bz (92)

Großbritannien: Ma (24, 59, 91)
Niederlande: Ma (14, 149)
Österreich: N (116)
Schweiz: Bz (51)

Mespilus germanica L., Echte Mispel
BRD: Rz, Ma, frühe Neuzeit (65), Ma (85)
DDR: Ma (74)
Großbritannien: Ma (59, 91)
Niederlande: Ma (14, 96)

Morus nigra L., Schwarzer Maulbeerbaum
BRD: Rz (65), Ma (65, 85)
Großbritannien: Ma (91)
Niederlande: Ma (14)

Olea europaea L., Ölbaum
Bulgarien: 4. Jh. (26)
Schweiz: Rz (3)
Syrien: Bz (148)
Tunesien: 4. Jh. v. u. Z., 1.–2. Jh. und ca. 600 u. Z. (11)
Zypern: N (38)
RUNNELS und HANSEN (108) diskutieren die Domestikation der Olive.

Origanum vulgare L., Dost
Niederlande: Rz (17)

Oryza sativa L., Reis
Indien: ca. 1050–1000 v. u. Z. (112), 1000–800 v. u. Z. (115), 4. Jh. v. u. Z. (114), Megalithic – Historical (118)
Japan: 9. Jh. (21)
Niederlande: Ma (14)

Panicum miliaceum L., Rispenhirse
BRD: Bz (62), Urnenfelderzeit (71, 100), Ez (65), Rz (28, 65, 66, 79), Ma (65, 69, 80), frühe Neuzeit (65)
ČSSR: Ma (95)
DDR: Ma (74)
Iran: urartäisch bis Ma (46)
Japan: 9. Jh. (21), 9.–12. Jh. (83)
Niederlande: Rz (72), Ma (14, 149)
Polen: Ez (128)
Schweiz: Bz (15, 30, 51)
Spitzbergen: 17. Jh. (97)
Sudan: Alter? (144)
Ungarn: Ez (53), 10. Jh. (36)
SAKAMOTO (109) entwickelte eine neue Theorie über den geographischen Ursprung dieser Art.

Papaver somniferum L., Schlafmohn
BRD: N (105, 142), Urnenfelderzeit (71), Ez (65), Rz (28, 65, 66, 79), Ma (65, 69, 85), frühe Neuzeit (65)
ČSSR: Ma (95)
Dänemark: Ez (76)
DDR: Ma (74)
Großbritannien: Ma (91), 17. oder 18. Jh. (104)
Niederlande: Ma (14, 149)
Österreich: N (116)
Schweiz: N (15, 48), Bz (15, 51)
Ungarn: Ez (53)
In einer bronzezeitlichen Tonvase aus Zypern konnten Überreste von Opium festgestellt werden (2).

Paspalum scrobiculatum L., Kodo-Hirse
Indien: 4. Jh. v. u. Z. (114)

Pastinaca sativa L., Pastinak
BRD: Rz (65), Ma (69)
Niederlande: Ma (149)

Perilla frutescens (L.) BRITTON
Japan: 9. Jh. (21)

Persica vulgaris P. MILLER, Pfirsichbaum
BRD: Rz (79)
DDR: Ma (73, 74)
Großbritannien: Ma (59)
Schweiz: Rz (3)
Ungarn: 10. Jh. (37)

Petroselinum crispum (MILL.) NYM., Petersilie
BRD: Ma (65, 80, 85)
Niederlande: Ma (149)

Phaseolus L.
Mexiko: preceramic levels (60), *P. vulgaris* L. und Wildform.
KAPLAN und KAPLAN (61) geben eine Übersicht der Domestikation der *Phaseolus*-Arten.

Phoenix dactylifera L., Dattelpalme
Bulgarien: Rz (103)
BRD: Rz (65)
Indien: 2300–2000 v. u. Z. (113)
Kuwait: 2. Jt. v. u. Z. (107)
Niederlande: Ma (14)
Schweiz: Rz (3)

Phyllanthus emblica L., Myrobalanenbaum
Indien: 4. Jh. v. u. Z. (114)

Physalis alkekengi L., Blasenkirsche
BRD: Rz (79), Ma (65)

Pinus pinea L., Pinie
Die archäologischen Zapfen- und Samenreste dieser Art sind von Kislev (63) zusammengestellt worden; die meisten stammen aus der Römerzeit.

Piper nigrum L., Pfeffer
BRD: frühe Neuzeit (65)

Pistacia vera L., Echte Pistazie
Bulgarien: Rz (103)

Pisum sativum L., Erbse
BRD: N (65, 99, 142), Urnenfelderzeit (71, 100), Ez (99, 100), Rz (101), Ma (85), Ma, frühe Neuzeit (65)
Bulgarien: 4. Jh. (26)
ČSSR: Ma (94)
DDR: Ma (73, 74)
Großbritannien: Ez (93), Post-Roman (89), Ma (91)
Indien: N – Historical (118), 1000–600 v. u. Z. (115), 4. Jh. v. u. Z. (114)
Iran: 7. Jh. v. u. Z. (46)
Jordanien: N (121)
Luxemburg: Ez (43)
Niederlande: Rz (72), Ma (149)
Polen: N (86), Ez (128)
Schweiz: N (15, 48, 50), Bz (15, 30, 51)
Spitzbergen: 17. Jh. (97)
Syrien: Bz (148)
Türkei: N (145)
Ungarn: Ez (53), 10. Jh. (36)
Zypern: N (38)

Portulaca oleracea L., Portulak
BRD: Ma (65, 85), frühe Neuzeit (65)
Niederlande: Ma (14)

Prunus cerasifera Ehrh., Kirschpflaume
BRD: Rz (28)
ČSSR: Ma (95)
Die archäologischen Funde dieser Art sind von Stika und Frank (127) zusammengestellt worden.

Prunus domestica L., Pflaume
BRD: Rz (28, 65, 79), Ma (65, 69, 85), frühe Neuzeit (65)
ČSSR: Ma (95)
DDR: Ma (73, 74)
Großbritannien: Rz (34), Ma (33, 59, 91)
Niederlande: Ma (14)
Schweiz: Bz (51)
Spitzbergen: 17. Jh. (97)
Ungarn: Ez (53), 10. Jh. (37)

Prunus spinosa L., Schlehdorn
DDR: Ma (73, 74)

Punica granatum L., Granatapfelbaum
BRD: Ma (68)
Tunesien: 4. Jh. v. u. Z., 1.–2. Jh. und ca. 600 u. Z. (11)

Pyrus pyraster (L.) BURGSD. und *Pyrus communis* L., Birne
BRD: Rz (28, 65), Ma (65, 69, 85)
DDR: Ma (74)
Großbritannien: Rz (34)
Niederlande: Ma (14, 149)
Schweiz: Bz (51)

Raphanus sativus L.
Ägyptisch-Nubien: 7.–10. Jh. (45)
Niederlande: Rz (17)
Schweiz: Ma (45)

Reseda luteola L., Färber-Wau
BRD: Rz, Ma (65)

Ribes rubrum L., Rote Johannisbeere
BRD: frühe Neuzeit (65)

Rubus caesius L., Kratzbeere
DDR: Ma (74)

Rubus fruticosus agg., Brombeere
BRD: Rz (66), Ma (69)
DDR: Ma (73)
Großbritannien: Ma (91)

Rubus idaeus L., Himbeere
BRD: Rz (66), Ma (69)
DDR: Ma (73, 74)
Großbritannien: Ma (91)

Satureja hortensis L., Bohnenkraut
BRD: Rz (28, 65), Ma (65, 69)

Satureja montana L., Winterbohnenkraut
BRD: Rz (65)

Secale cereale L., Roggen
BRD: Ez (65), Rz (28, 65, 79, 101), Ma (8, 65, 67, 80, 85), frühe Neuzeit (65)
Bulgarien: 4. Jh. (26)
ČSSR: Ma (94)
DDR: Ma (73, 74)
Großbritannien: Bz (12), Rz (12), Post-Roman (89), Ma (12, 91)
Niederlande: Ma (14, 96, 149)
Spitzbergen: 17. Jh. (97)
Ungarn: 10. Jh. (36)
Zypern: N (38)

Sesamum orientale L., Sesam
Indien: ca. 1050–1000 v. u. Z. (112), 4. Jh. v. u. Z. (114)
Iran: 7. Jh. v. u. Z. (46)

Setaria italica (L.) Pal. Beauv., Borstenhirse
BRD: Urnenfelderzeit (71), Rz (66), Ma (69)
China: N (129)
Iran: urartäisch bis Ma (46)
Japan: 9. Jh. (21), 9.–12. Jh. (81)
Schweiz: Bz (30, 51)
Sakamoto (109) entwickelte eine neue Theorie über den geographischen Ursprung dieser Art.

Sinapis alba L., Weißer Senf
Niederlande: Ma (149)
Spitzbergen: 17. Jh. (97)

Sorbus domestica L., Speierling
BRD: Ma (85)
Ungarn: 10. Jh. (37)

Sorghum bicolor (L.) Moench
Indien: 2300–2000 v. u. Z. (113)

Thymus vulgaris L., Thymian
BRD: frühe Neuzeit (65)

Trigonella foenum-graecum L., Bockshornklee
Indien: ca. 2000–1700 v. u. Z. (110, 111)

Triticum aestivum L., Saatweizen (einschl. *Tr. compactum* HOST)
Belgien: Rz (20)
BRD: N (99, 105), Bz (62), Urnenfelderzeit (71), Ez (99, 100), Rz (65, 101), Ma (44, 65, 85)
Bulgarien: 4. Jh. (26)
ČSSR: Eneolit (94), Ma (94, 95)
DDR: Ma (73)
Frankreich: N, Bz (78)
Großbritannien: Ez (88, 89, 93), 1. Jt. v. u. Z. (132), Rz (93, 136), Post-Roman (89), Ma (91), Alter? (54)
Indien: N (16), ca. 2300 v. u. Z. (77), 1000–800 v. u. Z. (115), 4. Jh. v. u. Z. (114)
Iran: urartäisch und medisch (46)
Japan: 9. Jh. (21)
Luxemburg: Ez (43)
Niederlande: Rz (72), Ma (96, 149)
Österreich: N (116)
Polen: N (86)
Rumänien: 4. Jt. v. u. Z. (19)
Schweiz: N (15, 48, 50), Bz (9, 15, 30, 51)
Spitzbergen: 17. Jh. (97)
UdSSR: N (1)
Ungarn: Ez (53), 10. Jh. (36)
Zypern: N (38)

Triticum dicoccon SCHRANK, Emmer
Ägypten: 2950 v. u. Z. (146)
Belgien: N (41, 42, 130)
BRD: N (65, 99, 105, 142), Bz (62), Urnenfelderzeit (71), Ez (65, 99, 100), Rz (28, 65, 66, 101), Ma (8, 44)
ČSSR: N (94), Eneolit (94)
Dänemark: Einzelgrabkultur (106)
DDR: Schnurkeramik (84)
Frankreich: N, Bz (78)
Großbritannien: N (58), 110±100 v. u. Z. (134), Ez (88, 93, 133), Rz (93), Alter? (54)
Indien: 2300–1700 v. u. Z. (110, 111, 113)
Iran: urartäisch, urartäisch-medisch (46)
Jordanien: N (121)
Jugoslawien: N (22)
Luxemburg: Ez (43)
Niederlande: N (5), Rz (72)
Österreich: N (6)
Polen: N (86), Ez (128)
Rumänien: 4. Jt. v. u. Z. (19)
Schweiz: N (15, 48, 50), Bz (9, 15, 30, 51)
Sudan: Alter ? (144)

Syrien: Bz (148)
Türkei: N (145)
UdSSR: N (1)
Ungarn: Ez (53)
Zypern: N (38)

Triticum durum DESF., Hartweizen
Bulgarien: 4. Jh. (26)
Syrien: Bz (148)
Türkei: N (145)

Triticum monococcum L., Einkorn
Belgien: N (41, 42, 130)
BRD: N (65, 99, 142), Bz (62), Urnenfelderzeit (71), Ez (99, 100), Rz (28, 65, 101)
Bulgarien: 4. Jh. (26)
ČSSR: Eneolit (94), Ma (95)
DDR: Schnurkeramik (84)
Frankreich: Bz (78)
Iran: urartäisch und urartäisch-medisch (46)
Jugoslawien: N (22)
Luxemburg: Ez (43)
Österreich: N (6, 116)
Rumänien: 4. Jt. v. u. Z. (19)
Schweiz: N (15, 48, 50), Bz (9, 15, 30, 51)
Syrien: Bz (148)
UdSSR: N (1)
Ungarn: Ez (53), 10. Jh. (36)
Zypern: N (38)

Triticum spelta L., Spelz
BRD: Bz (62), Urnenfelderzeit (71), Ez (99, 100), Rz (28, 66, 79, 101), Rz, Ma, frühe Neuzeit (65), Ma (80)
Frankreich: Bz (78)
Großbritannien: Ez (88, 93, 133), Rz (89, 93, 136), Post-Roman (89), Alter? (54)
Niederlande: Rz (72), Ma (149)
Polen: Ez (128)
Rumänien: 4. Jt. v. u. Z. (19)
Schweiz: Bz (9, 15, 30, 51)

Triticum sphaerococcum PERCIVAL, Indischer Kugel-Weizen
Indien: N (16), 2300–1700 v. u. Z. (111, 113), 1000–800 und 4. Jh. v. u. Z. (114, 115)

Triticum turgidum L., Rauh-Weizen
Großbritannien: Ma (24)

Valerianella locusta (L.) LATERRADE, Feldsalat
BRD: Rz, frühe Neuzeit (65)

Vicia ervilia (L.) WILLD., Linsen-Wicke
Bulgarien: 4. Jh. (26)
Syrien: Bz (148)
Türkei: N (145)
Die Art wurde wahrscheinlich in Südost-Anatolien in Kultur genommen, da nur dort echte Wildformen vorkommen (145).

Vicia faba L., Ackerbohne
BRD: Rz (4, 79), Ma (8, 65, 85)
Großbritannien: Ez (93), Ma (24, 91)
Israel: N (31)
Italien: Bz (92)
Jugoslawien: N (22)
Niederlande: Rz (72), Ma (149), Alter? (7)
Polen: Ez (128)
Schweiz: Bz (30, 51)
Spitzbergen: 17. Jh. (97)
Türkei: N (145)
Ungarn: Ez (53)

Vicia sativa L., Saatwicke
BRD: Ma (8)
Großbritannien: Ma (24)
Niederlande: Ma (96)

Vigna angularis (WILLD.) OHWI et OHASHI
Japan: 9. Jh. (21)

Vigna mungo (L.) HEPPER, Urd-Bohne
Indien: ca. 2300 v. u. Z. (77), 4. Jh. v. u. Z. (114)

Vigna radiata (L.) R. WILCZEK, Mung-Bohne
Indien: 1000–600 und 4. Jh. v. u. Z. (114, 115)
Japan: 9. Jh. (21)

Vigna unguiculata (L.) WALP., Catjangbohne
Indien: 2300–1700 v. u. Z. (111, 113)

Vitis vinifera L., Weinrebe
BRD: Rz (28, 65, 79), Ma (65, 69, 80, 85), frühe Neuzeit (65)
Bulgarien: Rz (103), 4. Jh. (26)
DDR: Ma (73, 74)
Großbritannien: N (58), Ma (59, 91)
Indien: 2300–2000 v. u. Z. (113)
Iran: urartäisch bis Ma (46)

Niederlande: Ma (14, 96, 149)
Schweiz: Bz (51)
Spitzbergen: 17. Jh. (97)
Syrien: Bz (148)
Tunesien: 4. Jh. v. u. Z., 1.–2. Jh. und ca. 600 u. Z. (11)
UdSSR: N (1)
Ungarn: Ez (53), 10. Jh. (37)
Zypern: N (38)

Zea mays L., Mais
Mexiko: ca. 500 u. Z. (119)
USA: 1140–220 v. u. Z. (120), ca. 11.–12. Jh. u. Z. (102)

Ziziphus mauritiana LAM., Filzblättrige Jujube
Indien: 4. Jh. v. u. Z. (114)

Allgemeine und zusammenfassende Arbeiten

Eine Anleitung zur Bestimmung prähistorischer Weizen- und Gerstenfunde ist von JACOMET (49) verfaßt worden. JONES (55) hat eine statistische Methode entwickelt, um im archäologischen Material die Verarbeitung von Kulturpflanzen einzuschätzen. In einer ausführlichen Studie wertete A. LANGE (72) Pflanzenreste einer römerzeitlichen Siedlung in den Niederlanden mit verschiedenen numerischen Methoden aus. WÄHREN (138) beschrieb neolithische Funde verschiedener Speisereste aus der Schweiz.

Die Kulturpflanzen der Induskultur (Harappan civilization) sind von VISHNU-MITTRE und SAVITHRI (137) zusammengestellt worden. CÂRCIUMARU (18) behandelt die Kulturpflanzen der Thraker und Geto-Daker und HANSEN (39) umreißt die Paläoethnobotanik Griechenlands in Vergangenheit, Gegenwart und Zukunft. JACQUAT (51) hat einen illustrierten Katalog der Früchte und Samen des bronzezeitlichen Fundplatzes Hauterive-Champréveyres am Neuenburger See (Schweiz) herausgegeben.

Die Auswirkung der römischen Militärpräsenz im Nordosten Englands auf die ländliche Wirtschaft der einheimischen Bevölkerung ist von VAN DER VEEN (135) anhand der Analyse verkohlter Pflanzenreste untersucht worden. BOYD (13) gibt eine Übersicht der archäologischen Getreidefunde in Schottland, MONK (90) eine Zusammenstellung vor- und frühgeschichtlicher Kulturpflanzenreste in Irland.

ROSTHOLM (106) beschreibt Kornabdrücke der Einzelgrabkultur und der Trichterbecherkultur Dänemarks. In seiner Geschichte der Spermatophyten-Flora von Südskandinavien erwähnt JENSEN (52) auch die Reste von Kulturpflanzen.

GREIG (35) diskutiert die pflanzlichen Ressourcen in den ländlichen Gegenden des mittelalterlichen Englands. Anhand botanischer Reste untersuchte VAN ZEIST (147) die Beziehungen zwischen sandigen und tonigen Gebieten im Norden der Niederlande im Mittelalter. Landnutzung und Ernährung (besonders im

Mittelalter und der beginnenden Neuzeit) im Raum von Göttingen ist von WILLERDING (141) beschrieben worden; derselbe Autor (140) behandelt die paläoethnobotanische Erforschung der mittelalterlichen Stadt. Aufgrund von über dreihundert archäologischen Samenproben gibt TUGANAEV (131) eine Charakteristik der Agrophytozönosen der Wolga-Kama-Region im Mittelalter (17 Kulturpflanzen/77 Unkräuter).

SMITH (124) diskutiert eine unabhängige Domestikation von einheimischen Pflanzen im östlichen Nordamerika *(Helianthus annuus, Iva annua, Chenopodium berlandieri, Cucurbita)*.

Mit dem frühen Ackerbau in Nordwest-Europa hat sich HOWELL (47) auseinandergesetzt. JONES (56) beschreibt die Rolle der Archäobotanik beim Studium der neolithischen Gesellschaft in Italien und BIAGI und NISBET (10) diskutieren den Ursprung der Landwirtschaft in Norditalien. Anhand von neueren italienischen Veröffentlichungen behandelt FORNI (27) das Problem der Entstehung des Ackerbaus. Mit Fragen des urgeschichtlichen Ackerbaus in Griechenland beschäftigen sich HANSEN (40) und JONES (57).

Einige Aspekte des frühneolithischen Kulturpflanzenanbaus im Nahen Osten sind von VAN ZEIST (145) erörtert worden. KISLEV und BAR-YOSEF (64) entwickelten eine Hypothese, nach der Leguminosen die ersten domestizierten Pflanzen im Nahen Osten gewesen seien. LEACH (75) diskutiert den Ursprung des Gartenbaus im Nahen Osten.

ZOHARY und HOPF (150) geben eine Übersicht der Domestikation der Pflanzen in der Alten Welt (West-Asien, Europa, Nil-Tal).

Unter dem Titel „Der prähistorische Mensch und seine Umwelt" hat KÜSTER (70) eine Festschrift für U. KÖRBER-GROHNE zusammengestellt, deren über dreißig Artikel die ganze Skala der Paläoethnobotanik umfassen.

Summary

Literature on archaeological remains of cultivated plants (1987/1988)

The publications of 1987 and 1988 on archaeological remains of cultivated plants were put together and the contents of the 150 references briefly discussed.

Краткое содержание

Литература об археологических находках остатков культурных растений 1987/1988 годов

Продолжение библиографии работ об археологических находках остатков культурных растений. Даётся список соответствующей литературы за 1987/1988 годы. Кратко комментируется содержание 150 работ.

Literatur

(1) AMIRCHANOV, CH. A., 1987: Čochskoe poselenie. Čelovek i ego kul'tura v mezolite i neolite gornogo Dagestana. – Izdatel'stvo "Nauka", Moskva, 224 pp.

(2) ANONYMUS, 1987: [Überreste von Opium aus der Bronzezeit von Zypern.] – Naturwiss. Rundschau **40**, 244.

(3) BAAS, J., 1987a: Römerzeitliche Kultur- und Nutzpflanzen aus Windisch, Avenches und Cham in der Schweiz. Ein Beitrag zur Geschichte unserer Kulturpflanzen. – Saalburg-Jahrbuch **43**, 108–111.

(4) –, 1987b: Ein bedeutsamer römerzeitlicher Fund von *Vicia faba* L. var. *minor* (PETERM. em. HARZ) BECK in Köngen, Kreis Esslingen. – Fundberichte aus Baden-Württemberg **12**, 365–370.

(5) BAKELS, C., 1988: Hekelingen, a Neolithic site in the swamps of the Maas estuary. (pp. 155–161). In KÜSTER 1988c.

(6) BAKELS, C. C., 1986: Pflanzenreste aus der Siedlung Frauenhofen, Neue Breiten. (p. 176). In: E. LENNEIS, Die stichbandkeramische Grabenanlage von Frauenhofen, „Neue Breiten", p. B. Horn, Niederösterreich. – Archaeologia Austriaca **70**, 137–204.

(7) –, 1987: Oss-Ussen en de Tuinboon. (pp. 137–140). In: W. A. B. VAN DER SANDEN, P. W. VAN DEN BROEKE, Getekend Zand. Tien jaar archeologisch onderzoek in Oss-Ussen (Bijdragen tot de studie van het Brabantse Heem, Deel **31**).

(8) BEHRE, K.-E., 1986: Ackerbau, Vegetation und Umwelt im Bereich früh- und hochmittelalterlicher Siedlungen im Flußmarschgebiet der unteren Ems. – Probleme der Küstenforschung im südlichen Nordseegebiet **16**, 99–125, Taf. I–II, Tabelle 11 und 12 als Faltblätter.

(9) –, 1988: Getreidefunde aus der bronzezeitlichen Höhensiedlung Toos-Waldi, Kanton Thurgau (Schweiz). pp. 239–243. In: KÜSTER 1988c.

(10) BIAGI, P., und R. NISBET, 1987: Ursprung der Landwirtschaft in Norditalien. – Z. Archäol. **21**, 11–24.

(11) BOTTEMA, S., and W. VAN ZEIST, 1988: A palaeobotanical examination of waterlogged sediments at Carthage. – Cahiers Ligures de Préhistorie et de Protohistoire N. S. n. 2, 1985, 225–237.

(12) BOYD, W. E., 1986: Rye and ergot in the ancient history of Scotland. – Antiquity **60**, 45–47, plates II–III.

(13) –, 1988: Cereals in Scottish antiquity. – Circaea **5**, 101–110.

(14) BRINK, W. VAN DEN, 1988: Zaden en pollen uit een 16e eeuwse beerput uit de Postelstraat. (pp. 113–124). In: H. W. BOEKWIJT, H. L. JANSSEN (red.), Kroniek van bouwhistorisch en archeologisch onderzoek 's-Hertogenbosch. – Kring "Vrienden van 's-Hertogenbosch".

(15) BROMBACHER, C., M. DICK, und S. JACOMET, 1987: Die Untersuchung der botanischen Makroreste. (pp. 198–213). In: Zürich „Mozartstrasse". Neolithische und bronzezeitliche Ufersiedlungen. Bd. **1**. – Berichte der Zürcher Denkmalpflege, Monographien **4**.

(16) BUTH, G. M., and R. N. KAW, 1985: Plant husbundary [sic] in Neolithic Burzahom, Kashmir. – Current Trends in Geology Vol. **VI** (Climate and Geology of Kashmir), Today & Tomorrow's Printers and Publishers, New Delhi, 109–113.

(17) BUURMAN, J., 1988: Roman medicine from Uitgeest. (pp. 341–351). In: KÜSTER 1988c.

(18) CÂRCIUMARU, M., 1987: Plante folosite de traco-geto-daci (Încercare de sinteză) (V). Plantes utilisées par les Thraces et les Géto-Daces (Exposé synoptique) (V). – Thraco-Dacica **8** (1–2), 171–176.

(19) –, şi F. MONAH, 1985: Raport preliminar privind seminţele carbonizate de la Poduri-Dealul Ghindaru, Judeţul Bacău. – Memoria Antiquitatis **IX–XI** (1977–1979), Piatra Neamţ, 699–708.

(20) CEUNYNCK, R. DE, 1987: Zaden- en vruchtenonderzoek van twee Romeinse waterputten te Burst (gem. Erpe-Mere). – Archaeologia Belgica **3**, 183–184.

(21) CRAWFORD, G. W., and M. YOSHIZAKI, 1987: Ainu ancestors and prehistoric Asian agriculture. – J. Archaeol. Sci. **14** (2), 201–214.

(22) Culiberg, M., A. Šercelj, 1986: Karpološke in antrakotomske analize iz Ajdovske jame pri Nemški vasi. Karpologische und anthrakotomische Analysen aus der Zentralhalle in der Höhle Ajdovska jama bei Nemška vas. – Poročilo o raziskovanju paleolita, neolita in eneolita Sloveniji **14**, 111–118.
(23) Dixit, A. S., 1987: Oldest Neolithic barley from India. – Natl. Acad. Sci. Letters **10** (4), 125–127, Fig. 3.
(24) Ede, J., 1988: Medieval carbonised plant remains from the deserted village of West Cotton, Northamptonshire. – Circaea **5**, 61–64.
(25) Feindt, F. 1987: Zum Getreidefund von Amrum, Kreis Nordfriesland. – Offa **44**, 101–106.
(26) Fitt, J., 1988: Plant remains from a late-Roman site in Bulgaria. – Circaea **5**, 64–65.
(27) Forni, G., 1983–84: Il problema delle origini dell' agricoltura nelle recenti pubblicazioni archeologiche italiane. – Sibrium **17**, 369–373.
(28) Frank, K.-S., und H.-P. Stika, 1988: Bearbeitung der makroskopischen Pflanzen- und einiger Tierreste des Römerkastells Sablonetum (Ellingen bei Weissenburg in Bayern). – Materialhefte zur Bayerischen Vorgeschichte Reihe A, Band **61**, Verlag Michael Lassleben, Kallmünz/Opf., 99 pp., 14 Tafeln.
(29) Fritz, G. J., and B. D. Smith, 1988: Old collections and new technology: documenting the domestication of *Chenopodium* in eastern North America. – Midcontinental Journal of Archaeology **13** (1), 3–27.
(30) Gaillard, M.-J., and C. Jacquat, 1988: Makrorest- und Pollenanalysen an einem Profil aus der spätbronzezeitlichen Siedlung Hauterive-Champréveyres am Neuenburger See (Schweiz): ein Vergleich der Resultate. (pp. 245–259). In: Küster 1988c.
(31) Garfinkel, Y., I. Carmi, and J. C. Vogel, 1987: Dating of horsebean and lentil seeds from the Pre-Pottery Neolithic B village of Yiftaḥ'el. – Israel Exploration Journal **37**, 40–42.
(32) –, M. E. Kislev, and D. Zohary, 1988: Lentil in the Pre-Pottery Neolithic B Yiftah'el: additional evidence of its early domestication. – Israel Journal of Botany **37**, 49–51.
(33) Greig, J., 1987: Plant remains from Shackerley Mound. (pp. 29–32). In: D. D. Andrews, Shackerley Mound: A medieval moated site and its bridge. – Transactions of the Shropshire Archaeological Society **65**, 12–32.
(34) –, 1988a: The interpretation of some Roman well fills from the midlands of England. (pp. 367–378). In: Küster 1988c.
(35) –, 1988b: Plant Resources. (pp. 108–127). In: G. Astill and A. Grant (eds.), The Countryside of Medieval England. – Blackwell, Oxford.
(36) Gyulai, F., 1987: A növénytermesztés emléke a Fonyód-Bélatelep Árpád-kori településéről. Pflanzenbaureste aus der Árpáden-Zeit (X. Jahrhundert) im Siedlungsgebiet des Balaton (Plattensees). – A Veszprém Megyei Múzeumok Közleményei, Publicationes Museorum Comitatus Vesprimiensis **18**, 1986, 135–158.
(37) –, 1988: Obst- und Weinfunde aus der Arpadenzeit (10. Jahrhundert) in Fonyód Bélatelep am Balaton. (pp. 395–402). In: Küster 1988c.
(38) Hansen, J., 1987: Les restes végétaux. (pp. 309–311). In: A. Le Brun, S. Cluzan, S. J. M. Davis, J. Hansen et J. Renault-Miskovsky, Le Néolithique précéramique de Chypre. – L'Anthropologie (Paris) **91**, 283–316.
(39) Hansen, J. M., 1984: Palaeoethnobotany in Greece. Past, Present and Future. (pp. 171–181). In: N. C. Wilkie and W. D. E. Coulson (eds.), Contributions to Aegean Archaeology: Studies in Honor of William A. McDonald. – Center for Ancient Studies, University of Minnesota, Publications in Ancient Studies.
(40) –, 1988: Agriculture in the prehistoric Aegean: Data versus speculation. – Amer. J. Archaeol. **92**, 39–52.
(41) Heim, J., 1987: Les semences carbonisées du site néolithique de Crisnée (province de Liège, Belgique). – Lejeunia, Nouvelle série No. 123, 9 pp.
(42) –, 1988: Les graines carbonisées du site néolithique de Crisnée (province de Liège, Belgique). – Helinium **28**, 51–58.
(43) Hopf, M., 1980: Sämereien aus der Siedlung Weiler zum Turm. (Anhang 2: pp. 125–127). In: A. Haffner und E. Marx, Eine eisenzeitliche Ansiedlung bei Weiler z. Turm. – Publications de la Section Historique de l'Institut G.-D. de Luxembourg **94**,

(44) –, 1988a: Die Pflanzenfunde. (p. 157). In: H. DANNHEIMER, Aschheim im frühen Mittelalter. Teil I. Archäologische Funde und Befunde. – C. H. Beck'sche Verlagsbuchhandlung, München, 157 pp., Taf. 1–52, A–D, Beilagen.
(45) –, 1988b: Rettichsamen aus dem hohen Mittelalter in der Schweiz. (pp. 423–427). In: KÜSTER 1988c.
(46) –, und U. WILLERDING, 1988: Pflanzenreste. (pp. 263–318, Taf. 44–46). In: W. KLEISS, Bastam II. Ausgrabungen in den urartäischen Anlagen 1977–1978. – Gebr. Mann Verlag, Berlin.
(47) HOWELL, J. M., 1987: Early farming in northwestern Europe. – Sci. Amer. **257** (5), 98–105.
(48) JACOMET, S., 1987a: Ackerbau, Sammelwirtschaft und Umwelt der Egolzwiler und Cortaillod-Siedlungen. Ergebnisse samenanalytischer Untersuchungen. (pp. 144–166, 234–241). In: P. J. SUTER, Zürich „Kleiner Hafner". Tauchgrabungen 1981–1984. – Berichte der Zürcher Denkmalpflege, Monographien **3**.
(49) –, 1987b: Prähistorische Getreidefunde: eine Anleitung zur Bestimmung prähistorischer Weizen- und Gerstenfunde. – Basel, 70 pp. [non vidi].
(50) –, und C. WAGNER, 1987: Verkohlte Pflanzenreste aus der Horgener Kulturschicht von Zug-Vorstadt 26. – Jahrbuch der Schweizerischen Gesellschaft für Ur- und Frühgeschichte **70**, 175–179.
(51) JACQUAT, CH., 1988: Hauterive-Champréveyres 1. Les plantes de l'âge du Bronze. Catalogue des fruits et graines. – Editions du Ruau, Saint-Blaise, 163 pp. (Archéologie neuchâteloise **7**).
(52) JENSEN, H. A., 1987: Macrofossils and their contribution to the history of the spermatophyte flora in Southern Scandinavia from 13000 BP to 1536 AD. – Biologiske Skrifter **29**, Det Kongelige Danske Videnskabernes Selskab, The Royal Danish Academy of Sciences and Letters, Copenhagen, 74 pp.
(53) JEREM, E., G. FACSAR, L. KORDOS, E. KROLOPP, I. VÖRÖS, 1984: A Sopron-Krautackeri vaskori telep régészeti és környezetrekonstrukciós vizsgálata. – Különlenyomat az Archaeologiai Értesítö 111. Évfolyam 1984. Évi 2. Számából, 141–169.
(54) JONES, G., 1986: The carbonised plant remains from Meare West 1979: 2. – Somerset Level Papers **12**, 57–60.
(55) –, 1987a: A statistical approach to the archaeological identification of crop processing. – J. Archaeol. Sci. **14**, 311–323.
(56) –, 1987b: Il ruolo dell' archeobotanica nello studio delle società neolitiche. – Coppa Nevigata e il suo Territorio. Testimonianze archeologiche dal VII al II millennio a. C., Edizioni Quasar, Roma, 99–100.
(57) –, 1987c: Agricultural practice in Greek prehistory. – The Annual of the British School of Archaeology at Athens **82**, 115–123.
(58) –, and A. Legge, 1987: The grape (*Vitis vinifera* L.) in the Neolithic of Britain. – Antiquity **61**, 452–455.
(59) JONES, J., and N. WATSON, 1987: The Early Medieval waterfront at Redcliffe, Bristol: A study of environment and economy. (pp. 135–162). In: N. D. BALAAM, B. LEVITAN and V. STRAKER (eds.), Studies in palaeoeconomy and environment in South West England. – British Archaeological Reports, British Series **181**.
(60) KAPLAN, L., 1986: Preceramic *Phaseolus* from Guilá Naquitz. (Chapter 21: pp. 281–284). In: K. V. FLANNERY (ed.), Guilá Naquitz. Archaic Foraging and Early Agriculture in Oaxaca, Mexico. – Academic Press, Orlando FL, etc., XX +538 pp. (Studies in Archaeology).
(61) –, and L. N. KAPLAN, 1987: The domestication of *Phaseolus*: A supplementary crop in prehistory. (pp. 137–153). In: L. MANZANILLA (ed.), Studies in the Neolithic and Urban Revolutions, The V. GORDON CHILDE Colloquium, Mexico, 1986. – British Archaeological Reports, International Series **349**.
(62) KARG, S., 1988: Pflanzenreste aus zwei Bodenproben der frühmittelbronzezeitlichen Siedlung Uhingen-Römerstraße 91 (Kreis Göppingen). pp. 231–237. In: KÜSTER 1988c.
(63) KISLEV, M. E., 1988: *Pinus pinea* in agriculture, culture and cult. (pp. 73–79). In: KÜSTER 1988c.

(64) –, and O. Bar-Yosef, 1988: The legumes: The earliest domesticated plants in the Near East? – Current Anthropology **29**, 175–179.
(65) Knörzer, K.-H., 1987a: Geschichte der synanthropen Vegetation von Köln. – Kölner Jahrbuch für Vor- und Frühgeschichte **20**, 271–388.
(66) –, 1987b: Pflanzliche Großreste. (pp. 511–521). In: J.-P. Frahm, H. Friedrich, K. H. Knörzer, H.-W. Rehagen, K. Rehnelt und C. Reichmann, Die Umwelt eines römischen Brunnens erschlossen durch archäologische und naturwissenschaftliche Analysen des Brunnensediments. – Bonner Jahrbücher **187**, 505–538.
(67) Kroll, H., 1987: Ein archäologischer Hinweis auf eine Unkrautgesellschaft des Lolio-Linion-Verbandes aus Oldenburg/Starigard, Hauptburg der Slaven in Schleswig-Holstein. – Kieler Notizen zur Pflanzenkunde in Schleswig-Holstein und Hamburg **19**, 101–109.
(68) Küster, H., 1988a: Granatäpfel (*Punica granatum* L.) im mittelalterlichen Konstanz. – Archäol. Korrespondenzblatt **18**, 103–107.
(69) –, 1988b: Spätmittelalterliche Pflanzenreste aus einem Brunnen von Deggendorf (Niederbayern). – Vorträge des 6. Niederbayerischen Archäologentages Deggendorf A **6**/1, 175–199, Tabelle 1.
(70) –, 1988c: Der prähistorische Mensch und seine Umwelt. Festschrift für Udelgard Körber-Grohne zum 65. Geburtstag. – Konrad Theiss Verlag, Stuttgart, 430 pp. (Forschungen und Berichte zur Vor- und Frühgeschichte in Baden-Württemberg Band **31**).
(71) –, 1988d: Urnenfelderzeitliche Pflanzenreste aus Burkheim, Gemeinde Vogtsburg, Kreis Breisgau-Hochschwarzwald (Baden-Württemberg). pp. 261–268. In: Küster 1988c.
(72) Lange, A. G., 1988: Plant remains from a native settlement at the Roman Frontier: De Horden near Wijk bij Duurstede. A numerical approach. – Academisch proefschrift Groningen, X + 165 pp.
(73) Lange, E., 1987: Mittelalterliche Pflanzenfunde aus Magdeburg. – Z. Archäol. **21**, 243–256.
(74) –, 1988: Obstreste aus dem Zisterzienserkloster Seehausen, Kreis Prenzlau. – Gleditschia **16**, 3–24, Taf. I–V.
(75) Leach, H. M., 1982: On the origins of kitchen gardening in the ancient Near East. – Garden History **10**, 1–16.
(76) Liversage, D., M. A. R. Munro, M.-A. Courty, and P. Nørnberg, 1987: Studies of a buried Early Iron Age field. – Acta Archaeologica (København) **56**, 1985, 55–84.
(77) Lone, F. A., M. Khan, and G. M. Buth, 1987: Plant remains from Banawali, Haryana. – Current Science **56** (16), 837–838.
(78) Lundstrom, K., 1988: Les paléosemences de la Grotte de Gigny-sur-Suran (Jura). In: A.-M. Pétrequin, P. Pétrequin et M. Vuillemey: Les occupations néolithiques et protohistoriques de la Baume de Gigny (Jura). – Revue Archéologique de l'Est et du Centre-Est **39**, 38–39.
(79) Maier, S., 1988: Botanische Untersuchung römerzeitlicher Pflanzenreste aus dem Brunnen der römischen Zivilsiedlung Köngen (Landkreis Esslingen). pp. 291–324. In: Küster 1988c.
(80) Maier, U., 1988: Pflanzenhaltige Bodenproben aus der mittelalterlichen Bischofsburg in Bruchsal. (pp. 403–417). In: Küster 1988c.
(81) Matsutani, A., 1986: Identification of Italian millet from Esashika site by means of scanning electron microscope. – J. Anthrop. Soc. Nippon **94**, 111–118.
(82) –, 1987: Identification of Japanese millet from the Gangetsu site by means of a scanning electron microscope. – J. Anthrop. Soc. Nippon **95**, 187–193.
(83) –, 1988: Identification of common millet from the Toyosato site in Hokkaido by means of a scanning electron microscope. – J. Anthrop. Soc. Nippon **96**, 111–117.
(84) Matthias, W., 1987: Kataloge zur mitteldeutschen Schnurkeramik. Teil VI: Restgebiete und Nachträge. – Veröffentlichungen des Landesmuseums für Vorgeschichte in Halle Band **40**, VEB Deutscher Verlag der Wissenschaften, Berlin, 171 pp., 142 Tafeln.
(85) Matthies, M., 1987: Paläo-ethnobotanische Befunde aus mittelalterlichen Brand-

schuttschichten und Kloaken auf Ass. 635 und 631. – Nachrichten aus Niedersachsens Urgeschichte **56**, 247–251.

(86) MILISAUSKAS, S., J. KRUK, 1984: Grób niszowy kultury ceramiki sznurowej z Bronocic, woj. Kieleckie. Corded Ware culture burial at Bronocice, Kielce district. – Sprawozdania Archeologiczne **36**, 29–38.

(87) MOFFETT, L., 1988a: Gardening in Roman Alcester. – Circaea **5**, 73–78.

(88) –, 1988b: Charred seeds and crop remains from the Iron Age enclosure. (pp. 103–105). In: G. LAMBRICK, The Rollright Stones: megaliths, monuments, and settlement in the prehistoric landscape.–English Heritage, Archaeological Report no 6, Historic Buildings and Monuments Commission for England.

(89) MONK, M., 1987: Archaeobotanical studies at Poundbury. (pp. 132–137). In: C. S. GREEN, Excavations at Poundbury, Vol. **1**: The Settlements. – Dorset Natural History and Archaeology Society.

(90) MONK, M. A., 1985/86: Evidence from macroscopic plant remains for crop husbandry in prehistoric and early historic Ireland: A review. – J. Irish Archaeology **3**, 31–36.

(91) MURPHY, P., 1988: Plant macrofossils (excluding wood and mosses). pp. 118–126. In: B. AYERS, Excavations at St. Martin-at-Palace Plain, Norwich. – East Anglian Archaeology No. **37**.

(92) NISBET, R., 1987: L' utilizzazione delle piante al Riparo del Lauro durante l' età del Bronzo. (pp. 175–183). In: D. COCCHI GENICK, Il Riparo del Lauro di Candalla nel quadro del Bronzo medio iniziale dell'Italia centro-occidentale. – Tipografia Massarosa.

(93) NYE, S., and M. JONES, 1987: The carbonised plant remains. (pp. 323–328). In: B. CUNLIFFE, Hengistbury Head, Dorset. Volume 1: The Prehistoric and Roman Settlement, 3500 BC–AD 500.–Oxford University Committee for Archaeology, Monograph No **13**.

(94) OPRAVIL, E., 1988a: Archeobotanické nálezy ze Středočeského kraje. Archäobotanische Funde aus dem Mittelböhmischen Kreise. – Bohemica centralis, Praha, **17**, 7–19.

(95) –, 1988b: Mittelalterliche Pflanzenreste aus städtischen und dörflichen Brunnen und Gruben. (pp. 389–394). In: KÜSTER 1988c.

(96) PALS, J. P., 1986: Plantenresten uit een vroeg-middeleeuwse kreek te Leiderdorp. – Westerheem **35**, 236–241.

(97) –, 1987: Paleoethnobotany in the Arctis; archaeological and historical information on food- and industrial plants in Smeerenburg. – Norsk Polarinstitutt, Rapportserie Nr. **38**, Smeerenburg Seminar, Report from a symposi umpresentin gresults from research into seventeenth century whaling in Spitsbergen, Oslo, 67–78.

(98) –, and M. C. VAN DIERENDONCK, 1988: Between flax and fabric: Cultivation and processing of flax in a Mediaeval peat reclamation settlement near Midwoud (Prov. Noord Holland). – J. Archaeol. Sci. **15**, 237–251.

(99) PIENING, U., 1988a: Neolithische und hallstattzeitliche Pflanzenreste aus Freiberg-Geisingen (Kreis Ludwigsburg). pp. 213–228. In: KÜSTER 1988c.

(100) –, 1988b: Kultur- und Wildpflanzenreste aus Gruben der Urnenfelder- und Frühlatènezeit von Stuttgart-Mühlhausen. (pp. 269–280). In: KÜSTER 1988c.

(101) –, 1988c: Verkohlte Pflanzenreste aus zwei römischen Gutshöfen bei Bad Dürkheim (Pfalz). Gekeimtes Getreide aus archäologischen Ausgrabungen. (pp. 325–340). In: KÜSTER 1988c.

(102) PIPPIN, L. C., 1987: Prehistory and paleoecology of Guadalupe Ruin, New Mexico. – University of Utah, Anthropological Papers **112**, XVI + 265 pp.

(103) POPOVA, C., 1986: Paleoėtnobotaničeskie nachodki v nekropole u s. Vetren, silistrenskogo okruga. Palaeoethnobotanic finds in the necropolis near the village of Vetren, the district of Silistra. – Archeologičeski Institut i Muzej na BAN, Interdisciplinarni izsledvanija XIV A, 237–258.

(104) ROBINSON, D., 1987: Spice and famine food? The botanical analysis of two post-Reformation pits from Elgin, Scotland. – Circaea **5**, 21–27.

(105) RÖSCH, M., 1987: Zur Umwelt und Wirtschaft des Jungneolithikums am Bodensee – Botanische Untersuchungen in Bodman-Blissenhalde. – Archäologische Nachrichten aus Baden **38**/**39**, 42–53.

(106) ROSTHOLM, H., 1986: Kornaftryk fra enkeltgravskulturen. (pp. 230–237). In:

C. ADAMSEN & K. EBBESEN (red.), Stridsøksetid i Sydskandinavien. Beretning fra et symposium 28.–30. X. 1985 i Vejle, Forhistorisk Arkaeologisk Institut, Københavns Universitet, Arkaeologiske Skrifter 1.

(107) ROWLEY-CONWY, P., 1987: Remains of date *(Phoenix dactilifera)* from Failaka, Kuwait. (pp. 181–183). In: Danish Archaeological Investigations on Failaka, Kuwait. Failaka/Dilmun. The Second Millennium Settlements, Vol. 2, The Bronze Age Pottery by F. HØJLUND. – Jutland Archaeological Society Publications **XVII**:2, Aarhus University Press, 195 pp.

(108) RUNNELS, C. N., and J. HANSEN, 1986: The olive in the prehistoric Aegean: the evidence for domestication in the Early Bronze Age. – Oxford J. Archaeology **5**, 299–308.

(109) SAKAMOTO, S., 1987: Origin and dispersal of common millet and foxtail millet. – Japan Agricultural Research Quarterly **21** (2), 84–89.

(110) SARASWAT, K. S., 1984: Discovery of emmer wheat and fenugreek from India. – Curr. Sci. **53** (17), 925.

(111) –, 1986a: Ancient crop economy of Harappans from Rohira, Punjab (c. 2,000–1,700 B.C.). – Palaeobotanist **35**, 32–38.

(112) –, 1986b: Ancient crop plant remains from Sringaverapura, Allahabad (c. 1,050–1,000 B.C.). – Geophytology **16**, 97–106, plates 1–3.

(113) –, 1988: Pre-Harappan crop economy at ancient Rohira, Punjab (c. 2300–2000 B.C.). pp. 221–240, pl. I–II. In: K. S. RAMACHANDRAN (ed.), Studies in Indian History and Culture. – Indian History and Culture Society, New Delhi.

(114) –, and N. K. SHARMA, 1985: Plant economy at ancient Narhan (c. 700 B.C.–400 A.D.). – Bhāratī, Bulletin of the Department of Ancient Indian History, Culture and Archaeology, New Series, No. 3, 165–176, pl. XIX–XXIV.

(115) –, –, and D. C. SAINI, 1988: Ancient remains of the crop plants from Narhan excavation–1986: A report. (pp. 73–77, pl. IV–VII). In: P. SINGH and O. P. TANDON (eds.), Archaeological Studies. – Bharat Kala Bhawan, Banaras Hindu University, Varanasi.

(116) SCHMIDT, R., 1986: Palynologie, Stratigraphie und Großreste von Profilen der neolithischen Station See am Mondsee, Oberösterreich. – Archaeologia Austriaca **70**, 227–235.

(117) SCHULTZE-MOTEL, J., 1988: Literatur über archäologische Kulturpflanzenreste (1986/1987). – Kulturpflanze **36**, 549–569.

(118) SHARMA, A. K., 1982: Excavations at Gufkral–1981. – Puratattva, Bulletin of the Indian Archaeological Society No. 11, 19–25.

(119) SIEMENS, A. H., R. J. HEBDA, M. NAVARRETE HERNÁNDEZ, D. R. PIPERNO, J. K. STEIN, M. G. ZOLÁ BÁEZ, 1988: Evidence for a cultivar and a chronology from patterned wetlands in Central Veracruz, Mexico. – Science **242** (4875), 105–107.

(120) SIMMONS, A. H., 1986: New evidence for the early use of cultigens in the American Southwest. – American Antiquity **51**, 73–89.

(121) –, I. KÖHLER-ROLLEFSON, G. O. ROLLEFSON, R. MANDEL, and Z. KAFAFI, 1988: 'Ain Ghazal: A major Neolithic settlement in central Jordan. – Science **240** (4848), 35–39, cover.

(122) SMITH, B. D., 1985a: The role of *Chenopodium* as a domesticate in pre-maize garden systems of the eastern United States. – Southeastern Archaeology **4**, 51–72.

(123) –, 1985b: *Chenopodium berlandieri* ssp. *jonesianum*: evidence for a Hopewellian domesticate from Ash Cave, Ohio. – Southeastern Archaeology **4**, 107–133.

(124) –, 1987a: The independent domestication of indigenous seed-bearing plants in eastern North America. (pp. 3–47). In: W. F. KEEGAN (ed.), Emergent Horticultural Economies of the Eastern Woodlands. – Center for Archaeological Investigations, Occasional Paper No. 7, Southern Illionis University.

(125) –, 1987b: The economic potential of *Chenopodium berlandieri* in prehistoric eastern North America. – J. Ethnobiol. **7** (1), 29–54.

(126) –, and C. W. COWAN, 1987: Domesticated *Chenopodium* in prehistoric eastern North America: new accelerator dates from eastern Kentucky. – American Antiquity **52**, 355–357.

(127) STIKA, H.-P., und K.-S. FRANK, 1988: Die Kirschpflaume: Systematik, Morphologie, Verbreitung, Verwendung, Genetik und archäologische Funde. (pp. 65–71). In: KÜSTER 1988c.
(128) TOMCZYŃSKA, Z., and K. WASYLIKOWA, 1988: Plant material from a Hallstatt settlement at Kamieniec near Toruń, north Poland (A reinvestigation). pp. 281–287. In: KÜSTER 1988c.
(129) TONG, WEIHUA, 1984: Cishan yizhi de yuanshi nongye yizun ji qi xiangguan de wenti [Reste prähistorischer Landwirtschaft aus der Fundstelle Cishan und damit verbundene Probleme]. – Nongye Kaogu (1), 194–207.
(130) TROMME, F., 1988: Concentration de graines carbonisées dans une fosse danubienne à Crisnée "La Mai". – Helinium **28**, 44–50.
(131) TUGANAEV, V. V., 1988: Charakteristik der Agrophytozönosen der Wolga-Kama-Region im Mittelalter (10.–15. Jh.). – Flora **180**, 77–82.
(132) VEEN, M. VAN DER, 1985: Carbonized plant remains. (pp. 188–191). In: G. J. BARCLAY, Excavations at Upper Suisgill, Sutherland. – Proc. Soc. Antiq. Scot. **115**, 159–198, fiche 1: C1–D4.
(133) –, 1987a: The plant remains. (pp. 93–99, table 40, fig. 106). In: D. H. HESLOP, The Excavation of an Iron Age Settlement at Thorpe Thewles, Cleveland, 1980–1982. – Council for British Archaeology, Research Report **65**.
(134) –, 1987b: Plant remains. (pp. 192–196). In: I. JOBEY and G. JOBEY, Prehistoric, Romano-British and later remains on Murton High Crags, Northumberland. – Archaeologia Aeliana 5, XV, 151–198.
(135) –, 1988a: Romans, natives and cereal consumption – food for thought. (pp. 99–107). In: R. F. J. JONES et al. (eds.), First Millennium Papers. Western Europe in the First Millennium A.D. – British Archaeological Reports, International Series **401**.
(136) –, 1988b: Carbonised grain from a Roman granary at South Shields, North-East England. (pp. 353–365). In: KÜSTER 1988c.
(137) VISHNU-MITTRE, and R. SAVITHRI, 1982: Food economy of the Harappans. (pp. 205–221). In: G. L. POSSEHL (ed.), Harappan Civilization. – Oxford, New Delhi, Bombay and Calcutta.
(138) WÄHREN, M., 1988: Jungsteinzeitliche Speisereste aus dem Kanton Freiburg (Ausgrabungen Portalban, Muntelier, Gletterens). – Archéologie Fribourgoise, Freiburger Archäologie, Chronique Archéologique, Archäologischer Fundbericht 1985, Editions Universitaires Fribourg Suisse, 85–95.
(139) WHITAKER, T. W., and H. C. CUTLER, 1986: Cucurbits from preceramic levels at Guilá Naquitz. (pp. 275–279). In: K. V. FLANNERY (ed.), Guilá Naquitz. Archaic Foraging and Early Agriculture in Oaxaca, Mexico. – Academic Press, Orlando, FL, etc., XX + 538 pp. (Studies in Archaeology).
(140) WILLERDING, U., 1987a: Zur paläo-ethnobotanischen Erforschung der mittelalterlichen Stadt (Kurzfassung). – Braunschweigische Wissenschaftliche Gesellschaft, Jahrbuch 1987, Verlag Erich Goltze, Göttingen, 35–50.
(141) –, 1987b: Landnutzung und Ernährung. (pp. 437–464). In: D. DENECKE und H.-M. KÜHN, Göttingen. Geschichte einer Universitätsstadt. Bd. **1**: Von den Anfängen bis zum Ende des Dreißigjährigen Krieges. – Vandenhoeck & Ruprecht, Göttingen, XIV + 762 pp.
(142) –, 1988: Lebens- und Umweltverhältnisse der bandkeramischen Siedler von Rössing. (pp. 21–34). In: M. FANSA, Vor 7000 Jahren – die ersten Ackerbauern im Leinetal. Wegweiser zur Vor- und Frühgeschichte Niedersachsens Heft 15. – Verlag August Lax Hildesheim, 82 pp.
(143) YABUNO, T., 1987: Japanese barnyard millet (*Echinochloa utilis*, Poaceae) in Japan. – Econ. Bot. **41**, 484–493.
(144) ZEIST, W. VAN, 1987: The plant remains. (pp. 247–255). In: A. VILA, Le Cimetière Kermaïque d'Ukma Ouest. La prospection archéologique de la vallée du Nil en Nubie Soudanaise. – Éditions du Centre National de la Recherche Scientifique, Paris.
(145) –, 1988a: Some aspects of Early Neolithic plant husbandry in the Near East. – Anatolica **15**, 49–67.

(146) –, 1988b: Plant remains from a first dynasty burial at Tell Ibrahim Awad. (pp. 111–114). In: E. C. M. van den Brink (ed.), The Archaeology of the Nile Delta, Problems and Priorities. – Amsterdam.
(147) –, 1988c: Botanical evidence of relations between the sand and clay districts of the north of the Netherlands in medieval times. (pp. 381–387). In: Küster 1988c.
(148) –, and J. A. H. Bakker-Heeres, 1988: Archaeobotanical studies in the Levant. 4. Bronze Age sites on the North Syrian Euphrates. – Palaeohistoria **27**, 1985, 247–316.
(149) –, R. Cappers, R. Neef, and H. During, 1987: A palaeobotanical investigation of medieval occupation deposits in Leeuwarden, the Netherlands. – Proceedings of the Koninklijke Nederlandse Akademie van Wetenschappen Series B, **90** (4), 371–426.
(150) Zohary, D., and M. Hopf, 1988: Domestication of Plants in the Old World. The origin and spread of cultivated plants in West Asia, Europe, and the Nile Valley. – Clarendon Press, Oxford, IX + 249 pp.

Dr. J. Schultze-Motel
Zentralinstitut für Genetik und Kulturpflanzenforschung
der Akademie der Wissenschaften der DDR
Corrensstraße 3
Gatersleben
DDR - 4325

Kulturpflanze 37 · 1989· 453–469

Taxonomy and evolution of cultivated plants: Literature review 1987/1988

JÜRGEN SCHULTZE-MOTEL, REINHARD FRITSCH, KARL HAMMER, PETER HANELT, JOACHIM KRUSE, HELGA I. MAASS, HARALD OHLE, and KLAUS PISTRICK

(Eingegangen am 18. Januar 1989)

Summary

Important papers on taxonomy and evolution of cultivated plants published in 1987 and 1988 were compiled and briefly discussed.

Introduction

In continuation of our literature reviews on taxonomy and evolution of cultivated plants (SCHULTZE-MOTEL et al. 1988) we present here the papers on this topic published in 1987 and 1988 as well as some publications of former years being overlooked in our earlier papers.

Araceae

Colocasia SCHOTT

ONYILAGHA et al. (1987) investigated nine high-yielding Nigerian cultivars of *C. esculenta* (L.) SCHOTT representing var. *esculenta* and var. *antiquorum* (SCHOTT) HUBB. et REHD. Seventeen characters were evaluated. The authors altered the status of the two taxa to that of species.

Chenopodiaceae

Beta L.

Plastid DNA restriction patterns are useful for elucidating evolutionary relationships within the genus *Beta*. On their basis a phylogenetic tree was established which coincided quite well with data obtained from morphological studies. Despite of the great morphological variation within *Beta vulgaris* L., restriction patterns of the plastid DNA were found to be rather limited (FRITZSCHE et al. 1987).

ABE et al. (1987) analyzed the isozyme variation from 12 species of the genus. The data obtained supported the general classification into three sections. Within the sections new insights into the relationships between the species could be obtained, e.g., *B. macrocarpa* GUSS. and *B. patula* (SOLAND.) AIT. differ from the other three species in the sect. *Vulgares*, and from each other. *Beta patellaris* MOQ. could be a partial alloploid and differs genomically from the related diploid species.

The genetic analysis of isozyme variation showed that *B. macrocarpa* has several unique alleles and should be the most different species in sect. *Vulgares* (ABE and TSUDA 1987).

BURENIN (1986a) presents the hypothesis that the evolution of semi-sugar beets proceeded independently from other cultivar groups, e.g., fodder and sugar beets. Scandinavian populations of wild *B. vulgaris* L. subsp. *maritima* (L.) THELL. should have been involved in the evolution of sugar beets. In this respect the participation of *B. vulgaris* L. convar. *cicla* (L.) ALEF. is rejected.

BURENIN (1986b) intended to describe five new botanical varieties of *Beta vulgaris*. Three of them, var. *rubrifolia* KRASSOCHK., var. *asiatica* BUREN. and var. *rubra* BUREN. are described correctly. Possibly caused by a printing error var. *subrosea* KRASSOCHK. is described twice with different types and is, therefore, an illegitimate name.

Compositae

Guizotia CASSINI

Since all five wild species of the genus are found in East Africa, and none in India, it was supposed that niger might have been domesticated in Ethiopia. As progenitor one of the subspecies of *G. scabra* (VIS.) CHIOV. was suspected. Now, HIREMATH and MURTHY (1988) repeated their view that *G. abyssinica* (L. f.) CASSINI has originated through selection of a large grain mutant of *G. scabra* ssp. *schimperi* (SCH.) BAAG.

Convolvulaceae

Ipomoea L.

Using numerical taxonomic techniques, LIN (1988) analyzed data of trypsin inhibitor activities of 53 varieties of *I. batatas* (L.) LAM. Fourty-two sweet potato varieties were divided into groups according to breeding records. Eleven varieties with unknown genetic background were assigned to appropriate groups.

Cruciferae

Brassica L.

Based on nuclear restriction fragment length polymorphisms (RFLPs) from cultivated *Brassica* species and some related taxa, a detailed phylogenetic tree was generated, summarized as follows: 1) *Sinapis arvensis* L. or a close relative is the likely progenitor of *Brassica nigra* (L.) KOCH, whereas *B. rapa* L. and *B.*

oleracea L. have a common ancestor in wild *B. oleracea* or a closely related 9 chromosome species. 2) Multiple origins could be common among the amphidiploid species *B. napus* L. and *B. juncea* (L.) CZERN. 3) The cytoplasm has an important influence in the nuclear genome evolution of amphidiploid species when the parental diploid species contain highly differentiated cytoplasms. Finally a hypothetical scheme for genome evolution of cultivated *Brassica* types is depicted (SONG et al. 1988).

Cucurbitaceae

Cucurbita L.

Numerical studies of morphological data and starch gel electrophoresis (DEKKER 1985, 1986; DECKER and WILSON 1986, 1987) have been discussed detailed in the light of origin, evolution, and systematics of domesticated *Cucurbita pepo* L. A new classification consisting of *C. pepo* L. ssp. *pepo* (origins in Mexico), *C. pepo* ssp. *ovifera* (L.) DECKER var. *ovifera* (origins in eastern U.S.), and *C. pepo* ssp. *ovifera* var. *texana* (SCHEELE) DECKER (spontaneous populations in eastern U.S.) is proposed, unfortunately neglecting some recent classifications (compare GREBENŠČIKOV 1986). The wild *C. fraterna* BAILEY may be progenitor to ssp. *pepo* and the wild var. *texana* to var. *ovifera*, respectively (DECKER 1988).

PARIS (1986) dealt with the origin of the edible bicolor-fruited cultivars of *C. pepo* which possibly resulted from crosses between edible and ornamental forms or from mutations of the bicolor locus in several cases.

Information concerning the origin, characteristics and genetic behaviour of the butternut/crookneck fruit trait of *C. moschata* (DUCH. ex LAM.) DUCH. ex POIR. has been summarized by MUTSCHLER and PEARSON (1987).

Euphorbiaceae

Manihot MILL.

ALLEM (1987) collected truly wild cassava in Brazil. Thus he opposed to the general opinion that *M. esculenta* CRANTZ is a cultigen, exclusively. The species in the wild behaves as a mesophyte demanding both shade and soil humidity, but is able to adapt to any kind of environment in the tropics and subtropics. An origin in the Amazon basin cannot be ruled out. With regard to taxonomy he supposed that some other species of *Manihot* will have to be reduced to the synonymy of *M. esculenta*.

Gramineae

The evolution and taxonomic relationships in the agronomically important group of Triticeae are discussed with the view to recent data of molecular biology, including systematics and geographic distribution, isozyme and chromosome pairing studies as well as developments in DNA analyses (WEST et al. 1988). Comparing different classifications of the tribe, the genomic system of LÖVE is considered as the most useful starting point for interpreting molecular data though having many problems from a taxonomic point of view.

SAKAMOTO (1987b) deals with the domestication of wheats, barley and rye as viewed from the pattern of phylogenetic differentiation in the tribe Triticeae.

Avena L.

For purposes of taxonomy and evalution of wild collections of *Avena* ABRAMOVA (1987) gives new results of cytological comparisons in 11 species of *Avena* as well as characters of the chromosomes in cultivars and hybrids to construct a 'normal' genotype in the genus.

Eleusine GAERTN.

DIXIT et al. (1987) discovered *E. africana* KENNEDY O'BYRNE which is the putative ancestor of the cultivated *E. coracan* (L.) GAERTN. for the first time in India (Madhya Pradesh). They broadly compared many morphological characters of both of the mentioned species and of *E. indica* (L.) GAERTN. and concluded that *E. indica* was neither involved in the evolution of *E. coracan* nor of *E. africana*. It seems now to be much more probable that *E. coracan* evolved in India and not in Africa.

Hordeum L.

BAUM and BAILEY (1987) used image analytic and numerical taxonomic techniques for examination of the genus *Hordeum*. They analyzed the size of starch granules in the endosperm of 39 barley species and distinguished two groups among them. Six species are characterized by possessing granules greater than 35 μm in diameter and by a bimodal distribution of grain size distribution. The remaining species have lesser granules and an unimodal distribution.

Oryza L.

The paper of WATABE (1985) summarizes informations on the current theories on the origin and dispersal of the *japonica* and *indica* races of rice. The center of origin of the crop is considered to be in the region of Assam–Yunnan. SECOND and GHESQUIÈRE (1985) suggest that early domestication of rice may have occurred in western India because of having found some primitive cultivars among the material collected during an expedition from Gujarat to Goa that were undistinguishable from wild forms except in having synchronous maturity. GLASZMANN (1987) dealt with enzyme variation of 1.688 varieties and was able to identify six varietal groups. Two of these might be considered as the *indica* race (strains from tropical Asia) and as the *japonica* race (strains from temperate regions and from high elevation areas in the tropics). The remaining groups (strains from the Indian subcontinent) form a rather inhomogenous cluster but share common differences from both of the other races and suggest an alternative evolutionary history.

Strains from insular southwest Asia, the upland rices of mainland southeast Asia, and the "aus" varieties of Bangladesh and India belonging to the *javanica* race were used by CHANG (1985) for genetical and physiological studies. They were found to be closely related and were traced to a common origin in the Bangladesh–Assam–Burma region. The *javanica* race is thought to be the youngest geographical race of Asian rice.

The African rice strains belong to the races *indica* (comprising five subgroups) and *japonica* (two subgroups) judging from the enzymatic variability of more than 700 varieties (DE KOCHKO 1987).

Panicum L./*Setaria* PAL. BEAUV.

SAKAMOTO (1987a, b) proposed a new theory on the geographical origin of common millet (*Panicum miliaceum* L.) and foxtail millet (*Setaria italica* (L.) PAL. BEAUV.): these species were first domesticated within the area ranging from Central Asia and Afghanistan to India, and from there they were dispersed both westward to Europe and eastward to East Asia being gradually differentiated genetically.

In many geographical forms of *Panicum miliaceum* L. the degree of variation in Melanosis infection, 1000 grain weight, yield, content of protein, lysine and tryptophan and the duration of the growth-period and heading are determined. The Melanosis infection was positively correlated only with 1000 grain weight, but not consistently with other characters. For purposes of breeding of *Panicum* species the Melanosis resistance is discussed (KONSTANTINOV et al. 1987).

Secale L.

Isozyme data from starch gel electrophoresis are used to distinguish in the genus *Secale* the monomorphic, self-pollinating *S. silvestre* HOST and *S. vavilovii* GROSSH. as well as to distinguish the allogamic taxa *S. cereale* L. and *S. montanum* GUSS. from the first two species. With indices for the genetic identity it was not possible to distinguish also the latter two species. It is concluded that there is a young genetic divergence from *S. cereale* or an introgression between both species (VENCES et al. 1987a, b).

Triticum L. and *Aegilops* L.

A second edition of the monographic work about the wheats of the world describes the various species and deals with different problems of breeding (DOROFEEV 1987).

Several varieties of *Triticum boeoticum* BOISS. em. SCHIEM. have been discovered in some parts of the peninsula Crimea (SEMENOVA 1986). Karyologic studies in *Triticum aestivum* L. em. FIORI et PAOL., *T. polonicum* L., and *T. petropavlovskyi* UDACZ. et MIGUSCH. confirmed the opinion that the hexaploid species *T. petropavlovskyi* may be a hybrid of *T. aestivum* and *T. polonicum* (AGAFONOVA 1987). SHAO and DENG (1987) investigated the origin of the purple seed-coat character in the Inner Mongolian purple seed-coat wheat. It has been found by cross experiments that the dominant gene controlling this character derived from *Leymus dasystachys* (TRIN.) PILGER.

LANGE and BALKEMA-BOOMSTRA (1988) discuss the use of wild species of the genera *Hordeum* L., *Triticum* and *Aegilops* for broadening the genetic basis in barley- and wheat-breeding.

KERBY and KUSPIRA (1988) investigated the chromosome morphology of diploid and tetraploid *Triticum* species as well as of the *Sitopsis*-group of *Aegilops* to elucidate the origin of the B-genome of polyploid wheats. On the basis of their findings the authors concluded that *Aegilops searsii* FELDMAN et KISLEV ex HAMMER is the most probable donor of the B-genome of polyploid wheats. The phylogenetic relations of the genera *Triticum* and *Aegilops* also have been discussed in respect to the origin of the genomes of polyploid wheats (KERBY and KUSPIRA 1987).

BAHRMAN et al. (1988) examined three cytoplasmatically encoded proteins in various species of *Triticum* and *Aegilops* by means of gel electrophoresis. The cytoplasmic type found within *Triticum* species, occurs within the genus *Aegilops* only in some species of the *Sitopsis* section (*Ae. speltoides* TAUSCH and *Ae. aucheri* BOISS.). The authors suppose that one of the ancestors of the *Sitopsis* group transmitted its cytoplasm to the above mentioned *Aegilops* species and to the donor of the B and G genome of the polyploid *Triticum* species.

The traits of anther lenght, characterizing the reproduction system of the species, and resistance patterns have been used as indicators in investigations of evolutionary tendencies in the genus *Aegilops* (HAMMER 1987).

A new botanical variety of *Aegilops umbellulata* ZHUK. has been described by GANDILJAN and ARUTJUNJAN (1987).

Using a collection of common wheat from Iran (infraspecific level) and a material of *Triticum* and *Aegilops* (species and genus level) the influence of different factors and methods to the system formation has been investigated. The principal strategy used therewith (evaluation of similarity by means of similarity coefficients and applying different agglomerative clustering methods) does not correspond to the practice of the biologist when classifying a material. Therefore a divisive clustering method is recommended which is an exact simulation of this practice (SCHULTZE-MOTEL 1987).

Mainly for wheat MAC KEY (1988) demonstrates the difficulties in classifying cultivated plants. The classification system should clearly reflect genealogic relationships. Cultivar as a rank for cultivated plants must be given the necessary flexibility. He recommended to use authorized gene symbols instead of names.

Zea L.

The history of the domestication of maize, believed to have begun well before 4000 BC in a small region in Mexico, and its worldwide spread after 1492 are briefly reviewed by MANGELSDORF (1986). Crossing experiments involving *Z. diploperennis* ILTIS, DOEBLEY et GUZMAN and the primitive maize 'Palomero Toluqueno' lend him support to propose the theory that modern maize originated from a cross between an early, primitive wild form of *Z. mays* L. and perennial teosinte *Z. diploperennis*.

SÁNCHEZ G. and ORDAZ S. (1987) studied the distribution of teosintes (*Z. mexicana* (SCHRADER) KUNTZE ssp. *mexicana* and ssp. *parviglumis* (ILTIS et DOEBLEY) GREBENŠČ., *Z. perennis* (HITCHC.) REEVES et MANGELSD. and *Z. diploperennis*) in Mexico and gave a distribution map. Natural maize × teosinte hybrids were found on 38 sites; *Z. mexicana* ssp. *mexicana* was principially involved while ssp. *parviglumis* was involved much less frequently and *Z. perennis* at only one site. The name teocintle was nowhere in use.

DOEBLEY et al. (1988) used the isozyme characters to trace back the Midwestern dent corns of U.S.A. to a hybrid origin from the two landrace groups Northern Flint and Southern Dent, the last of which is largely derived from the dent corns of southern Mexico.

Isoelectric focusing of zeins in tripsacoid and non-tripsacoid races of maize, annual teosinte, perennial *Zea* species and *Tripsacum* species revealed maize to be extremely heterogenous spanning the complete range of wild *Zea* taxa (DE WET et al. 1987). It was not possible to distinguish between introgression of maize with teosinte or with *Tripsacum*. This and other reasons exclude *Tripsacum* as a contributor to racial evolution of maize.

The results of ANDERSON (1987), who compared the growth of *Tripsacum* and maize under various nutrient conditions in sand-water-cultures, suggest that maize is derived from a ruderal species adapted to pulsating levels of inorganic nutrients whereas *Tripsacum* is adapted to stable ecosystems with moderate levels of available nitrogen.

BENZ (1987) presents a reevaluation based on the catastrophic sexual transmutation theory of ILTIS and the recognition of positional and structural homologies between the central male tassel spike of teosinte and the maize ear using 30 Mexican maize races. Morphology and geography indicated that the Mexican narrow ear complex is the more primitive. The Balsas river valley and Western Mexico are thought to be the centre of origin of maize.

However it is argued by GALINAT (1987) from his morphological comparisons of maize and teosinte spikes that maize underwent multiple domestications. In one case maize originated by means of elongation of the rhachilla within the female spikelet of Guerrero teosinte, and in the other case it evolved by means of grain elongation in Chalco teosinte. Also the data of cytogenetic mapping of alleles on chromosome knobs can be explained largely by accepting multiple domestications or at least transportation over several places during domestication (TORRES DE MIRANDA and COELHO DE MIRANDA 1987).

An analysis of the ontogenetic development of the mixed inflorescence in *Z. diploperennis* (SUNDBERG 1987) provided further support for the hypothesis that a tassel-like inflorescence of teosinte is ancestral to the maize ear.

According to the analysis of MOLINA and NARANJO (1987) five should be the basic chromosome number in the Maydeae. This revives the "amphiploid theory" that maize and other wild subspecies of *Zea* would have been originated by allopolyploidy from different diploid ($2n=10$) species probably extinct now.

Leguminosae

Arachis L.

Gel electrophoretic analyses of arachin seed storage protein of 8 species of the genus revealed an almost identical arachin subunit pattern for the tetraploids *A. hypogaea* L. and *A. monticola* KRAPOV. et RIGONI (the presumable ancestor of the domesticate) and supported earlier conclusions on *A. batizocoi* KRAPOV. et GREG. and *A. cardenasii* KRAPOV. et GREG. or *A. durannensis* KRAPOV. et GREG. (both taxa being nomina nuda, not yet described formally according to the code of nomenclature!) as carriers of the parental genomes of *A. monticola* (KRISHNA and MITRA 1988).

A review on speciation, cytogenetics and utilization of *Arachis* species summarizes also the present knowledge of the taxonomy of the genus and its subdivision, of centers of origin and of the evolution of the cultivated species. Genome differentiation revealed by species crosses and cytogenetics is especially considered, the regrettable lack of a proper taxonomic revision is outlined (STALKER and MOSS 1987).

ANURADHA et al. (1987) dealt with the numerical chemotaxonomy of eight species especially centred on relative primitiveness/advancement of the taxa. The most advanced species is *A. stenosperma* which forms a monotypic infrageneric group whereas all the other species including *A. hypogaea* can be grouped together. As a whole there is a fair amount of relationship among the taxa studied.

Cicer L.

The recent state of knowledge on evolution and taxonomy of *C. arietinum* L. has been summarized in a chapter on origin, history and taxonomy of a handbook on the chickpea (VAN DER MAESEN in SAXENA and SINGH 1987).

Glycine WILLD.

A very high percentage of wild soybean (*G. soja* SIEB. et ZUCC.) accessions from China and the Soviet Union are characterized by a change of the chromosome structure being based upon an identical or at least similar translocation. This differentiates the mentioned populations from those ones from Japan and Korea with prevailing standard karyotypes (PALMER et al. 1987).

Some infraspecific taxa of *G. soja* have been described by FU and CHEN (1986) from the Northeast-Chinese province Liaoning.

Lens MILL.

The numerical evaluation of data for several species of the genus by means of principal component analyses confirmed the very close relationship between *L. culinaris* MEDIK. and *L. orientalis* (BOISS.) SCHMALH. separated mainly by traits related to the domestication of the cultigen and revealed likewise some affinities between *L. culinaris* and *L. nigricans* (M. B.) GODR.; this may be an indication that this species is involved in the development of the cultivated species, too (HOFFMAN et al. 1988).

Leucaena BENTH.

A new subspecies of *Leucaena leucocephala* (LAM.) DE WIT (ssp. *glabrata* (LAM.) DE WIT) and some cultivars from southern America are described. The new subspecies is intercompatible with *L. leucocephala* ssp. *leucocephala* and may be of interest in breeding tasks in this genus (ZÁRATE PEDROCHE 1987).

Phaseolus L.

In continuation of earlier studies (compare Kulturpflanze 36, 1988, p. 581) analyses of phaseolin storage protein types from *Ph. vulgaris* L. have been used to ascertain the dissemination pathways of the common bean in different regions of America, Europe and Africa (GEPTS and al. 1988; GEPTS and BLISS 1988). According to the prevailing phaseolin types Middle American races reached already early Northern parts of South America, SW USA as well as NE USA and Canada although here the majority of cultivars is of European origin. In Europe the cultivars from the Iberian peninsula share their phaseolin spectrum with Chile while in other parts of Europe the Andean protein type predominates; Africa may have got its beans from Brazil or W and SW Europe.

Electrophoretic studies of enzyme systems revealed an almost identical band pattern for *Ph. coccineus* L. ssp. *coccineus* and ssp. *polyanthus* (GREENMAN) MARÉCHAL, MASCHERPA et STAINIER (and deviating ones for *Ph. coccineus* ssp. *obvallatus* (SCHLECHTD.) MARÉCHAL, MASCHERPA et STAINIER and *Ph. vulgaris*); thus the hypothesis on the origin of ssp. *polyanthus* as a hybrid between *Ph. vulgaris* and *Ph. coccineus* could be ruled out (PIÑERO and EGUIARTE 1988).

Pisum L.

Subunit pattern of legumine storage protein confirmed the earlier division of *P. sativum* ssp. *transcaucasicum* MAKASH. into the Caucasus and the Volga group; both however are linked with the typical subspecies by transitional accessions which show likewise intergrading morphological characters (MAKAŠEVA and TARLAKOVSKAJA 1986).

Psophocarpus NECK. ex DC.

Papua New Guinea, SE Asia and upper Burma have been discussed as possible centres of origin for *P. tetragonolobus* (STICKM.) DC. The species seems to be mainly adapted to the humid tropics and cultivations in subtropical regions result apparently from later introductions (MATĚJKA 1987).

Trifolium L.

The variability of several morphological characters of the highly polyploid *T. pannonicum* JACQ. has been studied biometrically in spontaneous and cultivated populations; a geographical differentiation could be found within the wild material and the cultivated strains (forage and hay plant) have been described as convar. *foliosum* SZABÓ (SZABÓ 1987).

Cytological studies of different taxa of *T. subterraneum* L. and the existence of 3 different karyotypes confirmed the classification of this species into 3 infraspecific taxa and their subspecific rank: ssp. *subterraneum*, ssp. *brachycalycinum* KATZNELS. et MORLEY, ssp. *yanninicum* KATZNELS. et MORLEY (FALISTOCCO et al. 1987).

Vicia L.

A new species of sect. *Faba* (MILL.) LDB., *V. kalakhensia* KHATTAB, MAXTED et BISBY, has been described from SW Syria occurring sympatrically with *V. hyaeniscyamus* MOUTERDE, a hitherto poorly known species which is characterized in regard to morphology, relationship and occurrence, too (KHATTAB et al. 1988). Both species are important as close relatives of the broad bean, *V. faba* L.

Vigna SAVI

The variability of photosynthetic efficiency, protein content of the seeds and their amino acid composition as well as seed weight has been studied for populations of *V. radiata* (L.) WILCZ. var. *sublobata* (ROXB.) VERDC. and compared with the cultigen of this species and with *V. mungo* (L.) HEPPER; some of the wild accessions from Western Ghats are superior to the cultigens in the mentioned characters (IGNACIMUTHU and BABU 1987).

Malvaceae

Gossypium L.

Rarely used taxonomic characters from structures of epidermic origin have been evaluated for infraspecific differentiation in *Gossypium hirsutum* L. The diagnostic capacity was estimated by a numerical analysis (SUSIN et al. 1988).

Musaceae

Musa L.

The morphological taxonomy of *Musa* in eastern Africa is discussed by SEBASIGARI (1987). The colour of different parts of the male flowers is considered important for distinguishing cultivar types.

Some 30 characters were studied in 25 cultivars of the AAB genome group from West Africa. Entries differed with respect to bunch type, plant size, bunch and fruit orientation, fruit apex shape and fruit curvature (SWENNEN and VUYLSTEKE 1987).

Morphological data such as leaf width, pseudostem circumference, bunch weight and fruit characters were used to classify some 80 cultivars of Philippine bananas (PASCUA and ESPINO 1987).

Oleaceae

Olea L.

COLLENETTE (1988) has discovered in Saudi Arabia some trees of a wild olive having a drupe of sweet taste. She described a new botanical form, *Olea europaea* L. forma *dulcis*.

Polygonaceae

Fagopyrum MILL.

A common ancestor is proposed for *Fagopyrum tataricum* (L.) GAERTN , *F. acutatum* (LEHM.) MANSF. ex HAMMER (*F. cymosum* (TREVIR.) MEISSN.) an.d *F. esculentum* MOENCH. *Fagopyrum tataricum* is taken as the most primitive species. *Fagopyrum esculentum* derived from *F. cymosum* by divergent evolution (KOVALENKO 1986).

Electrophoretic patterns of proteins and isozymes were studied in species of this genus. The results show that *F. esculentum* stands out distinct from the group of *F. sagittattum* GILIB., *F. kashmirianum* MUNSHI and *F. tataricum* (FAROOQ and TAHIR 1987). But, as *F. esculentum* and *F. sagittatum* are synonyms, the results more likely indicate either a misclassification of the material or a higher variation within *F. esculentum* (only four accessions have been tested).

Rosaceae

Armeniaca SCOPOLI

Data of the distribution in the Gorno-Badachshan ASSR and morphological features (SOKOLOVA 1986) are the basis for the diagnosis of a new variety of the common apricot: *Armeniaca vulgaris* LAM. var. *rushanica* KORSH.

From anatomical investigations of the leaf structure of *Armeniaca sogdiana* KUDR. and related taxa SOKOLOVA (1987) comes to the result that *A. sogdiana* should be included in *A. vulgaris* LAM. and *A. leiocarpa* KOST. in *A. dasycarpa* (EHRH.) BORKH.

Cerasus P. MILLER

With morphological comparisons of inflorescences and organs of the flowers the affinities of *Padus maackii* (RUPR.) KOM. to *Cerasus vulgaris* MILL., *C. fruticosa* PALL. and *C. canescens* (D. BOIS) SOKOL. have been evaluated and it was concluded to refer the three *Cerasus* species to the synonymy of *Cerasus maackii* (RUPR.) EREM. et SIMAG. (EREMIN and SIMAGIN 1986).

Rutaceae

Citrus L.

Soluble proteins were extracted from leaves of 83 citrus biotypes. Their protein patterns were obtained by acrylamide gel electrophoresis. The similarity of the protein patterns among the samples was calculated by means of numerical taxonomic methods (ZHU 1988).

KOKAJA (1988) proposes a new system of *Citrus*. It comprises 28 species which are arranged into 2 subgenera and 6 sections. Besides this the paper encloses a key for the determination of the species as well as informations on their distribution and synonyms.

Solanaceae

Capsicum L.

PICKERSGILL (1988) presents an overview on the taxonomy of cultivated and wild species in this genus. As the morphological characters are influenced by human selection, they are not reliable for delimiting species. Further data, e.g., chromosomes and isozymes, should be included for the understanding of evolution in domesticated and wild chili peppers, which are difficult to incorporate into a formal taxonomy. Therefore, on the infraspecific level, an informal classification is advocated.

An informal horticultural classification is proposed for chili peppers grown in the United States of America (SMITH et al. 1987).

Lycopersicon MILL.

The taxonomy and phylogeny of this genus are reviewed by WARNOCK (1988). A technical treatise on various aspects of *L. esculentum* MILL. is given in the book of KALLOO (1986).

Solanum L. (tuber-bearing species)

Cultivated, weedy, and wild forms of the Bolivian diploid potato *Solanum*× *ajanhuiri* JUZ. et BUK. were analyzed concerning morphological and biochemical characters (JOHNS et al. 1987). Numerical methods were used for the interpretation of the results. They support the intermediacy of *S.*×*ajanhuiri* between *S. megistacrolobum* BITTER and *S. stenotomum* JUZ. et BUK. Some cultigens are interpreted as heteroploidal hybrids between *S.*×*ajanhuiri* and the wild tetraploid species *S. acaule* BITTER. The results indicate a reticulate evolution of cultivated potatoes.

Umbelliferae

Coriandrum sativum L.

A study of 30 varieties and forms of diverse ecological and geographical origin revealed differences between them in the duration of the different phases of organogenesis. Differences were observed in number of rosette leaves, stem lenght, leafiness, umbel structure and fruit size. The varieties and forms studied were divided into 6 morphological groups (RZHANOVA and ROMANYAK 1987).

General problems

KOROVINA (1987) gave a general view of the centres of origin of cultivated plants, a theory established by VAVILOV, and its further development by Soviet scientists above all ZHUKOVSKY and KUPTSOV.

BRÜCHER (1988) raised critical objections against this theory, especially in America. Here the Isthmus of Darién (Panama) is the most important barrier for migration of plants. The dispersion of useful plants has taken place mainly from the South to the North during a long period. He has inspected the crop plants of several Indian tribes in the mountains between Colombia and Panama. He has stated that tribes hostile to each other cultivate quite different cultivars, for instance of maize, cacao, and palm-trees. In his opinion more than hundred tropical or subtropical species originating from South America have reached Central America only by way of barter or migration of tribes in earlier time.

HEISER (1988) dealt with aspects of unconscious selection and the evolution of domesticated plants.

General problems of the domestication of plants have been discussed by HANELT (1988). The differences of the domestication pathways based upon different modes of reproduction of the plants and of the indifferent use by the growers have been stressed; therefore it is difficult to generalize the so-called domestication syndrome which has to be specified for the different crop types.

The importance of preadaptations for the domestication is stressed by HAMMER (1988). Primary adaptations led to primary crops. The agroecosystems provide good conditions for unconscious selection. This is the source for secondary adaptations, especially in weeds, which can finally result in secondary crops.

Zusammenfassung

Taxonomie und Evolution der Kulturpflanzen:
Literaturübersicht 1987/1988

Wichtige Arbeiten über Taxonomie und Evolution der Kulturpflanzen aus den Jahren 1987 und 1988 wurden zusammengestellt und kurz kommentiert.

Краткое содержание

Таксономия и эволюция культурных растений: обзор литературы за 1987/1988 гг.

Прилагается список работ по таксономии и эволюции культурных растений, вышедших в 1987/1988 годах. Работы кратко комментируются.

Literature

ABE, J., H. NAKASHIMA, and C. TSUDA, 1987: [Isozyme variation and species relationships in the genus *Beta*.]. – Memoirs of the Faculty of Agriculture, Hokkaido University **15** (2), 124–132. (Ref.: Plant Breed. Abstr. **57**, 1987, no. 9990).

–, and C. TSUDA, 1987: Genetic analysis for isozyme variation in the section *Vulgares*, genus *Beta*. – Japan. J. Breed. **37**, 253–261.

ABRAMOVA, L. I., 1987: Kariotipičeskie charakteristiki vidov ovsa (*Avena* L.) s raznymi genomami. – Naučno-techn. Bjull. Vses. Inst. Rast. **170**, 51–55.

AGAFONOVA, N. A., 1987: Kariotip *Triticum petropavlovskyi* UDACZ. et MIGUSCH. – Naučno-techn. Bjull. Vses. Inst. Rast. **170**, 60–64.

ALLEM, A. C., 1987: *Manihot esculenta* is a native of the neotropics. – Plant Genetic Resources Newsletter **71**, 22–24.

ANDERSON, R. C., 1987: Growth of eastern gamagrass (*Tripsacum dactyloides* L.) (Poaceae) under various inorganic nutrient conditions. – Bull. Torrey Bot. Club **114**, 46–52.

ANURADHA, S. M. J., G. NAGESHWAR, M. RADHAKRISHNAIAH, and L. L. NARAYANA, 1987: Numerical chemotaxonomy of *Arachis*. – Proc. Indian Acad. Sci. (Plant Sci.) **97** (5), 425–432. (Ref.: Biol. Abstr. **85** (9), 1988, no. 86664, Ref. Ž. Biol. Bot. 1988, no. 6 V 534).

BAHRMAN, N., M.-L. CARDIN, M. SEGUIN, M. ZIVY, and H. THIELLEMENT, 1988: Variability of 3 cytoplasmatically encoded proteins in the genus *Triticum*. – Heredity **60**, 87–90.

BAUM, B. R., and L. G. BAILEY, 1987: A survey of endosperm starch granules in the genus *Hordeum*: a study using image analytic and numerical taxonomic techniques. – Can. J. Bot. **65**, 1563–1569.

BENZ, B. F., 1987: Taxonomy and evolution of Mexican maize. – Dissert. Abstr. Internat., B (Sciences and Engineering) **48** (2), 329 B. (Ref.: Plant Breed. Abstr. **57**, 1987, no. 10703).

BRÜCHER, H., 1988: Migiation und Dispersion amerikanischer Nutzpflanzen über die Landenge von Darién (Panama). – Natruwissenschaften **75**, 18–26.

BURENIN V. I., 1986a: Spontannaja gibridizacija v rode *Beta* L. – Naučno-techn. Bjull. Vses. Inst. Rast. **158**, 3–8.

–, 1986b: Novye taksony v rode *Beta* L. – Naučno-techn. Bjull. Vses. Inst. Rast. **161**, 69–71.

CHANG, T. T., 1985: Field collection of rice germplasm and dispersal of upland and javanica rice in SE Asia. – East Asian Tertiary/Quaternary Newsletter No. 2, 52. (Ref.: Plant Breed. Abstr. **57**, 1987, no. 6086).

COLLENETTE, S., 1988: The sweet olives of Saudi Arabia. – Kew Magazine **5**, 36–38.

DECKER, D. S., 1985: Numerical analysis of allozyme variation in *Cucurbita pepo*. – Econ. Bot. **39**, 300–309.

–, 1986: A biosystematic study of *Cucurbita pepo*. – Ph. D. Dissertation, Texas A&M Univ., College Sta. (Ref.: Plant Breed. Abstr. **57**, 1987, no. 10237).

–, 1988: Origin(s), evolution, and systematics of *Cucurbita pepo* (Cucurbitaceae). – Econ. Bot. **42**, 4–15.

–, and H. D. WILSON, 1986: Numerical analysis of seed morphology in *Cucurbita pepo*. – Syst. Bot. **11**, 595–607.

–, –, 1987: Allozyme variation in the *Cucurbita pepo* complex: *C. pepo* var. *ovifera* vs. *C. texana*. – Syst. Bot. **12**, 263–273.

DE KOCHKO, A., 1987: A classification of traditional rice varieties (*Oryza sativa* L.) from Africa using isozymic variability. – Evol. Trends in Plants **1** (2), 105–110. (Ref.: Biol. Abstr. **85**, 1988, no. 86735).

DIXIT, A. S., S. S. DIXIT, and VISHNU-MITTRE, 1987: The occurrence of *Eleusine africana* KENNEDY O'BYRNE in India and its significance in the origin of *Eleusine coracana*. – Proc. Indian Acad. Sci. (Plant Sci.) **97** (1), 1–10.

DOEBLEY, J., J. D. WENDEL, J. S. C. SMITH, CH. W. STUBER, and M. M. GOODMAN, 1988: The origin of cornbelt maize: the isozyme evidence. – Econ. Bot. **42**, 120–131.

DOROFEEV, V. F. (red.), 1987: Pšenicy mira. Vidovoj sostav, dostiženija selekcii, sovremennye problemy i ischodnyj material. Izdanie vtoroe. – "Agropromizdat", Leningrad, 560 pp.

EREMIN, G. V. i V. S. SIMAGIN, 1986: Issledovanie sistematičeskogo položenija čeremuch maaka (*Padus maackii* (RUPR.) KOM.) v svjazi s ee selekcionnym ispol'zovaniem. – Naučno-techn. Bjull. Vses. Inst. Rast. **166**, 44–49.

FALISTOCCO, E., M. PICCIRILLI, and M. FALCINELLI, 1987: Cytotaxonomy of *Trifolium subterraneum* L. – Caryologia **40** (1–2), 123–130.

FAROOQ, S., and I. TAHIR, 1987: Species relationship in buckwheat (*Fagopyrum* spp.) through electrophoresis of proteins and enzymes. – Genetika (Beograd) **19**, 61–65.

FRITZSCHE, K., M. METZLAFF, R. MELZER, and R. HAGEMANN, 1987: Comparative restriction endonuclease analysis and molecular cloning of plastid DNAs from wild species and cultivated varieties of the genus *Beta* (L.). – Theor. Appl. Genet. **74**, 589–594.

FU, P.-Y., and Y.-A. CHEN, 1986: [Study of the classification of wild species of the genus *Glycine* from Liaoning]. (Chin.). – Bull. Bot. Res. (China) **6**, 117–123. (Ref.: Excerpta Bot. A **48**, 1987, p. 247).

GALINAT, W. C., 1987: New evidence supporting multiple domestications. – Maize Genet. Cooper. Newsletter **61**, 100–101. (Ref.: Plant Breed. Abstr. **58**, 1988, no. 4013).

GANDILJAN, P. A., i M. G. ARUTJUNJAN, 1987: Novye dannye v *Aegilops umbellulata* ZHUK. v Zakavkaz'e. – Biol. Ž. Armenii **40**, 475–478.

GEPTS, P., and F. A. BLISS, 1988: Dissemination pathways of common bean (*Phaseolus vulgaris*, Fabaceae) deduced from phaseolin electrophoretic variability. II. Europe and Africa. – Econ. Bot. **42**, 86–104.

–, K. KMIECIK, P. PEREIRA, and F. A. BLISS, 1988: Dissemination pathways of common bean (*Phaseolus vulgaris*, Fabaceae) deduced from phaseolin electrophoretic variability. I. The Americas. – Econ. Bot. **42**, 73–85.

GLASZMANN, J. C., 1987: Isozymes and classification of Asian rice varieties. – Theor. Appl. Genet. **74**, 21–30.
GREBENSČIKOV, I., 1986: Cucurbitaceae. (pp. 914–951). In: J. SCHULTZE-MOTEL (ed.), Rudolf Mansfelds Verzeichnis landwirtschaftlicher und gärtnerischer Kulturpflanzen (ohne Zierpflanzen). – Akademie-Verlag Berlin, XXVI +1998 pp.
HAMMER, K., 1987: Resistenzmerkmale und Reproduktionssystem als Indikatoren für evolutionäre Tendenzen in der Gattung *Aegilops* L. – Biol. Zentralbl. **106**, 273–282.
–, 1988: Präadaptationen und die Domestikation von Kulturpflanzen und Unkräutern. – Biol. Zentralbl. **107**, 631–636.
HANELT, P., 1988: Die Domestikation von Pflanzen – ein Phänomen der Anpassung. – Biol. Rundschau **26**, 255–263.
HEISER, C. B., 1988: Aspects of unconscious selection and the evolution of domesticated plants. – Euphytica **37**, 77–81.
HIREMATH, S. C., and H. N. MURTHY, 1988: Domestication of niger *(Guizotia abyssinica)*. – Euphytica **37**, 225–228.
HOFFMAN, D. L., F. J. MUEHLBAUER, and G. LADIZINSKY, 1988: Morphological variation in *Lens* (Leguminosae). – Syst. Bot. **13** (1), 87–96.
IGNACIMUTHU, S., and C. R. BABU, 1987: *Vigna radiata* var. *sublobata* (Fabaceae): economically useful wild relative of urd and mung beans. – Econ. Bot. **41**, 418–422.
JOHNS, T., Z. HUAMÁN, C. OCHOA, and P. E. SCHMIEDICHE, 1987: Relationships among wild, weed, and cultivated potatoes in the *Solanum*×*ajanhuiri* complex. – Syst. Bot. **12**, 541–552.
KALLOO, 1986: Tomato (*Lycopersicon esculentum* MILLER). – Allied Publishers Pvt. Ltd., New Delhi, XVI +470 pp. (Ref.: Plant Breed. Abstr. **57**, 1987, no. 11348).
KERBY, K., and J. KUSPIRA, 1987: The phylogeny of the polyploid wheats *Triticum aestivum* (bread wheat) and *Triticum turgidum* (macaroni wheat). – Genome **29**, 722–737.
–, –, 1988: Cytological evidence bearing on the origin of the B genome in polyploid wheats. – Genome **30**, 36–43.
KHATTAB, A., N. MAXTED, and F. A. BISBY, 1988: Close relatives of the fababean from Syria: A new species of *Vicia* and notes on *V. hyaeniscyamus* (Leguminosae). – Kew Bull. **43**, 535–540.
KOKAJA, C. D., 1988: Konspekt roda *Citrus* (Rutaceae). – Bot. Ž. **73**, 876–885.
KONSTANTINOV, S. I., L. V. GRIGORAŠČENKO i S. N. GORBAČEVA, 1987: Izmenčivost cennych priznakov u prosa i ich korreljacionnaja zavisimost. – Selekcija i semenovodstvo (4), 22–24.
KOROVINA, O. N., 1987: N. I. VAVILOV o pervičnych centrach proischoždenija kul'turnych rastenij. N. I. VAVILOV on the primary centres of cultivated plant origin. – Bot. Ž. **72**, 721–730.
KOVALENKO, V. I., 1986: [Phylogenetic relations in species of the genus *Fagoyprum* Mill. and the genetic and evolutionary aspects of their systems of reproduction.]. – Tsitogenet. i mat. podkhody k izuch. biosistem. Dokl. MOIP 1984, Obshch. biol. Moscow, 54–56. (Ref.: Plant Breed. Abstr. **58**, 1988, no. 431).
KRISHNA, T. G., and R. MITRA, 1988: The probable genome donors to *Arachis hypogaea* L. based on arachin seed storage protein. – Euphytica **37**, 47–52.
LANGE, W., and A. G. BALKEMA-BOOMSTRA, 1988: The use of wild species in breeding barley and wheat, with special reference to the progenitors of the cultivated species. (pp. 157–178). In: M. L. JORNA and L. A. J. SLOOTMAKER (compilers), Cereal breeding related to integrated cereal production. Proceedings of the conference of the Cereal Section of EUCARPIA, Wageningen, Netherlands, 24–26 February 1988. – Wageningen.
LIN, Y.-H., 1988: Trypsin inhibitor activities as useful taxonomic traits of sweetpotato varieties. – Euphytica **38**, 39–47.
MAC KEY, J., 1988: A plant breeder's aspect on taxonomy of cultivated plants. – Biol. Zentralbl. **107**, 369–379.
MAKAŠEVA, R. CH., i A. M. TARLAKOVSKAJA, 1986: [Specification of the systematic

position of the samples of the collection *Pisum sativum* subsp. *transcaucasicum* Makash.]. (Russ., Engl. summ.). – Naučno-techn. Bjull. Vses. Inst. Rast. **159**, 7–11.

MANGELSDORF, P. C., 1986: The origin of corn.–Scientific American **255** (2), 72–78. (Ref.: Plant Breed. Abstr. **58**, 1988, no. 1362).

MATĚJKA, V., 1987: On the origin and climatic requirements of the winged bean. – Agricultura Tropica et Subtropica **20**, 33–45.

MOLINA, M. del C., and C. A. NARANJO, 1987: Cytogenetic studies in the genus *Zea* 1. Evidence for five as the basic chromosome number. – Theor. Appl. Genet. **73**, 542–550.

MUTSCHLER, M. A., and O. H. PEARSON, 1987: The origin, inheritance, and instability of butternut squash (*Cucurbita moschata* DUCHESNE). – HortScience **22**, 535–539.

ONYILAGHA, J. C., A. S. OMENYI, H. C. ILLOH, and J. LOWE, 1987: *Colocasia esculenta* (L.) SCHOTT, *Colocasia antiquorum* SCHOTT, how many species? 1. A preliminary investigation. – Euphytica **36**, 687–692.

PALMER, R. G., K. E. NEWHOUSE, R. A. GRAYBOSCH, and X. DELANNAY, 1987: Chromosome structure of the wild soybean. Accessions from China and the Soviet Union of *Glycine soja* SIEB. & ZUCC. – J. Heredity **78** (4), 243–247.

PARIS, H. S., 1986: Origin of the edible bicolor-fruited cultivars of *Cucurbita pepo* L. – Phytologia **60**, 447–450.

PASCUA, O. C., R. R. C. ESPINO, 1987: Taxonomic classification of Philippine bananas. (pp. 161–164). In: G. J. PERSLEY and E. A. DE LANGHE. (Ref.: Plant Breed. Abstr. **58**, 1988, no. 4481).

PERSLEY, G. J., and E. A. DE LANGHE (eds.), 1987: Banana and plantain breeding strategies. Proceedings of an international workshop held at Cairns, Australia, 13–17 October 1986. ACIAR Proceedings Series, Australian Centre for International Agricultural Research No. **21**, 187 pp. (Ref.: Plant Breed. Abstr. **58**, 1988, no. 4748).

PICKERSGILL, B., 1988: The genus *Capsicum*: a multidisciplinary approach to the taxonomy of cultivated and wild plants. – Biol. Zentralbl. **107**, 381–389.

PIÑERO, D., and L. EGUIARTE, 1988: The origin and biosystematic status of *Phaseolus coccineus* ssp. *polyanthus*: electrophoretic evidence. – Euphytica **37**, 199–203.

RZHANOVA, E. I., A. N. ROMANYAK, 1987: [Morphological and physiological classification of coriander *Coriandrum sativum* L.]. – Nauchnye Doklady Vysshei Shkoly, Biol. Nauki (2), 79–82. (Ref.: Plant Breed. Abstr. **58**, 1988, no. 4404).

SAKAMOTO, S., 1987a: Origin and dispersal of common millet and foxtail millet. – Japan Agricultural Research Quarterly **21** (2), 84–89.

–, 1987b: Origin and phylogenetic differentiation of cereals in Southwest Eurasia. (pp. 1–45). In: Y. TANI and S. SAKAMOTO (eds.), Domesticated Plants and Animals of the Southwest Eurasian Agro-Pastoral Culture Complex. I. Cereals (ed. by S. SAKAMOTO). – Kyoto, Japan.

SÁNCHEZ G., J. J., and L. ORDAZ S., 1987: El teocintle en México. – Systematic and Ecogeographic Studies on Crop Genepools No. **2**, 50 pp. (Ref.: Plant Breed. Abstr. **58**, 1988, no. 2096).

SAXENA, M. C., and K. B. SINGH (eds.), 1987: The chickpea. – CAB International, Wallingford, 409 pp. (pp. 11–34: Origin, history and taxonomy of chickpea by L. J. G. VAN DER MAESEN).

SCHULTZE-MOTEL, J., 1987: Numerisch-taxonomische Studien an *Triticum* L. und *Aegilops* L. Zur Theorie der Klassifizierung von Kulturpflanzen. – Kulturpflanze **35**, 53–97.

–, R. FRITSCH, K. HAMMER, P. HANELT, J. KRUSE, H. I. MAASS, H. OHLE, and K. PISTRICK, 1988: Taxonomy and evolution of cultivated plants: Literature review 1986/1987. – Kulturpflanze **36**, 571–592.

SEBASIGARI, K., 1987: Morphological taxonomy of *Musa* in eastern Africa. (pp. 172–176). In: G. J. PERSLEY and E. A. DE LANGHE. (Ref.: Plant Breed. Abstr. **58**, 1988, no. 4483).

SECOND, G., and A. GHESQUIÈRE, 1985: Collection of wild species of rice in west India. – East Asian Tertiary/Quaternary Newsletter No. 2, 51. (Ref.: Plant Breed. Abstr. **57**, 1987, no. 6085).

SEMENOVA, L. V., 1986: Dikorastuščaja odnozernjanka *Triticum boeoticum* BOISS. v Krymu. – Naučno-techn. Bjull. Vses. Inst. Rast. **163**, 56.

SHAO, Z., and J. DENG, 1987: Genetic analysis of the purple character in Inner Mongolia purple seed-coat wheat. – Acta Genetica Sinica **14**, 179–187.

SMITH, P. G., B. VILLALON, and P. L. VILLA, 1987: Horticultural classification of peppers grown in the United States. – HortScience **22**, 11–13.

SOKOLOVA, E. A., 1986: Novaja raznovidnost abrikosa obyknovennogo *Armeniaca vulgaris* LAM. var. *rushanica* KORSH. (Rosaceae). – Naučno-techn. Bjull. Vses. Inst. Rast. **166**, 54–55.

–, 1987: K voprosu o sistematičeskom položenii goloplodnych vidov abrikosa (*Armeniaca sogdiana* KUDR. i *A. leiocarpa* KOST.). – Naučno-techn. Bjull. Vses. Inst. Rast. **170**, 69–75.

SONG, K. M., T. C. OSBORN, and P. H. WILLIAMS, 1988: *Brassica* taxonomy based on nuclear restriction fragment lenght polymorphisms (RFLPs). 1. Genome evolution of diploid and amphidiploid species. – Theor. Appl. Genet. **75**, 784–794.

STALKER, H. T., and J. P. MOSS, 1987: Speciation, cytogenetics, and utilization of *Arachis* species. – Advances in Agronomy **41**, 1–40.

SUNDBERG, M. D., 1987: Development of the mixed inflorescence in *Zea diploperennis* ILTIS, DOEBLEY & GUZMAN (Poaceae). – Bot. J. Linn. Soc. **95**, 207–216.

SUSIN, J., M. CLEMENTE y J. E. HERNANDEZ-BERMEJO, 1988: Valoración de caracteres taxonómicos procedentes de estructuras de origen epidérmico para la diferenciacion intraespecifica en *Gossypium hirsutum* L. – Agronomie **8** (1), 61–70.

SWENNEN, R., D. VUYLSTEKE, 1987: Morphological taxonomy of plantain (*Musa* cultivars AAB) in West Africa. (pp. 165–171). In: G. J. PERSLEY and E. A. DE LANGHE. (Ref.: Plant Breed. Abstr. **58**, 1988, no. 4482).

SZABÓ, A. T., 1987: Microevolution in *Trifolium* L. sect. *Stenostoma* M. B. I. Biometry of spontaneous and cultivated *Trifolium pannonicum* JACQ. – Notulae Bot. Horti Agrobot. (Cluj-Napoca) **17**, 47–75.

TORRES DE MIRANDA, L., and L. E. COELHO DE MIRANDA, 1987: Following the paths from wild to cultivated maize: a cytogenetic mine map. – Maize Genetics Coop. Newsletter No. **61**, 34–35.

VENCES, F. J., F. VAQUERO, P. GARCIA, and M. PÉREZ DE LA VEGA, 1987a: Further studies on phylogenetic relationships in *Secale*: on the origin of its species. – Plant Breeding **98**, 281–291.

–, –, and M. PÉREZ DE LA VEGA, 1987b: Phylogenetic relationships in *Secale* (Poaceae): an isozymatic study. – Plant Syst. Evol. **157**, 33–47.

WARNOCK, S. J., 1988: A review of taxonomy and phylogeny of the genus *Lycopersicon*. – HortScience **23**, 669–673.

WATABE, T., 1985: Origin and dispersal of rice in Asia. – East Asian Cultural Studies No. **24**, 1–4. (Ref.: Plant Breed. Abstr. **57**, 1987, no. 6122).

WEST, J. G., C. L. MCINTYRE, and R. APPELS, 1988: Evolution and systematic relationships in the Triticeae (Poaceae). – Plant Systematics and Evolution **160**, 1–28.

WET, J. M. J. DE, S. A. PRUNTY, and D. E. BRINK, 1987: Zeins as indicator of maize-*Tripsacum* introgression. – Bioch. Syst. Ecol. **15** (2), 231–233. (Ref.: Plant Breed. Abstr. **57**, 1987, no. 6002).

ZÁRATE PEDROCHE, S., 1987: Taxonomic identity of *Leucaena leucocephala* (Lam.) DE WIT, with a new combination. – Phytologia **63** (4), 304–306.

ZHU, LI-WU, 1988: Numerical chemotaxonomical study on *Citrus* plants cultivated in China. (Chin., Engl. summ.). – Acta Phytotaxonomica Sinica **26**, 353–361.

Dr. J. SCHULTZE-MOTEL, Dr. R. FRITSCH, Dr. K. HAMMER, Dr. P. HANELT, Dr. J. KRUSE, Dr. H. I. MAASS, Dr. H. OHLE, and Dr. K. PISTRICK
Zentralinstitut für Genetik und Kulturpflanzenforschung
der Akademie der Wissenschaften der DDR
Corrensstraße 3
Gatersleben
DDR - 4325

III. Das Institut im Jahre 1988
(The Institute in 1988)

Kulturpflanze 37 · 1989 · 473–511

A. Jahresberichte der Bereiche

1. Molekular- und Zellgenetik

Die Aufgabe **Optimierung von Produktsynthesen durch Gentechnik** bei *Bacillus* und Hefe wurde auch 1988 weitergeführt.

Die molekulare Charakterisierung von Integrationsstämmen, die eine „Integrationseinheit" u. a. mit dem Gen für neutrale Protease aus *Bacillus amyloliquefaciens* in mehrfachen Kopien im Chromosom enthalten, führten zur Beschreibung der auf diesem Wege 1987 hergestellten Hochleistungsstämme für die Enzymproduktion.

Unter Verwendung der in M13 Phagenvektoren klonierten Gene *amyLi* und *bglA* für *Bacillus licheniformis* Alphaamylase bzw. *Bacillus amyloliquefaciens* Betaglucanase wurden erste *in vitro*-Mutageneseversuche zum Beginn von Struktur-Funktionsuntersuchungen begonnen. Mit gleicher Zielstellung wurden *in vitro*-Rekombinationsexperimente mit den Betaglucanasegenen bglA und bglM (aus *B. amyloliquefaciens* bzw. *B. macerans*) zur Untersuchung von Fusionsgenen durchgeführt. Die Eigenschaften von Fusionsproteinen sollen Aufschluß über Molekularaufbau und Enzymeigenschaften (Temperaturbeständigkeit, pH-Optimum u. a.) geben. Die hohe Temperaturstabilität der Betaglucanase aus *B. macerans* ist Ausgangspunkt für die genannten Arbeiten zur Erzeugung von Fusionsgenen. In parallelen Arbeiten konnte die Sequenz für das Betaglucanasegen *bglM* aus *B. macerans* fertiggestellt werden. Eine signifikante Homologie des Gens mit den Betaglucanasegenen *bglS* und *bglA* wurde festgestellt.

Die Arbeiten zur **Expression und Sekretion von Fremdproteinen** unter Anwendung von unterschiedlichen Genelementen (mit Promotor bzw. Sekretions-Funktion) wurden am Modell Kälber-Prochymosin weitergeführt. Serologischen Nachweisen ist zu entnehmen, daß in *B. subtilis* die Expression des Fremdproteins auf Translations- und Sekretionsebene stark unterdrückt wird. Die Verwendung von *B. subtilis*-Wirtszellen mit drastisch verringerter Proteaseaktivität ermöglicht dagegen eine weitgehende Beherrschung des proteolytischen Abbaus. Im Zusammenhang mit der „Stabilität" von Fremdproteinen wurden unter Hitze-Schock-Bedingungen von *B. subtilis* erste Mutanten isoliert, die mit physiologischen und genetischen Methoden charakterisiert werden.

Im **Wirts-Vektor-System Hefe** hat sich ein 1987 entwickelter dominanter Selektionsmarker (Gluphosat-Resistenz) zur Cotransformation in Wildtyphefen

(u. a. Brauereihefen) bewährt. Auf diesem Wege gelang u. a. die Übertragung und chromosomale Integration einer Expressionskassette mit dem Gen für *Bacillus*-Betaglucanase in Labor- und Brauereihefen. Bei der Entwicklung eines neuartigen Hefewirtssystems wurde durch erste Komplementationsversuche mit prototrophen Genmarkern (*ILV1* und *LYS3*) der Ansatz zur Entwicklung eines Transformationssystems geschaffen.

Auf dem Gebiet der Mutationsforschung ergaben Untersuchungen zu **Entstehungsmechanismen von Chromosomenaberrationen** unter Berücksichtigung der clastogenen Adaptation, daß Vorbehandlung von *Vicia faba*-Wurzelspitzenmeristemen entweder mit Ethidiumbromid, einem Inhibitor der DNA- und RNA-Synthese, oder mit Nalidixinsäure, einem Antibiotikum, das vorwiegend die DNA-Replikation hemmt, die Menge der durch Maleinsäurehydrazid (MH) induzierten Chromatidenaberrationen reduziert. Eine solche Wirkung tritt nicht auf, wenn Triethylenmelamin (TEM) zur Induktion von Chromatidenaberrationen benutzt wird. Dieser unterschiedliche Effekt unterstützt die Vermutung, daß die clastogene Adaptation durch unterschiedliche induzierbare Zellfunktionen zustande kommt. Verwendet man Methyljodid zur Vorbehandlung tritt die clastogene Adaptation im Falle von TEM als Induktor der Chromatidenaberrationen auf, nicht aber, wenn MH als induzierendes Agens verwendet wird. Novobiocin, ein Inhibitor der Topoisomerase II, beeinflußt die Chromosomenkondensation und hemmt DNA-Replikation, Transkription und Reparatursynthese in Säugerzellen. Applikation von Novobiocin vor einem Hitzeschock (10 min., 40 °C), der vor einer MH- oder TEM-Behandlung die Häufigkeit der induzierten Chromatidenaberrationen deutlich reduziert, verhindert die reduzierende Wirkung des Hitzeschocks gegenüber beiden Clastogenen nicht, nach dem Hitzeschock appliziert, hemmt Novobiocin die Hitzeschockwirkung vollständig. Im Gegensatz dazu verhindert Novobiocin vor einem Hitzeschock angewendet die protektive Wirkung des Hitzeschocks gegenüber Röntgenstrahlen. Variation der Zeitspanne zwischen Hitzeschockbehandlung und Einwirkung von MH zeigt, daß die „protektive" Wirkung schon nach kurzer Zwischenzeit (10 Minuten) eintritt und bis zu 3 Stunden anhält. Benutzt man TEM, muß die Zwischenzeit mindestens 30 Minuten betragen und kann nicht soweit wie bei MH (maximal 1,5 Stunden) ausgedehnt werden.

Diese Befunde deuten auf die Existenz mehrerer zellulärer und induzierbarer Schutzmechanismen gegen den Eintritt von Schäden am genetischen Material hin. Zur molekularen Charakterisierung der Schutzmechanismen wurden Untersuchungen durchgeführt, die bisher noch keine Resultate erbrachten.

Durch gezielte Kreuzung definierter, primär und/oder sekundär umgebauter Karyotypen und karyologische Untersuchungen der Nachkommenschaften sollte im Rahmen der Aufgabenstellung **„Karyotypevolution"** die chromosomale Plastizität des *Vicia faba*-Genoms getestet werden. Es wurde der Nachweis erbracht, daß die meisten Duplikationen, sofern sie nicht von Defizienzen in anderen Regionen begleitet waren, auch im homozygoten Zustand sexuell übertragbar sind. Im Gegensatz dazu waren Deletionen bis auf einen Fall letal. Duplikationen im *Vicia faba*-Genom können für spätere Untersuchungen über den Einfluß von Gendosisunterschieden auf die Genexpression von Nutzen sein.

Im Rahmen der **Umweltmutageneseforschung** wurde der Etablierung des autoradiographischen Nachweises von 6-TG-resistenten Milzlymphozyten der Maus und peripheren Lymphozyten des Menschen die methodische Basis für einen Speziesvergleich in der Mutagensensibilität von somatischen Geweben nach *in vivo* Exposition geschaffen. Die Variantenselektion erfolgt bei Humanlymphozyten bei einer Konzentration von 5×10^{-5} M 6-Thioguanin. Die resultierende Variantenfrequenz beträgt $1–2 \times 10^{-5}$. Im Tierexperiment sind für unterschiedliche Mäusestämme verschiedene Selektionskonzentrationen erforderlich, um eine spontane Variantenfrequenz von $1–3 \times 10^{-5}$ zu erzielen. Im Gegensatz zu Ethylnitrosoharnstoff (0–210 mg/kg) führt eine Cyclophosphamidbehandlung (0–120 mg/kg) nicht zur Erhöhung der Variantenfrequenz nach *in vivo*-Behandlung von Milzlymphozyten der Maus. In beruflich gegenüber Cyclophosphamid exponierten Personen konnte eine statistisch signifikante Steigerung der Variantenfrequenz ($13{,}64 \times 10^{-5}$) von 6-TG-resistenten Lymphozyten gefunden werden, wobei die Variantenfrequenz in einer Kontrollpopulation $2{,}76 \times 10^{-5}$ (23 Personen) betrug. Diese Befunde lassen auf ein erhöhtes genetisches Risiko bei beruflicher Cyclophosphamidexposition schließen. Die gefundenen Speziesunterschiede bedürfen noch weiterer Bestätigung.

Nach Abschluß der Arbeiten zur Strukturanalyse verschiedener Samenproteingene der Ackerbohne wurden die Untersuchungen zur **Regulation der Expression** dieser Gene verstärkt fortgesetzt. Bereits im Vorjahr waren Fusionsgene konstruiert und mittels Blattscheibentransformation in Tabak übertragen worden, bei denen dem bakteriellen NeomycinphosphotransferaseII-(nptII-)Gen im Ti-Plasmid-Vektor pGV180 entweder (a) die 5′-untranslatierte (5′-UT) Sequenz und ca. 680 Bp anschließende, 5′-flankierende Sequenz des 30 kD-Samenproteingens USP30.1 oder (b) die 5′-UT-Sequenz und 5′-seitig anschließende, unterschiedlich lange Promotorsequenzen des Ackerbohnen-Legumingens LeB4 vorgeschaltet worden waren. Aus der Analyse von über 100 transgenen Pflanzen lassen sich trotz erheblicher interindividueller Variabilität folgende Verallgemeinerungen ableiten: (a) Das USP30.1-Promotor/nptII-Fusionsgen wird ausschließlich im reifenden Samen, und zwar sowohl im Embryo als auch im Endosperm, exprimiert. (b) Auch LeB4-Promotor/nptII-Fusionsgene werden ausschließlich im sich entwickelnden Samen, und zwar wiederum in Embryo und Endosperm, exprimiert, wenn das Promotorfragment wenigstens 1000 Bp lang ist. (c) Verkürzung des Promotors auf 200 bzw. 100 Bp bzw. Deletion der Basen -200 bis -1000 im längsten Promotorfragment von ca. 2700 Bp führt bei wenigstens 50 % der Pflanzen zu einem Verlust der samenspezifischen Promotoraktivität, d. h. zu einer Expression des chimären nptII-Gens auch in Blättern und Wurzeln. Die wahrscheinlichste Interpretation dieser Befunde ist, daß die Gewebespezifität der Legumingenexpression sowohl durch expressionsfördernde Faktoren im reifenden Samen als auch durch hemmende Faktoren in Nichtsamengeweben erreicht wird. Für ein solches Konzept der Mitwirkung negativer Faktoren bei der Ausprägung der räumlichen Spezifität von Promotorwirkungen lagen bislang keine guten experimentellen Hinweise vor.

Zwecks genauerer Bestimmung der für den Verlust der Promotorspezifität verantwortlichen Sequenzelemente im LeB4-Promotor wurden neue Deletionen zwischen den Nukleotidpositionen -200 bis -1000 hergestellt. Aufgenommen wurden ferner Untersuchungen zur zellspezifischen Wirkung verschiedener

Promotorkonstruktionen nach Fusion mit dem Reportergen Glucuronidase sowie Versuche zum Nachweis von an LeB4-Promotorsequenzen bindenden Proteine.

In einer zweiten umfangreichen Versuchsserie wurden oben genannte LeB4-Promotordeletionen (allerdings mit fast fehlender 5'-UT-Sequenz; Fusionspunkt bei Position +12) mit dem bakteriellen Chloramphenicolacetyltransferase-(Cat-)Gen gekoppelt, in den Binaervektor pGV472 ligiert und in Tabak übertragen. In keiner der 30 getesteten transgenen Pflanzen ließ sich CAT-Aktivität nachweisen. Erste Ergebnisse mit weiteren Konstruktionen weisen darauf hin, daß das Fehlen der 5'-UT-Region des LeB4-Gens für die fehlende Expression verantwortlich ist. Diesem interessanten Befund wird weiter nachgegangen.

Fortgesetzt wurden die Arbeiten zur **Charakterisierung von Hafer-12S-Globulingenen.** Zwei noch nicht vollständig sequentierte Gene weisen 4 Exons und 3 Introns auf. Während das eine Gen 3 Stop-Codonen in der codierenden Sequenz enthält, also ein Pseudogen darstellt, wurden inaktivierende Mutationen im zweiten Gen bislang nicht gefunden. Um dieses und weitere Gene in Gerste expremieren zu können, wurde ein Satz von Gerstenhordein-Promotorkassetten mit einem BamHi-Linker an verschiedensten Stellen der 5-untranslatierten und das Signalpeptid codierenden Region konstruiert.

Im Vorjahr begonnene Arbeiten zur Nutzung eines neuen bakteriellen Antibiotika-Reistenzmarkers für die Transformation tierischer und pflanzlicher Zellen erbrachten erste positive Ergebnisse in Transfektionsexperimenten mit tierischen Zellen.

Zur Entwicklung eines **Transformationsverfahrens** für Gerste wurden in Zusammenarbeit mit dem Institut für Züchtungsforschung Quedlinburg der Akademie der Landwirtschaftswissenschaften der DDR Arbeiten auf 6 methodischen Strecken begonnen bzw. weitergeführt: Für die Protoplasten-Transformation (1) gelang die Isolierung teilungsfähiger Gersten-Protoplasten, die zu Kallusgewebe regenerieren, jedoch noch nicht zu Ganzpflanzen. Fremdgene wurden in die Zellen durch direkten Gentransfer eingeschleust und dort zur Expression gebracht. Ein Vergleich der Fremdgenexpression in Protoplasten von Gerste, Zuckerrübe und Tabak zeigte eine prinzipiell ähnliche Wirkung der verwendeten 6 Promotoren. Mit der Auswertung größerer Testserien der methodischen Ansätze Makroinjektion in unreife Ähren (2), DNA-Transfer in wachsende Pollenschläuche (3) und Injektion in unreife Embryonen (4) wurde begonnen. Ebenso wurde mit der Etablierung der Technik der Mikroinjektion in Embryoide (5) und zum Gentransfer durch Partikelbeschuß (6) begonnen.

Nachdem im Vorjahr 8 durch Agrobacterien-vermittelten Gentransfer gewonnene Tabaklinien genetisch auf meiotische Instabilität von transferierten Fremdgenen analysiert wurden, befaßten sich die diesjährigen Untersuchungen mit Produkten des direkten Gentransfers. Die kanamycinresistenten Tabaklinien T2 und T3, die jeweils komplexe Inserts aus mehreren rearrangierten Kopien von pLGVneo2103 enthielten, erwiesen sich als außerordentlich stabil. Es wurden 78000 Kreuzungsnachkommen auf Kanamycinresistenz geprüft und meiotische Inaktivierungsraten von nur 4,7 bzw. $4{,}8 \times 10^{-4}$ bestimmt. Damit wurde international erstmalig gezeigt, daß auch direkte Transferverfahren (und somit bei Getreide prinzipiell anwendbare Verfahren) zu Transgenen mit hinreichend hoher meiotischer Stabilität führen können.

Im Vorjahr wurde bei *Nicotiana plumbaginifolia* eine Gensequenz kloniert, die eine Funktion bei der Synthese des Molybdän-Cofaktors der Nitratreduktase ausübt. Nach Einbau dieser Sequenz in einen Binärvektor unter Kontrolle des T_R2'-Promotors wurden Versuche zur funktionellen Komplementierung von *N.-plumbaginifolia*-Molybdäncofaktor-Mutanten durch transiente und stabile Expression durchgeführt. Vorläufige Ergebnisse der transienten Expression in Mutanten-Kallusprotoplasten zeigen, daß überraschenderweise alle Molybdäncofaktor-Mutanten, die nicht zum cnxA-Typ gehören, komplementiert werden. Es wird diskutiert, daß die Sequenz für eine Proteindomäne codiert, die mehreren Molybdäncofaktor-Processingenzymen gemeinsam ist.

Zur Entwicklung eines **Gentransferverfahrens für die Zuckerrübe** wurde in Zusammenarbeit mit dem Institut für Rübenforschung Kleinwanzleben der Akademie der Landwirtschaftswissenschaften der DDR die Infektion von Blattstielexplantaten mit *A. tumefaciens* weitergeführt sowie alternative Möglichkeiten des Gentransfers getestet. Expression und Expressionsregulation unterschiedlicher chimärer Reportergene unter Kontrolle verschiedener Promotoren wurden in transgenem Zuckerrübenmaterial untersucht. Die Versuche zum *A. tumefaciens*-vermittelten Gentransfer wurden mit Shooterstämmen, supervirulenten Wildtypstämmen und entschärften Stämmen an *in vitro*-kultivierten Pflanzen und Explantaten durchgeführt. Nach *A. rhizogenes*-vermitteltem Gentransfer wurden transgene Wurzelkulturen etabliert. Durch direkten Gentransfer transformierte Zuckerrübensuspensions-Protoplasten wurden zu stabil transformiertem Kallus regeneriert. Die Versuche zeigen, daß Übertragung, Integration und Expression von Fremdgenen in Zuckerrübenzellen und -gewebe mit einer Vielzahl von Gentransfermethoden möglich sind. Das Hauptproblem besteht in der Regeneration transgener Zuckerrübenzellen zu transgenen Pflanzen.

Durch *A. rhizogenes*-vermittelten Gentransfer wurden transgene Wurzeln am Epikotyl von steril kultivierten Keimpflanzen von *Vicia faba* erzeugt. In den Wurzeln sowie daraus abgeleitetem Kallus konnte die Expression der übertragenden Reportergene (Neomycinphosphotransferase und Glucuronidase) nachgewiesen werden. Damit steht erstmalig ein System zur Verfügung, das Untersuchungen zur Integration und Expression von fremden oder homologen Genen in Zellen von *Vicia faba* ermöglicht.

Im Rahmen der Arbeiten zur ***in-vitro*-Kultivierung pflanzlicher Zellen** und Gewebe wurden die Experimente zur somatischen Hybridisierung der Kartoffel mit *Solanum*-Wildarten, aus denen somatische Hybriden von *Solanum tuberosum* mit *S. pinnatisectum* und *S. bulbocastanum* resultierten, abgeschlossen. Ihr Hybridcharakter wurde anhand von Isoenzymmustern (Peroxidasen und Esterasen) sowie morphologischen Merkmalen nachgewiesen. In Kooperation mit dem Institut für Kartoffelforschung Groß Lüsewitz konnte der Phytophthoraresistenzstatus der Hybriden näher charakterisiert werden.

Fortgeführt wurden die Arbeiten zur Entwicklung eines *in-vitro*-Vermehrungsverfahrens für die Ackerbohne, *Vicia faba*. Bislang ohne Erfolg verliefen die Arbeiten zur Nutzung des auf Meristemen beruhenden *in-vitro*-Pflanzenregenerationsverfahrens für den *Agrobacterium tumefaciens*-vermittelten Gentransfer.

Transformationsversuche mit *A. rhizogenes* führten zur Bildung transgenischer Wurzeln.

Neu aufgenommen wurden Arbeiten mit *in-vitro*-Kulturen der Fichte, *Picea abies*. Als erster Erfolg zu werten ist die Anlage von permanent Sproßknospen erzeugenden *in-vitro*-Kulturen aus Sämlingsexplantaten.

Auf dem Gebiet der **Entwicklungsbiologie der Säuger** konzentrierten sich die Arbeiten auf die Immunglobulingen-Isolation aus Hybridomzellen, die monoklonale Antikörper gegen das O_1VP_1-Antigen des MKS-Virus produzieren. Nachdem durch Restriktionsanalysen und genomische Hybridisierung gezeigt werden konnte, daß die für die Genisolation ausgewählte Hybridomzellinie 81D10 sowohl ein rearrangiertes und ein Keimbahn-kappa light chain-Allel als auch ein exprimiertes und ein nicht-exprimiertes rearrangiertes heavy chain-Allel enthält, ist versucht worden, die diese funktionellen Allele enthaltenden DNA-Fragmente aus einer zuvor angelegten Hybridom-Genbank in Phagen zu klonieren. Das Screening von ca. 450.000 Phagen mit einer Maus-C_k-Probe erbrachte 1 Phagen, dessen Insert – wie durch Restriktions- und Hybridisierungsuntersuchungen gezeigt werden konnte – mit dem produktiv rearrangierten kappa-Allel identisch war. Zur Isolation des heavy chain-Allels (IgH-Gen) wurde die alternative Strategie der direkten Klonierung des VDJ-Fragmentes im Plasmidvektor „Bluescript M13$^+$" benutzt. Unter Verwendung von EcoRI-gespaltener genomischer 81D10-DNA wurden ca. 25 000 Rekombinante erzeugt und auf Anwesenheit von J_H-Sequenzen untersucht. Es wurden 2 identische Plasmide erhalten, die das gesuchte IgH-Gen enthielten. Es konnte aufgeklärt werden, daß bei diesem rearrangierten Allel ein J_{H3}-„joining" vorlag. Um die isolierten Ig-Gensequenzen auf ihre Funktionsfähigkeit zu überprüfen, wurden sie in einen Expressionsvektor (pSV2neo) einkloniert. Es ist begonnen worden, diese Ig-Gen-enthaltenden Vektoren in Myelomzellen zu transferieren und transient zu exprimieren. Damit sind die wesentlichsten Voraussetzungen für die Erzeugung von transgenen Mäusen, die ein spezifisches Immunglobulingen enthalten, gegeben.

Die Arbeiten zur Charakterisierung des Reifegrades von Oocyten mit Hilfe monoklonaler Antikörper (mAK) gegen Oberflächenstrukturen der reifen Eizelle der Maus wurden fortgesetzt und weitgehend abgeschlossen. Hierbei standen immunhistochemische Untersuchungsmethoden im Mittelpunkt. Eine Reaktion der erzeugten mAK (Mo2a, Mo2b) am Gewebeschnitt verschiedener Organe adulter Mäuse konnte nicht festgestellt werden; ihre Reaktivität war ausschließlich auf die Eizelle beschränkt. Um das von mAK erkannte Antigen zu charakterisieren und damit eventuell die Funktion dieser Oberflächenstruktur festzustellen, wurde begonnen, die Antikörperbindungsstellen auf der Eizelloberfläche mit Hilfe rasterelektronenmikroskopischer Methoden nach indirekter Immunogoldmarkierung zu lokalisieren. Darüberhinaus konnte gezeigt werden, daß die gegen reife Mausoocyten erzeugten mAK auch mit Rinderoocyten kreuzreagieren.

2. Molekularbiologische Grundlagen der pflanzlichen Stoffproduktion

Die im Rahmen der **Forschungen zum Eiweißstoffwechsel der Pflanzen** hergestellten 12S-Globulin-Genkonstrukte wurden auf dreierlei Weise Funktionsprüfungen unterzogen: Das im vorjährigen Bericht geschilderte Glycigumingen, ein Fusionsprodukt aus 3 Exons und 3 Introns des Glyciningens G2 mit dem modifizierten letzten Exon des Legumin B4-Gens, erwies sich in transgenen Tabakpflanzen insofern als funktionsfähig, als seine Transkription zur Bildung entsprechender mRNA führte, was im Northernblot nachgewiesen werden konnte. Der Nachweis der Translationsprodukte gelang bisher jedoch nicht. Im Falle von Transformanten mit dem modifizierten Legumin B4-Gen wurde nur in einer einzigen Tabakpflanze mittels ELISA eine schwache Polypeptidbildung gefunden. Für Funktionsprüfungen in transformierten Hefezellen wurden intronfreie „Minigene" des nativen und des modifizierten Legumin B4-Gens hergestellt und unter Kontrolle des Hefe-Alkoholdehydrogenase-Promotors gebracht. In Hefetransformanten ließ sich die Bildung von Polypeptidketten der nativen und der modifizierten Legumin-Untereinheiten als Produkte der Expression der entsprechenden Gene nachweisen. Daran anschließend wurde mit der Konstruktion solcher Gene mit verschieden langen 5'-seitigen codierenden Leguminngenabschnitten in Translationsfusion mit dem Hefe-Invertase-Gen begonnen, die dann zur Analyse innerzellulärer Proteinsortierungssignale benutzt werden können. Schließlich wurde die Funktionsfähigkeit des modifizierten Legumin B4-Minigens in gekoppelten *in vitro*-Transkriptions- und Translationsversuchen untersucht. In der SDS-Gelelektrophorese wurden Polypeptidketten mit den erwarteten relativen Molekularmassen als Produkte der zellfreien Translation von *in vitro* transkribierter und mit 5'-terminalem cap versehener mRNA für die modifizierte Legumin B4-Untereinheit gefunden.

Neben zahlreichen Genkonstrukten, bestehend aus Leguminpromotorregion, verschieden langen, N-terminale Abschnitte von Leguminuntereinheiten codierenden Genbereichen in Translationsfusion mit dem vollständigen bakteriellen CAT-Gen und aus dem 3'-terminalen nichtcodierenden Legumin B4-Genbereich, wurden Punktmutationen für einzelne Aminosäureaustausche an strukturell und funktionell besonders interessanten Orten des Legumin B4-Gens erzeugt. Sie betreffen a) die Veränderung des Cys-Codons in Aminosäureposition 86, die vermutlich an einer Disulfidbrücke innerhalb der alpha-Kette des Legumins beteiligt ist; b) die Veränderung des C-terminalen Asn-Restes der alpha-Leguminkette, der vermutlich zum Signal für die ortsspezifische Trennung von alpha- und beta-Kette durch limitierte Proteolyse gehört; und c) den Cys-Rest in Aminosäureposition 7 der beta-Leguminkette, der an der Bildung der einzigen Disulfidbrücke zwischen den beiden Polypeptidketten der Leguminuntereinheit beteiligt ist. Alle derartigen Leguminkonstrukte werden hinsichtlich der Auswirkungen der Modifikationen auf Struktur und innerzelluläre Funktionen der Leguminpolypeptidketten mittels Transformationsversuchen getestet.

Die Untersuchungen über *Vicia*-samenproteinspezifische DNA wurden mit der Analyse und partiellen Sequenzierung zweier vermutlich vollständiger cDNA für Legumin A-Untereinheiten fortgesetzt. Die vorliegenden Partialsequenzen lassen die Zuordnung der Klone zu zwei verschiedenen methioninhaltigen Leguminuntereinheitentypen zu. Der Vergleich der früher bestimmten 3 verschiedenen cDNA-Sequenzen mit Spezifität für ein bisher unbekanntes 30 kDa-Samenprotein (USP) der Ackerbohne mit entsprechenden Datenbanken ergab keine Verwandtschaft zu bereits bekannten Polypeptidketten. USP-spezifische mRNA konnte auch in reifenden Kotyledonen von Erbse und Gartenbohne nachgewiesen werden; USP-spezifische genomische DNA kommt bei der gelben Lupine vor. Offensichtlich ist das betreffende Protein bei den Körnerleguminosen weit verbreitet. Bei der Ackerbohne sind inzwischen wenigstens 4 USP-spezifische DNA mit Sequenzunterschieden analysiert worden, was auf eine Multigenfamilie hindeutet. Sowohl die cDNA-abgeleitete Aminosäuresequenz als auch *in vitro*-Translationsversuche unter Verwendung von Signalerkennungspartikeln und mikrosomalen Membranen aus Hundepankreas bzw. *in vivo*-Translation spezifisch selektierter USP-mRNA belegen, daß USP-Polypeptide an membrangebundenen Polysomen gebildet und vektoriell in das Lumen des rER segregiert werden, also dem biosynthetischen Proteintransfer unterliegen. Das native USP konnte jedoch bisher nicht aus sich entwickelnden Ackerbohnenkotyledonen gewonnen werden. USP- und Legumin-Promotoren wurden zur Konstruktion von Translationsfusionskassetten in entsprechenden Vektoren benutzt. Die Kassetten enthalten jeweils auch die signalpeptid-codierenden Genabschnitte.

Die Analyse von Gerstenkaryopsenglobulinen ergab bisher keine Hinweise auf das Vorkommen von 12S Globulinen. 7S Globuline sind in Embryo und Embryosperm enthalten. Sie konnten in verschiedene Polypeptidketten fraktioniert werden, die offensichtlich verschiedenen Holoproteinen zuzuordnen sind. Es ist unklar, welches davon eventuell den 7S Globulinen der Leguminosen ähnelt. Immunocytochemische Untersuchungen mit dem Elektronenmikroskop zeigten, daß 7S Globuline während der Karyopsenentwicklung in vakuolären Proteinschollen und protein bodies der Scutellumzellen vorkommen. Methodische Schwierigkeiten bei der entsprechenden Analyse des Endosperms ließen keine eindeutige Aussage über die dortige innerzelluläre Lokalisierung der 7S Globuline zu. Der Globulinabbau während der Keimung der Gerstenkaryopsen wurde analysiert.

Der querschnittsorientierte **Einsatz serologischer Methoden** hat zur Lösung wichtiger Forschungsaufgaben beigetragen. So konnten die Reserveglobuline der Gerstenkaryopse mittels immunochemischer Techniken als 7S Globuline charakterisiert werden, die einen relativ hohen Glykosylierungsgrad aufweisen. Immunochemisch ähnliche Reserveglobuline wurden auch in den Karyopsen anderer monokotyler Spezies wie Weizen, Roggen, Hafer, Mais und Reis gefunden.

Unter Verwendung eines Doppel-Antikörper-Sandwich-ELISA und der Westernblot-Analyse wurde in transgenen Tabakpflanzen die Expression von Fremdgenen für Legumin B-Untereinheiten, modifizierte Legumin B-Untereinheiten und das Glycigumin auf Translationsebene überprüft. Dabei konnte die erbliche Stabilität des transformierten Legumin B-Untereinheiten-Gens in einer umfangreichen Kollektion von homozygoten Tochtertransformanten aus Kreuzungsexperimenten zweier Ausgangsformen mit unterschiedlicher Fremdgenkopienzahl nachgewiesen werden. Westernblot-Analysen wurden zum Expressionsnachweis der Fremdgene für Glucanase und Chymosin in gentechnisch modifizierten Bacillus- bzw. Hefeklonen eingesetzt.

In Zusammenarbeit mit dem Institut für Pflanzengenetik der Polnischen Akademie der Wissenschaften, Poznań, wurden serotaxonomische Untersuchungen mittels Diffusionstest und Immunelektrophorese zum Vorkommen eines Samenalbumins an 42 ausgewählten Samenproben aus der Ordnung der Napilionaceae durchgeführt.

Im Rahmen der methodisch orientierten Arbeiten konnten zur Spezifitätserhöhung der Expressionsnachweise von Reserveproteingenen in transgenen Pflanzen zahlreiche monoklonale Antikörper hoher Affinität gegen eine isolierte B-Untereinheit des Legumins der Ackerbohne *Vicia faba* produziert werden. Für den immunochemischen Nachweis der Expression des häufig verwendeten Reportergens für Chloramphenicol-acetyl-Transferase (CAT) konnte durch Mediumadaptation eine CAT-Hybridomalinie in Massenkultur genommen bzw. zur Antikörperproduktion durch *in vivo*-Kultur in der Ascitesflüssigkeit von Mäusen gebracht werden.

Auf dem Gebiet des nicht-radioaktiven Nukleinsäurenachweises mittels biotinylierter Sonden wurde nach erfolgreicher Etablierung von sensitiven Rezeptor-Liganden-Reaktionsketten an der Optimierung der Sondenbiotinylierung gearbeitet.

Im Rahmen der **Forschungen zur Ertragsbildung** wurde der Einfluß einer variierten N-Düngung bei unterschiedlichen CO_2-Konzentrationen (340, 500 und 1500 vpm) auf die Ertragsbildung von Sommergerste untersucht. Die physiologische N-Effizienz war bei der höchsten Düngungsstufe und 340 vpm CO_2 am geringsten. Bei 500 vpm CO_2 war eine Tendenz zur Zunahme zu verzeichnen. Eine CO_2-Erhöhung auf 1500 vpm hatte bei Sommergerste eine Ertragsdepression zur Folge, die sortenspezifisch ausgeprägt war und am stärksten bei Sorten mit geringer Apikaldominanz auftrat.

Im Rahmen streßphysiologischer Untersuchungen wurde die Messung der Exosmose nach Kälteschock genutzt, um die Gaterslebener Kollektion von *Phaseolus vulgaris* L. in bezug auf konstitutive Kältetoleranz zu durchmustern. Es wurden diesbezüglich erhebliche Differenzen zwischen den untersuchten Genotypen festgestellt. Die Methode scheint sich auch für die Selektion von Genotypen bei der Kältetoleranzzüchtung anderer thermophiler Arten zu eignen.

Auf dem Gebiet der **Photosyntheseforschung** wurden bisherige Arbeiten mit dem Ziel, die biologische Wirksamkeit zweier volkswirtschaftlich bedeutsamer Herbizide (Bromoxynil und Phenmedipham) durch geeignete Formulierungen zu erhöhen, abgeschlossen. Der Einfluß von Lösungsmitteln, Tensiden und Buminaphos auf den photosynthetischen Elektronentransport isolierter Chloroplasten verschiedener Kulturpflanzen- und Unkrautarten wurde untersucht und es wurde nachgewiesen, daß der Transport der Herbizide von der Blattoberfläche zum Wirkort im Chloroplasten einen wirkungsbegrenzenden Schritt darstellt. Die Selektivität zwischen den getesteten Pflanzenspecies beruht weniger auf der unterschiedlichen Empfindlichkeit bzw. Resistenz der Chloroplasten gegenüber den angewandten Herbiziden als vielmehr auf artspezifischen Prozessen, die den Transport bzw. die Metabolisierung der Wirkstoffe beeinflussen. Die Herbizidwirkung selbst kann über Formulierungszusätze wesentlich beeinflußt werden. So konnten in Verbindung mit Untersuchungen an Ganzblättern sowie bei Gewächshaus- und Freilandversuchen praxisrelevante Lösungen zur Optimierung von Herbizidrezepturen gewonnen werden.

Die zukünftigen Forschungsarbeiten zur Untersuchung von Genen der Phosphoenolpyruvat-Carboxylase sind Teil eines langfristigen Programms zur Aufklärung grundlegender Gesetzmäßigkeiten der Biogenese des pflanzlichen Photosyntheseapparates. Für die Etablierung genomischer DNA-Banken aus Pflanzenarten der Gattung *Flaveria* mit unterschiedlichem Photosynthesetyp wurden ausreichende Mengen genomischer DNA isoliert. In Kooperation mit der Abteilung Genwirkung erfolgte die Erarbeitung einer Methode zur Klonierung genomischer DNA in den Phagenvektor EMBL 3. Die durch partielle Sau 3A-Verdauung gewonnenen 20 kb-Fragmente wurden in die Bam HI-Orte des Vektors kloniert und in *E. coli* MC 1061 vermehrt. Erste Versuche ergaben für *Flaveria trinervia* bis zu 360000 Rekombinante pro Ligationsansatz. Durch Kernisolierung und DNA-Analyse konnte für *Flaveria cronquistii* mit 800 Mb ein vorläufiger Wert für die Genomgröße bestimmt werden.

Die **Arbeiten zum Mineralstoffwechsel der Pflanzen** befaßten sich weiter mit der Funktion des Nicotianamins im Schwermetallhaushalt.

Die relativ großen Mengen an Eisen, die von der Nicotianamin(NA)-auxotrophen Tomatenmutante '*chloronerva*' aus der Nährlösung aufgenommen werden, bleiben nicht im Apoplasten liegen, sondern erreichen auch in Abwesenheit von exogenem NA den Symplasten der Wurzel. Auch in Experimenten mit Protoplasten sowie mit künstlichen Lipid-Membranen konnte bisher kein Einfluß von NA auf den Membrantransport des Eisens nachgewiesen werden. Andererseits erfolgt der Rücktransport von Eisen aus dem Sproß in die Wurzel im Phloem nur in Anwesenheit von NA.

Alle genannten Befunde weisen auf eine Funktion des Nicotianamins in intrazellulären Prozessen hin. Offenbar ist NA am intrazellulären Transport von Fe(II) zu den Orten des Bedarfs oder am Einbau von Eisen in Fe-abhängige Proteine beteiligt. So wäre z. B. die verzögerte Abschaltung der durch Eisenmangel induzierten Eisenaufnahme-Mechanismen in Gegenwart höherer Fe-Konzentrationen im Medium bei der NA-Mangelmutante '*chloronerva*' und die Normalisierung dieses Regulationsprozesses durch exogenes NA folgendermaßen zu erklären: Ein Fe(II)-abhängiger Repressor wird in Abwesenheit von NA nur langsam mit Eisen beladen. Dieser bindet daher erst bei höheren Eisen-Konzentrationen an den Promotor der die induktiven Aufnahmemechanismen auslösenden Gene und schaltet diese ab. Von außen zugeführtes NA bewirkt einen normalen Ablauf dieser Regulationsprozesse. Ähnlich wären auch die hohen Citrat-Konzentrationen in Mutantenblättern bei normaler Eisenversorgung zu interpretieren, die durch exogene NA-Zufuhr auf das Niveau der Werte des Wildtyps gebracht werden können: In den Zellen der Mutante ist die Verwertung des an sich vorhandenen Eisens infolge fehlenden Nicotianamins gestört, was sich als „apparenter Eisenmangel" u. a. in der bekannten Hemmung des Eisen-Enzyms Aconitase und damit in einer Anhäufung von Citrat auswirkt.

Es hat sich gezeigt, daß bei der Sonnenblume die apikalen Meristeme sowie junge, wachsende Gewebe die höchsten NA-Konzentrationen aufweisen. Eine signifikante Ausscheidung von NA durch die Wurzeln von Sonnenblume, Gartenbohne und Gerste wurde bisher aber weder bei Eisenmangel noch unter Schwermetallbelastung festgestellt.

Die früher durch andere Methoden gefundene Komplexierung des für die

Eisenversorgung von höheren Pflanzen notwendigen Nicotianamins mit Spurenmetallen wurde nun auch durch ESR (Zusammenarbeit mit dem Zentralinstitut für Molekularbiologie Berlin) und Fluoreszenzspektroskopie nachgewiesen. Dabei konnte bestätigt werden, daß auch dreiwertiges Eisen durch Nicotianamin gebunden wird. Werden lösliche Kupfersalze eingesetzt, tritt neben einem stabilen 1:1-Komplex bei relativen Mangel des Chelators eine labile Komplexierung von zwei Kupferionen mit einem Molekül Nicotianamin auf. Es ist ungeklärt, ob dieser Bindungstyp auch physiologische Bedeutung besitzt.

Beim Einsatz **mathematisch-rechentechnischer Methoden** lag der Schwerpunkt der Arbeiten auf der Weiterentwicklung der Programme zur Auswertung von Nuklein- und Aminosäuresequenzen, insbesondere auf ihrer Umsetzung auf den 16-Bit-Rechner A 7100 auf der Basis der Programmiersprache TURBO-PASCAL. Dabei wurde das Programm stärker auf die Bedürfnisse der Nutzer zugeschnitten. Einige dieser Verbesserungen sind:

- verbesserte Menütechnik mit weitgehender Anpassung an Word Star
- Nutzung von Hell- und Inversdarstellung zur Anzeige besonders wichtiger Informationen
- Absicherung gegen Eingabefehler und Datenverlust
- Nutzung international üblicher Speicherformate und Codierungen
- Translation von Nukleinsäure- in Aminosäuresequenzen
- Erweiterung der Formatierungsmöglichkeiten des Sequenzdruckprogrammes.

Zur Förderung des Einsatzes der Rechentechnik wurden im Januar/Februar 1988 Computerlehrgänge (Textprozessor, REDABAS, BASIC, Sequenzprogramme, Dienstprogramme, Grafiksystem) im Institut organisiert und überwiegend selbst durchgeführt.

Die im Vorjahr begonnenen **elektronenmikroskopischen Untersuchungen** zur Lokalisierung der Globulin-Fraktion der Reserveproteine mittels immuno-cytochemischer Goldmarkierung bei *Hordeum vulgare* L. wurden abgeschlossen (s. auch S. 480). Dabei wurden folgende Ergebnisse erzielt:

1. Globuline. Folgende Gewebe wurden auf das Vorkommen von Reserveglobulinen untersucht: Aleuronschicht, Stärke-Endosperm, Scutellum, Embryo-Wurzel, Embryo-Blatt. Von diesen Geweben enthielten nur das Stärke-Endosperm und das Scuetellum die gesuchten Proteine.
   Im Scutellum sind die Reserveglobuline in 'protein bodies' lokalisierbar, deren Begrenzungen durch Membranen allerdings nicht sichtbar sind. In einigen Aufnahmen sind aber 'Vakuolen' zu sehen, in denen markierte 'Proteinschollen' erscheinen. Es ist daher wahrscheinlich, daß hier die Einlagerung in ähnlicher Weise geschieht, wie es früher bereits bei *Vicia faba* gefunden und beschrieben worden ist.
   Im Endosperm sind die Reserveglobuline in Plasmabereichen lokalisiert, die zwischen den großen und kleinen Stärkekörnern liegen. Eine eindeutige Beantwortung der Frage, ob die Proteine hier ebenfalls in membran-begrenzten 'protein bodies' eingeschlossen sind, war nicht möglich, da wegen experimenteller Schwierigkeiten des Objektes Dünnschnitte nicht zu erhalten waren und die Ergebnisse aus Markierungen von 100-nm-dicken Schnitten stammen. Schnitte dieser Dicke lassen nur ein begrenztes Auflösungsvermögen bei der Aufnahme zu.

2. Prolamine. Obwohl zwei unterschiedliche Chargen von gereinigten Antiseren in Markierungsexperimenten auch mit sehr unterschiedlichen Antikörper-Konzentrationen verwendet wurden, konnten keine aussagekräftigen Ergebnisse für die Prolamin-Lokalisierung erhalten werden.

Zur Charakterisierung des Objektes *Hordeum*-Karyopse waren zusätzliche rasterelektronenmikroskopische Untersuchungen erforderlich. Aus den Aufnahmen geht hervor, daß die Endospermzellen langgestreckt und mit unterschiedlich großen Stärkekörnern angefüllt sind. Aus den Rasteraufnahmen konnten zusätzlich Beweise für die Hypothese erhalten werden, daß die Aleuronschicht offenbar eine meristematische Funktion hat.

Arbeiten zur Lokalisierung von Fremdproteinen in transgenischen Pflanzen und Hefezellen sind begonnen worden.

3. Angewandte Genetik, Taxonomie und Genbank der Kulturpflanzen

Bei den Arbeiten zu ausgewählten Problemen der **angewandten Genetik bei Kulturpflanzen** führten die Untersuchungen zu weiterführenden Resultaten, neue spezielle Fragestellungen wurden aufgegriffen oder verstärkt fortgesetzt.

Für die Weiterentwicklung genetischer Systeme der Hybridsaatguterzeugung bei Sommergerste konnten weitere BTT-Linien (balancierte tertiäre Trisomie) mit der für die Nutzung erforderlichen zusätzlichen genetischen Markierung – durch ein rezessives Letalgen, eng gekoppelt mit einem *msg*-Gen – isoliert und bestätigt werden, so daß jetzt 62 Linien aus 12 BTT-Systemen vorliegen. Diese Markierung erfolgt über spezielle Mutationsversuche mit Linien unmarkierter BTT-Systeme oder auf rekombinativem Weg, jeweils in Teilschritten über mehrere Generationen. Arbeiten zum Einbau monogen rezessiver Kurzgrannigkeit in markierte BTT-Linien zur Erhöhung der Allogamieneignung wurden durch entsprechende Kreuzungen und die Analyse von F_1- bis F_3-Nachkommenschaften fortgeführt. Zu wichtigen Aspekten der potentiellen Eignung für die Hybridsaatguterzeugung wurden an markierten BTT-Linien spezielle Untersuchungen fortgesetzt oder eingeleitet, so insbesondere zur genetischen Stabilität (intrachromosomale Rekombination, Pollentransmission des Zusatzchromosoms), aber auch zur blütenbiologischen Beurteilung der Bestäubungseignung sowie zu den Ursachen der unterschiedlichen partiellen Sterilität der Trisomen verschiedener BTT-Systeme.

In den Arbeiten zur Apomixisforschung stehen bei Futtergräserbastarden aus 3-Arten-Kombinationen, (*Festuca gigantea* × *F. arundinacea*) × *Lolium* spp., gegenwärtig 14 Klone zur Verfügung, bei denen sich über 2 bzw. 3 Jahre Parthenogenesegrade zwischen 5 und 20 % bestätigt haben. Da Nachkommen mit deutlich erhöhtem Parthenogenesegrad nach freier Abblüte nicht auftraten, wurden die Bastardklone in 20 Kombinationen untereinander gekreuzt. Im kommenden Jahr werden die Nachkommen auf autonome Eizellentwicklung geprüft. Bei *Poa pratensis* konnten „sexuelle“ Klone (ohne autonome Eizellentwicklung) selektiert werden. Die bisherigen Ergebnisse nach Selbstung, freier Abblüte und vor allem nach Kreuzung mit apomiktischen Sorten lassen erstmals Aussagen zur Genetik einer wichtigen Apomixiskomponente, der parthenogenetischen Veranlagung, erwarten; die Analyse von F_2-Pflanzen ist eingeleitet. – Zur Kombinierbarkeit von Teilschritten der Apomixis bei Getreide wurden spezielle kleinere Untersuchungen fortgeführt.

An der Gartenerdbeere und anderen *Fragaria*-Arten führten embryologische Untersuchungen zu einer Reihe detaillierter Ergebnisse zur meiotischen und apomeiotischen Entwicklung des Embryosacks aus Archesporzellen und zur Endosperm- und Embryoentwicklung. Bei den Sorten der Gartenerdbeere besteht zwischen der Frequenz apomeiotischer Embryosäcke und der Geschlechtsausprägung eine bemerkenswerte Beziehung. So werden bei den sog. weiblichen Sorten auffallend mehr apomeiotische Embryosäcke gebildet (bis zu etwa 50 %) als bei den zwittrigen Sorten oder auch bei den Ausgangsarten. Trotzdem kommt es, nach den bisherigen Befunden, nur in sehr geringem Maße zur apomiktischen Samenbildung. Der Nachweis diplosporer bzw. apomeiotischer Embryosäcke dürfte aber die gezieltere Entwicklung auch von Formen mit ausgeprägter parthenogenetischer Weiterentwicklung der unreduzierten Eizellen ermöglichen.

Das Versuchsprogramm zur Analyse und Entwicklung temperaturtoleranter Sojabohnen wurde mit Leistungsprüfungen fortgeführt, zum Teil gemeinsam mit anderen Einrichtungen und auch mit der „Arbeitsgruppe zur Förderung der Sojabohnen in Nordeuropa und Kanada". Neues Material verschiedener Selektionsstufen aus Kreuzungspopulationen läßt kontinuierliche Fortschritte bei der Verbesserung von Temperaturtoleranz und Ertragspotential erkennen. Nach der Auswertung und der Abgabe von Material an andere Einrichtungen werden diese Arbeiten in Gatersleben nicht weitergeführt.

Im Rahmen von Experimenten zur **Manipultaion pflanzlicher Chromosomen** ergaben Untersuchungen zum Nachweis genomspezifischer Kern-DNA-Sonden, daß unter 5 getesteten Roggen-Sonden der Klon pSc 7147 nach squash-dot-Hybridisierung nicht mit genomischer DNA von *Triticum aestivum* und *Hordeum vulgare* reagiert, jedoch ausgeprägt mit *Secale cereale* und einer Reihe anderer *Secale*-Arten und signifikant schwächer nur mit *S. kuprijanovii*. Die Sonde pSc 7132 zeigt Kreuzhybridisierung mit Gerste, jedoch nicht mit Weizen, und die Sonde pSc 7183 mit Weizen, aber nicht mit Gerste. Mittels ^{32}P-Makierung der DNA-Proben konnten mit der Sonde pSc 7250 in 9 verschiedenen Weizen-Roggen-Translokationslinien stets die translozierten Roggensegmente identifiziert werden.

Im Zusammenhang mit den bereits 1987 eingeleiteten internationalen Aktivitäten zur Erarbeitung eines Standardkaryogramms des 6x-Weizens ('Chinese Spring') wurde gemeinsam mit dem Institut für Züchtungsforschung Quedlinburg die Genomanalyse mittels eines computergestützten Mikroskop-Scanning-Verfahrens (AMBA/R-CHRO und neuentwickelter Zusatzmodul) vervollständigt, indem digitalisierte Darstellungen von C-bandierten Chromosomen klassifiziert und statistisch bearbeitet wurden. Die auf diese Weise erhaltenen Daten und Karyogramme für die Genome A, B und D führten zu einer verbesserten Wiedergabe der Strukturparameter, d. h. von relativer Chromosomenlänge, Centromerindex, Bandenposition, Bandenbreite sowie Bandenintensität. Die Resultate dienen als Voraussetzung für einen international abgestimmten Nomenklaturvorschlag bezüglich individueller Chromosomen- bzw. Banding-Charakteristika.

Nach der Entwicklung einer neuartigen Serie monosomer Roggen-Weizen-Additionslinien erfolgten Versuche zur Übertragung definierter Chromosomensegmente des hexaploiden Weizens in das diploide Genom des Roggens. Dabei konnte erstmals der Beweis für einen intergenerischen Chromosomensegmenttransfer des 6Bq-Arms des Weizens in den Roggen erbracht werden.

Die karyologische Untersuchung an der Weizen-Roggen-Translokationslinie 4Ap.4Aq–5Rq der Weizensorte 'Viking', die nach Tests durch das Institut für Pflanzenernährung Jena eine effektivere Aufnahme bzw. Nutzung von Kupferionen zeigt, belegte, daß der Translokationsbruchpunkt entweder nahe oder in der heterochromatischen Region des Chromosoms 4A (4Aq22) lokalisiert ist. Die Suche nach weiteren Markern für das Kupfereffizienz-Gen des Roggenchromosoms 5R(q) führte zur β-Amylase. Das Gen dieses Isoenzyms scheint eng mit dem *Ce*-Gen gekoppelt zu sein. Auch das Blattesterase-Gen weist Kopplung mit dem Roggen-Translokationssegment auf.

Nach Optimierung eines Verfahrens zur Kallus- und Sproßinduktion aus unreifen und reifen Embryonen sowie prämeiotischen Infloreszenzen beim 6x-Weizen ('Chinese Spring') ist die komplette Serie der 7 disomen Weizen-Roggen-Additionslinien hinsichtlich Kalluswachstum und Regeneration geprüft worden. Es konnte demonstriert werden, daß die Regenerationsrate bei der Linie 4R und der Kontrolle 'Chinese Spring' am geringsten war, während die Chromosomen 2R, 3R, 5R sowie 6R ein deutlich besseres Sproßwachstum bewirken. Die besonders hohe Effizienz von Chromosom 5R steht möglicherweise mit einem Gen/Genkomplex *(ct2)* auf dem 5Rq-Arm in Beziehung, der sich in anderen Versuchen als kritisch hinsichtlich einer spezifischen endogenen Gibberellinsäure-Regulation erwies. – Nach der erstmaligen Identifizierung einer GA-insensitiven Kurzhalmmutante beim Roggen ('Moskovski Karlik') zeigte die anschließende F_2-Analyse nach Kreuzung der GA-insensitiven Mutante mit einem GA-sensitiven Genotyp, daß es sich um ein einzelnes, partiell rezessiv wirkendes Gen für diese Gibberellinreaktion handelt. Bei Sortimentsprüfungen konnten derartige GA-Insensitivitätsgene auch in einem 4x-Weizen (*Triticum aethiopicum* Jakubz.), aber bisher nicht bei Gerste und Hafer ermittelt werden.

Auf dem Gebiet der **Taxonomie und Evolution von Kulturpflanzen** wurden die Untersuchungen zu Problemen in der Gattung *Allium* L. erfolgreich fortgeführt. Trotz der durch die nachteilige Witterung des Jahres 1987 bedingten Verluste konnte die Lebendkollektion durch Sammeltätigkeit und Tausch planmäßig erweitert werden. Die Freilandsammlung umfaßt nunmehr über 1000 Herkünfte; insgesamt repräsentiert die Kollektion mehr als 180 Arten. Besonders wertvolles Material konnte wiederum in Mittelasien, vor allem in der Tadžikischen SSR, während eines Studienaufenthalts gesammelt werden (85 Proben, etwa 40 Arten).

In die Wuchsform-Analysen wurden weitere 28 Arten einbezogen, u. a. aus sect. *Cepa* sowie aus verschiedenen amerikanischen Verwandtschaftskreisen, die sich zum Teil durch eine sehr spezifische Ausprägung von Wuchsformmerkmalen auszeichnen. Die REM-Untersuchungen der Testa-Strukturen (80 Zugänge) ergaben für manche Sektionen eine größere Variabilität an Skulpturmustern als bisher bekannt. – Für die Anatomie der Schäfte konnte eine auf der Prüfung von 190 Herkünften beruhende erste Übersicht erarbeitet werden. Zugänge wurden weiterhin auf blatt- und wurzelanatomische Merkmale geprüft, und für die Analyse der Septalnektarien-Ausbildung erfolgten Querschnittsserien für 40 Arten.

Die karyologische Prüfung der Vertreter der Sektion *Cepa* wurde abgeschlossen. Die Sippen zeichnen sich durch ein relativ einheitliches Giemsa-Bandenmuster aus; die Unterschiede beziehen sich fast ausschließlich auf die Ausprägung von Interbanden einzelner Chromosomen. Für weitere 114 Herkünfte wurden die Chromosomenzahlen ermittelt und für 21 Arten Karyogramme aufgestellt. – Die serotaxonomischen Arbeiten konzentrierten sich auf die taxonomische Stellung problematischer Gruppen der Gattung (sect. *Anguinum*, sect. *Porphyroprason*), wozu eine Vielzahl von Antigen-Antiserum-Reaktionen geprüft wurden.

Die 1987 aufgenommenen Beobachtungen zur Entwicklungsrhythmik und zum Ablauf von Phänophasen wurden an etwa 1000 Herkünften wiederholt, eine Kurzdarstellung der Wuchsrhythmik konnte erarbeitet werden. – Auf der Grundlage vorliegender numerischer Basisdaten wurden weitere Klassifikationsdendrogramme mit agglomerativen und divisiven Verfahren ausgewertet.

Gemeinsam mit dem Botanischen Institut der Akademie der Wissenschaften der Georgischen SSR in Tbilissi wurde die achte Sammelreise zum Studium pflanzengenetischer Ressourcen durchgeführt, die sich in Ostgeorgien auf die Gebirgsränder in der historischen Provinz Kachetien konzentrierte (s. Bericht in diesem Band). Landsorten verschiedener Kulturpflanzen und Material verwandter Wildarten konnten auch bei Studienaufenthalten in der Tadžikischen SSR und der VR China gesammelt werden.

Die Archivsammlungen wurden kontinuierlich durch Material der Lebendkollektionen sowie der Sammelreisen ergänzt. Die Determination des 1987 auf der Expedition in die Mongolische VR gesammelten Herbarmaterials wurde weitergeführt, und umfangreiches Herbarmaterial wurde im Rahmen des internationalen Tausch- und Leihverkehrs für auswärtige Einrichtungen determiniert.

Die Untersuchung des aus der gemeinsamen Sammelreise nach der Georgischen SSR 1987 stammenden prähistorischen Fundmaterials von Kulturpflanzen wurde abgeschlossen. Neben weiteren Analysen archäologischer Kulturpflanzenreste von Grabungen an der Schalkenburg, Kreis Hettstedt, erfolgte die Aufnahme entsprechender Arbeiten an Thüringer Funden.

Die Untersuchungen zur Systematik und Biologie einheimischer Algenarten wurden kontinuierlich weitergeführt.

Für eine spätere Neuauflage des Kulturpflanzenverzeichnisses wurde die Materialsammlung laufend ergänzt. Weitere Folgen der Bibliographien zur Taxonomie und Evolution sowie zur Archäologie von Kulturpflanzen konnten vorgelegt werden.

Der Bestand der **Genbank der Kulturpflanzen** vermehrte sich im Jahre 1988 um 632 Muster und beträgt 62161 Sippen.

Getreide und Gräser	30690
Hülsenfrüchte	14249
Gemüse	9113
Heil- und Gewürzpflanzen, Industriepflanzen	5383
Mutanten *(Antirrhinum, Glycine, Lycopersicon)*	2724

Im nationalen und internationalen Samenaustausch wurden 8866 Proben abgegeben, davon 1910 an Einrichtungen in der DDR. Für die Genbank und Forschungsgruppen im Zentralinstitut gingen 1613 Proben ein.

In Italien fand die 1980 begonnene Exploration genetischer Ressourcen von autochthonen Kulturpflanzen und ihrer verwandten Wildarten gemeinsam mit den Mitarbeitern des Istituto del Germoplasma, Bari, ihre planmäßige Fortsetzung. Die Sammelgebiete lagen in der Campania (weitere Umgebung von Neapel) und in den mittleren und südlichen Regionen Apuliens. Charakteristisch ist dort der Gemüseanbau mit noch zahlreichen Landsorten in den Gärten. Es wurden 164 Muster von Gemüse-, Körnerhülsenfrüchten- und Getreide-Landsorten gesammelt.

In der Koreanischen Demokratischen Volksrepublik wurde die 1984 eingeleitete gemeinsame Exploration genetischer Ressourcen im Oktober mit Mitarbeitern des Instituts für Experimentelle Biologie weitergeführt. Die Sammelgebiete lagen im Süden bei Sariwon und Kaesong sowie in den mittleren Landesteilen (Mychyang-Gebirge). Neben Getreide- und Gemüse-Landsorten konnten vor allem Saatgutproben von Arten der reichen kultivierten Arzneipflanzenflora gesammelt werden (99 Muster). Die 1986 erarbeitete Übersicht über die in Korea kultivierten und genutzten Pflanzen konnte erneut ergänzt werden und umfaßt gegenwärtig über 450 Arten.

In der Republik Kuba wurde die im Jahre 1983 begonnene gemeinsame Exploration genetischer Ressourcen im März/April fortgesetzt und dabei der Aufenthalt für die Ausbildung junger Mitarbeiter der Genbank des Instituto de Investigaciones Fundamentales en Agricultura Tropical (INIFAT), Santiago de las Vegas, genutzt. Die Sammlungen in Westkuba (Pinar de Rio) und auf der Isla de la Juventud ergaben für die Genbank 100 Samenmuster, vor allem von Gemüse – Tomaten, Paprika – und Bohnen. Das Spektrum des gesamten gesammelten Materials von 284 Saat- und Pflanzgutproben umfaßt sowohl Arten der ursprünglichen kubanischen Indianerkultur als auch von später introduzierten Pflanzen (mediterrane, afrikanische und südostasiatische Elemente). Auf der Grundlage der bisherigen Sammlungen und von Literaturstudien wurde gemeinsam mit Lic. Miguel Esquivel Perez eine Datenbank der kultivierten Pflanzenarten Kubas aufgebaut. Sie enthält für 750 Taxa Angaben zur Nomenklatur, einschl. Volksnamen, zur Nutzung, zum regionalen Vorkommen sowie kubanische Literaturquellen. Bei der Bearbeitung der Flora Kubas blieben die Kulturpflanzen bisher unberücksichtigt, so daß dieser Zusammenstellung besonderer Wert zukommt.

Mit den Sammlungen in Kolumbien, gemeinsam mit Mitarbeitern der Universidad INCCA de Colombia, Bogotá, im Juli konnte zum ersten Male ein südamerikanisches Land in die Exploration einbezogen werden. Die Sammelgebiete waren das Hochland um Bogotá und das Gebiet von Pasto (Provinz Narino) im Süden Kolumbiens. Der größte Teil der 112 Sammelmuster stammt von indigenen Kulturpflanzen – Bohnen, Kartoffeln, Paprika und andinen Knollenpflanzen, u. a. *Ullucus tuberosus, Oxalis tuberosa, Tropaeolum tuberosum.* Aber auch einige introduzierte Arten, Getreide und Ackerbohnen, wurden einbezogen; sie haben in Kolumbien eine ausgeprägte Variabilität erreicht. Anschließend sammelte Professor Dr. Gerd Müller, Karl-Marx-Universität Leipzig, in Peru 37 Muster für die Genbank.

Die Arbeiten in der Genbank waren im wesentlichen auf die Vermehrung und Charakterisierung der in den Vorjahren gesammelten Muster genetischer Ressourcen sowie auf die Weiterführung der rechnergestützten Dokumentation der Fruchtartengruppen gerichtet. Bei der Evaluierung standen weiterhin Resistenzeigenschaften gegenüber Ähren-, Blatt- und Fußkrankheiten sowie gegenüber Virosen und Untersuchungen zur Streßtoleranz (niedrige Temperaturen) bei Getreide und Körnerhülsenfrüchten im Vordergrund.

Die auf der Grundlage der Kollektion der Genbank durchgeführten systematischen Untersuchungen an der Gattung *Brassica* kamen zu einem vorläufigen Abschluß. Für die übersichtliche Gliederung und Verschlüsselung ihrer 41 Arten, davon 11 aus der *Brassica-oleracea*-Gruppe, und deren infraspezifischen Taxa wurden sippenspezifische morphologisch-anatomische Merkmale herangezogen.

B. Kolloquien; Ausstellungen; Vortragsabende

Kolloquien

12. 1. 1988 Dr. sc. R.-H. LEISER, Institut für Phytopathologie der AdL der DDR, Aschersleben: Mechanismen der Virusresistenz von Pflanzen.

26. 1. 1988 Dr. sc. R. EHWALD, Sektion Biologie der Humboldt-Universität, Berlin: Ionentransport durch Zellmembranen und Ionenabsorption durch die Wurzel.

2. 2. 1988 Dr. sc. G. KUNZE, Zentralinstitut für Genetik und Kulturpflanzenforschung der AdW der DDR, Gatersleben: Expression heterologer Gene in Hefezellen.

16. 2. 1988 Dozent Dr. J. SÜSS, Friedrich-Schiller-Universität, Jena: Struktur und antigene Variation der Influenza-Viren und Möglichkeiten der Immunprophylaxe.

29. 2. 1988 Prof. Dr. M. VAN MONTAGU, Laboratorium voor Genetica, Rijksuniversiteit, Gent/Belgien: Progress in plant genetics engineering.

15. 3. 1988 Dr. A. SOLDATI, Institut für Pflanzenwissenschaften der ETH, Zürich: Zur Problematik des Anbaus von Körnerleguminosen in der Schweiz sowie der Eignung von Sojabohnen für kühlere Anbaugebiete.

22. 3. 1988 Univ.-Dozent Dr. F. M. WUKETITS, I. Zoologisches Institut der Universität, Wien: Neue Evolutionstheorien.

5. 4. 1988 Dr. R. MENDEL, Zentralinstitut für Genetik und Kulturpflanzenforschung der AdW der DDR, Gatersleben: Expression von Fremdgenen in pflanzlichen Protoplasten.

12. 4. 1988 Prof. Dr. G. SCHILLING, Sektion Pflanzenproduktion der Martin-Luther-Universität, Halle: Die Nutzung von Erkenntnissen der Phytohormonforschung bei der gezielten Entwicklung von Wachstumsregulatoren.

19. 4. 1988 Dr. sc. E. OHMANN, Sektion Biologie der Martin-Luther-Universität, Halle: Adaptation des Photosyntheseapparates bei phototrophen Mikroorganismen.

31. 5. 1988 Prof. Dr. C. ZIMMER, Zentralinstitut für Mikrobiologie und experimentelle Therapie der AdW der DDR, Jena: DNA-Protein-Erkennung.

15. 6. 1988 Prof. Dr. B. LAMBERT, Dept. of Clinical Genetics, Karolinska Hospital, Stockholm/Schweden: Molecular analysis of gene mutations in human lymphocytes.

17. 6. 1988 Dr. U. WIENAND, Max-Planck-Institut für Züchtungsforschung, Köln: Transposonmutagenese und molekulare Analyse von Genen des Anthocyanbiosyntheseweges aus *Zea mays*.

28. 6. 1988 Prof. Dr. T. BÖRNER, Humboldt-Universität, Berlin: DNA-Austausch zwischen Zellkern und Zellorganellen.

10. 11. 1988 Dr. R. GRAFE, Zentralinstitut für Genetik und Kulturpflanzenforschung der AdW der DDR, Gatersleben: Entwicklung zellgenetischer Methoden zur Isolierung und Charakterisierung nitratreduktasedefizienter Mutanten –

ein Beitrag zur Aufklärung der *in vitro*-Morphogenese höherer Pflanzen.

8. 11. 1988 Dipl.-Chem. U. HEIM, Zentralinstitut für Genetik und Kulturpflanzenforschung der AdW der DDR, Gatersleben: Struktur und Evolution der Legumin B-Genfamilie von *Vicia faba*. Zugleich Vortrag anläßlich der Verteidigung der Dissertation im Rahmen des Promotionsverfahrens A.

16. 11. 1988 Prof. Dr. B. MÜLLER-HILL, Institut für Genetik der Universität, Köln: Wie lac-Repressor DNA erkennt.

6. 12. 1988 Dr. J. GUMPERT, Zentralinstitut für Mikrobiologie und experimentelle Therapie der AdW der DDR, Jena: Bakterielle L-Formen: Morphologie, Wachstum und Eignung als Wirtsorganismus für die Fremdproteinsynthese.

13. 12. 1988 Dr. A. ROSENTHAL, Zentralinstitut für Molekularbiologie der AdW der DDR, Berlin-Buch: Die Sequenzierung des menschlichen Genoms: inhaltliche und technische Probleme.

20. 12. 1988 Prof. Dr. K. MÜNTZ, Zentralinstitut für Genetik und Kulturpflanzenforschung der AdW der DDR, Gatersleben: Proteinsortierung in Pflanzenzellen und die Deponie von Reserveproteinen in Speichergeweben der Pflanzensamen.

Bereichskolloquien

12. 1. 1988 Prof. Dr. W. WOROBJOW, Institut für Zytologie der AdW der UdSSR, Leningrad: Chromatin structure in transcriptionally active and inactive cells.

19. 1. 1988 Dr. sc. P. APEL: Kältetoleranz bei *Phaseolus vulgaris*.

15. 2. 1988 Dr. H. P. JÄCKEL und Dipl.-Biol. A. SCHLIEPHAKE: Monoklonale Antikörper gegen Oberflächenstrukturen reifer Oocyten der Maus: Herstellung, Charakterisierung, Anwendungsmöglichkeiten.

16. 2. 1988 Dr. E. BRECHT: Möglichkeiten zur Gestaltung von Druckgrafiken am Computerarbeitsplatz PC 1715 – LX-86.

1. 3. 1988 Dr. W. RABSCH und Dr. R. REISSBRODT, Institut für Experimentelle Epidemiologie, Wernigerode: Eisenversorgung bei Bakterien.

29. 3. 1988 Dr. sc. K.-H. SÜSS: Multiproteinkomplexe–wichtigstes Organisationsprinzip der Zelle? Das Beispiel Chloroplast.

7. 4. 1988 Dr. sc. V. RÖMHELD, Institut für Pflanzenernährung, Universität Hohenheim: Das Phytosiderophorensystem für die Eisenernährung bei Süßgräsern: Verbreitung, Physiologie, Regulierung und ökologische und landwirtschaftliche Relevanz.

27. 4. 1988 Dr. R. AL-FALLUJI, Agriculture and Water Resources Research Center, Baghdad/Irak: Iraq in the past and present – especially agricultural and research aspects.

10. 5. 1988 Dr. sc. I. A. MOLLER, Lehrstuhl für Pflanzenphysiologie der Universität Lund: NADPH+-dihydrogenases in the membranes of higher plant cells.

24. 5. 1988 Prof. Dr. I. A. VAINTRAUB, Lehrstuhl für Biochemie der Eiweiße, Leninuniversität Kishinev der Moldauischen SSR: The mechanism of proteolysis of 11S storage globulins.

24. 5. 1988 Prof. Dr. K. MÜNTZ: Fortschritte in der Biologie der Dinitrogenfixierung – Bericht vom 7. Internationalen Kongreß für Dinitrogenfixierung in Köln (BRD) vom 13. bis 20. März 1988.

3. 6. 1988 Prof. Dr. R. VON BOTHMER, Swedish University of Agricultural Sciences, Department of Crop Genetics and Breeding, Svalöv/Schweden: Cytogenetic and botanical studies in the barley genus, *Hordeum*.

7. 6. 1988 Dr. sc. M. KLOTZ, Friedrich-Schiller-Universität Jena, Sektion Biologie: Die Wirkung von Tentoxin auf Membranprozesse in der Pflanze.

16. 6. 1988 Dr. K. S. SARASWAT, Birbal Sahni Institute of Palaeobotany, Lucknow/ Indien: The palaeoethnobotany in India–perspectives and problems.

23. 6. 1988 Lic. M. A. ESQUIVEL, Instituto de Investigaciones Fundamentales en

Agricultura Tropical "Alejandro de Humboldt", Santiago de las Vegas/Kuba: Plant genetic resources of Cuba.

28. 6. 1988 Dr. sc. E. Weber: Aufklärung von Kompartimentierung und Regulation der Globulin- und Prolaminbildung in sich entwickelnden Gerstenkörnern.

21. 7. 1988 Dr. J. de Vries and Dr. L. van Raamsdonk, Institute of Horticultural Plant Breeding, Wageningen/Niederlande: Interspecific crosses of *Allium* species for onion breeding.

5. 9. 1988 Dr. J. Rubikas, Institut für Biochemie der AdW der UdSSR, Vilnius: Genetics of sporulation in *Bacillus subtilis*.

21. 9. 1988 Prof. Dr. U. Wobus: Regulation der Expression von Samenproteingenen der Ackerbohne.

23. 9. 1988 Prof. Dr. R. Braun: Bereitstellung des Hepatocytenreparaturtestes bei der Maus für die Mutagenitätstestung.

27. 9. 1988 Dr. R. Bassüner: Ermittlung der Primärstruktur eines unbekannten 30 kD Samenproteins (USP) aus Kotyledonen der Ackerbohne, seines Genes und der histochemischen Lokalisation des Proteins.

4. 10. 1988 Dr. T. F. Kočkareva und Dr. E. P. Žogoleva, Institut für Botanik der Akademie der Wissenschaften der Tadžikischen SSR, Dušanbe/UdSSR: Das Institut für Botanik in Dušanbe – Aufgaben und gegenwärtige Arbeiten.

14. 10. 1988 Prof. Dr. K. Müntz, Dr. R. Bassüner und Dr. Ch. Horstmann: Bericht über den 14. IUB-Kongreß in Prag vom 10. bis 15. Juli 1988.

24. 10. 1988 Dr. S. McCormick, Plant Gene Expression Center, USDA-ARS, Albany, CA, USA: Molecular characterization of genes expressed during gametophyte development in normal and male sterile tomatoes.

24. 10. 1988 Dr. L. M. Gierasch, Departments of Pharmacology and Biochemistry, University of Texas, Southwestern Medical Center at Dallas, USA: The problems of protein folding and localization: biophysical approaches.

14. 11. 1988 Dr. K. Pistrick: Eine Sammelreise in die Mongolische Volksrepublik.

14. 11. 1988 Dr. R. Kynast: Über zwei Arbeitsaufenthalte am Institut für Cytologie und Genetik in Novosibirsk.

15. 11. 1988 Dr. J. Schotte und Dr. G. Wicke, Zentralinstitut für Organische Chemie der AdW der DDR, Berlin: Verbesserung der herbiziden Wirksamkeit von Bromoxynil und Phenmedipham durch Formulierungszusätze.

17. 11. 1988 Dr. R. Frank und Dr. P. Frank: Einfluß erhöhter CO_2-Konzentration und unterschiedlicher Stickstoffversorgung auf die Ertragsbildung bei Getreide.

22. 11. 1988 Dipl.-Biol. E. Kunz: Embryologische, cytologische und genetische Untersuchungen zum Vorkommen der Apomixis in der Gattung *Fragaria*.

Ausstellungen

22. 6. bis 1. 7. 1988 Ausstellung Bildnerisches Volksschaffen der Zirkel Keramik und Kindermalen des Zentralinstituts Gatersleben

Vortragsabende

27. 1. 1988 Konzert mit dem Berliner Bläserquintett. H. Möller, Flöte, G. Bastian, Oboe, N. Möller, Klarinette, S. Weigle, Horn, H. Straube, Fagott, und V. Straube, Klavier.

3. 3. 1988 Dr. K. Heinz, Zentralinstitut für Alte Geschichte und Archäologie, Berlin: Das alte Armenien.

16. 3. 1988 Duo-Abend mit C. Muck, Violine und R. Kunert, Klavier.

7. 4. 1988 M. und G. Reymann: Cote d'Azur: Marseille, Nizza, Monaco.

13. 4. 1988	Konzert mit der Liedermacherin B. THALHEIM.
6. 6. 1988	Konzert der Händelfestspiele Halle mit dem Trio JOSÉ WHITE, Republik Kuba.
22. 6. 1988	Konzert des Hausmusikkreises des Zentralinstituts Gatersleben.
23. 6. 1988	CH. WASSER, Berlin: Wie aber bleibt der Mensch ein Mensch. Daniel Granin – Striche zu einem Porträt.
22. 9. 1988	Dr. W.-D. DEHUS, Zentralinstitut für Wirtschaftswissenschaften der AdW der DDR, Berlin: Sonnenflecken, Ozonloch und Treibhauseffekt: Die Lufthülle im Einfluß der Energie.
28. 9. 1988	Konzert des Neuen Leipziger Streichquartetts. A. SEIDEL, Violine I, T. BÜNING, Violine II, I. BAUER, Viola, M. MOOSDORF, Violoncello.
26. 10. 1988	Konzert des Kammersextetts Halle. C. TOASPERN, Flöte, P. HEINZE, Oboe, C. BENKERT, Harfe, B. ZÜHLKE, Violine, M. ERBEN, Viola, und M. PFAENDER, Violoncello.
16. 11. 1988	Klavierabend mit TON NU NGUYET MINH, SR Vietnam.
16. 11. 1988	Prof. Dr. B. MÜLLER-HILL, Institut für Genetik der Universität, Köln: Dädalos, Faust und Mengele – Wissenschaftler als Verbrecher.
1. 12. 1988	Dr. B. FUNCK, Zentralinstitut für Alte Geschichte und Archäologie, Berlin: Auf den Spuren Alexander des Großen in Mittelasien.

C. Veröffentlichungen aus dem Institut 1988

Apel, P.: Phänologische Untersuchungen bei verschiedenen Temperaturen an einem Sortiment von *Phaseolus vulgaris* L. Kulturpflanze **36** (1988) 331–341.

Apel, P.: Some aspects of the evolution of C_4 photosynthesis. Kulturpflanze **36** (1988) 225–236.

Apel, P., H. Bauwe, B. Bassüner and I. Maass: Photosynthetic properties of *Flaveria cronquistii, F. palmeri,* and hybrids between them. Biochemie u. Physiol. Pflanzen **183** (1988) 291–299.

Apel, P. and M. Peisker: Influence of water stress on photosynthetic gas exchange in the C_3–C_4 intermediate species Flaveria floridana. Biochemie u. Physiol. Pflanzen **183** (1988) 439–442.

Augsten, H., E. Kunz and K.-J. Appenroth: Photophysiology of turion germination in *Spirodela polyrhiza* (L.) Schleiden. I. Phytochrome-mediated responses of light- and dark-grown turions. J. Plant Physiol. **132** (1988) 90–93.

Bäumlein, H., D. Hellmund, I. Nagy, D. Inzé and U. Wobus: *Vicia faba* storage protein genes and their promotor activity in transgenic tobacco plants. Braunschweig Symposium on Applied Plant Molecular Biology, Braunschweig/BRD (1988) Abstract, S. 3.

Bäumlein, H., A. J. Müller, J. Schiemann, D. Helbing, R. Manteuffel and U. Wobus: Expression of a *Vicia faba* legumin B gene in transgenic tobacco plants: Gene dosage-dependent protein accumulation. Biochemie u. Physiol. Pflanzen **183** (1988) 205–210.

Bassüner, R., H. Bäumlein, A. Huth, R. Jung, U. Wobus, T. A. Rapoport, G. Saalbach and K. Müntz: Abundant embryonic mRNA in field bean (*Vicia faba* L.) codes for a new class of seed proteins: cDNA cloning and characterization of the primary translation product. Plant molecular Biol. **11** (1988) 321–334.

Bassüner, R., H. Bäumlein, R. Jung, G. Saalbach, K. Müntz and U. Wobus: Analysis of complementary and genomic DNA coding for a highly abundant class of mRNA in developing field bean seeds (*Vicia faba* L. var. *minor* cv. Fribo). Biochemie u. Physiol. Pflanzen **183** (1988) 225–231.

Bassüner, R., H. Bäumlein, K. Müntz, Nong Van Hai and U. Wobus: Verfahren zum Einführen von DNS-Sequenzen in das Genom von höheren Pflanzen. DDR-Patentanmeldung WP C12N/319 887 3.

Becker, K., M. Böttger, M. Strauss und J. Schöneich: Verfahren zur parasexuellen Übertragung genetischer Information in einen tierischen Organismus. DDR-Patentanmeldung WP C12N/320 404 5.

Beridze, R., P. Chanel't (Hanelt), V. Kandelaki, R. Fritš (Fritsch) i J. Šul'ce-Motel' (Schultze-Motel): O nekotorych rezul'tatach sovmestnych issledovanij kul'turnoj flory Gruzii. Izvest. Akad. nauk Gruzinskoj SSR, Ser. Biol., **14** (1988) 143–144.

Beridze, R. K., P. Hanelt, V. N. Kandelaki, D. Mandžgaladze and J. Schultze-Motel: Collecting plant-genetic resources in the Georgian SSR (Chevsuretia, Tushetia). 1987. Kulturpflanze **36** (1988) 405–419.

Börner, A.: Untersuchungen zu den genetischen Beziehungen zwischen Gibberellin-Reaktion, Semidwarfismus und Ertrag bei *Triticum aestivum* L. sowie Screening-

Ergebnisse an Genbanksortimenten der Gattungen *Triticum* und *Secale* zur GA_3-Insensitivität. Diss. A, Martin-Luther-Univ. Halle – Wittenberg, Halle (1988).

BÖRNER, A. and G. MELZ: Response of rye genotypes differing in plant height to exogenous gibberellic acid application. Arch. Zücht.-Forsch. **18** (1988) 71–74.

BORRISS, R.: Verfahren zur Herstellung von thermostabiler Bacillus-beta-1,3–1,4-Glukanase. DDR-Patentanmeldung WP C12N/315 706 1.

BORRISS, R., R. MANTEUFFEL and J. HOFEMEISTER: Molecular cloning of a gene coding for thermostable betaglucanase from *Bacillus macerans*. J. basic Microbiol. **28** (1988) 3–10.

BORRISS, R., U. WOBUS, R. MENDEL und H. BÄUMLEIN: Verfahren zur Herstellung von Gerstenpflanzen. DDR-Patentanmeldung WP C12N/320 082 0.

BRECHT, E., A. KALPEN, R. KOEPP, G. SCHOLZ und M. SENONER: Charakterisierung der Lichtreaktion einer Nicotianamin-Mangelmutante von *Lycopersicon esculentum* Mill. durch stationäre und zeitauflösende Fluoreszenztechniken. Colloquia Pflanzenphysiol. Humboldt-Univ. Berlin (1988) (Nr. 12) 167–171.

BRECHT, E. und H. SCHULZ: Vergleich spektroskopischer Verfahren zur Früherkennung SO_2-induzierter Schädigungen von Koniferen. Colloquia Pflanzenphysiol. Humboldt-Univ. Berlin (1988) (Nr. 12) 191–196.

BUSSE-EISENREICH, G. und R. GRAFE: *In-vitro*-Pflanzenregeneration bei *Vicia faba* L. Tag.-Ber. Weiterbildungsveranstaltung „Nutzung biotechnologischer Methoden in der Pflanzenzüchtung", AdL der DDR, Berlin (1988) 193–200.

DILOVA, S. und K. ADLER: Die Struktur von Gersten-Chloroplasten unter Temperaturstreß bei ausgedehnter Dunkelheit. Kulturpflanze **36** (1988) 343–353.

EISENREICH, G.: Verfahren zur *In-vitro*-Regeneration und -Vermehrung von Pflanzen aus Pflanzenteilen der Ackerbohne. DDR-Patentanmeldung WP C12N/317 102 7.

ESQUIVEL, M. and K. HAMMER: The "conuco"–an important refuge of Cuban plant genetic resources. Kulturpflanze **36** (1988) 451–463.

ESQUIVEL, M., T. SHAGARODSKY, K. KRIEGHOFF, B. RODRIGUEZ and K. HAMMER: Collecting plant genetic resources in Cuba. Report on the second mission, 1986. Kulturpflanze **36** (1988) 437–449.

FRANK, R.: Influence of ambient carbon dioxide concentration and nitrogen nutrition on the growth of two spring barley cultivars. I. Initiation and reduction of spikelet primordia. Arch. Zücht.-Forsch. **18** (1988) 63–69.

FRANK, R.: Photosynthese von Gerstenjungpflanzen bei erhöhter CO_2-Konzentration und unterschiedlicher NO_3-Versorgung. Colloquia Pflanzenphysiol. Humboldt-Univ. Berlin (1988) (Nr. 12) 41–44.

FRITSCH, R.: Anatomische Untersuchungen an der Blattspreite bei *Allium* L. (Alliaceae). I. Arten mit einer einfachen Leitbündelreihe. Flora **181** (1988) 83–100.

GABARD, J., F. PELSY, A. MARION-POLL, M. CABOCHE, I. SAALBACH, R. GRAFE and A. J. MÜLLER: Genetic analysis of nitrate reductase deficient mutants of *Nicotiana plumbaginifolia*: evidence for six complementation groups among 70 classified molybdenum cofactor deficient mutants. Molecular & gen. Genetics **213** (1988) 206–213.

GICHNER, T., J. VELEMÍNSKÝ and R. RIEGER: Antimutagenic effects of diethyldithiocarbamate towards maleichydrazide- and N-nitrosodiethylamine-induced mutagenicity in the *Tradescantia* mutagenicity assay. Biol. plantarum, Praha **30** (1988) 14–19.

HAMMER, K.: A note on medicinal plants in the Korean People's Democratic Republic. Herba Hungarica **27** (1988) (Suppl. Nr. 1) 73–74.

HAMMER, K.: Präadaptationen und die Domestikation von Kulturpflanzen und Unkräutern. Biol. Zbl. **107** (1988) 631–636.

HAMMER, K., CHR. O. LEHMANN and P. PERRINO: A check-list of the Libyan cultivated plants including an inventory of the germplasm collected in the years 1981, 1982 and 1983. Kulturpflanze **36** (1988) 475–527.

HAMMER, K., O HJONG-GUN and HAN UN-XOAN: Report on a mission for the collection of plant genetic resources to the Democratic People's Republic of Korea, 1987. Kulturpflanze **36** (1988) 465–473.

HANELT, P.: Die Domestikation von Pflanzen – ein Phänomen der Anpassung. Biol. Rdsch. **26** (1988) 255–263.

HANELT, P.: Taxonomy as a tool for studying plant genetic resources. Kulturpflanze **36** (1988) 169–187.

HEIM, U.: Struktur und Evolution der Legumin B-Genfamilie von *Vicia faba*. Diss. A, Akad. Wiss. DDR, Berlin (1988).

HOANG, HO-DZUN und K. HAMMER: Additional notes to the check-list of Korean cultivated plants (2). Kulturpflanze **36** (1988) 291–313.

HOFEMEISTER, J. (Ed.): Gene manipulations in Bacilli. A survey supported by the abstracts of papers presented at the workshop arranged by the "Zentralinstitut für Genetik und Kulturpflanzenforschung" of the Acad. of Sci. of the GDR, Hufhaus (Harz) 1987. Biol. Zbl. **107** (1988) 663–684.

HOFEMEISTER, J.: Achievements in application of recombinant DNA technology for creation of industrial microorganisms. Zbl. Mikrobiol. **143** (1988) 551–560.

HOFEMEISTER, J., W. SPETER, B. HOFEMEISTER, D. BEHNKE und R. MANTEUFFEL: Verfahren zur Herstellung von Prochymosin. DDR-Patentanmeldung WP C12N/321 085 5.

HÜLGENHOF, E., R. A. WEIDHASE, R. SCHLEGEL, and A. TEWES: Flow cytometric determination of DNA content in isolated nuclei of cereals. Genome **30** (1988) 565–569.

HÜTTNER, E., R. BRAUN and J. SCHÖNEICH: Mammalian spot test with the mouse for detection of transplacental genetic effects induced by 2-acetylaminofluorene and 4-acetylaminofluorene. In: ASHBY, J., F. J. DE SERRES, M. D. SHELBY, B. H. MARGOLIN, M. S. jr. ISHIDATE and G. C. BACKING (Eds.): Evaluation of Short-term Tests for Carcinogens. Cambridge (1988) Vol. **2**, 2164–2167.

HÜTTNER, E., and J. SCHÖNEICH: Induction of chromosomal aberrations in bone marrow cells and ascites tumour cells of mice by 2-acetylaminofluorene, 4-acetylaminofluorene and benzo(a)pyrene. In: ASHBY, J., F. J. DE SERRES, M. D. SHELBY, B. H. MARGOLIN, M. S. jr. ISHIDATE and G. C. BACKING (Eds.): Evaluation of Short-term Tests for Carcinogens. Cambridge (1988) Vol. **1**, 1119–1122.

KARSTE, G., K. ADLER, S. KLAUS and H. TSCHÄPE: Identification by heteroduplex analysis of an invertible element (Min) common among IncM group plasmids. J. basic Microbiol. **28** (1988) 381–384.

KNÜPFFER, H.: The European barley database of the ECP/GR: An introduction. Kulturpflanze **36** (1988) 135–162.

KRUSE, J.: Rasterelektronenmikroskopische Untersuchungen an Samen der Gattung *Allium* L. III. Kulturpflanze **36** (1988) 355–368.

KUNZ, E., und K. GRÖBER: Über das Vorkommen meiotischer und apomeiotischer Embryosäcke in der Gattung *Fragaria* (L.). Kulturpflanze **36** (1988) 317–330.

KUNZE, G., R. BORRISS und J. HOFEMEISTER: Verfahren zur Herstellung von Hefestämmen. DDR-Patentanmeldung WP C12N/317 518 4.

KUNZE, G., M. MEIXNER, G. STEINBORN, M. HECKER, R. BODE, I. A. SAMSONOVA, D. BIRNBAUM and J. HOFEMEISTER: Expression in yeast of a Bacillus alpha-amylase gene by the ADH1 promoter. J. Biotechnol. **7** (1988) 33–48.

KUNZE, I., und R. GRAFE: Verfahren zur *In-vitro*-Vermehrung von Adventivknospen bei Koniferen. DDR-Patentanmeldung WP A01H/315 707 8.

KUNZE, I., D. LOECHEL und E. GÜNTHER: Broad spectrum and narrow spectrum mercury resistance encoded by different plasmids of a *Pseudomonas putida* strain. FEMS Microbiol. Letters **50** (1988) 177–181.

LEHMANN, CHR. O.: Gen-Bank stoppt Gen-Erosion. Urania **64** (1988) (Nr. 10) 30–31.

LEHMANN, CHR. O.: Genetic resources. Kulturpflanze **36** (1988) 71–83.

MATZK, F.: Nutzung der Embryokultur zur Erzeugung von Art- und Gattungsbastarden bei Gramineen. Tag.-Ber. Weiterbildungsveranstaltung „Nutzung biotechnologischer Methoden in der Pflanzenzüchtung", AdL der DDR, Berlin (1988) 51–61.

MEISTER, A., und D. HELBING: Ein Rechnerprogramm für die quantitative Auswertung von Enzymimmunoassay-Daten. Z. med. Lab.-Diagnostik **29** (1988) 395–399.

MELZ, G., R. SCHLEGEL and J. SYBENGA: Identification of the chromosome in the 'Esto' set of rye trisomics. Plant Breed. **100** (1988) 169–172.

METTIN, D.: Eröffnung des VAVILOV-Symposiums. Kulturpflanze **36** (1988) 25–28.

METTIN, D.: Genmanipulation – Chance für neue Kulturpflanzen. In: Wissenschaft im Dialog. Leipzig (1988) 257–266.

MICHAELIS, A., R. RIEGER and H. NICOLOFF: Effects of ethidium bromide and nalidixic acid pretreatment on the induction of chromatid aberrations by TEM and maleic hydrazide in *Vicia faba* main root meristems. Mutat. Res. **208** (1988) 83–86.

MÜLLER, A. J., and R. R. MENDEL: Biochemical and somatic cell genetics of nitrate reduction in *Nicotiana*. In: WRAY, J. L., und J. R. KINGHORN (Eds.): Molecular and Genetic Aspects of Nitrate Assimilation. Oxford (1988) S. 166–186.

MÜLLER, A. J., und D. METTIN: Ergebnisse und Probleme bei der züchterischen Nutzung transgener Pflanzen. Kulturpflanze **36** (1988) 275–288.

MÜLLER-STOLL, W. R., und J. SCHULTZE-MOTEL: Gymnospermen-Hölzer des Deutschen Jura. Teil 1: Xenoxylon und Dadoxylon. Z. dtsch. geol. Ges **139** (1988) 63–81

MÜNTZ, K.: 4. Samenprotein-Symposium. Spectrum **19** (1988) (Nr. 2) 28.

NICOLOFF, H., R. RIEGER and A. MICHAELIS: Effects of novobiocin on heat shock protection against chromatid aberration induction by triethylenemelamine (TEM) and maleic hydrazide (MH) in *Vicia faba*. Mutat. Res. **208** (1988) 173–178.

PEISKER, M.: Zur Ammoniak-Kompensationskonzentration von C_3- und C_4-Pflanzen. Colloquia Pflanzenphysiol. Humboldt-Univ. Berlin (1988) (Nr. 12) 55–58.

PEISKER, M.: Zur Sauerstoffabhängigkeit der CO_2-Kompensationskonzentration bei Pflanzen unterschiedlichen Photosynthesetyps. Colloquia Pflanzenphysiol. Humboldt-Univ. Berlin (1988) (Nr. 12) 27–32.

PEISKER, M., P. APEL, H. BAUWE, J. POSPIŠILOVÁ and I. TICHÁ: Relationship between intracellular resistance for net CO_2 uptake rate and phosphoenolpyruvate carboxylase activity in leaves of *Zea mays* L. Biochemie u. Physiol. Pflanzen **183** (1988) 351–354.

PEISKER, M., P. APEL, I. TICHÁ and R. HÁK: CO_2 compensation concentration in relation to leaf insertion level in three *Flaveria* species with different photosynthetic pathways. Photosynthetica, Praha **22** (1988) 1–8.

PELSY, F., J. GABARD, I. CHEREL, C. MEYER, A. MARION-POLL, A. MÜLLER and M. CABOCHE: Selection and characterization of nitrate reductase-deficient mutants of *Nicotiana plumbaginifolia*. In: PUITE, K. J. et al. (Eds.): Progress in Plant Protoplast Research. Proc. 7th Int. Protoplast Symp., Wageningen 1987. Dordrecht (1988) 383–386.

PERRINO, P., G. LAGHETTI and K. HAMMER: Collection of plant genetic resources in Italy, 1987. Kulturpflanze **36** (1988) 377–390.

PERRINO, P., G. MARUCA, R. N. LESTER and P. HANELT: A chromatographic approach to the taxonomy of *Vicia* L. Kulturpflanze **36** (1988) 391–404.

PISTRICK, K., Č. SANČIR and G. CERENBALŽID: Bericht über eine Sammelreise in die Mongolische Volksrepublik 1987 (*Allium* L. in der östlichen Mongolei). Kulturpflanze **36** (1988) 529–548.

PROCHÁZKA, Ž. und A. RUDOLPH: Optimierung der Synthese von Nicotianamin aus L-Azetidin-2-carbonsäure. Z. Chemie **28** (1988) 336.

PROESELER, G., H. HARTLEB, D. KOPAHNKE und CHR. O. LEHMANN: Resistenzeigenschaften im Gersten- und Weizensortiment Gatersleben. 27. Prüfung von Gersten auf ihr Verhalten gegenüber Gerstengelbmosaik-Virus (barley yellow mosaic virus), *Drechslera teres* (Sacc.) Shoem. und *Puccinia hordei* Otth. Kulturpflanze **36** (1988) 369–376.

RIEGER, R. and A. MICHAELIS: Heat shock protection against induction of chromatid aberrations is dependent on the time span between heat shock and clastogen treatment of *Vicia faba* root tip meristem cells. Mutat. Res. **209** (1988) 141–144.

RIEGER, R. and A. MICHAELIS: Heat shocks prior to mutagen treatment may result in protection against induction of chromatid structural changes in higher plants. Biol. Zbl. **107** (1988) 403–413.

RIEGER, R., A. MICHAELIS, I. SCHUBERT, J. VELEMÍNSKÝ, T. GICHNER and K. J. ANGELIS: Induction of chromatid aberrations by TEM and maleic hydrazide is differently affected by pretreatment of *Vicia faba* root-tip meristems with methyl iodide. Mutat. Res. **208** (1988) 101–104.

RIETH, A.: Faktoren, die die Sexualorganbildung bei *Vaucheria* beeinflussen. Kulturpflanze **36** (1988) 593–600.

ROGALEWICZ, V. (Ed.), H. KNÜPFFER, V. A. KORNEICHUK, I. A. LOZANOV, D. B. PLOTNIKOV, J. SERWIŃSKI and I. A. SHVYTOV: Pasportnye deskriptory meždunarodnoj bazy dannych genetičeskich resursov stran-členov SEV. Praha (1988) 26 S.

SAALBACH, G., R. JUNG, I. SAALBACH and K. MÜNTZ: Construction of storage protein genes with increased number of methionine codons and their use in transformation experiments. Biochemie u. Physiol. Pflanzen **183** (1988) 211–218.

SCHIEMANN, J., H. BÄUMLEIN and A. WEIGELT: Co-transformation of non-selectable higher plant genes into *Aspergillus nidulans*: transfer of a *Vicia faba* legumin B gene. Biochemie u. Physiol. Pflanzen **183** (1988) 243–250.

SCHIEMANN, J. und G. EISENREICH: Verfahren zur Bestimmung der Expression von in Pflanzenzellen transferierten Genen. DDR-Patentanmeldung WP C12Q/322 242 4.

SCHLEGEL, R., W. POHLER, E. HÜLGENHOF and A. MEISTER: Karyotype modifications in *Triticale* and their utilization Biol. Zbl. **107** (1988) 395–402.

SCHLESIER, B.: Erfahrungen mit Ultrafiltrationsmembranen aus Celluloseacetat. Z. med. Lab.-Diagnostik **29** (1988) 295–296.

SCHOLZ, G., R. BECKER, U. W. STEPHAN, A. RUDOLPH and A. PICH: The Regulation of iron uptake and possible functions of nicotianamine in higher plants. Biochemie u. Physiol. Pflanzen **183** (1988) 257–269.

SCHOLZ, G., J. FAUST, H. RIPPERGER and K. SCHREIBER: Structure-function relationships of nicotianamine analogues. Phytochemistry **27** (1988) 2749–2754.

SCHUBERT, I.: Eukaryotic nuclei of endosymbiontic origin? Naturwissenschaften **75** (1988) 89–91.

SCHUBERT, I., R. RIEGER and A. MICHAELIS: On the toleration of duplications and deletions by the *Vicia faba* genome. Theoret. & appl. Genetics **76** (1988) 64–70.

SCHULTZE-MOTEL, J.: Archäologische Kulturpflanzenreste aus der Georgischen SSR (Teil 1). Kulturpflanze **36** (1988) 421–435.

SCHULTZE-MOTEL, J.: Literatur über archäologische Kulturpflanzenreste (1986/1987). Kulturpflanze **36** (1988) 549–569.

SCHULTZE-MOTEL, J.: Paläoethnobotanik und ihr Beitrag zur Evolutionsforschung bei Kulturpflanzen. Kulturpflanze **36** (1988) 237–246.

SCHULTZE-MOTEL, J., R. FRITSCH, K. HAMMER, P. HANELT, J. KRUSE, H. I. MAASS, H. OHLE and K. PISTRICK: Taxonomy and evolution of cultivated plants: Literature review 1986/1987. Kulturpflanze **36** (1988) 571–592.

SCHWANNECKE, H.: Die Sojabohne – eine alte Kulturpflanze mit großer Zukunft. Urania **64** (1988) (Nr. 3) 64–67.

STEINBORN, G.: Verfahren zur Herstellung von stabilen rekombinanten Plasmiden. DDR-Patentanmeldung WP C12N/322 474 8.

STEINBORN, G., B. ADLER, J. HOFEMEISTER und G. KUNZE: Verfahren zur Herstellung von extrazellulären Enzymen, insbesondere von neutraler Protease. DDR-Patentanmeldung WP C12N/322 473 1.

SÜSS, K.-H.: Die Enzym-„Multis". Spectrum **19** (1988) (Nr. 4) 20–21.

TAKEHISA, S., N. KANAYA and R. RIEGER: Promutagen activation by *Vicia faba*: An assay based on the induction of sister-chromatid exchanges in Chinese hamster ovary cells. Mutat. Res. **197** (1988) 195–205.

TICHÁ, I., M. PEISKER and J. ČATSKÝ: Ontogenetic changes in the internal limitations to bean-leaf photosynthesis. 9. Intercellular carbon dioxide concentration. Photosynthetica, Praha **22** (1988) 70–75.

VUNKOVA-RADEVA, R., J. SCHIEMANN, R.-R. MENDEL, G. SALCHEVA and D. GEORGIEVA: Stress and activity of molybdenum-containing complex (molybdenum cofactor) in winter wheat seeds. Plant Physiol. **87** (1988) 533–535.

WÄHNER, M., A. BARTON und W. JANK: Untersuchungen zum Brunstverhalten und zur Fruchtbarkeitsleistung von ovulationssynchronisierten Sauen unterschiedlicher Wurfnummern dargestellt an Ergebnissen aus einer 1000er Sauenzuchtanlage. Tierzucht **42** (1988) 279–280.

WALTER, G., P. KRUSCHKE und J. SCHÖNEICH: Verfahren zur Herstellung von Vakzinen gegen das Maul- und Klauenseuche-Virus. DDR-Patentanmeldung WP GO1N/315 301 7.

WEBER, E. and R. MANTEUFEL: Storage globulins in barley grains. Biochemie u. Physiol. Pflanzen **183** (1988) 153–158.

WESCHKE, W., R. BASSÜNER, NONG VAN HAI, A. CZIHAL, H. BÄUMLEIN and U. WOBUS: The structure of a *Vicia faba* vicilin gene. Biochemie u. Physiol. Pflanzen **183** (1988) 233–242.

WOBUS, A. M.: Wachstumsfaktor-verwandte Proteine in *Drosophila* – neue Vorstellungen über die Regulation zellulärer Differenzierungsprozesse. Biol. Rdsch. **26** (1988) 161 bis 173.

WOBUS, A. M., R. GROSSE and J. SCHÖNEICH: Specific effects of nerve growth factor on differentiation pattern of mouse embryonic stem cells *in vitro*. Biomedica Biochim. Acta **47** (1988) 965–973.

WOBUS, U.: Ein zweiter genetischer Code? Humanitas **16** (1988) 10.

WOBUS, U.: Gentechnik: Umwelt- und Sozialverträglichkeit. Biol. Schule **37** (1988) 391–392.

Nachtrag zum Verzeichnis der Veröffentlichungen aus dem Institut 1987

BÄUMLEIN, H., R. BASSÜNER, R. JUNG, K. MÜNTZ, G. SAALBACH, W. WESCHKE und U. WOBUS: Verfahren zum Einführen von DNS-Sequenzen in das Genom von höheren Pflanzen. DDR-Patentanmeldung WP C12N/305 136 6.

BERIDZE, R., P. CHANEL'T (HANELT), R. FRITŠ (FRITSCH) and N. TARALAŠVILI: O naučnom sotrudničestve v izučenii i sochranenii genofonda aborigennych sortov i form kul'turnych rastenij Gruzii. Izvest. Akad. nauk Gruzinskoj SSR, Ser. Biol. **13** (1987) 287–288.

BRECHT, E. und B. CLAUS: Spektrometer. DDR-Patentanmeldung WP GO1J/305 142 1.

CHAMMER (HAMMER), K.: Sbor genetičeskich resursov rastenij v južnoj Italii. In: Genetičeskie resursy rastenij, ich izučenie i ispol'zovanie v selekcii. Sel'skochozjajstvennaja Akademija, Institut Introdukcii i Rastitel'nych Resursov, Sadovo (1987) 68–75.

CONRAD, U., G. WALTER, D. HELBING, R. MANTEUFFEL and J. SCHÖNEICH: Immunochemical differentiation of glucose phosphate isomerase (GPI) allozymes of the mouse. Biochem. Genetics **25** (1987) 739–754.

FREYE, E. und J. SCHOTTE: Wirkungsmechanismus von Bromoxynil. VEB Synthesewerk Schwarzheide. Kombinat SYS. SYS $67_{(R)}$. Herbizide. Information **6** (1987) 7–14.

GRAFE, R.: Verfahren zur *In-vitro*-Regeneration und -Vermehrung von Pflanzen. DDR-Patentanmeldung WP C12N/306 783 0.

HALLERMANN, H.-O., H. BIERSTEDT, R. HELD und R. JUNG: Zentrifuge für die Entwässerung von biologischem Material. DDR-Patentanmeldung WP BO4B/304 561 6.

HALLERMANN, H.-O. und H.-W. JANK: Wirbelschichtreaktor. DDR-Patent 260 233.

HAMMER, K.: A compilation of cultivated Solanaceae. Solanaceae Newsletter **2** (1987) (Nr. 5) 48–50.

HAMMER, K.: Medicinal plants in the Gatersleben genebank. Herba Hungarica **26** (1987) (Suppl. Nr. 2) 37–40.

HAMMER, K., P. PERRINO et D. PIGNONE: *Brassica rupestris* Rafin. (Cruciferae) specie nuova per la Calabria. Informatore Botanico Italiano **19** (1987) 181.

HELBING, D., R. MANTEUFFEL and J. PRZYBYLSKA: Comparative study of seed proteins in the genus *Pisum*. XII. Antigenic similarities of the S2 albumine fractions as revealed by a competitive enzyme-linked immunosorbent assay ELISA. Genetica Pol. **28** (1987) 244–250.

HERRMANN, H., D. JANKE, S. KREJSA and I. KUNZE: Involvement of the plasmid pPGH1 in the phenol degradation of *Pseudomonas putida* strain H. FEMS Microbiol. Letters **43** (1987) 133–137.

HOFEMEISTER, J., B. HOFEMEISTER, W. SPETER, M. LIEBSCHER und G. STEINBORN: Verfahren zur Synthese von Chymosin (II). DDR-Patentanmeldung WP C12N/307 394 1.

HOFEMEISTER, J., B. HOFEMEISTER, W. SPETER, M. LIEBSCHER und G. STEINBORN: Verfahren zur Synthese von Chymosin (III). DDR-Patentanmeldung WP C12N/307 395 8.

HÜLGENHOF, E. and R. SCHLEGEL: Karyotype reconstruction in hexaploid triticale and its consequences. Proc. Int. Triticale Symp., Sydney (1987) 160–177.

IOVTCHEV, G., H. NICOLOFF and R. RIEGER: Chromatin structure and mutation induction in rDNA. Molodežnaja konf. po genetike. Materialy tret'ej meždunarodnoj molodežnoj školy-konferencii po genetike, Varna 1986, Bolgarskaja Akad. nauk, Sofija (1987) 200–203.

JÄKEL, H.-P., G. WALTER und J. SCHÖNEICH: Verfahren zum Prüfen des Reifegrades der Eizelle eines Säugetieres. DDR-Patentanmeldung WP GO1N/309 917 1.

KNÜPFFER, H. (Compiler): European Barley List. – Vol. 1: Introduction. Vol. 2, Part 1: Cultivars, lines and special resources. Part 2: Collected material, unnamed accessions. Part 3: Wild species, species hybrids. Zentralinstitut für Genetik und Kulturpflanzenforschung, Gatersleben, International Board for Plant Genetic Resources, Roma (1987) 82+829 S.

KNÜPFFER, H., CHR. O. LEHMANN and F. SCHOLZ: Barley genetic resources in European genebanks: the European Barley Database. In: YASUDA, S., KONISHI, T. (Eds.): Barley Genetics V. Proc. 5th Int. Barley Genetics Symp., Okayama 1986. Okayama (1987) 75–82.

KUNZE, G., R. BODE und J. HOFEMEISTER: Verfahren zur Erzeugung und Selektion von transformierten Hefezellen. DDR-Patentanmeldung WP C12N/311 076 3.

LEHMANN, CHR. O.: Genbank Central'nogo Instituta Genetiki i Issledovanija Kulturnych Rastenij, g. Gatersleben – Istorija sozdanija, sovremennye zadači i resul'taty issledovanija genetičeskich resursov. In: Genetičeskie resursy rastenij, ich izučenie i ispol'zovanie v selekcii. Sel'skochozjajstvennaja Akdemija, Institut Introdukcii i Rastitel'nych Resursov, Sadovo (1987) 61–67.

MANTEUFFEL, R. and J. PRZYBYLSKA: Comparative study of seed proteins in the genus *Pisum*. XI. Immunological relationships of the S2 albumin fractions. Genetica Pol. **28** (1987) 81–88.

MOSKALENKO, A. A., N. JU. KUZNECOVA, O. MACHOLD i JU. E. EROCHIN: Sostav i nekotorye charakteristiki chlorofillbelkovych kompleksov v časticach, obogaščennych fotosistemoj II. Biochimija, Moskva **52** (1987) 934–942.

MÜLLER, A. J. und J. HOFEMEISTER: Verfahren zur Herstellung proteinogener Wirkstoffe. DDR-Patentanmeldung (1987) WP C12N/306 784 7.

RIEGER, R., A. MICHAELIS, H. NICOLOFF and K. GECHEFF: Effects of heat shock on aberration induction in *Vicia faba* and *Hordeum vulgare*. In: Experimental Mutagenesis in Plants. Proc. 2nd Int. Symp. on Experimental Mutagenesis in Plants, Plovdiv 1987, Bulgarian Acad. Sci., Sofija (1987) 294–301.

RIEGER, R., I. SCHUBERT and H. NICOLOFF: Heat shock and other stressors affect the induction of chromatid aberrations: 'Clastogenic adaptation' and its bearing on risk estimation from mutagenicity testing. Molodežnaja konf. po genetike. Materialy tret'ej meždunarodnoj molodežnoj skoly-konferencii po genetike, Varna 1986, Bolgarskaja Akad. nauk, Sofija (1987) 11–30.

SAALBACH, G., R. JUNG und K. MÜNTZ: Verfahren zur Herstellung von neuen Pflanzengenen. DDR-Patent A1 262 041.

SCHOLZ, F. and G. KÜNZEL: Hybrid barley–problems and advance, especially in developing genetic systems. In: YASUDA, S., KONISHI, T. (Eds.): Barley Genetics V. Proc. 5th Int. Barley Genetics Symp., Okayama 1986. Okayama (1987) 937–943.

SCHOLZ, G. und M. GRÜN: Verfahren zur Wachstumsförderung bei höheren Pflanzen. DDR-Patent A1 261 950.

SCHUBERT, V., W.-D. BLÜTHNER and R. SCHLEGEL: N-banding and Feulgen karyogram of *Aegilops markgrafii* (Greuter) Hammer var. *markgrafii*. Cereal Res. Commun. **15** (1987) 317–320.

SCHULTZE-MOTEL, J.: Stichworte „Kulturpflanzen“. In: HERMANN, J. (Hrsg.) in Verbindung mit H. QUITTA, H. KLENGEL, J. IRMSCHER und I. SELLNOW: Lexikon früher Kulturen. 2 Bände. 2. Aufl. Leipzig (1987).

D. Vorträge von Mitarbeitern bei wissenschaftlichen Veranstaltungen anderer Institutionen

Dr. ADLER, B.: Excisionsmechanismus des Transposons Tn917 in *Bacillus subtilis*. – Poster anläßlich des 18. Jahrestages der Biochemischen Gesellschaft der DDR, Neubrandenburg, 13. bis 15. Januar 1988 (14. Januar 1988).

– Genaustausch innerhalb von Bakterienpopulationen unter natürlichen Bedingungen. – Symposium der Gesellschaft für Allgemeine und Technische Mikrobiologie, Kloster/Hiddensee, 11. bis 14. September 1988 (14. September 1988).

Dr. ADLER, K.: Präparation von Pflanzensamen für die Rasterelektronenmikroskopie. – Arbeitstagung „Rasterelektronenmikroskopie in Medizin und Biologie", Jena (20. April 1988).

Dr. sc. APEL, P.: The rising CO_2 content and plant growth and development. – Prag, ČSSR (22. März 1988).

– Photosynthese und Ertragsbildung. – Urania, Berlin (10. Mai 1988).

– Konzepte und Methoden der Streßforschung – ein Überblick über ausgewählte Teilaspekte. – Weiterbildungsveranstaltung „Entwicklungsphysiologische Aspekte und Möglichkeiten der Gefäßversuchstechnik zur Beurteilung von Ertragspotential und Ertragssicherheit bei verschiedenen Kulturpflanzenarten". – Bernburg, 9. und 10. November 1988 (10. November).

Dr. sc. BASSÜNER, R.: Recombinant DNA techniques applied to the molecular characterization of an unknown seed protein of field bean (*Vicia faba* L.) and the construction of new plant expression cassettes. – 4. Jugendkonferenz für Genetik, Varna, VR Bulgarien (20. September 1988).

Dr. sc. BÄUMLEIN, H.: Tissue specific expression of plant storage protein genes. – Kolloquium am Laboratorium für Genetik der Universität Gent, Belgien (8. September 1988).

Dr. BECKER, K.: Transfer frühembryonaler Zellen in die Blastocyste der Hausmaus – Möglichkeiten zur Schaffung von Tiermodellen für Erbkrankheiten des Menschen. – 5. Wissenschaftliche Gemeinschaftstagung über Versuchstierkunde „Übertragung tierexperimenteller Ergebnisse auf die Zielspezies", Leipzig, (11. März 1988).

– Genetische Manipulation bei Säugetieren – Bedeutung für Grundlagenforschung und Humanmedizin. – Weiterbildungsveranstaltung des Kreiskrankenhauses, der Poliklinik und der Poliklinik für Stomatologie, Staßfurt (14. September 1988).

Dr. BLÜTHNER, W. D., Dipl.agr.ing. V. SCHUBERT and Prof. Dr. D. METTIN: Instability in amphidiploids and backcross derivates of a *T. aestivum* × *Ae. caudata* cross. – Poster presented at the 7th Intern. Wheat Genetics Symposium, Cambridge, England, 13.–19. Juli 88.

Dr. BÖRNER, A.: Gibberellin-Insensitivität – eine Frühselektionsmethode für Kurzstrohgene bei Weizen, Roggen und Triticale. – Klausurtagung der Züchtergemeinschaft Triticale, Allrode, 25. bis 28. Januar 1988 (27. Januar 1988).

– Charakterisierung von Gramineen-Genotypen mit unterschiedlicher Pflanzenlänge mittels Gibberellin-Reaktion und deren genetische Nutzung. – Tag des jungen Wissenschaftlers, Forschungsbereich Biowissenschaften und Medizin der Akademie der Wissenschaften der DDR, Berlin (1. Dezember 1988).

– und Prof. Dr. D. METTIN (vorgetragen von Dr. A. BÖRNER): Charakterisierung von Gramineen-Genotypen mit unterschiedlicher Halmlänge mittels GA-Reaktion und deren Nutzung für genetische Analysen. – Vortragstagung „125 Jahre Landwirtschaftliches Institut", Martin-Luther-Universität, Halle, 5. bis 7. Juli 1988 (5. Juli 1988).

– und Prof. Dr. D. METTIN (vorgetragen von Prof. Dr. D. METTIN): The genetic control of gibberellic acid insensitivity of the wheat variety Ai-bian 1.–7th International Wheat Genetics Symposium, Cambridge, Großbritannien, 13. bis 19. Juli 1988 (15. Juli 1988).

Prof. Dr. BRAUN, R.: Mutagenic and carcinogenic effects of biotransformation. Assays for detection of genotoxicity. – 5th International Bucher Symposium "Oxidoreductasea and their Perspectives in Application", Berlin, 4. bis 8. Dezember 1988 (8. Dezember 1988).

– Grundlagen der genetischen Toxikologie. – Lehrgang „Medizinische Toxikologie", Berlin, 14. bis 18. November 1988 (16. November 1988).

Dr. BRECHT, E., A. KALPEN, Dr. R. KOEPP, Dr. habil. G. SCHOLZ und Dr. M. SENONER: Charakterisierung der Lichtreaktion einer Nicotianamin-Mangelmutante von *Lycopersicon esculentum* Mill., durch stationäre und zeitauflösende Fluoreszenztechniken. – Poster anläßlich der 5. Arbeitstagung der Sektion Physiologie und Biochemie der Pflanzen, Arbeitsgruppe Photosynthese, der Biologischen Gesellschaft der DDR „Photosynthese und Umweltabhängigkeit der Photosynthese von exogenen Faktoren", Egsdorf, 5. bis 8. April 1988 (7. April 1988).

– und Dr. H. SCHULZ (vorgetragen von Dr. E. BRECHT): Vergleich spektroskopischer Verfahren zur Früherkennung SO_2-induzierter Schädigungen von Koniferen. – 5. Arbeitstagung der Sektion Physiologie und Biochemie der Pflanzen, Arbeitsgruppe Photosynthese, der Biologischen Gesellschaft der DDR, Egsdorf, 5. bis 8. April 1988 (7. April 1988).

– and Dr. H. SCHULZ (vorgetragen von Dr. E. BRECHT): Early responses of conifers to sulfur dioxide as studied by optical spectroscopy. – 25th RGW-Symposium „Bioenergetics, Structure and Function of the Photosynthetic Apparatus", Tolbukhin, VR Bulgarien, 10. bis 15. Oktober 1988 (13. Oktober 1988).

Dipl.-Biol. EISENREICH, G. und Dr. R. GRAFE (vorgetragen von G. EISENREICH): *In-vitro*-Pflanzenregeneration bei *Vicia faba*.– Bernburg-Strenzfeld, 2. bis 3. Dezember (2. Dezember 1987).

Lic. ESQUIVEL, M. and Dr. K. HAMMER (vorgetragen von Dr. K. HAMMER): The cultivated species of the Solanaceae family in Cuba. – III. International Solanaceae Congress, Bogotá, Kolumbien (25. Juli 1988).

Dr. FRANK, R.: Genotyp-bedingte Unterschiede in der Anlage von Ährchenprimordien bei Sommergerste. – Weiterbildungsveranstaltung „Erarbeitung und Nutzung züchterischer und verfahrenstechnischer Fortschritte für hohe, stabile Erträge", Bernburg, 10. und 11. Februar 1988 (11. Februar 1988).

– Photosynthese von Gerstenjungpflanzen bei erhöhter CO_2-Konzentration und unterschiedlicher NO_3-Versorgung. – Poster anläßlich der 5. Arbeitstagung der Sektion Physiologie und Biochemie der Pflanzen, Arbeitsgruppe Photosynthese, der Biologischen Gesellschaft der DDR „Photosynthese und Umweltabhängigkeit der Photosynthese von exogenen Faktoren", Egsdorf, 5. bis 8. April 1988.

– Genotypic variation of ear development in spring barley. – Internationale Tagung der AdW der sozialistischen Länder „Biogenese, Struktur und Funktion des Photosyntheseapparates", Tolbuchin, VR Bulgarien, 10. bis 15. Oktober 1988 (11. Oktober 1988).

– Wirkung von erhöhter CO_2-Konzentration und unterschiedlicher Stickstoffversorgung auf Ährenentwicklung und Ertrag. – Weiterbildungsveranstaltung „Ertragsphysiologische Aspekte und Möglichkeiten der Gefäßversuchstechnik zur Beurteilung von Ertragspotential und Ertragssicherheit bei verschiedenen Kulturpflanzenarten", Bernburg, 9. und 10. November 1988 (9. November 1988).

– Nutzung genetischer Inhomogenität bei Sommergerste zur Selektion unter erhöhter CO_2-Konzentration. – 39. Arbeitstagung der Saatzuchtleiter „Inhomogenität bei Selbstbestäubern, Fremdbestäubern und Klonen", Gumpenstein, Irdning, Österreich, 22. bis 24. November 1988 (23. November 1988).

Dr. FRITSCH, R.: Pflanzen und Landschaften in West-Georgien und Tadshikistan. – Thüringische Botanische Gesellschaft, Jena (6. Februar 1988).

– Current state in bryophyte chromosome counts 1988–a statistics. – VI Meeting of Central and East European Bryological Working Group, Liblice, ČSSR, 12. bis 17. September 1988 (14. September 1988).

Prof. Dr. GILL, B. S., Dr. F. LU, Prof. Dr. R. SCHLEGEL and Prof. E. R. ENDO (vorgetragen von Prof. B. S. GILL): Toward a cytogenetic and molecular description of wheat chromosomes. – 7th Internat. Wheat Genetics Symposium, Cambridge, England, 13. bis 19. Juli 1988 (15. Juli 1988).

Dipl.-Biol. GLADIS, TH.: Die Genbank Gatersleben. – 11. Jahrestagung der Arbeitsgruppe Agrargeschichte/Agrarmuseen, Radebeul, 31. Oktober bis 4. November 1988 (1. November 1988).

Dr. GRAFE, R.: *In vitro* selection of mutants. – Cell Biology Course des Instituts f. Physiol. Botanik der Universität Lund, Schweden, 1. bis 5. Februar 1988 (4. Februar 1988).

– Genetic complementation of nitrate reductase deficient mutants of tobacco via protoplast fusion. – Cell Biology Course des Instituts f. Physiol. Botanik der Universität Lund, Schweden, 1. bis 5. Februar 1988 (5. Februar 1988).

– Aktuelle Aspekte der Nutzung der somatischen Hybridisierung in der Pflanzenzüchtung. – Weiterbildungsveranstaltung der Biol. Gesellschaft der DDR und der AdL der DDR, Bernburg-Strenzfeld, 23. und 24. Februar 1988 (23. Februar 1988).

– Die Stickstoffernährung der morphogenetischen Mesophyllprotoplastenkultur von *Nicotiana*. – Vortragstagung der PH Potsdam und der Biol. Gesellschaft der DDR, Potsdam, 30. Mai bis 3. Juni 1988 (1. Juni 1988).

Dr. HAMMER, K.: Neue Tendenzen in der Systematik der Triticeae unter besonderer Berücksichtigung von *Secale*. – Kolloquium am Institut für Pflanzenzüchtung, Gülzow-Güstrow (9. Februar 1988).

– Sammlung pflanzlicher genetischer Ressourcen in Kuba. – Gesellschaft für Natur und Umwelt, Gülzow (9. Februar 1988).

– The domestication syndrome. – Kolloquium am INIFAT, Santiago de las Vegas, Republik Kuba (4. April 1988).

– The plant genetic resources of Cuba. – Kolloquium am INIFAT, Santiago de las Vegas, Republik Kuba (5. April 1988).

– Plant genetic resources – collection, maintaining and evaluation. – Seminar an der INCCA-Universität, Bogotá, Kolumbien (7. Juli 1988).

– Wild plants in genebanks. – Seminar an der INCCA-Universität Bogotá, Kolumbien (19. Juli 1988).

– The Gatersleben genebank. – Kolloquium aus Anlaß der 450 Jahrfeier von Bogotá, Botanischer Garten Bogotá, Kolumbien (3. August 1988).

– Erhaltung von Kulturpflanzen durch Anlage von Genreserven. – Arbeitsberatung mit Präsidiumsmitgliedern der Internationalen Vereinigung der Landwirtschaftsmuseen (AIMA), Diesdorf, 7. bis 12. November 1988 (9. November 1988).

Dr. HANELT, P.: Botanische Eindrücke aus Dalmatien. – Jahrestagung des Floristischen Arbeitskreises Nordharz und Vorland des Kulturbundes der DDR, Halberstadt (27. Februar 1988).

– Gatersleben – Bilder aus unserer Umwelt. – Vortragsabend der Gesellschaft für Natur und Umwelt, Gatersleben (19. April 1988).

– Bilder aus asiatischen Schutzgebieten (Kaukasus, Mittelasien, Mongolei, Korea). – Kulturbund der DDR, Klub der Intelligenz „B. Heller", Wernigerode (5. Mai 1988).

– Taxonomic problems in the genus *Allium* – some results from the Gatersleben institute. – Kolloquien des Kunming Institute of Botany, Academia Sinica, Kunming, VR China (1. August 1988).

– Taxonomische Untersuchungen in der Gattung *Allium* L. – Festkolloquium aus Anlaß des 60. Geburtstages von Dr. K. WERNER, Sektion Biowissenschaften der Martin-Luther-Universität, WB Geobotanik und Botanischer Garten, Halle (23. November 1988).

Dr. sc. HOFEMEISTER, J.: Gezielte Beeinflussung mikrobieller Produktsynthesen durch Gentechnik. – 18. Jahrestagung der Biochemischen Gesellschaft der DDR, Neubrandenburg, 13. bis 15. Januar 1988 (13. Januar 1988).

– Enhanced enzyme production by genetically engineered *Bacillus* strains. – Exportausstellung der DDR in der VR China, Peking, 13. bis 22. April 1988 (14. April 1988).
– Einsatz der Gentechnik in der Biotechnologie. – Kursus für Naturwissenschaftler „INTSEM" der Martin-Luther-Universität, Halle, 13. bis 17. Juni 1988 (15. Juni 1988).
Dipl.agr.ing. HOUBEN, A., Prof. Dr. sc. R. SCHLEGEL, Dr. R. AHNE, Dipl.ing. N. LAUMER und Dipl.math. P. HUHN (vorgetragen von Dipl.agr.ing. A. HOUBEN): Chromosomen-Banding und interaktive computergestützte Mikroskopbildanalyse zur Erstellung eines internationalen Standardkaryogramms des hexaploiden Weizens, *Triticum aestivum* L. – Vortragstagung '125 Jahre Landwirtschaftliches Institut', Martin-Luther-Universität, Halle, 5. bis 7. Juli 1988 (5. Juli 1988).
Dr. HÜLGENHOF, E.: Heterochromatin und Chromosomenpaarung. – Kolloquium am Institut für Züchtungsforschung der AdL, Quedlinburg (25. Februar 1988).
Dr. HÜTTNER, E., Prof. Dr. R. BRAUN und Dipl.-Biol. U. MERGNER: Autoradiographic demonstration of HPRT variants in spleen cells of mice and human peripheral lymphocytes. – Poster, presented at the 18th Annual Meeting of the EEMS, Varna, VR Bulgarien, 3. bis 8. Oktober 1988 (6. Oktober 1988).
– Detection of HGDRT deficient lymphocytes in mice. – Kolloquium am Institut für Humangenetik der PAN, Poznań, Polen (14. Juni 1988).
Dr. KNÜPFFER, H.: Die Europäische Gerstendatenbank des ECP/GR. – Tagung der Arbeitsgemeinschaft Faktographische Information in der Biotechnologie der Akademie der Wissenschaften der DDR, Berlin (29. September 1988).
Dr. KRUSE, J.: Variabilität von Testa-Skulpturen in der Gattung *Allium*. – Vortragstagung „Morphologie der Blüten, Früchte und Samen", Biologische Gesellschaft der DDR, Sektion Geobotanik und Phytotaxonomie, Mühlhausen, 20. bis 21. April 1988 (21. April 1988).
Dr. sc. KUNZE, G.: Möglichkeiten und Methoden der Gentechnik zur Manipulation von Hefestämmen. – 16. Wissenschaftlich-technisches Kolloquium der Gärungs- und Getränkeindustrie, Berlin (10. Februar 1988).
– Konstruktion von amylolytischen *S. cerevisiae*-Stämmen. – Kursus für Naturwissenschaftler „INTSEM" der Martin-Luther-Universität, Halle, 13. bis 17. Juni 1988 (15. Juni 1988).
– Gentechnische Manipulation von Industriehefen. – 2. Köthener Biotechnologie-Kolloquium, Köthen, 14. bis 16. September 1988 (14. September 1988).
– Transpossible Elemente bei Hefen. – Tagung „Transpossible Elemente", Halle (19. Oktober 1988).
Dr. KÜNZEL, G.: Auslösung von Gen- und Chromosomenmutationen bei Kulturpflanzen: gegenwärtig geläufige Mutagene, ihre Vor- und Nachteile. – Weiterbildungsveranstaltung „Wege zur Steigerung der Variabilität bei Pflanzen", Sektion Genetik der Biologischen Gesellschaft der DDR und AdL der DDR, Bernburg, 23. bis 24. Februar 1988 (23. Februar 1988).
– Translokationsheterozygotie als Quelle für Trisomien und Effekte von Zusatzchromosomen auf die phänotypische Variabilität bei Gerste. – 2. Arbeitstagung der Arbeitsgemeinschaft 'Cytogenetik' der Sektion Züchtungsforschung der AdL, Quedlinburg, 8. bis 9. November 1988 (8. November 1988).
Dr. LEHMANN, C. O.: Sammlung genetischer Ressourcen von Gerste in Äthiopien. – Klausurtagung der Züchtergemeinschaft Wintergerste, Biendorf, 11. bis 15. April 1988 (13. April 1988).
– The Gatersleben gene bank – Collection of plant genetic resources. – Symposium "Study and conservation of germplasm of cultivated plants", Prag (26. Oktober 1988).
– and Dr. G. PROESELER (vorgetragen von Dr. C. O. LEHMANN): Evaluation of the Gatersleben barley collection for reaction to barley yellow mosaic virus (BaYMV). – Arbeitsberatung über Ermittlung von Quellen und Schaffung von Donoren für die wichtigsten züchterischen Eigenschaften landwirtschaftlicher Kulturpflanzen, Sadovo, VR Bulgarien, 1. bis 3. November 1988 (1. November 1988).
Dr. sc. LEUPOLD, D., Dr. H. STIEL, Prof. Dr. P. HOFFMANN and Dr. E. BRECHT: Once again – Substructure of the red absorption band of chlorophyll *in vivo*. – Poster on

the 25th RGW-Symposium "Bioenergetics, Structure and Function of the Photosynthetic Apparatus", Tolbukhin, VR Bulgarien, 10. bis 15. Oktober 1988 (12. Oktober 1988).

Dr. MAASS, H.: Reiseeindrücke aus Batumi. – Dorfklub Hausneindorf (13. Oktober 1988).

Dr. MASOJIDEK, J., Prof. Dr. O. MACHOLD, Dr. E. BRECHT and Dr. L. NEDBAL: Chlorophyll-protein composition of photosystem II from thermophilic cyanobacterium *Synechococcus elongatus*. – Poster on the 5th European Bioenergetics Conference, Aberystwyth/Wales, Great Britain, 20. bis 27. Juli 1988.

Dr. sc. MEISTER, A. and Dipl.-Chem. H. BÜNGER: Aromatic ring type analysis of high boiling petroleum distillats by HPLC with multi-wavelength detection and curve resolution. – Poster presented at the IV. Conference Correlation Analysis in Organic Chemistry, Poznań, VR Polen, 18. bis 23. Juli 1988.

Dr. sc. MENDEL, R. R.: Gentransferverfahren für Getreide. – Kolloquium an der Sektion Biologie, Humboldt-Universität, Berlin (12. Januar 1988).

– Gentransferverfahren für Getreide – eine Übersicht. – Interdisziplinäre Arbeitsgemeinschaft Genetik der Martin-Luther-Universität, Halle (26. Januar 1988).

– Gentechnische Manipulation von Kulturpflanzen – gegenwärtiger Stand und Perspektiven. – Kolloquium am Institut für Pflanzenernährung der AdL, Jena (18. März 1988).

– Möglichkeiten des Gentransfers bei Kulturpflanzen. – Kolloquium am Wissenschaftsbereich Botanik, Pädagogische Hochschule „Karl Liebknecht", Potsdam (24. März 1988).

– Transient gene expression in electroporated protoplasts of higher plants. – Kolloquium am Institut für Biophysik der ČSAV, Brno, ČSSR (27. April 1988).

– Transient gene expression in electroporated protoplasts of barley, sugar beet and *N. plumbeginifolia*. – Kolloquium am Institut für Molekulargenetik der AdW der UdSSR, Moskau, UdSSR (27. Juni 1988), Seminar am Institut für Pflanzenphysiologie der AdW der UdSSR, Moskau, UdSSR (28. Juni 1988), Seminar am Institut für Allgemeine Genetik der AdW der UdSSR, Moskau, UdSSR (30. Juni 1988), Seminar am Institut für Molekularbiologie der AdW der UdSSR, Moskau, UdSSR (1. Juli 1988), Kolloquium am Institut für Cytologie und Genetik der AdW der UdSSR, Nowosibirsk, UdSSR (6. Juli 1988), Kolloquium am Institut für Botanik der Ukrainischen AdW, Kiew, UdSSR (8. Juli 1988).

– Klonieren in pflanzlichen Zellen. – Weiterbildungsveranstaltung zur Ausbildung von Fachwissenschaftlern für Biotechnologie und Gentechnik am Zentralinstitut für Mikrobiologie und Experimentelle Therapie der AdW der DDR, Jena (25. November 1988).

– Gentechnisch erzeugte Virusresistenz bei Pflanzen. – Kolloquium am Wissenschaftsbereich Pflanzenphysiologie der Sektion Biowissenschaften der Karl Marx-Universität, Leipzig (6. Dezember 1988).

–, Dr. B. MÜLLER and W. HESS (vorgetragen von Dr. sc. R. R. MENDEL): Expression von Fremdgenen in Protoplasten der Gerste, Zuckerrübe und *N. plumbaginifolis*. – Wissenschaftliche Vortragstagung „Verbesserung von Kulturpflanzen durch biotechnische Verfahren", Potsdam (2. Juni 1988).

–, – and Dr. A. TEWES: Transient gene expression in protoplasts of barley, sugar beet and *N. plumbaginifolia*: comparison of six promoters. – Poster presented at the 2nd Nordic Symposium on Cell and Tissue Culture, Helsingør, 9. bis 10. September 1988, at the Eucarpia-Congress, Kopenhagen, 11. bis 16. September 1988 and at the International Congress "Genetic Manipulation in Plant Breeding", Helsingør, Dänemark (13. September 1988).

Prof. Dr. METTIN, D.: Genetischer Informationstransfer mittels chromosomaler Manipulationen – neuere Erkenntnisse bei den Triticinae. – Klasse Biowissenschaften der AdW der DDR, Berlin (21. Januar 1988).

–, Dr. G. SCHLEGEL and Dr. CHR. O. LEHMANN (vorgestellt von Prof. Dr. D. METTIN): Instability of blue grain colour in common wheats, *T. aestivum* L. – Poster anläßlich des 16th Internat. Congress of Genetics, Toronto, Kanada, 20. bis 27. August 1988.

Dr. habil. MÜLLER, A. J.: Chromosomal localization and genetic stability of transferred foreign genes in higher plants. – Kolloquium am Institut für molekulare Genetik der AdW der UdSSR, Moskau (18. April 1988).
– Gentransfer für die Pflanzenzüchtung – ein kritischer Bericht. – Tagung der AG „*In-vitro*-Technik" der AdL, Klein Wanzleben (4. Mai 1988).
– Meiotische Instabilität von transgenen Pflanzen. – Wissenschaftliche Vortragstagung „Verbesserung von Kulturpflanzen durch biotechnische Verfahren", Potsdam (2. Juni 1988).
– Progeny analysis of transgenic tobacco plants produced by *Agrobacterium*-mediated transformation. – Kolloquium am Biologischen Forschungszentrum der Ungarischen AdW, Szeged (8. Juni 1988).
– Differential response of *in vivo* and *in vitro* nitrate reductase activities to gene dosage in tobacco. – Kolloquium am INRA, Laboratoire de Biologie Cellulaire, Versailles, Frankreich (3. Oktober 1988).
Prof. Dr. MÜNTZ, K.: Reserveproteine höherer Pflanzen: Struktur und Strukturmodifikation mit gentechnischen Mitteln. – Kolloquium der Sektion Biologie, Ernst-Moritz-Arndt-Universität, Greifswald (10. Februar 1988).
– Regulation der Genexpression in reifenden Samen. – Wissenschaftliche Konferenz zur Biochemie, Physiologie und Ökologie der Reifung und Keimung von Getreide, Pädagogische Hochschule Güstrow, 11. und 12. Februar 1988 (11. Februar 1988).
– Was kann Gentechnik bei Pflanzen? – Kolloquium an der Pädagogischen Hochschule Magdeburg (3. Mai 1988).
– Gentechnische Analyse und Modifikation von Reserveproteinen. – Wissenschaftliche Tagung „Verbesserung von Kulturpflanzen mit biotechnologischen Verfahren", Potsdam, 30. Mai bis 3. Juni 1988 (1. Juni 1988).
– Engineering of plant storage protein genes: present research and future prospects. – Kolloquium am Institut für Experimentelle Botanik der CSAV, Ceske Budejovice (7. Juli 1988).
– Engineering pflanzlicher Samenproteine. Kolloquium am VE Forschungszentrum für Biotechnologie, Berlin (14. September 1988).
– Structure and formation of globulins in field bean seeds (*Vicia faba* L. var. *minor*). – Kolloquium an der Universität Mailand, Abt. Science Moleculari Agroalimentari, Mailand, Italien (22. September 1988).
– Structure, modification and transfer of 12S globulin genes from field bean (*Vicia faba* L. var. *minor*). – Kolloquium an der Universität Mailand, Institut für Genetik, Mailand, Italien (23. September 1988).
– An unknown type of protein is specified by the most abundant mRNA of developing field bean seeds (*Vicia faba* L. var. *minor*). – Kolloquium beim National Research Council of Italy, Istituto Biosintesi Vegetali, Mailand, Italien (23. September 1988).
– Genetic engineering of plant storage proteins: Present research and future prospects. – Internat. Workshop "Advanced Technologies for Increased Agricultural Production: Actual Situation, Future Prospects and Concrete Possibilities of Application in the Developing Countries", Santa Margherica Ligure, Italien, 25. bis 29. September 1988 (27. September 1988).
– Plant storage protein engineering. – 1st Joint Seminar Academy of Sciences of the GDR and National Academy of Sciences of the USA "Biological Research Priorities", Berlin, 17. bis 19. Oktober 1988 (17. Oktober 1988).
– Gentechnik an pflanzlichen Samenproteinen: Gegenwärtiger Stand und Aussichten. – Kolloquium im Institut für Biochemie, Universität Greifswald, Greifswald (20. Oktober 1988).
–, Prof. Dr. J. DEHNE, Prof. Dr. H. LEIKE und Prof. Dr. D. METTIN (vorgetragen von Prof. Dr. D. METTIN): Erhöhung der Qualität der Samenproteine bei Gerste und Ackerbohne mittels gentechnischer Manipulation als Beitrag zur Verbesserung des Eigenaufkommens an Eiweißen in der DDR. – Plenartagung der AdL der DDR, Berlin, 27. bis 29. April 1988 (28. April 1988).
–, Prof. Dr. U. WOBUS, Dr. sc. H. BÄUMLEIN, Dr. C. HORSTMANN, Dr. R. JUNG, Dr. R. MANTEUFFEL, Dr. G. SAALBACH and Dr. I. SAALBACH (vorgetragen von Prof. Dr. K.

MÜNTZ): Structure, *in vitro* mutation and transfer of seed protein genes from field bean (*Vicia faba* L. var. *minor*). – Symposium 15 "Organization and cloning of plant chloroplast and nuclear genes", 14. Internationaler Biochemikerkongreß, Prag, ČSSR (11. Juli 1988).

Dipl.Bio.Chem. NONG VAN HAI, Dr. sc. R. BASSÜNER, Dr. sc. H. BÄUMLEIN, Prof. Dr. U. WOBUS and Prof. Dr. K. MÜNTZ: Construction of chimeric genes for identifying signals responsible for intracellular storage protein sorting in plants. – Poster anläßlich der 4. Jugendkonferenz für Genetik, Varna, VR Bulgarien, 19. bis 22. September 1988.

Dr. sc. PEISKER, M.: Zur Sauerstoffabhängigkeit der CO_2-Kompensationskonzentration bei Pflanzen unterschiedlichen Photosynthesetyps. – 5. Arbeitstagung der Sektion Physiologie und Biochemie der Pflanzen, Arbeitsgruppe Photosynthese, der Biologischen Gesellschaft der DDR „Photosynthese und Umweltabhängigkeit der Photosynthese von exogenen Faktoren", Egsdorf, 5. bis 8. April 1988 (5. April 1988).

– Zur Ammoniak-Kompensationskonzentration von C_3- und C_4-Pflanzen. – Poster anläßlich der 5. Arbeitstagung der Sektion Physiologie und Biochemie der Pflanzen, Arbeitsgruppe Photosynthese, der Biologischen Gesellschaft der DDR „Photosynthese und Umweltabhängigkeit der Photosynthese von exogenen Faktoren", Egsdorf, 5. bis 8. April 1988 (5. April 1988).

– A model of CO_2 compensation concentration in C_3–C_4 intermediate plants considering compartimentation of glycine decarboxylase. – Seminar am Lehrstuhl für Pflanzenphysiologie der Karlsuniversität, Prag, ČSSR (3. November 1988).

–, Dr. VACLAVIK and Dr. I. TICHA: Stomatal and nonstomatal contributions to changes in net CO_2 uptake rate. – Seminar am Lehrstuhl für Pflanzenphysiologie der Karlsuniversität, Prag, ČSSR (2. November 1988).

Dr. PISTRICK, K.: Zwischen Kaukasus und Schwarzem Meer – Reiseeindrücke aus Georgien. – Vortragsreihe des Kulturbundes der DDR im Klub „Adam Olearius", Aschersleben (27. Januar 1988).

Prof. Dr. RIEGER, R.: Heat shock prior to mutagen treatment may result in protection against induction of chromatid structural changes in higher plants. – Symposium "Molecular Mechanisms of Plant Stress", Wohldenberg b. Hildesheim, BRD, 14. bis 19. Februar 1988 (15. Februar 1988).

– Clastogene Adaptation und Hitzeschockprotektion bei *Vicia faba*. – 11. Tagung der BRD-Gesellschaft für Umweltmutationsforschung, Mainz, BRD (13. Oktober 1988).

– Hitzeschock als Auslöser von Schutzfunktionen gegen die Entstehung von chromatidalen Strukturumbauten. – Institut für Säugergenetik und Laboratorium für Mutagenitätstestung der Universität Darmstadt, BRD (17. Oktober 1988).

– Über induzierbare Schutzfunktionen gegen chromatidale Strukturumbauten bei Eukaryoten: Clastogene Adaptation und Hitzeschockprotektion. – Institut für Anthropologie und Humangenetik der Universität Heidelberg, BRD (19. Oktober 1988).

– Protektive Wirkungen niedriger Mutagendosen. – Institut für Humangenetik und Anthropologie der Universität Düsseldorf, BRD (25. Oktober 1988).

– Induzierbare Reparaturprozesse von DNA-Schäden als Ursache von adaptiven, zellulären Antworten und Schutzwirkung gegen Mutagene. – Institut für Genetik der Universität Essen, BRD (27. Oktober 1988).

Dr. SCHIEMANN, J.: Variabilität durch Gentransfer. – Weiterbildungsveranstaltung der Sektion Genetik der Biologischen Gesellschaft der DDR und der AdL der DDR „Wege zur Steigerung der Variabilität bei Pflanzen", Bernburg-Strenzfeld (23. Februar 1988).

– First attempts to establish gene transfer in sugar beet. – Internationaler Kurs für pflanzliche Biotechnologie des Zentrallabors für Gentechnik, Kostinbrod, VR Bulgarien (3. Juni 1988).

– Gentechnische Manipulation von Pflanzen. – Zingster Sommerschule des Arbeitskreises Ökologie der Karl-Marx-Universität Leipzig „Umweltprobleme bei der Einführung von Biotechnologien", Zingst (24. August 1988).

Prof. Dr. SCHLEGEL, R.: Stand und Möglichkeiten der Nutzung gentechnischer Methoden in der Pflanzenzüchtung. – Klausurtagung der Züchtergemeinschaft 'Roggen' der DDR, Borkow (Sternberg), 18. bis 22. Januar 1988 (19. Januar 1988).

– Cytogenetics of the wheat-rye complex. – Kolloquium am Institute of Plant Science Research, AFRC, Cambridge, England (27. Juli 1988).
– Das Roggengenom – seine genetische und züchterische Bedeutung für den hexaploiden Weizen. – Kolloquium am Institut für Getreideforschung Bernburg-Hadmersleben, Bernburg (26. November 1988).
– and Dr. R. Kynast (vorgetragen von Dr. R. Kynast): Alien chromosome/gene transfer from hexaploid wheat into diploid rye. – EUCARPIA Symposium on Rye Breeding and Breeding Research, Leningrad, UdSSR, 4. bis 9. Juli 1988 (5. Juli 1988).
– and Dr. R. Kynast (vorgetragen von Prof. Dr. R. Schlegel): Wheat chromosome 6B compensates genetical information of diploid rye. – 7th Internat. Wheat Genetics Symposium, Cambridge, England, 13. bis 19. Juli 1988 (14. Juli 1988).
– and Dr. R. Kynast (vorgestellt von Prof. Dr. R. Schlegel): Alien chromosome/gene transfer from hexaploid wheat into diploid rye. – Poster anläßlich des Internat. Congress on Genetic Manipulation in Plant Breeding, Helsingør, Dänemark, 11. bis 16. September 1988 (14. September 1988).
–, Dr. J. W. Snape, Dipl.agr.ing. A. Houben, Dipl.math. P. Huhn and Dr. R. Ahne: A standard karyotype of hexaploid wheat 'Chinese Spring' established by di-haploidization and computerized chromosome analysis. – Poster anläßlich des 7th Internat. Wheat Genetics Symposium, Cambridge, England, 13. bis 19. Juli 1988 (16. Juli 1988).
Dr. Scholz, F. und Dr. G. Künzel (vorgetragen von Dr. F. Scholz): Hybridgerste – Probleme und Möglichkeiten bei der Entwicklung genetischer Systeme. – Vortragstagung '125 Jahre Landwirtschaftliches Institut der Martin-Luther-Universität Halle – Wittenberg', Halle, 5. bis 7. Juli 1988 (6. Juli 1988).
Dr. habil. Scholz, G.: Regulation der Eisenaufnahme durch Pflanzen und Mikroorganismen. – Gastvorlesung an der Humboldt-Universität Berlin, Sektion Biologie (25. Mai 1988).
Prof. Dr. Schöneich, J.: Zellbiologische und genetische Manipulationen bei Säugetieren und ihre eventuelle Anwendung beim Menschen. – Interdisziplinäres Seminar für wissenschaftlichen Nachwuchs an der Karl-Marx-Universität, Kurs „Humane Reproduktion", Leipzig (3. März 1988).
– Zur Aussage der Chromosomenabberationsrate in somatischen Zellen. – Jahrestagung der Arbeitsgemeinschaft „Klinische Genetik" in Zusammenarbeit mit den Arbeitsgemeinschaften „Zytogenetik" und „Humangenetische Beratung", Altenburg, 19. bis 21. April 1988 (19. April 1988).
– Neuere Ergebnisse der Humangenetik. – Weiterbildungsveranstaltung der Ärzte des Kreiskrankenhauses Aschersleben, Aschersleben (28. April 1988).
– Gentherapie. – Seminar INTSEM, Leipzig (16. Juni 1988).
– Möglichkeiten des Einsatzes episomaler Plasmide in der Gentherapie. – Humangenetisches Kolloquium am Institut für Humangenetik der Justus-Liebig-Universität, Giessen, BRD (1. November 1988).
– Einsatz monoklonaler Antikörper zur Analyse der Membranreifung von Oozyten der Maus. – Humangenetisch-Immungenetisches Kolloquium der Abteilungen „Humangenetik" und „Immungenetik" im Zentrum „Hygiene und Humangenetik", Göttingen, BRD (25. Oktober 1988).
Dipl.biol. Schubert, Ä. und Prof. Dr. sc. R. Schlegel (vorgetragen von Ä. Schubert): Präferentielle Pflanzenregeneration aus Kalluskulturen von Weizen-Roggen-Additionslinien sowie Untersuchungen zur somaklonalen Variation. – Vortragstagung 'Erarbeitung und Nutzung züchterischer und verfahrenstechnischer Fortschritte für hohe, stabile Erträge von Getreide, Körnerleguminosen und CCM-Mais mit optimaler Qualität', Bernburg, 11. bis 12. Februar 1988 (11. Februar 1988).
Dr. sc. Schubert, I.: Voraussetzungen und Möglichkeiten der Genomevolution beim Übergang von Pro- zu Eukaryoten. – Symposium der Gesellschaft für Allgemeine und Technische Mikrobiologie, Kloster/Hiddensee, 11. bis 14. September 1988 (14. September 1988).
– Comparison of SCEs and chromatid aberrations as endpoints of mutagenesis. – 6th Polish Cytogenetics Conference, Dymaczewo, VR Polen, 19. bis 20. Oktober 1988 (19. Oktober 1988).

– Genomische Plastizität bei *Vicia faba*. – 2. Arbeitstagung der AG Cytogenetik, IfZ Quedlinburg, 8. bis 9. November 1988 (9. November 1988).
– Möglichkeiten und Grenzen der *In situ*-Hybridisierung. – Kolloquium am Institut für Rübenforschung der AdL der DDR, Kleinwanzleben (15. Dezember 1988)
– and Dr. K. HEINDORFF (vorgetragen von Dr. I. SCHUBERT): Are SCE frequencies indicative of adaptive response in plant cells? – 21st Annual Meeting of the Cytogenetics Section of the Czechoslovak Biological Society of the CSAV, Prag, ČSSR, 28. August bis 1. September 1988 (31. August 1988).
– and Dr. K. HEINDORFF: SCEs and adaptive response in plants. – Poster presented at the 18th Annual Meeting of the European Environmental Mutagen Society, Varna, VR Bulgarien, 3. bis 8. Oktober 1988 (6. Oktober 1988).
Dipl.-Biol. SCHUMANN, U.: Somatische Hybridisierung von *Solanum*-Arten. – Poster anläßlich der Vortragstagung der PH Potsdam und der Biologischen Gesellschaft der DDR, Potsdam, 30. Mai bis 3. Juni 1988 (30. Mai 1988).
Dr. SCHWARZ, L., Dr. E. BRECHT, Dr. E. BIRCKNER and Dr. B. REIMER (vorgetragen von Dr. L. SCHWARZ): UV-excited emission of uranyl ions in pyrophosphate phosphors of the type $MeLnP_2O_7$ (Me = alkaline; Ln = earths of rare earths ions). – Second International Meeting on Luminescence of the Ernst-Moritz-Arndt-University Greifswald, Trassenheide, 24. bis 29. Oktober 1988 (26. Oktober 1988).
Dr. STEINBORN, G.: Overproduction of Alpha-amylase from *B. amylolique faciens* by stable recombinant plasmids.–2nd International Symposium on Overproduction of Microbial Products, Česke Budejovice, ČSSR, 3. bis 8. Juli 1988 (7. Juli 1988).
Dr. TEWES, A.: Pflanzliche Zellkulturen. – Vorlesung für Studenten der TH Merseburg, Merseburg (3. Juni 1988).
Dr. sc. WEBER, E.: Regulation und Kompartimentierung des intrazellulären Proteintransportes in Pflanzen am Beispiel der Samenproteine. – Sektion Biologie der Friedrich-Schiller-Universität Jena, WB Pflanzenphysiologie, Jena (1. Dezember 1988).
Dr. WOBUS, A. M.: Influence of growth factors on the differentiation of embryonic stem cells *in vitro*. – Laboratory of Embryology, Biological Station, Lorand Eötvös University, Göd, VR Ungarn (2. Juni 1988).
– Embryonale Stammzellen *in vitro*: Testsystem für Wachstums- und Differenzierungsfaktoren. – Tagung der Gesellschaft für Zell- und Gewebezüchtung der DDR „Alternative Methoden in der experimentellen Pharmakologie und Toxikologie", Greifswald, 8. bis 9. September 1988 (8. September 1988).
Prof. Dr. WOBUS, U.: Pflanzliche Gentechnik: Ansätze zu einer gezielten Manipulation der Sameneiweißqualität. – Kolloquium am Inst. für Pflanzenschutzforschung, Kleinmachnow (9. März 1988).
– Das Genprojekt zur Gewinnung von Wintergersten-Ausgangsmaterial mit verbesserter Eiweißqualität. – Klausurtagung der Züchtergemeinschaft Wintergerste, Biendorf (12. April 1988).
– Pflanzliche Gentechnik: Stand und Trends. – XXI. Universitätsgespräch, Jena (25. März 1988).
– Regulatory elements of plant storage protein genes. – 1st Joint ASGDR-NAS Seminar "Biological Research Priorities", Berlin-Buch (17. Oktober 1988).
– Ausgewählte Aspekte der pflanzlichen Gentechnik. – Vorlesung für die Studenten der Fachrichtung „Pflanzenzüchtung und Saatgutproduktion" der Martin-Luther-Universität, Halle (7. November 1988).
– Expression und Regulation eukaryotischer Gene. – Vorlesung im Rahmen des Postgradualstudiums „Gentechnik", Friedrich-Schiller-Universität, Jena (28. November 1988).
– *Vicia faba* storage protein genes and their transcriptional regulation in transgenic tobacco plants. – International Symposium "Applied Plant Molecular Biology", Braunschweig, BRD (21. November 1988).

E. Tagungen im Institut

International Symposium on "Gene transfer into mammalian cells in relation to differentiation and development" in Holzhau, 1.–5. 5. 1988

Vorträge:

BECKER, K., U. KIESSLING, M. STRAUSS and J. SCHÖNEICH, Gatersleben and Berlin/GDR (vorgetragen von K. BECKER): Persistence and transmission of extrachromosomal plasmids in transgenic mice.

BLÜTHMANN, H., P. KISIELOV, H. VON BOEHMER and M. STEINMETZ, Basel/Switzerland (vorgetragen von H. BLÜTHMANN): T cell development in T cell receptor transgenic mice.

BREM, G., Munich/FRG: Techniques and perspectives of gene transfer in livestock.

BUCCHINI, D., Paris/France: Cis-regulation of human insulin gene expression in transgenic mice.

BÜRKI, K. and D. A. NEMAZEE, Basel/Switzerland (vorgetragen von K. BÜRKI): B cell tolerance in a transgenic mouse model.

FOREJT, J., B. MOSINGER, J. KRALOVA, P. JANSA and P. TVRDIK, Prague/Czechoslovakia (vorgetragen von J. FOREJT): Manipulating the expression of H-2 class I genes by DNA mediated gene transfer.

GAZARYAN, K., Moscow/USSR: Molucular analysis of integration sites of foreign DNA in transgenic animals.

HARBERS, K. and K. KRATOCHWIL, Hamburg/FRG and Salzburg/Austria (vorgetragen von K. HARBERS): Insertional mutagenesis by retroviruses.

IGLESIAS, A., M. LAMERS and G. KÖHLER, Freiburg/FRG (vorgetragen von A. IGLESIAS): The influence of expressed transgenic Ig-heavy chain genes on rearrangement of endogenous Ig genes.

KUEHN, M., London/U. K.: Embryonic stem cells and transgenic mice as tools to study development.

OSTERTAG, W., C. STOCKING, M. GREZ, F. HILBERG, M. DEXTER and E. SPOONCER, Hamburg/FRG and Mancester/U. K. (vorgetragen von W. OSTERTAG): Retroviral gene transfer into embryonic and hematopoietic stem cells and precursor cell lines.

ROSCHLAU, K., L. ANDREEWA, B. ZACKEL, L. GENING, P. ROMMEL, M. ZACKEL, M. STRAUSS, R. HÜHN, M. SCHWERIN, K. G. GAZARYAN, A. BAUMUNG and I. KÖNIG, Dummerstorf/GDR, Moscow/USSR and Berlin/GDR (vorgetragen von K. ROSCHLAU): Production of transgenic cattle by microinjection of a bovine growth hormone gene.

STOCKING, C., C. LAKER, N. KLUGE, U. JUST, E. SPOONCER, M. DEXTER and W. OSTERTAG, Hamburg/FRG and Manchester/U.K. (vorgetragen von C. STOCKING): Retroviral transfer and expression of the multi-CSF gene in hematopoietic cells: initiation of leukemogenic progression.

STEWART, C. L., L. WILLIAMS, C. BOULTER and E. WAGNER, Heidelberg/FRG (vorgetragen von C. L. STEWART): Transfer of oncogenes into mouse embryos using retroviral vectors.

VERES, G., S. E. SCHERER and T. C. CASKEY, Szeged/Hungary and Houston/USA (vorgetragen von G. VERES): Analysis and expression of the ornithine transcarbamylase promoter.

YAMAMURA, K., J. MIYAZAKI, T. WATANABE, H. NISHIMOTO and T. KISHIMOTO, Kumamoto and Osaka/Japan (vorgetragen von K. YAMAMURA): Functional expression of genes involved in immune response in transgenic mice.

Poster:

CONRAD, U., G. WALTER, G. KROPF, M. ZIEGNER and J. SCHÖNEICH, Gatersleben/GDR: Isolation and characterization of a monoclonal anti-FMDV (O_1)-VP_1 antibody producing hybridoma (81D10) and its L and H chain genes.

DRABER, P. and P. MALY, Prague/Czechoslovakia: Transfection of embryonal carcinoma cells using polybrene-glycerol method.

HOFFMANN, S., S. SCHERNECK, K. BECKER and W. ARNOLD, Berlin and Gatersleben/GDR: Hamster papovavirus (HaPV) induces lethal disturbances of development in transgenic mice.

JÄKEL, H.-P., G. WALTER, A. SCHLIEPHAKE, J. MATZEL, P. DRABER and J. SCHÖNEICH, Gatersleben/GDR, Prague/Czechoslovakia: Monoclonal antibodies to membrane structures of zona-free mouse oocytes.

MARKELOV, M. L., I. S. PAVLOVA and E. I. FROLOVA, Moscow/USSR: Transfer of antisence sequences of nuclear oncogenes into stem cells.

MOSINGER, B. and J. FOREJT, Prague/Czechoslovakia: Transfection of the k gene led to rejection of teratocarcinoma cells by H-2 incompatible host.

SELLEY, J. and E. DUDA, Szeged/Hungary: Efficient transformation of animal cells with liposomes of high DNA density.

TOTH, M., I. KARCZAGI, O. CENDSUREN, V. ENDRESZ and E. DUDA, Szeged/Hungary: Tissue specific expression of endogenous and foreign interferon genes.

WOBUS, A. M., R. GROSSE, W. ZSCHIESCHE and J. SCHÖNEICH, Gatersleben and Berlin/GDR: Effects of growth factors on differentiation of embryonic stem cells.

WONG, T., Saratoga/USA: Electric field mediated macromolecule transfer: animal, plant, and bacteria.

ZACKEL, B., M. ZACKEL, M. STRAUSS, H. BÄUMLEIN and K. ROSCHLAU, Dummerstorf, Berlin and Gatersleben/GDR: Construction of an inducible expression vector containing the bovine growth hormone gene.

Tag des Jungen Wissenschaftlers (16. Mai 1988)

Dipl.agr.ing. A. BÖRNER, Gatersleben: Charakterisierung von Gramineengenotypen mit unterschiedlicher Halmlänge mittels Gibberellinsäurereaktion und deren genetische Nutzung.

Diplomandin G. KROPF, Halle: Isolation und Charakterisierung eines rearrangierten Kappa-Ketten-Ig-Genes aus einer Lambda-Phagenbank.

Diplomandin U. MERGNER, Halle: Nachweis HGPRT-defizienter Lymphocyten am Menschen.

Diplomand M. ZIEGNER, Halle: Klonierung eines rearrangierten Kappa-Ketten-Ig-Genes in einem Plasmidvektor.

Gaterslebener Begegnung II (21. Oktober 1988)

GÜNTHER TEMBROCK (Berlin), „Der Mensch als biologisches Wesen"
KARL-FRIEDRICH WESSEL (Berlin), „Der Mensch als soziales Wesen"
Schriftstellerlesung mit anschließender Diskussion
HELGA SCHÜTZ (Potsdam)
UWE GRÜNING (Reichenbach)

FSC
www.fsc.org
MIX
Papier | Fördert gute Waldnutzung
FSC® C083411

Kolibri 360 GmbH
Ferdinand-Jühlke-Straße 7
99095 Erfurt, Deutschland
produktsicherheit@kolibri360.de